食品科学与工程学科新型研究生系列教材

生鲜食品保鲜与加工

主　编　励建荣

副主编　葛永红　李学鹏　崔方超　陈敬鑫

U0287331

科学出版社

北　京

内 容 简 介

　　本书是编者根据多年的实践经验及生鲜食品产业的发展趋势编写而成的，包括了生鲜食品行业的新知识、新技术、新成果，并展望了生鲜食品产业未来的发展趋势。全书由动物性水产品贮藏过程中的品质变化、水产品的保鲜技术、传统水产品加工技术、新型水产品加工技术、冷冻鱼糜及鱼糜制品加工技术、水产品加工副产物的综合利用、果蔬采后品质变化、果蔬采后生理、果蔬采后病害、果蔬采后防腐保鲜技术、果蔬汁加工技术、速冻果蔬、果蔬干燥、果蔬腌渍与发酵等 16 章内容构成。

　　本书可作为高等院校食品科学与工程、农产品加工及贮藏工程、水产品加工及贮藏工程、物流、制冷等专业广大师生的教学和科研参考书，也可供果蔬和水产品保鲜、贮运、加工和冷链物流相关领域的科研人员、技术推广人员及企业界的管理和技术人员参考。

图书在版编目（CIP）数据

生鲜食品保鲜与加工/励建荣主编 . —北京：科学出版社，2022.4
食品科学与工程学科新型研究生系列教材
ISBN 978-7-03-071787-0

Ⅰ.①生…　Ⅱ.①励…　Ⅲ.①食品保鲜－研究生－教材　②食品加工－研究生－教材　Ⅳ.① TS205

中国版本图书馆 CIP 数据核字（2022）第038917号

责任编辑：席　慧　韩书云/责任校对：张亚月
责任印制：张　伟/封面设计：蓝正设计

科 学 出 版 社 出版
北京东黄城根北街16号
邮政编码：100717
http://www.sciencep.com

北京九州迅驰传媒文化有限公司 印刷
科学出版社发行　各地新华书店经销
*
2022年4月第　一　版　开本：787×1092　1/16
2022年7月第二次印刷　印张：20 1/2
字数：525 000
定价：79.80 元
（如有印装质量问题，我社负责调换）

《生鲜食品保鲜与加工》编委会

前　言

　　生鲜食品是指由种植、采集、养殖、捕捞而来的，未经加工或经初级加工即可供人类食用的生鲜农产品，果蔬和水产品是最重要的生鲜食品。贮藏、运输、销售过程中由微生物、酶、氧化等引起的腐败变质是造成生鲜食品损失的重要原因，也一直是生鲜食品产业发展的瓶颈。由于微生物种类繁多，同时生鲜食品种类繁多，加之生鲜食品要经过分级、包装、运输、冷藏/冷冻、销售等环节，如果不能很好地控制，会发生腐败变质，这不仅引起产品品质下降、环境污染、食品安全等问题，而且会造成巨大的经济损失。近年来，我国在生鲜食品保鲜技术的研究和推广方面有了长足的发展，尤其在腐败变质发生机理及安全保鲜技术方面取得了一定的成果。此外，生鲜食品加工有利于降低保鲜过程中的损失，也能够提高生鲜食品的附加值，丰富产品的种类和市场供应。

　　本书详细介绍了动物性水产品贮藏过程中的品质变化、低温保鲜技术、化学保鲜技术、辐照保鲜技术、超高压保鲜技术和气调保鲜技术等，以及传统水产品加工技术、新型水产品加工技术、冷冻鱼糜及鱼糜制品加工技术、水产品加工副产物的综合利用、果蔬采后品质变化、果蔬采后生理、果蔬采后病害、果蔬采后防腐保鲜技术、果蔬汁加工技术、速冻果蔬、果蔬干燥、果蔬腌渍与发酵等。本书由渤海大学和大连民族大学相关老师联合编写。全书共16章，由励建荣编制大纲并统稿，李学鹏和崔方超组织水产品内容的编写，葛永红和陈敬鑫组织果蔬内容的编写。其中第一章由李婷婷、崔方超编写，第二章由李颖畅、崔方超编写，第三章由李秋莹、崔方超编写，第四章由李颖畅、李婷婷、崔方超编写，第五章由徐永霞、吕艳芳编写，第六章由李学鹏、朱文慧、步营编写，第七章由仪淑敏、密更编写，第八章由于志鹏、米红波编写，第九章由陈敬鑫编写，第十章由吕静祎、陈敬鑫编写，第十一章由葛永红编写，第十二章由葛永红、陈敬鑫、吕静祎编写，第十三章由吕长鑫编写，第十四章由曹雪慧编写，第十五章由赵文竹编写，第十六章由朱丹实编写。同时，编者在编写过程中参考了国内外有关专家、学者的专著、教材和学术论文，书中附录了参考文献，在此表示衷心的感谢。

　　由于作者水平有限，书中难免有疏漏和不足之处，恳请读者批评指正。

编　者

2022 年 1 月

目　录

《生鲜食品保鲜与加工》教学课件索取单

凡使用本书作为教材的主讲教师，可获赠教学课件一份。欢迎通过以下两种方式之一与我们联系。本活动解释权在科学出版社。

1. 关注微信公众号"科学 EDU"索取教学课件

关注→"教学服务"→"课件申请"

科学 EDU

2. 填写教学课件索取单拍照发送至联系人邮箱

姓名：		职称：		职务：
学校：		院系：		
电话：		QQ：		
电子邮件（重要）：				
通讯地址及邮编：				
所授课程 1：			学生数：	
课程对象：□ 研究生 □ 本科（＿＿年级）□ 其他＿＿＿			授课专业：	
所授课程 2：			学生数：	
课程对象：□ 研究生 □ 本科（＿＿年级）□ 其他＿＿＿			授课专业：	
使用教材名称 / 作者 / 出版社：				
贵校（学院）开设的食品专业课程还有哪些? 使用教材名称 / 作者 / 出版社：				

扫码获取食品专业
教材最新目录

联系人：席 慧　　　咨询电话：010-64000815　　　回执邮箱：xihui@mail.sciencep.com

绪　论

随着人们生活水平的提高，消费需求和方式的转变，生鲜食品已成为城乡居民生活中的必需品，且需求量增长迅速。然而由于保鲜与加工技术的相对滞后，生鲜食品产后腐败损失严重，成为制约我国农产品加工业和食品工业发展的重要因素之一。因此，生鲜食品保鲜与加工一直是国内外广泛研究的课题，也是当今农业、食品企业、物流业和消费者关心的热点问题。

一、生鲜食品概念

生鲜食品是指由种植、采摘、养殖、捕捞形成的，未经加工或经初级加工，可供人类食用的生鲜农产品，目前生鲜食品较有代表性的是"生鲜三品"，即果蔬（蔬菜及水果制品）、水产品（海洋和淡水渔业生产的水产动植物产品及其加工产品）、肉类（畜禽等动物可食用的皮下组织及肌肉），对这类商品基本上只做必要的保鲜和简单整理就可进入市场销售，未经烹调、制作等深加工过程，因此可归于生鲜食品类的初级产品；再加上较为常见的由西式生鲜制品衍生而来的面包和熟食等现场加工品类，就由初级产品的"生鲜三品"和加工制品的面包、熟食共同组合为"生鲜五品"。而在上述"生鲜五品"中，尤以果蔬和水产品的产量、消费习惯和市场地位最为突出。因此本书也着重对上述两种生鲜食品进行介绍。

二、生鲜食品在我国食品经济中的优势地位

生鲜食品营养丰富，如新鲜果蔬富含人体所需各种维生素和矿物质，生鲜水产品具有低脂肪、高蛋白的特点，因此生鲜食品在我国深受消费者喜爱，这也使得其在我国具有良好的种植/养殖基础及消费市场。我国生鲜食品资源丰富，其中果蔬总产量2019年达到10亿吨，且自2001年以来一直居世界首位；据统计分析，2019年我国蔬菜产量共计7.2亿吨，山东、河南、江苏、河北、湖北、湖南、广西、广东、贵州、云南蔬菜产量排名前十。2019年我国蔬菜的进出口量分别为50.17万吨和1163.19万吨，进出口金额分别为9.60亿美元和154.97亿美元。同时，自20世纪80年代中期开放市场以来，中国的水果生产一直稳步扩大，2019年水果总产量达2.7亿吨。由此可见，在全球范围内我国也是果蔬供应的主要国家。

而我国作为世界上最主要的水产品贸易大国，水产品总产量2019年达到6480.4万吨，居世界第一位。据海关总署统计，2019年我国水产品进出口总量1053.31万吨，进出口总额393.59亿美元，同比分别增长10.28%和5.42%。其中，出口量达426.79万吨，出口额206.58亿美元；进口量626.52万吨，进口额187.01亿美元，贸易顺差达19.57亿美元。由此可见，以果蔬及水产品为代表的生鲜食品在我国食品产业中占有重要地位，因此有必要加强对果蔬及水产品的精深加工及贮藏保鲜的研究，从而助力相关产业的可持续发展。

三、生鲜食品保鲜与加工的意义

生鲜食品自身不断进行着各种理化酶促反应，其质量下降得很快，货架期短，使得生鲜食品腐烂损失十分严重。据统计，目前我国水果的腐烂损失率为25%～30%，蔬菜的腐烂损

失率为 20%～25%，水产品的损失率在 15% 左右，而欧、美、日等发达国家农产品平均损失率仅为 1.7%～5%。从 20 世纪 70 年代开始，世界上许多经济发达国家陆续实现了生鲜食品保鲜产业化，美国、日本的生鲜食品保鲜规模达到 70% 以上，意大利、荷兰等国家达到 60%。同时，海产品具有的高水分、高蛋白等特点，使其在贮藏运输过程中极易发生腐败变质。统计表明，我国每年因腐败变质而最终丧失经济价值的水产品约占其年产量的 30%。而全国农产品每年产后损失更高达 3000 亿元。由此可见，在刚刚完成全面建成小康社会伟大目标的今天，每年由贮藏变质带来的生鲜食品浪费现象仍然对我国经济发展及国民饮食保障构成潜在威胁。在此大背景下，研究人员已经充分认识到，减损即"增产"，加强生鲜食品贮藏与保鲜基础理论和技术方法的研究是减少生鲜食品产后损失，保障我国食品产业安全的必要途径。正因为如此，近年来，我国的生鲜食品保鲜与加工业在国内外贸易需求加大的形势下迅速发展起来，并形成了生鲜食品整体保鲜、鲜切保鲜和加工三大市场。但是目前还存在保鲜品种不多、品质不尽如人意、部分保鲜技术的成本较高、在整个农产品加工业或食品工业中所占比例较小等缺陷，各地的生鲜食品保鲜技术的产业化水平还较低，各种生鲜食品物料的保鲜机理也有待进一步阐明。

生鲜食品的精深加工是实现生鲜食品增值的重要途径，果蔬及水产品中富含具有不同营养功能的活性成分。例如，果蔬中的多酚、黄酮类等物质具有抗氧化、强化血管壁、促进肠胃消化、降低血脂、提高机体抵抗力、预防血栓、防止动脉粥样硬化形成的作用；还能利尿、降血压、抑制细菌与癌细胞生长、帮助消化。此外，果蔬中还富含三萜类化合物、花青素、各类维生素、膳食纤维、抗氧化酶类等有效活性成分，因此具有巨大的深加工价值。同样，近年的研究表明，水产品同样具有良好的经济开发价值，其中水产品中的抗菌肽、抗氧化肽、生物抑制剂等被证明具有良好的抗菌效果，以及降糖降脂等生理功能。例如，利用虾、蟹壳原料提取甲壳素，可生产出高黏度的甲壳素并可从甲壳素中提取出具有抗氧化、抗衰老、降血脂、防肥减肥和增强免疫等功能的壳聚糖及其衍生物。利用鱼鳞及鱼皮，可提取胶原蛋白及鱼皮明胶。利用鱼类内脏及脂肪，可提取二十碳五烯酸（EPA）、二十二碳六烯酸（DHA）等具有良好生物活性的多不饱和脂肪酸。利用牡蛎壳、翡翠贻贝壳等原料，可提取具有骨修复功能的羟基磷灰石。利用鱼骨、碎肉等材料，可酶解获得具有促生长、抗氧化、提高机体免疫力、减缓疲劳、增加耐力等作用的多肽。而利用海藻制品可获得降压降脂的活性多糖、皂苷等有效成分。因此，实现生鲜食品的精深加工，是确保生鲜食品产业快速发展的必由之路。

但目前相较于传统发达国家，我国传统的生鲜食品存在加工技术和模式落后、加工比例低、产品单一、质量不高、高附加值产品较少、资源利用率低等问题。据统计，我国水产品加工率不足 20%，其中加工制品以简单的鱼片、鱼块、整鱼、冷冻大包装等初加工产品为主，其比例约占到总加工产品的 70%。虽然鱼糜制品、罐制品、冷冻调理食品、海藻制品等精深加工产品的比例不断上升，但也仅占整体加工产品的 13% 左右，整体加工水平仍较低。而鱼露、生物活性肽等精加工产品占比极低，由此可见，就算在总体不高的加工比例中，精加工产品所占比例仍然较低。与水产品加工情况类似，我国果蔬加工率不足 30%。作为全球水产品和果蔬产量最多、增长最快的国家，我国生鲜食品的加工量与产量不太相称。并且，我国经济的快速增长和社会的可持续发展，对开发生鲜食品新产品提出了迫切的要求，如要求产品营养化、方便化、优质化、功能化等。由此可见，我国生鲜食品的精深加工之路仍然任重道远。

四、生鲜食品新鲜度的评价及预测

食品的货架期（food shelf-life）是指从感官和食用安全角度分析，食品品质保持在消费者可接受程度的贮藏时间。延长生鲜产品的货架期是生产者、加工者和销售者共同关注的问题。生鲜食品的腐败是各种因素综合作用的结果，影响生鲜食品新鲜度及货架期的因素包括内部因素和外部因素两方面。内部因素是指产品本身的特性，包括产品的pH、含水量、营养成分、抵抗微生物的成分、生物结构因素、产品本身的酶，以及生化反应（主要是氧化还原反应）。外部因素是指产品所处的环境因素，包括温度、湿度、水分含量、水分活度、金属离子、氧化还原电势、压力和辐射、气体成分、其他微生物组成和活性等，此外产品的包装材料和包装方式等也会影响生鲜食品的货架期。影响货架期最主要的因素是微生物因素，由于果蔬制品及水产品中富含大量的营养物质，水分含量高，且水产品肌肉组织疏松、pH偏中性，特别适合微生物的生长。因此，当果蔬制品及水产品受到污染后，微生物会在其上迅速大量增殖，分解蛋白质、脂肪及糖类等物质供自身生长繁殖需要，并且产生大量的不愉快气味，如硫化氢、尸胺、腐胺醛、酮、酯、有机酸等，以及各种有毒物质，致使产品腐败不可食用。

目前，国内外针对生鲜产品新鲜度的检测评价指标包括化学指标、物理指标、微生物指标等。检测方法包括传统的检测方法及新的检测方法。传统的检测方法包括感官评价、可溶性固形物含量、硬度、菌落总数、pH、挥发性盐基氮含量、挥发性脂肪酸硫代巴比妥酸含量、色差值（L^*值、a^*值、b^*值或ΔE值）、滴水损失与水分含量、K值、电导率、生物胺（包括尸胺、精胺、组胺等）含量、总氨含量、硫化氢含量、三甲胺氮含量、剪切力值、失水率等。

近年来各种新的检测方法不断涌现，使得新鲜度的检测更加准确、方便和快捷，如电位传感器（电子鼻、电子舌等）、智能检测仪、多功能数字检测仪、近红外漫反射光谱法、流动注射-化学发光法、酶法、表面荧光光谱法、固相酶反应器、液相色谱法、聚合酶链式反应、计算机视觉检测技术等。其中，电子鼻法、计算机视觉检测技术和光谱分析法等被应用得越来越广泛，应用聚合酶链式反应技术可以定量检测水产品中的微生物，对未来的研究意义重大。

此外，近年来，随着计算科学及人工智能的发展，以货架期模型为代表的新鲜度预测手段越来越受关注。食品品质变化一般是指水产品在生产过程中发生的一些化学、物理、微生物的变化，这些变化可以用化学反应动力学模型来描述。近年来，如何延长食品的货架期，以及快速检测食品的货架期成为研究的热点。其中温度是影响微生物生长最重要的因素，也是水产品腐败的重要原因，因此目前大多数货架期预测模型是根据温度来建立的。微生物的预测模型按照不同的分类标准可以有不同的分类，但是只有一级模型、二级模型和三级模型能把大部分的模型明确归类。

近年来，反向传播（back propagation，BP）神经网络模型在判断新鲜度中应用得较多。BP神经网络模型的拓扑结构包括输入层（input）、隐层（hide layer）和输出层（output layer）。输入层各神经元负责接收来自外界的输入信息，并传递给隐层的各神经元；隐层是内部信息处理层，负责信息变换与处理，最后再将信息传递到输出层的各神经元，经进一步处理；输出层完成信息的处理过程。当实际输出与期望输出不符时，进入误差的反向传播阶段，各层权值通过不断调整，最终使得数满足误差要求。通过研究水产品的新鲜度和货架期预测模型方面的内容，可以更好地对水产品的品质进行预测和控制，对提高水产品的质量意义重大。水产品的货架期模型还有很多需要提高和改进的地方。例如，在研究多菌种混合培养及温度波动条件方面，需要对模型进行改进以提高货架期模型的预测精度。此外，将货架期初级模型和二级模型进行结合，构建货架期预测模型的三级专家软件，建立起一套完善的预测系统仍是亟待解决的问题。

五、生鲜食品保鲜与加工技术研究进展

生鲜食品保鲜是根据其品质特点和腐败变质机理，在其生产和流通过程中采用物理、化学或生物方法处理，抑制或延缓生鲜食品的腐败变质，保持其良好鲜度和品质的技术。目前生鲜食品保鲜方法主要有物理、化学和生物方法三大类，每类方法又衍生出很多新技术，各自依托不同的保鲜原理。虽然各种保鲜手段的侧重点不同，但都是对在保鲜品质中起关键作用的因素进行调控。首先是控制生鲜食品生理、生化变化进程，从而延缓品质劣变进程；其次是控制微生物，主要通过控制腐败菌来实现。主要保鲜技术有低温保鲜、化学保鲜、生物保鲜、气调保鲜、超高压保鲜、辐照保鲜、臭氧保鲜等。未来生鲜食品的保鲜技术将朝着天然生物保鲜剂结合新型包装及灭菌/减菌处理技术的方向发展。生物保鲜剂因其具有天然、安全、高效等优点成为食品保鲜领域的研究热点，并将最终取代化学保鲜剂。但是单一生物保鲜剂常常不能有效地抑制和杀灭所有微生物，从而限制了其在食品保鲜中的应用。将不同生物保鲜剂综合利用，使其充分发挥协同效应，不仅可以增强其抑菌效果，而且可减少单一保鲜剂的使用量，降低成本。

水产品保鲜剂包括化学保鲜剂、生物保鲜剂和复合保鲜剂。目前在水产品中应用较多的是化学保鲜剂，常用的化学保鲜剂主要包括有机酸、亚硝酸盐和硝酸盐、糖、食盐等几大类，种类繁多，主要有亚硝酸钠、亚硫酸钠、柠檬酸、山梨酸钾、山梨酸钠、乙酸、尼泊金酯、双乙酸钠和苯甲酸钠等。生物保鲜剂直接来源于生物体自身组分或其代谢产物，一般具有无味、无毒、安全等特点，此外生物保鲜剂一般都可被生物降解，不会造成二次污染，有些生物保鲜剂还具有营养价值。生物保鲜剂的一般作用机理为隔离食品与空气的接触，延缓氧化作用，或是生物保鲜物质本身具有良好的抑菌作用，从而达到保鲜的效果。生物保鲜剂的种类繁多，按其来源可分为植物源生物保鲜剂、动物源生物保鲜剂和微生物源生物保鲜剂。由于多数生物保鲜剂的抑菌作用不如化学保鲜剂强，通常基于栅栏作用将多种生物保鲜剂复配形成复合生物保鲜剂而用于水产品的保鲜。复合保鲜剂的种类繁多，可将各种生物保鲜剂根据栅栏原理设计合理配比；也可以将化学保鲜剂和生物保鲜剂相结合应用于水产品保鲜，这样可以避免过量添加化学保鲜剂而对人体健康产生危害。

物理保鲜手段是另外一种常见的生鲜食品保鲜手段。例如，超高压食品加工技术始于20世纪初，美国物理学家 Bridgman 于 1914 年提出蛋白质在超高压下发生凝固变成硬凝胶状态，可导致微生物细胞形态改变，细胞膜破坏，并对其生化反应和遗传机理产生一定的影响，从而导致微生物死亡。臭氧杀菌的作用机理主要是增加细菌细胞膜的通透性，使得其中的酶失活，破坏细胞内的遗传物质，导致细菌死亡。其具有无毒、无残留、无污染等优点，且杀菌速度快，可直接用于生鲜食品的消毒、杀菌。微波杀菌是利用电磁场的热效应和非热生物效应共同作用的结果，一方面热使得细菌体内的蛋白质变性，另一方面微波电场可改变细胞膜通透性，使细菌代谢紊乱，从而起到杀菌的作用。微波杀菌具有使水产品内外受热均匀，且处理时间短、杀菌效果好、能耗低等优点。辐照杀菌采用放射性同位素发出的 γ 射

线，或电子加速器产生的电子束，或 X 射线对食品进行辐照，杀灭产品中的微生物，并抑制其中酶的活性。欧姆加热技术是一种把食品作为电路中的导体，利用食品本身的电导特性把电能转化为热能的技术，采用低频交流电（50～60 Hz）配合特殊的惰性电极来提供电流，具有加热均匀、能耗低、处理时间短等优点。电解水杀菌技术是指利用稀盐酸溶液或稀盐溶液经电解装置电解后产生的具有杀菌特性的碱性电解水和酸性电解水对食品进行杀菌处理，具有操作简便、成本低、无毒、无污染等特点。随着生活水平的提高，人们对生鲜食品质量的要求也越来越高，其保鲜技术研究将会得到更快的发展。

除传统保鲜方式外，在实际生产销售过程中还会使用一些由特殊保鲜材料制成的食品包装等，水产品保鲜材料由于各种包装材料的水分、气体的通透性不同，对微生物的生长及生物体内酶活性都有一定的影响，从而影响水产保鲜的货架期。目前水产品包装材料一般为塑料制品，如聚偏二氯乙烯、聚丙烯、流延聚丙烯和聚对苯二甲酸乙二酯等，其在自然界中降解慢，造成的环境污染严重，且对水产品中的微生物没有抑制作用。近些年开发了一些降解性能好，可食用，且对水产品中微生物生长繁殖有一定抑制作用的保鲜材料，主要以壳聚糖、琼脂等为主要材料，并添加一些抑菌物质。

我国水产品和果蔬不仅产量大，而且资源丰富，这为充分利用我国丰富的生鲜食品资源优势，生产出营养、方便、即食、优质的水产制品奠定了良好基础。对生鲜食品原料的综合利用，既可提高经济效益，又能有效解决环境污染，已成为生鲜食品加工的发展方向。例如，对植物的根、茎、叶、花、果的充分利用，对水产品副产物的利用等。生鲜食品的加工向分子水平进军，研究利用原料的功能成分、分子水平提取、研制人体所需的营养保健食品，使生鲜食品精深加工能力得以提高。

安全、绿色、休闲的生鲜食品已成为人们消费的主流和方向。不断提高生鲜食品加工技术能力和水平，同时借助科技与市场来提高产品技术含量，是实现产品品质优良化、品种多元化及优质资源高效利用的有效途径。例如，低温干燥、冷风干燥等干燥技术的不断发展，有望推动我国调味品及鱼干、果干、方便食品等系列干制食品的发展。而流态床冷冻技术和生产设备的快速普及，有望带动冷冻鱼糜制品、虾、蟹、鱿鱼等水产冷冻调理食品的快速发展。同时复合包装材料的研制成功，给水产罐制品的生产带来了新的生机，使水产易拉罐食品、软包装食品有了发展空间；在水产腌熏制品方面，高水分、低盐水产腌制品及液熏水产制品加工技术的普及，丰富了水产加工品种类；利用生物酶解等生物工程串联分离提取技术，结合脱苦、除腥等调配技术，开发了系列海鲜调味品，促进了水产加工副产物的综合开发。随着我国食品科技的不断进步，尤其是冷链物流和高新加工技术的快速发展，相信未来我国的生鲜食品贮藏加工业，会在不断引进、吸收国外先进技术和自主创新的基础上，生产出更高品质和附加值的产品。

第一章 动物性水产品贮藏过程中的品质变化

第一节 动物性水产品贮藏过程中的物理变化

一、感官变化

水产品的感官变化是依靠视觉、嗅觉和触觉等来鉴定它的外观形态、色泽、气味、滋味和硬度变化。对于水产品来说，感官品质主要表现在体表形态、鲜活程度、色泽、气味、肉质的弹性和洁净程度等指标。肉色是肉质优劣的外观表现，是最直观的印象。根据鱼体肌肉的颜色、硬度和弹性，常常可以判断鱼是否新鲜。

（一）鱼类

新鲜鱼肉呈鲜红色或暗红色，其红色受肌肉 pH、氧化还原电位等内在因素，以及曝光、储存温度等外在因素的影响。在常温、冷藏和冻结贮藏过程中，水产品均会逐渐变为褐色。

鱼肉中的挥发性物质组分和含量决定了鱼肉的气味，通常包括醇类、酸类、脂类、烃类等，以及一些含氮含硫化合物。鱼肉在常温下放置，气味会发生如下变化：新鲜鱼肉具有柔和的、令人愉悦的清香味，香气的主要成分有挥发性羰基化合物、醇和溴苯酚；僵硬期鱼肉的气味不发生变化；解僵成熟期鱼肉会产生腥臭味，主要成分为三甲胺、二甲胺和甲醛，这是由于蛋白质在细菌分泌的酶类和鱼体内源酶的作用下，逐渐分解产生有机酸、氨、胺类（尸胺、腐胺、组胺）、硫化氢和吲哚类化合物，从而出现令人厌恶的味道。鱼肌肉组织中含有大量的不饱和脂肪酸和饱和脂肪酸，这些脂肪酸在氧气的作用下会发生氧化降解，生成各种小分子化合物，从而形成一种强烈的油哈喇味，失去食用价值。

新鲜鱼眼球饱满突出，角膜透明清亮，有弹性；鳃丝清晰呈鲜红色，黏液透明，具有海水鱼的咸腥味或淡水鱼的土腥味，无异臭味；体表有透明的黏液，鳞片有光泽且与鱼体贴附紧密，不易脱落（鲴鱼、大黄鱼、小黄鱼除外）；肌肉坚实有弹性，指压后凹陷立即消失，肌肉切面有光泽；腹部正常、不膨胀，肛孔白色、凹陷。次鲜鱼眼球不突出，眼角膜起皱，稍变浑浊，有时眼内溢血发红；鳃色变暗呈灰红或灰紫色、黏液轻度腥臭，气味不佳；体表黏液多不透明、黏腻而浑浊，鳞片光泽度差且较易脱落；肌肉略松散，指压后凹陷消失得较慢，肌肉切面有光泽；腹部膨胀不明显，肛门稍突出。腐败鱼眼球塌陷或干瘪，角膜皱缩或有破裂；鳃呈褐色或灰白色，有污秽的黏液，带有不愉快的腐臭气味；体表黯淡无光，鳞片与鱼皮脱离，具有腐臭味；肌肉松散，易与鱼骨分离，指压时形成的凹陷不能恢复或手指可将鱼肉刺穿；腹部膨胀、变软或破裂，表面发暗灰色或有淡绿色斑点，肛门突出或破裂。

（二）虾类

新鲜的虾色泽正常，卵黄按不同产期呈现出自然的光泽，虾体清洁而完整，甲壳和尾肢无脱落现象，虾尾未变色或有极轻微的变色；肌肉组织坚实紧密，手触弹性好；气味正常，无异味。在贮藏过程中虾的色泽发红，卵黄呈现出不同的暗灰色；虾体不完整，全身黑斑多，甲壳和尾肢脱落，虾尾变色面积变大；肌肉组织很松弛，手触弹性差；气味不正常，一般有异臭味。虾类的体液中存在酚酶，使虾体内的酪氨酸氧化生成黑色素，造成虾头胸部和尾部产生黑色斑点。黑变的程度与虾的新鲜程度相关，在贮藏过程中为了防止虾体变黑，通常采用以下方法：①鲜虾时，速冻镀好冰衣；②去头、去内脏、洗除血液后冻结；③真空包装贮藏；④用水溶性抗氧化剂溶液浸渍后冻结。

（三）蟹类

新鲜蟹类体表色泽鲜艳，背壳纹理清晰而有光泽；腹部甲壳和中央沟部位的色泽洁白且有光泽；脐上部无胃印；鳃丝清晰，白色或稍带微褐色；肢体连接紧密，提起蟹体时，不松弛也不下垂，活蟹反应机敏，动作敏捷有力。次鲜蟹类体表色泽微暗，光泽度较差，腹脐部可出现轻微的印迹，腹面中央沟色泽变暗；鳃丝尚清晰，鳃色变暗，无异味；活蟹的生命力明显衰减，反应迟钝，动作缓慢而软弱无力，肢体连接程度较差，提起蟹体时，蟹足轻度下垂或挠动。腐败蟹类体表及腹部甲壳色暗，无光泽，腹部中沟出现灰褐色斑纹或斑块，或能见到黄色颗粒状滚动物质；鳃丝污秽模糊，呈暗褐色或暗灰色；全无生命的死蟹，已不能活动，肢体连接程度很差，在提起蟹体时蟹足与蟹背呈垂直状态，足残缺不全。

虾、蟹的感官检验一般要求现销的虾、蟹是活体。因为虾、蟹在死后，尸体极易腐败变质，影响食用价值和消费者的健康。对于死后不久的虾、蟹，尸体未腐败变质的，认为鲜度是良好的。

（四）贝类

新鲜贝肉色泽正常且有光泽，无异味，手摸有爽滑感，弹性好；不新鲜贝肉色泽减退或无光泽，有酸味，手感发黏，弹性差。新鲜赤贝呈黄褐色或浅黄褐色，有光泽，弹性好；不新鲜赤贝呈灰黄色或浅绿色，无光泽，无弹性。冰鲜扇贝的外观洁白，解冻后，纯扇贝肉一般出品率在70%左右，色洁白、颗粒大且饱满，新鲜度高、无碎粒。

如果鲜活扇贝外壳颜色比较一致且有光泽时，看其壳是否张开，活扇贝受外力影响会闭合，在运输过程中死扇贝的壳张开后不能合上，不能选用。

二、肌肉硬度

（一）鱼类肌肉硬度的变化

水产品离开水体后，在很短的时间内就会死亡，鱼肉在冷藏条件下，经历了僵硬和解僵的过程，肌原纤维收缩，使得肌原纤维内部的水分逐渐被挤压到肌原纤维外，从而造成鱼肉的持水力下降（季晓彤，2018）。主要分为僵直、成熟、自溶、腐败4个阶段。

1. 僵直　　鱼死后，在酶的作用下，肌肉由柔软逐渐变得僵硬。特征：背部肌肉首先变硬，然后遍及整个鱼体，这时用手握鱼头、鱼尾不会下弯，用手按压肌肉时，按压处不易凹下，缺乏弹性，口一般紧闭，鳃盖闭合。

2. 成熟　　鱼体达到最高僵硬程度后，逐渐变软，而且具有弹性，此时即进入成熟阶段。但其成熟期很短，一旦达到成熟就极快地过渡到自溶阶段。

3. 自溶　　僵直解除后，鱼体内的蛋白质在蛋白酶作用下自然分解，出现变色和异味。鱼的自溶与鱼的种类和环境温度有关，淡水鱼比海产鱼自溶的最适温度低，环境温度越高，鱼越易自溶。

4. 腐败 鱼体在保藏条件不良时，一般经 12～24 h 即变为劣质状态。引起鱼腐败的微生物主要是革兰氏阳性菌和肠道菌，也有磷光杆菌。许多腐败细菌在 5～8℃甚至更低温度下生长良好，这就是鱼在较低温度下贮藏仍能快速分解的原因所在。

（二）引起鱼类肌肉硬度变化的主要因素

引起鱼类肌肉硬度变化的主要因素有冷冻、加热和盐渍。

（1）水产品冻结过程主要有三个阶段：第一阶段，是冷却阶段，放出的热量是显热。此热量值与全部放出的热量相比较小，故降温快。第二阶段，是最大冰晶生成带，在这个温度范围内，水产品中大部分水分冻结成冰，放出潜热，整个冻结过程中绝大部分热量在此阶段放出，故降温慢。第三阶段，当水产品内部绝大多数水分冻结后，在冻结过程中，所消耗的冷量一部分是冰的继续降温，另一部分是残留水分的冻结。水变成冰后，比热容显著减小，但因为还有残留水分冻结，其放出的热量较大。

在冻结过程中，鱼肉发生部分冻结形成冰晶，冰晶的增加破坏了细胞结构，造成了肌肉细胞膜和细胞器的机械损伤，使得蛋白质变性，从而增加了汁液流失。水产品常用的冻结方法有空气冻结、盐水浸渍、平板冻结和单体冻结 4 种。

（2）加热是肉制品加工过程中的重要工艺：加热能赋予肉制品特定的组织结构、风味和色泽，同时也是确保肉制品卫生安全的主要措施。不同的加热温度会使肌肉中的蛋白质发生不同程度的变性或降解，导致其组织特性和感官质量的差异，进而影响加工产品的品质。淡水鱼热加工是生产淡水鱼制品的主要加工方式，加热方式、加热温度、加热时间等因素影响着制品的品质。目前研究主要集中于加工过程中热对蛋白质的影响，而热对原料组织特性、感官质量等影响的研究较少，需进行深入研究。

（3）盐渍的基本方法有两种：撒盐渍（干盐渍）法和盐水渍法。前者是将适量的盐直接撒在被腌鱼体之间，使盐粒与鱼体一接触便开始其盐渍作用；后者则是以适当浓度的食盐水浸渍原料，在间歇搅拌的条件下进行盐渍，二者各有优、缺点。

我国普遍使用干盐渍法，这种方法可加工盐干品或冷熏制品，用这种方法生产的产品也易于低温远途运输；但盐渍时如处理不当，会造成食盐的渗透不均匀，导致产品局部变质，而且鱼体与空气接触，易于发生油烧现象。盐水渍法由于是将被腌鱼体完全浸在盐液中，因而食盐能够均匀地渗入鱼体，鱼的食味及外观均好，也不会发生油烧现象；但此法的耗盐量太大，且鱼不能较长时间贮存（因鱼体内外盐分平衡时浓度较低，达不到饱和浓度）。在欧洲常实施混合盐渍法，即将鱼体在干盐堆中滚粘盐粒后，排列在大桶中，注入一定量的饱和盐液，以防止鱼体在盐渍过程中附近的盐液浓度被稀释。

三、冰晶长大

冷藏保鲜的温度一般为 0～4℃，此种保鲜方法的优点在于在贮藏过程中海产品没有被冻结，所以也就不存在产生的冰晶破坏细胞结构、损伤肌原纤维的情况。而冻藏保鲜是指将水产品的中心温度降到 -15℃以下，然后在 -18℃下进行贮藏，这种方法是世界上最重要的海产品保鲜方法之一。它利用低温使得组织体内的大部分水被冻结，抑制了体内大部分微生物的生长及酶的活性，可以很大程度地延长水产品的货架期。但是由于降温过程一般在较低温度环境中进行，这个过程中可能会产生部分冰晶，冰晶的堆积可能导致细胞破裂和肌原纤维的断裂。对不同冻结方式下的冰晶大小的研究表明，冰晶的大小和分布受到冻结速率、冻结温度及冻藏温度的影响。

冰晶长大是指鱼经过冻结后，鱼体组织形成的冰晶在冻藏温度波动的情况下，出现长大的现象。主要过程为冰晶在冻藏温度升高时，部分冰晶融化，依附于其他未融化冰晶或者冰晶体之间，当冻藏温度下降时，这部分水被冻结，导致冰晶长大。同时由于小冰晶体相对表面积大，周边水蒸气气压大，压力也促使水分从小冰晶体向大冰晶体转移，这也是冰晶长大的原因。

四、干耗

干耗是指冻结食品在冻藏过程中温度变化造成水蒸气压差，出现冰晶升华而导致鱼体水分散失，表面干燥、鱼体质量减少的现象，是水产品在冻藏期间最常见的变化。

冷冻水产品在冻藏中所产生的干耗，是由于水产品表面的温度、冷冻室内空气的温度和蒸发器表面的温度，三者之间存在温度差而形成了水蒸气压差。冻结水产品表面的水蒸气压力处于饱和状态，而空气中的水蒸气压力是不饱和的，两者存在压差，冻结水产品表面的冰晶升华，跑到空气中。空气在上升过程中，与蒸发器接触，由于蒸发器表面的温度很低，因此空气中的水蒸气在它的表面达到露点而冷凝冻结。失去部分水蒸气的空气又下沉到冻结水产品表面，因水蒸气压差的存在，水产品表面的冰晶继续向空气中升华。这样反复进行，使冻结水产品表面出现干燥现象，并造成质量损失，俗称"干耗"。

开始时仅仅在冻结水产品的表层发生冰晶升华，随着贮藏时间的延长，逐渐向里推进，达到深部冰晶升华，表面形成一脱水的海绵状层。另外，随着细小冰晶的升华，空气随即充满这些冰晶体所留下的空穴，大大增加了冻结水产品与空气的接触面积，从而促进氧化作用的发生，造成表面氧化变色，失去原有风味和营养。

五、干制

食品干制后可将食品及其污染的微生物同时脱水，微生物进入休眠状态，但干制不可将微生物全部杀死，只能抑制微生物的活动。食品干制后，在水分逐渐减少时，酶活性随之下降，然而此时酶活性和基质会同时增浓，反应也随之加速。当食品水分下降到1%以下时，酶的活性才会完全消失。

传统的干制加工工艺主要以自然晾干为主，要先进行盐渍，再进行自然晾干，但是其干燥过程控制起来较为困难，也容易受到天气变化的影响，不可以根据产品自身特性，对干燥条件进行有选择性的控制，尤其当遇到下雨潮湿的天气时，很难进行正常干燥，如果遇到恶劣天气持续时间较长时，产品品质会大幅度下降；卫生条件也不易保证；劳动强度高，要想实现大规模生产很困难。

水产干制品可分为淡干品（又称生干品）、盐干品、煮干品（熟干品）、调味干制品4类。

（1）淡干品：指将原料水洗后，不经盐渍或煮熟处理而直接干燥的制品，主要针对体型小、肉质薄、易于迅速干燥的水产品，如鱿鱼、鱼卵、鱼肚、海参、海带等。

（2）盐干品：指经过腌渍后漂洗再进行干燥的制品，主要针对不宜进行生干和煮干的大、中型鱼类和不能及时进行生干和煮干的小杂鱼，如盐干带鱼、黄鱼鲞、鳗鱼鲞等。

（3）煮干品：指新鲜原料经煮熟后进行干燥的制品，主要针对体小、肉厚、水分多、扩散蒸发慢、容易变质的小型鱼、虾和贝类等水产品。

（4）调味干制品：原料经过调味料拌和或浸渍后干燥，或先将原料干燥至半干后浸调味料再干燥的制品，主要针对中上层鱼类、海产软体动物或鲜销不太受欢迎的低值鱼类等水产品，如海龟、鱿鱼、海带、紫菜等。

第二节　动物性水产品贮藏过程中的化学变化与生化变化

新鲜海水鱼在捕捞后由于脱离了海水的自然低温环境，鱼体会在短时间内发生一系列的变化。在这一过程中，蛋白质的降解和脂肪的氧化会造成鱼肉品质下降，并导致水产品腐败，同时出现一系列化学及生化变化，本节将对这一过程进行阐述。

一、贮藏过程中蛋白质的变化

鱼肉中蛋白质含量为 15%～25%，而且都为完全蛋白质，能够给人类膳食平衡提供将近 40% 的优质蛋白质，所含必需氨基酸种类丰富、比例合适，能够被人体充分吸收，有益于人体健康，促进儿童生长发育。

（一）化学变化

在鱼体自溶、腐败的过程中，肌肉蛋白质主要发生两类反应，即脱氨反应和脱羧反应。氨基酸可氧化或还原脱氨，也可直接脱氨，分别形成氨和不饱和脂肪酸、饱和脂肪酸、酮酸，此即氨基酸的脱氨反应；氨基酸在大肠杆菌、粪链球菌、韦氏梭菌、假丝酵母、变形菌等微生物分泌的脱羧酶作用下，脱羧形成相应的胺类，并释放出二氧化碳，此即氨基酸的脱羧反应。鸟氨酸脱羧生成腐胺（1,4-丁二胺），组氨酸脱羧生成组胺，赖氨酸脱羧生成尸胺（1,5-戊二胺）。尸胺、腐胺具有极强的臭味，且有剧毒；甲硫氨酸、半胱氨酸、胱氨酸等一些含硫氨基酸可被绿脓杆菌属的一些细菌分解，产生甲硫醚、甲硫醇、硫化氢等化合物，这类化合物具有特殊的硫臭味。

（二）生化变化

低温冷藏及冻藏是鱼类贮藏中非常重要的手段，因此肌动蛋白和肌球蛋白在低温贮藏条件下的性质至关重要。鱼肉蛋白质变性是指蛋白质受物理或化学等因素的影响，肌纤维蛋白通过形成氢键、离子键、二硫键及疏水相互作用，从而发生聚集。水在此过程发生了重要的变化，当水凝固后，游离水含量因溶质浓缩而减少，导致蛋白质周围 pH 和离子强度发生变化，产生了新的键。同时蛋白质分子周围的水还起着保持蛋白质天然状态的作用，这些水由于冻结被强制迁移，导致了蛋白质脱水现象的发生，并引起构象变化。在脱水环境下发生的其他反应如脂类氧化，会导致一些化合物含量上升（如丙醛酸盐），这些化合物将与蛋白质交联从而加剧变性。避免变性的一个主要方法就是在低温下快速冷冻并在整个储藏过程中避免温度波动。

就水产品而言，低温贮藏过程中蛋白质冷冻变性普遍存在。冷冻变性主要表现为肌原纤维蛋白溶解性的变化、空间结构的变化、疏水性及巯基含量的变化，以及肌动球蛋白的ATPase 活性的变化，另外还包括肌原纤维在外源性及内源性蛋白酶的作用下而发生的水解。相关学者对于鱼肉蛋白质的冷冻变性机理做了认真的探索，认为其冷冻变性的机理有如下几种解释：①结合水的分离学说。鱼肉在冷冻的过程中首先凝结变成冰晶的是自由水，结合水较难形成冰晶，如果鱼肉只是在自由水结合冰晶的状态下进行解冻，鱼肉内蛋白质不会发生明显的变化。但随着冻结率的增高，部分结合水也会冻结形成冰晶，此时蛋白质的侧链之间发生凝集，从而导致蛋白质的变性。②水之间的相互作用。蛋白质结构的稳定主要依靠分子间的氢键和分子内非极性共价键之间的疏水作用来维持。冰晶的形成，会引起结合水及蛋白质结合状态发生改变，从而引起蛋白质分子内部键的破坏，导致蛋白质变性。③细胞液浓缩。冻结引起的冰晶析出会导致肌肉细胞液的浓缩，结果使细胞液的离子浓度上升，pH 发生变化，由此导致蛋白质的变性。④肌肉成分的变化。冷冻过程中氧化三甲胺还原产生二甲胺和甲醛，肌肉内组织蛋白酶对蛋白质的水解，脂质氧化产生的醛酮类物质，ATP 分解产生的降解产物次黄嘌呤类物质及糖酵解造成的 pH 下降等因素均会使蛋白质变性，引起氨基酸及肽链的分解与断裂。蛋白质-脂质复合体的形成导致了蛋白质发生变性。许多脂质降解物具有较强的与蛋白质、多肽结合能力，随着贮藏时间的延长，蛋白质聚合体的溶解性降低。除此之外，鱼的生理状态及组分均与鱼肉蛋白质的冷冻变性相关。

二、贮藏过程中脂肪的变化

鱼肉脂肪含量低，大多数鱼的脂肪含量为 1%～10%。脂肪酸是大多数脂质的主要部分，鱼肉中的脂肪多由 14～24 碳的不饱和脂肪酸组成，其中以二十二碳六烯酸和二十碳五烯酸为代表的 ω-3 系多不饱和脂肪酸，以及以亚油酸为代表的 ω-6 系多不饱和脂肪酸，能够提高人体免疫力，促进智力发育，降低血液胆固醇含量，预防心肌梗死等心血管疾病。但是，由于鱼肉中含有丰富的不饱和脂肪酸，在光照或高温条件下极易发生氧化，生成醛、酮、羧酸等低分子质量的物质，导致鱼肉风味、色泽、质构变差和营养价值下降，甚至导致蛋白质的变性。在贮藏过程中脂肪主要会发生水解和氧化两种变化，因为低温可以抑制酶的活性，所以低温对这两种变化也有一定的抑制作用，但由于低温不能破坏酶活性，低温并不能终止这两种反应。

（一）水解反应

1. 水解反应的机理　脂肪的水解主要包括中性脂肪的水解和磷脂的水解，脂肪酶和磷脂酶起着主要的催化作用。脂肪酶即三酰基甘油基水解酶，是一类具有多种催化能力的酶，主要催化三酰基甘油酯及一些水不溶性酯类的水解，生成脂肪酸、甘油和甘油单酯或二酯。根据其作用底物的不同，脂肪酶主要分为脂肪甘油三酯脂肪酶（ATGL）、激素敏感性脂肪酶（HSL）和单酯脂肪酶（MGL），其中 ATGL 只水解甘油三酯（TG），而 HSL 可以水解 TG 和甘油二酯（DG），MGL 只水解甘油单酯。

磷脂是一种组织脂肪，是细胞膜的构成成分。磷脂中含有大约 50% 的不饱和脂肪酸残基，在磷脂酶的作用下，鱼体内磷脂水解为磷脂酸、甘油二酯、乙酰胆碱等，造成营养价值的损失，同时造成大量的不饱和脂肪酸游离，加速了脂质的氧化，引起鱼体褐变和油烧。

2. 脂肪水解　脂肪水解产生的游离脂肪酸会促进蛋白质变性，其他的一些不良代谢产物还可为霉菌所利用，加速鱼体的腐败，水产品肌肉富含多种不饱和脂质，经酶水解后所得的游离不饱和脂肪酸，极易氧化生成醛、酮等氧化产物，其与蛋白质等成分发生反应，进而影响产品的风味，同时导致鱼肉弹性降低，进一步氧化还会引起焦化和聚合等反应，使产品褐变甚至产生一些有毒物质。

（二）脂质氧化

脂质氧化是脂类中的脂肪酸，特别是不饱和脂肪酸（UFA）在酶或非酶作用下反应生成多种脂质过氧化产物的过程。其主要有自动氧化、光敏氧化和酶促氧化三种形式。水产品脂质体中富含不饱和脂肪酸，且多分布于皮下靠近侧线的一层肌肉组织内，即使在很低的温度下也不会凝固。在加工、储藏过程中，脂肪酸在其他外力的作用下，自内部转移到表层，与氧气接触发生酸败。随着氧化的进行，鱼体内部发生褐变，引起油烧。

三、贮藏过程中嘌呤含量的变化

海水鱼含有大量的蛋白质、矿物质、维生素及DHA，且没有土腥味，深得消费者的喜爱。但消费者常常忽略其高嘌呤可能带来的危害。目前，海产品已被列为高嘌呤食品范畴。

嘌呤的合成途径包括主要合成途径和补救合成途径。主要合成途径以谷氨酰胺、甘氨酸、天冬氨酸为原料合成嘌呤环，它不是先合成嘌呤，再与核糖和磷酸合成核苷酸，而是从5-磷酸核糖焦磷酸开始，经一系列酶促反应后形成次黄嘌呤核苷酸，然后再转变为其他嘌呤核苷酸。补救合成途径则需要依靠外源性嘌呤碱或嘌呤核苷来合成嘌呤核苷酸。

嘌呤核苷酸的分解一般是先在单核酸酶（或磷酸单酯酶）的催化下，脱去磷酸，生成嘌呤核苷，后者在核苷磷化酶或核酸水解酶的作用下生成嘌呤碱。腺嘌呤和鸟嘌呤进一步水解脱氨分别生成次黄嘌呤和黄嘌呤（也有部分腺嘌呤的脱氨分解是在其核苷和核苷酸水平上发生的，然后再水解生成次黄嘌呤），次黄嘌呤在黄嘌呤氧化酶的作用下转化为黄嘌呤，黄嘌呤在黄嘌呤氧化酶的作用下氧化生成尿酸（2,6,8-三羟基嘌呤），尿酸在尿酸氧化酶的催化下生成尿囊素，尿囊素在尿囊素酶的催化下生成尿囊酸，尿囊酸在尿囊酸酶的催化下生成尿素，最终尿素在尿素酶的催化下被彻底分解为二氧化碳和水。

硬骨鱼类体内还含有尿囊素酶，能将尿囊素分解为尿囊酸排出体外；某些鱼类和两栖类动物具有尿囊酸酶，能将尿囊酸转化为尿素排出体外；而河蚌、甲壳类等动物体内还有尿素酶，可将尿素再降解为氨。

在贮藏过程中，嘌呤含量也有变化。早在1988年，Lou等就经研究发现草虾在贮藏过程中腺嘌呤和次黄嘌呤含量逐渐下降，在室温和5℃贮藏条件下均发现kp值（次黄嘌呤/腺嘌呤）升高，直到kp值分别达到1.29 μmol/g和1.42 μmol/g，草虾的感官品质不可接受，腺嘌呤含量的可接受下限分别是20.42 μmol/g和18.72 μmol/g。曲欣等（2014）探究了−40℃、−18℃、0℃、4℃、20℃储藏条件下鲈鱼、对虾和菲律宾蛤仔的嘌呤含量变化，结果表明，在0℃储藏条件下三种水产品的嘌呤含量均迅速下降后升高，腺嘌呤含量迅速降低后趋于平缓，次黄嘌呤含量逐渐升高，鸟嘌呤含量逐渐降低后趋于稳定，黄嘌呤变化不大，在4℃储藏条件下结果相同，在20℃储藏条件下三种水产品的嘌呤总量先下降后上升，与Lou等测得的草虾在室温条件下的嘌呤变化一致。吕兵兵等（2012）比较分析了25℃、4℃和−20℃贮藏条件下带鱼嘌呤含量变化发现，在贮藏过程中黄嘌呤含量均有大幅上升，鸟嘌呤、次黄嘌呤和腺嘌呤含量变化不明显。Piñeiro-Sotelo等（2002）利用反相液相色谱法检测了海胆性腺的嘌呤含量并且研究了不同贮藏温度对嘌呤含量的影响，发现无论罐藏还是冷冻保存，次黄嘌呤含量升高而腺嘌呤含量下降，这与Lou等研究草虾的结果是一致的。原因之一是动物死后存在酶促降解反应，嘌呤含量的变化与水产品新鲜度存在关联性，其中催化三磷酸腺苷（ATP）转化到肌苷-磷酸（IMP）的酶是内源性酶。水产品在贮藏过程中腺嘌呤含量迅速降低后缓慢降低至平缓，次黄嘌呤含量迅速升高后缓慢升高至平缓，这与水产品死后酶促反应有关，鸟嘌呤和黄嘌呤变化虽不明显，但也有缓慢升高至平缓的趋势。

第三节　动物性水产品腐败发生的机理

一、物理作用

动物性水产品含有较多的水分和较少的脂肪；肌肉组织较脆弱，天然免疫素含量较少。鱼类外皮薄，鳞容易脱落，在捕获时容易造成死伤，细菌容易从受伤部位侵入。鱼体表面背腹的黏液，是细菌良好的培养基，附着的细菌在室温下极易繁殖。

（一）鱼类

鱼类被捕获致死经过一定时间后进入僵硬阶段。死后僵硬期的长短，因鱼的种类、捕捞方法和运输保藏条件等而有所不同，其中温度是一个主要因素。一般夏季不超过数小时，冬季或冰藏条件下可维持数天之久。鱼体在僵硬阶段以后开始自溶。自溶作用的快慢，因鱼的种类、保存温度和鱼体组织内的盐类及酸碱度而有变化，其中保存温度仍然是主要因素。气温越高，自溶作用越快。

（二）虾、蟹、贝类

与鱼类相似，虾、蟹、贝类死后可分为僵硬期、自溶期、腐败期三个阶段。虾、蟹、贝类死后，体内血液循环停止，体内氧供应随即停止，虾体进入僵硬阶段。此时，糖原经酵解反应分解为乳酸，肌肉 pH 下降，同时肌肉中 ATP 分解释放出能量使体温上升，导致蛋白质酸性凝固和肌肉萎缩，使肌肉蛋白质失去弹性而变硬。当体内 ATP 分解完毕后，肌肉软化解硬，进入自溶阶段，此时蛋白质在体内酶的作用下分解成一系列中间产物及氨基酸和可溶性含氮物。

二、化学作用

海水鱼腐败的化学作用主要基于蛋白质降解、糖酵解反应及脂质氧化，在这一过程中常伴随着各种成分的分解和新化合物的形成，而这些化合物则会对鱼的滋味、风味及质地产生不同程度的影响，当这些产物积蓄到一定程度时便会使鱼体产生异味，最终完全丧失食用价值。

（一）脂质的氧化反应

脂质氧化是导致鲱鱼、鲑鱼等高脂远洋鱼类腐败的重要原因之一。相对于饱和脂肪酸，不饱和脂肪酸在海水鱼中含量相对较多，其自动氧化机制主要分为链的引发、链的增殖及链的终止三个阶段。在链的引发阶段，脂质分子在热能、金属离子和辐射等催化作用下形成游离自由基。这些自由基在增殖阶段会与氧反应形成过氧自由基，而过氧自由基进一步攻击其他脂质分子形成氢过氧化物和新的自由基，从而使反应循环进行，直到各自由基相互反应形成稳定的终产物而终止氧化。

脂质氧化可分为酶促氧化和非酶促氧化。其中酶促氧化的过程被称作脂解作用。在这一过程中，脂肪酶水解甘油酯形成游离脂肪酸并与肌原纤维蛋白结合，从而导致蛋白质发生变性，降低鱼肉品质。这种酶可能来源于鱼体自身，也可能来源于嗜冷微生物的代谢作用。其中鱼类脂肪水解所涉及的酶主要有三酰基脂肪酶及磷脂酶。与酶促氧化不同，非酶促氧化主要由血红素化合物催化产生氢过氧化物。高浓度的促氧化血红蛋白能够促使鱼肉组织发生氧化，降低 pH 也能促进氧化程度。

（二）糖酵解反应

水产品死后，血液循环停止，溶氧很快耗尽，肌肉中的糖原发生酵解生成乳酸，导致肌肉的 pH 从 7.4 左右下降至 6.0 甚至更低。同时，肌肉的渗透压升高，ATP 发生降解，脂质发生氧化。三甲胺氧化物（trimethylamine oxide，TMAO）由于前期的内源酶作用和后期的微生物作用及活性氧的增加而降解生成三甲胺（TMA）。

糖酵解过程中，糖原在酶的作用下生成 CO_2、水和 ATP。糖酵解分为无氧酵解和有氧酵解两个阶段。有氧酵解主要依赖于动物死后残存于循环系统中的氧。在厌氧条件下，ATP 可以通过两条途径合成，一条途径是脊椎动物（硬骨鱼）所特有的磷酸激酶催化磷酸肌酸降解或是无脊椎动物（如虾、蟹、贝类等）特有的磷酸精氨酸将 ATP 分解产生的 ADP（腺苷二磷酸）重新再生成 ATP；另一条途径是糖酵解过程中葡萄糖产生 ATP。而等量的葡萄糖在有氧条件下产生的 ATP 远远高于无氧条件。因此，动物体死后，在缺氧条件下，鱼肉组织不能维持正常水平的 ATP。随着磷酸肌酸和糖原的消失，鱼肉中 ATP 含量显著下降，分解生成 ADP、腺苷一磷酸（AMP）、肌苷一磷酸（IMP）、次黄嘌呤核苷（inosine，HxR）、次黄嘌呤（Hx）、黄嘌呤（Xa）和尿酸。

海水鱼死后，鱼肉中 ATP 含量下降，肌原纤维中的肌球蛋白与肌动蛋白结合，形成不可伸缩的肌动球蛋白，使鱼肉收缩从而导致鱼肉变硬，直至整个肌体僵直。当达到最大僵硬程度后，开始发生解僵作用，导致鱼肉变软，弹性下降。其主要原因是组织中胶原分子结构改变，胶原纤维变得脆弱，肌细胞骨架蛋白和细胞外基质结构（如结缔组织、胶原蛋白）发生了降解。

（三）蛋白质的作用

海水鱼由于水分含量高，鱼肉组织脆弱，内源蛋白酶活跃，贮藏过程中蛋白质易发生降解，最终导致腐败变质，影响食用品质和安全性。水产品鱼肉蛋白质降解对于水产品加工适用性的影响至关重要。水产品贮藏期间发生的蛋白质降解往往是无益的，会产生特定的腐败异味，降低其食用价值。蛋白质降解是一系列复杂的生理、物理、生物化学和微生物繁殖共同作用的结果，其程度随水产品种类和季节而变化，最终使水产品鱼肉逐渐变得柔软。蛋白质、脂肪和糖原等高分子化合物降解成易被微生物利用的低分子化合物，并随着贮藏期的延长，微生物生长会加快水产品的腐败。

水产品中鱼肉及内脏中含有大量的蛋白酶等内源性酶，而鱼体在死亡后会在这些酶的作用下快速地发生降解反应并导致鱼肉的感官品质发生变化。在腐败初期，自溶酶能够在不产生腐败标志性气味的情况下降低鱼体的品质。表 1-1 为冷藏海水鱼腐败过程中常见的相关酶、作用底物及作用效果。这表明即使在腐败菌数量相对较少时，酶的降解作用仍能够明显降低海产品的品质及货架期。贮藏过程中糜蛋白酶等消化酶会从肠胃中溶出到鱼肉组织中，并与其他内源性酶共同作用导致鱼体组织的软化，严重的甚至会使鱼体组织发生破裂等。这一过程也常伴随着甲醛、乳酸及次黄嘌呤等有害或不良风味物质的产生。

表 1-1　冷藏海水鱼腐败过程中常见的相关酶、作用底物及作用效果

酶	作用底物	作用效果
糖酵解酶	糖原	产生乳酸
参与核苷酸分解的自溶性酶	ATP、ADP、AMP、IMP	产生 Hx
组织蛋白酶	蛋白质、多肽	组织软化
糜蛋白酶、胰蛋白酶、羧肽酶	蛋白质、多肽	肠腹部溶解
钙蛋白酶	肌原纤维蛋白	组织软化
胶原酶	结缔组织	组织软化及破裂
TMAO 去甲基酶	TMAO	甲醛

三、微生物作用

食品中微生物的腐败是全球关注的问题。据估计，食物中有 25% 在收获后因微生物的腐败而损失。新鲜的水产品中往往因为含有较多的水分、可溶性蛋白质和不饱和脂肪酸而易腐败，并且目前水产品贮藏保鲜技术还不够完善，使得水产品相比于其他一般动物性肉制品更容易腐败变质。水产品腐败受多种因素影响，微生物的生长及代谢被认为起着决定性的作用。通常情况下，鲜活海水鱼的鱼体组织是无菌的。然而，由于水产品肉质组织比较软，在水产品的生长、捕捞及运输等过程中，易造成死伤，多数情况下，不进行冲洗，带着内脏直接运输，增加了分解蛋白质细菌入侵的机会。即使在低温情况下，也是如此。外界或其体表富集的微生物可以通过鳃部等器官经循环系统进入肌肉组织，也能够通过体表黏液和肠道等直接侵入机体，此外鱼类表面的黏液也是细菌良好的培养基。

（一）特定腐败菌

海水鱼类机体上常见并可以引起其腐败变质的细菌有假单胞菌属、无色杆菌属、黄杆菌属等。淡水鱼类机体，除上述细菌外，还存在产碱杆菌属和短杆菌属类细菌。这些微生物绝大多数在常温下生长繁殖得很快，能够引起鱼类的腐败变质。通过对致腐微生物的研究发现，在海水鱼腐败过程中，不同微生物的致腐能力存在明显差异，由于水产品加工贮藏条件差异较大，不同水产品均有其特定的微生物类型，且仅有部分微生物参与其腐败过程，进而逐渐占据主导地位。这些微生物被称为特定腐败菌（specific spoilage organism，SSO），也称优势腐败菌。

水产品腐败变质的主要表现为其携带的特定腐败菌在生长和代谢过程中生成了一些不良物质，从而使得水产品在感官上出现了不被消费者所接受的气味、触感和色泽，这些物质主要包括产生异味的胺类、硫化物、有机酸等。

研究表明，水产品品种、生存环境及贮藏加工条件均会影响水产品优势腐败菌种类（表 1-2）。其中加工贮藏方式对其影响较大。新鲜海水鱼中的优势腐败菌主要为腐败希瓦氏菌（*Shewanella putrefaciens*），冷藏海水鱼中的优势腐败菌以假单胞菌（*Pseudomonas* spp.）为主。0℃储藏时，在常规包装条件下，腐败假单胞菌为优势腐败菌；在真空包装条件下，腐败假单胞菌、磷发光杆菌为优势腐败菌；在气调包装（含有 CO_2）条件下，磷发光杆菌为优势腐败菌。5℃储藏时，上述包装条件下，产气单胞菌属、腐败假单胞菌为优势腐败菌。这些优势腐败菌往往导致水产品产生三甲胺、硫化氢及有异味的挥发性硫化物。对于轻微加

工贮藏的水产品，占优势的微生物主要是革兰氏阳性菌（乳酸菌等）组成的菌群。盐渍或发酵水产品占优势的菌落是革兰氏阳性、嗜盐或耐盐的小球菌、酵母、乳酸菌和霉菌。这些微生物往往引起臭味。有些嗜盐的霉菌不会使水产品产生臭味，但是会导致外观令人厌恶从而降低水产品制品价值。

表 1-2   水产品中常见的优势腐败菌（钱韵芳和林婷，2020）

	水产品	检测方法	优势腐败菌
鱼类	鳕鱼	16S rRNA 测序（培养基法）	假单胞菌（*Pseudomonas* spp.）、发光杆菌（*Photobacterium* spp.）、腐败希瓦氏菌（*Shewanella putrefaciens*）
	无须鳕	16S rRNA 高通量测序（非培养）	发光杆菌属（*Photobacterium*）、嗜冷杆菌属（*Psychrobacter*）
	带鱼	选择性培养基、传统生理生化鉴定	希瓦氏菌属（*Shewanella*）、假单胞菌（*Pseudomonas* spp.）、奥斯陆莫拉菌（*Moraxella osloensis*）、肉食杆菌属（*Carnobacterium*）
	三文鱼	16S rRNA 高通量测序（非培养）	假单胞菌属（*Pseudomonas*）、发光杆菌属（*Photobacterium*）、希瓦氏菌属（*Shewanella*）、不动杆菌属（*Acinetobacter*）、黄杆菌属（*Flavobacterium*）和金黄杆菌属（*Chryseobacterium*）
	三文鱼（真空包装）	16S rRNA 高通量测序（非培养）	发光杆菌（*Photobacterium* spp.）
	金枪鱼（真空包装）	16S rRNA 高通量测序（非培养）	假单胞菌（*Pseudomonas* spp.）
	海鲷	16S rRNA 高通量测序（非培养）	假单胞菌（*Pseudomonas*）、嗜冷杆菌属（*Psychrobacter*）
虾、蟹类	南美白对虾	选择性培养基、传统生理生化鉴定	假单胞菌属（*Pseudomonas*）、希瓦氏菌（*Shewanella*）
		16S rRNA 高通量测序（非培养）	不动杆菌属（*Acinetobacter*）、嗜冷杆菌属（*Psychrobacter*）、希瓦氏菌属（*Shewanella*）、气单胞菌属（*Aeromonas*）
	去壳熟虾	16S rRNA 测序（非培养基法）	肉食杆菌（*C. divergens*、*C. maltaromaticum*）漫游球菌（*Vagococcus carniphilus/fluvialis*）、肠球菌（*Enterococcus faecalis*、*E. faecium*）、热死环丝菌（*Brochothrix thermosphacta*）、液化沙雷氏菌（*Serratia liquefaciens*）
	蓝蟹	16S rRNA 高通量测序（非培养）	红杆菌科（*Rhodobacteraceae*）、弧菌（*Vibrio* spp.）
头足类	鱿鱼、乌贼	选择性培养基、传统生理生化鉴定	假单胞菌属（*Pseudomonas*）、希瓦氏菌属（*Shewanella*）、肉食杆菌属（*Carnobacterium*）、乳杆菌属（*Lactobacillus*）
	乌贼	高通量测序法	嗜冷杆菌属（*Psychrobacter*）
贝类	紫贻贝	高分辨率熔解分析（培养基法）	嗜冷杆菌属（*Psychrobacter alimentarius*、*Psychrobacter pulmonis*、*Psychrobacter celer*）、肺炎克雷伯杆菌（*Klebsiella pneumoniae*）
	牡蛎	16S rRNA 测序（非培养基法）	乳球菌属（*Lactococcus*）、乳杆菌属（*Lactobacillus*）、肠杆菌属（*Enterobacter*）、气单胞菌属（*Aeromonas*）

1. 微生物代谢产物与水产品腐败   水产品含有较少的碳水化合物，但通常含有高含量的游离氨基酸。许多鱼类含有 TMAO。水产品中的 SSO 分解氨基酸产生氨、生物胺、有机酸和硫化合物，从 ATP 降解产物中产生黄嘌呤，从乳酸中产生乙酸。TMA 是由一些能够利用 TMAO 进行厌氧呼吸的细菌产生的。海鲜中产生的许多微生物代谢物与肉类和家

禽产品中观察到的类似；然而，在海鲜变质过程中，TMA 尤其有助于形成典型的氨气味和"鱼腥味"。气单胞菌、耐冷肠杆菌、磷脂菌、腐败希瓦氏菌、弧菌都能将 TMAO 降解为 TMA。

研究表明，部分腐败菌代谢产物可作为水产品的质量指标。与微生物方法相比，化学方法的分析速度可能要快得多。然而，对于某些化合物，直到接近变质时才有可测量的浓度。海产品的经典单组分质量指数（SCQI）包括挥发性盐基氮（TVB-N）和 TMA 的测定。ATP 降解产物（K 值）和生物胺之间的比率也被用作质量指标。最近引入了多种化合物质量指数（MCQI），其中通过统计方法确定了几种代谢物的组合，并与一些产品的感官特性或保质期有较好的相关性。这种复杂的化学分析、感官评估和多元统计的新组合将是未来几年食品腐败研究的一个重要领域。

2. 腐败菌之间的相互作用　　腐败菌的选择是由产品的物理和化学条件决定的。然而，水产品腐败明显涉及微生物的大量生长（$>10^6 \sim 10^7$ CFU/g），不同微生物群之间的相互作用（拮抗或共生）可能影响其生长和代谢。尽管鱼肉营养丰富，但环境中的铁含量是有限的，细菌生长过程中会产生铁载体。假单胞菌铁载体的高铁结合能力可能导致该菌群成为优势腐败菌。由于乳酸和细菌素的形成或对营养素的竞争，乳酸菌能够抑制其他细菌的生长，这可能有助于它们在轻度贮藏的海产品腐败过程中迅速繁殖。乳杆菌和肠杆菌科细菌在贮藏鱼制品腐败过程中可能发生相互作用。乳酸菌可以降解精氨酸（鸟氨酸），然后由肠杆菌降解为腐胺，这导致腐胺的含量比在没有乳酸菌的情况下高出 10～15 倍。研究表明，微生物在水产品贮藏过程中的腐败是微生物间的相互作用导致的，目前研究最广泛的机制是微生物间的群体感应现象，即微生物通过感知体外环境及自身的菌群状态，以调整其自身生长代谢而不断提高环境竞争力。

（二）细菌的群体感应现象

微生物在自然界中广泛存在，它们通过感知外界环境与自身菌群状态，调整生长代谢，促进细菌个体间相互交流以更好地适应生长环境。细菌间的交流依赖于扩散性小分子——自诱导物（autoinducer，AI）。细菌生长过程中此信号分子的产生和分泌处于基础水平，环境介质中信号分子的浓度随细菌密度的增大而增加，当达到一定的浓度阈值时可通过群体感应系统调节目标基因的表达，这种细菌间的交流被称为群体感应（quorum sensing，QS）。随着在群体感应系统方面的深入研究，研究者在真菌病毒中也发现了类似细菌群体感应的现象，因此 QS 也被认为是微生物中广泛存在的个体间交流的通信机制。根据信号分子类型的不同，可将群体感应系统大致分为 4 类：一是酰基高丝氨酸内酯类（acyl-homoserine lactone，AHL）信号分子介导的革兰氏阴性菌 QS 系统；二是自诱导肽类（autoinducing peptide，AIP）信号分子介导的革兰氏阳性菌 QS 系统；三是 AI-2 信号分子介导的种间 QS 系统；四是其他类信号分子介导的 QS 系统。这些信号分子主要包括假单胞菌喹诺酮信号（PQS）、扩散信号因子（DSF）、羟基-棕榈酸甲酯（PAME）等。水产品腐败菌多数是革兰氏阴性菌。

1. 以费氏弧菌（*Vibrio fischeri*）的 LuxI/R 型 QS 类型为例　　LuxI/R 群体感应类型是革兰氏阴性菌中最普遍的群体感应类型。其中 LuxI 蛋白为信号分子合成酶，负责催化信号分子前体 *S*-腺苷-L-甲硫氨酸（SAM）的氨基发生酰化，最终生成信号分子 *N*-酰基高丝氨酸内酯（AHL）。AHL 由一个高度保守的内酯环和一个可变的酰基侧链组成。酰基侧链的长短、饱和度及 3 位碳上的取代基都是导致 AH 结构不同的因素。而 LuxR 蛋白则通常被上述合成的信号分子激活，其 N 端与信号分子结合形成 AHL-LuxR 复合蛋白，同时使蛋白 C 端的 DNA 结合区域暴露出来，并与下游基因启动子结合，开启基因转录，表达相应的生物性状（图 1-1）。研究者发现，与水产品腐败密切相关的致腐菌，如荧光假单胞菌、蜂房哈夫尼亚菌、温和气单胞菌等均存在与 LuxI/R 系统类型类似的群体感应系统。

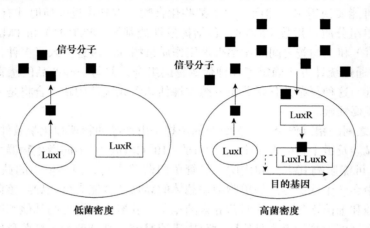

图 1-1　革兰氏阴性菌的 LuxI/R 调节系统（励建荣，2018）

2. 细菌群体感应系统对水产品腐败的影响　腐败菌的代谢产物引起的不良气味和味道是导致水产品鲜度下降和感官不可接受的主要因素。目前，对于水产品腐败变质过程中群体感应作用的研究主要集中于鱼类和虾类。刘尊英等（2011）经研究发现，凡纳滨对虾的优势腐败菌菌株 1（Aci-1）和菌株 2（Aci-2）均属于不动杆菌属，均存在以 AHL 为信号分子的群体感应系统，添加外源信号分子 AHL 能促进 Aci-1 生物被膜的形成，且呈浓度依赖性。希瓦氏菌（*Shewanella baltica*）是水产品中常见的腐败菌。希瓦氏菌为革兰氏阴性嗜冷菌，能产生 H_2S，具有还原氧化三甲胺为三甲胺及产生多种生物胺的能力，是大黄鱼等富含蛋白质类水产品在冷藏过程中的特定腐败菌。通过对希瓦氏菌的群体感应系统及其与水产品腐败之间的联系进行研究发现，在希瓦氏菌所分泌的 AI-2 型及 4 种二酮哌嗪类化合物（diketopiperazine，DKP）活性信号分子中，仅 cyclo-（L-Phe-L-Leu）能够促进水产品的腐败。荧光假单胞菌（*Pseudomonas fluorescens*）是一种典型的革兰氏阴性腐败菌，广泛存在于生鱼（尤其是寿司或生鱼片）、肉类、乳制品及新鲜蔬菜中。经研究发现，荧光假单胞菌中的 RpoS 因子能够调节 AHL 的合成，并通过比较荧光假单胞菌 RpoS 缺失株与野生株在不同环境胁迫下的耐受能力，证明了 RpoS 是调节荧光假单胞菌 QS 致腐能力的主要调控因子。气单胞菌属是冷藏水产品的特定腐败菌。蜂房哈夫尼亚菌是一种能运动、有鞭毛、兼性厌氧的革兰氏阴性条件致病菌，常见于乳制品、肉类和水产品中，在真空包装产品中分离的概率较高，尤其是真空包装食品。Hou 等（2017）从腐败的即食海参中分离出的 3 株蜂房哈夫尼亚菌（H2、H4 和 H7）均能产生 AHL，且外源信号分子的添加可增强该菌形成生物被膜的能力。嗜水气单胞菌（*Aeromonas hydrophila*）属弧菌科，能导致鱼类的出血性败血症，是水产品较常见的致病菌和腐败菌。嗜水气单胞菌可产生多种致腐因子，包括外毒素、胞外蛋白酶、生物膜和脂多糖等，且这些致腐因子均受到嗜水气单胞菌 QS 系统的调控。研究者利用报告菌株法、薄层色谱法、气相色谱-质谱联用技术发现冷冻凡纳滨对虾中存在 AHL、AI-2 和环二肽，并发现这些信号分子能够调控优势腐败菌生物被膜基质和胞外蛋白酶的产生。

1）生物被膜对水产品腐败的影响　　生物被膜是指细菌附着于惰性或活性实体的表面繁殖、分化，并分泌一些多糖基质将菌体群落包裹其中而形成的细菌聚集体膜状物。它的实质是一种或多种微生物形成的有特定功能的多细胞组织结构，它的形成需要大量的同种或不同种微生物共同参与、协调完成。病原菌生物被膜的形成往往受到 QS 的调控。细菌生物被膜广泛存在于水产品加工设备接触面、自来水管道和墙壁下水道等含水或潮湿环境中的各种表面。生物被膜是以一种特殊形态存在于水产品加工过程中，这与水产品所含的营养成分有直接的关系。在生物被膜的作用下，很容易增加水产品受微生物污染的概率，产生大肠杆菌、沙门氏菌属及李斯特菌等比较常见的食源性致病菌，在其保护下，致病菌很难被去除，以致对水产品造成直接污染。近年来，随着对生物被膜不断地深入研究，人们发现复杂的生物被膜形成机理受群体感应系统的调控。QS 对于生物被膜的形成有重要作用，生物被膜复杂的多层结构体系使细菌群落生长在一个固着、被保护的环境中。研究表明，假单胞菌能够利用 QS 系统调节生物被膜基质成分（蛋白质、凝集素及脂多糖等）的分泌。此菌在不锈钢表面形成生物被膜，并且与沙门氏菌等致病菌共生于生物被膜中，可能导致水产品加工设备发生故障或产生额外的清理工作而引起经济损失。生物被膜的形成是一个动态的过程，成熟的生物被膜在内在的调节机制或外部冲刷力的作用下，可以部分脱落，脱落的细菌又转变成浮游生长状态，它们在环境中急剧增殖，造成水产品慢性感染的急性发作。与此同时，这些浮游的细胞还可以再黏附到合适的表面形成新的生物被膜。生物被膜这种动态过程会给清除工作带来困难。目前，控制细菌生物被膜的常见手段主要有三类：第一，采用现代化的技术阻止微生物黏附在宿主身上，避免黏附作用导致水产品被污染而直接影响水产品安全。第二，抑制生物被膜的形成。采用高温、高压等方式破坏生物被膜结构，避免结构形成而造成污染，从而起到杀菌消毒的效果。第三，清除已经形成的生物被膜，常见的物理手段有超高磁场、超声波处理、高脉冲电场等。

2）胞外酶对水产品腐败的影响　　按照酶合成后分布和存在的位置，可将酶分为胞内酶和胞外酶。胞外酶是指那些在合成后分泌到细胞外而游离在发酵液中的酶。有研究表明，细菌胞外脂肪、蛋白水解酶的产生是由基于 AHL 的 QS 系统的调节子调控的。水产品贮藏前期，水产品自身内源酶作用是导致腐败的重要因素。内源酶在鱼类品质变化过程中起到了关键作用。水产品贮藏后期，微生物作用是导致其腐败变质的关键因素。部分微生物（尤其是 SSO）利用产生的胞外酶通过氨基酸的降解作用和脂肪的氧化分解作用来影响水产品的品质。细菌分泌的胞外蛋白酶水解水产品腐败过程中产生的蛋白质，产生一些小分子物质。例如，氨基酸为自身提供营养的同时也会被处于同一环境中的其他微生物所利用；胺、硫化物、醇类、酮、醛和有机酸等物质使水产品带有不可接受的异味，致使水产品腐败。研究表明，大量的蛋白水解酶、脂肪氧化酶等导致水产品这类高蛋白食品的颜色、风味和气味改变，同时还产生胞外多糖等代谢产物在食品表面形成黏液，加速了水产品的腐败。孔令红等（2012）在鳕鱼体表分离出的腐败希瓦氏菌 Y0612 产生氧化三甲胺还原酶，将三甲胺氧化物（TMAO）还原为三甲胺（TMA），进而生成甲醛等腐败物质，加速了鳕鱼的腐败。一般来讲，脂解作用是脂质氧化中的酶促氧化过程。在酶的参与下，脂肪发生分解。该过程中通过脂肪酶的水解作用产生游离脂肪酸，进而与水产品自身肌原纤维蛋白结合，导致蛋白质变性，降低水产品品质。参与的酶类可能是内源酶，也可能是细菌代谢产生的胞外酶。其中，参与脂肪水解的酶主要有三酰基脂肪酶及磷脂酶。这些酶受到细菌 QS 系统的调控。

3）QS 调控嗜铁素的分泌　　嗜铁素是微生物在低铁条件下，为加强自身对铁元素的摄入和利用而合成并分泌的一类铁螯合剂。具有分泌嗜铁素能力的腐败菌通过竞争结合食品基质中的铁而获得生长优势。这也揭示了腐败希瓦氏菌、假单胞菌等产嗜铁素丰富的微生物在水产品腐败过程中成为优势腐败菌的原因。Rasch 等（2005）首次发现肠杆菌的嗜铁素分泌受到 QS 系统的调控。国内研究者探究了环境条件对大菱鲆源荧光假单胞菌致腐因子的影响，发现添加外源 AHL 可明显促进菌株嗜铁素的分泌。这些研究均表明微生物嗜铁素的分泌能力受 QS 系统的调控。

（三）特定腐败菌的检测与鉴定

1. 传统 SSO 鉴定方法　　常规鉴定是通过微生物培养和分离纯化，首先观察菌株的形态特征（形状、大小、有无鞭毛等）、生理生化特征（营养类型、最适生长温度和范围等），然后查阅细菌鉴定手册（《常见细菌系统鉴定手册》《伯杰氏细菌鉴定手册》等），对纯化的微生物进行分类与鉴定，用此方法可以鉴定到属。这种方法是最传统的方法，也是最常用的方法，目前在很多研究中仍在应用。王玉婷等（2010）采用此方法分析 4℃冷藏的大黄鱼，确定其腐败菌主要有腐败希瓦氏菌、黄色杆菌属、产碱杆菌属、假单胞菌，并最终确定其SSO 为腐败希瓦氏菌。崔正翠等采用此方法确定 0～10℃储藏条件下大菱鲆的特定腐败菌为希瓦氏菌，验证了冷藏海水鱼的腐败菌多为希瓦氏菌的观点。

2. 新型 SSO 鉴定方法　　微生物群落多样性由物种多样性、遗传多样性和功能多样性组成。其中遗传多样性是研究微生物类别的关键点。由于细菌 16S 核糖体脱氧核糖核酸（16S ribosome deoxyribonucleic acid，16S rDNA）的保守区具备共通性，因此可被用于设计通用引物。此外，其可变区的特异性可用来鉴别菌种种类。换言之，16S rDNA 是样品总细菌群落结构分析的分子基础。所以采用 16S rDNA 作为目的序列对各样品中的微生物进行结构分析、鉴定和比对是较为快速与简便的方法。16S 核糖体核糖核酸（16S ribosome ribonucleic acid，16S rRNA）基因存在于所有的细菌中，功能同源并且分子大小适宜操作，序列变化与进化距离相等，在系统进化中既高度保守又有可变性，这些特点使其在细菌鉴定、分类和菌落多样性的研究中被广泛应用。由于 16S rRNA 和 16S rDNA 的保守性和特异性，随着 PCR技术的发展，两者成为在微生物多样性研究中常用来鉴定物种的重要手段。

聚合酶链式反应（polymerase chain reaction，PCR）技术，又称基因体外扩增技术，是在体外酶促合成特异 DNA 片段的一种方法，是微生物快速检测领域最常见的手段之一。PCR 技术在 SSO 检测领域的应用不断发展，与其他技术结合，衍生出质谱（MS）-PCR 技术、多重 PCR 技术、PCR 单链构象多态性（SSCP）技术、荧光定量 PCR 技术、实时PCR 技术等，成为 SSO 检测中常用的一个快速检测方法。潘子强等（2011）结合 16S rDNA 克隆文库及限制性酶切片段长度多态性（RFLP）技术研究脆肉鲩鱼在冷藏条件下的特定腐败菌，结果表明，腐败的脆肉鲩鱼中微生物种类单一，其中比例最高的两种 RFLP 分型共占克隆子总数的 88.4%，这两种优势腐败菌的 16S rDNA 序列与假单孢菌属（*Pseudomonas*）细菌的核苷酸序列的相似性高达 99%，因此确定这两种优势腐败菌是假单胞菌（*Pseudomonas* sp.），即脆肉鲩鱼在冷藏条件下的特定腐败菌是假单胞菌。这说明利用 16S rDNA 克隆文库和 RFLP技术结合可以简单、快速地确定水产品的特定腐败菌。

基因芯片技术是将各种基因寡核苷酸点样于芯片表面，微生物样品 DNA 经 PCR 扩增后制备荧光标记探针，再与芯片上寡核苷酸点杂交，最后通过扫描仪定量并分析荧光分布模式来确定检测样品是否存在某些特定微生物。近年来，李斯特菌相关的食品安全问题在水产品、奶制品、果蔬等行业时有发生，快速检出技术显得尤为重要。对李斯特菌属的分析结果证明，基因芯片技术是一种快速、准确地通过基因型鉴别微生物的方法，是一种快速、高效的水产品 SSO 检测方法。

酶联免疫吸附技术（enzyme linked immunosorbent assay，ELISA）：是一种把抗原和抗体的特异性免疫反应与酶的高效催化作用结合起来的检测技术。该技术已被广泛应用于分析化学、生物学，以及食品中的乳制品和畜产品领域，其在水产品领域也有应用。文其乙等（1995）利用该方法检测鱼粉沙门氏菌，建立了检测沙门氏菌的直接 ELISA 方法。该方法能够防止其他肠道菌的交叉反应，检测出该菌属 99% 的菌株，其敏感性和特异性高达 100% 和 97.6%，假阳性率很低，只有 2.4%。该方法灵敏度高、特异性强，在水产品 SSO 检测中具有很高的应用价值。

变性梯度凝胶电泳法（DGGE）：DNA 分子从双螺旋形变成局部变性型时电泳迁移率会下降，并且不同 DNA 片段发生这种变化所需的梯度不同。DGGE 利用这一现象，把长度相同而核苷酸顺序不同的双链 DNA 片段分开，并根据 DGGE 图谱上谱带的明亮程度来确定样品的 SSO。目前，该技术多与 PCR 技术相结合应用，即 PCR-DGGE。Jensen 等（2004）采用该方法对不同产地的大西洋大比目鱼幼苗 SSO 系统进行分析，确定不同地域的该水产品 SSO 不同，其中需氧异养生物群的 SSO 为假单胞菌。研究表明，在细菌持续增长之后，通过剖面图可以揭示菌群，是一种直观的鉴别方法，在水产品 SSO 的快速检测领域有很大的发展空间。

高通量测序技术：主要包括罗氏 454 公司的 GSFLX 测序平台、Illumina 公司的 Solexa Genome Analyzer 测序平台和 ABI 公司的 Solid 测序平台。高通量测序技术具有产出量高、耗费少、测序精确且自动化等优点。454 公司的 GSFLX 测序技术以焦磷酸测序为原理，它不同于其他高通量测序平台的显著特点是读长（reads）较长。目前 GSFLX 测序系统的序列读长已不低于 400 bp，对于从头测序等需要长 reads 的操作，它是较为理想的选择。Solid 是借助于连接反应进行的测序平台，其基本原理是通过把四色荧光标记的寡核苷酸进行多次连接合成，进而代替传统的聚合酶链式反应。超高通量是 Solid 系统最显著的特征。Solexa Genome Analyzer 测序平台是采用测序、合成同时进行的原理，实现样本制备的机械化和大规模的平行测序，是一种较低运行成本、较高性价比的高通量测序技术。高通量测序技术目前已经被广泛运用于微生物的研究中。江艳华等（2018）通过高通量测序对贮藏于 4℃、15℃、25℃的虾夷扇贝柱菌群结构及优势腐败菌进行了分析。试验结果表明，4℃的 SSO 为发光杆菌属（*Photobacterium*）、别弧菌属（*Aliivibrio*）和交替假单胞菌属（*Pseudoalteromonas*），分别占 46.91%、36.82%、11.01%；15℃的 SSO 为发光杆菌属（46.97%）和别弧菌属（43.33%）；25℃的 SSO 为发光杆菌属（41.94%）、别弧菌属（23.10%）、梭杆菌属（*Fusobacterium*，10.60%）和乳酸菌属（*Lactobacillus*，18.61%）。曹荣等（2016）基于高通量测序对冷藏 0 d、4 d、8 d 牡蛎的菌群进行了分析，试验结果表明，牡蛎冷藏初期的 SSO 主要以弧菌属（*Vibrio*）、希瓦氏菌属（*Shewanella*）和交替假单胞菌属（*Pseudoalteromonas*），分别占 28.3%、10.3% 和 7.2%；而在冷藏后期，弧菌属的比例迅速下降，而希瓦氏菌属和交替假单胞菌属在冷藏后期仍然为 SSO。这说明利用高通量测序可以对水产品在不同贮藏环境中的优势菌群进行分析，并且准确性高，在后续研究中可以结合微生物动力学规律用以构建进行货架期预测的数学模型。

（四）水产品变质与货架期预测

水产品中的特定腐败菌是造成水产品腐败的主要原因，评估特定腐败菌的代谢能力和菌体密度可知鱼的新鲜度，因此对特定腐败菌的生长状况进行预测就可以判断水产品的货架期。使用 SSO 概念的能够通过定量描述 SSO 生长的数学模型来预测海鲜的保质期。

水产品在贮藏过程中会发生一系列的品质变化。品质变化一般是指水产品在生产过程中的一些化学、物理、微生物变化，这些变化可以用化学反应动力学模型来描述。近年来，关于如何延长食品的货架期，以及快速检测食品的货架期成为研究的热点。李学英等（2009）建立了用于预测冷藏大黄鱼微生物学质量和剩余货架期的产 H_2S 菌生长动力学模型和剩余货架期模型，可以快速、实时地预测其在有氧冷藏过程中的鲜度品质和剩余货架期。温度是影响微生物生长最重要的因素，也是导致水产品腐败的重要原因，因此目前大多数货架期预测模型根据温度来建立。微生物的预测模型按照不同的分类标准可以有不同的分类，但是只有一级模型、二级模型和三级模型能把大部分的模型明确归类。

热死环丝菌（*Brochothrix thermosphacta*）、明亮发光杆菌（*P. phosphoreum*）、假单胞菌（*Pseudomonas* spp.）和腐败希瓦氏菌（*Shewanella putrefaciens*）的生长模型已成功地用于不同有氧贮藏和二氧化碳包装新鲜鱼的货架期预测。此外，考虑到腐败菌在产品上的分布和储存温度的随机模型已经被开发出来用于预测新鲜有氧鱼类的保质期，应用软件中包含了几个成功验证的 SSO 生长模型，这有助于在恒定和动态温度储存条件下预测海产品的货架期。

通过研究水产品的新鲜度和货架期预测模型方面的内容，可以更好地对水产品的品质进行预测和控制，对提高水产品的质量意义重大。水产品的货架期模型还有很多需要提高和改进的地方，比如在研究多菌种混合培养方面及温度波动条件方面，需要对模型进行改进以提高货架期模型的预测精度。此外，将货架期初级模型和二级模型进行结合，构建货架期预测模型的三级软件，建立起一套完善的预测系统仍是亟待解决的问题。

（五）有针对性地抑制腐败菌的方法

部分海产品容易损坏是众所周知的，这使得针对 SSO 的控制技术得以发展。新鲜的海洋冰鱼通过用二氧化碳包装，可以抑制呼吸道腐败菌（腐败希瓦氏菌和假单胞菌）。原则上，这会显著延长保质期。然而，由于存在抗二氧化碳的还原 TMAO 的磷杆菌，该产品的腐败速度几乎与非二氧化碳包装的鱼片相同。对磷杆菌的靶向抑制（如通过冷冻或添加香料）可减少其生长，并显著延长其保质期。非腐败乳酸菌或纯细菌素已被用于延长盐水虾的保质期，如果未经处理，则会因腐败乳酸菌的生长而腐败。

QS 调控在某些食品腐败中的参与也开辟了食品保存的新领域。目前，尽管市面上的保鲜技术还依赖于腐败生物的消除（杀灭）或生长抑制，但 AHL 调节的特性可以被特异性阻断。这种"群体感应干扰"不一定会抑制生长，原则上只会阻止不需要的腐败反应，如腐败过程中涉及的酶的分泌。群体感应抑制剂（QSI）是一种能够抑制微生物群体感应现象的物质的总称。其通过干扰腐败菌的群体感应系统来抑制其致腐因子的分泌，从而在不造成生长压力的同时降低腐败菌的致腐能力，以达到延长水产品贮藏期的目的。

QSI 主要有以下三种作用途径：①抑制群体感应信号分子的合成；②抑制群体感应信号分子的扩散；③竞争群体感应信号分子的受体。目前，随着抗生素滥用及耐药性问题的愈演愈烈，QSI 作为一种更加温和、安全的微生物危害控制手段受到越来越多的关注。曾惠

（2012）将海藻多酚作为 QSI 应用于大菱鲆的保鲜，并证明 QSI 在不杀死腐败菌的前提下可抑制大菱鲆的腐败。此外，肉桂醛通过竞争群体感应受体蛋白 LuxR 来抑制腐败菌蛋白酶的分泌，从而使冷藏大菱鲆贮藏期内的 TVB-N 值明显降低。

植物精油是从植物中提取的一类具有强烈气味的挥发性化合物。通常一种植物精油中包含数十种不同类型的化合物，然而只有其中几种含量较高的化合物能够决定其生物活性。在传统的食品工业中，植物精油常被用作香料添加到食品中以改善食品的风味。近年来，随着对植物精油抑菌性及抗氧化性的大量报道，其被当作一种潜在的保鲜剂应用于海水鱼及其加工品中。Erkan 等（2011）在扁鲹鱼糜贮藏过程中加入百里香精油及月桂精油，发现二者能够延缓鱼糜贮藏过程中的氧化现象，从而使鱼糜贮藏期延长了 4 d。虽然有研究证明上述生物保鲜手段能够有效延缓海水鱼的贮藏期，但单一的生物保鲜剂通常具有自身的局限性，并不能对引起海水鱼腐败的所有因素加以控制。在实际使用过程中，通常根据不同生物保鲜剂的作用机制，将两种或多种保鲜剂复配使用，使其发挥协同作用。张群利等（2012）将壳聚糖、茶多酚及溶菌酶按不同浓度复配，并应用于池沼公鱼的保鲜，结果表明复合保鲜剂能有效延缓池沼公鱼感官品质的下降。Li 等（2012）也发现将茶多酚及迷迭香提取物复配使用能大幅度提高对鲫鱼的保鲜效果。

（六）水产品微生物作用的途径

（1）水产品加工厂、冷库、仓库等卫生状况均会影响水产品的质量。

（2）水产品生存的水体环境中存在着各种大量的微生物。鱼类的体表和消化道内都有一定量的水系环境中的微生物存在。另外，渔场和居民区附近的水域，由于人、畜禽的粪便和生活污水的污染，其会受到病原微生物的污染。

（3）在运输、销售、加工等生产过程中接触到受病原微生物污染的容器、工具等，以及水产品操作人员自身携带的病原菌都会增加污染的机会。

（4）水产品贮藏过程中，工艺手段和贮藏环境的差别将会导致部分微生物类群逐渐占据主导地位，因而产生恶臭和异味产物，最终导致水产品腐败。

第二章 水产品的低温保鲜技术

第一节 水产品低温保鲜的基本原理

引起水产品腐烂变质的主要原因是微生物作用和酶的作用，以及氧化、水解等化学反应，而作用的强弱均与温度紧密相关。一般而言，温度降低均使作用减弱，从而延缓食品腐烂变质的速度。

一、对微生物的作用

水产品冷冻冷藏中主要涉及的微生物有细菌（bacteria）、霉菌（mould）和酵母（yeast），它们是能够生长繁殖的活体，因此需要营养和适宜的生长环境。由于微生物能分泌出各种酶类物质，使水产品中的蛋白质、脂肪等营养成分迅速分解，并产生三甲胺、四氢化吡咯、硫化氢、氨等难闻的气味和有毒物质，使其失去食用价值。

根据微生物对温度的耐受程度，将其划分为4类，即嗜冷菌、适冷菌、嗜温菌和嗜热菌。温度对微生物生长繁殖的影响很大。温度越低，它们的生长与繁殖速率也越慢。当处在它们的最低生长温度时，其新陈代谢活动已弱到极低程度，并部分出现休眠状态。

二、对酶活性的影响

酶是有生命机体组织内的一种特殊蛋白质，负有生物催化剂的使命，食品中的许多反应都是在酶的催化下进行的，这些酶有些是食品中固有的，有些是微生物生长繁殖时分泌出来的。

温度对酶活性（enzyme activity，即催化能力）的影响最大，$40\sim50\,^{\circ}\!C$ 时，酶的催化作用最强。随着温度的升高或降低，酶的活性均下降。在一定温度范围内（$0\sim40\,^{\circ}\!C$），酶的活性随温度的升高而增大。一般最大反应速度所对应的温度均不超过 $60\,^{\circ}\!C$。当温度高于 $60\,^{\circ}\!C$ 时，绝大多数酶的活性急剧下降。过热后酶失活是酶蛋白发生变性的结果。而温度降低时，酶的活性也逐渐减弱。但低温并不能破坏酶的活性，只能降低酶催化化学反应的速度，酶仍然会继续进行着缓慢的活动，在长期冷藏过程中，酶的作用仍可使食品变质。当食品解冻后，随着温度的升高，仍保持活性的酶将重新活跃起来，加速食品的变质。

基质浓度和酶浓度对催化反应速度的影响也很大。例如，在食品冻结时，当温度降至 $-5\sim-1\,^{\circ}\!C$ 时，有时会呈现其催化反应速度比高温时快的现象，其原因是在此温度区间，食品中的水分有80%变成了冰，而未冻结溶液的基质浓度和酶浓度都相应增加。因此，快速通过这个冰晶带不但能减少冰晶对食品的机械损伤，同时也能减少酶对食品的催化作用。

另外，在低温的条件下，油脂氧化等非酶变化也随着温度下降而减慢。因此，水产品在低温条件下保藏，可使水产品贮藏较长时间。

三、对水产品氧化的影响

引起食品变质的原因除微生物和酶促反应外，还有其他一些因素，如氧化作用、生理作用和蛋白质冻结变性等，其中较为典型的是脂质氧化。脂肪与空气接触时，发生氧化反应，生成醛、酮、酸、内酯和醚等物质，造成水产品品质下降。水产品中不饱和脂肪酸含量高，在贮藏过程中更易氧化变质。水产品脂质氧化会加速蛋白质氧化，引起蛋白质变性，品质劣变。无论是微生物引起的水产品变质，还是酶和其他因素引起的变质，在低温环境下都可以延缓或减弱，但低温并不能完全抑制它们的作用。

四、对水产品品质的影响

水产品在低温贮藏过程中，对其品质会产生影响。水产品中的水分蒸发，导致表面干燥，质量减轻。低温贮藏造成蛋白质结构改变，蛋白质中 ATPase 活性减少，肌动蛋白和肌球蛋白的溶解度降低，蛋白质变性。冷冻产品在解冻时，冰晶溶解产生的水分没有完全被组织吸收重新回到冻前状态，其中一部分水分从水产品中分离出来，造成汁液流失。脂肪酸败还会引起水产品发黏、风味劣变等。

第二节　水产品冷藏保鲜技术

一、冰藏保鲜

冰藏被广泛应用于水产品的保鲜中。它是以冰为介质，将鱼、贝类的温度降低至接近冰的融点，并在该温度下进行保藏。黄晓春等（2007）对美国红鱼冰藏过程中生化特性及鲜度的变化进行了研究，发现冰藏第 7 天时红鱼的 TVB-N 值为 24.49 mg/100 g，仍处于 Ⅱ 级鲜度（≤30 mg/100 g）。杨文鸽等（2007）对大黄鱼冰藏期间的鲜度进行研究，发现冰藏前 4 d 内大黄鱼的鲜度一直处于 Ⅰ 级水平，冰藏 11 d 后大黄鱼的鱼肉才开始出现腐败，得出冰藏大黄鱼的货架期为 10～11 d。Losada 等（2005）对分别贮藏于冰浆和冰屑中的鯵鱼的货架期进行了比较研究，结果表明，冰浆贮藏鯵鱼的货架期可以达到 15 d，远远高于冰屑贮藏的货架期（5 d）。用冰降温，冷却容量大，对人体无毒害，价格便宜，便于携带，且融化的水可洗去鱼体表面的污物，使鱼体表面湿润、有光泽，避免了使用其他方法常会发生的干燥现象。

用来冷却鱼类等水产品的冰有淡水冰和海水冰两种，淡水冰又有透明冰和不透明冰之分。透明冰被轧碎后，接触空气面小，不透明冰则反之。海水冰的特点是没有固定的融点，在贮藏过程中会很快地析出盐水而变成淡水冰，用来贮藏虾时降温快，可防止变质。但不准使用被污染的海水及港湾内的海水制冰。

天然冰是一种自然资源。在人工制冷不发达的年代里，人们建造天然冰库来贮存采集的天然冰。20 世纪 70 年代末期，我国制冷业取得了比较大的进展，沿海建立起了占全国冷冻能力 90% 的制冰冷库用于渔船的出海作业。

人造冰又叫机冰，根据制造的方式、形状等又可分为块冰、板冰、管冰、片冰和雪冰等。我国目前的制冰厂大多采用桶式制冰装置生产不透明的块冰。用块冰来冷却鱼贝类前，必须先将它轧成碎冰，碎冰装到渔船上以后，很容易凝结成块，使用时还需重新敲碎，操作麻烦，并且碎冰棱角锐利，易损伤鱼体，与鱼体接触不良。因此渔业发达的国家都趋向于用片冰、管冰、板冰、粒冰等。

冰藏保鲜的鱼类应是死后僵硬前或僵硬中的新鲜品，必须在低温、清洁的环境中，迅速、细心地操作，即3C（chilling，clean，care）原则。具体做法是：先在容器的底部撒上碎冰，称为垫冰；在容器壁上垒起冰，称为堆冰；把小型鱼整条放入，紧密地排列在冰层上，鱼背向下或向上，并略倾斜；在鱼层上均匀地撒上一层冰，称为添冰；然后一层鱼一层冰，在最上部撒一层较厚的碎冰，称为盖冰。容器的底部要开孔，让融水流出。金枪鱼之类的大型鱼类冰藏时，要除去鳃和内脏，并在该处装碎冰，称为抱冰。冰粒要细小，冰量要充足，层冰层鱼，薄冰薄鱼。因为鱼体是靠与冰接触，冰融解吸热而实现冷却的。如果加冰装箱时鱼层很厚，就会大大延长鱼体冷却所需的时间。从实验数据可知，当冰只加在鱼箱最上部的鱼体上面时，7.5 cm厚的鱼层从10℃冷却到1℃所需的时间是2.5 cm厚鱼层的9倍，冷却时间相差很大。

冰藏保鲜的用冰量通常包括两个方面：一是鱼体冷却到接近0℃所需的耗冷量；二是冰藏过程中维持低温所需要的耗冷量。冰藏过程中维持鱼体低温所需的冰量，取决于外界气温的高低、车船有无降温设备、装载容器的隔热程度、贮藏运输时间的长短等各种因素。冰藏保鲜是世界上历史最长的传统的保鲜方法，因冰藏鱼最接近于鲜活水产品的生物特性，故至今仍是世界范围广泛采用的一种保鲜方法。

二、冷海水保鲜

冷海水保鲜是将渔获物浸渍在温度为−1～0℃的冷却海水中，从而使鱼体温度得以冷却，从而达到贮藏保鲜的目的。李来好等（2000）利用冷海水喷淋保鲜装置对褐蓝子鱼和褐菖鲉进行保鲜试验，结果表明，采用冷海水喷淋保鲜褐蓝子鱼和褐菖鲉的效果优于冰藏保鲜，褐蓝子鱼、褐菖鲉的货架期分别达到8 d和7 d。Erikson等（2011）对不同冷却处理的大西洋鲑鱼的加工阶段（4 h）和销售阶段（7 h）的保鲜效果进行模拟研究发现，加工时用冷海水（−1.93±0.27）℃冷藏，销售时用冰冷藏的样品的保鲜效果最佳。

冷海水因获得冷源的不同，可分为冰制冷海水（CSW）和机制冷海水（RSW）两种。渔船上的冷海水保鲜装置通常由制冷机组、海水冷却器、鱼舱、海水循环管路、循环水泵等组成，见图2-1。冷海水鱼舱要求隔热、水密封，以及耐腐蚀、不沾污、易清洗等。为了防止外界热量的传入，鱼舱的四周、上下均需隔热。

渔船用冷海水保鲜装置采用制冷机和碎冰相结合的供冷方式较为适宜。因为冰有较大的融解潜热，借助它可快速冷却刚入舱的渔获物；而在鱼舱的保冷阶段，每天用较小量的冷量即可补偿外界传入鱼舱的热量，可选用小型制冷机组，从而减小了渔船动力和安装面积。具体的操作方法是将渔获物装入隔热舱内。同时加冰和盐，加冰是为了降低温度到0℃左右，所用量与冰藏保鲜时一样。同时还要加冰重3%的食盐以使冰点下降。待满舱时，注入海水，这时还要启动制冷装置进一步降温和保温，最终使温度保持在−1～0℃。生产时渔获物与海水的比例为7:3。

这种方法特别适合于品种单一、渔获量高度集中的围网捕获的中、上层鱼类，这些鱼大多数是红色肉鱼，活动能力强，入舱后

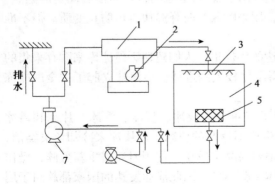

图2-1　冷海水保鲜装置示意图（沈月新，2000）
1. 海水冷却器；2. 制冷机组；3. 喷水管；4. 鱼舱；
5. 过滤网；6. 船底阀；7. 循环水泵

剧烈挣扎，很难做到层冰层鱼，加之中、上层洄游性鱼类血液多，组织酶活性强，胃容物充满易腐败的饵料，如果不立即将其冷却降温，会造成鲜度迅速下降。

冷海水保鲜的最大优点是冷却速度快，操作简单迅速，如再配以吸鱼泵操作，则可大大降低装卸劳动强度，渔获物的新鲜度好。冷海水保鲜的保鲜期因鱼种而异，一般为 $10 \sim 14$ d，比冰藏保鲜延长约 5 d。

冷海水保鲜的缺点是鱼体在冷海水中浸泡，因渗盐吸水使鱼体膨胀，鱼肉略带咸味，表面稍有变色，并且船身的摇晃会使鱼体损伤或脱鳞；血水多时海水产生泡沫造成污染，鱼体鲜度下降速度比同温度的冰藏鱼快；加上冷海水保鲜装置需要一定的设备、船舱的制作要求高等原因，在一定程度上影响了冷海水保鲜技术的应用和推广。

为了克服上述缺点，在国外一般采用两种方法：一种是把鱼体温度冷却至 0℃ 左右，取出后改为撒冰保藏；另一种是在冷海水中冷却保藏，但保藏时间为 $3 \sim 5$ d，或者更短。

国外研究了在冷海水中通入 CO_2 来保藏渔获物已取得一定的成效。当冷海水中通入 CO_2 后，海水的 pH 降低到 4.2，抑制了细菌的生长，延长了渔获物的保鲜期。据报道，用通入 CO_2 的冷海水保藏虾类，6 d 无黑变，保持了原有的色泽和风味。

三、冰温保鲜

冰温保鲜是将鱼、贝类放置在 0℃ 以下至冻结点的温度带进行保藏的方法。Jornet 等（2007）对冰藏、冰温保藏条件下的大西洋鲑鱼肉片的新鲜度进行了研究，得出冰温保藏 9 d 的鱼肉片的新鲜度可以和冰藏 2 d 后的鱼肉片的新鲜度相媲美，与冰藏 9 d 的鱼肉片相比蛋白质的变性和降解程度明显较小。凌萍华等（2010）对冰温贮藏条件下南美白对虾的保鲜效果进行了研究，发现南美白对虾在冰温条件下的货架期达到 8 d，与 4℃ 条件下冷藏相比，货架期延长了 1 倍。梁琼等（2010）将青鱼片分别放在 (-0.8 ± 0.2)℃、(-2.0 ± 1.0)℃ 和 (4.0 ± 1.5)℃ 的环境下贮藏，结果显示冷藏和微冻条件下的青鱼片分别在第 5 天和第 8 天时已接近腐败，而在冰温贮藏的青鱼片在第 11 天时才接近腐败。凌萍华等（2010）以常规冷藏为对照组研究了冰温贮藏对南美白对虾保鲜效果的影响，结果显示冷藏组多酚氧化酶活力增长明显快于冰温组，说明冰温条件能够延缓多酚氧化酶活力的增长并减缓南美白对虾黑变，从而改善食品的感官品质，且冰温组的货架期可达 8 d，是常规冷藏组的两倍。

冰温保鲜机理主要包括两个方面的内容：一是控制食品温度在冰温带范围内使组织细胞处于活体状态；二是当食品的冰点较高时加入可溶性盐类、糖类等物质使食品冰点降低以拓宽食品冰温带。

在冰温带内贮藏水产品，使其处于活体状态（即未死亡的休眠状态），降低其新陈代谢速度，可以长时间保持其原有的色、香、味和口感。同时冰温贮藏可有效抑制微生物的生长繁殖，抑制食品内部的蛋白质变性、脂质氧化、非酶褐变等化学反应。冰温贮藏与冷藏相比，冰温的贮藏性是冷藏的 1.4 倍。长期贮藏则与冻藏保持同等水平。

由于冰温保鲜的食品，其水分是不冻结的，因此能利用的温度区间很小，温度管理的要求极其严格，使其应用受到了限制。为了扩大鱼、贝类冰温保鲜的区域，可采用降低冻结点的方法。降低食品的冻结点通常可采用脱水或添加可与水结合的盐类、糖、蛋白质、乙醇等物质，来减少可冻结的自由水。曾有人测定过腌制的大马哈鱼子的冻结点为 -26℃，这是加盐脱水，且含有较多脂肪而引起冻结点下降的缘故。

冰温保鲜技术与其他低温保鲜技术相比具有如下特点：冰温保鲜技术在食品保存过程

中对细胞没有破坏作用；冰温保鲜技术能有效抑制有害微生物的生长和酶的活性，防止食品腐败变质；冰温保鲜技术能够降低食品的呼吸作用，减少食品营养物质流失；冰温保鲜还能改善食品风味，提高食品品质，延长食品的货架期。其缺点是温度可控范围小，生产过程中难以控制。冰温保鲜技术与冷藏保鲜相比，能更好地保持食品的风味和营养，延长货架期；与冻藏保鲜相比，不仅耗能小，而且克服了蛋白质冷冻变性、鱼肉组织破坏和汁液流失等困难。因此，冰温保鲜受到广大消费者的青睐，得到了快速的发展。冰温作为水产品保鲜的最适温度带，在国外已得到较普遍的应用，我国对于冰温技术的研究也有了一定发展。因此，学习和借鉴国外经验与研究成果，尽快研究冰温保鲜技术工艺，研制开发相应的设备，积极推广应用，对我国水产鲜品品质的提高具有十分重要的意义。

四、微冻保鲜

微冻保鲜是将水产品的温度降至略低于其细胞质的冻结点，并在该温度下（-3℃左右）进行保藏的一种保鲜方法。微冻（partial freezing）又名超冷却（super chilling）或轻度冷冻（light freezing）。李卫东等（2009）在 -3℃的微冻条件下对南美白对虾的鲜度进行研究，结果表明，微冻 18 d 后的南美白对虾仍能保持其原有的风味及鲜度，K 值为 23.5%。洪惠等（2011）对冷藏和微冻条件下鳙鱼的品质变化规律进行研究，得到 4℃冷藏下的鳙鱼的货架期是 6 d，而 -3℃微冻的鳙鱼的货架期达到 20 d，货架期明显延长。Duun 和 Rustad（2007）对鳕鱼肉片进行微冻保鲜，研究表明鳕鱼在 -2.2℃条件下微冻与冰藏相比，细菌数量和汁液流失明显降低，产品的货架期显著提高。马海霞等（2009）报道水产品微冻保鲜的保鲜期是 4℃冷藏的 2.5～5 倍。低温条件可以抑制微生物的繁殖和酶的活性，作为水产品的主要腐败微生物，嗜冷菌在 0℃生长缓慢，温度继续下降，生长繁殖受到抑制，低于 -10℃时生长繁殖完全停止。另外，经过微冻，鱼体中的水分会发生部分冻结，鱼体中微生物的水分也会发生部分冻结，从而影响微生物的生理生化反应，抑制了微生物的生长繁殖。

长期以来，人们普遍认为食品包括水产品在进行冻结时应快速通过 -5～1℃这个最大冰晶生成带，否则会因缓慢冻结而影响水产品的质量，所以将微冻作为保鲜方法的研究与应用受到了限制。由微冻引起的蛋白质变性问题，各国观点不同。德国学者认为，贮藏温度略低于冻结点，就会因蛋白质冷冻变性而破坏肌肉组织，汁液流失量增加。但日本学者认为在 -3℃条件下，鱼肉蛋白质不易变性。因为鱼肉中主要的盐类是氯化钾，氯化钾与水的共晶点在 -11℃附近。

鱼类的微冻温度因鱼的种类、微冻的方法的差异而略有不同。从各国对不同鱼种采用不同的微冻方法来看，鱼类的微冻温度大多为 -3～-2℃。鱼类微冻保鲜方法归纳起来大致有以下三种类型。

（一）加冰或冰盐微冻

冰盐混合物是一种最常见的简易制冷剂，它们在短时间内能吸收大量的热量，从而使渔获物降温。冰和盐都是对水产品无毒无害的物品，价格低，使用安全方便。冰盐混合在一起时，在同一时间内会发生两种吸热现象：一种是冰的融化吸收融化热，另一种是盐的溶解吸收溶解热，因此在短时间内能吸收大量的热，从而使冰盐混合物的温度迅速下降，它比单纯冰的温度要低得多。冰盐混合物的温度取决于加入盐的多少。要使渔获物达到 -3℃的微冻温度，可以在冰中加入 3% 的食盐。

中国水产科学研究院东海水产研究所利用冰盐混合物微冻梭子蟹效果良好，保藏期可达 12 d 左右，比一般冰藏保鲜时间延长了 1 倍。具体方法是底层铺一层 10 cm 厚的冰，上面放一层梭子蟹加一层碎冰（5 cm），再均匀加入冰重 2%～3% 的盐，最上层多加些冰和盐。根据实际情况每日补充适当的冰和盐。

（二）吹风冷却微冻

将用制冷机冷却的风吹向渔获物，使鱼体表面的温度达到 −3℃，此时鱼体内部温度一般在 −2～−1℃，然后在 −3℃ 的舱温中保藏，保藏时间最长的可达 20 d。其缺点是鱼体表面容易干燥，另外还需制冷机。

（三）低温盐水微冻

低温盐水微冻与空气微冻相比具有冷却速度快的优点，这样不仅有利于鱼体的鲜度保持，而且鱼体内形成的冰晶小且分布均匀，对肌肉组织的机械损伤很小，对蛋白质空间结构的破坏也小。通常使用的温度为 −5～3℃。盐的浓度控制在 10% 左右。其方法是：在船舱内预制浓度为 10%～12% 的盐水，用制冷装置降温至 −5℃。渔获物经冲洗后装入放在盐水舱内的网袋中进行微冻，当盐水温度回升后又降至 −5℃ 时，鱼体中心温度为 −3～−2℃，此时微冻完毕。将微冻鱼移入 −3℃ 保温鱼舱中保藏。舱温保持（−3±1）℃，微冻鱼的保藏期可达 20 d 以上。

控制盐水浓度是此技术的关键所在，对浸泡时间、盐水温度也应有所考虑。盐水浓度很大，在 −5℃ 不会结成冰，利于传热冷却。但是如果盐水浓度太大就会增大盐对鱼体的渗透压，使鱼偏咸，并且一些盐溶性肌球蛋白也会析出。所以从水产品加工角度来看，盐的浓度越低越好，而且浸泡冷却时间也不能过长。从经验可得知，三者的较佳条件为盐水浓度 10%、盐水冷却温度 −5℃、浸泡时间 3～4 h。

第三节　水产品冷冻保鲜技术

鱼、虾、贝、藻等新鲜水产品是易腐食品，在常温下放置很容易腐败变质。采用冷藏保鲜技术，能使其体内酶和微生物的作用得到一定程度的抑制，但只能作短期贮藏。为了达到长期保藏的目的，必须经过冻结处理，把水产品的温度降低至 −18℃ 以下，并在 −18℃ 以下的低温进行贮藏。一般来说，冻结水产品的温度越低，其品质保持得越好，贮藏期也越长。以鳕鱼为例，15℃ 可贮藏 1 d，6℃ 可贮藏 5～6 d，0℃ 可贮藏 15 d，−18℃ 可贮藏 4～6 个月，−23℃ 可贮藏 9～10 个月，−30～−25℃ 可贮藏 1 年。

一、水产品的冻结点与冻结率

冻结是运用现代冷冻技术将水产品的温度降低至其冻结点以下的温度，使水产品中的绝大部分水分转变为冰。

我们知道，水的结冰点为 0℃，当水产品冻结时，温度降至 0℃，体内的水分并不冻结，这是因为这些水分不是纯水，而是含有有机物和无机物的溶液，其中有盐类、糖类、酸类和水溶性蛋白质，还有微量气体，所以会发生冰点下降。水产品的温度要降至 0℃ 以下才会产生冰晶。水产品体内组织中的水分开始冻结的温度称为冻结点。

　　水产品的温度降至冻结点，体内开始出现冰晶，此时残存的溶液浓度增加，其冻结点继续下降，要使水产品中的水分全部冻结，温度要降到 -60℃，这个温度称为共晶点。要获得这样低的温度，在技术上和经济上都有困难，因此目前一般只要求水产品中的大部分水分冻结，品温在 -18℃ 以下，即可达到贮藏要求。

　　鱼类的冻结率是指在冻结点与共晶点之间的任意温度下，鱼体中水分冻结的比例。它的近似值可用下式计算：

$$\omega = (1 - T_{冰}/T_{水}) \times 100\%$$

式中，ω 为冻结率；$T_{冰}$ 为水产品的冻结点（℃）；$T_{水}$ 为水产品的温度（℃）。

二、水产品的冻结曲线与最大冰晶生成带

　　在冻结过程中，水产品温度随时间下降的关系曲线称为冻结曲线，如图 2-2 所示。

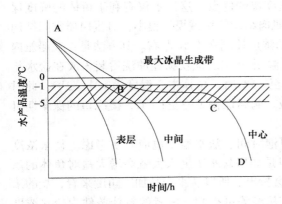

图 2-2　水产品的冻结曲线（沈月新，2000；刘红英和齐凤生，2012）

　　冻结曲线大致可分为三个阶段。第一阶段，即 AB 段，水产品温度从初温 A 降至冻结点 B，属于冷却阶段，放出的热量是显热。此热量与全部放出的热量相比较小，故降温快，曲线较陡。第二阶段，即 BC 段，是最大冰晶生成带，在这个温度范围内，水产品中大部分水分冻结成冰，放出相应的潜热，其数值为显热的 50～60 倍。整个冻结过程中绝大部分热量在此阶段放出，故降温慢，曲线平坦。为保证速冻水产品具有较高品质，应尽快通过最大冰晶生成带。第三阶段，当水产品内部绝大多数水分冻结后，在冻结过程中，所消耗的冷量一部分用于冰的继续降温，另一部分用于残留水分的冻结。水变成冰后，比热容显著减小，但因为还有残留水分冻结，其放出热量较大。

　　图 2-2 所示是新鲜水产品冻结曲线的一般模式，曲线中未将水产品内水分的过冷现象表示出来，原因是实际生产中因水产品表面微度潮湿，表面常落上霜点或有振动等现象，都使水产品表面具有形成晶核的条件，故无显著过冷现象。之后表面冻结层向内推进时，内层也很少会有过冷现象产生。所以在水产品的冻结曲线上，通常无过冷的波折存在。

　　水产品在冻结过程中，体内大部分水分冻结成冰，其体积增大约 9%，并产生内压，这必然给冻品的肉质、风味带来影响。特别是厚度大、含水率高的水产品，当表面温度下降极快时易产生龟裂。

　　冻结水产品刚从冻结装置中取出时，其温度分布是不均匀的，通常是中心部位最高，其次依中间部、表面部的顺序而降低，接近介质温度。待整个水产品的温度趋于均一，其平均或平衡品温大致等于中间部的温度。冻结水产品的平均或平衡品温要求在 -18℃ 以下，则水产品的中心温度必须达到 -15℃ 以下才能从冻结装置中取出，并继续在 -18℃ 以下的低温进行保藏。

三、水产品的冻结速度

　　水产品的冻结速度是受各方面的条件影响而变化的，关于冻结速度对水产品质量的影

响，过去和现在食品冷冻科学家都进行了较多的研究。

对于冻结速度快慢的划分，现通用的方法有以时间划分和以距离划分两种。

（1）以时间划分：以水产品中心温度从 −1℃降到 −5℃所需的时间长短衡量冻结快慢，并称此温度范围为最大冰晶生成带。若通过此冰晶生成带的时间在 30 min 之内为快速，若超过即慢速。学者认为这种快速冻结下冰晶对肉质的影响最小。然而，水产品种类增多，肉质的耐结冰性依种类、鲜度、预处理不同而不同，并且随着对冻结水产品质量要求提高，人们发现这种表示方法对保证有些水产品的质量并不十分可靠。

（2）以距离划分：这种表示法最早是由德国学者普朗克提出的，他以 −5℃作为结冰表面的温度，测量食品内冻结冰表面每小时向内部移动的距离，并按此将冻结分成以下三类：快速冻结，冻结速度＝5～20 cm/h；中速冻结，冻结速度＝1～5 cm/h；慢速冻结，冻结速度＝0.1～1 cm/h。

1972 年国际制冷协会 C_2 委员会对冻结速度做出如下定义，食品表面到中心的最短距离（cm）与食品表面温度到达 0℃后食品中心温度降到比食品冻结点低 10℃所需时间（h）之比，该比值就是冻结速度 V（cm/h）。

为生产优质的冻结水产品，减少冰晶带来的不良影响，必须采用快速、深温的冻结方式。这是因为当水产品温度降低时，冰晶首先在细胞间隙产生。如果快速冻结，细胞内外几乎同时达到形成冰晶的温度条件，组织内冰层推进的速度也大于水分移动的速度，食品中冰晶的分布接近冻前食品中液态水分布的状态，冰晶呈针状结晶体，数量多，分布均匀，故对水产品的组织结构无明显损伤。如果缓慢冻结，冰晶首先在细胞外的间隙中产生，而此时细胞内的水分仍以液相形式存在。由于同温度下水的蒸汽压大于冰的蒸汽压，在蒸汽压差的作用下，细胞内的水分透过细胞膜向细胞外的冰晶移动，使大部分水冻结于细胞间隙内，形成大冰晶，并且数量少，分布不均匀。

四、水产品的冻结方法和冻结装置

水产品的冻结方法很多，一般有空气冻结、盐水浸渍、平板冻结和单体冻结 4 种。我国绝大多数采用空气冻结法，但随着经济的发展，我国和其他发达国家一样，越来越多地使用单体冻结法。

（一）空气冻结法

在冻结过程中，冷空气以自然对流或强制对流的方式与水产品换热。由于空气的导热性差，与食品间的换热系数小，故所需的冻结时间较长。但是，空气资源丰富，无任何毒副作用，其热力性质早已为人们熟知，机械化较容易，因此，用空气作介质进行冻结仍是目前应用最广泛的一种冻结方法。

1. 隧道式吹风冻结装置　它是目前我国陆上水产品冻结使用最多的冻结装置，见图 2-3。由蒸发器和风机组成的冷风机安

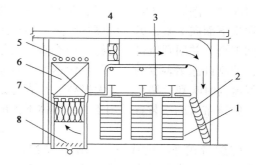

图 2-3　隧道式吹风冻结装置示意图（吴云辉，2016）
1. 鱼笼；2. 导风板；3. 吊栅；4. 风机鱼盘；5. 冲霜水管；
6. 蒸发器；7. 大型鱼类；8. 消导板

装在冻结室的一侧，鱼盘放在鱼笼上，并装有轨道送入冻结室。冻结时，冷风机强制空气流动，使冷风流经鱼盘，吸收水产品冻结时放出的热量，吸热后的空气由风机吸入蒸发器冷却降温，如此反复不断进行。

在隧道式吹风冻结装置中，提高风速、增大水产品表面放热系数，可缩短冻结时间，提高冻结水产品的质量。但是，当风速达到一定值时，继续增大，冻结时间的变化却甚微；另外，风速增加还会增大干耗。所以，风速的选择应适当，一般宜控制在 3～5 m/s。

此法的优点是劳动强度小，冻结速度较快；缺点是耗电量较大，冻结不够均匀。近年来，有的采用鱼车小半径机械传动的调向装置，有的将鱼盘四边挖了小孔，相对克服了冻结不够均匀的缺点，从而进一步提高了冻结速度。

2. 螺旋带式冻结装置　　此种冻结装置是 20 世纪 70 年代初发展起来的冻结设备，其结构如图 2-4 所示。

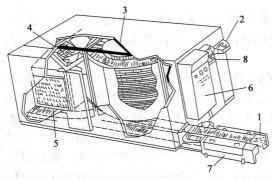

图 2-4　螺旋带式冻结装置示意图（刘红英和齐凤生，2012；吴云辉，2016）

1. 进冻；2. 出冻；3. 转筒；4. 风机；5. 蒸发管组；6. 电控制板；7. 清洗器；8. 频率转换器

这种装置由转筒、蒸发管组、风机、传送带及一些附属设备等组成。其主体部分为一转筒，其上以螺旋形式缠绕着网状传送带。传送带由不锈钢扣环组成，按宽度方向成对地接合，在横、竖方向上都具有挠性，能够缩短和伸长，以改变连接的间距。当运行时，拉伸带子的一端就压缩另一边，从而形成一个围绕着转筒的曲面。借助摩擦力及传动机构的动力，传送带随着转筒一起运动，由于传送带上的张力很小，故驱动功率不大，传送带的寿命也很长。传送带的螺旋升角约为2°，由于转筒的直径较大，因此传送带近于水平，水产品不会下滑。传送带缠绕的圈数由冻结时间和产量确定。

被冻结的产品可直接放在传送带上，也可采用冻结盘。传送带由下盘旋而上，冷风则由上向下吹，构成逆向对流换热，提高了冻结速度，与空气横向流动相比，冻结时间可缩短30% 左右。

螺旋带式冻结装置也有多种形式，近几年来，人们对传送带的结构、吹风方式等进行了许多改进。例如，1994 年，美国约克公司改进吹风方式，将冷气流分为两股，其中的一股从传送带下面向上吹，另一股则从转筒中心到达上部后，由上向下吹。最后，两股气流在转筒中间汇合，并回到风机。这样，最冷的气流分别在转筒上下两端与最热和最冷的物料直接接触，使刚进冻结装置的水产品尽快达到表面冻结，减少干耗，也减少了装置的结霜量。两股冷气流同时吹到食品上，大大提高了冻结速度，比常规气流快 15%～30%。

螺旋带式冻结装置适用于冻结单体不大的食品，如油炸水产品、鱼饼、鱼丸、鱼排、对虾等。

螺旋带式冻结的优点是冻结速度快，比如厚为 2.5 cm 的水产品在 40 min 左右即可冻结至 -18℃；冻结量大，占地面积小；工人在常温条件下操作，工作条件好；干耗小于隧道式冻结；自动化程度高；适应范围广，各种有包装或无包装的水产品均可使用。其缺点是在小批量、间歇式生产时，耗电量大，成本高。因此，应避免在量小、间断性的冻结条件下使用。

3. 流态化冻结装置　　流态化冻结装置（图 2-5）是小颗粒产品以流化作用方式被温度极低的冷风自下往上强烈吹成在悬浮搅动中进行冻结的机械设备。流化作用是固态颗粒在上升气流（或液流）中保持浮动的一种方法。流态化冻结装置通常由一个冻结隧道和一个多孔网带组成。当物料从进料斗到冻结器网带后，就会被自下往上的冷风吹起，在冷气流的包围下互不黏结地进行单体快速冻结（IQF），产品不会成堆，而是自动地向前移动，从装置另一端的出口处流出，实现连续化生产。

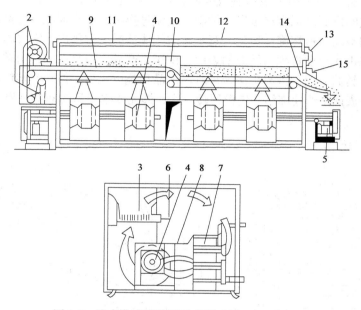

图 2-5　流态化冻结装置示意图（吴云辉，2016）

1. 进料斗；2. 自动装置；3. 传送带网孔；4. 风机；5. 电机；6. 窗口；7. 导风板；8. 检查口；
9. 被冻品；10. 转换台；11. 融霜管；12. 隔热层；13. 窗口；14. 出料口；15. 齿轮

　　水产品在带式流态冻结装置内的冻结过程分两个阶段进行。第一阶段为外壳冻结阶段，要求在很短时间内，使食品的外壳先冻结，这样不会使颗粒间相互黏结。在这个阶段的风速大、压头高，一般采用离心风机。第二阶段为最终冻结阶段，要求食品的中心温度冻结到 -18℃。

　　流态化冻结装置可用来冻结小虾、熟虾仁、熟碎蟹肉、牡蛎等，冻结速度快，冻品质量好。蒸发温度为 -40℃以下，垂直向上风速为 6～8 m/s，冻品间风速为 1.5～5 m/s，5～10 min 被冻品即可达到 -18℃。由于是单体快速冻结产品，其销售、食用十分方便。

（二）接触式冻结装置

1. 平板冻结装置　　平板冻结装置是国内外广泛应用于船上和陆上水产品的冻结装置。该装置的主体是一组作为蒸发器的内部具有管形隔栅的空心平板，平板与制冷剂管道相连。它的工作原理是将水产品放在相邻的两个平板间，并借助油压系统使平板与水产品紧密接触。由于直接与平板紧密接触，且金属平板具有良好的导热性能，故其传热系数高，冻结速度快。

平板冻结装置有两种形式，一种是将平板水平安装，构成一层层的搁架，称为卧式平板冻结装置，见图 2-6；另一种是将平板以垂直方向安装，形成一系列箱状空格，称为立式平板冻结装置。

卧式平板冻结装置主要用来冻结鱼片、对虾、鱼丸等小型水产品，也可冻结形状规则的水产品的包装品，但冻品的厚度有一定的限制。卧式平板冻结装置在使用时，被冻的包装品或托盘上下两面必须与平板接触良好，若有空隙，则冻结速度明显下降。

2. 回转式冻结装置　　回转式冻结装置是一种新型的连续式的接触式冻结装置（图 2-7）。其主体为一个由不锈钢制成的回转筒。它有两层壁，外壁即转筒的冷表面，它与内壁之间的空间供制冷剂直接蒸发或供制冷剂流过换热，制冷剂或载冷剂由空心轴一端输入，在两层壁的空间内做螺旋状运动，蒸发后的气体从另一端排出。需要冻结的水产品，一个个呈分开状态由入口被送到回转筒的表面，由于水产品一般是湿的，与转筒的冷表面一经接触，立即粘在转筒表面，进料传送带再对水产品稍施以压力，使它与转筒冷表面接触得更好，并在转筒冷表面上快速冻结。转筒回转一次，即完成水产品的冻结过程。

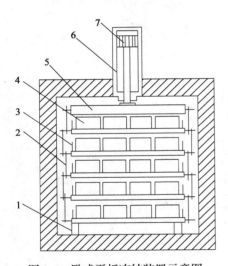

图 2-6　卧式平板冻结装置示意图
（朱蓓薇和董秀萍，2019）

1. 支架；2. 链环螺栓；3. 垫块；4. 水产品；5. 平板；6. 液压缸；7. 液压杆件

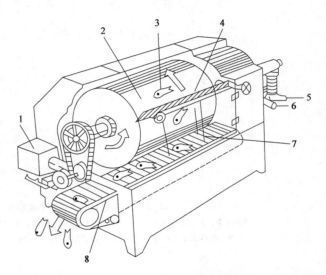

图 2-7　回转式冻结装置示意图（刘红英和齐凤生，2012）

1. 电动机；2. 冷却器；3. 进料口；4. 刮刀；5. 盐水入口；6. 盐水出口；7. 刮刀；8. 出料传送带

它适宜于虾仁、鱼片等生鲜或调理水产冷冻食品的单体快速冻结（IQF）。由于这种冻结装置占地面积小，结构紧凑，冻结速度快，干耗小，连续冻结生产效率高，在欧美的一些水产冷冻食品加工厂中得以应用。

3. 钢带连续冻结装置　　钢带连续冻结装置最早由日本研制生产，它适用于对虾、鱼片及鱼肉汉堡饼等能与钢带良好接触的扁平状产品的单体快速冻结。

钢带连续冻结装置的主体是钢带传输机，见图 2-8。传送带采用不锈钢材质制成，在带下喷盐水，或使钢带滑过固定的冷却面（蒸发器）使产品降温，被冻品上部装有风机，用冷风补充冷量。

由于盐水喷射对设备的腐蚀性很大，喷嘴也易堵塞，目前国内生产厂已将盐水喷射冷却

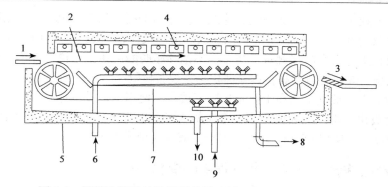

图 2-8　钢带连续冻结装置示意图（刘红英和齐风生，2012）

1. 进料口；2. 传送带；3. 出料口；4. 冷却器；5. 隔热外壳；6. 盐水入口；7. 盐水收集器；
8. 盐水出口；9. 洗涤水入口；10. 洗涤水出口

系统改为钢带下用金属板蒸发器冷却，效果较好。

（三）液化气体喷淋冻结装置

液化气体喷淋冻结装置是将水产品直接与喷淋的液化气体接触而冻结的装置。常用的液化气体有液态氮（液氮）、液态二氧化碳和液态氟利昂 12。以下主要介绍液氮喷淋冻结装置。

液氮在大气压下的沸点为 −195.8℃，其汽化潜热为 198.9 kJ/kg。从 −195.8℃的氮气升温到 −20℃时吸收的热量为 183.9 kJ/kg，二者合计可吸收 382.8 kJ/kg 的热量。

这类冻结设备目前较多的是液氮喷淋冻结器，见图 2-9。产品从入口处送至传送带上，依次经过预冷区、冻结区、均温区，由另一端送出。液氮喷嘴安装在隧道中靠近出口的一侧，产品在喷嘴下与沸腾的液氮接触而冻结。蒸发后的氮气温度仍很低，在隧道内被强制向入口方向排出，并由鼓风机搅拌，使其与被冻产品进行充分的热交换，用作预冷。液氮喷淋的水产品因瞬间冻结，表面与中心的温差很大。在近出口处一侧的隧道内（即均温区），让产品内部的温度达到平衡，然后连续地从出口处出料。

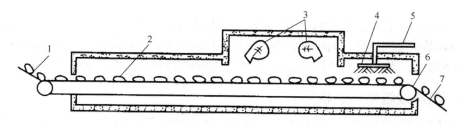

图 2-9　液氮喷淋冻结装置示意图（朱蓓薇和董秀萍，2019）

1. 进口；2. 食品；3. 风机；4. 喷嘴；5. N₂ 供液管；6. 传送带；7. 出口

用液氮喷淋冻结装置冻结水产品有以下优点：①冻结速度快。将 −195.8℃的液氮喷淋到水产品上，冻结速度极快，比用平板冻结装置能提高 5~6 倍，比用空气冻结装置能提高 20~30 倍。②冻品质量好。因冻结速度快，结冰速度大于水分移动速度，细胞内外同时产生冰晶，冰晶细小并且分布均匀，对细胞几乎无损伤，故解冻时液滴损失少，能恢复到冻前的新鲜状态。③干耗小。用一般冻结装置冻结,食品的干耗率为 3%~6%,而用液氮冻结装置冻结,干耗率仅为 0.6%~1%。④抗氧化。氮是惰性气体,一般不与任何物质发生反应。用液氮作制冷剂直接与水产品接触对于含有多不饱和脂肪酸的鱼类来说,在冻结过程中不会因氧化而发生油烧。⑤装置效率高,占地面积小,设备投资小。

由于上述优点,液氮冻结在工业发达国家被广泛使用。但其也存在一些问题,由于这种方法冻结速度极快,水产品表面与中心产生极大的瞬时温差,因而易造成产品龟裂。所以,应控制冻品厚度,一般以 60 mm 为限。另外,液氮冻结成本较高。

五、水产品冻藏温度及冻藏过程中的变化

水产品冻结后要想长期保持其鲜度,还要在较低的温度下贮藏,即冻藏。在冻藏过程中受温度、氧气、冰晶、湿度等的影响,冻结的品质还会发生氧化、干耗等变化。因此,目前占水产品保鲜 40% 左右的冻藏保鲜应受到重视。

(一)冻藏温度

冻藏温度对冻品品质的影响极大,温度越低品质越好,贮藏期限也越长。但考虑到设备的耐受性、经济效益及冻品所要求的保鲜期限,一般冻藏温度设置为 -30~-18℃。我国的冷库一般是在 -18℃以下,有些国家是 -30℃。

鱼的冻藏期与鱼的脂肪含量关系很大,对于多脂鱼(如鲸鱼、大马哈鱼、鲱鱼、鳟鱼),在 -18℃下仅能贮藏 2~3 个月;而对于少脂鱼(如鳕鱼、比目鱼、黑线鳕、鲈鱼、绿鳕)在 -18℃下可贮藏 4 个月。国际冷冻协会推荐水产品冻藏温度如下:多脂鱼在 -29℃冻藏;少脂鱼在 -23~-18℃冻藏;而部分肌肉呈红色的鱼应在低于 -30℃下冻藏。

(二)冻藏过程中的变化

冻藏温度的高低是影响品质变化的主要因素之一,除此之外,冻藏温度的波动、堆垛方式和湿度等因素都会对冻品的品质产生很大的影响。

第四节　超声波辅助冷冻保鲜技术

超声波作为一种辅助冷冻的手段,能有效地控制冻结过程中冰晶的生长和分布,避免使食品的微观结构受到损伤,同时可以提高传热和传质速率,从而缩短食品的冻结时间,提高冷冻食品的质量。作为一种新兴的技术,超声波辅助冷冻在食品加工领域备受关注。

一、超声波辅助冷冻机制

超声波能有效地控制冻结过程中样品组织内晶核的形成与晶体的生长。目前已经报道的超声波辅助冷冻机制主要有诱导成核、强化二次成核、抑制冰晶生长及增强传热传质。

(一)诱导成核

1. 空化效应　当液体中通入超声波时,由于超声波的传输,液体内会局部出现拉应力而形成负压,压强的降低使原来溶于液体的气体过饱和,从而从液体中逸出,形成大量的小气泡,即空化泡。超声波的空化效应是指存在于液体中的空化泡在超声波的作用下振动,

当声压达到一定值时发生的生长和崩溃的动力学过程。这些气泡在超声波纵向传输形成的负压区生长，而在正压区迅速闭合，从而在交替的正负压强下受到压缩和拉伸（程新峰，2014）。Hicking（1965）认为，空化泡被压缩直至崩溃的一瞬间会产生局部瞬时高压（>5 GPa），从而导致高过冷度。其中，形成的高过冷度可以作为瞬时成核的驱动力。根据这一理论，空化泡在崩溃后会立即发生成核，然而，一些研究表明空化效应与成核之间存在一定的延迟。另外，这些空化泡只要达到临界的核心尺寸，就可以作为晶核的核心。

2. 微射流机制　　稳定空化效应产生的空化泡不会立即崩溃，其运动引起的微射流也可以作为冻结过程中成核的驱动力。Zhang 等（2003）认为，由空化泡的运动引起的微射流是造成第一个区域成核速率较快的原因之一。Chow 等（2005）也在微观观察的基础上证实了这一结果，即功率超声产生的空化泡较稳定，不会立即崩溃，因此空化泡的运动可以引起微射流，从而诱导成核。

3. 分子分离机制　　上述空化效应和微射流机制是超声波辅助冷冻过程中有效触发成核和提高结晶速率的两大机制。此外，由空化泡产生的压力梯度导致的分子分离也是诱导冷冻过程中成核的机制之一。目前，超声波辅助冷冻诱导成核的确切机制尚未形成统一的理论，可能是各种机制共同作用的结果，有待于进一步研究。

（二）强化二次成核

二次成核是指已经存在的晶体被外力作用后碎裂成晶体碎片，其可以作为二次成核的晶核，从而诱导更多的冰晶生成，进一步保证了冰晶细小而均匀地分布在组织内。研究表明，超声波辅助冷冻过程中具有强化二次成核的作用。

Chow 等（2003）研究了超声波对 15% 蔗糖溶液树枝状冰晶二次成核的影响，发现超声波主要通过空化泡在晶体末端的树枝状晶体处产生瞬间的爆破力使晶体破裂成碎片，来实现对二次成核的强化作用。另外，空化泡破裂引起的微射流对冰晶末端的冲击也会使晶体碎裂。当在溶液中施加超声波作用后，已经存在的冰晶碎裂成了许多细小的冰晶，这些碎冰晶可以重新分散在溶液中并作为二次成核的晶核，从而加快了冷冻速率。Chow 等（2004）对超声波强化纯水二次成核影响的研究也得到了类似的结果。此外，Zheng 和 Sun（2006）认为超声波促进树枝状冰晶的碎裂是由其在过冷溶液中引起的周期性声压变化造成的。然而，余德洋等（2011）对超声场中声压与空化对冰晶碎裂影响的研究证明了声压并不足以使冰晶碎裂，引起冰晶碎裂的主要原因是超声波传播过程中所产生的空化效应及其引起的次级效应。

（三）抑制冰晶生长

冰晶的生长是继晶核形成后另一个影响结晶过程的重要因素。超声波对冰晶生长的影响具有两面性：一方面，超声波的空化与微射流作用产生的机械效应会为传热传质过程提供驱动力，从而加快冰晶的生长速率；另一方面，由超声波产生的热效应会抑制冰晶的生长。此外，微射流机制会使不规则的冰晶破裂，从而阻碍冰晶继续生长。

（四）增强传热传质

超声波不仅可以作为诱导冷冻过程成核及抑制冰晶生长的工具，其产生的机械效应还可以增强传热传质过程，提高冷冻速率。研究证明，当超声波穿过样品时，会引起组织基质快速交替的压缩和拉伸，这种现象可以保持孔隙畅通无阻，从而促进传质过程。同时，超声波增强传热传质过程受超声波的频率、强度、作用时间等参数，以及样品的结构、水分含量、气孔率等属性的影响。

二、影响超声波辅助冷冻效果的因素

超声波可以通过不同的机制来改善冷冻过程。然而，作为冷冻过程的重要阶段，成核的过程受到超声波的显著影响。影响超声波诱导成核和冷冻效果的因素有很多，如超声波的作用参数、载冷剂的特性及样品的属性等。

三、超声波辅助冷冻技术在水产品中的研究进展

冰晶的尺寸与分布是评估冷冻食品质量的重要参数，冰晶细小而均匀地分布有利于提高冷冻食品的质量。超声波作为一种操控冷冻过程中成核的工具，已被广泛应用于食品的冷冻研究中。向迎春等（2018）研究了超声波辅助冷冻对中国对虾冰晶状态与水分变化的影响，发现只需 130 s 即可通过最大冰晶生成带，且与传统冷冻方式相比，冻结速率快，对组织的破坏程度最小。Sun 等（2019）的研究结果显示，超声波辅助冷冻与传统冷冻方式相比，能减少冻藏过程中冰晶对鲤鱼肌肉组织的损害，使其组织内形成的冰晶直径最小，显著降低了结合水与游离水的流动性，从而降低了解冻损失。同时，超声波辅助冷冻处理后的鲤鱼肌肉组织具有更高的蛋白质热稳定性，并减少了冻藏期间样品中 TVB-N 的形成。Gao 等（2019）研究了在超声波辅助冷冻草鱼鱼糜过程中添加水溶性大豆多糖对冻藏过程中鱼糜质量变化的影响。结果表明，水溶性大豆多糖与超声波辅助冷冻发生了协同作用，可同时用于防止鱼糜中 Ca^{2+}-ATPase 活性的降低。当使用 300 W 的功率进行超声波冷冻处理时，可以显著提高鱼糜冷冻效率，同时改善冷冻鱼糜质量。然而，超声波辅助冷冻技术在水产品上应用的研究较少，需进一步拓展和深入。

第五节　超冷保鲜技术

一、超级快速冷却

超级快速冷却（super quick chilling，SC）是一种新型保鲜技术，也称为超冷鲜、超冷保鲜技术。具体的做法是把捕获后的鱼立即用 −10℃ 的盐水做吊水处理。根据鱼体大小的不同，在 10～30 min 使鱼体表面冻结而急速冷却。这样缓慢致死后的鱼处于一层或集装箱内的冷水中，其体表解冻时要吸收热量，从而使得鱼体内部初步冷却，然后再根据不同保藏目的及用途确定储藏温度。

现在，渔船捕捞渔获物后，大多数都是靠冰藏来保鲜的，冰藏可以使保藏中的鲜鱼处于 0℃ 附近，如果冰量不足，与冰的接触不平衡，会使鲜鱼冷却不充分，造成憋闷死亡、肉质氧化、K 值上升等鲜度指标下降的现象。日本学者发现超级快速冷却肌肉对上述不良现象的出现有显著的抑制效果。

这种技术与非冷冻和部分冻结有着本质上的不同。鲜鱼的普通冷却冰藏保鲜、微冻保鲜等技术的目的是保持水产品的品质，而超级快速冷却却是将鱼立即杀死和初期的急速冷却，同时它可以最大限度地保持鱼体原本的鲜度和鱼肉品质，其原因是它能抑制鱼体死后的生物

化学变化。

二、超级快速冷却的特点

超冷保鲜比冰藏可延长保鲜期 2~3 d。用显微镜来观察经过超冷处理保藏的鲣鱼肌肉组织，发现鱼体表肌肉组织没有冻过的痕迹，也没有发现组织被破坏或损伤的情况。活鱼经吊水处理即使体表被冻结，若在短时间内马上解冻，也有复苏游动自如的可能，这也说明了肌肉组织细胞几乎没有受到损伤。超冷保鲜草鱼，发现超冷保鲜可促进 IMP 的形成，抑制细菌生长，减少蒸煮损失，并改善整体感官质量。

三、超冷保鲜技术应用存在的问题及发展前景

超冷技术保鲜渔获物是切实可行的。但是对于在什么条件下应用其技术，究竟适合哪些鱼类，以及我们最终对渔获物的质量要求是什么的问题，还需要做大量深入细致的工作。如果对渔获物的质量要求是首要的，则要采用非冻结的方法，非冻结只有冰藏、冷却海水和超冷技术。而其中超冷技术除质量保持得好以外，比冰藏的保鲜期还要延长 1 倍。如果对渔获物的保藏期要求是首位的，最好采用冻结的方法来保鲜。

超冷保鲜是一个技术性很强的保鲜方法，冷盐水的温度、盐水的浓度及吊水处理的时间长短都是很关键的技术参数。其中任何一个因素掌握不好，都会给渔获物质量带来严重的损伤，所以对鱼种及其大小鱼体初温、环境温度、盐水浓度、处理时间、贮藏过程的质量变化等还需要做很多基础工作，需要细化处理过程中的每一个环节，规范整个操作程序及操作参数，以求有更强的实用性。

第三章 水产品的化学保鲜技术

第一节 化学保鲜及其特点

一、化学保鲜的概念与分类

化学保鲜有着悠久的历史，是食品科学研究中的一个重要领域。传统的盐腌、糖渍、酸渍和烟熏也是化学保鲜的方法。食品化学保鲜是指在食品生产和贮运过程中使用化学试剂作为食品添加剂直接参与食品组成，或靠控制食品外环境因素而起到对食品保藏的作用，主要目的就是保持或提高食品品质和延长食品保藏期。

化学保鲜中使用的化学保鲜剂的种类甚多，它们的理化性质和保鲜机理也各不相同，归纳起来，目前主要的分类方法有：①根据来源，化学保鲜剂主要可以分为人工合成的和天然来源的两类，其中天然来源的化学保鲜剂又可分为植物源、动物源和微生物源的化学保鲜剂；②根据保鲜机理不同，化学保鲜剂主要可以分为抑菌剂和抗氧化剂。人工合成保鲜剂用于食品保鲜的时间还不长，始于 20 世纪初期，随着化学工业和食品科学的发展，天然提取的和化学合成的食品保鲜剂逐渐增多，食品化学保鲜技术也获得了新的进展，成为食品保鲜的重要部分。

二、化学保鲜的特点

化学保鲜技术的应用方法简单，仅需在食品中添加少量的保鲜剂，就能在室温或冷藏等不同的贮藏条件下延缓食品的腐败变质，因此，与其他食品保鲜技术相比，具有简单而又经济的特点。许多化学保鲜剂的作用时效有限，只能在特定时期内有效保持食品的品质，因此化学保鲜属于一种暂时性的或辅助性的保藏方法。另外，在食品中使用化学保鲜剂还应注意安全性问题，要严格根据国家法规和标准所规定的剂量与使用范围使用，以保证食品质量和安全。除了考虑化学保鲜剂对人体健康方面的影响，还应考虑化学保鲜剂对食品品质本身的影响。例如，有些化学保鲜剂添加过多可能会引起食品色泽和风味的改变。即使是天然提取的化合物，也需要严格控制提取工艺，确保其安全性。因此，化学保鲜在实际应用中也会受到一定的限制。

过去，化学保鲜仅局限于防止或延缓由微生物引起的食品腐败变质。随着食品科学技术的发展，化学保鲜已不只满足于单纯抑制微生物的活动，还包括了防止或延缓由氧化作用、酶的作用等引起的食品腐败变质。目前化学保鲜已应用于食品生产、运输和贮藏等多个方面。

第二节 化学保鲜的原理

化学保鲜中使用的化学保鲜剂种类繁多，其理化性质和保鲜机理也各不相同。水产品贮藏过程中，重要的感官特征如外观、质地、气味和味道会发生变化，微生物、化学和物理变化会造成其腐败变质的复杂性。水产品变质的原因主要有自溶、微生物作用和脂质氧化。针对这些问题，水产品化学保鲜的主要目的是防止微生物、酶或化学变化引起的食品营养和感官损失，以及延长食品的货架期。化学保鲜的原理主要可分为：①抑制微生物的生长，防止致腐微生物或产毒微生物引起的危害（抑菌作用）；②抑制脂质氧化（抗氧化作用）。

一、抑菌作用

水产品死后，由于其免疫系统崩溃，微生物可通过皮肤侵入鱼体内而大量繁殖。微生物的生长和入侵是导致水产品腐败的主要因素。入侵水产品的微生物来自其生境，主要是革兰氏阴性菌，如腐败希瓦氏菌（*Shewanella putrefaciens*）、假单胞菌属（*Pseudomonas*）、磷发光杆菌（*Photobacterium phosphorescens*）、气单胞菌属（*Aeromonas*）、弧菌科（*Vibrionaceae*）细菌等。并且，水产品持续加工或延长储存／运输时间也为革兰氏阳性菌占主导地位而引起腐败提供了机会。革兰氏阳性菌，如微球菌属（*Micrococcus*）、棒状杆菌属（*Corynebacterium*）、芽孢杆菌属（*Bacillus*）、葡萄球菌属（*Staphylococcus*）等也被鉴定为水产品中的致腐微生物。致腐微生物在生长繁殖过程中会产生一些代谢物导致水产品的质量下降，并可能对人类健康构成风险。

化学保鲜剂的抑菌作用主要是通过改变微生物生长曲线使微生物发育停止在缓慢增殖的迟滞期，而不进入急剧增殖的对数期，延长微生物繁殖一代所需要的时间，即所谓"静菌作用"。其抑菌原理大致包括以下几种：破坏或者降解细菌的细胞壁；与细胞膜相互作用，导致细胞膜完整性或通透性的改变，致使细胞内含物泄漏到胞外；引起微生物的凝聚；减弱质子动力；进入细胞，与胞内蛋白质、DNA 和 RNA 等生物大分子发生相互作用，影响微生物的酶活力或改变细菌基因表达和代谢过程。这几种抑菌机制并不都是独立发挥作用的，通常每一种化学保鲜剂可能同时具有上述几种抑菌原理，相互作用，相互影响，共同实现对微生物的抑制作用。不同化学保鲜剂的抑菌原理不同，而微生物对不同化学保鲜剂的敏感性也不同，因此，不同化学保鲜剂往往具有特定抑菌谱。例如，有的抑菌剂对革兰氏阳性菌作用效果好，而对革兰氏阴性菌几乎没有抑制作用。水产品保鲜过程中要根据水产品的致腐微生物种群特点选择合适的化学保鲜剂。

二、抗氧化作用

富含脂肪的水产品容易受到脂质氧化的影响，而出现颜色、风味、质地和营养价值的恶化。多不饱和脂肪酸是海产品中最具生物活性且丰富的成分之一，主要是 ω-3 脂肪酸，如二十碳五烯酸（C20 : 5 *n*-3）和二十二碳六烯酸（C22 : 6 *n*-3），极易发生氧化而引起海产品品质劣变。分子氧氧化脂质产生自由基，而光、热或金属离子可加速自由基的形成。在这些反应中形成的过氧化物又会与其他脂类，特别是脂肪酸发生反应，形成新的过氧化物。此外，鱼体中血红素色素（肌红蛋白和血红蛋白）和微量金属离子的存在，如铁和铜，使鱼脂质更容易受到氧化。在水产品中，自氧化作用可以由非酶和酶的方法引起。自氧化作用后，血红蛋白产生活性的血红素和铁，它们是脂质氧化的催化剂。研究表明，海产品的质量在很大程度上与肌肉中血红蛋白的浓度和类型有关，肌肉中的肌红蛋白表现出促氧化倾向，尤其是在 pH 为 5.5 时。

为了防止食品因脂质氧化而变质，延长食品货架期，应用抗氧化剂是最有效的手段之一。抗氧化剂的作用原理主要是通过抑制自由基的形成或是通过一个或者多个机制阻断自由基链传播：①清除引起过氧化反应的物质；②螯合金属离子，使其不能生成活性物质或分解脂质过氧化物；③淬灭 $O_2^-\cdot$ ，防止过氧化物的形成；④打破自动氧化链式反应；⑤降低局部 O_2 浓度。抗氧化剂的有效性与活化能、速率常数、氧化还原电位、抗氧化剂失去或破坏的容易程度（挥发性和热敏感性）及抗氧化剂的溶解度有关。最有效的抗氧化剂是那些能打断自由基链式反应的抗氧化剂。有效清除自由基物质的主要结构特征：首先，它们有两个或两个以上的羟基，连着一个邻二羟基的芳香环。这种化合物由于其—OH 基团的高反应性，可以向氧化过程中形成的自由基提供 H· ，使其自身成为自由基。其次，化合物应该提供一个平面，便于共轭和电子离域。产生的自由基中间体通过芳香环内电子的共振离域和醌结构的形成而稳定下来。此外，特定官能团的存在，如 C＝O 或 C＝C 双键能增强清除自由基的效果。某些抗氧化剂，包括类黄酮，抑制脂质氧化的另一种方法是通过与螯合金属产生稳定的复合物，当游离时，可以催化脂质氧化。此外，许多酚类化合物缺乏适合分子氧攻击的位置。

两种或两种以上的抗氧化剂共同作用可以增强其中一种或两种抗氧化剂的抗氧化活性，这种现象称为协同作用。这种协同作用可以发生在两个或多个自由基清除剂之间，其机制之一是抗氧化剂和自由基之间的相互作用的空间阻碍加速自由基清除反应。另一种情况的协同作用是一种抗氧化剂与自由基结合，然后被另一种抗氧化剂还原。典型的这类协同作用发生在抗坏血酸和 α-生育酚之间，抗坏血酸具有较低还原电位将生育酚自由基转化为主要的抗氧化剂 α-生育酚。自由基清除剂隔离促氧化金属也可以获得有效的协同作用组合。在这种情况下，金属螯合剂通过捕获金属氧化催化剂来抑制自由基的产生，而预先存在的自由基被自由基清除剂灭活。

第三节　抑　菌　剂

抑菌剂是一种化学防腐剂，可与食品或包装材料结合以诱导抗菌活性。抑菌剂对微生物的作用是抑制还是杀灭主要与使用剂量有关，当浓度高时可以杀灭微生物，而浓度低时只能抑菌。此外，还与作用时间有关，作用时间长可能会杀菌，而作用时间短则只能抑菌。根据其来源不同可分为化学合成抑菌剂和天然抑菌剂。化学合成抑菌剂包括苯甲酸钠、山梨酸钾、山梨酸、对羟基苯甲酸酯、亚硫酸盐、丙酸盐及硝酸盐等。天然抑菌剂是生物体分泌或体内存在的防腐物质，经人工提取后即可用作食品防腐剂。本节主要介绍一些目前常用的化学合成抑菌剂和天然抑菌剂及其特点。

一、化学合成抑菌剂

1. 苯甲酸及苯甲酸钠　　苯甲酸及苯甲酸钠又称为安息香酸和安息香酸钠。其抑菌机理是阻碍微生物细胞呼吸系统，使三羧酸循环（TCA 循环）过程难以进行，并阻碍细胞膜的正常生理作用。其为白色结晶或颗粒，略带安息香气味，性质稳定，易溶于水，为广谱抑菌剂。苯甲酸的抑菌作用主要针对酵母和霉菌，细菌只能部分被抑制，对乳酸菌和梭状芽孢杆菌的抑制效果很弱。实际上苯甲酸钠的防腐作用也来自苯甲酸本身，因此，保鲜效果与保藏食品的酸度密切相关。一般在低 pH 范围内抑菌效果显著，最适宜 pH 为 2.5~4.0，pH 高于 5.4 则失去对多数霉菌和酵母的抑菌作用。苯甲酸及其钠盐作为防腐剂比较安全，被摄入体内后经肝脏作用，大部分在 9~15 h 内与甘氨酸或葡萄糖醛酸结合生成马尿酸排出体外，不在体内蓄积。因其解毒过程在肝脏中进行，对肝功能衰弱者不太适宜。联合国粮食及农业组织（FAO）和世界卫生组织（WHO）规定苯甲酸及其钠盐的每日允许摄入量（ADI

值）为 0~5 mg/kg 体重。

2. 山梨酸及山梨酸钾　　山梨酸及山梨酸钾又称为花楸酸和花楸酸钾，其抑菌机理为阻碍微生物细胞中脱氢酶系统，并与酶系统中的巯基结合，使多种重要的酶系统被破坏，从而达到抑菌和防腐的效果。此外，它还能干扰传递技能，如细胞色素 c 对氧的传递，以及细胞膜表面能量传递的功能，抑制微生物繁殖。其为无色或白色结晶，无臭或稍有刺鼻的气味，对光、热稳定，久置空气中容易氧化变色，山梨酸微溶于水及有机试剂，加热至 228℃分解，山梨酸钾易溶于水及乙醇，加热至 270℃分解。山梨酸及其钾盐对污染食品的霉菌、酵母和好气性微生物有明显抑制作用，但对于能形成芽孢的厌气性微生物和嗜酸乳杆菌的抑制作用甚微。研究表明在有少量霉菌存在的介质中，山梨酸及其钾盐可表现出抑菌作用，甚至还会表现出杀菌活性。但霉菌污染严重时，它们会被霉菌作为营养物质摄取，不但没有抑菌活性，相反还会促进食品的腐败变质。与苯甲酸及其钾盐类似，山梨酸及其钾盐的防腐效果同样与被保存食品的 pH 有关。其保鲜效果会随 pH 升高而降低，抗菌力在 pH 低于 6 时最佳。山梨酸被摄入人体后能在正常的代谢过程中被氧化成水和二氧化碳，一般属于无毒型防腐剂，且能提高食品风味及质量。联合国粮食及农业组织和世界卫生组织规定山梨酸及其钾盐的每日允许摄入量为 0~25 mg/kg 体重。我国食品添加剂使用标准（GB 2760—2014）中规定山梨酸及其钾盐在预制水产品中的最大使用量为 0.075 g/kg，熟制水产品（可直接食用）、其他水产品及其制品中的最大使用量为 1.0 g/kg。

3. 对羟基苯甲酸酯　　对羟基苯甲酸酯又称为对羟基安息香酸酯或尼泊金酯，是由对羟基苯甲酸的羧基与不同的醇发生酯化反应而生成的。目前在食品中使用的有对羟基苯甲酸乙酯、对羟基苯甲酸丙酯、对羟基苯甲酸异丙酯、对羟基苯甲酸丁酯和对羟基苯甲酸异丁酯5 种，其中对羟基苯甲酸丁酯效果最好。对羟基苯甲酸酯多为白色结晶，稍有涩味，几乎无臭，无吸湿性，对光和热稳定，微溶于水，而易溶于乙醇和丙二醇。其抑菌机理与苯甲酸基本相同，主要使微生物细胞呼吸酶系统与电子传递酶系统的活性受抑制，并能破坏微生物细胞膜的结构，从而起到防腐效果。其抑菌作用受 pH 的影响较小，适用的 pH 为 4~8，以酸性条件下防腐效果较好，属于广谱抑菌剂，对霉菌和酵母作用较强，对细菌中的革兰氏阴性杆菌及乳酸菌作用较弱。动物毒力试验的结果表明其毒性低于苯甲酸，是较安全的抑菌剂。联合国粮食及农业组织和世界卫生组织规定苯甲酸及其钠盐的每日允许摄入量为0~10 mg/kg 体重。

二、天然抑菌剂

（一）微生物源天然抑菌剂

微生物生长繁殖过程中会产生一些具有抑菌活性的化合物，可以用于抑制水产品贮藏过程中的腐败细菌和食源性致病菌。目前，微生物源化合物作为食品防腐剂应用较好的主要是乳酸链球菌素、纳他霉素和 ε-聚赖氨酸及其盐酸盐。

1. 乳酸链球菌素　　乳酸链球菌素又名尼辛（Nisin）、乳链菌肽、乳酸菌肽，是某些乳酸乳球菌（*Lactococcus lactis* subsp. *lactis*）产生的一种热稳定的五环肽类细菌素，由 34 个氨基酸组成，分子质量为 3354.12 Da，其结构中含有三种稀有的氨基酸（脱氢丙氨酸、羊毛硫氨酸和甲基羊毛硫氨酸）和 5 个内部二硫化物桥。乳酸链球菌素是最著名和最具特征的细菌素，也是商业化最好的细菌素。因此，在世界范围内，它被广泛用于延长乳制品和非乳制品的货架期。

乳酸链球菌素对多种革兰氏阳性菌具有抗菌活性，但对革兰氏阴性菌、酵母和真菌的影响不大或没有影响。受细菌细胞壁结构的影响，革兰氏阴性菌对乳酸链球菌素具有耐药性，因为它们的细胞壁比革兰氏阳性菌的渗透性要小得多。乳酸链球菌素对细菌的抑制或杀灭作用，包括杀灭营养状态下的细胞和控制孢子的生长，主要取决于其使用浓度、菌量、菌体的生理状态和特定的环境条件。乳酸链球菌素的作用机制如下：乳酸链球菌素通过与阴离子磷脂作用干扰易感物种的细胞质膜。随后，乳酸链球菌素渗透并插入膜内，形成离子通道或孔。这使得细胞内成分（如 ATP）和低分子质量溶质（如钾、质子和氨基酸）外排。钾是细胞的主要阳离子，参与细胞渗透压、酶激活和细胞内的 pH 调节。因此，细胞损伤和细胞膜通透性的改变可以间接由钾的运动决定，但即使经过相当长的一段时间，细胞也不会发生裂解。

乳酸链球菌素的安全性特点得到大量数据和发表论文报告的支持，并且在长期应用过程中得到了证实。如今，乳酸链球菌素被广泛用于世界各地的各种食品中。需要注意的是，在大多数国家，乳酸链球菌素必须根据当地法规标明为添加剂、防腐剂或天然防腐剂。我国食品添加剂使用标准（GB 2760—2014）中规定乳酸链球菌素在熟制水产品（可直接食用）中的最大使用量为 0.5 g/kg。

2. 纳他霉素　　纳他霉素又名匹马菌素、游链霉素，是一种由纳塔尔链霉菌（*Streptomyces natalensis*）、恰塔努加链霉菌（*Streptomyces chatanoogensis*）和褐黄孢链霉菌（*Streptomyces gilvosporeus*）生产的多烯大环内酯类的抑菌剂。纳他霉素对真菌具有广谱和高效的抑制与杀灭活性，能有效抑制酵母和丝状真菌如念珠菌、曲霉菌、头孢菌、镰刀菌和青霉菌的生长，阻止丝状真菌中黄曲霉毒素的形成，但对革兰氏阳性和革兰氏阴性好氧与厌氧菌均无活性。其抑菌机理就是与细胞膜上的甾醇化合物反应，由此引发细胞膜结构改变而破裂，导致细胞内含物泄漏，引起细胞死亡。但是由于一些细菌的细胞壁和细胞膜不存在这些甾醇化合物，纳他霉素对细菌没有抑制活性。纳他霉素无色无味，难溶于水和油脂，难被消化吸收，会随代谢排出体外，对紫外线敏感。联合国粮食及农业组织和世界卫生组织规定纳他霉素的每日允许摄入量为 0~0.3 mg/kg 体重。我国食品添加剂使用标准（GB 2760—2014）中规定纳他霉素在食品中的最大残留量为 10 mg/kg。

3. ε-聚赖氨酸及其盐酸盐　　ε-聚赖氨酸（ε-polylysine，ε-PL）是一种由白色链霉菌（*Streptomyces albus*）发酵葡萄糖产生的天然抗菌肽。ε-PL 是由 25~35 个赖氨酸残基通过分子间 α-羧基与 ε-氨基缩合形成酰胺键连接而成的 L-赖氨酸同型聚合物，在人体内能够降解为必需氨基酸——赖氨酸。ε-PL 成品是淡黄色粉末，具有较强的吸湿性；溶于水，不溶于乙酸乙酯、乙醚等有机溶剂；热稳定性强，于 250℃开始软化。ε-PL 因独特的理化性质、优异的抗菌活性及高安全性被广泛应用在食品领域。

ε-PL 具有良好的广谱抑菌性，对革兰氏阴性菌、革兰氏阳性菌及酵母和霉菌均有抑制作用，通常对细菌的抑菌能力更强，而对真菌（特别是霉菌）的抑制作用要弱一些。其抑菌机制主要是：ε-PL 可以通过静电作用与细胞膜结合，导致细胞膜破裂。近年来研究者发现，ε-PL 主链存在以某种未知方式与细胞膜的相互作用；ε-PL 进入细胞后可与 DNA 结合，影响生物大分子的合成，最终导致细胞死亡。ε-PL 还会促进活性氧簇（ROS）的产生引起氧化应激和 DNA 损伤。由于革兰氏阳性菌和革兰氏阴性菌的细胞壁组成和结构不同，ε-PL 对两种细菌细胞壁的影响也略有不同。在金黄色葡萄球菌中，带正电荷的 ε-PL 附在带负电荷的磷壁酸上进而嵌入细胞壁的肽聚糖层,破坏细胞壁肽聚糖结构,导致细胞壁变脆弱。在大肠杆菌中,ε-PL 首先作用于外膜,破坏脂多糖层,进而改变膜的通透性和完整性。

ε-聚赖氨酸盐酸盐(ε-PLH)是 ε-PL 的均聚物,具有与 ε-PL 类似的抗菌特性。2014 年,ε-PL 和 ε-PLH 被批准成为我国食品添加剂新品种,它们在各类食品保鲜中的应用研究逐渐增加。近年来,将 ε-PL 应用于水产品保鲜的报道逐渐增多。但单一使用 ε-PL 对水产品保鲜的效果有限,通常采用复合保鲜技术,目前,基于 ε-PL 的复合保鲜技术多集中于制备复合保鲜剂、复合可食性涂膜、复合纳米材料,以及与超高压技术复合使用。

(二)植物源天然抑菌剂

1. 植物精油　　植物精油(EO)由植物的不同部位产生,是植物抵御微生物的一种防御机制。这些天然产生的抑菌剂通常是由数百个挥发性芳香油化合物组成的高度复杂的混合物,可以从植物不同的组织材料,如叶、树皮、茎、根、花和果实中提取。目前已知的 EO 共有 3000 多种,其中只有 300 种适用于食品或其他行业。精油往往具有抗菌和抗氧化活性,这主要取决于其特定的成分。化学组成上,EO 由一系列低分子质量的有机化合物组成,根据其化学结构可分为几个基团:萜烯、萜类、芳香族(苯丙)和其他化合物。在 EO 中常见的萜类化合物有百里香酚、香荆芥酚、芳樟醇、乙酸芳樟酯、香茅醛、胡椒酮、薄荷醇和香叶醇,而丁香酚和肉桂醛是最著名的苯丙素类化合物。虽然精油具有抗菌和抗氧化活性,需要注意的是酚类化合物,如百里香酚、香荆芥酚和丁香酚是主要的具有抗菌作用的 EO。

EO 的抗菌特性被人们熟知。关于 EO 的抗菌作用研究大多数是关于细菌的,而其对酵母和霉菌作用的研究较少。EO 可以作为抑菌剂抑制细菌生长,或在较高浓度剂量下使用而杀死细菌细胞。由于 EO 化学组成上的复杂性,其确切的作用机制尚不够清楚。革兰氏阳性菌比革兰氏阴性菌对 EO 更敏感,主要是由于革兰氏阳性菌细胞膜上的磷壁酸可以促进疏水性化合物 EO 的渗透,而革兰氏阴性菌细胞壁周围外膜的存在限制了疏水性化合物通过脂多糖层的扩散速度。EO 的抗菌活性可以归因于它们的主要成分(主要是酚类成分),以及它们与存在于油脂中的次要成分的相互作用。一般认为 EO 中化合物的疏水性使其能够通过细胞壁和细胞质膜,破坏其多糖、脂肪酸和磷脂的不同层结构并使其渗透。

2. 皂苷　　皂苷是存在于植物中的一类天然糖苷类化合物,具有广谱抗菌和抗真菌活性。皂苷的抗真菌活性通过与细胞质膜甾醇(麦角甾醇)相互作用,引起气孔和膜完整性的丧失,导致细胞死亡。

3. 黄酮类化合物　　黄酮类化合物在进行光合作用的细胞中普遍存在,在一些植物部位也很常见。由于其能与细胞外可溶性蛋白及细菌膜形成复合物,具有广谱抗菌活性。黄酮类化合物具有抗菌活性,其芳香环上特殊位点的羟基可提高活性,而活性羟基的甲基化通常会降低活性。疏水取代基,如炔基、烷基胺链、烷基链和含氮或含氧杂环基团通常增强黄酮类化合物的活性。总的来说,有必要进一步研究它们作为食品防腐剂的潜在用途,以便寻找更多的天然替代品。

(三)动物源天然抑菌剂

1. 溶菌酶　　溶菌酶(lysozyme),又称细胞壁质酶或 *N*-胞酰胞壁质糖水解酶,属于碱性蛋白酶,等电点为 10.5～11.0(鸡卵溶菌酶),最适 pH 为 5～9,是一种由多肽链上的 8 个半胱氨酸残基之间的 4 个二硫键稳定的单体蛋白,是一种天然存在于哺乳动物牛奶和禽蛋中的酶，通常被认为是可直接添加到食品中的安全添加剂。溶菌酶的化学性质非常稳定，pH 在 1.2～11.3 内剧烈变化时，其结构几乎不变。酸性条件下，溶菌酶遇热稳定，pH 为 4～7 时，100℃处理 1 min，仍保持原酶活。但在碱性条件下，其对热的稳定性差，用高温处理时酶活性会降低，不过其热变性是可逆的。

蛋清溶菌酶是目前被允许用于食品工业的溶菌酶。溶菌酶是一种专门作用于微生物细胞壁的水解酶，由于溶菌酶可以裂解细菌细胞壁肽聚糖 N-乙酰胞壁酸和 N-乙酰葡糖胺之间的 β-（1,4）-糖苷键，因此对革兰氏阳性菌的抗菌作用非常显著。但单独使用时溶菌酶对革兰氏阴性菌的抑制作用较弱，这主要是由于革兰氏阴性菌细胞壁上存在一种保护性脂多糖（LPS），使游离溶菌酶的实际应用受到很大限制。在应用溶菌酶作为食品保鲜剂的过程中，必须注意酶的专一性，对于酵母和霉菌引起的腐败变质，溶菌酶不能起到防腐作用。溶菌酶的另一个抑菌机制与其酶活性无关，而与其结构因素、阳离子和疏水性有关，因为发现缺乏酶活性的部分或完全变性的溶菌酶仍然具有抑菌性。为了扩大溶菌酶的应用，人们采用了许多方法。例如，用加热、化学药品和水解改性溶菌酶，以增强其有益的生物特性；基于溶菌酶和果胶、海藻酸钠、淀粉、羧甲基钠或纤维素等物质制备微 / 纳米凝胶或可食膜等复合物来制造抗菌材料；将乙二胺四乙酸（EDTA）和乳铁蛋白与溶菌酶结合，提高革兰氏阴性菌对溶菌酶的敏感性。利用这些方法，溶菌酶已成功地被应用于各种食品中，提高了食品的质量，延长了食品的货架期。

2. 壳聚糖　　壳聚糖是由甲壳素部分去乙酰化而得到的一种多功能天然生物高聚物。甲壳素是从甲壳类动物的壳中提取出来的，是仅次于纤维素的第二大天然聚合物。壳聚糖及其衍生物具有生物降解性、生物相容性、生物黏附性和无毒性等特点，许多商业应用得益于其抗菌活性。壳聚糖具有广谱抗菌活性，对真菌、细菌和病毒具有抑制活性。壳聚糖具有稳定的晶体结构，通常不溶于水，但可溶于低于其 pK_a（约为 6.3）的稀酸性水溶液。在这种水溶液中，氨基葡萄糖单位中的胺（—NH_2）基团转化为可溶的质子化形式（—NH_3^+），因而具有带正电荷的特性。革兰氏阳性菌的细胞壁由于富含磷壁酸存在磷酸基团而带负电荷。在革兰氏阴性菌中，脂多糖会在细菌表面产生强烈的负电荷。此外，在真菌细胞膜和病毒包膜中也有类似的带负电荷的化合物（如蛋白质和糖蛋白）。带正电荷的壳聚糖分子可能与带负电荷的微生物表面发生静电相互作用，破坏细胞结构，引起细胞表面广泛改变，增加细胞膜的通透性。此外，分子质量较低的壳聚糖能够穿透细菌细胞壁，破坏细胞内的成分，破坏细菌的正常生理代谢活动，或直接干扰遗传物质进而抑制细菌的繁殖，最终导致微生物的死亡。目前推测壳聚糖可以与 DNA 结合，通过渗透微生物核抑制信使 RNA（mRNA）的合成，并干扰 mRNA 和蛋白质的合成。高分子质量的壳聚糖可以沉积在细菌表面形成致密的聚合物膜，阻止营养物质进入细胞及细胞代谢物的外排。

（四）生物活性肽

利用各种蛋白酶水解蛋白质可产生生物活性肽。肽的生物活性很大程度上取决于肽的大小、构象、氨基酸组成和序列。许多肽表现出不同的抗菌作用机制，主要是通过肽与微生物细胞质膜的相互作用来实现的。微生物表面的负离子残留肽和带电荷的脂类之间的静电作用抑制了微生物细胞的生长。疏水残留和多肽与微生物膜相互作用的灵活性是决定多肽作为一种抗菌剂抗菌效果的因素。总的来说，肽分别与革兰氏阴性菌和革兰氏阳性菌表面的脂多糖或磷壁酸的静电相互作用被认为是肽抗菌模式的第一步。细胞表面的天然阳离子（Ca^{2+} 和

Mg^{2+}）被这种静电相互作用除去，这有助于肽进入细胞。第二步是肽在细胞质膜表面的排列，然后肽通过细胞质膜渗透和转运，从而引起细胞的应激和死亡。根据抗菌性能的不同，肽可分为两大类：①作用于细胞膜上的肽；②不作用于细胞膜上，但通过进入细胞内但不引起细胞膜的实质性干扰而发挥抗菌活性。

鱼精蛋白就是一种天然肽类，在食品中主要用作防腐剂。与一般化学合成的防腐剂相比，鱼精蛋白具有安全性高、防腐性能好、热稳定性好等优点。鱼精蛋白作为精氨酸含量丰富的蛋白类物质，具有广谱抑制活性，能抑制枯草杆菌、巨大芽孢杆菌、地衣形芽孢杆菌等的生长，对革兰氏阳性菌、酵母、霉菌也有明显的抑制效果。鱼精蛋白存在游离型和盐类型，游离型鱼精蛋白比盐类型抗菌见效更快，但稳定性不如后者，因而在高温处理时盐类型的活性比游离型更高。鱼精蛋白的抗菌所表现的是杀菌效应，而非静菌效应，其抗菌效果迅速。鱼精蛋白的抗菌活性在食品环境 pH 为 6.0 以上时效果明显，在一定范围内随着 pH 增加活性增强。

第四节　抗　氧　化　剂

抗氧化剂是在食品保藏中添加的一类化学物质，可以延缓或阻止氧气所导致的脂质氧化。有许多化合物可以抑制氧化，但由于安全问题，只有一部分适合人类食用。食品级抗氧化剂必须得到监管机构的批准。良好的抗氧化剂除在合适剂量下对食品具有良好的抗氧化作用外，还应做到在使用后无毒、无害，不会引起食品异味或不利颜色的产生；应在低浓度（0.001%～0.01%）下有效，应与食品相容，并易于应用；在加工和储存过程中应保持稳定；并且具有经济性。

常用的抗氧化剂可以根据其来源不同分为合成抗氧化剂和天然抗氧化剂。市场上广泛使用的是合成抗氧化剂，使用最广泛的有丁基羟基茴香醚（BHA）、二丁基羟基甲苯（BHT）、没食子酸丙酯（PG）、没食子酸辛酯（OG）和叔丁基对苯二酚（TBHQ）等。工业中最常用的天然抗氧化剂包括抗坏血酸及其衍生物（维生素 C）、α-生育酚及其衍生物（维生素 E）、多酚和类胡萝卜素。这些天然抗氧化剂的问题在于，与合成抗氧化剂相比，它们的热稳定性较低，而且在高脂和水含量的食品中缺乏通用性。合成抗氧化剂的极性也比天然抗氧化剂低，往往在脂质中更容易溶解。根据抗氧化剂的溶解特性，可以将其分为脂溶性和水溶性两种。脂溶性的抗氧化剂易溶于油脂，主要包括 BHA、BHT、PG 等；水溶性的抗氧化剂主要用于防止食品氧化变色，常用的种类是抗坏血酸类抗氧化剂。此外，还有许多种抗氧化剂，如异抗坏血酸及其钠盐、植酸、茶多酚及氨基酸类、肽类、辛香剂和糖苷、糖醇类抗氧化剂等。

在水产品保鲜过程中单独使用抗氧化剂的作用效果并不显著，往往需要与抑菌剂共同使用，或与其他保鲜方法共同使用才能达到较好的保鲜效果。抗氧化剂的添加还可以提供除抗氧化以外的保护。一些抗氧化剂除具有抗氧化作用外，对水产品的一些致腐微生物也具有一定的抑制作用，因此，水产品中添加抗氧化剂除提供抗氧化保护作用以外，还可以解决一定的微生物致腐问题。

一、合成抗氧化剂

与天然抗氧化剂相比，合成抗氧化剂的生产成本更低，抗氧化能力更强（抗氧化能力为天然抗氧化剂的 4～5 倍），这是它们在食品生产中广受欢迎的主要原因。近年来，许多研究表明大量摄入合成抗氧化剂可能对健康有害。这些化合物（如丁基羟基茴香醚和二丁基羟基甲苯）的使用与肿瘤活性的增加有关。此外，研究表明合成抗氧化剂可能会发生相互作用，从而增加风险。例如，二丁基羟基甲苯与没食子酸丙酯联合应用可引起关节病变和肝肿大。因此，合成抗氧化剂在食品中使用时应严格限制用量，开展仔细的监控和管理。

1. **丁基羟基茴香醚**　丁基羟基茴香醚又称为特丁基-4-羟基茴香醚，简称 BHA。BHA 的热稳定性强，可用作焙烤食品的抗氧化剂。其吸湿性微弱，并具有较强的杀菌作用。研究表明，BHA 和其他抗氧化剂并用可以增加抗氧化效果，BHA 比较安全，为国内广泛使用的抗氧化剂，其 ADI 值为 0～0.5 mg/kg，在油脂、油炸食品等的最大用量为 0.2 g/kg。

2. **二丁基羟基甲苯**　二丁基羟基甲苯又称为 2,6-二特丁基对羟基甲苯，简称 BHT。BHT 的热稳定性强，对长期贮藏的食品和油脂具有良好的抗氧化效果，基本无毒性，其 ADI 值为 0～0.5 mg/kg，在食品中的最大用量为 0.2 g/kg。

3. **没食子酸丙酯**　没食子酸丙酯又称为酸丙酯，简称 PG。其热稳定性强；易与铜、铁离子作用生成紫色或暗紫色化合物；具有一定的吸湿性，遇光能分解，基本无毒性。在无水油脂中有非常有效的抗氧化效果，与其他抗氧化剂共同使用会增强抗氧化效果，PG 被摄入人体可以随着尿液排出体外，比较安全，其 ADI 值为 0～0.2 mg/kg，在食品中最大添加量为 0.1 g/kg，对长期贮藏的食品和油脂有良好的抗氧化效果。

4. **叔丁基对苯二酚**　叔丁基对苯二酚（TBHQ）的抗氧化性与 BHT、BHA 或 PG 相等或者稍优于它们。TBHQ 的溶解性能与 BHA 相当，超过 BHT 和 PG。TBHQ 对其他的抗氧化剂和整合剂有增效作用。例如，对 PG、BHA、BHT、维生素 E、抗坏血酸棕榈酸酯等有增效作用。TBHQ 在其他酚类抗氧化剂都不起作用的油脂中仍具有功效，柠檬酸的加入可增加其活性。对大多数油脂，特别是植物油来说，TBHQ 比其他抗氧化剂具有更有效的抗氧化稳定性。此外，它遇到铜、铁不会发生颜色和风味方面的变化，只有在碱存在时才会转变为粉红色。对蒸煮和油炸食品有良好的持久抗氧化能力，但在焙烤制品中的持久力不强，除非与 BHA 合用。在植物油、膨松油和动物油中，TBHQ 一般与柠檬酸合用。TBHQ 的 ADI 值为 0～0.2 mg/kg。

二、天然抗氧化剂

由于合成抗氧化剂存在种种问题，对天然抗氧化剂的研究逐渐增加。使用天然抗氧化剂的优势不仅在于消费者对天然成分的偏好，还在于天然抗氧化剂的潜在安全性。此外，天然抗氧化剂提取物含有几种具有不同抗氧化性能的不同化合物，这在复杂的食品系统中尤其有利，因为食品中脂质氧化可以通过几种机制启动。此外，它们还可以作为着色剂和防腐剂，甚至可以为产品添加特定的、有利的气味或味道。然而，一些天然抗氧化剂的抗氧化活性低于合成抗氧化剂，这意味着它们需要的用量更大，这可能导致天然抗氧化剂的剂量危害。因此，应该鼓励更多关于天然抗氧化剂健康安全性的研究，特别是可以包含除抗氧化剂之外的其他健康物质的全植物提取物的研究。只要在规定的限制剂量下使用，天然抗氧化剂仍然是合成抗氧化剂的一个有价值的替代物。

（一）高等植物源抗氧化剂

高等植物源抗氧化剂可分为三类：酚类化合物、维生素和类胡萝卜素。植物多酚是植物次生代谢产生的具有多个酚环的化合物。酚类化合物结构多样，主要的抗氧化剂植物酚类化合物可分为酚酸（没食子酸、原儿茶酸、咖啡因、单宁酸、阿魏酸、羟基肉桂酸和迷迭香酸）、酚二萜（鼠尾草酚和鼠尾草酸）、类黄酮（槲皮素和儿茶素）和单萜或挥发油（丁香酚、鼠尾草酚、百里酚和薄荷醇）四大类，包括从简单的分子（如阿魏酸、香兰素、没食子酸和藻酸）到多酚类的化合物（单宁酸和类黄酮）。维生素中最重要的具有抗氧化作用的是维生素 E 和维生素 C。大多数类胡萝卜素也存在于水果和蔬菜中。β-胡萝卜素、α-胡萝卜素、番茄红素和叶黄素是具有抗氧化活性的主要的类胡萝卜素，除了其抗氧化能力，它们还有可能被用作食用色素。选择从植物中提取的天然提取物除考虑安全问题之外，也要考虑食品的感官特性，以避免因其特有的颜色或味道而被消费者排斥。目前在食品工业中最受欢迎的是维生素 C、α-生育酚、各种多酚（如类黄酮和儿茶素），以及许多从植物或蔬菜中提取的香料，这些香料被认为是这些化合物的丰富来源。许多抗氧化剂正处于试验和研究中，有一些则已投入实际应用。

1. α-生育酚　α-生育酚（α-tocopherol），又称维生素 E，是一种脂溶性类胡萝卜素，其抗氧化能力已被广泛研究证实。α-生育酚是植物叶片中主要的维生素 E 化合物，它位于叶绿体包膜和类囊体膜的磷脂附近。它使光合作用产生的活性氧（特别是 $O_2^-\cdot$）失去活性，并通过清除类囊体膜中的脂质过氧化基来阻止脂质过氧化的传播。α-生育酚还能抑制蛋白质氧化，研究者发现 α-生育酚可以减少氧化肌原纤维蛋白中 α-氨基己二酸和 γ-谷氨酸半醛的形成。一般来说，添加到水基食品系统的维生素 E 通过油性载体作用于中性脂质部分（三酰基甘油）而不是极性脂质部分（磷脂），并不是一种有效的抗氧化剂。然而，用极性载体添加的 α-生育酚可以与磷脂组分结合，是一种有效的抗氧化剂。α-生育酚的抗氧化活性与温度有关。在 110℃以上，抗氧化活性降低，并在 150℃以上失去活性。膳食中补充 α-生育酚可增加抗氧化剂与磷脂膜区域的结合，而磷脂膜区域是多不饱和脂肪酸的所在地。牲畜饲料中的 α-生育酚已被证明对其组织的抗氧化活性和肉质的稳定性有显著影响。

2. 抗坏血酸　抗坏血酸（ascorbic acid），又称维生素 C，具有 4 个羟基基团，可以向氧化系统提供氢。由于—OH 基团在相邻的碳原子上，抗坏血酸能够螯合金属离子（Fe^{2+}）。它还能清除自由基，淬灭 $O_2^-\cdot$，作为一种还原剂。在高浓度水平（>1000 mg/kg），抗坏血酸能改变亚铁（Fe^{2+}）和铁（Fe^{3+}）之间的平衡，可作为氧清除剂，并抑制氧化。然而，在低浓度水平上（<100 mg/kg），抗坏血酸可催化氧化（在肌肉组织）。环境条件和体系中其他化合物的存在会影响抗坏血酸的抗氧化能力。而抗坏血酸可作为 α-生育酚的增效剂，防止动物油脂的氧化酸败。抗坏血酸能有效防止食品的褐变及品质风味劣变现象，在肉制品中起助色剂的作用，并能阻止亚硝胺的生成，是一种防癌物质，其添加量约为 0.5%（质量分数）左右。抗坏血酸及其钠盐对人体无害，抗坏血酸的 ADI 值为 0～15 mg/kg。

3. 植酸　植酸（phytic acid）又称肌醇六磷酸酯，即环己六醇的六磷酸酯，是从植物种子中提取的一种有机磷酸类化合物，可作为抗氧化剂、保鲜剂、水的软化剂、金属防腐蚀剂等，广泛应用于食品、医药及高分子工业等行业领域。植酸为淡黄色或红褐色透明糖浆状液体，易溶于水、丙二醇、甘油等，对热比较稳定。植酸因含有 12 个活泼的氢离子而显强酸性，不同 pH 可获得植酸不同的酸式盐，所以在较宽 pH 范围内植酸可以与不同金属离子有较强的螯合能力，并且其螯合能力强于 EDTA，这些独特的化学性质特点使之呈现多种重要的生理活性和保健功能。植酸的抗氧化特性在于它能产生氢，破坏自养化过程中产生的过氧化物，使之不能继续形成醛、酮等产物；或者是由于植酸可以充分利用其磷酸基团螯合起催化氧化反应进行的金属离子，具有较强的金属螯合作用，因此具有良好的抗氧化能力。植酸可降低水产品的 pH，络合金属离子，抑制氧化和褐变，从而起到保鲜的作用。植酸可以用于水产品罐头，有效防止水产品罐头中鸟粪石结晶的形成和变色的产生。此外，可以用于防止蟹肉罐头出现蓝斑及防止鲜虾褐变。

4. 茶多酚　茶多酚（tea polyphenol），又称茶单宁、茶鞣制，是一类以儿茶素为主的类黄酮化合物，主要由没食子酸衍生物组成，是茶叶干重的 18%～36%。茶多酚可以抑制气相氧自由基引起的膜脂类分子的过氧化，维护细胞膜的流动性；一定浓度的茶多酚可以抑制铬参与的膜蛋白巯基构象变化。茶多酚的抗氧化活性是由其对过氧化自由基的强清除能力和对铁离子的结合作用引起的。由于茶多酚是一种高效、低毒的天然抗氧化保鲜剂，因而在食品工业中得到广泛应用，包括油脂及其制品、油炸及烘烤食品、鱼及肉制品的保鲜。

（二）海藻源抗氧化剂

海藻是许多生物活性化合物的来源，如类胡萝卜素、多不饱和脂肪酸（PUFA）、维生素、硫酸多糖和多酚，由于它们具有的药理和营养特性，被广泛研究。海藻中存在几种具有潜在抗氧化特性的化合物，即类胡萝卜素、多酚化合物、多糖、生育酚和肽。

1. 类胡萝卜素　类胡萝卜素是一种线性脂溶性聚合物，它能捕获能量/光（红色、橙色或黄色波长）。它们和叶绿素一起嵌在类囊体膜中。这些分布广泛的色素存在于所有藻类、高等植物和许多光合细菌中，它们不仅作为辅助色素向进行光合作用的叶绿素 a 输送电子，还作为抗氧化剂将暴露在光和空气中可能形成的活性氧灭活。类胡萝卜素是四萜，而胡萝卜素是碳氢化合物，具有一个或多个氧分子结合在叶黄素上。不同的海藻从这些色素中获得颜色，生物量的颜色会因混合或最主要的色素而变化。类胡萝卜素方面，绿藻含有胡萝卜素、叶黄素、紫黄素、新黄素和玉米黄素，而红藻主要含有 α-胡萝卜素和 β-胡萝卜素、叶黄素和玉米黄素。β-胡萝卜素、紫黄素和岩藻黄素存在于褐藻中。一些类胡萝卜素（α-胡萝卜素、β-胡萝卜素和隐黄质）具有维生素 A 的功能。岩藻黄素仅存在于褐藻中，此前的研究表明，从不同种类的褐藻中分离得到的岩藻黄素具有抗氧化作用，岩藻黄素具有比 α-生育酚较高或相似的抗氧化活性。

2. 多酚化合物　褐藻中所含的多酚化合物，称为褐藻多酚（phlorotannin），是由这些大型藻类通过乙酸丙二酸途径生物合成产生的，由间苯三酚聚合而成，可占海藻干重的 15%。褐藻多酚以可溶形式存在于藻类中，储存在藻泡（physode）中，藻泡可与细胞膜融合，分泌褐藻多酚。褐藻多酚还可以参与藻类细胞壁的结构，与蛋白质和海藻酸形成复合物。褐藻多酚的浓度和分子大小与内在因素（褐藻的繁殖条件、年龄和藻类的大小）及外在因素（环境和生态刺激）均有关。

3. 岩藻聚糖　褐藻中的硫酸多糖称为岩藻聚糖，主要由硫酸化的 L-岩藻糖和小残基的半乳糖、甘露糖、木糖、葡萄糖、糖醛酸和鼠李糖组成。这种多糖形成了细胞壁结构的一部分，提供结构的灵活性，保持离子平衡，防止渗透水的损失。从海带中分离出的多糖具有抗氧化和清除自由基的活性，这取决于多糖的结构变化，如分子质量、取代基团和位置、糖基团和多糖的糖苷分支。

（三）动物源抗氧化剂

1. 生物活性肽　生物活性肽具有自由基清除活性和优良的金属离子（Cu^{2+}/Fe^{2+}）螯

合活性，因此可作为天然抗氧化剂防止脂质氧化。抑制自由基的形成或清除自由基是生物活性肽作为抗氧化剂发挥作用的关键方式。高能量的自由基，特别是羟基自由基可以与所有20种氨基酸相互作用。其中，组氨酸（含咪唑基氨基酸），色氨酸、酪氨酸和苯丙氨酸（芳香氨基酸），半胱氨酸和甲硫氨酸（亲核含硫氨基酸）表现出较高的反应活性。蛋白质分离方法、所用酶的种类、疏水性、氨基酸构型、肽的浓度及肽在蛋白质结构中的位置等都是影响所制肽抗氧化性能的因素。

2. 壳聚糖及其衍生物 壳聚糖及其衍生物的抗氧化活性与游离氨基的能力有关，聚合物的羟基自由基与金属离子（Fe^{2+}）和食物上的自由基结合，形成稳定的大分子结构壳聚糖。聚合物的分子质量、浓度、脱乙酰度和质子化程度均是影响壳聚糖抗氧化活性的因素。高分子质量壳聚糖结构紧凑，分子内相互作用强，抑制了外部相互作用。可以通过化学或酶改性来减轻壳聚糖的不溶性。此外，一些修饰可以增强其生物活性。例如，经香豆素改性的壳聚糖（脱乙酰度＝90%，分子质量为8 kDa）与未改性的壳聚糖相比具有更强的抗氧化活性。低分子质量、高溶解度的壳寡糖被报道具有良好的抗氧化活性。以壳聚糖（脱乙酰度＝80%和90%）为原料，用木瓜蛋白酶制备的具有不同分子质量（5～50 kDa）的壳寡糖，其1,1-二苯基-2-三硝基苯肼（DPPH）自由基清除活性、金属离子螯合活性和还原能力均较未水解的高。分子质量为5.1 kDa的壳寡糖抗氧化活性最高。

3. 虾青素 虾青素属于类胡萝卜素类，可从甲壳类动物中提取。它是一种亲脂性类胡萝卜素，属于叶黄素家族，是水生动物（主要是甲壳类动物）的主要色素。虾青素可以作为生物抗氧化剂吸收单线态氧的激发能量进入其链中，从而防止对其他组织或分子的损伤；还可以防止连锁反应，产生自由基介导的降解多不饱和脂肪酸；能保护膜性脂质，防止过氧化作用。有时，虾青素显示出比β-胡萝卜素和维生素E更高的抗氧化活性（高达几倍）。在结构上，虾青素同时含有羟基和酮基官能团，这极大地促进了其特殊的抗氧化性能。此外，虾青素还具有多种有益的特性，如预防幽门螺杆菌感染、炎症、紫外线光氧化、衰老和年龄相关疾病、溃疡、癌症，维持眼睛、心脏、前列腺和关节健康，促进免疫反应和维持肝功能，这主要归功于其抗氧化特性。

第五节 化学保鲜剂在水产品保鲜中的应用

水产品低温保鲜技术是市场和消费者常使用的一种良好的保鲜方法。低温对微生物有抑制作用，但不能完全抑制水产品中的微生物反应，平均货架期仅为几周。为了延长水产品的质量（抑制腐败和酶活），并确保病原体的抑制或失活，需要将化学保鲜剂与低温保鲜技术相结合。随着消费者对食品安全的重视，利用天然化学保鲜剂延长水产品的货架期和抑制食源性病原体越来越受到人们的关注。各种天然抑菌剂被广泛研究和开发，以其抗菌和抗氧化活性来保持水产品品质，保障其质量和安全。本节将介绍部分天然来源化学保鲜剂在水产品保鲜中的应用。

一、植物源保鲜剂

精油和植物提取物是重要的植物源保鲜剂。精油和植物提取物在水产品中的应用浓度一般在0.1%～1%，研究的更高应用浓度达到了3%。浸泡是在水产品中应用植物源保鲜剂的主要技术，平均时间为30 min，然后是产品的排水阶段。此外，还可以直接喷涂于水产品的表面应用，并进一步均匀地分布在两面。另一个被广泛研究的替代方法是将植物精油添加到包装薄膜和涂膜中，大分子聚合物也有助于其对水产品的防腐作用。使用植物精油和提取物的主要限制因素是在水产品中产生不需要的感官效应，引起强烈且不愉快的香气和气味。一般而言，这些化合物应以低浓度使用，最好与其他保护方法结合使用，以提高食品安全性并延长食品的货架期。由于其感官限制，精油可能被不同的纳米载体包裹，如环糊精、直链淀粉、纳米凝胶、纳米乳液、纳米海绵、纳米纤维、脂质和生物聚合物纳米颗粒及纳米脂质体。精油的纳米胶囊不仅能掩盖不必要的味道，还能防止氧化降解，提高精油在食物中的溶解度，并有助于精油的可控释放。植物提取物也被用于抑制甲壳类动物黑变病和延长产品的货架期。

二、动物源保鲜剂

壳聚糖对水产品具有良好的保鲜作用。壳聚糖主要作为酸溶液应用于水产品，其浓度为 0.05%~4%，分子质量和脱乙酰度各不相同。在水产品和其他食品中，壳聚糖主要以乙酸为主要增溶剂。其主要原因可能是使用乙酸比乳酸能产生更多的短纤维、更小的直径和更高的负荷，这有助于聚合物具有更高的黏聚强度和黏度。壳聚糖溶液常被用于制备涂料和抗菌膜。在第一种情况下，试样接受浸渍处理，然后对产品进行排水和包装；在第二种情况下，把准备好的溶液倒进盘子里，在室温下干燥。壳聚糖薄膜具有抗脂肪扩散、选择透气性（CO_2 和 O_2）、抗水分和水蒸气的传递等特点。壳聚糖溶液也可直接添加到香肠、鱼糜等海产品的配方中。在鱼糜凝胶中添加壳聚糖的目的是提高肌原纤维蛋白的稳定性，抑制由温度变化或物种和季节的影响而引起的蛋白质变性。此外，壳聚糖在降低海产品中微生物负荷方面也有明显延缓脂质氧化的作用。壳聚糖涂膜对感官质量也有显著影响，通常与对照相比，其感官评分总体上更好。尽管壳聚糖具有一定的保鲜效果，但也研究了不同的保鲜方法，包括使用精油、乳酸链球菌素、壳聚糖与明胶的混合物、真空包装、气调包装、乳酸钠、山梨酸钾和壳聚糖纳米颗粒，旨在提高壳聚糖的防腐性能。

三、微生物源保鲜剂

来源于乳酸菌的细菌素具有良好的防腐作用，但是在水产品中的应用却受到一定的限制。主要是因为细菌素主要对革兰氏阳性菌有效，但大多数水产品的核心微生物群是由革兰氏阴性菌组成的。此外，细菌素可能与水产品成分，如蛋白质和脂质相互作用，或被蛋白酶灭活。虽然细菌素对革兰氏阴性菌的抑菌效果似乎较弱，但与其他化学保鲜剂复合使用，可以提高保鲜效果。

第四章 水产品的其他保鲜技术

第一节 辐 照 保 鲜

辐照保鲜技术是指人为利用 ^{60}Co 或 ^{137}Cs 等放射性元素产生的 γ 射线或高能电子束等辐射能量对食品进行辐照处理的新型保鲜技术。经辐射后，微生物的细胞间质会形成细胞碎片，破坏细胞的完整性，而细胞内水分会发生电离，破坏细胞生长环境，最终导致细胞死亡。通常将单次处理杀灭 90% 活菌数（即活菌数减少一个对数周期）所需的辐射剂量称为 D 值，单位为"戈瑞"（Gy）。此外，辐照处理还能起到杀虫、防霉、抑制发芽、延迟后熟等作用，从而达到延长食品贮藏期的目的。辐照保鲜因具有无污染、不破坏营养成分、无残留等特点被广泛应用在肉及肉制品、粮食制品、果蔬制品、调味品及水产品等食品的加工保鲜过程中。

一、辐照保鲜的原理

辐照保鲜作为一种前景广阔的新兴保鲜技术，在其保鲜机制方面进行了较为深入的研究。研究表明，辐照处理能够引起细胞诱变，从而干扰微生物细胞的正常代谢，引起其内部酶分泌系统的紊乱，干扰抑制自身遗传物质的合成，进而直接影响细胞的分裂和蛋白质的合成，并最终导致微生物的死亡。此外，食品及微生物体内的水分子在受到辐射处理后会发生去离子化，进而形成—H、—OH、—H$_2$O$_2$ 等基团，而这些基团能够在不同的代谢通路中参与相应的化学反应，并引起生物活性物质的钝化，严重时会引起细胞受损，直至完全丧失其生物机能。

二、辐照保鲜的处理方式

腐败微生物的繁殖及代谢是造成水产品等高蛋白食品腐败的最重要因素，辐照保鲜的主要目的是对水产品中的腐败微生物进行有效的杀灭。因此，根据杀菌方式及程度的不同，辐照保鲜在实际应用时可分为以下三种处理方式，即辐照完全杀菌、辐照针对性杀菌和辐照选择性杀菌。而根据辐照剂量进行分类，上述三种辐照处理方式也可分别对应高剂量（10～50 kGy）、中剂量（1～10 kGy）和低剂量（0～1 kGy）。

（一）辐照完全杀菌

辐照完全杀菌是指采用在安全范围内的较大的辐照剂量将样品中的微生物数量及其生存能力尽可能降低到最小的一种处理方式。通常经这种方式处理后的样品在未经二次污染的条件下可近似认为无菌。因此这也是三种处理方法中杀菌效果最好的一种。经此方法处理后的样品在不受二次污染的前提下可长时间保存。但其缺点是处理时所采用的辐射剂量通常较大，辐照完全杀菌所需的剂量通常高达数万戈瑞。

（二）辐照针对性杀菌

辐照针对性杀菌是指采用足够的辐照剂量以针对性地杀灭某些对食品安全及贮藏影响较大的微生物，如特定的非芽孢致病菌。经辐照针对性杀菌后的样品在任何方法下都不应再检出目标微生物。与辐照完全杀菌相比，辐照针对性杀菌不以杀灭样品中的所有微生物为目的，这导致处理后的样品中会残存一些耐辐射的微生物，如芽孢杆菌等。因此，采用辐照针对性杀菌大多强调的是食品短期的安全性问题，而非食品长期的贮藏性问题。但与辐照完全杀菌相比，其所采用的辐照剂量更低，通常为 5～10 kGy。

（三）辐照选择性杀菌

辐照选择性杀菌与辐照针对性杀菌类似，其采用能够显著杀灭样品中特定腐败菌的辐照剂量对样品进行处理，以提高样品的贮藏品质为目的。由于不同腐败菌对辐照的耐受性有所不同，因此在处理不同种类样品或贮藏不同需求的样品时，其采用的辐照剂量也有所不同，但由于腐败微生物的辐照耐受性通常较弱，因此其实际采用的辐照剂量不高，通常为 0.5～2 Gy。此外，经辐照针对性杀菌及辐照选择性杀菌处理后的样品并未做到完全杀菌，因此通常需要与其他保鲜方式联合使用，以达到延长样品保质期的目的。

三、辐照保鲜的影响因素

在实际的辐照保鲜处理过程中，其保鲜效果会受到外界因素的影响。目前研究表明，辐照保鲜主要受到作用温度、氧气含量，以及食品中保护及增感物质的影响。

（一）温度

由于微生物在不同温度下对辐射的耐受性差异显著，因此温度对辐照保鲜具有较大的影响。通常情况下，微生物在低温条件下对辐照的耐受性有所增强，这是由于微生物细胞中的自由基及其他反应物质在低温条件下相对稳定，不易受到辐射的影响。在冻结状态下，其对辐射的耐受性甚至能够达到常温状态下的 2 倍，因此处理温度越高，辐照的杀菌效果越好。但实际应用中，为了最大限度地减小辐照杀菌的副作用，辐照处理通常在较低温度下进行。

（二）氧气含量

同样，微生物在不同氧气浓度下对辐射的耐受性也有所不同，通常在有氧条件下微生物对辐照的耐受性较弱。但由于有氧条件同样有利于食品的氧化脱氢及辐解产物的产生，因此在厌氧状态下辐照处理对食品的破坏程度反而远低于有氧状态，因此即使有氧条件对辐照处理的杀菌效果有所帮助，但在实际操作中仍主要在厌氧状态下进行。

（三）保护及增感物质

增感物质是指在 pH 为 7.0 的 0.1 mol/L 磷酸缓冲液反应体系中，能够使试验物 D 值降低的物质。而在相同条件下能够使 D 值增高的物质则称为保护物质。在食品中存在着众多如氨基酸、糖类等保护物质，这些保护物质能够提高微生物对辐射的耐受性。因此，在辐照保鲜过程中可适当添加维生素 K 等增感物质，来抵消保护物质对微生物的保护作用，减小辐照剂量。

四、辐照保鲜技术对水产品品质的影响

水产品具有丰富的营养和鲜美的风味。但因受生长环境的影响，其体内外常有大量微生物生长、繁殖，当其离水死亡后，这些微生物易造成水产品的腐烂变质。因此，杀死水产品

中的各种微生物，是防止水产品变质的重要措施。水产品既可以用高剂量辐照处理，也可以用低剂量辐照处理。辐照可以杀死鱼体中的部分微生物，达到延缓鱼体腐败的目的，但微生物的酶和鱼体自身的酶对辐照极不敏感。据报道，酶的 D_{10} 值（杀灭 90% 微生物所需的辐射剂量）为 5 kGy，此剂量比肉毒芽孢的 D_{10} 值还要高。另外，酶的活性随温度的增高而增强，因此 30℃ 条件下保存的辐照水产品在短时间内就会变质，变质时微生物指标无明显异常，可能是由组织酶和微生物酶引起的。在室温下保存的水产品辐照剂量应在 40 kGy 以上，或先将水产品加热使酶灭活。在低温条件下，酶的活性会受到抑制，从而可以延缓试样的腐败，故在 10 kGy 以下辐照的水产品应在冷藏条件下保存。为了防止辐照产品的再污染，辐照前应将产品真空密封于不透水汽、空气、光线和微生物的容器中。

五、辐照保鲜的优点

辐照保鲜技术作为一种在问世之初并不被大众接受的新型保鲜技术，近年来之所以得到较好的发展，主要是由于其具有众多独特的优点。由于辐照保鲜采用的能量为辐射能，其在作用过程中并不会产生多余的热量，如 10 kGy 的剂量仅能产生相当于将水从 20℃ 加热至 100℃ 所消耗热量的 3%。因此其在处理过程中既不会像某些热处理一样破坏食品的营养，又不会像低温保鲜、超高压保鲜等冷处理方式一样破坏食品的质构品质，因此可最大限度地保持食品的固有品质。此外，辐照保鲜的杀菌效果显著，处理时间短，穿透性强，作用效果均匀，因此其能方便地对已包装的食品进行批量杀菌，大大提高了杀菌效率，降低了杀菌成本，且可根据实际情况灵活地调整辐射参数，以达到不同的杀菌目的。

六、辐照保鲜的安全性

辐照保鲜作为一种 20 世纪 50 年代发展起来的新型保鲜技术，虽然其具有众多其他保鲜技术无法企及的优点，但由于消费者对于辐照的天然恐惧与排斥，其在发明之初并未得到很好的发展。究其原因，就是普通消费者乃至学术界对其安全性的广泛担忧与质疑。为此，人们对辐照保鲜技术的安全性及可行性进行了大量的研究。早在 20 世纪 70 年代，FAO、WHO 及国际原子能机构（IAEA）等国际权威机构便发起了对辐照保鲜技术安全性的联合调查。我国也陆续对谷物、肉制品、果蔬制品及辛香剂等食品原料进行了辐照处理的相关安全性研究，并制定了相应的标准（表 4-1）。研究表明，辐照处理会使食品中的某些化学物质发生离子化，这一过程称作辐解（radiolysis），而这些离子化后的产物则被称为辐解产物。目前在多种辐照食品中检测到了相应的辐解产物，但这些辐解产物并不会对食品产生任何危害。可见，辐照处理确实会对食品成分产生一定的影响。例如，辐照处理会引起谷物食品中纤维素、果胶、淀粉等长碳链化合物的碳链断开，从而形成葡萄糖、果糖等短链的还原糖。而水产品中的脂肪在经辐照后会发生脱氢现象，从而引发不利于自身的脂质氧化反应。此外，辐照处理会使某些对辐射敏感的维生素，如维生素 C、维生素 B 发生类似于热降解的变化，并且某些含硫氨基酸会在辐射处理后发生脱氨作用从而形成硫化氢等挥发性化合物。但应注意的是，其他加工过程，如蒸煮、冷冻等同样会促使食品产生相似的产物，且保鲜剂量的辐照处理并不会引发蛋白质的降解。此外，食品中含有众多复杂的天然组分，而这些组分之间具有相互保护作用。因此，与其他一些保鲜技术相比，保鲜剂量的辐照处理对食品整体品质的影响微乎其微，更不会对食品的安全性造成危害，并且在辐照处理过程中可结合低温处理、脱氧处理等手段进一步消除辐照处理对食品理化性质的影响，减轻其在保鲜过程中所产生的副作用。同时，值得强调的是，辐照处理通常采用封闭的 ^{60}Co 或 ^{137}Cs 作为辐射源，在处理过程中食品并未与辐射源直接接触，而是通过外辐射来达到保鲜目的。此外，目前辐照保鲜所需的辐射剂量极小，因此经过辐照后的食品并不具有放射性，消费者完全不必担心因食用辐照食品而产生的所谓的"二次辐射"。

表 4-1　我国部分食品的辐照处理标准

标准号	标准名称	适用范围
GB 14891.2—1994	辐照花粉卫生标准	玉米、荞麦、高粱、芝麻、油菜、向日葵、紫云英蜜源的纯花粉及混合花粉
GB 14891.6—1994	辐照猪肉卫生标准	旋毛虫猪肉
GB 14891.1—1997	辐照熟畜禽肉类卫生标准	熟猪肉、熟牛肉、熟羊肉、熟兔肉、盐水鸭、烤鸭、烧鸡、扒鸡等
GB 14891.3—1997	辐照干果果脯类卫生标准	花生仁、桂圆、空心莲、核桃、生杏仁、红枣、桃脯、杏脯、山楂脯及其他蜜饯类食品
GB 14891.5—1997	辐照新鲜水果、蔬菜类卫生标准	新鲜水果、蔬菜
GB 14891.4—1997	辐照香辛料类卫生标准	辛香剂
GB 14891.7—1997	辐照冷冻包装畜禽肉类卫生标准	猪、牛、羊、鸡、鸭等冷冻包装畜禽肉类
GB 14891.8—1997	辐照豆类、谷类及其制品卫生标准	豆类、谷类及其制品
GB/T 18526.4—2001	香料和调味品辐照杀菌工艺	香料、调味品
GB/T 18526.6—2001	糟制肉食品辐照杀菌工艺	糟制肉制品
NY/T 1256—2006	冷冻水产品辐照杀菌工艺	冷冻水产品

虽然上述研究结果均证明辐照保鲜是一种安全可靠的保鲜技术，但公众及学术界对辐照保鲜技术的推广依然持谨慎态度。直到 1997 年 12 月，美国食品药品监督管理局（FDA）正式批准将辐照保鲜应用于肉类的生成加工过程，这标志着关于辐照保鲜技术安全性的争论基本就此终结。而随着同期 WHO 完成了对辐照食品安全性的回顾性调查，学术界对辐照食品的安全性也已基本达成共识。总体来说，辐照处理在食品中不会引起威胁人类安全健康的毒性变化，不会增强内源微生物的致病性及致腐性，不会影响食物原有的营养品质，更不会使食品携带放射性。进入 21 世纪后，已有超过 40 个国家允许使用辐照技术进行保鲜，超过 30 个国家开始食用辐照食品。其中辐照保鲜在辛香剂的生产中应用最为广泛。而在水产品方面，目前部分干制海鲜也不同程度地采用了辐照处理。例如，崔生辉等（2000）使用 0～7 kGy 的辐照剂量对真空包装鲫鱼、针鱼、皮虾三种水产品进行了处理，并探究其对保鲜作用的影响。结果显示一定剂量的辐照可使水产品中大肠菌群数下降，延长了货架期。但值得注意的是，虽然辐照保鲜技术在水产品中具有广阔的应用前景，并且产业界及学术界已经就其安全性达成了共识，但消费者对辐照食品仍存在较大的"恐惧感"，因此我国未来需要帮助消费者加快认识辐照食品的安全性，完善我国辐照食品体系和相关认证，使辐照保鲜技术在水产品保鲜领域得到更好的发展。

第二节　超高压保鲜

超高压技术（ultra-high pressure processing，UHP）最早由美国物理学家 P. M. Briagmum

于1914年提出，其发现蛋白质于静水压（500 MPa）下会发生凝固现象，而当压强增加到700 MPa时则会形成蛋白质凝胶。虽然超高压技术已经有超过百年的历史，但直到1986年才由日本京都大学林立丸教授将其引入食品工业的生产研究中。超高压保鲜技术是超高压处理技术的一种，具体是指将食品物料进行柔性封装后，在液体介质中以超高压（100～1000 MPa）进行处理，从而杀灭食品中微生物、抑制内源性酶活性的一种新兴非热保鲜技术。目前，超高压保鲜技术已经在世界范围内得到了极大的发展，其中日本是应用超高压保鲜最为广泛的国家。而美国也已将超高压食品列为21世纪食品加工、包装的主要研究项目，并已具备工业化规模生产的能力。而我国对超高压保鲜的研究虽然起步较晚，但具有一定的后发优势，目前已有将超高压技术应用于加工调味品、水产品、中药材、保健食品及其他价值高但对热较敏感的食品或药品的研究中。但整体来说，我国对于超高压保鲜的综合应用水平仍低于美国、日本等发达国家。

一、超高压保鲜的原理

超高压保鲜技术主要通过液体介质进行加压，通过局部高压环境影响食品中微生物的细胞壁/膜的形态，降低内源性酶的活性，影响细胞的生化反应途径，从而猝灭微生物正常的生化功能，继而导致微生物的死亡。此外，超高压处理还能够改变食品的质构形态，使其更易保藏。

研究表明，超高压处理能够对微生物的细胞形态造成不可逆的损害与影响。当外界压力达到一定程度时，会使微生物细胞的细胞壁与细胞质膜脱离，并发生明显的形变，细胞膜的磷脂分子横截面减小，立体结构丧失，流动性下降，此时微生物的活性已明显下降。当压强达到20～40 MPa时，微生物的细胞壁因机械应力而发生断裂，细胞壁的局部会出现缺口，造成内容物外泄。而当压强加大到200 MPa时，细胞壁则被完全破坏，细胞内容物发生皱缩，内源蛋白发生聚集性变性，从而使微生物死亡。此外，超高压处理还会对微生物体内的生化反应及酶的活性造成较大的破坏作用，从而抑制微生物的生理活性。显而易见，超高压处理能够大幅降低微生物的有效体积，因为根据勒夏特列原理（Le Chatelier's principle），加压不利于反应向增大体积的方向进行。而超高压处理还能够破坏高分子物质的离子键、氢键等非共价键，因此外界压力的变化能够对微生物体内的生化反应造成一定的影响。同时，由于超高压处理会改变微生物的内部结构，因此其能够对内源性酶的立体构象造成影响。当外界压强达到200 MPa时，便会引起蛋白质的变性，进而抑制微生物中由酶主导的代谢反应及遗传行为。

二、超高压保鲜的影响因素

超高压保鲜处理是一个十分复杂细致的过程，主要操作工序为加压—保压—卸压，其实际的保鲜效果能够受到处理环境因素（温度、pH和水分活度）、施压大小、施压方式、作用的微生物种类及食品本身的特性等因素的影响。

（一）温度

温度是影响微生物生长代谢的重要环境因素。较高或较低的温度均能够对超高压处理起到协同增效的作用。研究表明，在同样的压力下杀死同等数量的细菌，温度高则所需杀菌时间短。此外，在高压处理时提高杀菌温度有利于降低产芽孢细菌对压力的耐受性，这是因为在一定温度下，微生物中蛋白质、酶等成分均会发生一定程度的变性。而当温度较低时，超高压处理能够加剧细胞中冰晶的析出，从而加剧细胞的破裂程度，使细胞结构遭到更为严重的破坏，从而提高微生物对压力的敏感性。因此合理改变处理温度对高压杀菌有促进作用，就现阶段研究结果来看，超高压结合温度处理是一种十分有效的杀菌手段。

（二）pH

环境的 pH 是影响微生物在压力条件下生长状态的主要因素之一。通常情况下，微生物在碱性条件下对压力的耐受性较高，反之较低。这是由于酸性条件可引起菌体表面蛋白质和核酸的水解并破坏酶类的活性。同时，在高压环境下，微生物的生长 pH 可能出现变化，从而缩小其最适 pH 范围。因此，某些酸性食物，如果酱、果汁等的高压杀菌效果通常较好。此外，水分活度（water aetivity，A_w）对高压保鲜也有一定的影响，通常微生物在低 A_w 下会发生脱水收缩，从而增强了对压力的耐受性。因此，控制样品的 A_w 对提高超高压杀菌效果具有重要的作用。

（三）施压方式及大小

施压方式及作用压强的大小和时间对超高压保鲜的效果能够造成直观的影响。通常情况下，在适当范围内，作用压强越高，施压时间越长，超高压保鲜的效果越好。而在施压时间相同的情况下，阶段性压强变化处理的效果要优于持续静压的处理效果，因此在实际的高压处理过程中，建议使用多次重复短时处理方式。

（四）微生物种类

由于不同微生物对压力的耐受性不同，因此受压微生物的种类同样是影响高压保鲜效果的重要因素。通常情况下，革兰氏阳性菌因为具有更厚的细胞壁及更为简单的结构，其对压力的耐受性更高。其中芽孢杆菌属（*Bacillus*）的芽孢由于具有结构极为致密的芽孢壳，因此其对压力的耐受性最强。在实际的高压处理过程中需结合其他处理手段来实现对其杀灭的目的。而革兰氏阴性菌由于其细胞膜的结构更为复杂，因此对压力较为敏感。

（五）其他因素

此外，食品中的固有成分及食品中含有的外源添加组分对高压保鲜效果也具有一定的影响。这是因为食品中的蛋白质、碳水化合物及脂质等基础营养素在压力条件下对微生物具有一定的保护作用，并且有利于微生物在受压损伤之后的自我修复。而相反，某些食品添加剂，如脂肪酸酯等对高压保鲜具有促进作用。

三、超高压保鲜对食品品质的影响

超高压处理除能够对食品基料中的微生物起到杀灭作用外，还会对食品本身的蛋白质、淀粉、脂类及维生素等组分产生一定的影响。

（一）超高压对蛋白质的影响

在食品的主要组分中，蛋白质受超高压作用的影响最大。蛋白质在经超高压处理后，其结构遭到破坏，肽链发生伸展，蛋白质分子从有序紧密转变为无序而松散的结构，并发生形变，其活性中心的构象也会相应发生改变，从而使蛋白质的立体结构崩溃，导致其失活。一般来说，超高压对蛋白质的一级结构没有影响，利于二级结构的稳定，但对三级结构有较大影响，且四级结构对压力非常敏感。这主要是由于蛋白质的二级结构是由肽链之间的氢键维持的，而超高压环境能够使氢键得到加强，因此有利于蛋白质的二级结构稳定。但蛋白质的三级结构主要由静电作用和疏水相互作用维持，这些作用力易受到蛋白质体积结构的影响。此外，超高压还会促使寡聚蛋白发生解离，并使亚基发生进一步的聚集和沉淀，破坏蛋白质的四级结构。但需要强调的是，食品基料中的蛋白质与其内源微生物中的蛋白质不同，对于食品本身而言，其不需要自身的蛋白质保持相应的活性。而经超高压处理后的蛋白质会发生聚集从而形成蛋白质凝胶。因此反映在食品上，超高压处理引发的蛋白质变性并不会对食品品质造成过多不利影响。相反，经超高压处理后的食品在质地等方面均有良好的提升。因此，除单纯的保鲜目的外，目前工业上也常将超高压处理应用于食品加工中。

（二）超高压对淀粉的影响

超高压（400～600 MPa）处理会使淀粉发生区别于热处理的糊化现象。这是由于超高压处理会使淀粉颗粒发生膨胀，从而破坏淀粉的晶体结构，并使其内部的化学键发生断裂，呈现相对松散的状态。因此，经超高压处理后的淀粉对淀粉酶更加敏感，并且更容易被人体消化。

（三）超高压对其他食品组分的影响

此外，超高压处理还会对脂类产生一定的可逆影响。例如，液态脂肪在超高压作用下会发生相变结晶，从而转变为更为黏稠稳定的固态脂肪，但这种相变在失压后会恢复。而食品中的一些维生素、挥发性风味化合物及常见色素等在食品中均主要以共价键的方式进行结合，因此这些物质几乎不受超高压处理的影响。但有些类色素物质，如肌红蛋白对压力较为敏感，因此鲜肉在超高压处理后会出现褪色现象。此外，食品的黏度、均匀性等质构特性对压力也较为敏感，但其受压后引发的系列变化对食品而言通常是有益的。总体来看，超高压处理无疑有利于食品品质的提升。

四、超高压保鲜的优点

超高压保鲜技术作为一种典型的物理冷杀菌保鲜技术，无须外源添加化学防腐剂，处理过程绿色环保，处理后的食品更为安全健康。与热反应相反，其压力可以在瞬间传到食品的中心，压力传递均匀，处理均一性好，杀菌灭酶效果更为彻底。同时，超高压处理只对生物高分子物质立体结构中非共价键结合部分产生影响，因此对食品中维生素等营养成分和风味物质没有任何影响，能在很大程度上保留食品的色泽与风味。此外，加压处理能够改变食品的原有物性，特别是蛋白质和淀粉的表面状态与热处理后完全不同，从而可以利用压力处理出质构品质较为新颖的食品基料。例如，利用超高压处理得到肉质更为细嫩的猪肉，凝胶强度更好的鱼糜制品等。

五、超高压保鲜在水产品保鲜中的应用前景

目前，国内的水产品保鲜技术与国外相比，还存在着较大的差距。关于水产品的贮藏保鲜，因不同品种、不同产地，其贮藏条件各异，研究一些新的保鲜技术应用于水产品的贮藏保鲜，从而获得高品质的保鲜产品，调节市场需求，丰富人民的生活，将具有重要意义。超高压保鲜作为一种冷加工技术，能够快速、高效、均匀地实现杀菌，同时更好地保持食品中

固有的营养品质、质构、风味、色泽及新鲜程度，处理过程操作安全，耗能低，有利于生态环境保护和可持续发展，且不会产生异臭物等。在达到保鲜目的的同时，超高压处理还有助于水产品的品质改良。例如，超高压处理能够促进秘鲁鱿鱼鱼糜和梅鱼鱼糜凝胶的形成，获得更好的品质，在鱼糜加工中具有良好的应用前景。同时，超高压具有促进凝胶形成和改善凝胶特性尤其是凝胶弹性的作用，可以成为一种替代热处理的鱼糜制品生产的新技术。总之，随着对这一技术研究的逐步深入，超高压技术在未来的水产品保鲜加工中将可占一席之地。

第三节　气调保鲜技术

气调保鲜是通过调节和控制食品所处的空间内气体组分来延长食品保鲜期的一种方法。气调保鲜技术的气体一般由 O_2、CO_2 和 N_2 构成。通过降低 O_2 含量，增加 CO_2 含量，来抑制水产品内微生物的生长繁殖，达到延长保鲜期的效果。气调包装有着悠久的历史，19 世纪末期，植物生理学家已认识到，减少果实周围空气中的氧气浓度能延缓其新陈代谢作用。从 20 世纪 50 年代起，气调贮藏保鲜技术在欧美发达国家得到迅速发展和广泛应用，主要应用于生鲜和熟肉制品、果蔬、新鲜水产品、鲜制意大利面制品、咖啡、茶及焙烤食品等的贮藏与保鲜。我国在 20 世纪 90 年代开始进行食品气调保鲜包装（MAP）技术的研究和应用，并取得较快发展，但商业应用仍然不多，目前 MAP 产品在国内市场上仅限于新鲜猪肉、新鲜蔬菜和熟肉等，其他食品的 MAP 技术还没有实现市场应用。在发达国家，气调包装技术在水产品保鲜中的应用比较普遍，包括不同鱼种的鱼片和鱼块、虾类、贝类等。但在我国，水产品气调保鲜包装在商业上的应用还处于研究和起步阶段。随着消费者对新鲜和无化学保鲜剂的方便即食水产品需求的增加，迫切需要采用新型保藏技术以解决传统冷却冷藏保鲜货架期短的缺陷，气调包装，尤其是气调包装与其他保鲜技术组合成为新的研究热点，是一种非常有发展潜力的新型保鲜技术。

一、气调保鲜包装原理

气调保鲜是一种通过调节和控制食品所处环境中的气体组成而达到保鲜目的的方法。MAP 的基本原理是在适宜的低温下，改变贮藏库或包装内空气的组成，降低氧气的含量，增加二氧化碳的含量，从而减弱鲜活品的呼吸强度，抑制微生物的生长繁殖，降低食品中化学反应的速度，达到延长保鲜期和提高保鲜效果的目的。气调包装中常用的气体由二氧化碳（CO_2）、氧气（O_2）、氮气（N_2）中的两种或三种气体混合组成。CO_2 对于大多数需氧细菌、霉菌，特别是嗜冷菌具有较强的抑制作用；N_2 是惰性气体，用作混合气体的填充气体。

（一）二氧化碳

空气中 CO_2 的正常含量为 0.03%，低浓度 CO_2 能促进许多微生物的繁殖，但高浓度 CO_2 却能阻碍大多数需氧菌、霉菌等微生物的繁殖，延长微生物生长的延迟期和降低微生物在对数生长期的生长速率，因而对食品具有防霉和防腐作用，但对厌氧菌没有抑制作用。研究表明，混合气体中 CO_2 浓度超过 25% 就可抑制水产品中微生物的活性，有利于保持水产品的品质，在实际应用中，因 CO_2 易通过包装材料逸出和被水产品中的水分与脂肪吸收，所以混合气体中 CO_2 浓度一般会超过 50%，但过高的 CO_2 浓度会导致包装塌落，而且对制品的品质会带来负面影响，如过量液汁损失、造成制品色泽和质构的变化，以及产生金属味和酸腐味等不良气味与滋味。CO_2 溶解于食品后与水结合生成弱酸。由于食品物料或微生物体内的 pH 降低，形成的酸性条件对微生物生长有抑制作用，同时 CO_2 对油脂及碳水化合物等有较强的吸附作用而保护食品减少氧化，有利于食品贮藏。高 CO_2 包装（70% 或 60% 的 CO_2）与超低温结合可以减少异味化合物的产生，包括挥发性盐基氮（TVB-N）和 ATP 相关化合物。

（二）氧气

O_2 在空气中约占 21%，是生物体赖以生存、不可缺少的气体。在水产品气调包装中，O_2 能够抑制厌氧菌生长，减少鲜鱼中三甲胺氧化物（TMAO）还原为三甲胺（TMA），但 O_2 的存在却有利于需氧微生物的生长和酶促反应的加快，引起高脂鱼类脂肪的氧化酸败。研究表明，隔绝 O_2 能有效地减缓牡蛎蛋白质的变性及分解、pH 的变化、游离氨基酸的生成和分解，以及挥发性盐基氮含量的增加，延长牡蛎的贮藏期。用除氧剂将氧气除尽的空气包装比单纯的空气包装能减少康氏马鲛冷藏期间生物胺（组胺、腐胺和尸胺）的产生，能将其货架期从 12 d 延长至 20 d。无 O_2 气调包装能够更好地维持北方长额虾的色泽，防止其脂肪的氧化酸败并保持韧性，延长货架期。水产品的无 O_2 气调包装使需氧微生物的生长受到了抑制，但产生了促进厌氧微生物如肉毒梭菌生长的危险。

（三）氮气

N_2 在空气中约占 78%，作为一种理想惰性气体一般不与食品发生化学作用，在气调包装中多用作填充气体，尤其对高浓度 CO_2 包装的生鲜肉及鱼制品，具有防止 CO_2 气体溶解于肌肉组织而导致包装塌落的作用。同时用于置换包装袋内的空气和 O_2 等，以防止高脂鱼、贝类脂肪的氧化酸败和抑制需氧微生物的生长繁殖。

二、影响水产品气调保鲜的因素

在水产品气调保鲜技术中，储藏温度、原料新鲜度、加工工艺、包装气体的组成及配比、包装容器中气体的体积与物料质量比（V/m）及包装材料等都对水产品的货架期有很大的影响。

（一）储藏温度

储藏温度是影响水产品气调保鲜效果的最关键因素，直接影响水产品的货架期。低温与气调保鲜结合具有良好的保鲜效果，在低温下微生物和酶的作用都受到抑制，同时低温下 CO_2 的溶解性高，使食品 pH 下降，因此 CO_2 在低温下的抑菌效果高于常温。气调保鲜鲥鱼，其菌落总数在 10℃ 储藏 4 d 左右达到 10^6 CFU/g，而在 4℃ 条件下储藏 11 d 左右才达到该数量。气调贮藏大西洋鳕鱼，与在空气中储存相比，MAP（40% 的 CO_2 和 60% 的 N_2）冰藏的感官保质期从 15 d 延长到 21 d。在 -1.7℃ 的超低温下，感官保质期超过 32 d。

（二）气体组成

气调包装保鲜水产品的货架期与混合气体的组成有密切关系，不同水产品应采用不同的混合气体组成。气体组成不仅影响水产品的化学品质，还影响水产品中微生物的变化。气调包装的鲱鱼在（2±0.5）℃、70% CO_2：30% N_2 气体条件下和空气包装下对应的货架期分别是 20～21 d 和 11 d。Antonios 和 Michael（2007）经研究发现 70% CO_2＋30% N_2 混合气体包装鲭鱼在 2℃条件下货架期为 20 d，比空气包装的多 10 d。陶宁萍等（1997）经研究发现 60% CO_2＋10% O_2＋30% N_2 气调包装带鱼虽然脂肪的氧化速度加快，但抑制了三甲胺的生成，总的保鲜效果优于无氧气调包装。高浓度 CO_2 包装能有效抑制鱼丸中细菌的生长速度，降低挥发性盐基氮的含量，延长了鱼丸的保鲜期。CO_2 浓度大于等于 50% 的气调包装可使新鲜青鱼块在冷藏条件（2～4℃）下的货架期从空气包装的 6 d 延长至 12 d，并保持了产品的良好质量，这可能是因为 CO_2 含量的提高抑制了需氧菌和嗜冷菌数量的增加，同时 CO_2 的存在和增加可能降低了相关微生物的增长速率，在 0℃条件下 20% 或 60% 浓度的 CO_2 能使腐败希瓦氏菌的最大增长速率降低 40%。

在气调包装中加入一定量的 O_2 能更好地延长水产品的货架期，在进行有氧气调保鲜的研究中，O_2 的比例差异较大，尽管高氧气调包装容易导致水产品中不饱和脂肪酸的变质，但仍有较多研究结果表明高氧气调包装的某些水产品有更好的品质。气调包装带鱼的适宜气体配比为 60% CO_2：30% N_2：10% O_2，O_2 的存在虽会加快脂肪的氧化，但抑制了厌氧菌的繁殖生长，同时减少了氧化三甲胺分解生成三甲胺，总的效果优于无氧包装。当气体的浓度为 60% CO_2：10% O_2：30% N_2，欧洲鲈鱼鱼片和大西洋鲑鱼切片在 2℃的改良气氛包装下储存期间的保质期均为 10.5 d，而整条去内脏的海鲈鱼的保质期为 13 d。

（三）气体体积和包装物质量比

由于包装材料的透气性和 CO_2 的溶解性等原因，充入包装容器的气体体积应大于包装物料的体积，这样既可保证气调保鲜的效果，又能防止包装袋的瘪陷。通常气体的体积为食品质量的 2～3 倍是比较理想的。对草鱼气调包装的研究发现，其适宜的气体配比为 50% CO_2：40% N_2：10% O_2，气体体积与草鱼质量之比为 2：1 或 3：1 时有较好的储藏效果。

（四）原料被污染程度

气调包装的效果与食品包装前的污染程度有重要关系。包装前物料被腐败微生物污染的程度越低，气调包装食品的货架期越长。

（五）包装材料

气调包装材料的透气性对气调保鲜效果有较大的影响，它决定着包装袋内气体比例是否稳定或平衡。同种或不同的包装材料对于不同气体的阻隔率都不同，并且还受环境温度和湿度的影响。阻隔性优良的包装材料不仅可以防止气调包装内各气体的溢出，还可以防止外界气体的进入。

三、气调包装对水产品品质的影响

用气调包装保鲜水产品能够保持鱼肉的颜色，鱼肉在新鲜时都是鲜亮的红色或白色，当暴露在空气中后，颜色会越来越暗，最后呈紫黑色，这种颜色的变化与微生物引发的腐败无关，而是鱼肉内部固有的肌红蛋白结构中心的铁离子由二价被氧化成了三价，变成了甲基肌红蛋白，致使肉的颜色令人不悦。用氮气可以对金枪鱼等红色鱼的血和肉进行固色，原因是它能抑制红色鱼肌肉色素肌红蛋白的氧化。气调包装能防止脂质氧化，抑制微生物的生长繁殖,延长保鲜时间。同时气调包装还能控制甲壳类黑斑点的产生,也能减少一些鱼类在储藏中组胺的形成。气调包装对牙鳕、鲑鱼鱼片的气味和可接受性没有影响,但对其颜色、弹性、汁液流失、挥发性盐基氮等有一定的影响。孙丽霞(2013)研究了气调包装对冷藏大黄鱼品质的影响,相对于空气和真空包装,气调包装能有效改善冷藏过程中大黄鱼的品质。主要表现为有效抑制细菌的生长,保持鱼肉良好的感官品质,抑制产 H_2S 菌、假单胞菌、肠杆菌等优势腐败菌的生长,维持较低 pH,延缓硫代巴比妥酸胺值上升,保持较好的硬度和弹性,但汁液流失较明显。多数 MAP 水产品都有汁液流失的问题,通过保水剂的处理和降低 CO_2 浓度可降低其汁液流失率,但尚不确定其原因是不是气体的大量溶解和 pH 的降低。Ruiz-Capills 和 Moral(2004)研究显示挪威龙虾肌肉中游离氨基酸,在混合气体 $CO_2:O_2:N_2$ 的组成分别是 60:15:25 和 40:40:20 条件下储藏期间,其苏氨酸、缬氨酸、赖氨酸和精氨酸的含量有明显下降,富含 CO_2 包装下的样品的这种变化比富含 O_2 包装的样品更大;鸟氨酸和色氨酸的含量在储藏期间有明显的升高,这可能对其风味和鲜味有影响。另外,气调保鲜冰鲜太平洋白虾,CO_2(20%~80%)和 O_2 浓度为 5% 和 15%,在储藏期间增加 CO_2 可以线性地防止太平洋白虾黑化和三甲胺的形成,而减少 O_2 浓度使 CO_2 具有更高的功效,表明对太平洋白虾黑化和三甲胺的抑制具有协同作用。低压静电场(2.5 kV,50 Hz)结合气调包装(MAP,75% CO_2/25% N_2)凡纳滨对虾有较好的保鲜效果,货架期可达 14 d,比空白组延长了 8 d。低压静电场结合气调包装能显著抑制贮藏期微生物引起的腐败变质,且能延缓核苷酸的降解,色泽和感官评分良好,汁液流失率保持在 3% 以内,并有助于延缓贮藏期的虾肉软化。

四、气调保鲜技术的发展

气调包装因具有良好的食品保鲜效果,已在食品贮藏方面得到了广泛的应用。与食品保鲜剂相比,气调贮藏既对人体健康无危害,又不会对环境造成任何污染,符合绿色食品的要求,具有很大的市场发展潜力。气调保鲜技术有效地延长了产品货架期,但是单一的气调保鲜已经不能满足消费者现在的需要,用复合保鲜剂、辐照、高压、臭氧等处理并结合气调保鲜技术是值得探索的。气调保鲜技术和其他技术的结合并实际应用到大规模的水产品加工工业是未来研究的重点,且应具有较强的实际操作性。

第五章 传统水产品加工技术

第一节 冷冻调理食品

一、水产品冻结保藏原理

鱼、虾、贝类等新鲜水产品在常温下放置很容易腐败变质，其腐败变质主要是酶和细菌共同作用的结果。鱼体上附着的细菌大多是嗜冷微生物，因此采用低温保鲜技术可使其体内酶和微生物的用受到一定程度的抑制，但并未终止，经过一段时间后仍会发生腐败变质，故而只能短期贮藏。为了达到长期保藏的目的，必须把产品的温度降低至 -18℃ 以下，使体内90% 以上的水分冻结成冰，成为冻结水产品，并在 -18℃ 以下进行贮藏。一般来说，冻结水产品的温度越低，其品质保持得越好，贮藏期也越长。

水产品体内组织中的水分开始冻结的温度称为冻结点。水产品的温度降至冻结点，体内开始出现冰晶，此时残存的溶液浓度增加，其冻结点继续下降，要使水产品中的水分全部冻结，温度要降到 -60℃，这个温度称为共晶点。要获得这样低的温度，在技术上和经济上都有困难，因此目前一般只要求水产品中的大部分水分冻结，品温在 -18℃ 以下，即可达到贮藏的要求。

在冻结过程中，水产品温度随时间下降的关系曲线称为冻结曲线（图 5-1）。

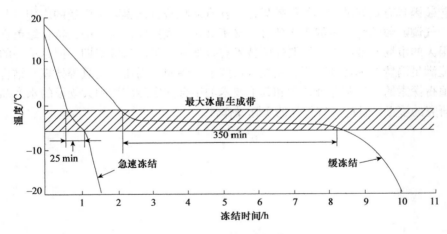

图 5-1　水产品冻结曲线

水产品冻结过程大致可分为三个阶段。第一阶段是鱼体温度从初温降至冻结点，放出的是显热，降温快，曲线较陡。第二阶段是鱼体中大部分水分冻结成冰，由于冰的潜热为显热的 50～60 倍，整个冻结过程中绝大部分热量在此阶段放出，故降温慢，曲线平坦。第三阶段是鱼体温度继续下降，直到终温。此阶段放出的热量，一部分是冰的继续降温，另一部分是残留水分的冻结。水变成冰后，比热显著减小，但因为还有残留水分冻结，其放出的热量较多，所以曲线不及第一阶段陡峭。

水产品在冻结过程中，体内大部分水分冻结成冰，其体积约增大 9%，并产生内压，这必然给冻品的肉质、风味带来变化。为了生产优质的冻结水产品，减少冰晶带来的不良影响，必须采用快速、深温的冻结方式。这种方式使组织内结冰推进的速度大于水分移动的速度，产生冰晶的分布接近于组织中原有液态水的分布状态，并且冰晶微细，呈针状晶体，数量多，均匀，故对水产品的组织结构无明显损伤，从而使冻品的质量得到保证。

二、水产品冷冻调理食品加工工艺

水产冷冻调理食品是指以优质水产品为原料，经过适当的前处理及配制加工后，采用速冻工艺，并在冻结状态下（产品中心温度在 −18℃ 以下）进行贮藏、运输和销售的包装食品。水产冷冻调理食品主要有鱼类、虾类和贝类三种，根据前处理方式的不同，分为油炸类制品、蒸煮类制品和烧烤类制品。水产冷冻调理食品大多是调味半成品或烹调的预制品，其生产工序各不相同，但一般都要经过冻结前处理、冻结、冻结后处理和冻藏等过程。

（一）新鲜度的选择

原料的新鲜度直接影响冷冻调理食品的品质。当使用冷冻鱼作为原料时，首先要判定冷冻鱼的新鲜度品质，以保证冻结制品的质量。冷冻鱼的解冻以进行到半解冻状态为宜，解冻后的终温必须保持在 5℃ 以下。解冻后鱼的劣化速度与新鲜鱼相比显著加快，因此要迅速进行前处理工序。

（二）冻结前处理

先用清洁的冷水将原料洗干净，海水鱼可用 1% 食盐水洗。小型鱼类一般进行整条冻结，大型鱼类一般要经过形态处理，根据冻结制品的要求，可用手工或机械方式将鱼肉切成鱼段、鱼肉片、鱼排等，处理的刀具必须清洁、锋利，防止污染。虾有带壳冻的，也有剥壳冻虾仁的，对虾通常除去头后冻结。蟹有在盐水中煮熟后带壳冻结的，也有除壳单冻蟹肉的。在整个前处理过程中，原料都应处于低温下，以减少微生物的繁殖。

（三）冻结

为了保证速冻产品的质量，必须采用快速深温的冻结方式，出冻结装置时冻品的中心温度必须达到 −15℃。冻结方式有空气冻结、盐水浸渍、平板冻结和单体冻结等，其中空气冻结包括管架式鼓风冻结和隧道式送风冻结，盐水浸渍分为直接接触冻结和间接接触冻结，平板冻结包括卧式平板冻结和立式平板冻结。

1. 管架式鼓风冻结　　制冷剂在组成管架的蒸发管内蒸发，因而在管架之间形成了低温，将鱼盘置于管架上，通过与蒸发管组的接触换热及与管架间冷却空气的对流换热，使鱼体热量散失。管架冻结间设鼓风机鼓风，可加强空气循环，缩短冻结时间。采用管架式鼓风冻结具有冻结温度均匀、冻结量大等优点，但工作条件较差，劳动强度大。

2. 隧道式送风冻结　　采用冷风机强制空气流动使鱼冻结。在产品冻结前，先将冻结间温度降至 −20℃ 以下。进冻要迅速，以免冷量散失。进货时停风机，进冻完再开风机。待鱼体中心温度达 −15℃ 以下时，冻结完毕，然后停止风机和压缩机，将鱼盘从冻结间移出，用清水冲洗使冻鱼与盘内壁脱离，然后送冻藏间冻藏。隧道式送风冻结的劳动强度小，且冻结速度较快，但耗电量大，冻结不够均匀。

3. 直接接触冻结　　将水产品浸渍在盐水（饱和 NaCl 溶液）中或直接喷淋盐水进行冻结，冻前将其温度降至 -18℃，待产品中心温度降至 -15℃时冻结完毕，将产品移出，用清水洗淋后进行包装冻藏。直接接触冻结的速度快，但容易损伤产品表观，鱼肉偏咸，贮藏时会加速脂质氧化。此外，盐水易污染需常更换，与盐水接触的设备易受腐蚀。

4. 间接接触冻结　　间接接触冻结是指将水产品置于经制冷剂或载冷剂冷却的板、盘、带或其他冷壁上进行冻结，水产品直接与冷壁接触，而不直接接触制冷剂或载冷剂。其冻结温度通常为 -30~-20℃，冻结时间为 6~8 h。间接接触冻结能耗低、操作简便，且避免了盐分的渗入，产品品质好。

5. 卧式平板冻结　　卧式平板冻结的装置由包括压缩机在内的制冷系统和液压升降装置组成。每台平板冻结机设有数块或十多块的冻结平板，平板后方或两侧装有供液和气总管各一根，各块平板是用橡皮软管或不锈钢管连接的，以便平板能上下移动。冻结时间4~5 h，劳动强度大，不能用来冻结大型鱼类。

6. 立式平板冻结　　结构与卧式平板冻结机基本相似，但其平板是直立平行的，冻结时不采用鱼盘，而是散装倒入。平板冻结法的优点是冻结速度快，立式虽能减轻劳动强度，但由于散装，水产品容易变形，影响外观。

7. 单体冻结　　单体冻结也叫流态化冻结，是指在一定流速的冷空气作用下，使食品物料在流态化操作条件下快速冻结的一种冻结方法。分两个阶段进行：第一阶段为外壳冻结阶段，要求在很短时间内，使食品外壳先冻结，这不会使颗粒间相互黏结；第二阶段为最终冻结阶段，要求食品中心温度冻结到 -18℃。常见的单体冻结方式为单体快速冻结（individual quick freezing，IQF）。

（四）冻结后处理

水产冷冻调理食品冻结后，为了防止其在长期冻藏中品质劣变，需要在低温冻藏前进行一些处理，这个工序称为冻结后处理。

冷冻食品表面在冻藏过程中经常会发生干燥、变色的现象，这是制品表面的冰晶升华，以及水产品中脂类发生氧化酸败的结果。水产冷冻食品长期冻藏过程中的变色、风味损失、蛋白质变性等变化，都与接触空气有关。为了隔绝空气，防止氧化，可以采用镀冰衣、包装等措施。

1. 镀冰衣

1）浸渍式镀冰衣　　将刚脱盘的冻结水产品浸入低温水中，利用其自身的低温使周围的水变成冰层附着在冻结水产品表层而形成冰衣。镀冰衣质量可占冻品净重的 5%~12%。

2）喷淋式镀冰衣　　连续机械化操作，上下两面喷淋。喷淋时间可自行调整，以使冻品镀上一层完整的厚薄均匀的冰衣为原则。镀冰衣质量可占冻品净重的 2%~5%。

2. 包装　　常用的水产冷冻调理食品的包装材料有聚乙烯与玻璃纸复合、聚乙烯与聚酯复合等薄膜材料。有些食品为了保持形状，通常先装入各种塑料托盘后再包装，也有用袋包装后再进行纸板盒包装的。对于质量容易变化的水产冷冻食品，也可采用真空包装来延长制品的贮藏期。特别是将真空包装用于多脂肪鱼贮藏时，效果更显著。

（五）冻藏

产品冻结后应及时放入冷藏库进行冻藏。冻藏温度对冻品品质的影响非常大，温度越低品质越好，贮藏时间也越长，但考虑到设备的耐受性和经济性及冻品所要求的保鲜期限，一般冷库的冻藏温度设置为 -30~-18℃。

三、常见水产冷冻调理食品加工工艺

（一）冷冻熟制螯虾

冷冻熟制螯虾产品的特点是整只冻、肢体完整、外形美观、味道鲜美、食用方便，是开袋即食的方便食品。

1. 加工工艺流程　选料→清洗→蒸煮→冲洗→盐水冷却→挑选分级→称重装盘装袋→加汤料→真空封口→速冻→包装冷藏。

2. 操作要点

1）原料选择　原料虾必须是大红虾，双螯齐全，剔除老虾、死虾及较脏的虾，且需验明来源，规格需煮熟后每千克质量不少于 14 只。

2）清洗　首先用清水冲洗，然后放入用柠檬酸、小苏打、食盐配成的药液中清洗 20 min 以上，再用流动水清洗。

3）蒸煮　将活虾放入 100℃蒸煮锅中，使其均匀受热，待水沸腾 9 min 后捞出。蒸煮时不得用力搅拌，以防掉肢。

4）冲洗、盐水冷却　蒸煮过的龙虾立即用常温水洗去表面沾染的虾黄等杂质，然后放入 0~5℃盐水（10%~20%）中浸泡 10 min，充分冷却。

5）挑选分级、称重装盘装袋、加汤料　操作均在 10℃以下进行，将虾头对虾头整齐排列于塑料盘中，中间再摆一层，虾体不得高于盘边，每盘 0.9 kg，且单螯虾不超过 5 只。再整齐盖上塑料薄膜，装入塑料袋中，倒入汤料没过虾体。

汤料的制作：将辣椒粉、大蒜粉、盐、龙虾虾味素按一定比例加入蒸汽夹层锅内，加适量水熬制，冷却后贮于贮存桶中备用，备用汤料应在 1 h 内用完，禁止使用隔夜汤料。

6）真空封口　装袋后迅速真空封口，密封后的封口应牢固不脱线，封口线与底线平行。

7）速冻　封口后送入冻结装置进行速冻，冻结温度为 -30℃。

8）包装冷藏　将速冻好的螯虾装入彩印盒里，而后装入大包装箱中，每箱 10 盒（盘）。包装箱（盒）应标有品名、规格、净重、生产日期、厂代号等内容。后转入 -18℃冷库中贮藏。

3. 注意事项

（1）该产品是熟制水产品，开袋即可食用，故卫生要求严格。在生产中应充分重视原料的清洗、蒸煮、操作人员卫生及公用器具、生产场地的消毒等。

（2）加工车间温度应低于 10℃，加工时间要短。螯虾的生产时间通常为每年的 5~7 月，气温较高，而螯虾又极易腐败变质，因此，加工过程要始终处于低温状态，并迅速操作，才能保证虾体良好的鲜度和优良的品质。

（3）充分注意杂质，如水草、龙虾断肢、毛发等的混入。

（4）生产成品要求每天抽检一次，经检验合格后方可入库冻藏，发现问题应及时纠正。

（二）冷冻白鲢鱼丸

白鲢是淡水鱼中产量较高的品种之一，属少脂、白肉鱼类，其价格低廉，除鲜销外，常用来加工成鱼糜制品，深受消费者喜爱。

1. 加工工艺流程　　选料→预处理→剖片、冲洗→采肉、精滤→擂溃→成形、水煮→冷却、装袋（称量）→速冻、冷藏。

2. 操作要点

1）选料　　应选用活鱼或刚死不久、鲜度良好的鲢鱼作原料。

2）预处理　　洗净鱼体后进行"三去"剖杀（去鳞、去头和去内脏），注意不要破胆。

3）剖片、冲洗　　鱼胴体采用"二剖法"一分为二，带脊骨，立即洗净鱼片的血污，除尽黑色腹膜以免影响鱼肉的质量和鱼丸的洁白色。洗涤用水的温度应控制在10℃以下，温度较高时需加入碎冰，以降低水温。

4）采肉、精滤　　将洗好的鱼片送入采肉机中进行采肉，使肉与皮、骨刺分离，一般只能采1～2次，不能多次重复采肉。将采下的肉放入精滤机中进行精滤。

5）擂溃　　精滤后的鱼肉分别进行空擂、盐擂和调味擂三个阶段，第二、三阶段分别放入盐及其他调味料同擂，全过程40～50 min。为控制原料的干湿度，加入一定量的水分，温度保持在10℃以下。

6）成形、水煮　　将擂溃好的调味鱼糜经鱼丸成形机后直接落入加热锅中，加热锅内的水必须沸腾，当生料倒入后水温为95℃左右。当鱼蛋白凝固后鱼丸即浮起，迅速用漏勺捞起，以免成品老化影响口感。

7）冷却、装袋　　将鱼丸冷却至室温，沥干后包装，按生产规格称量。称量后装入塑料袋并立即封口，放入纸箱内。纸箱不要封口、打包，而是直接送入速冻间冻结。如果用螺旋冻结装置速冻，则可先单体冻结后装塑料袋包装。

8）速冻、冷藏　　将装有袋装鱼丸的纸箱放置在−23℃以下的速冻间内快速冻结，待鱼丸中心温度达到−15℃以下时即可出库。然后将包装纸箱封口、打包，转入−18℃以下的低温冷藏间贮存，以待销售出库。

（三）冷冻香酥虾饼

冷冻香酥虾饼是以冷冻鱼糜为原料，配以辅料、调味料加工而成的冷冻调理食品。该产品不经解冻即可油炸，表面呈金黄色，外酥里嫩，具有虾的鲜味，且营养丰富，很受消费者欢迎。

1. 加工工艺流程　　冷冻鱼糜→解冻装置解冻或自然解冻→称量→擂溃→成形→沾面包屑→装盘→速冻→装盒包装→冷藏。

视频
香酥虾饼
的加工

2. 操作要点

1）冷冻鱼糜解冻　　可在解冻装置中进行或在空气中自然解冻，需根据不同季节的气温情况，解冻至半解冻状态。

2）擂溃　　把半解冻的鱼糜按配方要求称量放进擂溃机，加入绞碎的虾肉、虾色素、虾香精、虾味素和适量冰水擂溃3～5 min，再加入精盐，擂溃20～25 min，加入猪油、蛋清、淀粉及其他配料继续擂溃5～8 min。

3）成形　　将擂溃好的鱼浆装进成形机里，根据要求的规格调好厚度，将鱼浆加工成圆形或椭圆形的虾饼。

4）沾面包屑　　将成形后的虾饼放进盛有面包屑的盆里，人工把虾饼两面都沾上面包屑。

5）装盘　　把沾上面包屑的虾饼整齐地放在冻鱼盘里，放满一层后盖上聚乙烯薄膜；

再放一层虾饼，盖上聚乙烯薄膜。根据盘的深度放 3～4 层虾饼，最上层虾饼也要盖上聚乙烯薄膜。

6）速冻　　将成形后装盘的虾饼放入平板速冻机（−35℃）或连续冻结装置中速冻，使虾饼中心温度达到 −15℃，然后出柜包装。

7）包装、冷藏　　速冻后的虾饼应快速按包装盒规定的个数装盒、装箱，然后送入库温为 −18℃以下的冷藏库贮存。

第二节　干制品加工技术

水产原料直接或经过盐渍、预煮以后在自然或人工条件下脱水的过程称为水产品干制加工，其制品称为水产干制品。

一、水产品干制加工的原理

将水产品制成干制品是一种传统的保藏手段。干制主要是通过去除有利于细菌、霉菌繁殖的水分及减弱酶的作用来达到保存的目的。干制有利于去除部分鱼腥味，产生类似于烤制的焦香味道，因而其风味也有别于一般的水产加工制品。此外，干制还可以减小产品的储藏空间，从而达到便于运输和降低运输成本的目的。

（一）水产品中水分存在的形式

水产品的腐败变质与其水分含量有密切的关系，水产品和其他大多数食品一样，原料中水分有结合水和自由水。结合水是指不易流动、不易结冰，不能作为外加溶质的溶剂，其性质显著不同于纯水，这部分水被化学或物理的结合力所固定。自由水或游离水是指食品或原料组织和细胞中易流动、容易结冰，也能溶解溶质的这部分水，又称为体相水，可以把这部分水与食品非水组分的结合力视为零。

1. 结合水　　结合水包括化学结合水、吸附结合水、结构结合水和渗透压结合水。

1）化学结合水　　指经过化学反应后，按严格的数量比例，牢固地同固体结合的水分，只有在化学作用或特别强烈的热处理下（如煅烧）才能除去，除去它的同时会造成物料物理性质和化学性质的变化，即品质的改变。一般情况下，食品物料干燥不能也不需要除去这部分水分，化学结合水的含量通常是干制品含水量的极限标准。

2）吸附结合水　　指在物料胶体微粒内、外表面上因分子吸附力而被吸着的水分。吸附结合水具有不同的吸附力，在干燥过程中除去这部分水分时，除应提供水分汽化所需要的汽化潜热外，还要提供脱吸所需要的吸附热。

3）结构结合水　　指当胶体溶液凝固成凝胶时，保持在凝胶体内部的一种水分，它受到结构的束缚，表现出来的蒸汽压很低。

4）渗透压结合水　　指溶液和胶体溶液中被溶质所束缚的水分。溶液的浓度越高，溶质对水的束缚力越强，水分的蒸汽压越低，水分越难以除去。这一作用使溶液表面的蒸汽压降低。

2. 自由水　　这些水分主要是食品湿物料内的毛细管（或孔隙）中保留和吸附的水分，以及物料外表面附着的湿润水分。这些水分依靠表面附着力和毛细管力而存在于湿物料中，这些水分上方的饱和蒸汽压与纯水上方的饱和蒸汽压几乎没有太大的区别，在干燥过程中既能以液体形式又能以蒸汽的形式移动，这部分水在食品加工时所表现出的性质几乎与纯水相同。

食品中水分被利用的难易程度主要是依据水分结合力或程度的大小而定,游离水或自由水最容易被微生物、酶、化学反应所利用,而结合水难以被利用,结合力或程度越大,则越难以被利用。

（二）干制对微生物的影响

1. 水产品中微生物的来源　　生活在水中的鱼、贝类,在正常情况下其组织内部是无菌的。但是,由于鱼类的体表和鳃部直接与水接触,加之鱼体表面分泌有一层糖蛋白成分的黏质物,是细菌的一种良好培养基。因此,在与外界接触的表皮黏膜、鳃、消化道等部位,经常会有各种微生物。另外,在捕获、贮藏、加工过程中有时也会被微生物污染。

2. 干制对微生物生长繁殖的影响　　微生物从外界摄取营养物质,并向外界排泄代谢物时都需要水作为溶剂,所以水是微生物生长活动所必需的物质。水分活度（A_w）降低时,微生物的生长速度减慢,当 A_w 下降到某一值时,微生物就停止生长。微生物生长所需的最低 A_w 一般为细菌＞酵母＞霉菌,A_w 越低,耐热性越差。各种微生物所需水分并不相同,细菌和酵母只在水分含量较高（30%以上）的食品中生长;芽孢和毒素的形成需要较高的 A_w;霉菌在含水量为12%的食品中还能生长,有时水分含量再低,若环境适宜,霉菌也可能增长。显然,食品中的水分含量对微生物的生命活动有影响,但水分含量不是决定性的因素,只能说食品中的有效水分与微生物的生长关系非常密切。

新鲜的水产品的 A_w 在 0.99 以上,这种环境适合各种微生物的生长,最先引起食品腐败变质的微生物是细菌。当 A_w 下降到 0.9 时,霉菌和酵母仍能旺盛地生长,所以即使 A_w 值降低到 0.80～0.85,几乎所有食品还是会在 1～2 周内迅速腐败变质。此时食品中的霉菌就成了常见的腐败菌。所以,为了抑制微生物的生长,延长干制品的贮藏期,必须将其 A_w 降到 0.70 以下。干制食品是不能将微生物全部杀死的,只能抑制。

（三）干制对酶活性的影响

大多数酶都是蛋白质,大部分酶在一定的水分中才能具有活性。水分减少时,酶的活性也会随之下降,但是酶和基质的浓度同时增加,因此,细胞内的反应也随之加速。所以,一般干制只能钝化酶活,只有当干制品水分降到1%以下时,酶的活性才会完全消失。酶在较高的 A_w 环境中更容易发生热失活,所以采用湿热钝化效果会更好。

二、水产品的干燥过程和湿热传递的特点

（一）干燥过程

水产品的干燥就是水分的表面蒸发与内部扩散的结果,蒸发与扩散是同时进行的,而且彼此紧密联系。干燥的过程就是热和质的传递过程,即物料从外界获得热量,从而使得其本身所含的水分能够向外扩散和蒸发。物料表面水分的蒸发需要吸收蒸发潜热,所需的热量可由多种方式提供,如光照、热空气等方式。

水产品干制过程可由干燥曲线、干燥速率曲线和食品温度曲线组合在一起进行表述,干制过程曲线如图 5-2 所示。干燥过程的时间无论长短,其水分变化均可用图 5-2 中的三条典型曲线来说明。这三条曲线是同一干燥过程中同时发生的三种现象。曲线 1 代表干燥曲线,

即食品中绝对水分的变化，曲线 2 表示干燥
速率的变化，曲线 3 表示食品温度的变化。
从图 5-2 可以看出，干燥过程大致可以分为
4 个阶段。①干燥初期：食品因受到干燥机
的加热，温度由原来的 A′ 上升到 B′（等于
干燥机内的湿球温度），同时干燥速率由原
来的零值 A″ 迅速上升到 B″，食品中的绝对
水分由 A 下降到 B。②恒率干燥阶段：干燥
机向食品提供的热能全部消耗于游离水分的
蒸发，而且食品内部水分向外输送的速度等
于表面水分蒸发的速度。因此曲线 2 中 B″C″

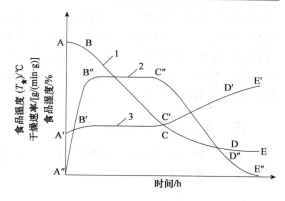

图 5-2 干制过程曲线（夏文水，2012）
1. 干燥曲线；2. 干燥速率曲线；3. 食品温度曲线

段呈水平状，表示速度恒定；曲线 1 的 BC
段为一直线，表示水分降低和时间成正比；曲线 3 中 B′C′ 段也呈水平状，表示物料的温度也
保持不变。③降率干燥阶段：C″ 是由恒率干燥转向降率干燥的临界点，其后食品内层水分
向外扩散的速度落后于表面蒸发速度；曲线 2 干燥速率下降，C″D″ 向下倾斜；曲线 1 中 CD
段渐趋平坦，说明水分的降低速度逐渐缓慢，同时食品的温度 C′D′ 因水分蒸发量的减少而
急剧上升。④干燥终结：曲线 1 不再下降，曲线 2 所表示的干燥速率为零，食品的温度上升
到 E′，即干燥机的干球温度。这时应将食品从干燥机中卸出，以减少热敏性物质的变化。上
述干制过程曲线对食品干藏十分重要，在设计干燥机或制订生产操作规程时，都要针对具体
产品研究其干制过程曲线，以及其理化性质在干燥过程中的变化。

（二）湿热传递的特点

1. 物料的给湿过程   当待干食品从外界吸收热量使其温度升高到蒸发温度后，其表
层水分将由液态变成气态并向外界转移，造成食品表面与内部之间出现水分梯度。在水分梯
度的作用下，食品内部的水分不断向表面扩散和向外界转移，从而使食品的含水量逐渐降
低。整个湿热传递过程实际上包括了水分从食品表面向外界蒸发转移和内部水分向表面扩散
转移两个过程，前者称作给湿过程，后者称作导湿过程。

2. 物料的导湿过程   给湿过程的进行导致待干食品内部与表层之间形成了水分梯度，
在它的作用下，内部水分将以液体或蒸汽形式向表层迁移，这就是所谓的导湿过程。

在普通干燥加热条件下，水产品中不仅存在水分梯度，还存在温度梯度。水产品在热空
气中，由于其表面受热，表面温度高于它的中心温度，因而在水产品物料内外部会建立起温
度差，即温度梯度。温度梯度将促使水分（无论是液态还是汽态）从高温向低温处转移，这
种现象称为导湿温性。因此，水分会在水分梯度的作用下迁移，也会在温度梯度的作用下扩
散。后者称作热湿传导现象或雷科夫效应。

通常在实际干燥时，温度梯度和湿度梯度的方向相反，而且温度梯度起着阻碍水分由内
部向表层扩散的作用。因此，影响湿热传递的因素包括水产品表面积、干燥介质的温度、空
气流速、空气的相对湿度和真空度。

三、水产干制品营养成分的变化

经过干制后，水产品的 A_w 降低到一定程度，水产品中的化学变化受到抑制，营养成分

更加稳定，但是在干燥的过程中，由于受到高温等因素的影响，蛋白质、维生素、脂肪等营养成分都会发生或多或少的损失。在高温下蛋白质容易发生变性，且可与食品中的还原糖相互作用，发生美拉德反应而损失。蛋白质的变化程度与干燥的温度、时间、A_w 及干燥方法有关。脂肪容易发生氧化反应，且干制时的温度越高，氧化越迅速。不同的维生素对于加工条件的敏感性不同，干制方法会显著影响维生素的损耗程度。

四、常见水产干制品种类

水产干制品按其干燥之前的处理方法和干燥工艺的不同可分为生干品、煮干品、调味干品和盐干品等。

（一）生干品

生干品又称淡干制品，是生鲜水产品直接干燥而成的制品。适用体型小、肉质薄而易于迅速干燥的鱼、贝、虾、紫菜、海带等。常见产品有墨鱼干、鱿鱼干、鱼肚（鱼胶）、银鱼干、虾干、干紫菜、干海带等。其优点是在良好的干燥条件下，原料组成、结构和性质变化较少，干制品复水性好。原料组织中的水溶性营养物质流失少，基本上能保持原有品种的良好风味并有较好的色泽。其缺点是原料没有经过盐渍、预煮等预处理，其水分含量较高，鱼体中的微生物和组织中的酶类仍有活性，在干燥过程中易引起色泽、风味的变化。

（二）煮干品

煮干品是指新鲜原料经蒸煮熟制后进行干燥的制品。其主要优点是，原料在煮熟过程中脱除了一部分水分，有利于缩短制品的干燥时间；蒸煮加热的灭菌作用使得制品在干燥过程中不易腐败变质；由于煮熟加热作用破坏了水产品中的各种酶类，可以阻止或减少干燥过程中的自溶作用和制品保藏中某些色泽、气味的变化；加热使原料肌肉蛋白质凝固脱水和肌肉组织收缩，加速水分在干燥过程中的扩散，避免变质，制品质量较好，贮藏时间久，食用方便。存在的问题是，原料经水煮后，部分可溶性物质溶解到煮汤中，影响了制品的风味和成品率。干燥后的成品复水性差，组织坚韧，不易咀嚼。其适用范围为体积小、肉厚、水分多、扩散蒸发慢、容易变质的小型鱼、虾和贝类等。常见制品有鱼干、虾皮、虾米、牡蛎、干淡菜、干鲍鱼、干贝、鱼翅、海参等。

（三）调味干品

调味干品是指原料经调味料浸渍后干燥的制品。也可以先将原料干燥至半干后浸调味料再干燥。其适用范围为中上层鱼类；海产软体动物；鲜销不太受欢迎的低值鱼类，如小杂鱼、绿鳍、马面鲀等。其特点是 A_w 低、耐保藏，且风味、口感好，可直接食用。主要制品有五香烤鱼、五香鱼脯、珍味烤鱼、香甜鱿（墨）鱼干、鱼松、调味海带、调味紫菜等。

（四）盐干品

盐干品是指鱼类经过盐渍后再干燥的制品。其适用范围为不宜进行生干和煮干的大中型鱼类，不能及时进行生干和煮干的小杂鱼等。其优点是利用食盐和干燥的双重防腐作用，可以在鱼捕捞量大，来不及处理或者阴雨天无法干燥的情况下，先行盐渍保藏，等待天晴时进行晒干。操作比较简便，适合于高温和阴雨季节的渔获物加工，制品保藏期长。其缺点是不经漂洗的制品味道太咸，肉质干硬，复水性差，易油烧；淡盐干燥制品，风味较佳，但贮藏性差，需低温保存。主要制品有带鱼干、鳕鱼干、梭子鱼干、河豚鱼干等。

五、常见水产干制品加工工艺

（一）淡干紫菜

1. 工艺流程　　原料处理→切菜→浇饼→脱水→晒菜→剥菜→分级包装。

2. 操作要点

1）原料处理　　洗净紫菜泥沙、杂质，以当日采剪的鲜紫菜为原料加工最好。为了增加成品光泽和提高质量，用淡水浸泡脱盐。按紫菜与水 1∶5 的比例加水浸泡，浸泡 10 min。

2）切菜　　将紫菜切碎，大小以 0.5～1.0 cm² 为宜。早期的紫菜较鲜嫩，可切成 1.0 cm²。随着采剪次数的增加，紫菜块应逐渐变小。

3）浇饼　　有人工和机械浇饼两种。浇饼要用软化水，人工浇饼时，倒入浇饼浆时用力要均匀，使厚薄一致。机械浇饼应时刻注意调整紫菜浆的浓度，防止干燥后有空洞。

4）脱水　　将盛有浇好的紫菜帘子叠放整齐，放在离心机的特制铁架上，用张力橡皮筋绑紧，然后以 108 r/min 的速度转动 3～5 min，即可将紫菜饼及帘子上吸附的大量水分除掉。

5）晒菜　　可采用天然干燥或热风干燥。

6）剥菜　　晒干或烘干的菜饼，略回潮后剥菜，以防变形、脆裂和破碎。

7）分级包装　　紫菜分级后，需检查是否干燥，一般水分含量为 8%～10%，最好在 6% 以下。包装材料以不透气的聚丙烯或复合薄膜为佳。

（二）墨鱼干

1. 工艺流程　　原料分级挑选→剖割→除内脏→洗涤→干燥→整形→罨蒸、发花→包装与贮藏。

2. 操作要点

1）原料分级挑选　　按新鲜程度、大小分开。

2）剖割　　腹腔剖开，注意不能割至尾端，并避免刺破墨囊，以免影响成品质量。由喷水漏斗的正中劈向头部，把头分开。刺破两眼，放出眼内液体（眼球中的积水在晒制过程中难以干燥，易使头部变质，并且污染鱼体）。

3）除内脏　　剖割好的墨鱼在海水中洗去腹腔中的墨汁，摘除墨囊，然后摘下生殖腺，分别存放，有待进行副产品加工。

4）洗涤　　将去脏的鲜墨鱼片放在海水中逐个洗净沥水。

5）干燥　　将洗净的鲜墨鱼片沥水后，腹面向上摆放。将头部腕爪理清摆正，当腹部的表面肌肉干燥到结有一层薄膜时，再行翻转，傍晚将鱼片盖住，防露水润湿，第二天重新摆晒。

6）整形　　干燥的第二天，在摆晒过程中进行初次整形。在伸展肉片的同时，要把头部的腕爪理直，当晒到七成干左右时，用木锤锤击打平。

7）罨蒸、发花　　当墨鱼片晒至八成干左右时，收起来入库堆垛平压，目的是使其水分扩散均匀。墨鱼体内磷蛋白中的卵磷脂分解为胆碱，再进一步分解为甜菜碱析出，增加了墨鱼干的鲜美滋味，此过程称为发花。发花时间一般为 3～5 d。

8）包装与贮藏　　发花后晒至充分干燥后，即可包装入库。应保持干燥，防潮，防虫。

第三节　水产品腌制和熏制技术

一、水产品的腌制

食品腌制是一种传统的食品保藏技术，它是利用食盐等腌渍材料处理食品原料，使其渗透到食品组织内部，提高其渗透压，降低其 A_w，或通过微生物的正常发酵降低食品的 pH，从而抑制有害菌和酶的活动，延长保质期。水产品在腌制以后，其在风味和口感方面都很独特，是一种传统的美食。

（一）水产品腌制的基本原理

食品在腌渍过程中，需使用不同类型的腌制剂，常用的有盐、糖等。腌制剂在腌制时首先形成溶液，才能通过扩散和渗透作用进入食品组织内，降低食品内的 A_w，提高其渗透压，进而抑制微生物和酶的活动，达到防止水产品腐败变质的目的。

1. 溶液的扩散　　水产品的腌制过程实际上是腌制液向水产品组织扩散的过程。扩散是指分子在不规则热力运动下使固体、液体、气体浓度均匀化的过程。扩散的推动力是渗透压。扩散总是从高浓度处向低浓度处转移，并持续到各处浓度平衡时才停止。腌制剂的扩散速度与温度及浓度差有关。

2. 渗透　　渗透是指溶剂从低浓度经过半透膜向高浓度溶液扩散的过程。半透膜是只允许溶剂通过而不允许溶质通过的膜，如细胞膜就是半透膜。

食品腌制时，腌制的速度取决于渗透压，而渗透压与温度及浓度成正比，为了提高腌制速度，应尽可能提高腌制温度和腌制剂的浓度，但在实际生产中，很多食品原料如在高温下腌制，会在腌制完成之前出现腐败变质，一般鱼类食品在 10℃ 以下（大多数情况下要求在 2~4℃）进行腌制。

在食品的腌制过程中，食品组织外的腌制液和组织内的溶液浓度会借助溶剂渗透和溶质的扩散而达到平衡。所以说，腌制过程其实是扩散与渗透相结合的过程。

（二）腌制剂的作用

1. 食盐　　水产品腌制时，使用的主要腌制剂是食盐。食盐除具有调味作用外，另一个重要作用是具有防腐性，食盐的防腐作用主要是通过抑制微生物的生长繁殖来实现的。

1）食盐溶液对微生物细胞的脱水作用　　微生物正常的生长繁殖需要在等渗的环境中进行，如果微生物处在低渗的环境中，则环境中的水分会通过微生物的细胞壁和细胞膜向细胞内渗透，使微生物细胞呈膨胀状态，如果内压过大，就会使原生质胀裂，微生物无法生长繁殖；如果微生物处于高渗的溶液中，细胞内的水分就会透过原生质膜向外渗透，结果是细胞的原生质因脱水而与细胞壁发生质壁分离，并最终使细胞变形，微生物的生长活动受到抑制，脱水严重时还会造成微生物的死亡。

食盐溶液具有很高的渗透压，1% 食盐溶液可以产生 61.7 kPa 的渗透压，而大多数微生物细胞内的渗透压为 30.7~61.5 kPa。水产品腌制时，腌制液中食盐的浓度要大于 1%，因此腌制液的渗透压很高，对微生物细胞会发生强烈的脱水作用，导致质壁分离，使微生物的生理代谢活动呈抑制状态，造成微生物停止生长或者死亡，从而达到防腐的目的。

2）食盐溶液能降低 A_w　　Na^+ 和 Cl^- 与水结合形成水合离子。食盐的浓度越高，所吸引的水分子也就越多，这些被离子吸引的水就变成了结合水状态，导致自由水的减少，A_w 下降。溶液的 A_w 随食盐浓度的增大而下降，在饱和食盐溶液（26.5%）中，由于水分全部被离子吸引，没有自由水，因此所有的微生物都不能生长。

3）食盐溶液对微生物产生生理毒害作用　　食盐溶液中的 Na^+、Mg^+、K^+ 和 Cl^- 在高浓度时能对微生物产生毒害作用。这主要是由于 Na^+ 能和原生质中的阴离子结合产生毒害作用，酸性能加强 Na^+ 对微生物的毒害作用。氯化钠对微生物的毒害作用也可能来自 Cl^-，因为 Cl^- 也会与细胞原生质结合，从而促使细胞死亡。

4）水产品腌制体系内氧的浓度下降　　腌制水产品时使用的盐水和腌制过程中渗入水产品组织内的盐溶液，使整个腌制体系内盐浓度很大，导致氧气的溶解度下降，从而造成腌制体系内缺氧，使得一些需氧微生物的生长受到抑制。

2. 糖　　糖在水产品腌制中用量较小，主要起调味作用；另外还可以抑制微生物的生长繁殖，达到防腐的目的。糖同样可以降低 A_w，减少微生物生长、繁殖所能利用的水分，并借助渗透压导致微生物细胞质壁分离，抑制微生物的生长活动。

（三）水产品腌制中挥发性成分的形成

腌制品的风味是影响产品质量的重要因素。风味成分包括非挥发性风味成分和挥发性风味物质。腌制品中挥发性风味物质包括烷烃、醇、醛、酸、酮、酯和含 N/S 的杂环化合物等。其中，醇、醛、酮、酸、酯和含 N/S 杂环化合物具有较低的阈值，对腌制品风味的形成具有重要作用。

腌制水产品的风味，主要来源于水产品中的蛋白质和脂质在食盐的作用下，经过自溶酶和微生物共同作用后形成的。在这一过程中，蛋白质的高级结构被破坏，蛋白质变性，同时在细菌和肌肉组织中产生的蛋白酶作用下，蛋白质分解产生多肽、氨基酸、氨等小分子物质，其中某些物质是风味物质，可作为风味增强剂或风味前体物质。这个过程是水产品加工过程中重要的生物化学变化，对食品风味的形成起着重要作用。

脂质的分解和氧化主要是由肌肉组织、脂肪组织和微生物产生的脂肪酶催化的。脂质氧化最终可产生酸、醇、酮、呋喃等具有低风味阈值的产物，其浓度和种类的多少对产品的风味起着关键作用，适度的脂质氧化可赋予腌制水产品较好的风味，而过度的氧化则影响消费者对产品的接受程度。

微生物的生长与风味化合物的产生密不可分。腌制水产品中的微生物来自其养殖环境、鱼体本身及加工环境。微生物通过对蛋白质和脂质的作用，从而对产品的品质产生影响，其中包括 pH 的下降，硝酸盐的还原，氨基酸、醛类化合物、胺类和脂肪酸等小分子化合物的释放。乳酸菌、葡萄球菌可分泌蛋白酶、脂肪酶、硝酸盐还原酶等，这些酶对腌制品的风味、色泽及品质的形成起着重要作用。

（四）常见水产品腌制工艺

水产品中传统的腌制工艺主要包括干腌法、湿腌法和混合腌制法，腌制时间为几小时到两个月。为了降低腌制品的含盐量，缩短腌制时间，改善其口感，目前开发出一些新的腌制方法，如加压腌制法，以食醋作为酸浸介质的酸浸腌制法，用其他氯化物（KCl、$MgCl_2$ 和

CaCl$_2$）部分代替 NaCl 的腌制方法，油浸腌腊鱼和油炸腌鱼制品等。在实际应用中，要根据不同的原料性质选择合适的腌制方法。

1. 腌制海蜇的加工

1）工艺流程　原料处理→头矾→二矾→三矾→沥卤→包装→成品。

2）操作要点

（1）原料处理：将伞形物和口腕部分开，然后用刀刮去蜇皮外面的血衣和背面的白色黏液。将海蜇伞部和下部圆柱形的口腕部分开，海蜇伞部用海水洗净备用。

（2）头矾：蜇皮按照 1 kg 鲜蜇皮需均匀加 5 g 矾粉的比例，配好浓度为 0.5% 的明矾水。将海蜇与矾水混匀腌渍 24 h 后捞出，沥水 6 h 左右。

（3）二矾：按照 1 kg 初矾蜇皮需均匀加 78 g 盐，再加入适量矾粉，盐、矾比例为 100：4。将初矾蜇皮与盐矾混合物混匀腌渍 6 d 后捞出。

（4）三矾：将二矾蜇皮取出并沥卤 1 h，按照 1 kg 二矾蜇皮需均匀加 67.6 g 盐，再加入适量矾粉，盐、矾比例为 100：1.5，称好混合物质量。将二矾蜇皮与盐矾混合物混匀腌渍 6 d 后捞出。

（5）沥卤：将三矾后的蜇皮取出，平摊沥卤，晾 1 周左右，在此期间翻动 2～3 次，此时蜇皮的得率为三矾蜇皮的 65%～68%。成品色白或浅黄，质地坚韧。

（6）包装：在蜇皮上略撒些盐，装入塑料袋封口，然后进行外包装。

2. 发酵腌制鲅鱼的加工

1）工艺流程　鲅鱼预处理→腌制→发酵→烘干→回软→油炸塑形→调味液的配制→回味→计量装罐→高温灭菌、冷却→检验→包装→成品。

2）操作要点

（1）原料的预处理：将 −18℃ 冻藏鲅鱼用水温低于 10℃ 的流动水进行解冻，解冻至中心温度为（4±1）℃，去头、去内脏，切成长度为 3～7 cm、宽度为 2～4 cm 的鱼块，用小刀剔除明显的鱼刺，去除碎肉，将所需的鲅鱼块称重。

（2）腌制：将切好的鲅鱼块置于 5% 的盐水中腌渍 1 h，鱼块与盐水的质量比为 1：2，然后清洗片刻，再沥干，称重。

（3）发酵：将选好的植物乳杆菌菌株加入鲅鱼块中，放置在恒温培养箱中进行发酵。

（4）烘干：鱼块沥水后，放入烘箱内干燥，温度为 45℃，烘干时间 4 h，由于水分的脱除，可使鱼体组织间出现间隙，便于调味液和油充分渗入鱼体。

（5）回软：将干燥后的鱼块，在室温下静置约 2 h，让鱼体内部水分重新分布均匀，有利于后续油炸后鱼体口感的改善。

（6）油炸塑形：将烘干好的鲅鱼从烘箱中取出，于 180～200℃ 条件下油炸，慢慢翻动，防止鱼体破碎。

（7）调味液的配制：加入适量食盐、蔗糖、豆豉等熬煮 15～20 min，过滤后得到调味液备用。

（8）回味：将大豆油加入锅中，加热至 6 成热，放入豆豉、油炸过的鱼及调味液搅匀，大火煮至收汁。鱼与调味液比例为 1：2。

（9）计量装罐：装罐前先将空罐及罐盖洗净，沸水煮 5 min 沥干备用。装罐量：油炸后的鱼（80±5）g，调味液（20±5）g，净含量为 100 g/罐。

（10）高温灭菌、冷却：杀菌温度设定为 121℃，杀菌时间为 10 min。高温灭菌完成后立即冷却至室温，迅速擦干罐表面水分后得到成品。

二、水产品的熏制

烟熏技术作为保藏肉和鱼的一种方法已经被应用了数百年，带有芳香成分的熏烟慢慢渗透到高蛋白的食品中，赋予食品特有的颜色和香味，并具有抑制微生物生长和抗氧化的作用。

（一）烟熏原理

熏制过程中，各种脂肪族和芳香族化合物，如醇类、醛类、酚类、酸类等凝结沉淀在制品表面和渗入制品的内层，从而使熏制品形成特有的色泽、香味，具有一定的保藏性。熏烟中的酚类和醛类是熏制品特有香味的主要成分。渗入皮下脂肪的酚类可以防止脂质氧化。酚类、醛类和酸类还对微生物的生长具有抑制作用。熏烟的防腐作用一般只限于食品的表层，因此鱼类等熏制品所具有的保藏性，有一部分是来源于熏制时的热烟和热空气的干燥作用，以及熏前盐渍处理的脱水作用。

（二）烟熏的作用

传统熏制方法是通过木材的缓慢燃烧或者不完全燃烧产生的烟雾来熏烤食品，木材在燃烧过程中释放出来的物质赋予了食品特有的烟熏风味和色泽，熏烤后食品可储藏时间更久。

1. 呈味作用　在烟熏过程中，熏烟中的许多有机化合物附着在制品上，赋予制品特有的烟熏香味。烟熏制品的熏香味是多种化合物综合形成的，这些物质不仅自身显示出烟熏味，还能与肉的成分反应生成新的呈味物质，综合构成肉的烟熏风味。熏味首先表现在制品的表面，随后渗入制品的内部，从而改善产品的风味，使口感更佳。

2. 发色作用　熏烟成分中的羰基化合物可以和肉蛋白质或其他含氮物中的游离氨基发生美拉德反应，使其外表形成独特的金黄色或棕色；熏烟加热能促进硝酸盐还原菌增殖及蛋白质的热变性，游离出半胱氨酸，从而促进一氧化氮血素原形成稳定的颜色；另外，还会受热导致脂肪外渗起到润色作用，从而提高制品的外观美感。

3. 杀菌作用　烟熏中的酚、醛、酸等类物质可杀菌、抑菌，在各种醛中，以甲醛的杀菌力最强，是烟熏杀菌的主要成分；烟熏时制品表面干燥，能延缓细菌生长，降低细菌数；原料表面的蛋白质由于长时间受热或与烟熏中醛、酚等物质作用而发生变化形成膜，酚类物质和甲醛反应也可生成树脂膜覆盖于制品表面。这些都可防止微生物的二次污染。烟熏却难以防止霉菌和物料内部腐败菌的生长，故烟熏制品仍存在发霉和变质的问题。

4. 抗氧化作用　熏烟中许多成分具有抗氧化作用。烟中抗氧化作用最强的是酚类及其衍生物，其中以邻苯二酚和邻苯三酚及其衍生物作用尤为显著。烟熏的抗氧化作用可以较好地保护脂溶性维生素不被破坏。但烟熏后抗氧化成分都存在于制品表层，中心部分并无抗氧化剂。

5. 改善产品质地　烟熏一般是在低温下进行的，具有脱水干燥的作用。有效地利用干燥可以使熏制品的结构良好，但如果干燥过于急剧，鱼肉制品表面就会形成蛋白质的皮膜，使内部水分不易蒸发，达不到充分干燥的效果。

（三）熏烟的主要成分

熏烟是木材不完全燃烧产生的，是由蒸汽、气体、液体（树脂）和微粒固体组合而成的混合物，熏制就是食品吸收木材分解产物的过程。实际生产中主要利用阔叶树木料，如白杨木、白桦木、胡桃、山毛榉等，这些木料树脂含量低，烟味较好。另外，稻壳、竹叶、玉米芯也是很好的烟熏材料。因此，木材的分解产物是烟熏作用的关键。熏烟的成分很复杂，不同的木材产生的熏烟成分是不一样的，现已从木材产生的熏烟中分离出来400多种化合物，其中常见的化合物为酚类、醇类、羰基类化合物、有机酸和烃类等。但这并不意味着烟熏肉中存在所有化合物，有实验证明，对熏制品起作用的主要是酚类和羰基化合物。

（四）水产品熏制工艺

1. 熏制方法　熏制方法比较多，按制品的加工过程分类，可以分为熟熏和生熏。熟熏是一种非常特殊的烟熏方法，它是指熏制温度为90～120℃，甚至达到140℃的烟熏方法；生熏是常见的熏制方法，它是指熏制温度30～60℃的烟熏方法。按熏烟的生成方式分类，可分为直接烟熏和间接烟熏。按熏制过程中的温度范围分类，可分为冷熏法、温熏法、热熏法和焙熏法。冷熏法是在15～30℃进行较长时间（4～7 d）的烟熏法。温熏法是在温度30～50℃进行的烟熏。热熏法是在温度50～80℃，多为60℃熏制，熏制时间在4～10 h。焙熏法，温度为90～120℃，是一种特殊的熏烤方法，包含蒸煮或烤熟的过程。其他烟熏方法还有电熏法和液熏法。液熏法是用液态烟熏制剂代替烟熏的方法，又称无烟熏法，目前在国外已广泛使用，代表烟熏技术的发展方向。

2. 熏制工艺举例

1）冷熏鳕鱼的加工

（1）工艺流程。

冷冻鳕鱼→解冻→去头→开片→清洗→冷冻去皮→切片→调味浸渍→油炸→二次调味及液熏→干燥→包装→高压杀菌→常温储藏。

（2）操作要点。

A. 原料处理：冷冻原料用流水解冻至半解冻状态，去头、去内脏，开片，用流动水进行清洗，整平后放入冰箱内冷冻，冻结后拿出去皮，切成长4 cm、宽2 cm、厚1 cm的块状。

B. 调味浸渍：将辅料按2%的糖、0.5%～2%的食盐、鱼体与纯净水的质量体积比为10∶1（g/mL）混合均匀，将鱼块轻放入调味液中，浸渍时间为1 h。浸渍期间每隔15 min翻动一次，使渗透均匀。

C. 油炸：油温度调至190℃，温度上升后将鱼块放入锅中炸2 min。

D. 二次调味及液熏：采用调味与液熏相结合的方式，将辅料按照各风味配方比例混合均匀形成调味液，调味液中加入一定比例的烟熏液，混合均匀。将鱼块轻放入调味液中，浸渍1～2 h。浸渍期间每隔30 min翻动一次，使渗透均匀。

E. 干燥：将浸渍完的鱼体放入鼓风干燥机内，80℃干燥0.5～1 h。

F. 产品包装、杀菌、贮藏：将产品放入高温蒸煮袋中，抽真空封口，然后放入杀菌釜内，进行高压杀菌，杀菌温度为121℃，时间为20 min，高压杀菌后，常温贮存。

2）熏制贻贝的加工

（1）工艺流程。

原料贻贝→清洗→去壳→脱腥→沥干→蒸煮调味→沥干→浸渍熏液→干燥→熏制→装罐浇油→密封→杀菌冷却→成品。

（2）操作要点。

A. 原料前处理：选择新鲜贻贝，洗净后放入沸水中烫漂至开口后立即用冷水漂洗，去壳。

B. 脱腥：在10～15℃的漂洗液中漂洗1 h，以脱除部分脂肪和腥味。

C. 沥干：将脱腥后的贻贝肉放在一定温度下沥干至不滴水。

D. 蒸煮调味：将食盐、味精、白糖、黄酒、生姜和水按一定的比例配制成调味液，把脱腥后的贻贝肉放入调味液中，在60℃温度下蒸煮5.0～12.5 min，使之入味。

E. 浸渍熏液：调味后的贻贝肉浸渍在按一定比例稀释的烟熏液中。

F. 干燥：将浸渍熏液后的贻贝肉风干，除去贻贝肉体表面的水分。

G. 熏制：将干燥好的贻贝肉放入恒温鼓风干燥箱中熏制，中途回潮（第一次熏制1 h后回潮30 min，后来每熏制20 min回潮30 min）。

H. 装罐浇油：将经过调味熏制过的贻贝按规格分选等级，定量装罐，然后按1∶1∶1装入贻贝肉、烟熏液和植物油。

I. 密封：装罐注油后应立即密封。加盖预封后，随即真空密封，封口真空度为0.054～0.060 MPa。

J. 杀菌冷却、保藏：在实验室用高压蒸汽杀菌锅杀菌，杀菌温度为118℃，时间为20 min，反压冷却至38～40℃，取出置于室温下保藏，放置7 d后，检查合格即可。

第四节　罐藏食品

一、罐藏食品加工原理和容器

（一）罐藏的定义

罐藏是将处理后的食品原料装入选定的罐藏容器内，经排气、密封、杀菌、冷却等过程将大部分微生物杀死，进而达到保藏食品的效果。凡是用密封容器包装并经杀菌的食品均称为罐藏食品。

（二）罐藏食品加工原理

罐藏食品的内容物一般是许多微生物的理想培养基，因此罐藏食品要经过加热或结合使用其他保存方法，进而杀灭所有致病性的腐败微生物，保证食品安全。微生物细胞内的蛋白质，特别是代谢酶系统中的部分蛋白质，受热后发生热凝固，从而导致微生物死亡。不同种类的微生物，其耐热性有明显的差别，并且与它所处的环境有很大的关系。

1. 微生物的耐热性　　不同种类的微生物，其耐热性有明显的差别，肉毒梭状芽孢杆菌是致病微生物中耐热性最强的，是非酸性罐头的主要杀菌目标。

2. 影响微生物耐热性的因素

1）微生物的种类和数量　　微生物种类不同，其耐热性也不同，同种微生物芽孢的耐热性大于营养细胞，一般来说，细菌＞霉菌＞酵母；嗜热菌芽孢＞厌氧菌芽孢＞需氧菌芽孢，经过热处理后残存的芽孢再形成的芽孢的耐热性大于原芽孢。

污染的微生物的初始数量不同，要将全部微生物杀灭所需加热条件不同，微生物的初始数量越多，杀灭全部微生物所需时间越长，所需温度越高，微生物的耐热性越强。

2）热处理温度　一般当温度高于 60℃时就对微生物有致死作用，热处理温度越高，微生物致死所需时间越短，相反，热处理温度越低，微生物致死所需时间越长。

常见的加热处理方法有高温短时间加热、低温长时间加热及高温瞬时间加热。

3）食品成分　食品的成分种类繁多，含量不一，其中食品的水分活度、酸度、糖、盐、蛋白质、脂肪、植物杀菌素等都影响着微生物的耐热性。

（1）水分活度（A_w）：游离水含量越高，即食品的 A_w 越高，微生物受热后越容易死亡，微生物的耐热性越低；湿热条件下较低的温度就能杀死微生物，而干热条件下则需要 140～180℃，维持数小时才能达到湿热条件下的杀菌效果。此外，油脂状的食品，其耐热性也较高。

（2）酸度：食品的酸度对微生物耐热性的影响很大。食品的酸度越高，pH 越低，微生物及其芽孢的耐热性越弱。罐头食品的酸度可分为三种情况：①高酸度（pH＜4.5），如醋渍鱼，其浸渍液中含有乙酸、柠檬酸或乳酸，在这些酸中能生长繁殖的微生物，在较温和的加热条件（如中心温度加热到 90℃后，立即冷却）下即可杀灭。②中酸度（pH 4.5～5.3），许多茄汁鱼罐头属于这一类，需要较充分的加热杀菌过程，一般以能杀灭肉毒杆菌芽孢为准。③低酸度（pH＞5.3），除上述鱼制品外，大部分鱼制品都具有接近中性的 pH，需要充分地加热灭菌。

（3）糖：糖有增强微生物耐热性的作用。在一定范围内，糖浓度越高，杀死微生物芽孢所需时间越长；糖对微生物芽孢的保护作用是由于糖能够吸收微生物细胞中的水分，导致细胞内原生质脱水，影响蛋白质的凝固速度，从而增强了细胞的耐热性。但糖的浓度增加到一定程度时，高渗透压的环境又具有了抑制微生物生长的作用。

（4）盐：低浓度的食盐对微生物的耐热性有增强作用，其渗透作用吸收了微生物的部分水分，使蛋白质凝固困难，从而增强了微生物的耐热性；高浓度的食盐对微生物的耐热性有削弱作用，其高渗透压造成微生物细胞中蛋白质大量脱水变性，导致微生物死亡。

（5）蛋白质和脂肪：在一定的低含量范围内，蛋白质对微生物的耐热性有增强作用，高浓度的蛋白质对微生物的耐热性影响极小。脂肪对芽孢有一定的增强作用，脂肪是不良导热体，它的存在使传热速率下降，水分渗入困难，因此增强了微生物的耐热性。

（6）植物杀菌素：植物杀菌素是对微生物具有抑制和杀灭作用的某些植物的汁液及其分泌出的挥发性物质。含有植物杀菌素的蔬菜和调味料很多，如番茄、辣椒、胡萝卜、芹菜、洋葱、大葱、萝卜、大黄、胡椒、丁香、茴香、芥籽、花椒等。

（三）罐藏容器

1. 罐藏容器的特点

1）无毒无害　罐藏容器和食品直接接触，要防止食品受到污染，保证食品安全可靠，符合卫生规范。

2）良好的密封性能　食品在罐藏后完全处于密封状态，杀菌后不再受到外界微生物的侵蚀而引起败坏。

3）良好的耐高温、耐蚀性能　金属容器不会因为食品中含有的各种营养物质，如蛋白质、有机酸及盐类等，在罐头生产过程及贮藏过程中会发生的某些化学变化而被腐蚀。

4）良好的商品价值　罐藏容器应该造型美观，开启方便，材质具有一定的强度和轻便性，容器既要便于消费者的携带和取食，又要适应运输和销售的要求。

5）适应工业化生产　　作为罐藏食品的容器，在生产过程中要能承受各种机械加工，要能适应工厂机械化、自动化生产的要求，同时又要求其生产效率高、成本低、质量稳定。

2. 罐藏容器的种类　　罐藏容器按材料性质大体可分为金属容器和非金属容器两大类。后者还包括复合包装容器。金属罐藏容器主要有镀锡板罐（俗称马口铁罐）、铝罐和镀铬板罐等，非金属罐藏容器主要指玻璃罐。复合包装容器为蒸煮袋，一般用于软罐头包装。

1）金属罐　　目前金属罐最常用的材料是镀锡薄钢板及涂料铁等，其次是铝材及镀铬薄钢板等。镀锡薄钢板（俗称马口铁）是一种表面经过镀锡处理的具有一定延展性的低碳薄钢板，它对人体几乎不会产生毒害作用，通常需要在其内壁均匀涂布一层涂料，有些水产罐头食品也可衬以硫酸纸，以防造成食品污染和容器被腐蚀。对于茄汁鱼类罐头，可将鱼块装罐前用稀乙酸溶液浸渍。总之，金属罐的气密性、遮光性、耐热性好，不透水蒸气，便于充填，包装生产速度快，储存期长。

2）玻璃罐　　玻璃罐是由石英砂（55%～70%）、纯碱（5%～25%）及石灰石（15%～25%）等原料按一定比例混合后在 1000℃ 以上的高温下熔融、成型冷却后制成的。玻璃罐美观透明，化学性质稳定，不与食品发生作用，能保持食品原有的风味。此外，玻璃的原料充足，容器可回收重复使用，比较经济。但玻璃罐较重，容易破碎，且导热性能差。

3）蒸煮袋　　蒸煮袋是指耐高温蒸煮的复合薄膜袋，也称软罐容器。蒸煮袋不会发生金属罐常见的腐蚀现象、重金属污染及不良的金属味等问题。此外，用蒸煮袋制成的软罐头便于携带，食用方便，能源消耗低，但蒸煮袋的使用也具有局限性，其成本较高，无法包装骨等尖硬食品。

二、水产罐藏食品的生产工艺

（一）前处理

加热杀菌或巴氏杀菌是罐头食品生产工艺中的主要加工过程，其他所有预备性的操作均可称为前处理。水产罐头食品与大多数罐头食品一样，在国际市场中要求经消费者食用后是不能留下残渣的。为了满足这一要求，原料要进行各种前处理，使鱼成为最终产品所需要的形式。

一般先将原料用流水清洗干净，然后采用机械或手工方法去鳞、鳍、头、尾、鱼鳃和内脏等。但对于凤尾鱼等的鱼卵需完好保存，对马面鲀等的粗厚表皮需剥除。大型鱼类还需采用机械或手工方法切开后再切段或切片，根据原料的厚薄、块形大小、带骨或不带骨等进行分档，以便于后续处理。

盐水浸渍是预热之前的一道工序，其主要目的是进行调味增进最终产品的风味。鱼肉在盐渍过程中，由于盐水的渗透脱水作用，鱼肉组织会变得较为坚实，有利于预煮与装罐。盐渍的方法除了常用的盐水渍法，还有在水产原料中加入适量精盐并拌和均匀的拌盐法，或称干盐法。盐水法所用盐水浓度随原料鱼的种类及产品种类而异，大体在 5%～15%，原料盐水比例为 1:（1～2），以使原料完全浸没为宜。盐渍时间一般在 10～20 min。罐头成品中的食盐含量一般都控制在 1%～2.5%。

（二）预热

预热处理有预煮、油炸和烟熏等方式，主要目的是脱去水产原料中的部分水分，并通过蛋白质的热凝固使鱼肉质构变得较紧密，具有一定的硬度而便于装罐，同时鱼肉部分脱水后，使调味液能充分渗透到鱼肉内部。

1. 预煮　　预煮方法因产品调味方法的不同而不同，对油浸、茄汁类鱼罐头，较多采用蒸煮法。其方法是将盐渍并沥干后的原料定量装罐，然后放入排气箱（也可用蒸缸、杀菌锅等）内，直接用蒸汽加热蒸煮。温度约为100℃。蒸煮时间因鱼的种类、块形大小及设备条件等的不同而异，一般需20～40 min。有些调味类罐头，采用原料与调味液共煮的方法进行预热处理，目的是增强产品的特殊风味。

2. 油炸　　油炸是一种较为普遍的预处理方式。油炸小型鱼类，如凤尾鱼、银鱼等，油温一般控制在180～200℃；当原料块形较大时，可增至200～220℃。油炸时操作者应根据炸油温度、块形大小、原料种类等条件，并观察鱼块坚实感与色泽，掌握油炸时间，一般为2～5 min。油炸过程中应及时经常补充新油并定时去除油脚，以免炸油老化，产生苦味，影响产品质量。

3. 烟熏　　烟熏是能使鱼品具有独特风味和色泽的重要的预热方法，有冷熏与热熏之分。烟熏温度在40℃以下为冷熏，40℃以上为热熏，一般将熏温在40～70℃的熏制，称为温熏。低脂的原料，在烟熏过程中会失去较多的水分，肉质较坚硬，虽便于装罐，但加热杀菌后的制品质构坚韧。反之，高脂原料熏制后肉质较软，手工装罐时鱼肉易于破损，而制品的质构则过于嫩软。

（三）装罐

装罐的一般要求：使每一罐中食品的大小、色泽、形态等基本一致。原料准备好后应尽快装罐。否则，容易造成细菌污染。若杀菌不足，严重时会造成罐头腐败，不能食用。

1. 含量

净含量：罐头食品质量与容器质量的差值，包括液态和固态食品。一般每罐净含量允许公差为 ±3%。

固形物含量：罐内的固态食品的质量。

2. 质量　　要求同一罐内的内容物大小、色泽、成熟度等基本一致，须进行合理搭配，既要保证产品质量，又能提高原料的利用率，降低成本。

3. 装罐　　装罐分为人工装罐和机械装罐。除液体食品、糊状、糜状及干制食品外，大多数食品装罐后都要向罐内加注清水、糖液、盐水、调味液等液汁。

实装罐内由内容物的表面到盖底之间所留的空间叫顶隙。装罐时必须留有适度的顶隙，顶隙过大过小都会造成一些不良影响，一般装罐时的顶隙为6～8 mm，封盖后为3.2～4.7 mm。

此外，装罐时要注意控制时间，不能积压，否则影响杀菌效果，热灌装产品没有排气作用，影响成品的真空度，使成品出现质量问题。

4. 排气和密封　　装罐后，用封口机将罐盖与罐身初步勾连上进行预封，其松紧度以能使罐盖沿罐身旋转而又不会脱落为度，有助于保证卷边质量。

食品装罐后、密封前应尽量将罐内顶隙、食品原料组织细胞内及食品间隙的气体排除，使罐头在密封、杀菌冷却后获得一定的真空度，防止罐头在高温杀菌时，由于罐内空气、蒸汽的膨胀，罐内压力大大增加；同时防止需氧菌和霉菌的生长繁殖，减少食品在高温杀菌过程中营养物质的破坏，有利于食品色、香、味的保存，延长罐头食品的保藏期。此外，排气还能够防止或减轻罐头在贮藏过程中罐内壁的腐蚀，有助于"打检"，检查识别罐头质量的好坏。排气的方法一般有热力排气、真空密封排气和蒸汽喷射排气等。

排气后立即封罐，防止外界空气和微生物与罐内食品的接触。不同种类、不同型号的罐使用不同的封罐机，如半自动封罐机、自动封罐机、半自动真空封罐机、自动真空封罐机等。

5. 加热杀菌 加热杀菌是罐头生产过程中的重要环节，杀灭罐藏食品中能引起疾病的致病菌和能在罐内环境中生长引起食品腐败的腐败菌，这一过程也称为"商业杀菌"。

水产罐头常见的杀菌方法有高压杀菌和反压杀菌，一般马口铁罐头多采用高压蒸汽杀菌，玻璃瓶罐头和软包装罐头多采用反压杀菌。鱼、贝类的大直径扁罐及玻璃瓶罐均可采用反压杀菌。

6. 冷却 杀菌的罐头应立即冷却，如果冷却不够或拖延冷却时间可能会促进嗜热性微生物的生长，使罐头内容物的色泽、风味、组织、结构受到破坏，加速罐头腐败。罐头杀菌后一般冷却到38～43℃即可。冷却方法有常压冷却和反压冷却。玻璃瓶罐头应该采用分段冷却，严格控制每段温差，防止玻璃瓶炸裂。

7. 罐头食品的检验 罐头食品的检验包括外观检查、感官检验、细菌检验、化学指标、重金属检验等。外观检查包括对密封性能、底盖状态及真空度的检查。感官检验主要是对罐头内容物的风味、色泽、组织形态和杂质等进行检查。对罐头抽样，进行保温试验和细菌检验。化学指标包括对罐头的净重、总重、固形物含量和汤汁浓度等指标进行测定，评定罐头等级。

三、水产罐藏食品的种类及加工实例

水产罐头的种类繁多，根据加工方法的不同可以分为清蒸类罐头、茄汁类罐头、调味水产罐头、油浸类罐头及水产品软罐头。

（一）清蒸类罐头

清蒸类罐头也称原汁罐头，是以鲜度良好的水产品为原料，经过初步加工，以生鲜状态或经预热处理后装罐，调味品只加少量盐、糖等解腥辅料，然后加热杀菌而制成的。

1. 清蒸鲑鱼罐头的加工工艺 原料验收→处理→装罐→排气密封→杀菌（15 min，115.2℃）→冷却（40℃以上）。

2. 清蒸蟹肉罐头的加工工艺 原料验收→处理→蒸煮→采肉→浸酸→装罐→排气→密封→杀菌→冷却。

3. 清蒸墨鱼罐头的加工工艺 原料验收→处理（注意避免弄破墨囊，以防墨汁外流）→预煮、冷却、修整→装罐→排气→密封→杀菌→冷却。

（二）茄汁类罐头

茄汁类罐头是以鱼类等水产品为原料，处理后经盐渍脱水生装后加注茄汁，或生装经蒸煮脱水后加注茄汁，或经预煮脱水后装罐加茄汁，或经油炸后装罐加茄汁，然后经排气、密封、杀菌等过程而制成的一类罐头。

茄汁类罐头兼有鱼肉及茄汁的口味，茄汁中的有机酸能够中和鱼肉分解产生的胺类，有调节和部分掩盖原料异味的作用。茄汁主要由番茄酱、砂糖、精盐、植物油、味精等制成。

1. 茄汁沙丁鱼罐头的加工工艺 原料验收→原料处理→盐渍（去头鱼与盐水比

1：1，盐水浓度为 10%～15%，10 min）→装罐→蒸煮脱水（蒸煮 30～40 min，脱水率 20%）→排气（中心温度达 80℃）→密封（真空度为 0.048～0.05 MPa）→杀菌→冷却。

2. 茄汁鲢鱼罐头的加工工艺　　原料验收→原料处理→油炸（温度 170～180℃，时间 2～4 min，表面呈金黄色即可）→茄汁配料→装罐→排气→密封→杀菌→冷却。

（三）调味水产罐头

调味水产罐头是以鱼类等水产品为原料，在生鲜状态或经蒸煮脱水后装罐，加调味液后密封杀菌而制成的一类罐头。根据调味液的不同，又可以分为红烧、五香、烟熏、鲜炸、糖醋和豆豉等多种产品。

1. 五香凤尾鱼罐头的加工工艺　　原料验收（鲜度良好，鱼体完整带籽）→原料处理→油炸（油温为 200℃，鱼油之比为 1：10，油炸时间 2～3 min，炸至金黄）→调味（油炸完毕，捞出稍加沥油趁热浸入调味液中 1 min，捞出沥去调味汁，放置回软）→装罐（采用抗硫涂料罐）→排气→密封→杀菌→冷却。

2. 油炸鱿鱼罐头的加工工艺　　原料验收→原料处理→预煮脱水（95～100℃，时间 3～5 min）→调味汁配制→油炸（鱼体和鱼头分别进行油炸，油温 160～180℃，鱼体油炸 3 min，鱼头油炸 2 min，炸至呈金黄色，趁热浸于调味液中）→调味装罐（液汁温度保持 70～80℃，浸渍 5 min 捞起沥汁）→排气→密封→杀菌→冷却。

3. 豆豉鲮鱼罐头的加工工艺　　原料验收→原料处理→盐腌→清洗→调味→装罐→排气→密封→杀菌→冷却。

（四）油浸类罐头

油浸类罐头是以鱼类等水产品为原料，在鱼块生装后直接加注，或生装经蒸煮脱水后加注，或预煮再装罐后加注，或经油炸装罐后加注等方式，用油浸调味方法制成的一类罐头食品。

1. 油浸鲭鱼罐头的加工工艺　　原料验收→原料处理→盐渍装罐（盐水浓度为 22%，盐水和鱼的比例为 1：1.5，25 min）→蒸煮脱水→加油→密封→杀菌→冷却。

2. 油浸金枪鱼罐头的加工工艺　　原料处理→预蒸煮（鱼体中心温度达 70℃）→冷却→去骨、皮、血肉→装罐→加油（少量食盐和精制植物油）→排气→真空抽气密封→杀菌→冷却。

3. 油浸烟熏鳗鱼罐头的加工工艺　　原料验收→原料处理→盐渍（盐水浓度为 8%，鱼与盐水之比为 2：1）→烘干或烟熏（在 70℃条件下烘干至得率为 58%～62%）→装罐→加油→真空密封→杀菌→冷却。

（五）水产品软罐头

软罐头食品又称蒸煮袋食品，国外称其为"第二代罐头"。软罐头质量轻，不易破损，容易开启，运输及携带方便，杀菌加热时间短，能保持较好的口味与营养。

1. 调味鲐鱼片软罐头的加工工艺　　原料验收→分级挑选→原料处理→盐碱水浸渍（2% NaCl 和 3% NaHCO$_3$ 盐碱水，15～30 min）→漂洗→沥水→调味→摆片风干→烘烤→去皮→真空封口→高温杀菌（121℃，10 min）→保温检验（37℃，7 d）→装箱入库。

2. 原汁蛤肉软罐头的加工工艺　　原料验收→冷却保藏（0～4℃）→冲洗→分级→剥

壳取肉→清洗→预煮（脱水率30%～40%）→冷却→装袋→真空封口→加压杀菌及冷却（10～30 min/118℃，反压力为0.15 MPa）→擦干→保温检查→成品包装。

四、水产罐藏食品的变质（或质量问题）

罐头食品的原料覆盖面广，在加工贮藏过程中存在各种质量安全问题，主要存在以下问题：原料污染、杀菌不足、外来杂质带入，以及胀罐、平酸败坏、黑变和发霉等腐败变质的现象，此外还可能出现中毒事故。

1. 原料污染　　水产罐头的质量安全事件时有发生，其中水产品中组胺含量是一个重要的质量控制指标。原辅料的重金属指标也会直接影响罐头产品的品质。要降低罐头食品的质量安全风险，关键就是要加强对原料的监控，加大对原料验收检验的力度。

2. 杀菌不足　　杀菌不足主要是由于对杀菌工艺的不严密准备，缺乏对灭菌锅的类别、食品的特性、罐头容器类型及大小、技术、卫生条件、A_w、最低初温及临界因子等热力杀菌关键因子的充分研究。另外，设备安装后没有进行热分布测试，也会影响杀菌效果。杀菌不足会导致罐头中可能存在的致病菌、产毒菌、腐败菌等微生物再次生长繁殖，在室温条件下贮藏会增加产品败坏的风险。

3. 外来杂质带入　　由于生产管理制度落实不到位，原料及包装材料在运输、贮藏过程中，没有做好相应的保护措施而造成杂质污染；没有重视预处理过程中原料的检查，装罐前没有复检；加工用具破损造成杂质污染；车间作业区划分不清晰，如将原料处理车间、杀菌车间和冷却车间作为一般作业区进行管理，容易引起交叉污染，造成产品防护不足。

4. 胀罐　　正常情况下罐头底盖呈平坦或内凹状，但是物理、化学和微生物等因素会致使罐头出现外凸状，这种现象称为胀罐或胖听。根据胀罐原因不同分为物理性胀罐、化学性胀罐和细菌性胀罐。

5. 平酸败坏　　平酸败坏是指罐头外观正常，内容物变质，呈轻微或严重酸味，pH下降到0.1～0.3的现象。导致平酸败坏的微生物称为平酸菌，低酸性食品中常见的平酸菌为嗜热脂肪芽孢杆菌。酸性食品中常见的平酸菌为凝结芽孢杆菌，它是番茄制品中重要的腐败变质菌。

6. 黑变　　黑变又称硫臭腐败，在细菌的活动下，含硫蛋白质分解并产生唯一的H_2S气体，与罐内壁的铁发生反应生成黑色硫化物，沉积于罐内壁或食品上，以致食品发黑并呈臭味。这类腐败变质罐头外观正常，有时也会出现隐胀或轻胀，敲检时有浊音。腐败菌主要为致黑梭状芽孢杆菌（最适生长温度为55℃，最高温度为70℃）。

7. 发霉　　发霉是指罐头内食品表面出现霉菌生长的现象。一般不常见，只有容器裂漏或罐内真空度过低时，才有可能在低水分及高浓度糖分的食品中出现。

8. 产毒　　肉毒杆菌、金黄色葡萄球菌等均能产生毒素。从耐热性来看，只有肉毒杆菌的耐热性较强，其余均不耐热。为了避免中毒，食品杀菌时必须以肉毒杆菌作为杀菌对象加以考虑。

第六章 新型水产品加工技术

第一节 超高压加工技术

一、超高压加工技术的定义及原理

高压加工（high pressure processing，HPP）对于食品工业来说是一项相对年轻的技术，它成功地发展成为最具吸引力的传统热处理替代品之一。超高压食品加工技术就是利用 100 MPa 以上的压力在常温或较低温度下使食品中的酶、蛋白质和淀粉等生物大分子改变活性、变性或端化，同时杀死细菌等微生物达到灭菌的过程，而食品的天然味道、风味和营养价值不受或很少受影响，并可能产生一些新质构特点的一种加工方法。

超高压处理遵循两个基本原理，第一个原理是勒夏特列原理，勒夏特列原理是指反应平衡将朝着减小能加于系统的外部力（如热、产品或反应物的添加）影响的方向移动。这意味着高压处理将促使反应朝着体积减小的方向移动，包括化学反应及分子构象的可能变化。第二个原理对于理解高压的影响非常重要，那就是帕斯卡定律（Pascal law），即液体压力可以瞬间均匀地传递到整个样品。帕斯卡定律的应用与样品的尺寸和体积无关，这也表明整个样品将受到均一的处理，传压速度快，不存在压力梯度，这也使得高压处理过程较为简单，而且能耗也较少。而热处理为了获得样品中心预定的温度，将可能导致加热点和表面的过热。

食品的超高压处理过程是一个纯物理过程，它与传统的食品加热处理工艺机制完全不同。当食品物料在液体介质中体积被压缩之后，形成高分子物质立体结构的氢键、离子键、疏水键等非共价键即发生变化，结果导致蛋白质、淀粉等发生变性，酶失去活性，细菌等微生物被杀死。但在此过程中，高压对形成蛋白质等高分子物质，以及维生素、色素、风味物质等低分子物质的共价键无任何影响，故此高压食品很好地保持了原有的营养价值、色泽和天然风味。这一特点正好迎合了现代人返璞归真、崇尚自然、追求天然低加工食品的消费心理。基于超高压食品加工技术的诸多优点，超高压处理被认为是新的食品加工与储藏技术中最有潜力和发展前途的一种方式。

二、超高压加工装置

超高压加工装置一般由压力发生器（或称加压、减压系统）、控制系统和高压容器三部分组成。超高压加工装置具有下列特点：工作压力很高，一般可达 100～1000 MPa；压力变化速率快，一般为 25～160 MPa/min；循环载荷次数多，间歇操作为 2.5 次/h。在该装置中，超高压容器是整个装置的核心，它承受的操作压力很高，可达数百甚至上千兆帕，对技术的要求也较高。同时，由于超高压加工过程中，需要频繁地进料和出料，要求超高压食品加工容器要具有快速开关盖结构。因此，容器及密封结构的设计必须正确合理地选用材料，要有足够的力学强度、高的断裂韧性、低的回火脆性和时效脆性、一定的抗应力腐蚀及腐蚀疲劳性能。

　　超高压加工食品大致有两种方式：一是对鱼露这类液体食品物料，可将其用超高压泵送入超高压容器中，加压并保持压力一定的时间，然后打开出口管路的截止阀降压放出，再进行一定的包装，这是间歇式的；还有连续式的，即泵不停地送入物料，经过压力容器后再减压不断放出。据报道，日本已研制出了能连续生产液态食品的管式超高压加工装置。二是对于固体状的食品物料，经软包装后放入超高压容器内，加盖密封后用泵向容器内加压并保压，然后降压开盖取出包装即可。

三、超高压对水产品的影响

（一）超高压对水产品中微生物的影响

　　超高压会导致微生物的形态结构、生物化学反应、基因机制及细胞壁和细胞膜发生多方面的变化，从而影响微生物原有的生理功能，甚至使原有功能被破坏或发生不可逆变化。普遍认为，超高压损伤微生物的主要部位是细胞膜，随着压力的升高，细胞膜通常表现出通透性的变化。如果细胞膜的通透性过大，将引起微生物细胞的死亡。影响超高压杀菌效果的因素包括压力的大小和作用时间、施压方式、处理温度、pH、微生物的种类和特性、食品组分、水分活度等。不同的水产品携带的微生物种类和数量有差异，因此，超高压处理的条件会有较大的差异。有研究者认为水产品加工中将超高压处理和热处理联合起来杀菌效果更佳。

（二）超高压对水产品中酶的影响

　　压力对酶的影响已研究多年，早期的研究特别关注高压加工对粗提物或纯化提物中单个酶失活的影响，最近倾向于研究压力环境（时间和压力水平）对不同的食物基质的影响。

　　超高压处理通过影响酶的三级结构来影响其催化活性。由于蛋白质的三级结构是形成酶活性中心的基础，超高压作用导致三级结构崩溃时，使酶活性中心的氨基酸组成发生改变或丧失活性中心，从而改变其催化活性。超高压作用下影响酶活变化的主要因素有：高压作用因素，包括压力值、保压时间及加压方式（连续加压和间隔加压）；酶自身因素，包括酶的种类和来源；协同因素，包括酶所处介质的温度、pH 及介质内所含的物质。

　　高压可以影响到 ATP 酶的活性，ATP 酶存在于细胞膜上，是一种蛋白酶，在物质运输、能量转换和信息传递等方面具有重要作用。ATP 在鱼肉中通过脱去磷酸而降解成为各种化合物，其中一些化合物是中间产物，而另一些则会在储藏过程中积聚于鱼体内。这些化合物的含量可以用来评估鱼肉的新鲜程度。

　　超高压可通过对酶的作用来影响水产品的品质。在 100～400 MPa 压力下，胰蛋白酶、胰凝乳蛋白酶、组织蛋白酶、胶原酶易变性失活，其中残蛋白酶比胰凝乳蛋白酶更易失活，铁蛋白酶和羧基肽酶 Y 的活性在高压下能够受到抑制，而嗜热菌蛋白酶和纤维素酶在高压下则被激活。根据高压加工参数、鱼类种类、包装系统和进一步的存储条件（冷藏 / 冷冻、持续时间和存储温度），可以观察到同一类或不同类型酶的不同失活情况，这使得对不同鱼类进行的酶促研究非常有价值。朱文慧等的研究证明，超高压处理能改变风味蛋白酶活性，随着压力的增大、给压时间的延长，风味蛋白酶活性呈先上升后下降的趋势，在压力为 250 MPa、60 min 的条件下酶活性最高，其酶活为 1843.95 U/g，比常压下增大了 728.66 U/g，是常压下的 1.65 倍。当压力一定时，给压时间发生变化，风味蛋白酶活性变化相对于不同压力处理后的变化微弱，在 250 MPa 条件下，40 min 和 50 min 给压时间处理酶活性几乎没变化，给压时间在 60～70 min 时酶活性下降缓慢。

（三）超高压对水产品营养成分的影响

1. 超高压对水产品蛋白质的影响　　超高压作用下不同作用压力会对水产品蛋白质结构产生不同的影响。高压加工不影响蛋白质的一级和二级结构；然而，蛋白质的三级和四级结构在高压下经历了可逆和不可逆的变化。受到中低压力（50～200 MPa）影响的是那些通过各种非共价键如疏水、静电和范德瓦耳斯力相互作用来稳定天然结构的键。当压力迫使水进入蛋白质基质内部时，水在蛋白质变性中起重要作用，并有利于蛋白质的非共价键的展开和破坏。此外，根据勒夏特列原理，高压会使体积减小。蛋白质的稳定性在很大程度上取决于它的压缩性，以及内部空腔的体积和弹性，以弥补重新定位水分子产生的非共价键的破坏。相比之下，几百兆帕的压力可以提高蛋白质的热稳定性，特别是当热变性状态占有比自然状态更大的体积时。对鱼类肌肉的早期研究表明，F-actin 到 G-actin 的可逆解聚作用在 100～300 MPa 的压力下发生，此外，在三磷酸腺苷（ATP）的存在下，肌动球蛋白在压力下分解为肌动蛋白和肌球蛋白。此外，与肌浆蛋白和肌动蛋白相比，肌球蛋白的变性速度更快。超高压对蓝蛤蛋白处理后的 SDS 聚丙烯酰胺凝胶电泳（SDS-PAGE）结果表明，随着压力的增加，重链肌球蛋白（MHC）、副肌球蛋白条带逐渐变粗；肌钙蛋白条带变浅，并消失。随着给压时间的延长，重链肌球蛋白（MHC）、副肌球蛋白条带逐渐变粗；肌钙蛋白在未经超高压处理时，有较浅的条带出现，施加 250 MPa 压力后，条带消失。不同压力处理后，蓝蛤蛋白在波长 200～340 nm，经过 150～250 MPa 处理后的蛋白质吸收峰减小，在 300 MPa 处理后，吸收峰增加，反之，当压力超过 250 MPa 时，蛋白质结构被破坏，暴露在分子内的基团和区域增加，发色基团暴露，所以紫外吸收峰增强。随着给压时间的延长，蓝蛤蛋白颗粒变大，小颗粒消失，数量减少，并出现聚集、交联，使蛋白质结构更加紧密，呈平滑状，证明了蛋白质微观结构的变化，可能是由于蛋白质在一定的压力条件下，改变了蛋白质分子内和分子间的作用力，破坏了蛋白质的结构，使蛋白质表面的接触面积增加，引起大量氨基酸残基的化学环境发生改变，增大了蛋白质分子内部疏水性位点的暴露程度，影响了蛋白质结构的稳定性，维持蛋白质 α 螺旋结构的羰基（—C=O）和氨基（—NH$_2$）之间的氢键被破坏，羰基（—C=O）与水分子形成新的氢键，可见压力对蛋白质的结构影响较大。

2. 超高压对水产品脂肪的影响　　水产品的脂肪中富含不饱和脂肪酸，在一般的加工储藏条件下，容易发生氧化反应。因此，解决水产品加工中的脂质氧化问题始终是不可回避的问题。有证据表明，高压在一定程度上影响鱼类肌肉的脂质水解和脂质氧化。

脂质水解产生游离脂肪酸（FFA）的积累，这可能会导致脂质氧化加速、肌肉结构变化和异味的发生，最终导致保质期缩短。在 10 d 的冷藏过程中，在 100～200 MPa 的压力下，银大马哈鱼的 FFA 含量增加，并且不存在对脂肪酶活性的抑制。在相对较低的压强（150～310 MPa）下处理鲤鱼鱼片、大菱鲆和冷熏沙丁鱼，5℃保存 15 d 后，FFA 含量也有所增加。据报道，由于内源性酶活性（脂肪酶和磷脂酶）的作用，在冷却过程的第一阶段会产生 FFA。进一步推测，高压可以通过影响肌原纤维蛋白和肌原纤维之间的静电相互作用及氢键来加速 FFA 的释放。另有研究表明，在冷冻和冷冻贮藏前采用高压处理，在 300 MPa 或 450 MPa 的压强下 FFA 的形成减少，而在 150 MPa 的压强下，只有在贮藏 3 个月后才有明显的抑制作用。然而，脂质在冷冻贮藏过程中均表现出显著的脂质水解，这被认为是导致冷冻产品保质期缩短变质的主要机制之一。

由于鱼的肌肉具有高氧化敏感性的不饱和脂肪酸，因此脂质氧化是脂肪鱼类一个主要的恶化过程。一旦活组织中促氧化剂和抗氧化剂之间的平衡被破坏并且有利于前者，自溶过程就会开始释放促氧化剂、自由基和酶。脂质氧化产生酸败，颜色发生变化，营养价值损失，结构和功能性质发生变化，同时伴有蛋白质变性。水产品中的不饱和脂肪酸或甘油三酯的氧化是通过自由基形成的。冷冻储存鳕鱼、鲤鱼和虹鳟鱼在高压加工处理后及随后的贮藏期间，鱼肌肉中的脂质氧化增强。然而，氧化强度不仅受到施加的压力-时间-温度、鱼类种类和肌肉类型（白色或暗色）的影响，还受到系统中存在的抗氧化剂/促氧化剂的影响。

脂肪酶在氧化过程中也起着重要的作用，酶只有在压力与中、高温条件相结合时才会被灭活，因而表现出巴罗斯稳定性。研究表明，当用 506 MPa 流体静压处理萃取的沙丁鱼油 60 min 时，过氧化值和硫代巴比妥酸都没有变化。当采用高于 400 MPa 的压力处理鱼肉时，则大部分鱼产品都会发生脂质氧化反应。这说明纯鱼油在超高压下表现稳定，但分布在水产品中的脂肪及其组织则在超高压作用下会发生变化，出现脂质氧化反应而影响水产品的颜色、气味等品质。这似乎在一定程度上限制了超高压技术在鱼产品加工中的应用。因此，超高压对水产品脂质的影响目前还不能得出一个规律性的结论，尚需要进一步的研究。尽管已经做了许多工作来解释超高压对鱼类脂质氧化的影响，但其具体机制仍然有些不清楚。进一步的研究应该更好地阐明哪些成分可以使平衡朝着加速氧化或减缓反应速率的方向倾斜。

3. 超高压对水产品水分的影响　　水产品的最大特点之一就是水分含量高，而水分在超高压作用下表现为冰点下降。目前，关于超高压对水产品中水分的影响鲜有报道，但是根据高压下冰点下降和压力瞬间传递的原理，可推断超高压技术用于水产品的快速冻结和解冻具备理论可行性。

4. 超高压对水产品质构和微观结构的影响　　在室温下用低于 200 MPa 的压强处理红肉的研究结果表明，高压并不能影响其老化或加速其老化，而且高压对组织中由氢键连接的胶原质几乎没有影响。然而，高压对肉和鱼的组织及其肌原纤维蛋白的凝结是有重要作用的。超高压对硬度的影响可以用肌原纤维蛋白的变性和聚集来解释，硬度增加的另一个可能的解释是肌动蛋白和肌浆蛋白的展开与新的氢键网络的形成。有人建议，超高压处理后的硬化可能不是不可取的。经过超高压处理的鱼的质地变化在随后的烹饪中得到了逆转。

鲤鱼肉在 400 MPa 压力下作用 30 min 能够使部分肌细胞分解，细胞的大小也有所改变。高压处理和经热处理的鱼肉的质地有着显著的不同。经 400 MPa 压强处理过的新鲜鳕鱼肉比经 50℃ 热处理的鳕鱼肉硬度要大些，更具可嚼性；在高于或低于 400 MPa 压强下处理的鳕鱼肉比在 400 MPa 下的鳕鱼肉硬度要小；然而，如果对高压处理的鳕鱼肉实施热处理，其硬度与单用热处理的鳕鱼肉相似；高压作用下的鳕鱼肉的质地相对热敏感，并且会在低温热处理下变得软化，同时比未经高压处理的样品，高压加工鳕鱼更具有黏着性、耐咀嚼性及好的口感。

肌浆蛋白在高于 140 MPa 压强下变成不溶解的沉淀物，而且当肌浆蛋白含量高于 50 mg/mL 时，蛋白质形成凝胶。凝胶的特性受到很多因素的影响，如鱼的种类、pH、蛋白质的浓度、压力和作用时间。压力作用产生的凝胶在大理石纹鱼身上是硬度最强的，但对于马鲭鱼则是破裂强度最大的。凝胶的强度随压力的升高而增大，大理石纹鱼凝胶显出最大的增加量。大理石纹鱼和青鳕的凝胶持水量一般随压力的增大而降低，但是相对来说，沙丁鱼和马鲭鱼在给予的压强高于 370 MPa 时持水力仍不变。凝胶破裂强度在 pH 为 5～6 时表现为最大，而这时持水量却是最小值。经电镜观察研究显示凝胶是多孔的，并且流变学测量指出，高压作用形成的凝胶的弹性和加热作用形成的凝胶弹性是截然不同的。对于同样的蛋白质来说，在 470 MPa 压强作用下形成的凝胶的破裂强度要比加热形成的凝胶高得多。鱼类肌肉的肌浆蛋白与肌原纤维蛋白在高压作用下有着相似的变化趋势。

5. 超高压对水产品色泽的影响　　超高压影响鱼的颜色，鱼的肌肉煮熟的外观是最显著的有害变化之一。Bindu 等（2013）观察到，在 25℃，经过 100～600 MPa 的超高压处理 5 min，真空包装的印度白对虾与对照组相比，颜色有显著差异。白度值和黄度值随压力的增大而增大，红度值随压力的增大而减小。L^* 值的升高与肌原纤维和糖胞质蛋白变性有关，而 a^* 值的降低与珠蛋白变性和血红素置换有关。在近两周的时间里，样品的颜色值增加，这些变化可能与虾青素这种类胡萝卜素的脂质氧化有关。Cheret 等在 100～500 MPa（10℃，5 min）时显示白色半透明的外观，研究者将这些变化归因于蛋白质变性，而不是色素的变化，并将鲈鱼肌肉的白色考虑在内。在高于 150 MPa 的压力下处理 5 min 后，鳕鱼、鲭鱼、金枪鱼、鲑鱼、鳟鱼、鲤鱼、鲽鱼和琵琶鱼的颜色参数发生了变化，这些变化都是在 150～200 MPa 条件下由蛋白质变性引起的。

a^* 和 b^* 值的变化因加工条件和鱼类种类的不同而异。在鲫鱼中，L^* 值在 140 MPa 及以上时增加；但是，a^* 值也随着压强从 100 MPa 到 180 MPa 和处理时间从 15 min 到 30 min 的增加而增加，这种行为与肌浆蛋白和肌原纤维蛋白的凝固有关。在储存的前 15 d，L^* 值随压强水平和储存时间的增加而显著增加，使肌肉外观更加明亮，不那么透明。增压时 a^* 值减小，b^* 值增大，处理后，对照组和高压处理组的样品无显著差异。在真空包装的冷冻熏制鲼鳅鱼，在 200～400 MPa 压强水平情况下，鱼片 a^* 值、L^* 和 b^* 值与对照组相比均增加，而切片包装的鱼，在 5℃贮藏的前 14 d，红色随压力水平没有明显变化。

红色对消费者接受鲑鱼肌肉和金枪鱼非常重要，且其强度在高压处理后下降。鲑鱼的 a^* 值随压强水平和处理时间的增加而下降；然而，在 150 MPa 以上处理 10 min 的样品中，在气调包装（50% O_2＋50% CO_2）中没有出现不可接受的影响（a^*＜13）。14 d 后贮存在 5℃时，所有经过气调和压力处理的样品的 a^* 值都在阈值以下，而真空包装的样品在可接受的水平。肌原纤维和虾青素-肌动素基质在压力作用下变性，然后氧化虾青素和铁肌红蛋白。高压加工处理的鲜鲑鱼颜色的可接受性变化不仅与压强水平有关，还与压强持续时间有关，150 MPa 和 200 MPa 处理 60 min，使鱼的肌肉不透明，L^* 值高于 70。为了克服热处理对即食或半熟鲑鱼肌肉的负面影响，在高压处理前用明胶-木质素膜覆盖鱼片，可以保持鱼的红色着色和防止蛋白质变性与氧化，且不损害外观。

（四）超高压在水产品加工中的应用

1. 超高压在鱼类加工中的应用　　超高压技术在鱼类加工中的应用主要表现在灭酶、灭菌、灭虫和鱼糜制品质构的改良方面，此外，还可用作鱼皮、鱼鳞提胶的辅助手段，以鲜鲤鱼肉的鱼浆为原料，采用 0℃、100～500 MPa 高压处理 10 min，处理前后的鱼浆均于 5℃冷库中储藏，结果表明，经 200 MPa 以上高压处理的鱼浆，其 ATPase 的活性丧失，鱼浆外观呈现白浊化，加压处理前后鱼浆的 K 值不变；经 350 MPa 以上高压处理后的鱼浆在冷藏中 K 值上升明显减缓；加压处理后的鱼浆，细菌总数明显减少，细菌的增殖明显减缓。这说明超高压用于鱼糜的灭菌是可行的。超高压灭菌的机制是通过破坏菌体蛋白中的非共价键，如氢键、二硫键和离子键等，使蛋白质的高级结构破坏，从而导致蛋白质的凝固及酶的失活；超高压还可造成菌体细胞膜破裂，菌体内的化学组分外流等多种细胞损伤；还可以影响

DNA 等遗传物质的复制，这些因素综合作用导致了微生物的死亡。

Chung 等采用超高压制成的太平洋鳕鱼鱼糜，发现透明度、强度和张力值都要好于传统加热定型的鱼糜凝胶，将鳕鱼鱼糜装入聚乙烯袋内，以水为介质均匀加压 400 MPa 10 min 后，制成的鱼糕透明，咀嚼感坚实，破断强度达 1200 g，弹性可以提高 50%，超高压技术不仅可以用于灭菌、灭酶，改善鱼糜质构，还可以起到灭虫作用。孙秀琴等的研究结果表明，200 MPa 的超高压处理对鱼肉中的肝吸虫囊蚴有杀伤效应，经 300 MPa 处理可将囊蚴全部杀死，为生鲜食品的制作提供了新途径。但是，鱼肉品质在经 200 MPa 以上的压强处理后可能发生一些负面变化，如鱼肉弹性下降，给生鱼片的加工带来了不利的影响。

2. 超高压在虾类加工中的应用　　淡水小龙虾营养丰富，美味可口。而传统的热杀菌工艺会使其营养成分流失，色、香、味等品质下降。谢慧明等研究了小龙虾的超高压杀菌技术，考察了不同温度和保压时间协同超高压对金黄色葡萄球菌的作用效果，建立了金黄色葡萄球菌超高压杀菌模型。淡水小龙虾在压强>343.24 MPa、温度>55℃、时间>10.95 min 的条件下处理后，可以使其中的金黄色葡萄球菌含量达到进出口卫生标准的要求。

鲜虾、蟹等甲壳类水产品的保鲜难度很大，即使是冷冻，在解冻后也存在着与鲜品一样的难题，就是发生黑变。防止黑变的方法有加入亚硝酸盐，或加热使酶失活。最近的研究结果表明，高压处理可以抑制酪氨酸酶的活力。在 600 MPa 压强下处理虾、蟹甲壳素，两者的外观与加热的一样，只是虾稍显发白，蟹则变得更红一些，为了使酪氨酸酶完全失活，在 600 MPa 的高压下处理 10 min 是必要的，该条件保持了虾、蟹的色、香、味，但蛋白质发生了变性，其组织质地也发生了相应的变化。

3. 超高压在贝类加工中的应用　　超高压技术在贝类加工中应用的典型例子就是牡蛎的加工。超高压技术可以解决牡蛎脱壳和牡蛎灭菌两大难题。超高压可以使牡蛎的闭合肌从壳上脱离，因为当牡蛎置于高压下，压力的作用能松弛肌肉纤维和壳组织，解开肉和贝壳之间蛋白质的束缚，可以不借助去壳刀等工具的作用而完全使牡蛎自然脱壳，脱壳的程度取决于压强的高低，241 MPa、2 min 可以使牡蛎脱壳率达 88%，而 310 MPa 瞬时处理，脱壳率为 100%，但对牡蛎的颜色和其他外观特性有所影响。为了减少压力过高造成的影响，可以采用适当的压力辅以强度协同作用，达到完全脱壳。例如，牡蛎在 40℃条件下预热 15 min，再进行 40℃、80 MPa、5 min 的高压处理，去壳率也可达到 100%，而且对牡蛎的外观影响不大。

在牡蛎高压灭菌方面，50 MPa、30 s 的处理能使牡蛎中副溶血弧菌含量从 10^9 CFU/mL 降至 10 CFU/mL，207～345 MPa、2 min 的处理不仅能够消除 S 形霍乱菌，还可以使牡蛎肉保持原有的风味和质构。高压处理过的牡蛎在 2℃下可稳定储藏 41 d，而未经高压处理的对照样品在同样条件下只能保存 13 d。

此外，王瑞等以生鲜毛蚶为原料，研究了不同压力、强度和保压时间对生鲜毛蚶中微生物存活率的影响，确定了生鲜毛蚶超高压杀菌的工艺条件。结果表明，当温度为 20～40℃，保压时间为 5～15 min，压强在 300～500 MPa 时，对生鲜毛蚶中各种微生物杀灭作用显著。并最终确定压强 500 MPa、温度 40℃、保压时间 5 min 为生鲜毛蚶超高压杀菌的最佳工艺。

4. 超高压在海藻加工中的应用　　生活于海洋里的藻类近万种，但被人们利用的主要是褐藻、红藻和绿藻，在藻类的超高压处理方面，日本对新鲜裙带菜进行了 0℃、100～500 MPa 加压 10 min 的处理，处理前后的裙带菜于 10℃条件下进行储藏，测定了裙带菜处理前后的细菌总数，并观察其组织形态的变化。研究结果表明，超高压处理大大减少了裙带菜中的细菌总数，处理后的裙带菜的细菌增长量明显减少，裙带菜在冷藏时的组织软化现象经高压处理明显得到了抑制，并且超高压处理没有改变裙带菜的外观。

第二节　组织化技术

一、组织化技术的原理

组织化的目的是依据蛋白质等生物大分子的生化特性，开发具有良好咀嚼性能和持水特性的营养方便食品。这些组织化产品大多数具有纤维状结构，并且在随后的水化和热处理中仍然能保持上述性质，组织化加工主要通过食品挤压技术实现，食品挤压技术是指物料经预处理（粉碎、调湿、混合）后，经机械作用强行使其通过一个专门设计的孔口（模具），以形成一定形状和组织状态的产品。

组织化技术是当今世界上新兴食品加工的高新技术之一。这项技术的深刻意义在于能够重新调整食品原料的质构，获得全新的食品。含有一定水分的食品物料在挤压机中受到螺杆推力的作用，套筒内壁、反向螺旋、成型模具的阻滞作用，套筒外壁的加热作用，以及螺杆与物料和物料与套筒之间的摩擦热的加热作用，使物料与螺杆套筒的内部产生大量的摩擦热和传导热。在这些综合因素的作用下，机筒内的物料处于 $3\sim8$ MPa 的高压和 200℃以上的高温状态，此时的压力超过了挤压温度下水的饱和蒸汽压，这就使挤压机套筒物料中的水不会沸腾蒸发，物料呈现出熔融状态，一旦物料从模头挤出，压力骤降为常压，物料中水分瞬间闪蒸而散发，温度降至 80℃左右，导致物料成为具有一定形状的多孔结构的组织化膨化食品。如果要生产非膨化食品，可在物料出模头之前，增加一冷却装置，使其出模头之前的温度低于 100℃即可。

二、水产品蛋白质组织化的方法

（一）喷丝蛋白

喷丝蛋白是一种分子水平上的组织化方法。此法采用与纺纱纤维类似的蛋白质纤维喷丝技术。其原理是：将原料鱼绞碎后，加 $1\sim1.5$ 倍量的水，用氢氧化钠溶液调节 pH，加热升温，使鱼肉蛋白溶解。经降温过滤除去皮骨和不溶物，抽气减压除去液体中的空气，要求固形物含量在 9% 左右，调整黏度为 10 000～30 000 cP[①]，以免在随后的喷丝过程中产生纤维的断裂。然后加压迫使该蛋白质溶液通过含无数小孔的模板，从而使展开的蛋白质分子沿流动方向定向，于是这些分子以彼此平行的方式伸展和排列，用清水漂洗蛋白质纤维，使含盐量降至 2%～5%。在 $50\sim75$℃的水中加热处理 $10\sim15$ min，使纤维固定。投入磷酸二氢钠缓冲液中浸泡 $5\sim10$ min，晾干，形成质地柔软、有良好吸水性的纤维束。最后经调味、调色、成型等处理后便制成了类似于畜肉的产品。纺丝法可以称为最精致的组织化方法，但由于对原料要求很高（通常必须以蛋白质含量为 90% 或更高的分离蛋白为起始原料），且工艺复杂，技术要求较高，因此仍处于实验室阶段。

（二）模拟海味技术

模拟海味食品也称仿制海味食品或人造海味食品，是在鱼糜制品的基础上产生和发展起

---

① 1 cP=10^{-3} Pa·s

来的。鱼肉蛋白质的主体是肌原纤维蛋白，把低值的鱼虾或其他原料改造成受人们欢迎的具有较高价值的海味食品的类似品。模拟海味食品的前提是基于鱼肉蛋白质未发生变性劣化，而鱼肉肌原纤维蛋白的浓缩过程正是冷冻鱼糜的生产过程。因此同时冷冻鱼糜技术的意义所在即冷冻鱼糜的生产技术解决或避免了鱼肉蛋白质的冷冻变性问题。

这一技术的机理是将碎鱼肉洗净后，加 2%～3% 的食盐在低温擂溃后，占 60%～70% 的肌球蛋白脱溶碎为溶胶，肌纤维球蛋白延伸成纤维状，互相搅和形成高黏度溶胶的状态，成型加热后，由于热变性及蛋白质分子间的相互作用，如 S—S 结合、氢键结合、疏水结合、盐结合等作用构成了网状结构，这样便形成了富有弹性的凝胶体，凝胶化有增强制品弹性、改善质地的作用。鱼糜制品的组织化制品仅限于模拟蟹、贝类、虾及鲍鱼肉等海产品中，鱼肉蛋白质未发生本质改变。

模拟蟹肉的工艺流程为：冷冻鱼糜→解冻→配料→斩拌和擂溃→蒸烤→卷条成型→杀菌→冷却→真空包装→急速低温冷冻→装箱→冷藏。

（三）畜肉状浓缩鱼蛋白

畜肉状浓缩鱼蛋白于 20 世纪 80 年代初由日本学者铃木种子正式研究成功，在日本及世界渔业界及食品界产生了较大反响。这项技术的应用使新型浓缩鱼蛋白的开发取得了突破性进展。其原理是以各种食用鱼贝类、食用价值低的底栖性鱼类及沙丁鱼等低级多获性鱼类为原料，将这些鱼类的鱼肉冷冻物切碎，在含 0.05%～0.5% 碳酸氢钠的热水中使其变性，然后用亲水性脱脂溶剂抽出脂肪，再除去脱脂溶剂，最后冷冻或干燥，即制出保存性强、具有亲水性及保水性的鱼类浓缩蛋白制品，可同畜肉混合，用于制作香肠、汉堡肉饼等食品。Suzuki 等先后对狭鳕、沙丁鱼及鲐鱼等做了研究，结果表明对于类似于沙丁鱼等多脂原料，应采取必要的脱脂、脱臭处理，鱼肉的脱脂采用乙醇萃取法。通过一系列处理后，不论是对于低脂白肉鱼，还是高脂红身鱼，均可以生产出具有颗粒状、畜肉咀嚼感的浓缩鱼蛋白产品。以狭鳕鱼为例，将新鲜的狭鳕鱼除去头及内脏，采取鱼肉，用切碎机切碎，加入 10 倍量的水漂洗后加以压榨脱水。将脱水肉绞碎后，擂溃 30 min，制成黏稠的肉糊，装入深度为 1 cm 的不锈钢容器中，以 −30℃冻结 4 h。即冻结鱼糜 300 g，在冻结状态下，用切削机切成 1 cm 大小的碎块，投入 1200 mL pH 调至 8.28、含 0.1% 碳酸氢钠的沸水中，煮沸 10 min 使其变性。将热变性鱼肉放入盛有 1200 mL 异丙醇，80℃脱脂 4 h 后，用离心机脱去脱脂剂，再加入 1200 mL 的异丙醇，以同样条件 2 次脱脂 2 h，再用离心机脱去脱脂剂得到脱脂鱼肉。为了脱去残存的溶剂，将脱脂鱼肉直接放入沸水中煮沸 1 h 后用离心机脱水，如此反复 3 次，即制得无异臭、柔软的 10 mm 大小的碎肉 260 g。将制得的碎肉冷冻保存 1 d 后，进行解冻，用绞肉机绞碎，按 1∶1 的质量比同生猪肉混合，制成香肠、汉堡肉饼，其味道与质地同仅用猪肉制作的一样。混合制作的香肠、汉堡肉饼经冷冻保存，质量也不会发生变化。

（四）热塑挤压组织化

挤压蒸煮技术可将输送、混合、蒸煮、杀菌、膨化等多种操作单元同时完成，是一个高温瞬时的过程，原料经挤出机处理后，物料经过复杂的中间产物重新构造成截然不同的组织化新产品，可看作一个瞬时高温的生物反应器。当蛋白质类原料含有较高的水分时（大于50%），物料的低黏度将导致由摩擦而产生的机械能转化的热能大大减少，由此对于单轴挤出机，面对高水分物料就显得束手无策。20 世纪 80 年代末期，随着双轴挤出机的不断发展，改进的混合、揉捏、输送性能及可控的操作使双轴挤出机适合于湿物料的挤出蒸煮处理。

富野休二等对鱼糜原料、热塑挤压产物及加热产物三者间的肌原纤维蛋白的变化做了研究。结果表明，挤出物与加热产物二者间的肌原纤维蛋白的重分子产物有明显的差异，并形成了新的高分子产物。北海道鱼类研究所将鱼肉与脱脂大豆粉以一定的比率混合，调整水分含量为50%，经双轴挤出机处理，挤出物为连续带状，具有烹调肉类类似的质地。

与植物蛋白质原料相比，目前含水量较高的动物性蛋白质挤压组织化的研究尚缺乏系统性，主要原因是双螺杆挤出过程的影响因素较多，各变量参数之间的关系网络错综复杂，而且因其加工对象的性质变化和对产品的要求不同，该过程又会呈现出多样结果，所以目前还未建立一个适应性较广的能够反映双螺杆挤压系统的全过程的理论模型。尽管如此，基于这项技术的产品的特殊质地风味等特性十分适合我国的消费需求、习惯与消费水平，同时也是一种健康可持续利用的资源。

三、组织化技术在水产品加工中的应用

组织化鱼肉蛋白质可被作为代肉品，储藏和食用方便，并具有高蛋白、低脂肪的营养特点。鱼肉组织化的研究正为人们所关注，作为中间素材的鱼糜产业化应用尚在推进中，其中鱼肉蛋白质组织化方法的研究对低值鱼的开发利用具有重要意义。

鱼肉蛋白质组织化的研究进程与浓缩鱼蛋白质的发展是密不可分的。鱼粉是最初形式的浓缩鱼蛋白质，1946年联合国粮食及农业组织曾倡导，应将未被利用及利用不完全的鱼类生产成鱼粉，用以开发蛋白质资源，以后世界各国纷纷研究包括食用在内的各种浓缩鱼蛋白制品，但用作食用的浓缩鱼蛋白质亲水性和亲油性的问题一直未能很好地解决。

冷冻鱼糜本身也是一种浓缩鱼蛋白质。利用鱼肉肌原纤维蛋白的性质，由冷冻鱼糜也可生产出各种模拟海产品。此类制品具有纤维状结构，并且可被赋予天然制品的味道和形状。在模拟制品研究中，主要采用转谷氨酰胺酶（transglutaminase，TGase）开发生产鱼肉饼、仿鱼翅等制品。王亚青等的研究结果表明，大豆分离蛋白粉、小麦蛋白粉和转谷氨酰胺酶工业酶制剂（TG-K）作为添加物对碎鱼肉的再组织化具有良好作用。在冻藏过程中加入TG-K，组织化样品结构随冻藏时间的延长而逐渐疏松。

第三节　生　物　技　术

生物技术主要包括酶工程、发酵工程、细胞工程、基因工程和组织培养技术等，其中酶工程技术在水产品加工中应用得最多。酶在水产品加工中应用时首先要考虑几个因素，即安全性、稳定性、专一性、纯度高和成本低等。水产品加工用酶的来源包括动物、植物和微生物。传统上用来加工的酶主要来自动物，如胃蛋白酶等。但是一般来说，动物是较差的酶生产原料，因为动物生产慢而且价格昂贵，用大量的动物来生产大量的酶制剂是不现实的，而且在生产中本身还要消耗别的酶制剂。植物生长比动物快，可以每年进行大量生产，但是生产的周期长，还受到季节等因素的影响。现在只有少数重要的酶用植物生产，如菠萝蛋白酶、木瓜蛋白酶等。用微生物生产酶制剂是现在生产酶制剂主要的方法。

一、酶法生产水解（鱼）蛋白

低值鱼在海洋捕捞中占有较大的比例，水产品在加工过程中也会产生大量的下脚料，而

这些资源还没有得到有效的利用，应用酶工程技术生产浓缩水解蛋白则是水产品综合利用的一条新途径。水解鱼蛋白优于整鱼肉或鱼蛋白浓缩物，其水溶性好、低脂、低灰分、高蛋白。不同品种的鱼和酶都将产生不同性质的水解鱼蛋白。

　　酶法水解克服了酸法和碱法水解的缺陷与不足，具有一系列的优点。首先，酶法水解条件温和，不产生消旋作用，不破坏氨基酸，产品理化性质稳定，因此产物更营养、更健康、更安全。其次，酶法水解反应速率快，工艺易控制，时间短，反应温度低，所需设备简单，大大地提高了应用于大规模工业化生产的效率。再次，随着生物技术水平的提高，酶的来源越来越广泛，酶活不断提高，效价比大幅度提高，为其在工业化生产中的应用提供了极大的空间，特别是蛋白酶制剂应用已经取得了明显的成效。最后，酶法水解不存在脱酸和脱碱的后处理过程，从而可以大大地减少环境污染，对于升级和建设环境友好型社会具有重大意义。因此，利用酶生物技术进行蛋白质的水解越来越受到重视，用酶水解蛋白的研究也越来越多，趋向成熟。

　　与酸法或碱法相比，酶水解效率高，条件温和，在保留营养成分方面具有明显的优点。鱼蛋白经酶作用降解，功能和品质可以得到提高。Quaglia 考察了沙丁鱼水解度对水解物溶解性、水解物结构和乳化特性的影响，结果表明在水解度较低时，所有产品在不同离子强度下的溶解度均升高，随着水解度的增加，乳化稳定性降低。水解度较低的水解物具有较高的乳化特性，并且疏水性也高，也表明分子质量较高的水解物在乳化性质方面起重要作用。Benjakul 研究了牙鳕废弃物的利用，将其废弃物（包括鱼头、皮、骨、内脏和肌肉组织）绞碎，分别用中性和碱性蛋白酶水解，选择了最优酶和最佳水解条件，所得产物蛋白质含量高（79.97%），氨基酸组成与鱼肌肉十分相近。Suthasinee 等用风味蛋白酶和 Kojizyme 对罐头水产品加工副产品进行了酶解研究，并用响应面法对水解条件进行了优化。Stein 等分别用内源蛋白酶和商业蛋白酶对鳕鱼内脏进行了酶解实验，结果表明用内源蛋白酶水解鳕鱼所得到的水解液的可溶性氮回收率达到 75%，加入商业蛋白酶之后可溶性氮回收率可达到 95%。Guerard 等用中性蛋白酶在温度为 45℃、pH 7、酶浓度为 1.5%、水解时间为 4 h 的条件下水解金枪鱼，所得蛋白水解液的水解度为 22.5%，并且证明水解度与可溶性氮的回收率之间的关系成正比。

　　蛋白质水解物通常带有一定的苦味，这和蛋白质原有的氨基酸组成有关，特别是蛋白质中疏水性氨基酸是导致蛋白质水解后产生苦味肽的重要原因。通过胃合反应（模拟蛋白反应），可以脱除苦味。在浓缩到 30%～35% 的鱼蛋白水解液中加入一定的木瓜蛋白酶或胰凝乳蛋白酶，使其重新合成新的蛋白质。由于胃合蛋白产物的结构和氨基酸顺序不同于原始的蛋白质，因此它们的功能性质也发生了变化，有可能脱去苦味。

　　水解蛋白的应用包括以下几个方面。

1. 水解蛋白作为食品调味剂在方便食品中的应用　　水解蛋白可作为新型食品添加剂应用于生产高级调味品和营养强化食品，并可作为功能性食品的基料。日本等发达国家很重视新型高级调味品的开发与利用。其用生物工程方法生产出核苷酸增鲜剂、水解动物蛋白、水解植物蛋白及酵母抽提物等复合天然调味料。据有关专家估计，这些复合调味料将取代味精，成为调味品工业的主要支柱。由于现今生活节奏的加快和现代化工作的需要，人们对方便食品的需求量日益增大。近年来，日本等国家（或地区）人均占有方便面数量逐渐增加，体现自然风味和高品质的方便食品受到人们普遍欢迎，提高方便食品品质的一个重要方面就是使用天然风味调味品，它能更好地体现食品的自然风味。在国外，水解蛋白作为新型食品添加剂问世已有十余年。在发达国家，高档调味品和汤料中均使用了植物水解蛋白和动物水解蛋白，国内部分独资和合资方便面生产企业也使用了进口的动物水解蛋白作为调味剂，提高了产品档次，占领了很大的市场份额。

2. 水解蛋白在低过敏性食品中的应用　　据报道，高分子蛋白质和高分子肽经常会引起人体的过敏性反应，食品过敏患者轻则引起皮肤疹，重则会危及生命。食物过敏在婴儿中很常见，统计表明，0.5%～7.5% 的正常足月生婴儿存在某种程度的食物过敏。对于引起过敏的蛋白质，经水解后可能会破坏抗原，若水解度较低，对于特别敏感的个体仍会有危险，但经深度水解后的蛋白质，一般不会引起过敏。由于水解蛋白的低抗原性，它适用于过敏患者尤其对儿童的过敏有很大的帮助。因此，以高度水解蛋白为基料的食品在预防食品过敏性方面的作用无疑是蛋白水解研究开发的一个重要驱动力。

3. 水解蛋白在运动保健食品中的应用　　近年来的一些观点认为持久的运动会使机体处于一种近似禁食的状态，肌体开始利用肌肉蛋白作为能源，这意味着机体进入负氮平衡并利用肌肉蛋白作为氮源，这将使运动员的体力进一步下降。实验表明，在运动后摄入含三种蛋白质的固体食物，直到食物从胃进入肠道消化吸收，负氮平衡仍然存在。如以含肽的食物供给，由于肽在胃中排空及在小肠中的吸收均较固体食物中的蛋白质要快，因此，负氮平衡状态及由此产生的肌肉分解代谢阶段将进一步缩短或消失。由于肽的易吸收性，它将成为运动营养中很好的氮源。近几年来，国外对功能食品低分子肽的研制已有报道。在美国，含水解蛋白的产品作为运动中或运动结束时的恢复性饮料已经应用于运动员的饮食中。

4. 水解蛋白在控制体重饮食中的应用　　食用低热食品的人们长期处于一种饥饿状态，通过激素作用及代谢调节，机体适应了蛋白质及能量的缺乏，大部分所需要的能量由储存的脂肪提供。但在饥饿状态下，为维持机体的功能，骨骼肌中的蛋白质会有所损失，这将使机体不可避免地受到伤害。因此控制体重饮食在降低热值的同时要含有充足的蛋白质以维持机体的氮平衡，使体重的降低主要通过脂肪的减少而达到，且不会导致体质的下降，因此，具有高生物价的肽类所形成的低热软饮料是很好的控制体重的蛋白质补充。它可保证这些人不致因食物摄入减少而使身体受到伤害。水解蛋白作为强化补给成分的另一好处是减少食欲，这也是控制体重的人们所需要的。

5. 水解蛋白在特殊人群食品中的应用　　由于组织蛋白代谢要求膳食中含有一定数量的蛋白质，而人体组织无法使氨基酸完全再利用而使部分氮以代谢产物尿素的形式排出体外，因此，对膳食蛋白的需要是为了满足两个方面的需求：一是提供必需氨基酸，二是提供代谢所需的膳食氮。对于成年人而言，饮食氨基酸是为了维持机体的氮平衡。但对于生长阶段的个体（如婴幼儿、体力锻炼者、患者等）而言，氨基酸的摄入量要用以维持机体的正氮平衡，否则，机体将以自身组织蛋白作为氮源而进入一种自我消亡的状态。所以，生长阶段的个体为了维持正氮平衡必须从外界摄入足够量的蛋白质或氨基酸。从营养角度来看，对于蛋白质或氨基酸的需要可以通过摄入游离氨基酸及水解蛋白得以满足。另外，某些水解动物蛋白中还含有高于原料本身的钙及铁。这些水解动物蛋白与其他食品原料，如淀粉、乳品、动物性蛋白、植物性蛋白等配合可加工成功能食品或疗效食品。功能食品适用于高血压、心脏病患者，也可作为促进儿童生长发育、矫治营养不良的代乳品。另外，作为婴儿代乳品，可用于治疗婴儿牛奶过敏、腹泻等症状；作为烧伤患者的蛋白食品，还可用于防治免疫排斥作用。疗效食品是指住院患者的配方食品和不常见病的患者食品，其中包括食物过敏患者的食品。它可以向不能以正常方式消化吸收足够食物的人提供全部或部分营养，或是给有特殊需要的患者提供特殊营养。据估计，这类消费者在美国超过 500 万，这类食品在市场上的销售额超过 10 亿美元，由此也可以看到水解蛋白的前途是非常远大的。

6. 水解蛋白在老年食品中的应用　随着人们生活条件的改善，寿命的延长，老年人口占总人口的比例在逐年增加，我国逐渐进入老龄化社会，老年人的饮食也占相当大的部分，因此对老年人食品的研究与开发，已受到越来越多的关注。随着年龄的增长，人体对能量的需要量呈下降趋势，而单位体重氮与氨基酸的需要量并不随年龄的增加而下降。因此适于老年人的饮食应该是蛋白质在摄入量中所占比例较年轻人高。与此同时，老年人患病较多，这增加了机体对蛋白质的需要以供组织的修复与再生。鉴于其生理特点，老年人不能靠摄入过多的食品来增加蛋白质的摄入量，而是应食用富含蛋白质的专门化老年食品，这种食品以液体为佳，且氮源要易于消化吸收，因此蛋白质水解物以其独特的功能性质及生理功效成为老年人食品中良好的蛋白质来源。

二、酶法生产调味料

一些传统的水产调味料如鱼露，是靠自然发酵生产的。在自然发酵过程中由于加盐量过多，抑制了酶的活性，发酵周期有的长达 1 年以上。随着酶工程技术的发展，生产周期可以缩短为 24 h，从而使鱼露的生产周期大大缩短，产量也大大提高。

酶法水解型调味料多以低值鱼等为原料，利用生物酶制剂，通过选择合理的蛋白酶和酶解方式，控制温度、时间、pH 等条件对原料进行可控酶解，所得水解产物经过滤、调配、浓缩或干燥而得到。该法主要用来改进抽提法工艺，不仅使水提液中的游离氨基酸含量增加，提高了蛋白质利用率，使营养更为丰富，同时不失原料的特征性风味，香气真实，口感浓厚。

目前，国内关于酶法制备水产调味料的研究主要集中在以低值鱼类和水产下脚料为原料进行开发，主要目的是实现水产原料的高值化利用，为水产下脚料的开发提供新途径。杨琬琳采用乳化修饰酶解的方式，制备了鳕鱼骨海鲜调味基料。张侦采用酶工程技术，以木瓜蛋白酶和风味蛋白酶复合酶对罗非鱼加工废弃物鱼骨、鱼排上的碎肉进行酶解，并在酶解液中添加乳酸菌进一步发酵，改变了传统单一酶解方法存在的风味不足的问题，使制得的调味基料具有独特风味，且富含氨基酸和生物活性肽等功能性成分。

三、酶法改善水产品质构特征

转谷氨酰胺酶（TGase）是一种可以催化转配基反应，从而导致蛋白质之间发生共价交联的酶，鱼肉蛋白质在低温下形成凝胶，是由于鱼肉本身所含有的 TGase 的活力为 $0.1 \sim 2.41$ U/g（湿重）。因此当原料品质比较差（为冻鱼）时，可通过添加 TGase 提高产品凝胶强度，减少蒸煮损失，提高产品质量。

TGase 能够催化肽链上的谷氨酰胺（Gln）残基的 γ-酰基供体，而酰基受体可以为赖氨酸（Lys）的 ε-氨基、伯胺和水。当底物中存在赖氨酸残基时，TGase 催化谷氨酰胺残基的 γ-羧酰胺基与赖氨酸残基的 ε-氨基反应，生成 ε-(γ-Gln)-Lys 肽键，从而使蛋白质分子间或分子内发生交联，增强蛋白质凝胶的强度和持水性。赵梅荣等经研究发现随着 TGase 添加量的增大，鱼糜凝胶的弹性、黏聚性和回复性呈现先升高后下降的趋势。这说明 TGase 在适量的添加范围内能够促进鱼糜凝胶的形成，而添加过量的 TGase 后，鱼肉蛋白形成过量的交联结构从而导致鱼糜凝胶质地变差。邓思杨等将 TGase 和淀粉复配添加到鲤鱼肌原纤维蛋白中，观察到随着 TGase 添加量的增加，蛋白乳化活性降低而凝胶性增强。

仪淑敏等以鲢肌原纤维蛋白为研究对象，研究了不同的贮藏条件下（25℃和4℃）碱性蛋白酶对鲢鱼肉中肌原纤维蛋白的降解情况及凝胶特性的影响。结果表明，经过碱性蛋白酶处理后，在不同温度下，鲢肌原纤维蛋白的降解率均随着时间的延长而增大；表面疏水性、Ca^{2+}-ATPase 活性、总巯基及活性巯基含量均先增高后降低；在反应温度 25℃、酶解时间 2 h 及反应温度 4℃、酶解时间 2.5 h 处理条件下，鲢肌原纤维蛋白的表面疏水性、总巯基及活性巯基含量均达到最高值；在反应温度 25℃和 4℃下、酶解时间 0.5 h 时，Ca^{2+}-ATPase 活性达到最高值；蛋白质凝胶的持水力与凝胶强度均呈下降趋势；凝胶白度值先降低后增加；扫描电镜结果显示，碱性蛋白酶对鲢肌原纤维蛋白凝胶网络结构产生了一定的破坏作用。

四、酶法富集 EPA 和 DHA

EPA 和 DHA 在鱼油中含量一般为 30%～34%，EPA 和 DHA 含量较低的鱼油是无法满足生产保健品要求的。利用脂肪酶的专一性，可以通过选择性水解、选择性脂合成等方法实现对鱼油中 EPA 和 DHA 的富集，从而满足鱼油保健品的生产要求。从深海鱼类脂肪组织中提炼的鱼油是含有各种脂肪酰成分的甘油三酸酯。脂肪酶法是在脂肪酶的催化下，甘油酯有选择性地水解、酯交换，或者通过酯化反应选择性生成相应的脂肪酸酯，从而使 EPA 和 DHA 较多地以甘油酯的形式或游离脂肪酸的形式存在，再经分离，便可达到富集和浓缩 EPA 与 DHA 的目的。脂肪酶法可分为水解法、酯交换法和酯化法。

脂肪酶催化水解法是将甘油酯上的饱和及低不饱和脂肪酸水解下来，使得甘油酯中的 EPA 和 DHA 含量增加。脂肪酶的选择最为重要，假丝酵母脂肪酶被发现富集效果很好。脂肪酶水解法通常只能将 EPA 和 DHA 的含量富集到 50% 左右。脂肪酶催化酯交换法是脂肪酶催化鱼油甘油酯分别与游离脂肪酸、醇、EPA 酯和 DHA 酯发生酰基交换反应，根据与鱼油甘油酯反应的底物不同可分为酸解法、醇解法和转酯法。脂肪酶催化酯化法是脂肪酶优先催化甘油与饱和、单不饱和脂肪酸发生酯化反应；或者脂肪酶优先催化甘油与 EPA 和 DHA 发生反应。脂肪酶催化酯化得到的产品纯度较前两种方法高，但是酯化法得到的甘油酯中甘油三酯含量不够高。

相对于传统的富集方法，只有脂肪酶法的原料既可以是甘油酯型鱼油，又可以是游离脂肪酸型鱼油或者乙酯型鱼油，而且直接得到甘油酯型的 EPA 和 DHA 产品。脂肪酶法富集具有选择性高、反应条件温和、能量消耗少、产品纯度稳定等优点，同时可根据酶的选择性调控 EPA 与 DHA 的比例。

五、酶法脱鳞、脱皮

鱼制品加工中，去鳞是一个很麻烦的过程，而且还存在一些问题。例如，脱鳞不完全，使鱼的表皮失去原有的光泽，肌肉组织结构受损。机械去鳞损伤大，导致鱼片生产得率降低，用胶原酶或胃蛋白酶脱鳞则可避免上述缺陷。用酶法脱鳞通常包括三步：用温水使皮肤表皮变性，外层黏液层和蛋白质结构层松软；酶使表皮外层结构降解；用水冲去松散的鱼鳞。当然用酶法去鳞的自动生产线比手工去鳞生产线的费用要高 1 倍以上。

吕卓君等经研究发现酶处理脱鱿鱼皮的最佳酶解条件为：中性蛋白酶添加量为 0.08%（质量百分比），作用温度为（45±2）℃，作用时间为 13 min。在此条件下可有效脱除鱿鱼表皮，并且保证较好的鱿鱼肌肉质地与色泽。吕飞等经研究发现在避免鱼皮胶原蛋白过量损失的前提下，酶法最佳去鳞工艺参数为木瓜蛋白酶 0.6%，反应温度和反应时间分别为 20℃和 20 min。陈舜胜等考察了通过热水法、酸法和胃蛋白酶、木瓜蛋白酶、无花果蛋白酶等不同处理方法对提取暗纹东方鲀鱼皮胶原蛋白的影响。结果显示，用胃蛋白酶得到的胶原蛋白提取率最高，氨基酸组成相似但含量不同；三种酶制备的胶原蛋白中，脯氨酸含量显著低于酸和热水制备的胶原蛋白；傅里叶变换红外光谱仪（FTIR）扫描结果表明，5 种处理方法得到的胶原蛋白都存在 Amide A[①]、Amide B、Amide Ⅰ、Amide Ⅱ 和 Amide Ⅲ，均保持了胶原蛋白的三螺旋结构；紫外光谱显示在 235 nm 左右有强吸收峰，结合 FTIR 确定其为典型的胶原蛋白，经过 SDS-PAGE 分析，确定暗纹东方鲀鱼皮胶原蛋白为 Ⅰ 型胶原蛋白。酸法和胃蛋白酶法较好地保留了胶原蛋白的 β、α1 和 α2 链，木瓜蛋白酶作用化学键比其他酶广泛，得到小分子质量的胶原蛋白分子；扫描电镜结果显示，酸法提取的胶原蛋白最适合应用在生物医学材料上作运载药物。

六、酶法脱腥、去异味

有研究者从曲酶中分离到的酶可去除鱼肉中大部分的异味和腥味。例如，鲨鱼和鳐鱼等鱼肉中存在大量尿素，产生了异味，很难被消费者接受。使用脲酶就可以去除这些异味。大豆粉中富含脲酶，用大豆粉来去除鲨鱼肉的腥味很有效。

选用裂解点在疏水基的专一性较强的水解酶和肽链端解酶，如嗜热菌蛋白酶、胃蛋白酶、胰蛋白酶、链霉蛋白酶等，这些酶能使疏水基尽可能地处于肽链端的位置，使苦味消除或减弱。肽链端解酶的缺点是导致很高的水解度。苦味物质的化学成分主要是水解液中的一些短肽，它们具有大体积的疏水侧链。风味酶和羧肽酶 A 能水解这些侧链，不仅能除去苦味，还能增加游离氨基酸的含量，因而是一种理想的脱苦剂。例如，德国产的一种风味酶在 pH 7.5、40℃条件下处理 10 min 即能除去水解液的苦味。通过胃合反应（模拟蛋白反应），可以脱除苦味。在已浓缩到 30%～35% 的鱼蛋白水解液中加入一定的木瓜蛋白酶或胰凝乳蛋白酶，使其重新合成新的蛋白质。由于胃合蛋白产物的结构和氨基酸顺序不同于原始的蛋白质，因此它们的功能性质也发生了变化，有可能脱去苦味。

类蛋白反应，又称蛋白质水解反应的逆反应，是指在一定条件下，通过酶的催化使浓缩后的蛋白水解物形成一种黏稠状物质。早在 1970 年，Fujimaki 等就提出类蛋白反应可以去除大豆蛋白、鱼、酪蛋白和其他含强烈苦味的蛋白水解物。Eriksen 等认为，类蛋白反应中凝胶的形成是疏水相互作用的结果，使得一些肽中疏水性氨基酸得以富集，这些疏水肽在水中很难溶解，经过凝聚形成颗粒而沉淀下来。同时，疏水侧链被包裹起来，不能和味觉细胞作用，从而达到了脱苦的目的。

通常类蛋白反应需要两步酶过程，第一步反应是在适宜条件下，通过酶对蛋白质进行限制性水解，得到多肽；第二步反应是将浓缩后的水解物作为底物，加入氨基酸衍生物，或其他不同来源的蛋白质水解物，在适宜条件下，通过酶的催化生成触变胶体或黏稠状的液体。类蛋白反应不仅能够有效地应用于补充限制性氨基酸到多肽中，以极大地改善食品蛋白质的营养特性，同时具有明显去除水解物苦味及提高蛋白质功能特性的作用。类蛋白反应在食品应用上所表现出来的巨大潜力，已引起各国的广泛关注，成为食品领域的研究热点之一。

---

① Amide A. 酰胺 A 带

七、酶法提取生物活性物质

从海藻中提取的杂多糖具有抗病毒、抗凝血、降血脂等作用，对海藻多糖的提取大都采用中性水法提取和酸法提取，提取率低。用一些酶（蛋白酶、纤维素酶等）进行提取，可以大大提高提取率。

八、酶法保鲜

酶法保鲜是近几年水产品保鲜技术中的新方法，它是利用酶的催化作用，防止或消除外界因素对水产品的不良影响，从而保持水产品的新鲜度，延长储藏期。目前应用于水产品保鲜的有葡萄糖氧化酶、溶菌酶、转谷氨酰胺酶、脂肪酶等。与其他保鲜方法相比，水产品酶法保鲜技术具有许多优点，酶本身无毒、无味、无臭，不会损害产品本身的价值；酶对底物有严格的专一性，不会引起不必要的化学变化：酶催化效率高，用低浓度的酶也能使反应迅速地进行；酶作用所要求的温度、pH 等条件温和，不会损害产品的质量。

葡萄糖氧化酶用于水产品的保鲜，主要是利用了它两方面的作用，一是氧化葡萄糖产生葡萄糖酸，降低水产品表面的 pH，抑制微生物的生长；二是除氧，减少和防止水产品的氧化。因为氧化可造成水产品色、香、味劣变而降低质量。在实际应用中可将葡萄糖氧化酶和葡萄糖混合在一起，包装于不透水而透气的薄膜袋中，封闭后置于装有需保鲜水产品的密闭容器中，当密闭容器中的氧气透过薄膜而进入袋中时，在葡萄糖氧化酶的催化作用下与葡萄糖发生反应，从而达到除氧保鲜的目的。也可以将葡萄糖氧化酶制成吸氧保鲜袋，用于防止水产品表面的氧化。另外，葡萄糖氧化酶还可以直接添加到各类水产品罐头中，防止水产品氧化变质和罐装容器的氧化。

溶菌酶的化学性质非常稳定，它对革兰氏阳性菌、好气性孢子形成菌、枯草杆菌、地衣芽孢杆菌等都有抗菌作用，是一种安全的天然防腐剂。利用溶菌酶对水产品进行保鲜时，将一定浓度溶菌酶喷洒在水产品上，可起到防腐保鲜效果，也可将溶菌酶与其他保鲜剂配成复合保鲜剂，提高保鲜效果。在应用时，需注意其抗菌谱较窄，对酵母、真菌和革兰氏阴性菌等无效。若将溶菌酶与植酸、聚合磷酸盐、甘氨酸配合使用，因发生协同作用，对革兰氏阴性菌的溶菌力显著加强，可提高其防腐效果。

利用转谷氨酰胺酶处理鱼肉蛋白后，生成可食性的薄膜，直接用于水产品的包装和储藏，提高产品的外观和货架期。另外，转谷氨酰胺酶可用于包埋脂类和脂溶性物质，可以防止水产品氧化腐败。

近年来，脂肪酶也被广泛应用到水产品中。海洋中的中上层鱼类，如鲐鱼、鲭鱼等，脂肪含量大，易变质，对保鲜加工和销售不利，故可用脂肪酶对这些鱼进行部分脱脂，延长鱼产品的储藏时间。

九、酶法检测水产品质量

评定水产品鲜度的传统方法是感官评定法和化学评定法。感官评定法不客观、不准确，化学评定法则耗时。现在利用生物酶传感器检测其鲜度非常快速、方便，通过检测 β-羟酰辅酶 A 脱氢酶（β-hydroxyacyl-CoA dehydrogenase，HADH）的活力来区分冰鲜鱼和冻鱼，这是因为冻鱼解冻后，其 HADH 活力要比冰鲜鱼高好几倍。另外，还可通过检测溶酶体酶、α-葡糖苷酶、β-N-乙酰葡萄糖氨酶的活力来区分，这些酶在冻鱼中的酶活力均比冰鲜鱼高好几倍。

第四节　超声波加工技术

人类耳朵能听到的声波频率为 20~20 000 Hz，当声波的振动频率大于 20 kHz 或小于 20 Hz 时，我们便听不见了。因此，我们把频率高于 20 kHz 的声波称为"超声波"，它是一种弹性的机械波，其频率可高达 10^{11} Hz，由于其频率高、波长短，除具有方向性好、功率大、穿透能力强等特点外，还能引起空化作用和一系列的特殊效应，如力学效应、热学效应、化学效应和生物效应等。自从 1928 年美国普林斯顿大学化学实验室的科技人员首次发现超声波有加速二甲基硫酸水解和亚硫酸还原硫酸钾反应的作用以来，声学与化学相互交叉渗透的超声化学作为一门新兴的边缘学科发展十分迅速，特别是在 20 世纪 80 年代发展更为迅速，并且随着功率超声波仪器、设备的发明与制造技术的日趋完善等，超声波技术被广泛应用于食品加工、化学、化工、医疗、医药和农药等许多领域。

一、超声波的作用机理

超声波具有多种物理和化学效应，超声波发生主要通过三种方法：第一种是通过机械装置产生谐振，一般频率较低；第二种是利用钢磁性材料的磁致伸缩现象的电声转换器发出超声波，频率在几千赫兹到 100 kHz；第三种方法为利用电致伸缩效应的材料，加上高频电压，使其按电压的正负和大小产生高频伸缩，产生频率在 100 MHz 至 GHz 量级。超声波与媒质的相互作用可分为热机制、机械机制和空化机制三种。

（一）热机制

超声波在媒质中传播时，其振动能量不断被媒质吸收并转变为热量而使媒质温度升高，这种效应称为超声波的热机制。此种升温方式与其他加热方法相比达到同样的效果所需时间短。

（二）机械机制

超声波的机械机制主要是由辐射压强和强声压强引起的，在力学效应中主要有搅拌、分散、成雾、凝聚、冲击破碎和疲劳损坏等作用。超声波也是一种机械能量的传播形式，波动过程中的力学物理量，如原点位移、振动速度、加速度及声压等参数可以表述超声效应。

（三）空化机制

在液体中，当声波的功率相当大，液体受到的负压力足够强时，媒质分子间的平均距离就会增大并超过极限距离，从而将液体拉断形成空穴，在空化泡或空化的空腔激烈收缩与崩溃的瞬间，泡内可以产生局部的高压及数千度的高温，从而形成超声空化现象，空化现象包括气泡的形成、成长和崩溃过程。可见，空化机制是超声化学的主动力，使粒子运动速度大大加快，破坏粒子的形成，从而使许多物理和化学过程急剧加速，对乳化、外散、萃取及其他各种工艺过程有很大帮助。

二、超声波在水产品加工中的应用

超声波技术在水产品加工领域的应用依能量强度主要分为两大类：低强度超声波技术和高强度超声波技术。低强度超声波使用的能量一般小于 $1\ W/cm^2$，一般不会对介质产生物化破坏作用，通常应用于食品分析检测领域。高强度超声波能量通常为 $10\sim100\ W/cm^2$，足以使介质发生物理裂解及加速某些化学反应，广泛应用于杀菌、乳化、破解细胞、分散聚沉物等方面。

（一）超声波在水产品杀菌中的应用

杀菌是水产品加工贮藏的必经工序。传统的低温加热不能将水产品中的微生物全部杀死，而高温杀菌又会不同程度地破坏食品中的营养成分和食品的天然特性，导致营养组分的破坏、损失，或导致不良风味，变色加剧，挥发性成分损失等。

一般认为，超声波所具有的杀菌效力主要由于超声波所产生的空化作用，微生物细胞内容物受到强烈的振荡，从而达到对微生物的破坏作用。所谓的空化作用是当超声波作用在介质中，其强度超过某一空气阈值时，会产生空化现象，即液体中微小的空气泡核在超声波作用下被激活，表现为泡核的振荡、生长、收缩及崩溃等一系列动力学过程。空气泡在绝热收缩及崩溃的瞬间，泡内呈现 $5000\,℃$ 以上的高温及 $10^9\ K/s$ 的温度变化率，产生高达 $10^8\ N/m^2$ 的强大冲击波。利用超声波空化效应在液体中产生的局部瞬间高温及温度交变变化、局部瞬间高压和压力变化，使液体中某些细菌死亡，病毒失活，甚至使体积较小的微生物的细胞壁破坏，从而延长保鲜期。

超声波的生物学效应与空化作用有关，而空化效应的发生会受到诸如声场参数、媒质性质及环境等因素的影响。

1. 声强、频率 低频率的超声波杀菌效果较差，在较高频率范围内，超声波能量大，杀菌效果好。但超声波频率太高，不易产生空化作用，杀菌效果反而会有所降低。

频率越高，越容易获得较大的声强。然而，随着超声波在液体中的传播，液体微小核泡被激活，由振荡、生长、收缩及崩溃等一系列动力学过程所表现出来的超声空化效应也越强，从而超声波对微生物细胞繁殖能力的破坏性也就越明显。由于频率升高，声波的传播衰减将增大，因此用于杀菌的超声波频率为 $20\sim50\ kHz$。

2. 振幅、杀菌时间 在超声波杀菌过程中，振幅对其灭菌效果会产生影响，一般来说，振幅增大杀菌效果也会增强。一系列研究表明，随着杀菌时间的增加，杀菌效果大致成正比增加，但进一步增加杀菌时间时，杀菌效果不会明显增加，而是趋于一个饱和值。另外，随着杀菌时间的延长，介质的升温会增大，这对于某些热敏感的食品是不利的。

3. 样品中细菌的浓度及处理量 当杀菌时间相同时，样品中含的细菌浓度高时比浓度低时杀菌效果略差。超声波在媒介的传播过程中存在着衰减的现象，会随着传播距离的增加而减弱，因此，随着样品处理量的增大，灭菌效果将会降低。

4. 微生物的种类 超声波对微生物的作用类型是多种多样的，这不仅与超声波的频率和强度有关，也同生物体本身的结构和功能状态有关。研究资料表明，超声波杀灭杆菌比杀灭球菌快，杀灭细菌繁殖体比杀灭酵母快。所有的致病菌对超声波都具有一定的抗性，单独使用超声波杀灭食品中的微生物效果有限，但与其他杀菌方法结合则具有很大的力度。

5. 其他 灭菌时，样品的温度也会影响灭菌效果，温度升高，超声波对细菌的破坏作用加强。超声波在不同媒质中，作用于不同组分的食品，其作用效果会有所不同。

（二）超声波对结晶和冷冻的强化作用

超声波作为一种辅助冷冻的手段，能有效地控制冻结过程中样品组织内晶核的形成与晶体的生长。目前已经报道的超声波辅助冷冻机制主要有诱导成核、强化二次成核、抑制冰晶生长，以及增强传热传质。

1. 诱导成核

1）空化效应　　当液体中通入超声波时，声波的传输会使液体内局部出现拉应力而形成负压，压强的降低使原来溶于液体的气体过饱和，而从液体中逸出，形成大量的小气泡，即空化泡。超声波的空化效应是指存在于液体中的空化泡在声波的作用下振动，当声压达到一定值时发生的生长和崩溃的动力学过程。这些气泡在超声波纵向传输形成的负压区生长，而在正压区迅速闭合，从而在交替的正负压强下受到压缩和拉伸（图6-1）。Hicking 认为，空化泡被压缩直至崩溃的一瞬间会产生局部瞬时高压（＞5 GPa），从而导致高过冷度。其中，形成的高过冷度可以作为瞬时成核的驱动力。根据这一理论，空化泡在崩溃后会立即发生成核，然而，一些研究表明空化作用与成核之间存在一定的延迟。另外，这些空化泡只要达到临界的核心尺寸，就可以作为冰核的核心。

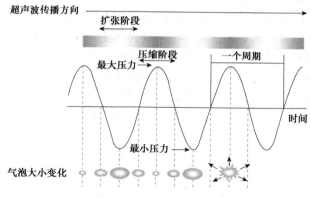

图 6-1　超声波空化效应

Ruecroft 等和 Saclier 等证明了功率超声可以在有机分子的工业结晶过程中触发成核。Hu 等研究了功率超声对冷冻面团的质量和微观结构的影响，结果显示，在冷冻面团内生成了大量细小的冰晶，同时在冷冻过程的相变阶段显著提高了面团的冷冻速率，使面团的冷冻时间缩短了11%以上。Hu 等研究了在功率超声过程中，水和蔗糖溶液中预先存在的气泡对成核与结晶的影响，结果表明，含有气泡的样品的成核温度接近超声温度，比不含气泡的样品延迟时间短，预先存在的气泡可能转化为空化泡，从而促进成核与结晶过程。

2）微流机制　　根据空化泡是否破裂，空化效应可以分为稳定空化效应和瞬时空化效应。稳定空化效应产生的空化泡不会立即崩溃，其运动引起的微流也可以作为冻结过程中成核的驱动力。一些研究证明，微流同样可以提高传热速率。Zhang 等研究了超声辅助冷冻过程中成核的速率，结果表明，在冷冻过程中，成核的速率不是恒定的，而是形成了两个具有不同冷冻速率的单独区域。在第一个区域，成核的速率较快，远高于 Hicking 理论所能达到的速率。而在第二个区域，成核的速率则较慢。Zhang 等认为，由空化泡的运动引起的微流是造成第一个区域成核速率较快的原因之一。Chow 等也在微观观察的基础上证实了这一结果，即功率超声产生的空化泡较稳定，不会立即崩溃，因此空化泡的运动可以引起微流，从而诱导成核。然而，Kiani 等对超声波辅助冷冻液体（蔗糖溶液）和固体（琼脂凝胶）样品的研究表明，由于液体样品的性质更均匀，微流对液体样品冷冻过程中传热速率的影响更为显著，从而能更有效地触发液体样品中的成核，并且超声温度与成核温度呈线性关系。

3）分子分离机制 上述空化作用和微流机制是超声波辅助冷冻过程中有效触发成核和提高结晶速率的两大机制。此外，由空化泡产生的压力梯度导致的分子分离也是诱导冷冻过程中成核的机制之一。根据扩散理论，即当两种物质的混合物在同一个压力梯度时，相对较轻的物质会受到压力梯度的控制而扩散到低压区。因此，空化泡在崩溃的瞬间产生的压力梯度可以有效地分离液体中的物质，从而提高成核速率。然而，该机制仅适用于液体样品。

目前，超声波辅助冷冻诱导成核的确切机制尚未形成统一的理论，可能是各种机制共同作用的结果，有待于进一步研究。

2. 强化二次成核 二次成核是指已经存在的晶体被外力作用后碎裂成晶体碎片，其可以作为二次成核的晶核，从而诱导更多的冰晶生成，进一步保证了冰晶细小而均匀地分布在组织内。研究表明，超声波辅助冷冻过程中具有强化二次成核作用。Chow 等研究了超声波对 15% 蔗糖溶液树枝状冰晶二次成核的影响，发现超声波主要通过空化泡在晶体末端的树枝状晶体处产生瞬间的爆破力使晶体破裂成碎片，来实现对二次成核的强化。另外，空化泡破裂引起微流对冰晶末端的冲击也会使晶体碎裂。图 6-2 显示了溶液中施加超声波作用 17.38 s 后，已经存在的冰晶碎裂成了许多细小的碎冰晶，这些碎冰晶可以重新分散在溶液中并作为二次成核的晶核，从而加快了冷冻速率。Chow 等对超声波强化纯水二次成核影响的研究也得到了类似的结果。此外，Zheng 等认为超声波促进树枝状冰晶的碎裂是由其在过冷溶液中引起的周期性声压变化造成的。然而，余德洋等对超声场中声压与空化对冰晶分裂的影响研究证明了声压并不足以使冰晶碎裂，引起冰晶碎裂的主要原因是超声波传播过程中所产生的空化效应及其引起的次级效应。

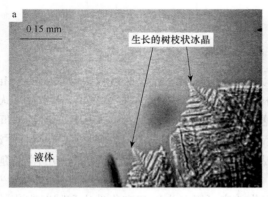
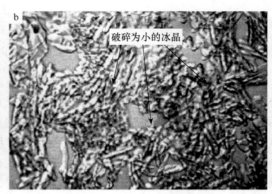

图 6-2 超声波对二次成核的强化作用

3. 抑制冰晶生长 冰晶的生长是继晶核形成后另一个影响结晶过程的重要因素，同样与过冷度有密切关系。超声波对冰晶生长的影响具有两面性：一方面，超声波的空化与微流作用产生的机械效应会为传热传质过程提供驱动力，从而加快冰晶的生长速率；另一方面，由超声波产生的热效应会抑制冰晶的生长。Ohsaka 等向脱气水中注入了一个气泡，并使用超声波作用于该溶液，观察到在较低的过冷度下，空化效应的影响使气泡周围形成了冰晶体。结果测得冰晶生长的速度比理论计算的生长速度小。这可能是气泡会因空化效应的压缩而升温，导致其周围冰核的过冷度比溶液的平均过冷度低，传热与传质效率低，从而抑制了冰晶的生长速率。此外，微流机制会使不规则的冰晶破裂，阻碍冰晶继续生长。

4. 增强传热传质　　　超声波不仅可以作为辅助冷冻过程成核、抑制冰晶生长的工具，其产生的机械效应还可以增强传热传质过程，提高冷冻速率。研究证明，当超声波穿过样品时，会引起组织基质快速交替地压缩和拉伸，这种现象可以保持孔隙畅通无阻，从而促进传质过程。同时，超声波增强传热传质过程受超声波的频率、功率、作用时间等参数，以及样品的结构、水分含量、气孔率等属性的影响。Kiani 等研究了不同强度超声波对固定在不同位置的铜球和载冷剂之间对流传热的影响，结果表明，超声波的强度和铜球的位置与空化泡的数量密切相关，并且铜球表面形成的空化云是传热速率提高的主要原因。因此，超声波可以显著提高对流传热速率，从而缩短冷却时间。Miano 等研究了超声波在甜瓜块和高粱中增强传质的过程，发现在水分活度不同的样品中，增强传质过程的效应有所差异，空化作用作为直接效应在甜瓜块内产生了微通道以促进传质，而微流作为间接效应增强了高粱中的传质过程。

（三）超声波在水产品加工中的应用

凝胶强度为破断力与破断距离的乘积，其破断力反映了蛋白质分子间结合的紧密程度，而破断距离反映了蛋白质分子间作用力的强弱，蛋白质分子间的紧密程度决定鱼糜凝胶抵抗破坏力的能力。鱼糜制品的凝胶强度取决于离子强度和肌质蛋白的品质，超声波处理能够改变鱼糜制品的凝胶强度。不同的超声场在一定范围内可以产生相同的凝胶强度，但超过一定范围后鱼糜凝胶强度随超声场强度的增加而增强。张崟等探究超声波辅助凝胶化对罗非鱼鱼糜凝胶性能影响时发现，不同超声频率和功率处理的不同鱼糜凝胶样品的破断力和破断距离的显著性相似，并指出不同超声处理对鱼糜凝胶强度的提高效果可能相同。Zhang 等采用250 W 超声强度处理罗非鱼鱼糜，结果表明三种频率（28 kHz、45 kHz 和 100 kHz）的声波都会增强鱼糜制品的凝胶强度，并且对照组中盐溶性蛋白质、水溶性蛋白质的含量都明显升高，表明超声波破坏了罗非鱼的肌肉组织且影响了鱼糜的凝胶强度。Zhang 等对比了超声波在两种加热方式中罗非鱼鱼糜凝胶强度的变化，发现无论是在 40～90℃进行升温式加热，还是分别在 65℃和 90℃这两个温度恒温加热，其鱼糜的凝胶强度都显著提高。Annamaria 等将研究对象换成非洲大砍刀鱼和罗非鱼时也得到了类似的结论。Fan 等研究鲢鱼鱼糜时也发现伴随超声波强度的增大，凝胶强度也增加，指出超声波的机械效应提高了蛋白质分子相互连接的紧密度，从而提高了鱼糜的凝胶强度。持水性、起泡性、乳化性等也是鱼糜制品品质的评价指标。胡爱军等在研究超声波（160～320 W，5～25 min）对鲢鱼鱼肉蛋白质性质的影响时发现：①超声功率越大，对照组的溶解度、乳化性、乳化稳定性、起泡性、气泡稳定性的变化趋势都是先升高再降低。其中，溶解度、乳化性及乳化稳定性的最佳超声功率是 240 W，而在 160 W 时，起泡性和气泡稳定性达到最优。②随着超声时间的增加，各性质的变化趋势同①，但在得出最佳处理时间时，发现除了乳化稳定性在超声时间 15 min 时最优，其余性质的最佳条件都是 10 min。由此得出结论，超声波处理的功率和时间变量与凝胶强度性质的变化具有一定的相关性。其他研究者也发现超声波处理还会提高鱼糜的持水性、硬度和咀嚼性，并且提出这是超声波脉冲对肌原纤维蛋白分子间的空间产生作用的后果。

李来好等比较了超声波法、过氧化氢法、超声波辅助过氧化氢法降解坛紫菜多糖的效果，最后以 1,1-二苯基-2-三硝基苯肼（1,1-diphenyl-2-picrylhydrazyl，DPPH）自由基清除率为指标，通过单因素和正交试验优化了超声波辅助过氧化氢法降解坛紫菜多糖的工艺。结果表明，在过氧化氢体积分数为 10%、温度 65℃、超声波辅助 2.5 h 条件下，该多糖降解前后 DPPH 自由基清除率的半抑制浓度（half maximal inhibitory concentration，IC_{50}）由 9.37 mg/mL 降为 1.71 mg/mL；凝胶渗透色谱结果显示分子质量由大于 670 kDa 降为 235 835 Da；傅里叶红外光谱表明多糖特征吸收峰依旧存在；高效液相色谱分析发现单糖组成大致相同，糖醛酸质量分数有所降低；理化性质显示硫酸基质量分数增高，3,6-内醚半乳糖质量分数明显降低。因而超声波辅助过氧化氢法可较好地降解坛紫菜多糖，并可改善理化性质及结构特征进而增强抗氧化活性，为低分子质量多糖的制备及构效关系分析提供依据。任壮等以山东地区海带为原料，采用超声波协同复合酶法提取海带多糖及海带饮料。确定海带多糖最优提取条件：纤维素酶质量分数为 0.3%、果胶酶质量分数为 0.7%、木瓜蛋白酶质量分数为 1.5%、温度为 55℃、pH 为 5.5、固液比为 1∶150、反应时间为 4 h，迅速将反应体系升温至 90℃并保温 1 h；酶灭活后，55℃水浴下超声反应 30 min，该方法提取的海带多糖得率为 19.4%，褐藻糖胶得率为 6.96%。

（四）超声波技术存在的问题与展望

由于在某些方面超声波技术有着其他技术无可比拟的优点，在食品工业中应用超声波技术实现对各种食品性能的检测和加工效果的改善已经取得了较大的成功。

低强度超声波技术操作费用便宜，且测量速度快、准确，能实现在线操作，不干扰生产，不破坏介质的物化性质且能用于非透明体系。超声波杀菌的特点是速度较快，对人无伤害，对物品无伤害，但也存在消毒不彻底、影响因素较多的问题。超声波杀菌一般只适用于液体或浸泡在液体中的物品，且处理量不能太大，并且处理用探头必须与被处理的液体接触。食品物料体系提供的特殊环境使超声波作用很难达到实际应用所要求的效果，但超声波可与加热等其他杀菌方法并用从而提高杀灭物料中细菌的能力。

超声波作为灭菌方法的有效性和可行性的进一步研究可从以下几个方面进行：①找到具有高强度、高频率的超声波波源；②从分子生物学水平解释超声作用机理；③评价灭菌过程中超声波对食品品质的影响；④建立关于超声波灭菌的数学模型；⑤明确超声波和其他处理方法联用时的协同灭菌机理。

总之，随着食品工业的发展及超声波换能器设计技术的进步，超声波技术的应用前景将更为广阔，在食品工业生产中探索并应用超声波技术必将成为 21 世纪的一个热点问题。

第五节　超微粉碎技术

一、超微粉碎技术的原理

超微粉碎一般是指将直径为 3 mm 以上的物料颗粒粉碎至 10～25 μm 的过程，由于颗粒向微细化发展，物料表面积和空隙率会大幅度增加，因此超微粉体具有独特的物理和化学性质，如良好的溶解性、分散性、吸附性、化学活性等，其应用领域十分广泛。

目前超微技术有化学合成法和机械粉碎法两种。化学合成法能够制得微米级、亚微米级甚至纳米级的分体，但是产量低，加工成本高，应用范围窄，主要包括沉淀、水解、喷雾、氧化还原、激光合成、冻结干燥和火花放电等方法。机械粉碎法的成本低、产量大，是制备超微粉体的主要手段，现已大规模应用于工业生产，机械法超微粉碎可以分为干法超微粉碎和湿法超微粉碎，根据粉碎过程中产生粉碎力的原理不同，干法超微粉碎有气流式、高频振动式、旋转球（棒）磨式、锤击式和自磨式等几种形式，湿法超微粉碎主要是胶体磨和均质机。表6-1列出了干法超微粉碎和湿法超微粉碎的几种形式。

表 6-1　干法超微粉碎和湿法超微粉碎的几种形式

	类型	级别	基本原理
干法	气流式	超微粉碎	利用气体通过压力喷嘴的喷射产生强烈的冲击、碰撞和摩擦等作用力，实现对物料的粉碎
	高频振动式	超微粉碎	利用球或棒形磨介的高频振动产生冲击、摩擦和剪切等作用力，实现对物料的粉碎
	旋转球（棒）磨式	超微粉碎或微粉碎	利用球或棒形磨介在水平回转时产生冲击和摩擦等作用力，实现对物料的粉碎
	锤击式	微粉碎	利用高速旋转的锤头产生冲击、摩擦和剪切等作用力粉碎物料
	自磨式	微粉碎	利用物料间的相互作用产生的冲击或摩擦力粉碎物料
湿法	胶体磨	超微粉碎	通过转子的急速旋转，产生急速的速度梯度，使物料受到强烈的剪切、摩擦和扰动来粉碎物料
	均质机	超微粉碎	由于急剧的速度梯度产生强烈的剪力，液滴或颗粒发生变性和破裂以达到微粒化的目的

物料在粉碎机中受到机械力的作用而被粉碎。这种机械粉碎作用一般可分为挤压、冲击、剪切、摩擦等。目前应用的超微粉碎设备中有些采用一种作用力，有些采用两种以上的组合作用力。在原料性质相同的条件下，粉碎产品的粒度大小和粒度分布与机械力的作用方式都有很大的关系。一般来说，剪切摩擦力粉碎的产物粒度最细，冲击粉碎的产品粒度分布最宽，挤压粉碎产物的粒度最粗。

二、超微粉碎技术的优点

（一）速度快，可低温粉碎

超微粉碎技术采用超音速气流粉碎、冷浆粉碎等方法，在粉碎过程中不会产生局部过热的现象，甚至可在低温状态下进行，粉碎瞬时即可完成，因而能最大限度地保留粉体的生物活性成分，有利于制成所需的高质量产品。

（二）粒径细，分布均匀

由于采用了气流超音速粉碎，原料外力的分布非常均匀。分级系统的设置既严格限制了大颗粒，又避免了过碎，能得到粒径分布均匀的超细粉，很大程度上增加了微粉的比表面积，使吸附性、溶解性等也相应增大。

（三）节省原料，提高利用率

物体经超微粉碎后的超微粉一般可直接用于制剂生产，而用常规粉碎方法得到的粉碎产品，仍需一些中间环节才能达到直接用于生产的要求，这样很可能造成原料的浪费。因此，超微粉碎技术非常适合珍稀原料的粉碎。

（四）减少污染

超微粉碎是在封闭系统内进行的，既避免了微粉污染周围环境，又可防止空气中的灰尘污染产品，在食品及医疗保健品中运用该技术，可控制微生物和灰尘对产品的污染。

（五）提高了发酵、酶解过程的化学反应速度

由于经过超微粉碎后的原料具有极大的比表面积，在生物、化学等反应过程中，反应接触的面积大大增加了，因而可以提高发酵、酶解过程的反应速度，在生产中节约了时间，提高了效率。

（六）利于对食品营养成分的吸收

研究表明，经过超微粉碎的食品，由于其粒径非常小，营养物质不必经过较长的路程就能释放出来，并且微粉体由于粒径小而更容易吸附在小肠内壁，加速了营养物质的释放速率，使食品在小肠内有足够的时间被吸收。

三、超微粉碎技术在水产品加工中的应用

超微粉碎技术的应用为水产品深加工拓宽了范围，提高了产品质量。水产品经超微粉碎可作为食品工业原料，开发出各种功能食品。例如，将海带、海藻、螺旋藻等加工成微细粉体，可添加于多种食品。一些水产动物的不可食部位通过超微粉碎就可成为易被人体吸收的营养食品。例如，鱼骨含有丰富的钙，超微粉碎后制成的骨粉，人体吸收率可达 90% 以上。虾、蟹等甲壳类水产品的外壳是生产甲壳素和壳聚糖的原料，甲壳素及其衍生物对人体能起到促进细胞的新陈代谢、修复受损细胞及伤口愈合、增强免疫功能等作用。近年来，由于畜骨、蛋壳等畜禽的物料中常含有重金属及农药类污染物，人们把选取优质钙源的目光转向了海产品，将贝类的壳超细粉碎加工处理后可作为理想的补钙剂。例如，超细粉碎制取的牡蛎壳粉，可以在液体食品中广泛使用。珍珠是一种含有 20 多种氨基酸和人体所需的微量元素、稀有元素，以及蛋白质、无机钙等的天然营养品，但由于珍珠具有坚硬的同心叠层结构，粉碎很困难，用传统方法加工不仅会破坏部分营养成分，而且由于产品粒度粗，人体的吸收率仅为 30% 以下。超微粉碎的珍珠粉，粉体粒度能达到 2 μm 以下，既保证了珍珠成分的完整性和纯天然性，又有利于人体的吸收，能充分发挥其功效，其他如鱼、虾、龟、鳖等水产品，经超微粉碎加工成鱼粉、虾粉、龟鳖粉，可制作多功能保健食品。鲨鱼软骨超微粉碎后可制成具有较好抗癌效果的药剂。

第七章 冷冻鱼糜及鱼糜制品加工技术

第一节 鱼糜制品加工的基本原理

鱼糜制品是一种由鱼类盐溶性蛋白加工而成的有弹性的凝胶体，具有种类丰富、高蛋白低脂肪、口感弹韧、便于烹饪等诸多优点，广受世界各地消费者的欢迎。民间手工制作的鱼糜制品种类多样、历史悠久，可考证的有中国的福州鱼丸、云梦鱼面、鲅鱼饺皮，日本的鱼糕等。一般来说，制作鱼糜制品的原料是新鲜的鱼，而常规冷冻的鱼的蛋白变性凝胶能力存在较大程度的降低，限制了鱼糜制品的大量生产。1959年，日本的西谷氏等专家成功地研发出了狭鳕（*Alaska pollack*）冷冻鱼糜的生产技术，使得鱼糜工业化生产成为现实。此后，鱼糜制品的生产规模在世界各地不断扩大，同时对冷冻鱼糜的相关研究也在逐步发展和成熟，相关理论和机理也已逐步探明。

一、鱼糜凝胶的形成过程

普遍认为鱼糜凝胶的形成过程主要分为三个阶段，分别为凝胶化、凝胶劣化（modori）和鱼糕化。在鱼糜加工成制品的过程中，通常对鱼肉进行空斩一段时间，破坏鱼肌原纤维组织，然后加入食盐后进行盐斩，可以使盐溶性的肌原纤维蛋白充分溶解出来，鱼糜呈现出一种溶胶的状态，肌球蛋白与肌动蛋白结合成肌动球蛋白，形成相对较松散的网状结构，进而形成凝胶。鱼糜蛋白凝胶化一般发生在40℃左右，因此又称低温凝胶化。一般来说，低温凝胶化通常与鱼糜中存在的转谷氨酰胺酶（TGase）有关，当鱼糜蛋白受到的温度过高时，所形成的网状结构会发生断裂现象，即凝胶劣化。凝胶劣化一般是由鱼体内自身存在的内源性组织蛋白酶降解肌球蛋白所引起的。其降解的最适温度一般在50~70℃，因此在鱼糜制品加工时应最大限度地避开该温度带。若温度进一步升高，鱼糜凝胶会变成有序且非透明状，同时鱼糜凝胶的网状结构被固定，导致水分及其他辅料一同被包裹在空间网络结构内部，形成具有较高弹性和强度的凝胶体，完成鱼糕化。

二、鱼糜凝胶的形成机理

鱼糜中的主要成分为蛋白质，按其溶解性可分为盐溶性蛋白（肌原纤维蛋白）、水溶性蛋白（肌质蛋白）和水不溶性蛋白（肌基质蛋白）等，其中肌原纤维蛋白是鱼糜胶凝作用的主要蛋白质，占总蛋白质的70%左右，而肌原纤维蛋白又由肌球蛋白（myosin）、肌动蛋白（actin）、原肌球蛋白（tropomyosin）和肌原蛋白（troponin）等蛋白质构成，肌球蛋白是肌原纤维蛋白的主要蛋白质，约占其60%。鱼糜凝胶形成的机理可以概括为：盐溶性蛋白在加热过程中形成了新的分子间作用力，这些作用力驱动了分子间交联，进而形成三维凝胶网络。

（一）肌球蛋白交联的机理

肌球蛋白是形成凝胶的主要物质，单纯的肌球蛋白的交联机理，目前比较认同的观点如下：随着加热的进行，肌球蛋白开始由 HMM 部 S-1 区域（肌球蛋白头部区域）开始进行头-头交联形成轮状体，然后尾部变性尾-尾交联并聚合，最终形成凝胶网络（图 7-1）。

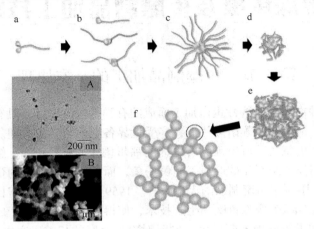

图 7-1　鱼类肌球蛋白热聚集机理示意图及实际样品场发射扫描电镜照片

a. 单个肌球蛋白；b. 加热开始形成团块；c. 头-头结合形成轮状体；d. 尾部变性；
e. 通过变性尾部形成簇；f. 凝胶网络形成。A. 簇的电镜照片；B. 凝胶网络电镜照片

　　头部交联的理论及其细节问题在以下的实验中得到了证实和深入研究：Yasui 和 Samejima 证明了肌球蛋白分子的聚集是由变性的 HMM-S1 的二硫交联引发的。Taguchi 等同样发现，分子间聚集的起始发生在 S-1 区域，并表明持续加热导致了随后 LMM（肌球蛋白尾部区域）的展开，LMM 的暴露区域能够进一步聚集并促进凝胶网络的形成。Chan 等发现加热期间游离巯基大幅减少。众所周知，肌球蛋白中的大多数巯基都位于 S-1 区域，因此加热时游离巯基的这种减少意味着二硫键是推动 S-1 区域聚集的主要分子间作用力之一。Sharp 等的研究表明，在肌球蛋白聚集的初始阶段，分子内和分子间的疏水作用力较大。研究者发现，肌球蛋白的聚集取决于暴露的疏水表面的数量。S-1 区域也被证明比 LMM 区域含有更多的疏水残基，因此可以提供更多的交联位点。Chan 等对此结合位点的观点稍有不同，他们的研究表明肌球蛋白的凝胶开始于头部的 S-2 区域的交联（图 7-2）。

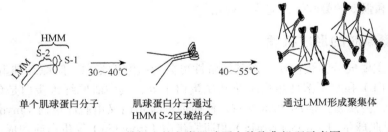

图 7-2　Chan 等提出的鱼类肌球蛋白热聚集机理示意图

　　尾部变性交联的细节方面的理论主要基于 Foegedin 等的观点，他们经研究发现，肌球蛋白的胶凝作用主要是由肌球蛋白分子的超螺旋 α 螺旋尾部的变性造成的，随着加热温度从 30～70℃逐渐升高，肌球蛋白分子的 α 螺旋尾部肽链发生持续的解离，诱使肌球蛋白变性，肌球蛋白发生解螺旋以后，会有序地连接在一起，形成有规则的致密的三维空间立体网络结构，α 螺旋解离程度越大，凝胶的弹性越大，凝胶的强度越高。但是如果凝胶化温度过高且

持续加热时间过长，解旋后的肌球蛋白会发生无序地结合，形成松散且无规则的网络结构，此时的凝胶弹性较低，强度较弱。Sano 等则持有不同观点，他们认为尾部交联始于肌球蛋白螺旋形尾部的肽链解旋，然后不同肌球蛋白分子中的螺旋形尾部部分发生分子间交联形成调节肌球蛋白分子（mediate myosin molecule，MMM），随后 MMM 再由其他肌球蛋白头部和尾部的螺旋结构（HMM）相互凝集形成较大的颗粒，进而形成凝胶的空间网状结构。

（二）肌球蛋白与肌动蛋白复合物的凝胶机理

虽然在鱼糜中肌球蛋白是参与凝胶的主要物质，但实际上，在高盐环境中，既有游离的肌球蛋白，又有肌动蛋白和部分肌球蛋白结合形成的肌动球蛋白（actomyosin），它们以共混形式大量存在，该状态也最接近鱼糜中蛋白的实际情况。肌动球蛋白的分子间结合力要显著高于单独的肌球蛋白。有学者对肌球蛋白和肌动球蛋白的共混体系在加热过程中的网络形成机理进行了研究，发现肌动球蛋白可以充当一个骨架的作用，其上结合的肌球蛋白可以在加热的过程中和游离的肌球蛋白以尾-尾相连的形式形成凝胶（图 7-3），其他细节和机理与单独肌球蛋白体系相同。在肌动球蛋白 20% 和肌球蛋白 80% 共混时，经过 60～65℃加热后形成坚实致密的凝胶网络。

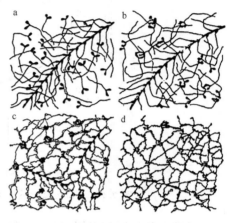

图 7-3　肌动球蛋白与肌球蛋白加热过程中
凝胶形成机理示意图

a. 加热前，游离肌球蛋白分子和肌动球蛋白呈分散状态；b. 43℃时肌球蛋白分子开始头-头相连；c. 55℃时肌动球蛋白尾部与肌球蛋白尾部相连；d. 60～65℃时最终形成的凝胶网络

三、影响鱼糜制品品质的因素

（一）鱼种类的影响

鱼的种类对鱼糜凝胶能力的影响是众多影响因素中最重要的。即使同一种鱼，不同大小、不同季节捕捞，其鱼糜的品质也有较大的差别，一般来说，个体大的、非产卵期的渔获鱼类的凝胶品质较好。以狭鳕为例，40～50 cm 的要比 20 cm 左右的品质好，可能是因为其蛋白质含量较高。4 月下旬产卵后的狭鳕，其凝胶能力很弱，品质显著降低。从不同品种来看，一般存在海水鱼凝胶形成能力明显高于淡水鱼，白肉鱼高于红肉鱼，硬骨鱼高于软骨鱼的规律。造成这些差异的主要原因是盐溶性蛋白含量的不同。例如，小黄鱼、海鳗、乌贼、鲨鱼等白肉鱼，其肌球蛋白含量为 8%～13%，鱼糜制品品质较好，而鲅鱼、沙丁鱼等肌球蛋白含量较低，制品品质较差。另外，红肉鱼的水溶性蛋白含量较高、肌肉乳酸含量偏高也是原因之一。

（二）鱼新鲜度的影响

鱼在死后，随着贮藏时间的增加，肌球蛋白会慢慢地发生变性，进而失去亲水能力，加热后凝胶网络的保水能力大幅降低，凝胶强度也变得很差。Ca^{2+}-ATPase 的活性是反映鱼肌球蛋白分子完整性的良好指标。不同鱼的肌球蛋白稳定性是不同的，可以通过 Ca^{2+}-ATPase 的活性来表征，失活少的表示稳定性好。一般的规律是温水性鱼类的稳定性比冷水性鱼类要高很多（图 7-4），这预示着冷水性鱼类要想保持良好的品质，需要非常新鲜。而暖水性鱼类因其肌球蛋白的稳定性好，稍有不新鲜对其凝胶品质的影响也较弱。例如，白姑鱼、海鳗等鱼即使出现腐败气味，其凝胶性仍良好。另外，红肉鱼比白肉鱼的稳定性要差很多。

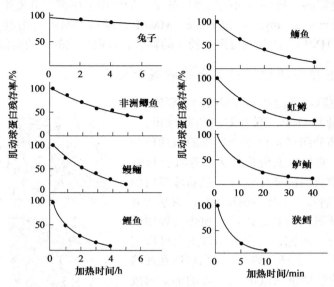

图 7-4　不同水温地域鱼类肌动球蛋白 Ca^{2+}-ATPase 活性变化（35℃）

另外，鱼死后其组织内的 pH 会发生变化，鱼类刚捕捞时，其 pH 均接近中性，随着贮藏时间的增加，该值会慢慢降低，有的红肉鱼甚至会降低至 5.6 附近，而最适凝胶的 pH 是 6.5～7.5，在 pH 低于 6.0 的环境中，肌球蛋白会快速变性而导致凝胶品质降低。

（三）氧化作用的影响

鱼糜及鱼糜制品的氧化受多种因素的影响，如环境因素（氧气、光照、温度、辐照、高压）、外源添加物（盐、硝酸盐、糖类和抗氧化剂类等）、加工方式（蒸、煮、烤等）和自身因素（不饱和脂肪的程度、脂肪酸含量）等。因此，鱼糜及鱼糜制品在加工、储藏和运输过程中品质也会发生变化，其中包括脂质氧化、蛋白质氧化、腥味增加及微生物引起的腐败变质等问题。

脂质氧化一直是食品储存过程中的一个重要问题。脂质氧化过程会产生多种醛、酮、酸等物质，从而散发令人厌恶的味道，破坏有价值的营养物质，甚至产生有毒化合物，给生产者和消费者带来经济损失，其中不饱和脂肪酸是脂肪产品中氧化异味的潜在来源（图 7-5）。鱼糜富含多不饱和脂肪酸，如二十碳五烯酸和二十二碳六烯酸。多不饱和脂肪酸可以降低血液黏稠度，改善血液微循环，并对心血管疾病具有预防作用。然而，多不饱和脂肪酸容易被氧化，从而产生不良风味，此外，肌红蛋白、血红蛋白和金属离子（如 Fe^{2+} 和 Cu^{2+}）的存在可加速脂质氧化。血红蛋白是鱼类脂质氧化的重要催化剂，由于血红蛋白的自氧化作用会产生活性氧，并且其可释放血红素铁，从而促进脂质氧化。脂质的氧化也可以被酶催化。脂肪氧合酶（lipoxygenase）是一种以铁为活性中心的铁结合酶。其结构中含有非血红素铁，能催化含顺,顺-1,4 戊二烯结构的不饱和脂肪酸，通过分子加氧，生成具有共轭双键不饱和脂肪酸的氢过氧化物，从而导致油脂或含油食品在贮藏和加工过程中色、香、味发生劣变。降低 pH 会增强脂质氧化，并且降低 pH 也会加强血红蛋白的自氧化作用。氧化还会导致其他有害影响，如维生素被破坏、食品异常变色和必需脂肪酸的损失，从而导致感官评价和营养价值下降。

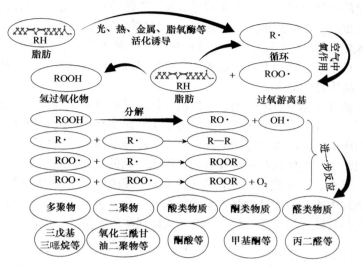

图 7-5　脂肪的氧化机理

近年来，人们越来越重视蛋白质氧化的相关研究。在氧气存在下，自由基与蛋白质和肽的反应会引起主干和氨基酸侧链的变化，其中包括肽键的断裂、氨基酸侧链的修饰和共价分子间交联蛋白衍生物的形成（图 7-6）。氨基酸修饰是指形成蛋白质羰基和蛋白质氢过氧化

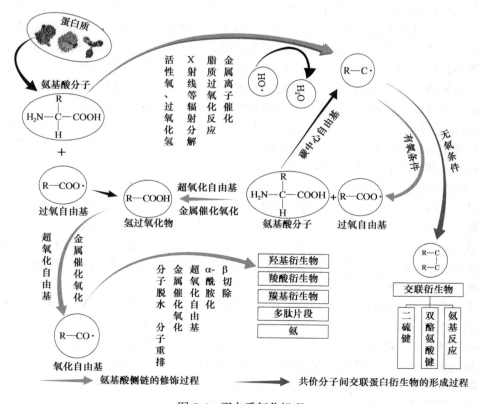

图 7-6　蛋白质氧化机理

彩图

物，而交联大多数是通过失去半胱氨酸和酪氨酸残基形成二硫键和双酪氨酸的过程。蛋白质氧化可导致蛋白质功能的损失，失去必需氨基酸，降低消化率，还可导致蛋白质疏水性、构象、溶解性及对蛋白质水解酶敏感性的改变。在研究鲟鱼冻藏过程中发现，鲟鱼鱼糜的盐溶性蛋白下降，水溶性蛋白上升，两者是相互对应的；羰基呈现下降趋势，巯基呈现上升趋势，表面疏水性呈现先下降后上升的趋势，这些均可以说明鲟鱼鱼糜在冻藏过程中会发生蛋白质氧化，从而品质发生劣变。

由于鱼糜及鱼糜制品具有较高的营养价值，因此其在世界范围内非常受欢迎。随着海洋食品的不断发展，鱼糜的需求量逐渐增加。为了实现鱼糜加工业的持续高效发展，科研工作者需要从各方面解决鱼糜品质劣变的问题，其中，冷冻贮藏是一种最为普遍的水产品保鲜方法，它通过抑制微生物的生长和酶的降解来保持水产品的长期品质，是一种被广泛接受的水产品保鲜方法。然而，由于蛋白质氧化而引起鱼糜及鱼糜制品品质劣变的问题长期被忽视，为了最大限度地减少冷冻水产品中蛋白质的降解和氧化，合成抗氧化剂已被成功应用于鱼糜保鲜中。随着人们对健康的日益关注，天然抗氧化剂在鱼糜保鲜中得到了广泛应用。

（四）加工工艺的影响

1. 漂洗条件对鱼糜制品凝胶性能的影响　在鱼糜及其制品加工过程中漂洗是至关重要的一步，漂洗是指用水或水溶液对所采的鱼肉进行洗涤，鱼肉和水的比例一般为 1∶5，通过漂洗不仅可以除去残留在鱼肉中的血污、色素、脂肪及部分无机盐，同时还可以除掉腥味和水溶性蛋白（其中包含了可以使肌原纤维蛋白发生降解的蛋白酶），进而提高肌原纤维蛋白的浓度和鱼肉的凝胶形成能力，改善鱼糜及其制品的色泽、气味及质地。一般来讲，漂洗操作及漂洗用水对漂洗结果起重要作用，包括漂洗次数、用水量、水温、时间、水的 pH 及用水的溶质成分等都会影响最终的漂洗结果。通常采用三种漂洗方法，分别为清水、盐水和碱水漂洗，漂洗次数应当控制在 2～3 次，不宜过多，否则又会降低产品的凝胶特性。汪之和等（2003）研究报道，用 $NaHCO_3$、柠檬酸和 $CaCl_2$ 溶液对不同罗非鱼鱼糜进行漂洗，可明显提高其制品的硬度和凝胶强度。漂洗水温对鱼糜形成凝胶的影响主要体现在肌原纤维蛋白的变性。Cheng 等利用 0.1% NaCl 和 0.2% $NaHCO_3$ 混合溶液漂洗草鱼鱼糜后，可增加其持水性。孔保华等使用 2 次清水、1 次盐水，或者 2 次盐水、1 次清水漂洗鲢鱼鱼糜，最终得到的鱼糜持水性都要比单独清洗要好很多。李艳青等采用不漂洗、传统漂洗（清水 2 次＋0.5% NaCl 1 次）、传统漂洗加抗坏血酸钠、传统漂洗加没食子酸丙酯 4 种不同的漂洗方式，结果表明，添加没食子酸丙酯漂洗的鱼糜持水性超过了传统漂洗方式。此外，漂洗水温也能够影响鱼糜漂洗效果，水温过低会导致水溶性蛋白不易溶出，但水温过高会促使肌原纤维蛋白发生变性，降低鱼糜凝胶的形成能力。一般水温应控制在 3～10℃，来保持鱼肉蛋白的最大功能特性。漂洗液的 pH 也是影响冷冻变性的一个重要因素。偏酸或偏碱都会使盐溶性蛋白含量下降，冷冻变性程度增加。

维生素类抗氧化剂包括维生素 C、维生素 B_1、维生素 E 和维生素 A 及其衍生物等。维生素 C 又称为 L-抗坏血酸，其能够螯合金属离子，清除自由基，还可以与其他抗氧化剂复合，从而抑制鱼糜氧化。维生素 E 又称 α-生育酚，可以将自由基 ROO·转化成化学性质不活泼的氢过氧化物 ROOH，中断脂质氧化链式反应，从而达到抗氧化的目的。维生素 B_1 又称硫胺素，向鲢鱼鱼糜漂洗水中加入不同质量分数的维生素 B_1 后发现，维生素 B_1 可通过抗氧化作用保护鱼糜蛋白免于被氧化，延缓了鱼糜冷藏过程中的品质下降，且综合 pH、白度、感官及硫代巴比妥酸值等指标，以含 0.10% 维生素 B_1 的漂洗水处理鲢鱼鱼糜为佳。

2. 擂溃条件对鱼糜制品凝胶性能的影响　擂溃作为鱼糜制品加工的重要工序，是指将鱼肉斩成泥状后与添加物进行斩拌制成均匀肉糜的过程。擂溃过程直接影响鱼糜制品的品质。在擂溃过程中摩擦很容易使鱼糜的温度升高，导致部分肌动球蛋白变性，进而降低鱼糜制品的弹性。因此可将擂溃工序分为空擂、盐擂和调味擂。其中擂溃过程中所需的温度、时间、加盐量和 pH 等对鱼糜制品品质有较大的影响。

3. 加热方式对鱼糜制品凝胶性能的影响　鱼糜凝胶形成过程主要分为三个阶段：50℃以前是凝胶化阶段；50～70℃时是凝胶劣化阶段；当温度达到 70℃以上后，进入鱼糕化阶段。一般来说，鱼糜的加热方式有两种：一段式加热和二段式加热。一段式加热是直接将擂溃后的鱼肉加热到 90～95℃；二段式加热是将擂溃后的鱼肉先在低温下放置一段时间使其凝胶化，然后再在 85～95℃的温度加热，这种方法能够有效缩短鱼糜制品在凝胶劣化阶段的停留时间。擂溃后的鱼糜先在 0～40℃放置一定时间然后再进行高温加热，可比单纯的高温加热形成更具弹性和强度的凝胶，这可能是由于低温阶段更有利于鱼糜制品中蛋白质结构的充分展开，使疏水基团和巯基基团更多地暴露出来。除单纯采用水浴加工外，高压协同水浴加工制成的鱼糜制品的品质高于由传统的水浴加工的鱼糜制品，由欧姆、短时微波加热所制成的凝胶弹性和凝胶强度均高于水浴加热，这与蛋白质受热变性时发生均匀有序的聚合有关，同时与蛋白质受热速度快，迅速通过凝胶劣化温度带，减少凝胶劣化的发生有关。但是由于其加工成本较高，在工厂的实际应用中存在较大的限制。朱玉安等对鲢鱼鱼糜进行第二段加热时，分别采用微波加热、水浴加热和沸水煮制三种方法，发现微波加热的鱼糜保水性最好。Ji 等通过实验结果发现，对混合鱼糜加热 5 min 或 10 min 时，微波加热的鱼糜保水性要比水浴加热高得多。有研究人员发现，将金线鱼糜分别进行水浴加热和欧姆加热，欧姆加热后鱼糜的保水性要高于水浴加热后鱼糜的保水性。Zhang 等也发现欧姆加热可以提高鱼糜的持水性。

（五）外源添加物的影响

在鱼糜制品加工过程中，一般会人为地加入一些外源成分以提高鱼糜制品的凝胶特性和持水性能，同时又可以降低生产成本。添加的外源成分一般可以分为两种，第一种是不改变原始形态，单纯地作为填充剂的形式被添加到鱼糜中，即填充性凝胶，如玉米淀粉、小麦淀粉和马铃薯淀粉等，它们吸水后膨胀，膨胀的淀粉颗粒向鱼糜凝胶基质施加压力，导致凝胶强度的增加。周蕊等的研究表明，淀粉种类不同对鱼糜凝胶的影响也不同，一般来讲，交联淀粉＞羟丙基淀粉＞糯玉米淀粉＞玉米淀粉。Park 等报道，高直链淀粉含量的淀粉会使鱼糜形成较脆的凝胶，如玉米淀粉、小麦淀粉和马铃薯淀粉等；而含支链淀粉较高的淀粉，可以促使鱼糜形成黏合性强的凝胶，如木薯淀粉、蜡质玉米淀粉等。

第二种是可以与鱼糜蛋白相互作用，发生交联，进而增加凝胶强度形成复合型凝胶制品，如添加蛋清蛋白、乳清蛋白和大豆分离蛋白等非肌肉动植物蛋白所制成的复合凝胶。陈海华等（2010）通过研究三种植物性蛋白对竹荚鱼鱼糜凝胶强度的影响发现，添加谷朊粉和大豆分离蛋白能提高竹荚鱼鱼糜凝胶的破断强度、凹陷度和凝胶强度，而添加花生浓缩蛋白则降低了竹荚鱼鱼糜凝胶的破断强度、凹陷度和凝胶强度。周爱梅等经研究发现，蛋清蛋白的添加可明显提高鲻鱼鱼糜的凝胶特性，使其形成致密、均匀的凝胶网络结构，且浓度越大，作用越强，并且还可增加梭鱼鱼糜凝胶的白度。

此外，鱼糜及鱼糜制品中含多不饱和脂肪酸，在冷藏及运输过程中极易发生脂质氧化，从而引起蛋白质氧化，使鱼糜的风味和品质大大降低。因此，一类从植物、动物组织和微生物中提取的天然抗氧化剂已被逐渐应用于鱼糜及鱼糜制品中。抗氧化剂通过清除自由基、螯合易氧化金属、猝灭单线态氧和氢过氧化物分解剂及灭活脂氧合酶等方式来减缓鱼糜及鱼糜制品的氧化速率。抗氧化剂清除自由基的有效性取决于氧和酚氢之间的键离解能，以及抗氧化剂自由基的还原电位和离域。β-胡萝卜素是一种通过猝灭单线态氧而起到抗氧化效果的天然化合物，其作用机理是激发态的单线态氧将能量转移到类胡萝卜素上，使类胡萝卜素由基态（1类胡萝卜素）变为激发态（3类胡萝卜素），而后者可直接放出能量回复到基态。金属离子可以通过提取氢催化自由基的形成，从而提高氧化的速率。因此，通过螯合易氧化的金属离子可有效降低氧化速率。例如，黄酮类化合物具有较强的金属螯合活性，通过4-酮和5-OH或3′-OH和4′-OH取代基的排列，黄酮类化合物与二价阳离子形成络合物，从而有效螯合金属离子。不同的天然抗氧化剂，其抗氧化效果有差异，在未来的研究中，不同效果的天然抗氧化剂组合协同增效将是食品保鲜的研究方向。

抗氧化剂可以抑制淡水鱼鱼糜肌原纤维蛋白中的巯基氧化成二硫键，恢复鱼肉冷藏变性蛋白的活性，进而增加鱼糜及其制品的弹性。例如，在鱼糜制品加工过程中添加铬酸钾、过氧化氢、胱氨酸、脱氧抗坏血酸等物质能促进弹性凝胶体的形成，主要是因为这些物质能使蛋白质的巯基发生氧化，在分子之间形成S—S桥键，即二硫键，强化凝胶的网状结构，使鱼糜形成致密、均匀的凝胶网络结构，同时增加凝胶强度及持水性。从植物中提取纯化的物质同样具有很强的抗氧化能力，如白藜芦醇、槲皮素、芦丁、咖啡酸等。叶绿素和类胡萝卜素是自然界中普遍存在的植物色素，因其具有单线态氧的猝灭特性而具有抗氧化活性。向新鲜鱼糜中按6%～9%的质量比添加胡萝卜素，按1%～1.5%的质量比添加核黄素，按1%～1.3%的质量比添加乳酸锌，搅拌混合均匀后，再交替进行高低温循环处理后发现，其能够抑制鱼糜冷藏期微生物及细菌的繁殖，显著延长了鱼糜的冷藏保存期。6-姜酚可有效缓解草鱼鱼糜冷藏过程中的脂肪和蛋白质的氧化，此外，6-姜酚与紫苏油的协同作用改善了鱼糜的凝胶强度、保水性和质构品质，从而进一步延长了鱼糜的货架期。茶多酚、苹果多酚和葡萄多酚都是植物类多酚物质，将三种多酚加入鱼糜后发现，在防止氧化腐败及蛋白质变性方面以茶多酚效果最好，其次是葡萄多酚，最后是苹果多酚。刘焱等向鱼糜中加入茶多酚和维生素C，对冷藏鱼糜中水分含量的减少有一定的抑制作用，能有效改善鱼糜的凝胶强度，降低鱼糜的酸价、过氧化值和挥发性盐基氮值，维生素C略有增效作用。向鲢鱼鱼糜制品添加鸥鸪茶提取物能有效地减缓蛋白质、脂肪等氧化变质，并保持其色泽稳定。表没食子儿茶素没食子酸酯是绿茶中最有效的抗氧化多酚类物质，将其添加至罗非鱼鱼糜中后发现，儿茶素没食子酸酯能延缓肌原纤维蛋白变性和降解程度，延缓鱼糜氧化变质程度。

第二节　鱼糜制品加工的辅料和添加剂

在鱼糜制品实际生产和新产品开发中，通常会加入一些辅料及食品添加剂，以达到提升凝胶品质、提高产品营养价值及降低生产成本的目的。因此，从业者和研究者在生产制备鱼糜制品时通常会向鱼糜中加入淀粉、魔芋胶等多糖类物质，猪肉、鸡肌肉、大豆蛋白等外源蛋白类物质，动物脂肪（肥膘）、植物油及EPA、DHA等脂类物质，以及水、转谷氨酰胺酶、磷酸盐、调味料、色素、营养增强剂等。添加的一些组分会在鱼糜制品生产制备过程中同鱼糜中的蛋白质之间发生一定的相互作用，进而改变鱼糜肌球蛋白的凝胶行为，最终影响鱼糜制品的品质。

一、水

鱼糜制品生产中，水是必不可少的辅料，从原料处理到擂溃、漂洗都需要用水。一般来说，对水质的要求是硬度不要太高。例如，泉水、井水及部分地表水作为水源则需要进一步检验。生产过程中为了防止蛋白质变性，水温一般需要控制在 5～10℃为宜。

水的添加在促进凝胶形成，赋予鱼糜制品质地、颜色和风味方面有重要作用。水是常见的极性分子，水的添加促进了蛋白质的疏水残基向多肽链内部的折叠，减少体系的熵，可以在加热前更好地保持蛋白质分子的构象。而在加热后，蛋白质变性暴露出更多的疏水残基，水又可以使相邻蛋白质的疏水残基之间形成交联，形成更大的凝胶网络。从质地影响上来看，适当范围内水添加量的增大可以使鱼糜制品的剪切应力（反映鱼糜制品的硬度）降低，而对剪切应变（反映鱼糜制品的内聚性）的影响较小。一般来说，水分含量对不同鱼的影响可能是不同的。例如，狭鳕鱼糜制品当水分含量在 75%～81% 时，剪切应变不受影响，而增加至 81% 以上则急剧下降，但是太平洋鳕鱼的对应值则随水分含量增加而增加。从颜色上来看，水的添加可能会对鱼糜制品的色泽有一定影响，Park（1995）研究了水分含量对狭鳕和太平洋鳕鱼色泽的影响，发现随水分含量的增加，亮度（lightness，L^*）有所增加，b^*（yellow，黄色值）有所降低，而 a^*（green，绿色值）变化不明显（图 7-7）。

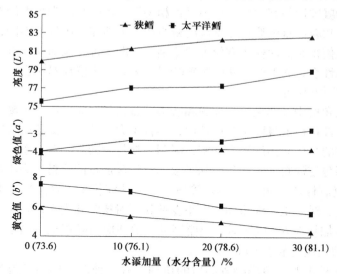

图 7-7 水添加量对两种鳕鱼色泽的影响

二、多糖

鱼糜是一类浓缩的肌原纤维蛋白，多糖的添加对鱼糜制品品质的提升可视为多糖与蛋白质凝胶间的相互作用所致。关于多糖-蛋白质混合体系如何形成凝胶体，根据多糖种类的不同有以下两种不同的观点。一是球蛋白与亲水胶体形成的混合体系，如 β-乳球蛋白-黄原胶混合物的凝胶化动力学分为三个阶段，第一阶段：当 pH 接近蛋白质的等电点时，β-乳球蛋白上的带正电基团与黄原胶链上的带负电基团相互作用形成可溶性复合物。第二阶段：随着 pH 继续降低，黄原胶链上更多的蛋白质聚集体和可溶性复合物的净电荷减少，可溶性复合物聚集成间聚物。第三阶段：随着静电相互作用的增加而发生的缔合作用，完成溶胶-凝胶的转变。二是多糖与蛋白质形成的混合体系填充在蛋白质形成的三维网络中，如在与蛋白质形成的混合体系中，多糖类（如淀粉和不溶性膳食纤维）物质可以作为脱水剂，将水分从肌原纤维蛋白中转移出去，由此产生的"浓缩"肌原纤维蛋白有可能创造一个改进的疏水环境，可以促进蛋白质分子在热处理过程中暴露疏水基团，从而提高具有较小空腔的凝胶网络的均匀性和致密性。水溶液中蛋白质和多糖结合的主要驱动力是静电相互作用，当蛋白质和多糖在水相中混合时，根据环境条件，会发生两种不同类型的相互作用，进而可能导致相分离。

（一）淀粉

淀粉具有良好的持水性，是鱼糜及鱼糜制品加工过程中最常用的辅料。淀粉也可以增强鱼糜的凝胶能力。罗阳等经研究发现淀粉对鱼糜制品有一定的保水作用，淀粉的保水性是因为在受热糊化过程中淀粉吸水膨胀，冷却后不易使水分流失。陈海华等（2010）研究了淀粉对竹荚鱼鱼糜持水性的影响，在相同的淀粉添加量下，添加木薯淀粉和小麦淀粉的鱼糜组含水量比较高。Zhou 等通过实验发现，糯玉米淀粉、玉米淀粉、交联淀粉和羟丙基淀粉都能提高罗非鱼的鱼糜持水性，但是糯玉米淀粉和羟丙基淀粉对鱼糜持水性的影响更大一些。

一般生产过程中淀粉的添加量为 5%～20%，添加过多反而会使鱼糜制品变脆甚至出现龟裂的情况。不同的淀粉添加后对鱼糜制品质地的改善效果有很大的区别，会受淀粉本身性质的影响。淀粉的凝胶性与其颗粒的大小呈正相关性，可能是因为越大的颗粒，其膨胀性能越好。另外，淀粉颗粒由直链淀粉和支链淀粉组成，天然淀粉因种类不同，这两种淀粉的含量比例也不同，这使得它们的性质有较大的差别，一般来说，添加含支链淀粉比例高的淀粉后，鱼糜制品的黏性会显著上升。从凝胶破断强度来看，天然淀粉中直链淀粉和支链淀粉的比例对鱼糜制品的影响显著。

当淀粉被加入鱼糜中并加热后，淀粉和盐溶性蛋白将同时开始发生凝胶化，竞争体系内的水。然而，盐溶性蛋白的凝胶化速度较快，结合了大量的水，淀粉的凝胶化发育会因此滞后。另外，先形成的蛋白质网络较为致密，限制了淀粉的膨胀，对淀粉的充分凝胶化是不利的。淀粉的这种弱势使淀粉的添加量受到了限制，低添加量的淀粉比高添加量的淀粉能更有效地改善鱼糜的凝胶性质。例如，Yoon 等研究了 6 种淀粉（小麦淀粉、玉米淀粉、红薯淀粉、改性土豆淀粉、蜡质玉米淀粉和改性小麦淀粉）对狭鳕和太平洋鳕鱼鱼糜制品品质的影响，研究表明，添加量在 6% 以下时，鱼糜制品的剪切应力随添加量的增加而增大，添加量在 10% 以上时则剪切应力显著下降。

目前，添加淀粉来改善鱼糜凝胶品质的机理，有三种理论模型已得到广泛的认可。第一种是 Couso 等提出的"空腔模型"。当淀粉在鱼糜凝胶中保持结晶时，其小颗粒被包裹在凝胶网络基质的致密空腔中，并且由于结晶淀粉不能完全填充空腔，网络中存在间隙。淀粉糊化后以非晶形态存在于空腔中，与空腔壁通过螺旋结构连接，以填充空腔内部。第二种是 Yang 和 Park 提出的"填充挤压模型"。淀粉的填充效果可分为"有效填充"和"无效填充"，当系统加热温度至 70℃时，淀粉颗粒不能通过充分吸水膨胀来对凝胶基质施加压力，形成弱凝胶，这种淀粉填充效果被称为"无效填充"。当加热温度达到 90℃时，淀粉颗粒膨胀并有效填充到网络中，从而产生对结构的挤压作用，形成高强度凝胶，称为"有效填充"。第三种是 Kong 等提出的"紧束效应模型"。淀粉在加热过程中吸水膨胀发生糊化，导致淀粉颗粒的直径增大，并被牢牢束缚在鱼糜凝胶网络中向鱼糜蛋白凝胶网络施加内压，通过"紧束效应"提高凝胶系统的弹性模量。

（二）多糖水胶体

作为添加剂，可以添加至鱼糜中的可食性多糖水胶体种类很多，常见的有卡拉胶、魔芋胶、可得然胶等，它们均可形成保水性非常好的胶体，作为鱼糜添加剂有潜在的巨大应用价值。提到"胶"，多数消费者存在一定的认识误区和抵触心理，因此水胶体在食品中的发展和应用相对滞后。

卡拉胶在鱼糜中添加得最为广泛，它有强大的保水能力，因来源不同，常见的卡拉胶有三种：提取自红藻 *Euchema cottonii* 的 κ-卡拉胶，提取自异枝麒麟菜（*Eucheuma spinosum*）的 ι-卡拉胶和提取自杉藻 *Gigartina acicularis* 的 λ-卡拉胶。λ-卡拉胶的分子质量最大，凝胶性较差，仅作为增稠剂使用。最好的是 ι-卡拉胶，凝胶体弹性较好，且具有较好的冻融稳定性，更重要的是可以提高鱼糜制品的保水能力。还有相关报道表明，ι-卡拉胶和淀粉对鱼糜制品具有协同增效的作用。

魔芋胶通常以魔芋粉的形式进行添加，魔芋粉的主要成分是葡萄糖甘露聚糖，常规条件下，其在常温下或加温后均不能形成凝胶，而在加入弱碱性物质如石灰水后，则能形成稳定性良好且坚韧的凝胶体。在和鱼糜混合后，情况也较为类似。魔芋粉能和鱼糜在碱性环境中形成质地非常坚韧的凝胶制品。

可得然胶是由粪产碱杆菌（*Alcaligenes faecalis* var. *myxogenes*）产生的代谢产物。可得然胶自身可以形成良好的凝胶，可以通过加热至 80℃ 或者加热至 60℃ 再降至 25℃ 两种方法得到，具体原理见图 7-8。将可得然胶用于鱼糜添加剂的相关研究不多，是一种较新的鱼糜添加剂。可得然胶被证实有良好的鱼糜品质改善性，最适添加量为 0.1%～0.6%。

纤维素尤其是膳食纤维是近年比较热的鱼糜制品添加剂研究对象，具有 GI 值（升糖指数）低及利于肠道蠕动等益处，添加至鱼糜制品中更形成了优质蛋白和膳食纤维的复合制品，广受消费者欢迎。纤维素一般以粉末形式添加至鱼糜中，有良好的保水性。添加 1%～2% 的纤维素可以有效地改善鱼糜制品在冻藏期间的品质，减小脆性，增加白度。

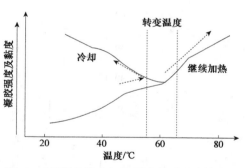

图 7-8　可得然胶在加热及冷却过程中的流变转变示意图

三、外源性蛋白质

鱼糜制品制作过程中，从改善凝胶特性、增加风味成分及降低生产成本的角度，经常会添加一些外源蛋白，最常见的有肌肉蛋白（猪肉、鸡肉等）和非肌肉蛋白（大豆蛋白、小麦蛋白、花生蛋白、卵清蛋白、乳清蛋白等）。研究表明，非肌肉蛋白可以明显提高鱼糜制品的凝胶强度。有研究者指出，这种增强作用主要源于非肌肉蛋白能抑制内源性热激活蛋白酶活性，该类蛋白酶在鱼糜制品加工过程中在 50～60℃ 的温度带可作用于肌球蛋白重链导致其降解，引起凝胶劣化。也有研究者认为，非肌肉蛋白填充鱼糜肌原纤维凝胶空隙后，可以通过疏水作用、二硫键等分子间作用力与肌原纤维蛋白发生相互作用，形成不连续的凝胶相，进而增强其凝胶作用。外源肌肉蛋白（猪肉、肌肉、牛肉等）能够提高鱼糜制品的凝胶特性和持水性。

日本从 20 世纪 60 年代初期就开始广泛使用植物性蛋白作为鱼糜制品的辅料，我国在此方面的研究相对滞后，一般鱼糜制品添加种类单一甚至没有添加。蛋白质其实是一种重要的功能性辅料，其可选择面较广，按来源可分为植物性蛋白和动物性蛋白。添加蛋白质有较多益处，首先是可以降低生产成本，其次是外源性蛋白在一定程度上提高了鱼糜制品的营养价值。除此之外，蛋白质添加后能够发挥其重要的功能性，主要有以下三方面：①增加鱼糜制品的硬度和弹性。②可抑制鱼糜中部分热稳定蛋白酶的活性。③抑制鱼糜制品在冷藏期间淀粉的老化。当然，添加蛋白质可能引入致敏源，在添加如牛奶、鸡蛋、大豆、贝类等中的蛋白质时应考虑致敏问题。

（一）动物性蛋白

常见的此类添加蛋白质有蛋清蛋白（egg white protein）、明胶、乳清蛋白、血浆蛋白等。蛋清蛋白在鱼糜制品中被广泛添加，添加形式可以是液体形式直接添加，也可以蛋白粉添加。考虑到成本，一般来说液体形式的添加较为普遍，较适添加量为 2%～5%。保证含水率为 78% 的情况下，分别用液体蛋白和蛋白粉在 2%～10% 内替换鱼糜，液体蛋白和蛋白粉的添加对鱼糜的剪切应力（shear stress）和剪切应变（shear strain）没有非常大的影响（图 7-9），这证明了蛋清蛋白在鱼糜中添加的潜力。

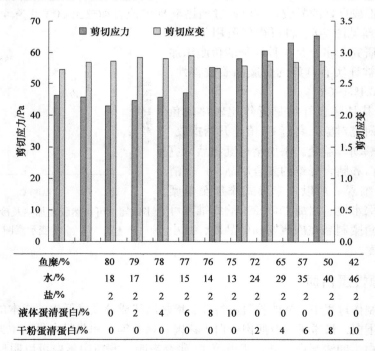

鱼糜/%	80	79	78	77	76	75	72	65	57	50	42
水/%	18	17	16	15	14	13	24	29	35	40	46
盐/%	2	2	2	2	2	2	2	2	2	2	2
液体蛋清蛋白/%	0	2	4	6	8	10	0	0	0	0	0
干粉蛋清蛋白/%	0	0	0	0	0	0	2	4	6	8	10

图 7-9　液体蛋清蛋白和干粉蛋清蛋白替换 2%～10% 鱼糜对鱼糜剪切应力和剪切应变的影响

明胶是动物皮、角、鱼鳞部分水解的主要产物，其来源、分子质量的不同对鱼糜制品的影响不尽相同。研究表明，添加明胶会改善鱼糜制品的凝胶强度，增加持水性，另外，明胶对冷冻鱼糜有较好的变性保护作用。

乳清蛋白是乳制品的副产品，由 α-乳清蛋白和 β-乳清蛋白组成，α-乳清蛋白的凝胶温度为 62～68℃，而 β-乳清蛋白的凝胶温度为 78～83℃，它们均可在 pH 6～7.5 环境中形成弹性凝胶。盐对乳清蛋白的凝胶有破坏作用，因此乳清蛋白直接添加在含盐的鱼糜中对鱼糜的凝胶改善效果不理想。将乳清蛋白和鱼糜预混合然后加盐，可以有效地改善这一问题，可能是纤维状的鱼糜蛋白对球状的乳清蛋白有较好的包裹性所致。另外，乳清蛋白对鱼糜的蛋白酶有较为理想的抑制作用。

血浆蛋白特别是牛血浆蛋白和猪血浆蛋白是一种较为流行的鱼糜辅料，被证实可以改善鱼糜凝胶品质，也可以有效地抑制鱼糜中蛋白酶的活性。另外，血浆蛋白中含有大量的纤维蛋白原（fibrinogen）和凝血酶（thrombin），在低温下凝血酶就可以催化纤维蛋白原转变为纤维蛋白。Yoon 等研究了纤维蛋白原和凝血酶混合物对鱼糜凝胶的增强作用，纤维蛋白原与凝血酶的推荐使用比例为 1∶20。结果表明，当纤维蛋白原和凝血酶混合物按 3%～5% 加入时，低质量的鱼糜产生较高的凝胶强度。在添加 5% 纤维蛋白原-凝血酶混合物的鱼糜中，剪切应变值从 1.63 增加到 2.33。在不考虑保温温度的情况下，使用纤维蛋白原和凝血酶混合物后，鱼糜蛋白的凝胶反应时间也明显缩短。

（二）植物性蛋白

大豆分离蛋白本身可以形成热凝胶，浓缩的大豆蛋白更有无腥味、色淡等优点，这些都使其成为理想的鱼糜制品添加剂。大豆蛋白的亚基 7S 和 11S 被认为与凝胶形成有主要关系，它们均可在 95℃ 形成凝胶，而在盐存在的情况下，11S 形成凝胶能力较差。在实际生产中，大豆分离蛋白在鱼糜中的添加形式多为凝乳形式（蛋白∶水∶油＝2∶9∶1），添加后可以明显地改善鱼糜制品的凝胶强度和亮度，值得注意的是需要控制好体系中盐的含量，否则会带来明显的负面影响。黄敏等认为随着大豆分离蛋白添加量的增加，鱼糜的持水性会得到改善，水分会被留在凝胶结构中。张崟等研究表明将大豆分离蛋白先加入鱼糜中，然后再将水分调节到和鱼糜含水量大致相同，则随着大豆分离蛋白的添加，鱼糜凝胶的保水性会随之增高。这些实验结果说明，大豆分离蛋白对鱼糜制品的水分含量有一定的保护作用。

小麦蛋白在实际生产中常常以麦麸或者面粉的形式进行添加。小麦蛋白中的醇溶蛋白在中性环境的鱼糜中，可以形成极具弹性的凝胶，但因为该蛋白不溶于水及成膜性的问题，其难以和鱼糜均匀混合，通常的解决办法是加入一定量的山梨醇溶解或使用高速真空斩拌机。小麦蛋白可以有效地改善鱼糜的冻融稳定性，有效地增强鱼糜的凝胶强度。谷朊粉是小麦蛋白类的一种代表性物质，主要成分是麦谷蛋白和麦醇溶蛋白。当谷朊粉与水混合时，谷朊粉的蛋白质亲水基团与水分子相互作用，形成网络结构，使其具有很强的吸水性，对鱼糜的水分保留起到了很大的作用。根据 Kang 等的研究结果，在两段加热过程中分别测定鱼糜的持水率，随着谷朊粉添加量的增加，鱼糜持水率在一定范围内也会增大。邓伟的研究结果也显示，吸水后的谷朊粉对鱼糜的持水性有很大贡献。因此，在鱼糜斩拌过程中，可以加一些谷朊粉以增加其持水性。

四、脂类

在鱼糜的制作过程中，通常会在漂洗的环节将可能影响到鱼糜凝胶性质的物质去除，如鱼肉中的脂肪、水溶性蛋白、血红素和杂质，提高肌原纤维蛋白的浓度，进而提升鱼糜的凝胶特性。脂肪对于保持鱼糜制品的结构和流变特性，产生独特的风味及满足消费者对食品营养多样性的需求是必不可少的。在鱼糜制品中添加油脂来弥补鱼糜漂洗过程中的营养物质流失，改善风味，同时保证凝胶特性不被降低，常用的油脂主要有植物油脂和动物油脂，其中植物油脂主要包括大豆油、花生油、玉米油、菜籽油等，而动物油脂主要为猪肥膘。脂类对鱼糜制品的影响，目前有两种不同的观点。一种观点认为，油脂占据了蛋白质基质的空隙，形成更加牢固的凝胶体系，并将水分牢牢锁在其中，进而提升了鱼糜制品的凝胶特性，同时油脂还可促进肌原纤维蛋白的热变性。另一种观点认为，鱼糜凝胶中的蛋白质浓度会随油脂含量的增加而减少，进而降低鱼糜制品的凝胶强度，支撑这一观点的证据主要有两种，其一是认为油脂能够插入蛋白凝胶基质的空隙，抑制基质的移动，进而改变凝胶形成能力；其二认为油脂并没有阻碍蛋白凝胶的形成，只是代替水与蛋白质作用形成油凝胶体系。脂类虽然一定程度上降低了鱼糜热诱导凝胶，但是合适的浓度可以很好地维持鱼糜凝胶持水性，另外，可以通过添加多糖、酚类物质来稳定油脂，或者结合物理方法如微波等改善鱼糜凝胶特性。

（一）脂类对鱼糜制品品质的影响

添加到鱼糜制品中的油脂可分为动物油脂（猪油、牛油等）和植物油脂（大豆油、菜籽油、花生油等）。有研究表明，动物油脂具有特殊的香味，能够增进食欲，但含有大量的棕榈酸、硬脂酸等饱和脂肪酸及胆固醇，而植物油中的脂肪酸组成简单，且不饱和脂肪酸含量大于饱和脂肪酸含量。过多的食用油脂，特别是饱和脂肪酸含量较多的油脂及胆固醇会对人体健康产生不利的影响。因此人们通过减少肉糜类制品中的脂肪含量生产低脂肉糜类制品，以及利用植物油脂替代动物油脂的方式来减少肉糜类制品中饱和脂肪酸的含量。

油脂的添加还能够增大鱼糜制品的白度，随着大豆油添加量的增加，鱼糜凝胶的白度也随之增加，这是由于油脂、蛋白质和水混合后形成的乳化液具有较好的折射光的能力。虽然油脂能够赋予鱼糜制品较好的白度，但 Shi 等经研究发现，随着鱼糜制品中油脂添加量的增加，鱼糜凝胶的破断力、破断距离和保水率均呈下降趋势，这主要是由于油脂的添加导致了鱼糜凝胶中的蛋白质含量减少，同时阻断了水与蛋白质间的相互作用。但在水分不变的情况下，当油脂的添加量为 10 g/kg 时，无论是大豆油、玉米油还是花生油，其并未对鱼糜凝胶的破断距离和破断力产生较大的影响，而对保水率的影响较大。Chang 等也发现添加了 1%大豆油的鱼糜制品与未添加油脂的对照组相比，质构特性无明显变化。有研究表明，适当含量油脂的添加，并未改变鱼糜凝胶构象的形成能力，只是替代了部分水与蛋白质的相互作用。因此，一定程度油脂的添加并未对鱼糜凝胶质构特性造成较大影响，而是大大降低了其保水率。

油脂对鱼糜制品凝胶特性的影响似乎是负面的，但在茶油对鱼糜凝胶性质影响的研究中，得出了截然不同的结论，当茶油的添加量在 0～8% 时，鱼糜凝胶的质构性质随茶油添加量的增加而提高，与此同时，保水率也得到提升，结合扫描电子显微镜的观察结果，认为这种对凝胶特性的提升，是由于油脂占据了蛋白质基质的空隙，形成了更加牢固的结构，并将水分牢牢地锁在其中。Shi 等也认为植物油可以增强鱼糜制品的持水性，但是不同的植物油对鱼糜持水力的影响大小不同。例如，玉米油对鱼糜持水性的增强作用要大于花生油。脂类的添加对鱼糜制品保水性相反的两种影响，主要是由于混合体系中脂类、蛋白质和水分的比例不同。

（二）脂类在鱼糜制品中的化学作用

含有油脂的鱼糜制品在生产加工过程中，原辅料经斩拌等加工步骤处理后，各组分被分割为均匀分散的细小个体，借助肌肉组织中蛋白质的乳化性质，油脂颗粒被蛋白质形成的蛋白膜包裹，称为油脂-界面蛋白膜乳化体系，并均匀存在于制品体系中，从而影响鱼糜制品品质。乳化体系的稳定性也决定了鱼糜制品最终的品质，影响乳化体系稳定性的因素主要有油脂和蛋白质的种类、油脂-蛋白质-水的比例，以及如 pH 等环境因素。

常温下，动物油通常以固态形式存在，称为脂；植物油通常以液态形式存在，称为油。二者均能够在蛋白质的乳化作用下与水形成水包油乳化体系。畜禽类动物含有明显的脂肪组织，常被用作鱼糜制品生产的辅料。汪张贵经研究认为，肉糜在制备过程中，质地较软的脂肪在剪切过程中会释放出脂肪滴，而较硬的脂肪组织会被剪切成大小和形状不同的脂肪颗粒，同时，由于剪切过程产生了摩擦热，固态的动物脂肪融化成液态的脂肪滴。但在剪切的过程中，个别脂肪滴和脂肪颗粒会聚集成脂肪聚结物。此外，脂肪组织剪切时间越久，游离出来的脂肪滴越多，脂肪颗粒越小，这与 Shi 等、王莉莎和吴满刚的研究结果相似。无论脂肪以何种形式出现，均会被蛋白质层包裹，分布在蛋白质基质中，构成整个乳化体系的分散相，而连续相为盐和蛋白质的水溶液。在凝胶中，脂肪颗粒的分布也不尽相同，主要分为单独分布、相互"依偎"分布及脂肪聚结物复合体分布。凝胶形成前后脂肪的分布具有相关性，主要取决于剪切或均质时间。吴满刚认为，在含量相同的情况下，含有较小脂肪颗粒比含有较大脂肪颗粒的脂肪-蛋白质复合凝胶具有较好的流变曲线和弹性模量，对凝胶结构的增强具有明显效果。而汪张贵认为，剪切时间不充分，脂肪颗粒较大，影响乳化效果，而剪切时间过长，脂肪颗粒过小，导致表面积增大，使得乳化过程需要大量的蛋白质，如包裹不完全，加热后脂肪会析出。

鱼肉中的蛋白质主要是肌原纤维蛋白，它含有亲水基团和疏水基团，具有两亲性质，能够作为乳化剂包裹在油脂的表面，形成稳定的乳化体系，并与蛋白质基质在热处理过程中产生相互作用，进而影响鱼糜及畜禽肉糜制品的凝胶特性。

鱼糜在盐存在的条件下，经斩拌后盐溶性的肌原纤维蛋白都会溶解并吸水膨胀，形成溶胶状态的基质，一部分溶出的蛋白质与油滴间发生乳化作用，肌原纤维蛋白分子在乳化的过程中发生部分解折叠，其中肌球蛋白在油水界面上形成单分子层，重链朝向油相，轻链朝向水相，并连同少量的肌质蛋白吸附在油脂液滴表面，同时与其他蛋白质分子通过疏水相互作用、共价键和氢键等相连接，一同吸附在油脂液滴表面形成能够乳化固定油脂的界面蛋白膜。在此过程中，油脂-界面蛋白膜乳化体系主要包括两种作用力关系，首先是形成界面蛋白膜所需的蛋白质间的相互作用，即酰基羟氧基团与氨基酸侧链上正电荷间的静电引力作用，使蛋白质分子定向平行排列于油脂表面，彼此间通过氨基酸侧链上的二硫键等强键结合在一起，此时蛋白质的二级结构（如 α 螺旋和 β 折叠）仍保持完整状态；其次是油脂与排列好的蛋白质间的相互作用，即蛋白质骨架上的疏水残基移动并定向到油滴表面，完成油脂与界面蛋白膜间的吸附过程。在肌原纤维蛋白凝胶形成过程中，界面蛋白膜中的蛋白质分子与基质蛋白发生蛋白质-蛋白质相互作用，共同形成了最终的凝胶网络结构，进而将乳化的油滴固定在蛋白凝胶基质的空隙中，以填充的形式形成凝胶体系的结构，使其具有保油保水性。因此，油脂在鱼糜等肉糜制品凝胶中所产生的作用是油脂-界面蛋白膜-蛋白质共同作用形成的。

（三）鱼糜制品中脂类作用的影响因素

1. 油脂的种类及添加量 不同的油脂种类和添加量，对鱼糜及畜禽肉糜制品造成的影响是不同的。乳化玉米油-肌原纤维蛋白复合凝胶的凝胶强度显著（$P < 0.05$）低于猪油-肌原纤维蛋白复合凝胶的凝胶强度；相较于大豆油、花生油、菜籽油，添加了玉米油的鱼糜凝胶表现出较低的破断力和保水率。在含水量为 78% 时，鱼糜制品中大豆油的最佳添加量为 1%；当含水量为 80% 时，紫苏籽油的最佳添加量为 3%。推测这种差异可能是所添加油脂种类和添加量的不同，导致产品乳化活性及乳化稳定性的不同所致。凝胶体系中油脂的稳定性是由乳化（油脂-蛋白质）形成的界面蛋白膜和肌原纤维蛋白的热诱导凝胶（蛋白质-蛋白质）特性决定的，而脂肪酸分子周围的极性环境的强弱，能够影响乳化反应中所需蛋白质间的作用能力，进而决定了油脂周围界面蛋白膜的组成、结构与界面性质。有研究表明，甘油三酯分子的短链饱和脂肪酸比长链饱和脂肪酸易于乳化，同样长度的碳链，不饱和脂肪酸比饱和脂肪酸易于乳化。此外，蛋白质浓度和 pH 的大小均能对界面蛋白膜的形成产生影响。

2. 脂类、蛋白质、水的比例 油脂对鱼糜制品等的影响还取决于水分含量的多少，与不添加大豆油的鱼糜凝胶相比，在有 1% 的大豆油存在于鱼糜凝胶的条件下，当鱼糜凝胶的含水量为 76% 时，鱼糜凝胶的质构特性几乎无差别；当鱼糜凝胶含水量为 80% 时，破断力和破断距离出现明显下降。这可能是由于油脂能够替代部分水分与蛋白质相结合，导致蛋白质变性时的需水量降低，而多出的水分稀释了蛋白质的浓度，致使凝胶体系的质构特性降低。Carballo 等也有类似的发现，研究表明油脂、蛋白质和水分的比例关系能够影响油脂在猪肉香肠产生的作用。此外，还有研究者发现乳化体系中肌原纤维蛋白的含量同样能够影响制品品质，相较于 1% 的添加量，5% 和 10% 肌原纤维蛋白添加量的肌原纤维蛋白-橄榄油乳液的稳定性显著提高，且具有较好的界面蛋白吸附量和保油率。

五、化学凝胶增强剂

鱼糜常用的添加剂包括 4 类化学品，分别是氧化剂、钙化合物、TGase 和磷酸盐。它们都有促进或提高鱼糜凝胶强度的效果，这里不妨称其为化学凝胶增强剂。

常见的氧化剂有 L-抗坏血酸、抗坏血酸钠及异抗坏血酸，这些物质能使蛋白质的巯基（—SH）发生氧化，在分子之间形成 S—S 桥键，即二硫键，强化凝胶的网状结构，使鱼糜形成致密、均匀的凝胶网络结构，同时增加凝胶强度及持水性。能起到相同作用的还有铬酸钾、过氧化氢、胱氨酸、脱氧抗坏血酸等物质。钙化合物在鱼糜中的添加较为普遍，常见的有乳酸钙、碳酸钙、硫酸钙、酪酸钙等，在实际生产中添加量通常为 0.1%~0.3%，就可以极大地增强鱼糜的凝胶品质，具体机理可能与激活 Ca^{2+}-ATPase 有关。

TGase 是应用较为广泛的鱼糜制品酶制剂添加物，和大多数酶制剂一样，TGase 的热稳定性较差，当温度达到 30~40℃ 时，酶活为 100%，50℃ 时酶活为 90%，但当温度达到 60℃ 时，酶活显著降低至 10%，这预示着如果要用快速加热技术（油炸、微波等）来制作鱼糜制品的话，TGase 起到的作用可能会严重降低。它使蛋白质之间发生共价交联，从而使蛋白质变性，Carlos 等研究发现 TGase 可以增加鱼糜的保水性。陈海华等经研究发现，不管是一段加热还是二段加热，随着 TGase 添加量的增加，鱼糜样品的失水率都会先下降后上升，最佳的添加量是 80 U/100 g。

磷酸盐作为一种食品工业添加剂，可作为抗冻保护剂来间接提高鱼糜及鱼糜制品的持水性，提升鱼糜制品的品质。磷酸盐的保护机理可能与磷酸盐发挥金属离子螯合作用而降低体系氧化反应有关。另外，磷酸盐的加入可以提高体系的 pH（0.25%～0.3% 的添加量可使 pH 提高到 7.2 左右），使得更多的盐溶性蛋白被溶出。生产中常用的磷酸盐为复合制品，汪学荣等的研究表明，复合磷酸盐要比单一磷酸盐的效果好，当复合磷酸盐，也就是三聚磷酸钠：焦磷酸钠：六偏磷酸钠的比例为 2：2：1，添加量为 0.5% 时，保水效果最好。张涛等经研究发现，在冷风干燥情况下，添加丙二醇、丙三醇和复合磷酸盐三种保水剂，结果发现添加保水剂鱼糜组的水分含量下降速度要小于空白组。

对于柠檬酸钠，Filomena-Ambrosio 等的实验结果显示添加柠檬酸钠的鱼糜保水性比添加磷酸盐和多聚磷酸盐的鱼糜保水性好。Kuwahara 等也认为柠檬酸钠可作为食品工业中的添加剂，因为该化合物有保留水分和防止肌动球蛋白变性的能力。

六、抗氧化剂

鱼丸、鱼肠和鱼糕是常见的鱼糜制品。它们不仅营养丰富、胆固醇低，同时具有肉质细嫩、低脂、高蛋白、口感鲜美等特点，广受消费者喜爱。但是在储存期内，微生物的生长是使鱼糜制品腐败变质的重要因素之一，影响其货架期。通过在鱼糜制品中添加萜类、酚类及黄酮类等抗氧化剂能有效抑制微生物的生长繁殖，其主要表现为以下几点：①通过破坏细胞壁及细胞膜的完整性，导致微生物细胞释放胞内成分引起膜的电子传递、营养吸收、核苷酸合成及 ATP 活性等功能障碍，从而抑制微生物的生长；②通过影响菌类的呼吸作用及细胞膜的功能，从而起到抑菌作用；③通过抑制微生物蛋白质和酶，从而抑制其生长繁殖；④通过络合金属离子影响微生物代谢，从而抑制微生物的生长和增殖。

向鱼丸中添加 0.03% 的紫苏叶提取物可显著减缓脂质氧化和蛋白质氧化，在一定程度上可以改善鱼丸的风味；向带鱼鱼丸中添加鼠尾草叶、牛至叶和葡萄籽提取物可减少约50% 的挥发性异味化合物，包括醛、酮、醇和烃等，从而抑制鱼腥味的形成并在储存过程中改善带鱼鱼丸的风味；将单宁酸（400mg/L）加入海鲈鱼鱼糜中能有效抑制挥发性脂质氧化产物的形成，从而延缓了鲈鱼鱼糜中鱼腥味的产生，改善了其储存过程中的风味。天然抗氧化剂可与微波真空干燥联合改善鲢鱼鱼片风味和品质。经过茶多酚和维生素 C 浸泡处理后的鲢鱼鱼片进行微波真空干燥能有效去除大部分具有土霉异味的化合物，以及防止鱼腥味产生和脂质氧化。通过添加紫苏叶精油（0.01% 和 0.03%）到鱼糜制品中发现，紫苏叶精油的添加对鱼糜的抑菌效果较好，0.03% 的挥发油对减少菌落总数和大肠杆菌的抑菌效果最好，因此，添加 0.03% 的挥发油对鱼糜的抑菌效果最好。通过在冷藏金鲳鱼鱼糜中加入一定浓度的番石榴多酚溶液发现，番石榴多酚溶液能够有效降低鱼糜中细菌生长繁殖的速率，从而减缓鱼糜感官品质的下降速度，以及延长货架期。励建荣等在将茶多酚用于鱼丸的冷藏保鲜中发现，冷藏过程中添加茶多酚的鱼丸的细菌总数低于对照组，说明茶多酚具有较显著的抗菌作用。

七、食用色素、调味料及营养增强剂

在日本，鱼糜制品不仅种类多且颜色丰富，而目前我国鱼糜制品的品种相对来说比较少，而颜色普遍为白色或者淡黄色，彩色的鱼糜制品因有人工色素添加之嫌而不太受消费者认可。但在实际生产中，彩色鱼糜制品有其市场需求，如可以生产火锅类制品、儿童鱼糜制品、可食性装点制品等。可以添加在鱼糜中的天然色素非常多，有红曲、姜黄、甜菜红、β-胡萝卜素、焦糖色、花青素等，它们都是安全的食品添加剂。另外，乌饭树叶提取物及鱿鱼墨汁等天然黑色染料制作而成的黑色鱼糜制品有一定的市场前景和应用潜力。

应用在鱼糜中的调味品都是根据市场消费对象不同而添加的，可添加的种类非常多，添加调味料除了调味，另外一个作用是引入活性成分。例如，加入大蒜汁不仅可以增香，还可利用大蒜内的硫化物起到杀菌并延长货架期的作用，但也有消费者对大蒜鱼糜制品非常厌恶，所以在加入调味品之前应做好市场调查。调味料在鱼糜制品中的添加方式一般都是调味液或者经过胶体磨等超微粉碎后的制品，否则容易在鱼糜制品表面形成颜色斑点。

针对特殊人群，开发有特殊营养增强作用的甚至可以适当增减辅料的鱼糜制品有一定的市场前景。例如，对于糖尿病患者，可以适当地增加蛋白质辅料而减少淀粉和多糖水胶体；对于肥胖人群，可以适当添加膳食纤维；类似特殊需要的人群还包括太空员、高寒地区缺乏蔬菜供给的人员、孕妇等。营养强化剂的种类繁多，在鱼糜制品中添加时应考虑其稳定性、和鱼糜中成分的相互作用、异味及安全性等因素。

第三节　冷冻鱼糜的加工技术

冷冻鱼糜是将鱼肉经前处理、采肉、漂洗、脱水后，再添加抗冻剂防止蛋白质冷冻变性，并可在低温条件下能够较长时间贮藏的鱼糜制品的生产原料。由于冷冻鱼糜加工技术的开发，鱼肉的冷冻变性防止技术被应用到实际生产中，它是近年来鱼肉加工史上的一个创举。

一、冷冻鱼糜加工工艺

（一）加工工艺流程

新鲜原料→预处理→采肉→漂洗→脱水→精滤→加添加物→称量→装袋→速冻→冻藏。

（二）关键环节

1. 原料预处理　切片：除去鱼鳞、内脏和头部后，将鱼体分割为两片后清洗。淡水鱼，如鲢鱼和鳙鱼，脊骨厚，肉中含血较多。采用在腹部打开分割成两块肉的方式很难将肉清净和采尽，因此，最好分割成三片肉，即在脊骨两侧各分割一刀。

清洗：去除内脏血迹和黑色薄膜；原料的清洗一般控制在2～3次，水温控制在10℃左右最佳，必要时可用冰冷却。

2. 采肉　通常采用机械设备将鱼肉从鱼体上分离，机械采肉的原理有两种，一种是把切好的鱼放在有小孔的铁板上，利用冲压的方式把鱼肉压下来；另一种是利用滚压方法，使橡胶辊在鱼片上压过，将鱼肉从小孔眼中挤压出来。设备的性能和效率决定了鱼肉、鱼皮和鱼骨的分离程度。鱼肉采取机多孔鼓的孔径一般为3～6 mm，通常情况下选用4 mm的孔径较多，过小的孔径容易对鱼纤维造成过大的损伤。对鱼片的反复采肉能够增加采肉得率，但要根据工艺和技术要求确定机械取肉的次数。冷冻鱼糜生产应采用一次性机械采肉。而油炸食品对颜色的要求不高，可以选择二次性采肉。

3. 鱼肉漂洗　　漂洗是生产冷冻鱼糜的特殊工艺技术，也是国内外生产冷冻鱼糜必不可少的技术手段，对提高冷冻鱼糜的保藏期和质量，扩大原料的利用范围起到很大的作用。淡水鱼被杀死后，它的 pH 大约为 6.8，与自来水的 pH 相近，因此无须使用加碱漂洗法。即便是在二次漂洗后，鱼肉的 pH 仍约为 6.8。实际生产中，应根据原料的鱼种和新鲜度确定鱼糜的漂洗次数和漂洗用水量。漂洗一般进行 2～3 次，漂洗水量与肉糜的比例为 5：1（$m:m$）。淡水鱼肉中的水溶性蛋白质和非蛋白质仅占鱼肉总量的 5% 左右，每次漂洗 10 min 即可，得到的鱼糜制成凝胶后其强度大大提高。漂洗设备的参数关键在于搅拌速度的选用。如果太慢，鱼肉的漂洗就不充分。如果速度过快，鱼肉的纤维很容易被破坏。

4. 脱水　　冷冻鱼糜中的水分含量有相应的标准。接近中性时水质更为良好。先将漂洗好的鱼肉静置沉淀，倒出上层的漂洗水，然后将沉淀物装入尼龙筛绢袋（120 目 /cm²），放入脱水机，校正平衡旋转，为确保最终鱼糜中的水分含量符合相应的标准，脱水时脱水机转速应在 1200 r/min 以上，将鱼肉水分控制在 76%～80%。螺旋脱水机可连续高效运行，但漂洗肉类的产量不如上述脱水方法高。鱼肉中的成分主要为蛋白质，在漂洗过程中蛋白质由于水合作用会与水分紧密结合，且在脱水阶段难以除去，当漂洗水为低浓度的盐水时，能够减小鱼肉的水合性，便于脱水。漂洗水的盐浓度太高则会引起鱼肉中蛋白质的变性，因此在实际生产中使用的盐浓度较低，约为 0.3%。

5. 精滤　　鱼糜在脱水后还含有一些细小的刺、筋膜、腹膜等。精滤机（网目直径 1.8 mm）通常用于清除这些杂物。精滤机在日本也被用于鱼糜等级的分类处理。在精滤器运行过程中，鱼糜与螺旋传送轴摩擦会产生热量，提高了鱼糜的产品温度，影响了产品质量。因此，在设备使用过程中，必须采取冰冷却措施，并安装冷却夹层。也可在漂洗阶段进行精滤，与水混合的鱼糜一方面流动性强，可减小摩擦力，另一方面水温较低，且水具有较高的比热容，能够有效吸收摩擦产生的热量。

6. 加添加物　　鱼糜中的蛋白质在冷冻过程中会发生冷冻变性，同时还会发生干耗，降低鱼糜品质。因此，冷冻鱼糜在生产时通常会添加抗冻剂和保水剂，以防止冷冻变性，提高冷冻鱼糜品质。抗冻剂一般为山梨糖醇和砂糖，保水剂一般为多磷酸钠。砂糖和山梨糖醇的添加量分别为 3%，多磷酸钠的添加量为 0.2%。具体可以根据鱼的情况稍微调整，有时还会在鱼糜中添加冷冻蛋白（蛋清）或蛋白粉蛋白。

7. 包装（定量）、速冻　　将拌入添加物的鱼糜用双螺杆输送机送到秤台上，用有色聚乙烯袋装，包装时尽量除去袋内空气，每袋装 10 kg，厚度以 6 cm 为宜，速冻用平板冻结机，在 −35℃ 条件下，速冻 12 h 即可，鱼糜中心温度 −20℃，温度越低，越有利于成品的长期贮藏，−25℃ 可保存 6 个月，−20℃ 可保存 3 个月。

8. 冻藏　　冷藏温度要稳定，特别要加强冷库温度管理，在 −25～−20℃ 条件下保存，一般在一年内冷冻鱼糜质量能够得到保证。

二、冻藏过程中蛋白质的冷冻变性及防止方法

在鱼糜制品的加工工艺中，引起蛋白质变性的因素很多，防止的方法也各不相同，见表 7-1，下面主要介绍蛋白质冷冻变性及防止方法。

表 7-1 鱼糜制品加工中引起蛋白质变性的因素和防止方法

变性因素	防止方法	变性因素	防止方法
热运动	降低温度	生物体内物质的分解作用	去内脏、洗净、加抗氧化剂
pH 偏酸	调节 pH 至中性	冻结和冻藏	加抗冻剂、防止温度波动
盐	脱盐和漂洗	干燥	包冰衣、加抗冻剂、真空包装

（一）蛋白质的冷冻变性

将鱼肉直接进行冻结贮藏，鱼肉的肌原纤维蛋白就会发生变化，从而失去凝胶形成能力，这就是蛋白质的冷冻变性。影响鱼糜蛋白质冷冻变性的因素很多，如原料鱼的种类、鲜度、处理方法、冻结速度、冻藏温度和解冻方法等。

1. 原料鱼种 在冷冻和冷冻贮藏的过程中，肌原纤维蛋白的冷冻变性率和凝胶强度的降低因鱼的种类而异。速度慢的鱼类是耐冻性的优势鱼类，可以长期冻藏。相反，下降速度快的鱼类被称为耐冻性差的鱼类。抗冻性较强的鱼类有海鳗、鲷鲽、金枪鱼、鲕鱼、鲨鱼等，抗冻性较差的鱼类有比目鱼、黄花鱼、鲭鱼、鲹鱼、旗鱼、鲢鱼、鳙鱼等，这与鱼种间肌球蛋白和肌动蛋白的特异性有关，也与栖息地和水温有强相关性。

2. 原料鲜度 原料鱼的鲜度越好，蛋白质冷冻变性的速度就越慢。反之，处于解僵以后的鱼进行冻结就容易产生变性。

3. 冻结速度和冻藏温度 冻结速度能够在一定程度上影响肌肉纤维完整的鱼体，这与冰晶形成的大小和位置有关。在缓慢冻结期间，冰晶首先在肌肉纤维间隙中形成并逐渐长大，对蛋白质的破坏严重。在速冻过程中，肌肉纤维的内部和间隙同步产生冰晶，且体积较小，对蛋白质的影响也较小。对于鱼糜，大部分肌肉纤维已经断裂，因此冻结速度对蛋白质变性的影响有所减小，但冻结温度对鱼糜蛋白质的变性有很大影响。一般来说，蛋白质的温度越低，变性速度越慢。

（二）防止蛋白质冷冻变性的方法

寻找防止蛋白质冷冻变性的方法是冷冻鱼糜制造技术中的重要问题。日本在成功寻找到解决冷冻鱼糜蛋白质变性的方法后，冷冻鱼糜和鱼糜制品行业的发展跃升到了一个新的水平。与此同时，各国学者对防冻剂的研究也产生了浓厚的兴趣，如寻找新的、更有效的防冻剂来防止蛋白质冷冻变性。表 7-2 列出了近几年发现的能够抑制蛋白质冷冻变性的各种化合物及其效果。

表 7-2 抑制蛋白质冷冻变性的各种化合物及其效果

分类	效果显著的化合物	中等效果的化合物	效果不明显的化合物
糖类	木糖醇、山梨醇、葡萄糖、半乳糖、果糖、蔗糖、乳酸、麦芽糖	甘油（丙二醇）、核糖、木糖、蜜二糖	淀粉、甘露糖醇
氨基酸	天冬氨酸、谷氨酸、半胱氨酸、谷胱甘肽、丙二酸、甲基丙二酸	赖氨酸、组氨酸、丝氨酸、丙氨酸、氢脯氨酸、消旋苹果酸	甲硫氨酸、异亮氨酸、缬氨酸、色氨酸、苏氨酸、天冬氨酸、鸟氨酸、琥珀酸

续表

分类	效果显著的化合物	中等效果的化合物	效果不明显的化合物
羧酸	马来酸、戊二酸、乳酸、苹果酸、酒石酸、柠檬酸、葡萄糖酸	己二酸	草酸、庚二酸
其他	乙二胺、乙酸	磷酸盐	肌酸酐、焦磷酸盐

在实际生产中，防止蛋白质冷冻变性主要是使用糖类，为使其作用达到最佳效果，往往还要再添加复合磷酸盐。

1）糖类的添加效果　添加糖可以在一定程度上有效地防止鱼糜的冷冻变性，但其作用机制至今尚未完全阐明。根据大量研究报告和实验结果来看，人们普遍认为糖不会直接与蛋白质分子结合或取代蛋白质分子表面的结合水，而是通过改变蛋白质水的状态和性质间接作用于蛋白质，从而防止变性。以 Ca^{2+}-ATPase 活性为指标，测定了冷冻变性中鱼糜的变性率，并比较了几种不同糖类对蛋白质冷冻变性鱼糜预防效果的影响。结果如表 7-3 所示，除甘露醇在低温下的溶解度显著降低外，其他糖分子结构中—OH 基团的数量越多，冷冻变性的预防效果越好。同时，糖类对鱼类蛋白质热变性的预防作用也与糖分子中—OH 基团的数量密切相关。值得注意的是，蔗糖和山梨醇比其他具有相同—OH 基团数的糖效果更好，这通常被认为与糖分子中—OH 基团的配位有关，因为这两种糖也具有一定的调味效果，来源广，价格低，它们是实际生产中使用最广泛的防止冻结和变性的物质。此外还发现，防止冷冻变性所需的糖浓度非常低，仅为防止热变性所需糖浓度的 1/40 左右。此外，糖类的添加还能够提高鱼糜的保水性。糖类对鱼糜凝胶的持水性有很大的影响，即便选用高度浓缩的支链低聚糖混合物，也几乎没有甜味，不会对鱼糜本身的味道产生影响，但是保水效果很好。浓度为 1：1 的蔗糖与山梨醇作为抗冻剂时，会保持鱼糜水分含量基本不变。海藻糖可以增加冷冻鲈鱼鱼糜中未冻结的水分含量，它可能是未来很好的鱼糜冷冻保护剂。添加海藻糖后的冷冻鱼糜未结冻水量更高，这是因为糖能防止蛋白质冷冻变性，抑制水合物晶体的生长。

表 7-3　糖类对鱼类肌原纤维蛋白冷冻变性及热变性的防止效果

糖类	分子中的—OH 基团数	变性防止效果	
		冷冻变性 $/d^{-1}$	加热变性 $/s^{-1}$
乳糖	9	10.4	1.04
蔗糖	8	6.2	0.77
麦芽醇	9	6.2	—
山梨醇	6	5.3	0.70
葡萄糖	5	6.7	0.67
麦芽糖	8	5.3	0.63
甘露醇	6	0.0	0.51

注："—"代表无数据

2）复合磷酸盐的添加效果　为了有效地防止鱼肉蛋白质的冷冻变性，在添加糖类的同时，一般还要添加复合磷酸盐。在添加效果上，以焦磷酸和三聚磷酸钠为最佳。其作用机理主要表现在以下三个方面：第一，提高鱼糜的 pH，并使其保持在中性。复合磷酸盐溶液基本上都呈碱性，对鲜度较差或红色肉鱼类来说就更为必要了。另外，复合磷酸盐本身还具有一定的缓冲作用，所以在添加后可以抵消鱼糜中生成的乳酸对肌原纤维蛋白和凝胶强度的不良影响，使 pH 保持在中性。而肌原纤维蛋白的冷冻变性在中性时为最小，鱼肉蛋白质较稳定，并且在中性时，糖类对冷冻变性最能发挥防止效果，变性速度最小，且与微酸性的条件相比，效果大约能增强 3 倍。一般来说，添加复合磷酸盐以后，使鱼肉的 pH 保持在 6.5～7.5，不仅蛋白质变性最小，肉的持水能力最强，制品的弹性也最好。

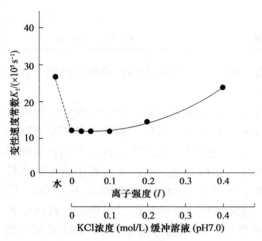

图 7-10　离子强度对鲤鱼肌原纤维蛋白变性速度的影响

第二，提升离子强度。在正常生理条件下，肌肉细胞的离子强度在 0.10～0.15。离子强度与肌原纤维蛋白变性速度的关系见图 7-10。从图 7-10 中可以看出，当离子强度低于 0.1 时，肌原纤维蛋白的变性速度几乎没有变化，在 0.1～0.2 略有增加，当离子强度高于 0.2 时，随着离子强度的增加而增加。离子强度和保水性之间的关系如图 7-11 所示，当离子强度为 0.11 时，保水性最差，$CaCl_2$ 介于 0.11 与 0.16 之间时持水性最差。鱼肉被漂洗后，一些金属离子也被去除，因此离子强度也减少了。鱼糜吸水后膨润且脱水困难，这加速了肌原纤维蛋白的冷冻变性。

因此，可通过添加复合磷酸盐以达到减少蛋白质冷冻变性和适当改善保水性的目的。它还可以与金属离子，特别是二价金属离子螯合。虽然漂洗过的鱼肉中的离子强度非常小，但为了促进漂洗后的脱水，会故意在漂洗液中加入一些盐，以提高其离子强度。在这种情况下，添加复合磷酸盐可以与这些离子形成螯合

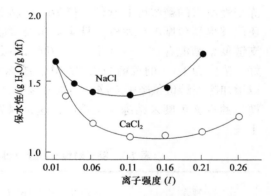

图 7-11　NaCl 和 $CaCl_2$ 对鲤鱼肌原纤维蛋白（Mf）保水性的影响

物，暴露极性基团，如蛋白质的羧基，易于形成吸水溶胶，有利于产品弹性的形成。

第三，复合磷酸盐可以提高冷冻鱼糜的盐溶性和肌原纤维蛋白的脱胶。它对增加鱼糕的弹性和改善鱼糜的保水性有显著作用，对冷冻变性的抑制作用则不如糖。然而，由于它可以调节鱼糜的 pH 并防止在解冻过程中出现滴水现象（由于持水能力大大提高），因此它在抑制糖的冷冻变性方面起着辅助作用。一般冷冻鱼糜中添加的复合磷酸盐主要为三聚磷酸钠和焦磷酸钠。添加的量为鱼糜质量的 0.1%～0.3%，一般采用各加 50% 的比例，当然也可视具体情况适当改变其比例。

　　3）茶多酚的添加效果　　茶多酚是从茶叶中提取的多酚类物质的总称，包括花色苷类、黄酮类、黄酮醇类和酚酸类等物质，它对冷冻鱼糜水分的流失有抑制作用。根据何少贵等的

研究结果，添加茶多酚后，随着时间的延长，冷冻鱼糜的失水率呈现出先上升后下降的趋势，最终，添加茶多酚的鱼糜组失水率比空白组的低。刘焱等经研究发现，空白组和添加茶多酚组的鱼糜含水量都随时间变化表现出下降的趋势，但空白组的含水量下降得更快。由此可知，茶多酚对冷冻鱼糜的水分有一定的截留作用。

第四节　常见鱼糜制品生产工艺

鱼糜制品既可以由新鲜鱼肉添加食盐及其他辅料后经擂溃、斩拌、成型和加热等工序而制成，也可以直接由冷冻鱼糜解冻后，经擂溃、成型和加热等工序制成，是一类营养丰富、脂肪含量低、胆固醇含量低、口味多样、食用方便、极具开发潜能的食品，深受广大消费者的青睐，是全球生产、消费量最大的水产加工食品之一。其生产原料来源广泛，生产过程已实现机械化，制品风味独特，运输消耗低，可以解决鱼类加工利用的问题，提取有价值的动物蛋白质，开拓水产品新品种，改变水产加工结构。鱼糜制品的品种繁多，制作方法也各不相同，主要的种类有鱼丸、鱼肉香肠、模拟蟹肉、鱼豆腐、鱼糕、烧卖、鱼卷、鱼肉火腿、汉堡包、油炸制品及模拟食品等。

一、鱼糜制品加工的基本工艺

（一）鱼糜制品的一般加工工艺

鱼糜制品种类虽然很多，但其加工工艺过程基本相同，其加工原料主要是鲜鱼糜或冷冻鱼糜。以鲜鱼糜为原料的加工工艺流程为：鲜鱼糜→擂溃→成型→加热杀菌→冷却、包装→鱼糜制品。若以冷冻鱼糜为原料，则需先将冷冻鱼糜进行解冻，然后再继续加工。

1. 解冻　　如果选用冷冻鱼糜，需先进行解冻。解冻的方法主要分为自然解冻法和流水解冻法两种，待鱼糜解冻到半冻结状态，易于切割即可，不宜完全解冻，以免影响鱼肉蛋白加工特性和切割效率，也可采用无线电波或微波解冻法，解冻均衡且速度快。

2. 擂溃　　在鱼糜制品制作的过程中，擂溃是重要的工序之一。擂溃主要使用的是传统擂溃机。然而，近年来，利用斩拌机进行斩拌也可以达到此目的，许多加工企业在鱼糜制品的生产中使用斩拌机取代擂溃机，采用专用设备斩拌机，便于投料和回收。因此，广义的擂溃还包括在开放式或封闭式的斩拌机进行切碎和混合，具有速度快、生产效率高的优点。鱼糜在斩拌的过程中，鱼肉的肌肉纤维组织进一步受损，为盐溶性蛋白的充分溶出创造了良好的条件。斩拌方法对鱼蛋白凝胶强度的影响也很显著，斩拌过程分为三个阶段：空斩、盐斩和调味斩拌。空斩阶段能够进一步破坏鱼的肌肉纤维组织，为盐溶性蛋白的完全溶出创造良好条件。盐斩可使鱼肉中的盐溶性蛋白在稀盐溶液的作用下充分溶出，形成黏度大的鱼糜溶胶。调味斩拌使添加的辅料、调味料和凝胶增强剂与鱼糜糊状溶胶充分混合。在擂溃的操作过程中，我们应该注意添加盐时鱼糜的温度、擂溃的时间和添加淀粉的方法。在加入淀粉之前，要看盐斩是否完整，即鱼糜是否有光泽。如果出现光泽，我们可以添加淀粉。添加的淀粉应先与水混合，然后缓慢添加，还必须注意防止粉碎过程中产品温度的升高。因此，擂溃过程中加入的水需要部分用冰代替，否则会影响产品的质量。

斩拌时空气若混入过多，加热时会膨胀，影响制品的外观和弹性，理想的方法是采用真空斩拌。斩拌温度控制在10℃以下较好。为维持这种低温，鱼肉先要进行冷却或在斩拌过程中加入适量的冰块。使用冷冻鱼糜,可以通过控制解冻程度来达到降温的目的。斩拌时鱼糜 pH 为 7 左右较好。斩拌时间应该充分而不过度,不充分则鱼糜熟性不足;斩拌过度,鱼糜温度升高则会使蛋白质的加工特性变差。一般斩拌至鱼浆发胀,有弹性,取少量投入水中能上浮为止。

3. 成型 鱼糜制品采用各种成型机加工成型,如鱼糕、烧卖、鱼卷、模拟食品、油炸制品都有成型机,而鱼肉火腿、鱼肉香肠则使用自动充填机。成型操作与斩拌操作要连续进行,不能间隔时间太长。或根据鱼肉的特性和制品的需求,将鱼糜放入 0~4℃ 冷库中暂放,否则斩拌后的鱼糜会失去黏性和塑性而不能成型。

4. 加热方法 鱼肉火腿和鱼肉香肠在高温高压杀菌时能够同时达到煮熟的目的。其他一些产品可以根据成品的弹性要求和自身风味进行加热。一般分为两种:一种是一段式加热法,另一种是二段式加热法。一段式加热法为直接在 90℃ 以上的温度条件下加热,适用于弹性要求低的产品。对于弹性要求高的产品,可采用二段式加热法,即第一次加热温度为 40~50℃,第二次加热温度大于 90℃。根据理论要求,第一次加热时间最好为 1 h,但在生产中,由于产量等因素限制,也可加热 15~30 min。

5. 冷却、包装 加热完毕的鱼糜制品要迅速冷却。冷却方式有慢速冷却、快速冷却和急速冷却三种。大部分都需在冷水中急速冷却。急速冷却后鱼糜制品的中心温度仍较高,通常还需放在冷却架上自然冷却。冷却可在通风冷却机或自动控制冷却机中进行。冷却的空气要进行净化处理并控制在适当温度。最后制品的温度应该冷却至 5℃ 左右,并对制品进行表面杀菌再进行包装。

鱼糜制品的密封包装既可防止二次污染,又可使制品处于嫌气状态,阻止好气性芽孢杆菌的繁殖。此外,包装对制品的商品化,并保持产品外形美观等众多方面均有一定意义。目前各国使用的包装材料有玻璃纸、低密度的聚乙烯薄膜、高密度的聚乙烯薄膜、聚丙烯、聚碳酸酯、聚酰胺、铝箔等。包装后的成品用食品专用冷藏车运送到各销售点。

（二）鱼糜制品的副原料和添加物

1. 淀粉 大多使用玉米淀粉和土豆淀粉,但其保水性和弹性增强效果比较弱,而通过磷酸处理的人工合成淀粉,保水性强,弹性增强效果也好,蟹味鱼糕需用黏性淀粉。

2. 植物性蛋白 主要是大豆蛋白及面筋。

3. 碳酸钙 成粉状分散于鱼糜中,能起到弹性增强的效果。若添加量多的话,制品会变白且光泽暗淡。

4. 蔗糖脂肪酸酯 保水性较强,对加过淀粉的鱼糕具有防止淀粉老化的效果。

5. 其他添加物 有水解蛋白质的氨基酸调味料、鱼贝类浸提液类、使鱼肉自身消化的胶剂型调味料、化学调味料和天然调味料的配合调味料,市场上销售的大部分调味料都是配合调味料。

二、常见鱼糜制品的加工工艺

（一）鱼丸

鱼丸（鱼圆）是我国传统的、最具代表性的鱼糜制品,是以鲜鱼糜或冷冻鱼糜为原料在高温下失去可塑性形成的富有弹性的凝胶体,它营养丰富且易被人体吸收,深受人们喜爱。

各地生产的鱼丸各具风味特色，其中福州鱼丸、鳗鱼丸、花枝丸等享誉海内外。

鱼丸种类较多，按加热方法可分为水发和油炸鱼丸，其中油炸鱼丸的保藏性好，并可消除腥臭味且产生金黄色泽。按鱼丸的配料调味，大致分为多淀粉、少淀粉或无淀粉鱼丸。

1. 工艺流程　　原料鱼→去头、去内脏→采肉→洗涤、漂洗→脱水→精滤→斩拌/擂溃→成丸→加热→冷却→包装→冷藏。

若以冷冻鱼糜为原料，需先将冷冻鱼糜作半解冻处理，或用鱼糜切削机将冷冻鱼糜切成薄片，该操作可加快前处理操作，并能确保鱼糜的质量。

视频
鱼丸的制作

2. 工艺要点

1）原料选择　　制作鱼丸的原料广泛，白色肉海水鱼有海鳗、马鲛鱼、梅童鱼、白姑鱼、鲨鱼、鱿鱼等，淡水鱼有鲢鱼、罗非鱼、草鱼、鳙鱼等。原料鱼的品种和鲜度对鱼丸品质起决定性作用。水发鱼丸对原料鱼要求较高，为确保鱼丸（尤其是品质上乘的水发鱼丸）的良好质量，应选用凝胶形成能较高、含脂量不太高的白色鱼肉占比较大的鱼种或其有关部位的肉，如海鳗、乌贼、白姑鱼、梅童、鲨鱼等海水鱼及草鱼、鲢鱼等淡水鱼，此外还要求原料鱼具较高的鲜度。一般机械采肉1～2次，质量要求略低的油炸鱼丸，可采用多次重复的采肉作原料，并可以省略漂洗、脱水工艺操作。

2）斩拌/擂溃　　该工艺是鱼丸生产中的关键工序，能够直接影响鱼丸的质量。斩拌/擂溃之后，鱼肉蛋白质被完全溶出，形成有水分固定其中的空间网络结构，且具有一定的弹性。因此，在进行斩拌/擂溃之前，有必要补充以下两个步骤。第一个是用绞肉机将肉充分绞碎，彻底破坏鱼肉的肌肉组织，以便在斩拌/擂溃过程中完全溶出盐溶性蛋白，减少斩拌/擂溃所需的时间。第二个是预冷，为了保证鱼丸的质量，减少鱼肉中肌球蛋白的变质，斩拌后的温度应控制在10℃以下。因此，冷冻鱼糜原料在斩拌时应为半解冻状态，以满足此要求。斩拌操作过程中还应注意以下几点：第一个是温度问题，斩拌/擂溃是一个研磨和破坏组织的过程，温度上升是不可避免的。因此，应采取积极有效的措施，如加入冷水、冰水，甚至用碎冰代替水，或选择带有冰水冷却套的斩拌机（也称双锅擂溃机），控制斩拌/擂溃进料量，确保斩拌/擂溃时间不要太长。第二个是空气，斩拌/擂溃时若过多地混入空气，则会在加热过程中膨胀产生孔洞，影响产品外观和弹性。目前理想的方法是在真空的条件下斩拌/擂溃。第三个是配料的添加，在选定的配方下，应注意添加成分的顺序。首先，精盐（不用粗盐是因为粗盐含大量水分和杂质）、多磷酸盐、糖和其他品质改良剂，应分次添加，斩拌时间总计约半小时（取决于辅料的种类和用量）。然后依次添加淀粉和其他成分，在此期间，应根据规定的水量分次添加水，以斩拌/擂溃至所需的黏度。油炸鱼丸中的水分含量比水发鱼丸要少一些，鱼糜混合物较稠以避免进入油锅后散开。至于斩拌/擂溃时间，必须确保斩拌/擂溃完全，但又不能过度，以鱼糜的黏度达到最大为止（打浆时要彻底、均匀）。取一小匙鱼糜放在装有冷水的容器中，若鱼糜能够浮出水面，斩拌即可停止。在生产中，应尽量选用高速斩拌机以提高劳动生产率并节省斩拌/擂溃的时间（应控制在30 min以内）。

3）成丸　　在现代大规模生产中，采用鱼丸成型机实现连续成型生产。当生产数量较小时，也可以手工成型。成型后的鱼丸应尺寸均匀，表面光滑，无严重拖尾，立即放入冷水中收缩定型。夹馅（含馅、有馅）水发鱼丸是以鱼、淀粉、精盐、味精为外皮，猪肉（肥肉、瘦肉）碎、肉糜掺糖、盐为馅芯，手工或机械制作而成。由于鱼糜在经过一段时间的斩拌/擂溃后会形成溶胶，所以很难成型。为防止"凝结"的出现，斩拌/擂溃后的鱼糜可低温保存备用（但成型时需注意温度恢复，避免成品因低温在加热后出现外部成熟而内生的现象），最好及时成型。

4）加热　　鱼丸加热有水发和油炸两种方式。水发鱼丸用水煮熟化，油炸鱼丸用油炸熟化。软化不明显的原料鱼制作的水发鱼丸可采用一段式加热；对于软化明显的原料鱼，一般用二段式加热法，先将鱼丸加热到40℃保持20 min，然后迅速升温，升温到75℃以上至完全熟化，避免50～60℃停留时间过长，待鱼丸全部漂起时捞出沥去水分。

油炸鱼丸通常用红肉鱼作原料，通常用精制植物油进行油炸，具有保藏性好、油炸可去除鱼腥味并呈焦黄色的优点。在大规模生产中，应使鱼丸先在低温油锅中定型，待表面加热固化后，可以转移到高油温锅中煎炸。在油炸开始时，将油温保持在180～200℃。否则，油温在鱼丸投入后下降，会导致鱼丸容易老化并失去新鲜风味。将鱼丸炸1～2 min，当鱼丸炸至表面坚实、浮起并呈现浅黄色时捞出，用专用脱油机或离心机除去油，或只是沥油片刻。油炸工序也可用二连式自动油炸锅完成。为了省油，鱼丸可以先在水中煮熟、沥干，然后油炸，成品具有良好的弹性，缩短了油炸时间，提高了产品的成品率，可减少或避免成型后直接油炸造成的表面皱纹，但产品的味道很差。

5）冷却和包装　　不管是水煮还是油炸，制得的鱼丸都应该迅速冷却。可分别采用水冷（浸泡或喷淋）或风冷（夏季通风、鼓风机）。包装前的鱼丸应冷却（否则成品冷冻后会在包装袋中形成"白花"，影响产品外观），同时按照相关质量标准对鱼丸进行质量检验，对不合格品（如未定型、烧焦、油炸等不良品）进行剔除，然后按规定分装在塑料袋中密封。为了延长鱼丸的保质期，罐头鱼丸（包括软罐头）应运而生，其生产过程必须完成包装前所需的所有操作。在这里，包装可以采用罐装，也可以使用玻璃瓶或软包装。

6）冷藏　　包装好的鱼丸应低于5℃以下保存，最好数日内能销售完，不然应冻藏或采用罐藏。

（二）鱼肉香肠和鱼肉火腿

鱼肉香肠和鱼肉火腿是一类仿制的畜肉香肠和火腿制品，但其技术的发展反映了鱼的特色。根据日本农林标准，鱼肉香肠和鱼肉火腿分别定义如下：鱼肉香肠是在碎鱼肉或鱼糜中加入畜禽肉糜，并用调味品调味，再加入其他辅料和添加剂斩拌，填充于肠衣中并加热制成的脂肪含量超过2%的产品。这些辅助材料和添加剂可根据需要添加粉末植物性蛋白、淀粉、其他结着材料、食用油脂、结着促进剂、抗氧化剂和合成防腐剂。在鱼肉香肠中，鱼肉的含量应占成品质量的50%以上，植物性蛋白的含量应小于成品质量的20%。鱼肉香肠根据是否添加动物肉分为动物肉香肠和鱼糕香肠。

1. 工艺流程　　原料鱼→去头、去内脏→洗净→采肉→漂洗→脱水→擂溃→混合→灌肠/充填→结扎→加热→冷却→外包装。

2. 工艺要点

1）原料鱼　　早期生产鱼肉香肠、鱼肉火腿的原料主要是金枪鱼。此外，明太鱼、鲨鱼和鲸鱼肉也被使用，其中金枪鱼效果最好。随着世界渔业资源发生的变化，有必要利用现有高产渔业资源（如高产低值小型杂鱼和淡水鱼）开发鱼肉香肠、鱼肉火腿等产品。此外，加工中使用的畜禽肉包括瘦猪肉、马肉、牛肉、兔子肉或羊肉。

2）原料前处理　　原料鱼的处理与鱼糜制品的一般工艺相同。原料畜肉应切丁（通常切成1.5～3.0 cm^2），去骨后再处理。在鱼肉火腿的制作过程中，要进行腌渍，即切碎的鱼肉和畜肉由硝酸盐或亚硝酸盐及调味料进行处理。腌渍时要控制腌制剂的类型和用量、腌渍温度和时间，同时鱼肉和禽肉应分别腌制。简而言之，根据食品标准的要求，应严格控制成品鱼肉火腿制品中的硝酸盐和亚硝酸盐残留量（以亚硝酸钠计算，不超过 50 mg/kg）。鉴于硝酸盐和亚硝酸盐发色剂的使用所造成的致癌危害风险，近年来还使用了烟酰胺和抗坏血酸（1∶1）等新的混合显色剂。

　　3）搅溃　　基本要求与普通鱼糜制品类似。不同之处在于，最好使用真空斩拌设备（或斩拌后辅以真空设备）以减少斩拌过程中空气的混入量，并确保成品中的气孔数量最小化。在鱼糜中可加入少量切成块的猪肉丁，以改善外观和风味。此外，对于含有畜肉的香肠，为了提高口感的均匀性，应将动物肉充分磨碎，混合并添加到鱼糜中，然后根据工艺配方添加淀粉、植物性蛋白、调味料、色素等成分。实际生产规模较大，通常使用高速斩拌机快速有效地完成斩拌步骤。

　　4）混合　　鱼肉火腿与畜肉火腿相似，具有很强的质地和韧性。鱼肉火腿中鱼肉块较大（成品中肉眼可见）。但鱼肉火腿不同于鱼肉香肠，因为鱼肉火腿是将腌渍鱼肉（肉块）和猪脂小片与斩拌的鱼糜混合，然后直接灌肠，畜肉应占成品质量的 20% 以上，猪脂的用量为 7%～10%，并被切成如大豆一样的小块。斩拌后的鱼糜在连接鱼肉方面起着关键作用，因此也被称为连接肉，其用量应小于成品质量的 50%。此外，对于畜肉类型的鱼肉香肠，通常将猪脂小块经过斩拌后混合，然后再灌肠，以改善鱼肉香肠的口感。

　　5）充填和结扎　　将斩拌混合后的鱼糜装入灌肠机中灌入肠衣中。肠衣有畜肠衣（羊肠衣、猪肠衣）和塑料肠衣等，国外大都采用塑料肠衣，具有收缩性、不透气性、无毒、耐高温等特点，我国也正向这方面发展。如果使用动物肠衣，在使用前用 40℃左右温水浸泡 2～4 h，使其回软。充填后的鱼肉香肠应及时用铝质卡环进行结扎，结扎的鱼肉香肠一般无气泡，表面无小粒，并呈九成满，以免加热膨胀影响外观甚至爆破。

　　6）加热　　对于填充结扎后的鱼肉香肠或鱼肉火腿，必须用清水冲洗掉表面的黏附物和杂物，使肠衣表面光滑，而对于天然肠衣，则应保证气孔和孔隙的渗透性，以利于熏制时熏制成分和水的渗透。如果在肠体中发现气泡，则刺穿天然肠衣释放气体，以防止烹饪后出现较大间隙。加热天然肠衣型香肠和火腿香肠的水温一般为 85～90℃（在水中加入适量水溶性食用红色素），水煮时间为 35～60 min（取决于香肠的厚度和分批进料量）。水温不宜过高，以免煮爆。因此，也可采用 85℃水煮制 10 min，然后 90℃水煮制 50 min。这种梯度升温是一种二段式加热方法，可降低肠体破损率。塑料肠衣香肠和火腿香肠在高温下短时间灭菌，中心温度 120℃，灭菌时间 4 min，确保灭菌完成后产品的颜色和弹性不发生明显变化。鱼糜类罐头采用 10 min-70 min-15 min/118℃灭菌方式。

　　7）冷却　　加热或灭菌后的香肠应及时在 20℃水中快速冷却。如果需要烟熏，烟熏时长 4～6 h。由于变热膨胀和冷却收缩的影响，肠衣会产生许多褶皱。为了使肠衣表面光滑美观，通常将其浸泡在约 95℃的热水中 20～30 s，然后立即取出并自然冷却。

　　8）外包装　　将冷却后展皱（成型）的产品表面用冷空气吹干，检验合格后贴上标签，然后包装入库。天然肠衣产品应尽快销售，并注意在低温条件下流通贮藏，而塑料肠衣高温灭菌产品可在常温下流通（最好小于 10℃）。

（三）鱼糕

　　鱼糕也被称为板鱼（中国的台湾地区称之为鱼板）。鱼糕在中国的生产不多，但在日本，它是传统性鱼糜制品，销量大，品种多，质量高。蒸鱼糕是日本的独特产品，鱼糕的品种可以根据成分、成型方法、加热方法甚至产地来区分，如单色鱼糕、双色鱼糕、三色鱼糕、方叶鱼糕、平板蒸煮鱼糕、烘焙和油炸鱼糕、小田原鱼糕、大阪鱼糕、新鸿鱼糕等，有各种各样的颜色和特点。

1. 工艺流程　　原料鱼→去头、去内脏→洗涤→采肉→漂洗→脱水→精滤→擂溃→调配→铺板成型→内包装→加热→冷却→外包装→装箱→冷藏。

如果将冷冻鱼糜作为原料，冷冻鱼糜需要先半解冻，然后再擂溃。

2. 工艺要点

1）原料鱼　　鱼糕是一种较高级的鱼糜制品，对其弹性和颜色有很高的要求。因此，鱼糕生产所用的原料鱼应该新鲜、低脂且肉质鲜美。尽量不使用褐色肉类，适当增加弹性强的白鱼比例。如果选择冷冻鱼糜，则应为高品质等级。

2）前处理　　鱼糕的预处理与鱼糜制品的一般生产工艺基本相同，但漂洗工艺更为重要，不容忽视（对于弹性强、色泽白、口感好的鱼种，也可以不进行漂洗）。

3）擂溃　　擂溃对于确保鱼糕的良好弹性尤为重要。擂溃方法包括空斩、盐斩和混合斩拌，即按配方比例称取鱼肉，放入擂溃机中，无配料进行擂溃一段时间，达到破坏鱼肉纤维的目的（对于某些肌肉纤维较硬的鱼肉，最好用绞肉机绞碎，再放入擂溃机），然后分次加盐，必要时加入适量的水，以促进盐溶性蛋白的溶出，形成一定的黏度，最后添加其他辅料斩拌 20～30 min（具体时间根据擂溃机性能和每次投料量确定）。

4）调配　　擂溃完成后，生产双色鱼糕和三色鱼糕时还需要对鱼糜进行着色，需要使用天然色素。

5）铺板成型　　小规模生产通常是手工成型的，这需要相当熟练的技术。现在更多地采用机械化成型，可以大大提高生产效率。鱼糕的形状是由各种模具决定的，大致可分为板鱼糕、卷色糕、切块鱼糕、特殊鱼糕，如松芯、竹芯等。

6）内包装　　白色烤鱼饼在成型过程中往往是由专用聚丙烯（OPP）进行包装的，可以有效防止二次污染及霉变，加热后保持鱼饼处于真空状态以延长储存寿命。可以添加山梨酸钾以防止内部变质。

7）加热　　鱼糕有三种加热方法：蒸煮、焙烤和油炸。最常见的加热方式是蒸煮。在焙烤和油炸前，一般都先进行蒸煮。目前，日本已采用连续蒸煮器实现机械化蒸煮。通常蒸煮加热温度为 95～100℃，中心温度大于 75℃。加热时间取决于产品的大小，产品较大时通常为 80～90 min，较小时为 20～30 min。焙烤是将鱼糕（涂有葡萄糖用于焙烤呈色）放在传送带上，在 20～30 s 内穿过隧道红外线焙烤机，对表面进行着色和上油，然后进行焙烤。此外，传统的日本烤鱼饼在烹调前先经火烤，而白色烤鱼饼（串烤鱼饼）则只有烤制过程（继承了竹轮的制作方法）。我国生产的鱼糕都是蒸鱼糕。

8）冷却　　蒸煮后，应将鱼饼放入冷水（10～15℃）中快速冷却。目的是使鱼糕吸收加热过程中损失的水分。在没有内包装的情况下，还可以防止因表面蒸汽发散而产生的皱纹和褐变，并弥补因水分蒸发而减少的质量，使鱼糕表面柔软光滑。即使经过快速冷却，鱼糕的中心温度仍然很高。通常放在冷却架上，在空气中自然冷却或用冷空气冷却。注意冷却室的空气净化和温度控制要求。

9）外包装　　完全冷却的鱼糕需要进行外部包装，尤其是在没有进行内部包装的情况下。鱼糕外包装前，先用紫外线杀菌灯对鱼糕表面进行杀菌，然后用自动包装机对成品进行包装。

10）冷藏　　包装好的鱼糕用木箱包装，冷藏（0～5℃）运输。一般来说，鱼糕在室温（15～20℃）下可保存3～5 d，在冷藏室中可保存20～30 d。鱼糕的包装机在国内很少使用，大多在生产后及时销售。有时在加工后简单地用油纸或塑料包装袋包装于冷库中暂存，然后进行装运和销售。至于罐藏鱼糕，不必考虑冷藏条件。

（四）鱼卷

鱼卷的制作方法是将鱼糜斩拌后放在黄铜或不锈钢管上烘烤。成品色泽金黄，鲜美可口，富有弹性，外皮有光泽，皱纹小。在日本被称为"竹轮"。鱼卷可以直接食用，也可以切成片与蔬菜混合食用。还可以切成薄片和细丝，通过油炸或烹饪加工成各种食物。鱼卷通常使用低脂鱼，然后添加一些海鳗、马鲛鱼、鲨鱼、鲣鱼、鲢鱼、鳙鱼的鱼糜。鱼卷是一种焙烤产品。其储存、运输、营销和其他流通环节均需要"冷藏链"。因此，目前的产品也被称为冷冻烤鱼卷。市场上的产品可以有不同的口味和等级。

1. 工艺流程　　鲜鱼糜（或用冷冻鱼糜→切碎）→斩拌→成型→焙烤→冷却→包装→装箱→冷藏。

2. 工艺要点

（1）原料处理、采肉和斩拌的一般流程与鱼丸的生产工艺大致相同。首先将定量鱼肉放入斩拌机，空斩数分钟后加入盐，斩拌约10 min，然后加入调味料和淀粉，使鱼糜混合物变黏。

（2）斩拌后的鱼糜可用手工也可用鱼卷自动成型机成型。如手工生产，可将调制的鱼糜捏制在铜管上，呈圆柱形，大小一致，厚薄均匀，处理完整，然后进烤炉熟化。

（3）焙烤后将铜管拔出，即制成色泽金黄的圆筒形空心鱼卷。焙烤时，涂上葡萄糖液以便呈色，焙烤后的制品表面涂层食用油。

近年来，我国已引进鱼卷连续生产线设备。

（五）鱼面和燕皮

鱼面和燕皮均是利用鱼糜，再加入面粉和其他配料，按面条的制作方法加工而成的产品，鱼面制品分生熟两种，可煮食、炒食；燕皮一般为方形或圆形的薄片，除可供包馅之外，还可煮食。这两种产品是我国传统的鱼糜制品之一，湖北云梦鱼面、福建平潭燕皮都久负盛名，特点是风味独特，质地坚韧，营养丰富，尤其是提高了面粉等植物性蛋白中氨基酸的有效利用率。

1. 工艺流程　　原料鱼→去头、去内脏→洗涤→采肉→擂溃→捏成团块（加淀粉后）→碾皮→蒸煮→干燥→切条或切片→再干燥→成品。

2. 工艺要点

1）原料选择　　原料一般采用新鲜海水鱼（如石首鱼、海鳗、马鲛鱼等）、新鲜淡水鱼（如鲱鱼、草鱼、鲤鱼或鲢鱼等）或冷冻鱼糜。原料的预处理方法与冷冻鱼糜的一般加工要求基本相同。如果以白肉鱼为原料，一般不进行漂洗，冷冻鱼糜可以解冻切碎。

2）擂溃　　按要求完成空斩、盐斩和混合斩拌。生鱼面和熟鱼面的成分略有不同。此外，在一些地方，鱼面中会加入一定比例的猪肉，形成肉燕子皮。

3）捏成团块　　为了便于后续操作和足够凝胶化，将斩拌完成后的鱼糜混合物揉成250～500 g/块的小块。

4）加淀粉碾皮　　在碾板和面团表面撒上淀粉，用手或制面机将鱼糜面团压成0.3～0.6 cm

厚的薄片。

5）蒸煮　　蒸煮是熟鱼面生产时的必要步骤，即将碾成的薄片放在竹篦上，于锅中蒸熟，工业化生产则由滚筒制面机轧条后直接水煮并沥干，也有的将制成的扁平带状料坯放在加热的滚筒中进行凝胶化。这是制作熟鱼面的必要步骤。

6）干燥（初晒）　　可采用晒干或烘干的方法，要求干燥至60%。对于生鱼面和燕皮，不用蒸熟直接烘干。

7）切条或切片　　根据需要，用手工或机器按要求切条（宽1～1.5 mm、长15～20 cm）、方形（8×8 cm或5×7 cm）或小圆皮。云梦鱼面的传统做法则是拌研、盘条、切条、擀面、蒸熟，蒸熟后直接切面，再摊晒。

8）再干燥（晒干）　　将切成的条或方形、圆形片再经日晒或烘干至足干。此时即成品鱼面或燕皮。

（六）天妇罗

天妇罗是将鱼片、虾等表面涂上面包粉后油炸制得的一类食品。它是日本市场上最常见的方便食品，种类很多。目前，天妇罗常以鱼糜为原料，按照鱼糜制品的一般生产工艺进行斩拌，然后油炸（椭圆形和长方形）成型。如有必要，也可将切碎的蔬菜（如萝卜、胡萝卜、荠菜、卷心菜、牛蒡、豌豆或青椒）添加到配料中，并将产品分为不同等级。天妇罗在日本各地也有萨摩扬、利久扬、信田卷等名称。有时也把音译为"甜不辣"的食品作为典型的油炸鱼糜产品，上述油炸鱼丸和鱼糕也应归类为天妇罗产品。

1. 工艺流程　　冷冻鱼糜→解冻→擂溃、调味→成型→油炸→脱油→冷却→包装→成品→冷藏。

2. 工艺要点　　天妇罗生产工艺的特殊性在于配料、油炸和脱油操作。配料中可以添加各种动植物辅料，如各种蔬菜、鸡蛋、鱿鱼、虾和连皮带骨的小杂鱼。为了适应人们的口味，动植物辅料应在添加前适当切碎。此外，水的添加量应少于普通鱼糜制品的添加量，宜稠不宜稀。此外，调味鱼糜的温度应为8～13℃。如果温度过低，在油炸过程中会出现外部成熟而内生的现象。油炸工艺一般采用100%的新油（以植物油为主），油温120～150℃，油炸产品中心温度50～60℃，第二次油炸为70%的新油和30%的老油混合，油温150～180℃，油炸产品中心温度75～80℃，油炸时，采用低油温处理含蔬菜配料的产品，延长煎炸时间，保证产品质量。油炸后应及时脱油，可以通过专门的设备或离心机进行脱油，或者简单地沥油，然后风冷却制成产品。

（七）鱼糜串烧

鱼糜串烧是鱼糜制品的一种新型加工方式，它将鱼糜制品的生产过程与焙烤制品的加工过程完美地结合。具有风味浓郁，蛋白质含量高，营养丰富，且具有一定韧性的优点。可以直接食用或用于烧烤，是一种很好的旅游产品。

1. 工艺流程　　原料鱼→采肉→绞碎→斩拌→拌料调面→切片→油炸→浸泡→撒芝麻→包装→成品。

2. 工艺要点

1）原料鱼　　以低值小杂鱼为主要原料，杜绝腐败、变质、胆漏、异味等不合格品。

2）采肉　　此工序与鱼丸生产相同。

3）绞碎　　用绞碎机充分绞碎鱼肉。

4）斩拌　　先加入少量水（5%～10%）将鱼肉打散，然后加入精制盐（3%～5%）斩拌 20 min，直到鱼肉有很强的黏度。操作时注意控制温度。

5）拌料调面　　加入糖、面粉、添加剂、强化剂，以及一定量的淀粉、水和食用油，按照焙烤产品的生产工艺制备面团。

6）切片　　当面团醒发后，将其揉成直径 3 cm 的圆条，然后切成 0.5 cm 厚的串烧片。

7）油炸　　将精炼植物油加热到 160～170℃，然后放入串好的串烧片，炸至表面呈金黄色。

8）浸泡　　趁热取出油炸好的串烧片，沥干油，浸泡在酱油中着色。

9）撒芝麻　　将浸泡好的串烧片取出沥去多余浸泡液，在表面撒上一层熟芝麻粒，并在低温（50～60℃）下，烘烤 30 min。

10）包装　　取 15 cm 长细竹棒，穿取 7 只串烧片，每袋 90 g，采用强化聚乙烯薄膜袋包装，即成品，可保藏 6 个月。

第五节　水产模拟食品及新型鱼糜凝胶技术

一、水产模拟食品

（一）人造虾仁

人造虾仁也称模拟虾仁，是一种热门的模拟食品。利用鱼糜与虾肉相混合或在鱼糜中加入虾汁或人工配制的特殊的食用色素及虾味素，经一系列加工后制成模拟虾仁食品。其肉质细嫩，脂肪含量较低，味道鲜美、独特、可口，是高蛋白、低脂肪、低能量的优质水产品之一，也是深受广大食客喜爱的水产消费品之一。随着人民生活水平的提高，对虾产品的需求量也大大提升，尤其是虾肉、虾仁更是深受青睐。为了满足日益增长的市场需求，人造虾仁便应运而生。

1. 工艺流程　　原料鱼的处理→采肉→脱水→调味、调色→加热成型→冷却→包装→成品。

2. 工艺要点

1）原料鱼的选择　　不论鱼的种类、个体大小，均可作为加工人造虾肉的原料鱼。国外一般采用狭鳕作为人造虾的原料鱼。根据我国具体情况，一般选择肉质比较细嫩，出肉率较高的低值鱼如鲢鱼、草鱼，可以提高低值鱼的商品价值。

2）调味、调色　　通过加入调味料和色素使人造虾仁具有天然虾肉相类似的逼真外观，口感及味道接近天然虾肉。调味方法有三种，第一种方法是直接加入天然煮虾水的浓缩物，从而使鱼肉具有浓郁的鲜虾味道。第二种方法是将小型虾肉（如磷虾）或低值虾肉（如克氏原螯虾）绞碎后以添加剂的方式添加到鱼肉中。第三种方法是目前主要的调味方法，在鱼肉中添加人工配制成的虾味素进行调味。调色的方法与调味的方法相类似，二者可同时进行。其主要方法也有三种：第一种是直接加入天然虾类含有的色素汁液；第二种是添加小型虾肉或低值虾肉；第三种是添加人工合成食用虾色素进行调色。

3）加热成型　　经过一系列加工，成品用模具挤压，然后加热膨胀，制成与天然虾形状相似的产品。

4）包装贮藏   成型后，用紫外线照射或高温灭菌。包装材料主要有两种：聚乙烯塑料袋和复合袋。在包装过程中，人造虾肉被放入袋中，空气被真空抽气机抽出，导致袋内缺氧，在低温下储存。此外还可以制作罐头，空罐先经过消毒，然后装入人造虾仁，可在室温下储存。

（二）模拟蟹肉

模拟蟹肉是鱼糜经调味、调色，使其在风味和外观上类似价格昂贵的蟹肉的模拟食品。1975 年在日本问世后，不仅风行日本，而且畅销全球。

1. 工艺流程   鲜鱼糜（冷冻鱼糜解冻）→斩拌、配料、搅拌→充填涂片→蒸烤→轧条纹→成卷→调色→熟化→冷却→真空包装→冷冻。

2. 工艺要点

（1）模拟蟹肉可以鲜鱼糜和冷冻鱼糜为原料。一般选用色白、弹性好、无腥臭味、鲜度高的鱼肉，在日本主要选用海上冷冻狭鳕特级鱼糜。在国内也使用鲢鱼为原料。

（2）在斩拌时还需加入使模拟蟹肉风味接近天然蟹肉的调味料、蟹肉提取物或模拟风味料。

（3）将鱼糜送入充填涂膜机内，经充填涂膜机的平口型喷嘴"T 形狭缝"平摊在蒸烤机的不锈钢片传送带上，使涂片定型稳定。蒸烤出来的鱼糜呈薄膜状，洁白细腻，不焦不糊。

（4）冷却后，将涂片用带条纹的轧辊挤压，形成深度为 1 mm、间距为 1 mm 的条纹，使成品表面呈现类似蟹肉表面的条纹。将其从白钢传送带上铲下，用成卷器将其制成卷状。

（5）将类似虾、蟹红色的色素涂在卷状物表面，根据需要切成不同长度的段，由分段切割机完成，刀距根据产品进料速度和刀具转速进行调整。

（6）将装有条形小段半成品的不锈钢投放在干净的架子上，用小车推入蒸箱中，于 98℃蒸制 18 min（或 80℃，20 min）。

（7）蒸熟后先用 18~19℃的冷水，喷淋 3 min，冷却至中心温度为 33~38℃，然后再分 4 段（0℃、-4℃、-16℃、-18℃）冷却温度进行冷却，终品温度为 21~26℃。

（8）冷却后，用聚氯乙烯袋按规定装入一定量的制品小段，并进行真空自动封口包装。真空封口后，袋内容物被聚集在一起，影响产品的美观，用辊压式整形机整形。

（9）将袋装制品送入平板速冻机中 -35℃以下冷冻 2 h 左右。出口制品用液态氮急速冷却深温冻结。

（10）成品装箱，-15℃以下贮藏和销售。

（三）模拟贝肉

模拟贝肉又称模拟干贝、模拟扇贝肉（柱）、扇贝鱼糕，外形似扇贝丁（闭壳肌），有滚面包屑（配合油炸食用）和不滚面包屑两种。加工方法类似于模拟蟹肉的制备。

1. 工艺流程   鱼糜→斩拌→挤压成型→加热杀菌→切分→包装成品。

2. 工艺要点

（1）鱼肉斩拌时添加基本的辅料后，还需加入适量扇贝调味汁。

（2）将斩拌调味后的鱼糜压成 300 mm×600 mm×50 mm 的板状，40~50℃重组 1 h 左右。

（3）85~90℃加热约 1 h 后冷却，用食品切斩机切成宽 2 mm 的薄片。改变方向再切一次，切削成细丝鱼糕。

（4）加入 10% 同样调味后的鱼糜混合，用成型机做成直径为 30 mm 的圆柱状，再切成长 60 mm 的段，压入内表面呈扇贝褶边、两边半圆柱形模片组成的成型模内。

（5）置于加热器中同型熟化，冷却后切成天然扇贝柱大小的扇贝片状，之后滚或不滚面包屑。

（6）将扇贝肉装入聚乙烯塑料袋中然后杀菌，冷却后置于低温环境中贮存。

二、新型鱼糜凝胶技术

（一）超高压技术在鱼糜制品加工中的应用

超高压技术是一种食品加工技术，利用高压使食品中的酶、蛋白质和其他生物聚合物失活或变性。超高压对蛋白质肽键的形成，以及维生素、色素和风味物质等低分子物质的共价键的形成几乎没有影响。因此，它能很好地保持食品原有的营养价值、色泽和天然风味，满足现代社会的消费趋势，具有很好的应用前景。超高压技术在鱼糜制品的加工中有多种应用，极具开发潜力，是当前鱼糜制品加工的研究热点。

1. 超高压杀菌　超高压技术的杀菌效果已经得到食品行业的认可，但在鱼糜的抑菌方面应用并不广泛。超高压会导致微生物细胞的结构和功能发生不可逆转的变化，导致细胞膜的过度渗透来杀死微生物。研究证实，超高压灭菌可降低鲤鱼鱼糜的初始细菌数，抑制贮藏期间活菌数的增加，延缓腐败时间，提高其保存率。压力越高，初始细菌越少，鱼糜的贮存期越长。

2. 超高压凝胶化　超高压技术对食品加工非常有优势，它不会破坏食品的非共价键，食品的色、香、味也不会受到很大的影响，因此，它在鱼糜加工过程中的应用也越来越广泛。超高压可提高肌原纤维蛋白的溶解性，改善鱼糜制品的凝胶性能。超高压对鱼糜制品的硬度和咀嚼性影响显著。压力导致肌原纤维蛋白发生变性和解聚，形成更紧密的凝胶网络结构，使凝胶性能增强。鱼糜凝胶强度随压力增大呈现先增大后减小的趋势，借助 SDS-PAGE 从机理上探究了超高压对鱼糜凝胶化的作用，发现加压处理时并未立即发生肌球蛋白的交联，高压作用导致底物肌球蛋白构象改变，使其在凝胶化过程中更易与 TGase 接近，促进了分子间的交联。秦影等经研究发现超高压处理能够提高鱼糜品质，使其保水率增高，但随着压力一直增大，鱼糜的保水率就不再发生明显的变化。根据仪淑敏等的研究可知，金线鱼糜的持水性随超高压的压强增大而表现出先增加后降低的趋势，在压强 400 MPa 时达到最大值 0.89。Ma 等研究结果表明，300～400 MPa 能提高盐溶性蛋白结合水的能力，可能是蛋白质微观结构的变化及氢键相互作用造成的结果。Tabilo-Munizaga 等认为高压鱼糜凝胶与加热鱼糜凝胶相比，前者具有更紧凑和均匀的网络，因此，高压鱼糜凝胶的保水性更好。Cheftel 等认为，蛋白质对高压非常敏感，高压能引起凝胶和持水性的变化。Ma 等在实验中发现，随着压力的增大，鱼糜的保水性呈现先升后降的趋势，在 400 MPa 时，鱼糜有最好的保水性。Perez-Mateos 等经研究发现高压对鳕鱼鱼糜凝胶保水性的影响比加热对其保水性的影响要大。

3. 超高压解冻　超高压处理会降低冰的融化温度。将这种特性应用于食品解冻称为超高压解冻，它不仅节省了时间，而且解冻后的冻品能够保持良好的质量。超高压解冻可以显著减少汁液损失，特别是在延长加压时间后。在 150 MPa 条件下解冻效果最好。

超高压技术是目前工业化程度最高的食品非热处理技术。尽管其在鱼糜制品中的应用较晚，但其在改善鱼糜制品凝胶性能、抑菌和节能方面的独特优势为鱼糜制品的加工、储存和新产品开发提供了更多选择。超高压技术在鱼糜制品加工中的应用研究还有很多值得探索的方面，如寻找一些降低超高压灭菌压强的协同措施，评估超高压处理对鱼糜风味物质和营养成分的影响，研究超高压技术与其他技术的联合应用效果等。另外，还存在超高压设备制造成本高、配套工业设备不完善等问题，使得连续生产难度加大，制约了超高压技术在实际生产中的应用。但是，随着基础理论的深入和设备的发展，超高压技术将得到更广泛的应用，为鱼糜制品的生产加工注入新的活力。

（二）超声波技术在鱼糜制品加工中的应用

超声波技术是一项利用超声波振动能量在介质中产生强剪切力和高温，改变材料结构和功能，加快反应速度的技术。超声处理鱼糜后，凝胶的破断力、变形、凝胶强度和盐溶性蛋白含量均显著高于对照组（$P<0.05$）。蛋白质电泳结果进一步证实，超声波可以加速鱼糜肌肉组织的分解和细胞破碎，促进盐溶性蛋白的溶出。此外，超声处理还将加强内源性转谷氨酰胺酶在罗非鱼中的活性，抑制组织蛋白酶活动，促进鱼糜凝胶强度改善。值得注意的是，适当的超声波处理可以有效地提高材料的力学性能。如果超声波处理时间太短（<5 min）或太长（>50 min），则蛋白质溶解没有显著改善。长期超声处理可能导致盐溶性蛋白变性或细胞释放的组织蛋白酶分解为短肽。

目前虽然有研究证明超声波技术对鱼糜制品凝胶性能有增强作用，但鱼种的不同对超声处理结果的影响较大，超声处理对于不同鱼种的作用效果还应进行验证和比较。Wen 等研究发现，超声处理草鱼鱼糜时，在 600 W 达到最大值 78.26%，超过 600 W 之后，鱼糜的持水性有下降趋势，说明超声在一定程度上可以提高鱼糜的持水性。超声波通过压缩和解压缩引起介质中分子的位移，从而产生空化效应，提高鱼糜的持水性，经过 150 W 超声处理的鱼糜保水性更好。超声会对鱼糜的持水性产生影响，可能是因为脉冲影响了肌原纤维的空间结构。10 min、100~120℃的高温处理会破坏鱼糜的持水性，使其持水性变差。

超声波技术在鱼糜制品加工中的应用研究刚刚起步，还有许多未知领域有待探索。以前的研究主要集中在鱼糜斩拌前的超声波处理对鱼糜制品的影响，但是关于超声波技术在加热和冷却过程中的应用还没有报道，可以对此进行研究和尝试。另外，超声波技术与其他技术相结合提高鱼糜产品质量也可以作为研究热点。研究发现，超声波处理后的罗非鱼鱼糜经斩拌后可以提高其凝胶强度。结合二段式加热工艺，获得了具有理想力学性能的产品。此外，目前的研究仅限于单频超声波技术。在鱼糜制品加工中，化学效果优于单频超声的复频或双频超声的应用尚未见报道，可作为研究方向。

（三）热塑性挤压技术在鱼糜制品加工中的应用

热塑性挤压是一种利用热剪切力和机械剪切力使食品成分的结构和性能发生剧烈变化的加工技术。它可用于开发新产品，提高材料消化率，抑制有害酶和抗营养因子（如胰蛋白酶抑制剂和单宁酸）。与传统工艺相比，它在产量、节能和营养品质方面具有明显的优势。热塑性挤出将对材料产生强烈的影响，使产品的形态和性能与原材料不同，为低值鱼蛋白的深加工提供了新的思路。鱼糜对热塑性挤压的研究起步较早，但研究工作不多。研究人员对热塑性挤压工艺参数对鱼蛋白特性的影响进行了一系列的探索，为控制挤出工艺，实现预期目标提供了依据。

热塑性挤压不仅改变了食品的成分，对食品的营养价值也有一定的影响。一些学者认为，这种作用具有双重性质，包括破坏抗营养因子、改善蛋白质消化率、促进淀粉凝胶化、增加水溶性膳食纤维和减少脂质氧化。不利影响包括蛋白质和还原糖之间的美拉德反应，以及热不稳定维生素的流失。具体影响还主要取决于原材料的类型、成分和工艺条件。利用热塑性挤压技术开发鱼类蛋白质重组产品，有利于提高低价值鱼类的综合利用率，增加产品附加值，丰富鱼糜制品的形态，开拓鱼糜休闲食品市场。然而，目前热塑性挤压过程中变量多，生产难以控制的问题尚未得到很好的解决。有必要进一步研究各种参数对产品质地和感官特性的影响，优化产品成分和工艺参数，进行多种尝试，开发出多种鱼糜挤压新食品。

（四）微波技术在鱼糜制品加工中的应用

微波利用其与极性分子碰撞产生的摩擦热来均匀地加热材料的所有部分，具有方便、高效、节能、渗透性强等优点。它在鱼糜制品加工中具有很大的应用潜力。微波加热鱼糜时，组织蛋白酶迅速失效，凝胶中心温度迅速超过凝胶劣化带，使鱼糜的凝胶性能优于水浴加热。结果发现，微波加热加强了二硫键和非二硫键共价键的形成，增强了蛋白质之间的交联，并抑制了蛋白质在凝胶形成过程中的自溶。低盐鱼糜凝胶的力学性能得到改善。在加工过程中灵活应用微波技术也可以进行新产品开发。以鱼糜为主要原料，接种面包酵母，微波加热，研制出微波发酵膨化休闲食品，扩大了鱼糜类产品的市场范围。

微波食品的安全性仍然备受舆论关注。微波加热过程可能伴随着营养物质的损失及环境变化，甚至存在安全隐患。在这方面，一些学者认为，微波加热会使食品质量发生一定的变化，但不会对所有营养素产生不利影响。微波加热对不同食材的不同营养成分有不同的影响。微波加热在维生素保存和微生物抑制方面优于传统加热。因此，只要掌握正确的微波技术，科学合理地使用微波技术，避免食品长期微波加工、反复高温或微波辐射，就可以有效地减少或预防微波加工的潜在危害。微波鱼糜产品具有良好的凝胶性能，具有明显的节能省时优势，有可能取代鱼糜制品的传统加工。然而，微波技术在鱼糜制品加工中的应用仍有一些问题需要讨论，如微波加工和微波加热对鱼糜营养成分和质地特性的具体影响，通过改进设备和优化工艺条件，减少或避免微波加工对产品的不利影响。

第八章 水产品加工副产物的综合利用

第一节 鱼类加工副产物的综合利用

一、概述

我国是世界鱼类水产大国，2019 年我国水产品总产量达 6480.36 万吨，其中鱼类产量达 3529.88 万吨。在鱼类加工过程中会产生占鱼体 40%~60% 的副产物，包括鱼内脏、鱼头、鱼尾、鱼鳍、鱼皮、鱼鳞、鱼骨、鱼碎肉等，如果这些副产物处置不合理，会对环境造成污染，甚至会危害人类健康。鱼下脚料的传统处理方法是将其加工成动物饲料或制成鱼粉，也有些工厂直接将其丢弃。但这些鱼下脚料中蛋白质含量高，具有良好的氨基酸组成，是优质的生物活性肽来源，如何高效利用这类蛋白质资源成为当前研究的热点之一。因此，我国水产品加工行业迫切需要进行技术革新与变革，对水产品加工副产物进行综合利用，不仅是将我国水产资源的价值发挥到最大，同时也是水产捕捞和水产养殖的延续，水产业将成为我国三大支柱产业中的重要组成部分。

二、鱼头

鱼头是鱼下脚料的重要组成部分，占下脚料质量的 60% 以上。目前对鱼头的利用途径除极少量用于加工成鱼头罐头外，主要用于加工成动物饲料，甚至被直接丢弃，原料综合利用水平不高。鱼脑营养丰富，富含多不饱和脂肪酸、磷脂、蛋白质等物质，其中被称为"脑黄金"的二十碳五烯酸（EPA）和二十二碳六烯酸（DHA）含量较高，特别是 DHA，是大脑细胞及脑神经形成、发育及运作的物质基础，因此 DHA 具有帮助婴幼儿中枢神经系统发育及提高记忆力等功效。

（一）鱼头的基本成分和作用

磷脂是身体内细胞的原料，尤其是脑细胞和神经细胞的原料，在体内水解成胆碱，与乙酰辅酶 A 作用生成乙酰胆碱。乙酰胆碱是构成中枢神经系统神经递质的主要物质，各种神经细胞之间的信息传递由它来实现。胆碱缺乏是痴呆症的主要原因，因此，磷脂含量丰富的鱼脑有利于预防阿尔茨海默病的发生。另外，鱼脑磷脂具有一定的抗氧化能力、良好的乳化性能及免疫调节活性。

锌是中枢神经系统含量最丰富的过渡金属元素之一，对维持中枢神经系统正常生理功能具有重要作用。锌缺乏会影响脑 DNA、RNA 和蛋白质的合成，使小脑发育受损，神经递质水平改变，而铜缺乏则会使大脑皮层分子层及颗粒层变薄，神经元减少。研究者发现鱼脑中锌、铜含量明显高于鱼肉，其中鲥鲈、鲢鱼脑的锌含量是鱼肉的 10 倍左右，这是鱼脑益智的又一重要原因。鱼脑脂肪还具有清除自由基、抗血小板活化因子及抗菌功效。

（二）鱼头的开发利用

1. 生产饲料鱼粉　鱼粉是以一种或多种鱼类副产物为原料，经去油、脱水、粉碎加工而成的高蛋白质饲料原料。以鱼类加工副产物为原料生产鱼粉用于水产饲料的生产，可降低饲料生产成本，发展渔业循环经济。将鲢鱼鱼头、鱼骨与其他加工下脚料一起，经脱腥脱臭后蒸煮，压榨分离鱼油，将固体残渣湿粉碎干燥得到鱼粉。

2. 鱼油的提取　白鲢鱼头中含有 10%～13% 的鱼油，其中 EPA 和 DHA 的含量高于其他淡水鱼类。将鱼头中鱼油提取精制，应用于食品、医药等领域，具有较高的经济价值。利用中性蛋白酶制备鲢鱼鱼油，每克原料的加酶量为 1000 U，在温度 45℃、pH 7.3 时，提油率高达 78.66%。采用中性蛋白酶制备白鲢鱼头中的鱼油，在料液质量比 1∶1.5、酶解时间 3 h、酶添加量 1.5%、酶解温度 45℃、pH 7.0 的条件下得到粗鱼油的提取率为 74.8%。粗鱼油经脱胶、脱酸、脱色、脱臭，得到精炼鱼油，色泽淡黄，腥味淡，澄清透亮，DHA 和 EPA 的总量为 4.57%。

3. 制作调味料　鱼头中含有丰富的核苷酸、氨基酸及对风味贡献比较大的钾、钙、钠、镁等无机元素，将鱼头经过适当处理制作成调味汤料、鱼骨肉酱或水产调味基料是不错的选择。以罗非鱼鱼头、鱼排为原料，先采用木瓜蛋白酶和风味蛋白复合酶酶解后，用微生物发酵法脱腥去苦，再添加木糖、葡萄糖、硫胺素和半胱氨酸进行美拉德反应赋香，最后进行喷雾干燥制得水产品调味基料，解决了单一酶解方法生产的水产品调味基料存在风味不足和成本过高的问题。斑点叉尾鮰鱼头和鱼头酶解物中都含有丰富的氨基酸和核苷酸，但酶解后含有更多的风味物质，具有更浓郁的鱼香味。利用淡水鱼头、鱼骨同时生产高钙鱼骨粉、汤料和鱼油，并以纯种鼠为动物模型，探讨了鱼骨粉的生物利用率，并对缺钙的孕妇做了临床试用，取得了预期的效果。

4. 提取胶原蛋白、明胶或多肽　鱼头、鱼骨中的胶原蛋白可用热水提取制成明胶后再进行利用或用蛋白酶水解成多肽后用于抗氧化、抑菌等。以斑点叉尾鮰鱼头为原料，先用碱性蛋白酶进行酶解，去除鱼头中的蛋白质，再用盐酸浸酸除盐，用 9 g/L 石灰乳浸灰，最后用热水进行三道提胶，所提明胶用于苹果汁的澄清，效果良好。将新鲜鲇鱼的鱼头和鱼骨高压蒸煮、粉碎处理后用胃蛋白酶进行酶解，所得酶解液离心后喷雾干燥制成粉末，以 15% 浓度添加到鲇鱼香肠中有一定的抑菌作用。采用胰蛋白酶在 pH 7、温度 55℃、酶添加量 950 U/g、料液比 1∶4、时间 6 h 条件下对真鲷鱼鱼头进行水解，蛋白质水解度达 61.15%，提油率为 82.09%。通过酶解技术综合利用开发得到蛋白肽和鱼油两种产品。

三、鱼骨

当前，世界各国的鱼骨都处于欠开发状态，尽管有许多研究表明鱼骨丰富的营养、价值元素可以被有效应用于各领域，但由于开发成本高、程序烦琐、价值转化率低等原因，鱼骨成为各国弃之可惜的尴尬存在。

（一）鱼骨基本成分与功能

鱼骨主要由蛋白质、脂肪及灰分组成。鱼骨中含有可促进人体发育的天然优质钙，以及磷、铁、硒等多种微量元素，部分鱼骨的基本化学组成见表 8-1（何云和包建强，2017）。鱼骨中含有丰富的粗蛋白和灰分，如蛋白质含量一般占干物质总量的 26%～41%，其中鳕鱼骨的粗蛋白含量最高，达 40.67%；灰分含量一般占干物质总量的 20%～62%。鱼骨中钙含量丰富，主要以磷酸三钙（占 80%～85%）和碳酸钙（占 10% 左右）形式存在，可以作为良好的钙、磷强化剂，以多种形式添加到食品中。

表 8-1　鱼骨的基本化学组成

鱼骨	水分 /%	灰分 /%	蛋白质 /%	脂肪 /%	钙 / (mg/g)	磷 / (mg/g)
鲭鱼	4.40	21.24	26.13	47.18	143	86
鲑鱼	4.96	26.37	29.20	38.12	135	81
小青鳕	6.19	53.82	36.97	1.41	199	109
虹鳟鱼	5.21	26.55	31.40	34.37	147	87
小鲱鱼	5.33	36.87	37.31	15.25	161	94
大鲱鱼	7.15	35.71	30.12	26.67	197	95
竹荚鱼	2.62	46.30	27.02	22.61	233	111
鳕鱼	12.42	35.36	40.67	18.71	190	113
白鲢鱼头	8.20	58.20	28.00	9.83	260	—
马面鱼骨粉	7.83	39.79	1.62	53.71	—	—
金枪鱼	—	57.20	33.10	8.00	52.7	28.9
鲇鱼	7.80	54.70	33.20	7.90	—	—
罗非鱼	20.10	39.24	37.17	3.51	—	—
鲟鱼软骨		2.90	20.40	8.00	—	—
鲈鱼		61.86	24.00	6.82	—	—

注 : "—" 代表无数据

（二）鱼骨的综合利用

1. 钙的提取和利用　　钙对人体生长发育有重要的作用，是人体必需的营养成分。用化学方法制备的钙制剂或多或少残留一些有害物质，鱼骨中的钙含量高达 20%～30%，是一种天然优质的钙源。目前，最常用的鱼骨水解和钙提取方法有三种：酶解法、酸法和醇碱法。盐酸对鳕鱼骨中钙的提取效果最好，提取率达 60% 以上；乳酸次之，提取率约 30%；乙酸的提取率最低。采用醇碱法（乙醇和 NaOH 浸泡）制备鳕鱼骨粉，再添加黏合剂、填充剂等制成鳕鱼骨钙片，具有促进生长、提高骨密度和防止骨质疏松的功效。近年来，也有文献报道了微生物发酵、高压脉冲电场处理等其他提取方法。

利用鱼骨可生产鱼骨钙粉作为一种优质天然钙剂，还可作为天然钙源制成补钙制剂，如氨基酸螯合钙、鱼骨钙片、柠檬酸-苹果酸活性钙、骨胶原多肽螯合钙等。以鱼骨制成的活性钙粉含钙 38.27%，活化后的成品为白色粉末，无颗粒感，无鱼腥味，证明了鱼骨制备活性钙的可行性。通过酶解鱼骨胶原蛋白制备出鱼骨胶原多肽，与鱼骨提取的活性钙进行螯合，制备多肽螯合钙，为鱼骨的综合利用开辟了新途径。同时钙离子还可以诱导肌球蛋白展开，暴露肌球蛋白内部的活性基团，有利于加强转谷氨酰胺酶的催化作用，从而增强鱼糜凝胶的强度。以鲽鱼骨为研究对象，首先采用湿法超微粉碎技术将其加工成微细骨泥，再将其添加到金线鱼鱼糜制品中开发高钙鱼糜制品，可促进肌球蛋白重链的交联，使鱼糜凝胶形成致密均匀的网状结构。

2. 提取胶原蛋白或明胶　　鱼骨中主要含 I 型胶原蛋白，约占鱼骨有机组分的 90%。鱼骨胶原通过不同的提取条件和方法，可得到不同的产品，如胶原蛋白、明胶或胶原多肽。以鲢鱼骨为原料，经蛋白酶酶解、凝胶色谱分离纯化制备具有高抗氧化活性的胶原多肽。从黑鼓鱼、羊鲷鱼鱼骨中提取酸溶性胶原蛋白及酶解胶原蛋白，可应用在功能性食品、化妆品及生物制药中。利用蛋白酶辅助法从鳕鱼和鲽鱼鱼骨中提取明胶并对其功能特性进行比较，发现两种鱼骨明胶都可形成均匀致密的网络结构，而鲽鱼鱼骨明胶具有更高的凝胶强度、乳化稳定性和起泡性。

3. 提取硫酸软骨素和多糖　硫酸软骨素是共价连接在蛋白质上形成蛋白聚糖的一类糖胺聚糖，具有防止血管硬化、降血脂、抗凝血、抗癌、促进冠状动脉循环等作用，在鲨鱼、海参、鱼类及家禽软骨中含量丰富。将鱼骨洗净、烘干、粉碎后制得鱼骨粉，用 NaOH 溶液浸提，浸提液调整 pH 后用复合蛋白酶水解，再经活性炭吸附、三氯乙酸沉淀后弃沉淀得鱼骨浸提液。鱼骨浸提液用无水乙酸钠调 pH 后加入无水乙醇沉淀，离心即得硫酸软骨素。

多糖是一种重要的生理活性物质，具有抗肿瘤、抗氧化等功能。采用稀碱和酶法相结合的方法提取鲟鱼鱼骨多糖，经乙醇沉淀并冷冻干燥后得到产品。以多糖得率为检测指标，得到最佳条件为：NaOH 浓度 3%，浸提时间 6 h，酶添加量 0.6%，酶解时间 5 h。

4. 制作海鲜调味品　海鲜调味品因具有鲜美的口感和风味等特点，一直受到消费者的青睐，利用鱼骨中含量丰富的氨基酸、蛋白质等营养物质加工成营养丰富、风味独特的优质海鲜调味品，不仅能满足人们的口味，还具有较大的开发价值和发展前景。经高压蒸煮、破碎、磨成骨泥等工艺流程可将鱼骨制成风味鲜美的海鲜辣酱。以白鲢鱼骨高压熬制并过滤后得到的鱼骨汤为原料，用中性蛋白酶进行酶解，可降低腥味，提高鲜味，明显改善鱼骨汤的风味。

5. 制作休闲食品　将鱼骨去腥、软化后进行油炸、挂糖等处理制成酥脆休闲食品或将鱼骨粉碎后添加到其他配料中制成饼干、鱼骨片、鱼骨肠等休闲食品也是利用鱼骨的方式之一。将鱼骨用蛋白酶水解去除残肉后，用红茶与 $CaCl_2$ 为复合去腥剂进行去腥处理，再高压蒸煮，微波中火进行熟化处理，然后挂糖可得到纯鱼骨休闲食品。将鲢鱼骨清洗后软化、烘干，再油炸，最后进行调味，制得的鱼排产品营养丰富、风味独特、口感佳。先将冷冻罗非鱼骨架通过粗粉碎、细粉碎及湿法微粉碎制成口感细腻光滑的微细骨泥，再添加复配粉和调味料，制坯，预干燥并油炸后制得香酥鱼骨片。

四、鱼鳞

鱼鳞中胶原蛋白具有较好的生物相容性、低抗原性、可生物降解性及力学性能，同时可促进血小板凝聚；羟基磷灰石可作为骨组织工程的原料，也可应用于整容整形领域；卵磷脂可作为保健品的主要原料；鱼鳞中脂肪酸的组分受环境和基因的影响，可用于血统或种群的鉴别；多糖类物质是公认的功能活性物质，具有较高的利用价值。

（一）鱼鳞的主要成分

鱼鳞是真皮层胶原质经长期进化而成的骨质衍生物，学名为鱼鳞硬蛋白，占全鱼质量的 1%～5%，其中几种常见淡水鱼鱼鳞为鱼体总质量的 2.5%。鱼鳞中的蛋白质主要是胶原蛋白，无机物成分主要由羟基磷灰石和磷酸钙组成。羟基磷灰石位于鱼鳞内层，以颗粒增强的形式形成一种增强体系，使鱼鳞具有较好的韧性和强度。

（二）鱼鳞的开发利用

1. 提取鱼鳞胶原蛋白或明胶　鱼鳞胶原蛋白不同提取方法的提取过程、提取率、提取物主要形式都各有不同，都需要在鱼鳞进行脱灰脱钙预处理之后才能进行提取。目前提取方法可分为以下5种：酸法、碱法、酶法、热水法和复合法。这5种提取方法的基本原理大致相同，都是针对鱼鳞胶原蛋白的特性，采用物理-机械方法或加入特定的化学试剂来改变鱼鳞中胶原蛋白的存在环境，最终使其与其他成分分离并进一步提纯。

1) **鱼鳞脱钙**　　鱼鳞的脱钙方法，主要采用酸法脱钙、乙二胺四乙酸（EDTA）脱钙和其他物理辅助脱钙法（如超声波、微波）。酸法脱钙中常用盐酸、柠檬酸、乳酸等，其中酸和底物浓度、脱钙温度和脱钙时间都会对鱼鳞脱钙率产生影响。利用响应面分析法得到罗非鱼鱼鳞脱钙的最佳工艺条件为：盐酸浓度2.9%，底物浓度6.3%，反应时间1.9 h，该条件下鱼鳞脱钙率为99.55%。经EDTA处理48 h后鱼鳞可达到最大脱钙率。用微波辅助EDTA脱钙，虽然脱钙率较低，但处理条件比较温和，胶原纤维损失较小。

2) **酸法提取**　　酸法提取是利用酸性条件破坏离子键和席夫碱键来提取胶原蛋白，常用的酸有盐酸、乳酸、乙酸、柠檬酸等。用柠檬酸提取鱼鳞明胶，在温度为65℃，时间为3.6 h，柠檬酸质量浓度为200 g/L，浸酸时间为11.3 h的条件下，明胶提取率为28.4%。采用乙酸、盐酸、柠檬酸提取鱼鳞胶原蛋白，并进行对比，获得最佳的试验方案为乙酸浓度0.6 mol/L，料液比1∶30，提取温度36℃，时间6 h。

3) **碱法提取**　　碱法是根据胶原蛋白中含有的酸性及碱性基团，在碱性条件下，发生酸碱中和反应，引起胶原蛋白肽链断裂，胶原碱溶降解。碱法作用迅速且彻底，在交联程度比较高的骨胶原中运用较多，但是碱法生产周期长，生产率低，蛋白质易变性，有消旋现象，肽链易水解，等电点降低。此外，碱法生产工艺也较复杂，提取出的胶原蛋白相对分子质量较低，不适于生物利用，因此在近些年来的研究中碱法提取较少使用。

4) **酶法提取**　　酶法是根据所选用的酶提取剂，如木瓜蛋白酶、中性蛋白酶和胃蛋白酶等，采用物理或者化学方法改变鱼鳞所处的环境，使其达到相关酶的提取条件后，再加入酶进行提取。酶法与其他方法相比，不仅反应过程迅速，所需时间更短，提取前后均不会对环境造成污染，而且提取出的鱼鳞胶原蛋白性质稳定，溶解性和纯度均能达到很高的标准。然而，酶法仍存在一些缺点，主要包括：随着提取的进行，胶原蛋白分子与其他成分及胶原蛋白彼此之间会形成阻碍提取进行的共价键，会对提取过程和提取结果造成不良的影响；采用酶法会水解出带有苦味的多肽，需要在后续的加工过程中进行去味处理，否则会严重影响鱼鳞胶原蛋白肽的理化性质。通过对酸法、碱法和酶法三种提胶进行对比得出，采用酶法提取出的鱼鳞胶原蛋白提取率最高，而采用氢氧化钠作为提取剂的碱法提取胶原蛋白的提取率低、冻力小。

5) **热水法提取**　　热水法提取就是在一定条件下用热水浸提水溶性胶原蛋白。提取的胶原蛋白有较高的保水性、乳化稳定性和泡沫稳定性。热水法提取鱼鳞胶原蛋白的最佳温度为60～70℃，温度略高有助于提胶，但由于胶原蛋白对热比较敏感，温度超过40℃会变性，氨基酸残基会随着温度的提高而被破坏，导致胶原蛋白的质量下降。热水提取法含盐量较低，但水解时间长，需带压操作，产品相对分子质量分布不均匀且不易控制，不能保证胶原蛋白的质量。

6) **复合法提取**　　在实际鱼鳞胶原蛋白的提取过程中，很多研究学者为了达到加快提取速度、提高提取率等目的而采用多种提取方法互相结合的复合法进行提取，如酸酶复合法、酸与热水复合法、复合酶法等。采用酸酶复合提取方法，对鱼鳞胶原蛋白提取条件进行优化及其性质的研究结果表明，酸浓度9%，酶浓度2%，提取温度为25℃，固液比1∶25，得到红杉鱼和龙利鱼羟脯氨酸收率分别为 9.82% 和 6.96%。

2. 制备羟基磷灰石　　鱼鳞中的钙离子主要以羟基磷灰石（HAP）的形式存在。目前以鱼鳞为原料生产 HAP 的方法主要有以下三种。

1）高温煅烧法　　即利用高温煅烧已经去除胶原的鱼鳞，制成亚微米级的 HAP。高温煅烧制备 HAP 时，需要严格控制煅烧温度，当温度偏高时，HAP 易转变成缺氧 HAP，虽然仍保持 HAP 的晶体结构，但生物活性会降低。将清洗干净的鱼鳞，用热 KOH 溶液处理，干燥，900℃ 煅烧 1 h，冷却后获得羟基磷灰石。不同种类的鱼鳞高温煅烧产生的 HAP，钙磷摩尔比不同，依次用蛋白酶和风味酶酶解后，在 800℃ 条件下煅烧 4 h，提取 HAP 的钙磷比为 1.76：1，且多孔性和表面粗糙度增加。

2）碱溶法　　即利用碱液去除胶原蛋白，经过洗涤、干燥得到几十纳米的 HAP。

3）酸溶加碱合成法　　即酸溶解再加碱合成的方法。

3. 提取卵磷脂　　卵磷脂在一定程度上可增强记忆力，并且可以抑制脑细胞的退化，有一定的防衰老作用。同时卵磷脂作为一种天然的乳化剂和营养补品，可用于生产人造奶油、饼干、面包、糕点、糖果和肉制品等食品，从使用鱼鳞的安全性来看，它既可药用又可食用，具有较好的安全性，所以鱼鳞卵磷脂是一个可开发的新型药食两用的资源。采用微波辅助法，浸泡提取鱼鳞卵磷脂，每 1 g 鱼鳞中得到卵磷脂的质量为 23.78 mg。

4. 鱼鳞在其他方面的应用　　鱼银是鱼鳞表面具有金属光泽的物质，从鱼鳞中提取的鱼银是一种昂贵的生化试剂，用于珍珠装饰业和油漆制造业，在国内外市场很畅销。鱼鳞中的蛋白质经蛋白酶水解，制得的酶解液可用于生产调味品和功能性食品添加剂，另外在水解过程中还会产生具有特定功能的功能肽。已经有实验证明，鱼鳞蛋白水解液具有抗氧化和降低血压、降低血液总胆固醇、抗衰老等功效。

五、鱼皮

鱼皮结构与其他动物皮一样，都由外层的表皮和内层的真皮组成。鱼皮内含有大量胶体、蛋白质和黏液物质及脂肪等，并含叶黄素、红色素、皮黄素酯、叶黄素酯等，中医理论认为其具有滋补功效。鱼皮中的蛋白质含量高于鱼肌肉中的蛋白质含量，其所含有的大分子胶原蛋白含量可达到总蛋白含量的 80% 以上。目前，国内对鱼皮再利用的研究主要集中在鱼皮胶原蛋白的提取和胶原蛋白肽的制备等方面。

（一）提取鱼皮胶原蛋白

水产动物中胶原蛋白的提取方法简单地说可以分为 4 种，即热水浸提、酸法浸提、碱法浸提与酶法浸提等。其基本的原理都是根据胶原蛋白的特性改变蛋白质所在的外界环境，把胶原蛋白从其他蛋白质中分离出来，在实际的提取过程中通常将几种方法结合使用。由于提取方法不同，胶原蛋白的理化性质具有一定的差异，但都具有较好的热稳定性、溶解性，能形成较好的网状结构，有潜力作为胶原蛋白的替代来源。

随着我国水产加工业的发展，鱼皮胶原蛋白还可以作为一种良好的膜材料制备鱼皮胶原蛋白膜，鱼皮胶原蛋白膜具有良好的生物相容性、低抗原性、较好的机械性能和一定的阻隔性。以鲴鱼皮胶原蛋白和壳聚糖为原料制备胶原膜，添加 2% 的茶多酚，且在适合的温度和时间下进行热处理，得到的复合膜的拉伸强度、水蒸气透过率达到最佳。利用鲢鱼皮胶原蛋白和绿茶提取物涂膜处理圣女果，可有效减轻其失重和腐烂，延缓果实褐变和抑制多酚氧化酶活性的产生，有助于有机酸及多酚含量的保持。通过制备一种新型的罗非鱼胶原-生物玻璃-壳聚糖复合纳米纤维膜，研制出了一种具有仿生结构和一定力学性能的仿生鱼胶原复合膜。

（二）提取鱼皮胶原蛋白肽

采用碱性蛋白酶水解鱼皮效果最好，在最佳酶解工艺条件下罗非鱼皮的水解度最高可达23.01%。以长鳍金枪鱼皮为原料，采用碱热复合酶三步水解法制备胶原蛋白多肽，提取出的胶原肽有弱苦味、焦味，还有一些腥味，得到的多肽分子质量分布比较好。以胰蛋白酶为水解酶，酶解温度50℃，pH 6，加酶量2000 U/g，酶解时间8 h，经纯化得到蛋白肽GM2-2-3，对经脂多糖诱导损伤的张氏肝细胞具有修复作用。鱼皮胶原蛋白肽与壳寡糖、人参提取物、黄芪提取物、当归提取物的药物组合物（鱼皮胶原蛋白肽复方制品）具有较好的增强小鼠免疫力的作用。

（三）制备鱼皮皮革

鱼皮因具有美丽独特的花纹等特点被用于高档皮革的制作。以草鱼皮为实验对象，采用盐碱浸灰膨胀法处理鱼皮，经过膨胀、脱水等工艺过程，最后加入石灰得到胶原纤维松散、膨胀程度良好的鱼皮革。以鲢鱼皮为研究对象，经过去肉、脱脂浸灰、脱灰软化等工艺过程后制成了成品革，其撕裂强度、厚度和拉伸强度均达到了国家行业标准。

六、鱼内脏

作为鱼类加工的主要副产物，鱼内脏占鱼体质量的20%~25%，鱼内脏的油脂质量分数高达30%~50%，即鱼油。鱼油的提取方法主要有有机溶剂浸提法、蒸煮法、压榨法、稀碱水解法、酶解法和超临界CO_2流体萃取法，其原理、工艺流程和优缺点见表8-2（李雪等，2018）。

表8-2　鱼油提取方法及其利弊

提取方法	原理	工艺流程	优缺点
机械法	利用物理力的作用使得压榨组织破碎、释放油脂	原料→上样→过滤→精炼	优点：操作方法简单，设备要求较低，适合大型工厂生产。缺点：提取率低，油脂品质低劣
蒸煮法	利用酯类物质不溶于水的特点，在高温条件下对原料进行蒸煮，使蛋白质变性，破坏脂肪细胞使油脂释放	原料→匀浆→加入去离子水、高温蒸煮→趁热离心→粗鱼油	优点：操作简单，无污染，有微腥味。缺点：提取率低，高温蒸煮易使油脂氧化，提取周期长
稀碱水解法	通过NaOH或KOH溶液破坏蛋白质与脂质之间的作用力，释放油脂	原料→去离子水调节料液比→KOH溶液调节pH→水解→硝酸钾、恒温水浴盐析→趁热离心→粗鱼油	优点：操作简单，提取率相对较高，成本低廉。缺点：NaOH中的Na^+会污染环境，改良后使用KOH溶液则无此弊端
酶解法	选用适合的蛋白酶消除脂质与蛋白质之间的作用力，释放油脂	原料→去离子水调节料液比→KOH溶液调节pH→酶解→灭酶→趁热离心→粗鱼油	优点：提取率高。缺点：提取时间相对较长

续表

提取方法	原理	工艺流程	优缺点
有机溶剂浸提法	脂质不溶于水，溶于氯仿-甲醇、乙醚、石油醚等	原料→有机溶剂浸提→固液分离→粗鱼油	优点：提取率高。缺点：不能够完全将结合态的脂质提取出来，会在油脂中残留部分有机溶剂无法去除
微波辅助法	在微波场中，微波能加热，而不同的物质对微波能吸收度不同，这就使得萃取体系中的其他组分被选择性加热从而萃取出来	原料预处理→加入溶剂→超声波→微波协同萃取→抽滤→旋蒸至恒重得粗鱼油	优点：升温速度均匀、热效率高、溶剂回收率高、提取时间短。缺点：无法准确控制微波温度
超临界 CO_2 流体萃取法	利用 CO_2 处于超临界状态时，控制体系的压力和温度，使其能选择性地萃取某一组分	原料→装釜→升温升压预设萃取调节→调节收集压力，由分离釜得到粗鱼油	优点：提取率高，没有溶剂残留，能最大限度地保存热敏性物质和活性物质的活性。缺点：设备昂贵

七、鱼鳔

鱼鳔，又名鱼肚、鱼白、鱼泡，在鱼体内最重要的功能是通过充气和放气来调节鱼体的相对密度，从而调节鱼体内外的水压平衡和控制身体沉浮。鱼鳔是一种高蛋白（干制品可高达 79.28%，且构成氨基酸种类齐全）、低脂肪（0.17%～4.34%）、有丰富的矿物质（钙、锌、铁、镁、钾、硒、锰）的水产资源。用鱼鳔（小黄鱼、鳗鱼等）进行了小鼠的抗疲劳实验，结果显示，鱼鳔能显著增强小鼠的游泳耐力，延长其爬杆时间，且游泳后的血乳酸及血尿素氮水平明显降低。通过碱水解发现鱼鳔的黏多糖达 9%，可作为特异性指标，为鱼鳔滋补肾精提供了物质基础。通过微波方式提取的鱼鳔胶原蛋白可作胶黏剂，用于古建筑的修复、艺术品的制作，以及高档家具、船舶、木构件等的胶接，安全、无甲醛污染，是理想的黏结材料。

八、鱼表面黏液

鱼表面黏液是由鱼皮肤上的黏液细胞分泌的，分泌物含有多种物质，如糖类、糖蛋白、酶类、无机离子、免疫球蛋白等。鱼表面黏液在鱼类的各种生命活动中发挥着重要的作用，鱼类的生长、发育、自我保护、摄食、疾病等都与鱼类的黏液细胞有着极为密切的关系。因此，对鱼类的黏液细胞进行深入的研究将会有助于加深对这些基本问题的理解。

对鱼类表面黏液成分的分析结果表明，很多鱼表面黏液中都含有免疫球蛋白，且鱼表面的免疫球蛋白与血清中的免疫球蛋白在性质和结构上都有较大的差异，免疫途径不同，免疫球蛋白的产生与变化规律不同。因此，有的学者认为在真骨鱼类中存在一个黏液性免疫系统，但是，另外一些学者认为在鱼类中不存在黏液性免疫系统，认为黏液细胞只是在非特异性免疫中发挥作用。在鱼类的黏液中除免疫球蛋白外，还含有大量其他的活性物质。例如，泥鳅体表黏液中含有超氧化物歧化酶和抗生素，而且其黏液中的抗生素对人感冒的治疗效果较目前多种正在使用的抗生素的效果都要好。因此，对鱼表面黏液物质进行成分分析也为水产行业的发展奠定了一定的基础。

鱼类的皮肤是鱼的一道物理和化学屏障，皮肤黏液除物理隔离入侵的微生物外，还含有许多抗菌物质，是抵抗病原菌入侵的一道防线。皮肤黏液包括抗菌肽、溶菌酶、碱性磷酸酶、凝集素、蛋白酶和其他抗菌蛋白等。其中，溶菌酶能够破坏细胞壁的主要成分——肽聚糖，是鱼类中抗革兰氏阳性菌和革兰氏阴性菌的一种有效的抗菌剂。研究者发现，虹鳟在细菌感染高发部位，如表皮黏液层和鳃中白细胞数量很丰富。另外，虹鳟溶菌酶还表现出有效地杀死鱼类主要致病菌的能力。碱性磷酸酶是一种溶菌体酶，在鱼类伤口愈合的最初阶段发挥保护性作用。对鲤鱼进行环境压迫和使大西洋鲑鱼感染寄生虫都可以提高碱性磷酸酶在黏液中的水平。黏液中的蛋白酶也能提供天然性免疫保护，具有抗菌特性。从虹鳟黏液中纯化出丝氨酸胰蛋白酶并显示其具有对革兰氏阴性菌的杀菌活性。从岩鱼中提取出一种名为SSAP的蛋白，属于L-氨基酸性氧化酶家族蛋白，具有有效的抗鱼类病原菌的活性，如嗜水气单胞菌、杀鲑气单胞菌、布氏柠檬酸杆菌等。

第二节　虾、蟹类加工副产物的综合利用

一、虾、蟹类加工副产物概述

我国湖泊众多，海域辽阔，虾、蟹资源丰富。虾、蟹的养殖和捕捞具有明显的季节性，除鲜食外，发展虾、蟹加工产业可有效延长产品贮藏期，扩大消费区域，提升产品附加值。在虾、蟹加工过程中，会产生 30%～40% 的加工副产物（主要为虾、蟹壳），如不能加以合理利用，会对生态环境造成一定污染，同时也会增加企业的负担。虾、蟹壳含有多种成分，具体如表 8-3 所示（刘宇等，2018），不同种类、不同产地的虾、蟹壳的化学组成存在一定差异，但其主要成分均为蛋白质、灰分和甲壳素。此外，虾、蟹壳还含有少量的脂肪（雪蟹除外，其脂肪含量高达 17.1%）、游离氨基酸和虾青素等。

表 8-3　不同虾、蟹壳的组成成分　　　　　　　　　　（%）

虾、蟹种类	各成分含量				
	蛋白质	灰分	甲壳素	脂肪	钙质
南美白对虾	21.01	21.33	26.84	4.39	19.60
凡纳对虾	39.88	22.40	27.34	1.36	14.83
南极磷虾	46.98	14.26	5.09	1.09	—
欧洲对虾	21.87	56.64	23.57	1.09	—
蓝蟹	11.25	59.11	27.53	1.07	—
普通滨蟹	4.31～7.06	—	12.60～14.50	0.37～0.65	—
雪蟹	34.20	28.50	—	17.10	8.38

注："—"代表无数据

二、虾、蟹类加工副产物的综合利用

（一）甲壳素/壳聚糖的提取与应用

甲壳素是地球上含量仅次于纤维素的天然高分子化合物，它广泛存在于菌类细胞壁、昆虫和甲壳类动物的硬壳中。甲壳素与纤维素的化学结构非常相似，分子链为线性直链。不同点在于甲壳素 C_2 上有一个乙酰胺基（$CH_3CONH—$）。甲壳素一般在 100～180℃，40%～60%

的 NaOH 溶液中非均相脱去乙酰基便转化成壳聚糖。工业上把脱乙酰度大于 70%，含氮量为 7%～8.7% 的壳聚糖视为合格产品。

1. 甲壳素/壳聚糖的提取工艺

1）酸碱法　　此方法是通过用酸来除去虾、蟹壳中的灰分等矿物质，再用碱去除蛋白质和脂类物质，最后再通过高锰酸钾或者过氧化氢氧化褪色。利用新鲜的小龙虾壳进行甲壳素提取，室温下用 HCl 溶液浸泡后水洗至中性，然后再用 NaOH 处理，甲壳素的提取率可达到 16.52%。采用化学萃取法，从蟹壳废料中提取甲壳素，产率达到 12.2%。采用挤压膨化、酸溶、碱沉相结合的方法，从阿根廷鱿鱼中提取壳聚糖，提高了甲壳素的脱乙酰度及壳聚糖的提取率，降低了壳聚糖的分子质量，增强了壳聚糖的杀菌活性。

2）酶解法　　酶解法制备甲壳素具有条件温和、污染小的优点，一直是研究的热点。通过蛋白酶酶解虾壳制备甲壳素，脱乙酰后获得壳聚糖，与化学法相比，酶解法获得的壳聚糖具有相似的脱乙酰度和较高的相对分子质量。采用超声协同几丁质脱乙酰酶法对龙虾虾壳进行处理，制备高脱乙酰度壳聚糖，与传统碱法相比，该制备方法具有无污染、产品脱乙酰度高、产品性质稳定等优势。采用从蓝蟹内脏提取的粗碱性蛋白酶处理蓝蟹蟹壳和欧洲对虾虾壳，可以有效提取甲壳素。

3）微生物发酵法　　即利用一些细菌和真菌发酵体产生的有机酸或蛋白酶来去除虾、蟹壳中的蛋白质、灰分和钙盐，从而达到制取甲壳素的目的。采用微生物发酵法来脱钙、脱蛋白质，利用鼠李糖乳杆菌发酵虾壳，然后用枯草芽孢杆菌来发酵脱蛋白，脱蛋白率和脱钙率分别达到了 85.45% 和 98.98%。微生物发酵法是目前前景最好的一种方法，也是当今的研究热点，目前主要以乳酸菌和芽孢杆菌发酵为主。

2. 甲壳素/壳聚糖的应用

1）在医学领域中的应用

（1）手术缝合线：壳聚糖具有止血功能，且具有无毒、无刺激、不溶血、可自然降解及良好的组织相容性等特性，减少拆除手术线的疼痛及伤口感染的可能性。有报道研究了甲壳素在大鼠肌肉的降解周期大约为 4 个月，并且没有明显的炎症反应。此外，甲壳素制成的手术缝合线在胆汁、尿液等液体中仍能保持强度，是一种十分优秀的缝合线材料。

（2）人造皮肤：甲壳素对人体细胞有很强的亲和能力，能被人体内的酶溶解，有着较好的成膜性及吸湿性等特点，被广泛地应用在医学材料领域。甲壳素能够很好地促进细胞再生，将其植入伤口处，便可生成人造皮肤。

（3）药物控释载体：壳聚糖作为药物控释载体有着独特的优点，如无毒、较好的生物相容性，酸性条件下可形成凝胶并具有抗酸、抗溃疡的活性，可有效地解决药物对肠道的副作用。此外，壳聚糖还可减少药物吸收前代谢，提高药物的生物利用度，是一种具有发展前景的材料。

2）在农业中的应用　　甲壳素可以提高农作物在低温环境下的抗逆性，还可以提高可溶性蛋白和可溶性糖等抗寒性物质的含量，有效降低细胞膜的过氧化水平，使农作物可以维持较高的光合作用强度，减少低温对作物的伤害。壳聚糖作为一种天然的植物生长调节剂，可以提高种子发芽率及种子活力，调节农作物的生长。同时壳聚糖能够被生物降解，在土壤中不会板结土壤，还具有对真菌和细菌的抗性。

3）在食品工业中的应用

（1）功能性食品：甲壳素和壳聚糖作为一种天然的生物质，无毒副作用，其本身就可以作为一种功能性保健食品。研究表明，壳聚糖在调节机体免疫功能，降血脂、血糖、血压、保护胃肠道等方面发挥着巨大的作用。壳聚糖通过阻断膳食脂肪和胆固醇的吸收而具有降低胆固醇的能力，壳聚糖及其两种衍生物不仅具有较低的细胞毒性，而且可以控制营养，实现胰岛素抵抗治疗。

（2）食品添加剂：甲壳素的结构虽然与纤维素相似，但是它的吸湿性更优于纤维素，吸水后的表面活性降低程度也小于纤维素。作为食品添加剂，壳聚糖可作为增稠剂、被膜剂、澄清剂、抗氧化剂、风味改良剂、乳化剂等。壳聚糖作为被膜剂，被列入国家食品添加剂使用标准 GB 2760—2014。

（3）果汁澄清剂：壳聚糖分子上游离的氨基带正电荷，能够和酸、多酚类物质进行反应，进而对胶态颗粒絮凝沉淀，有澄清果汁的效果，并且不会影响营养成分和风味。此外，用壳聚糖作澄清剂操作方便，成本低，有明显的经济效益。

（4）防腐保鲜：壳聚糖是真菌细胞壁的重要组成部分，具有很高的抗氧化活性，对几种食物中毒细菌和真菌具有优异的抗菌活性，被建议用作食品防腐剂。壳聚糖及其衍生物能延长食物的储存时间，其形成的抗菌涂层能够有效地延缓微生物入侵，从而使食物不易腐烂。此外，壳聚糖基可食性膜是可生物降解的，并可以与包装中的产品一起食用。

4）在化妆品行业中的应用　　壳聚糖是亲水胶体，可以与蛋白质等相互作用形成保护膜，从而起到保湿的作用。能够在头发表面形成一层覆盖膜，不易沾染灰尘，是一种理想的固发原料。有学者将甲壳素用作化妆品的活性载体，甲壳素-纳米纤维被嵌入抗氧化剂成分（褪黑激素、叶黄素和胞外蛋白），通过皮肤层的渗透可改善活性成分。几丁质和抗氧化成分的结合具有清除自由基的作用，可用于防止太阳辐射对光老化和皱纹的有害影响。

（二）提取虾青素

虾青素是普遍存在于虾、蟹、大马哈鱼等水产原料中的一种天然色素，作为类胡萝卜素家族的重要一员，是目前被发现的具有最强抗氧化活性的物质，其抗氧化能力远远高于维生素 E、β-胡萝卜素、茶多酚和番茄红素等现有的天然抗氧化剂。虾青素在虾、蟹外壳中以虾青素酯的形式存在，这是由于虾青素分子结构尾部的羟基和酮基使其具有特殊的酯化能力。虾青素酯外包裹甲壳蓝特殊蛋白使得鲜活的虾、蟹呈现蓝灰色。在加热、光照或者环境（高压、有机溶剂、金属离子等）刺激下，外层的甲壳蓝蛋白会发生降解，虾青素脂质部分溶解形成自由状态，这也是虾、蟹会变红的原因。

虾、蟹壳是虾青素的重要来源之一，主要提取方法为有机溶剂法。采用乙醇解析-稀碱提取工艺提取虾壳中的虾青素，该工艺采用的有机溶剂无毒且用量少，提取液色泽透亮，用时短，提取效果较好，提取得率 19.5%。以大明虾虾仁加工废弃物为原料，利用木瓜蛋白酶在温度 44.5℃，pH 5.51，时间 92.6 min，加酶量 1.30% 的条件下酶解，湿虾壳总类胡萝卜素释放率为 63.059 μg/g，比直接用有机溶剂提取方法释放率提高 19.879%。采用 CO_2/乙醇超临界萃取法处理蟹壳，可回收蟹壳中约 40% 的虾青素。

（三）开发功能食品、调味品

1. 经盐发酵制备酱油　　虾加工副产品中含有丰富的营养物质、提取物和酶类，因此是理想的盐发酵原材料，被用以生产酱油。用虾加工废弃物制备酱油，发现其具有嫩肉作用。

2. 制备虾酱　　将虾头、虾壳经油炸、粉碎和磨浆制成的虾头酱具有较强的防腐抑菌能力，而且含有 18 种氨基酸，必需氨基酸与非必需氨基酸比例适当。将虾头制成超微虾头粉后，经调配、胶体磨和熬酱制备的虾头酱风味独特，能够防腐抑菌。

3. 制备调味料　将虾头经酶解、过滤和调配制成的虾调味汁为红棕色，有光泽鲜艳感，具有增鲜、调味、调香和除腥等作用。以中国对虾虾头为原料，通过确定及优化酶解条件，制备虾头酶解液，再经过浓缩，添加某些单体氨基酸及还原糖，发生美拉德反应，得到虾味浓郁、高仿真度的虾味香料。

新鲜蟹壳、蟹爪含有大量蛋白质，经酶解后成为呈味肽和氨基酸，可制得蟹味调味料，也可用粗放的方法生产蟹汁风味料，工艺流程为：挑选鲜蟹壳→洗净→粉碎→加热蒸煮→汤汁加热浓缩→蟹汁（得率 50%）。由蟹汁可制得蟹味调料，用于佐餐调味。例如，蟹汁加 3% 盐、6% 糖、1% 味精、适量藻胶、香料→拌匀→煮沸→灌装杀菌→蟹味调料。

第三节　贝类加工副产物的综合利用

贝类隶属于软体动物门，目前世界范围内已知的品种高达 10 万多种。中国是世界上贝类养殖和加工的大国，根据贝类分布生存环境的不同，将其分为海洋贝类（如扇贝、鲍鱼、牡蛎等）、淡水贝类（如河蚌、河蚬等）及陆生贝类（如蜗牛等）。根据《2019 年中国渔业统计年鉴》，2018 年全国贝类海水养殖及淡水养殖年产量已经达到 4403 万吨。贝类产量的增加促进了贝类加工业的蓬勃发展，而贝类加工过程中会产生大量的内脏、汤汁、贝壳和裙边肉等副产物，可占原料的 50% 以上。研究表明，贝类副产物中富含蛋白质、不饱和脂肪酸、多糖、维生素、氨基酸、矿物质等营养成分，其中许多是重要的活性物质，具有重要的生理功能。然而，这些副产物只是被简单加工成调味品、饲料，或者直接被丢弃，从而造成资源浪费，长期如此还会导致环境污染的问题，影响我们的生活。因此，近年来贝类加工副产物的高值化利用受到了研究者的广泛关注。目前，已成功从贝类的内脏、裙边肉及汤汁中提取出一些生物活性物质，如活性肽、多糖、酶、牛磺酸、不饱和脂肪酸等。贝壳也被开发应用于医药、保鲜与防腐、补钙制剂、人工骨材料、药物载体、污水处理、仿生材料等领域。

一、内脏的利用

贝类的内脏因营养丰富，被研究者广泛关注，已有报道成功从贝类的内脏中提取出活性肽、多糖、酶及油脂等活性物质，同时也有研究将其开发为调味品，从而极大地减少了贝类副产物的浪费及其给环境带来的污染，又显著提高了其附加值。

（一）活性肽的提取

生物活性肽是由构成蛋白质的 20 多种天然氨基酸以不同的组成和排列方式构成的环状或者线性的，具有生物活性的（如降血压、抗氧化、降血脂、免疫调节、细胞分化、神经激素递质调节等）肽类物质的总称。已有研究表明，海洋贝类中含有丰富的、结构多样的生物活性肽，因此从贝类内脏等副产物生物中提取活性肽成为近年来的研究热点。目前已从贝类内脏中提取到了血管紧张素转化酶抑制肽（ACE 抑制肽）、抗氧化肽和抗肿瘤肽等。肖斌等以鲍鱼内脏为原料，通过对其物性分析、提取、分离纯化技术条件的探讨，制备出能够抑制血管紧张素转化酶（ACE）活性的鲍鱼内脏降血压多肽，为鲍鱼废弃资源的深加工和综合利用提供了理论依据。该研究采用酶解法制备 ACE 抑制肽，用 5 种不同的蛋白酶对鲍鱼内脏粗蛋白进行酶解得到水解产物，并测定其水解度和对 ACE 的抑制率，通过比较，确定了中性蛋白酶为最适蛋白酶，经过分离纯化得到 3000 Da 以下的多肽溶液，并测定其多肽含量和对 ACE 抑制活性。实验结果表明，多肽含量为 10.25 mg/mL，对 ACE 的抑制活性为 52.94%。以卡托普利为对照的动物实验结果表明，在一次性给药实验后，其鲍鱼内脏蛋白源 ACE 抑制肽组和卡托普利组的原发性高血压大鼠（SHR）在 2~6 h 内保持降压活性，并且最大降幅均出现在灌胃 4 h 后，分别为 22.68 mmHg 和 61.33 mmHg。随后血压开始回升，8 h 后血压数值基本上又恢复到原有水平，说明 ACE 抑制剂在 SHR 体内具有短期降血压活性。在长期给药实验中，灌胃鲍鱼内脏蛋白抑制肽的 SHR 血压的最大降幅达到 26.40 mmHg。也有研究以鲍鱼内脏结缔组织为原料，研究了鲍鱼内脏结缔组织的除杂蛋白工艺优化、胶原蛋白提取工艺优化、酶解制备胶原蛋白多肽工艺优化、胶原蛋白多肽脱色工艺优化，建立了酶解动力学模型并验证了鲍鱼内脏结缔组织胶原蛋白多肽的抗氧化性。结果表明，最佳脱色条件为 pH 3.5、活性炭添加量（m/V）0.7%、温度 50℃，胶原蛋白多肽的还原力随着浓度的升高呈线性增长，胶原蛋白多肽对 Fe^{2+} 的螯合作用、对超氧自由基的清除能力及对脂质氧化的抑制能力都随着浓度的升高而增强，而且几乎呈线性趋势，从而说明鲍鱼内脏结缔组织胶原蛋白多肽具有抗氧化功能。也有研究者使用中性蛋白酶和胰蛋白酶双酶同时酶解牡蛎蛋白，得到具有抗氧化活性的多肽。以马氏珠母贝的全脏器为原料，模拟人体消化道的酶解方式进行酶解，再通过超滤进行分离富集，检测酶解产物清除 DPPH 自由基、超氧阴离子自由基及羟基自由基的能力，发现低分子质量酶解产物的抗氧化能力更好。金坤采用 5 种蛋白酶对皱纹盘鲍性腺进行酶解，通过 SDS-PAGE 分析与 DPPH 自由基清除能力检测并评价其抗氧化效果，筛选出最适蛋白酶为木瓜蛋白酶与复合蛋白酶，得到对 DPPH 自由基与羟基自由基清除能力较好的酶解液。有研究采用 FPLC 初步分离血蚶多肽，并同时做活性研究，将活性最高的组分进一步通过 RP-HPLC 纯化，最终获得两个高纯度具有抗氧化和抗肿瘤活性的多肽。同时，也有研究从泥蚶内脏中分离提取到纯度为 99.0%、分子质量为 20.32 kDa 的抗肿瘤活性多肽，该多肽同时对 4 种人体肿瘤细胞具有抑制作用。

（二）多糖的提取

水产动物中所含的多糖多为黏多糖，主要存在于结缔组织中，通过糖苷键（共价键）与蛋白聚糖的核蛋白连接，是含有氨基的生物大分子物质。贝类加工副产物提取的多糖具有多种生物活性，是潜在的营养补充剂及药物资源，因此近年来，贝类内脏多糖的提取与研究也成为研究热点。黄璐等以虾夷扇贝加工副产物内脏为原料制备多糖，采用化学方法测定虾夷扇贝内脏多糖中蛋白质含量为 4.09%，中性糖含量为 75.37%，硫酸根含量为 0.63%，硫酸多糖含量为 8.77%，红外光谱显示了多糖特征吸收峰。采用液相串联质谱（PMP-HPLC-PDA-MS）分析扇贝内脏多糖酸降解产物，确定主要组成单糖是木糖、半乳糖、甘露糖、鼠李糖、岩藻糖和阿拉伯糖，另外还含有少量的氨基葡萄糖、氨基半乳糖、半乳糖醛酸和葡萄糖，并由二糖片段推测扇贝内脏中存在硫酸软骨素或其类似物，以及三种结构中存在糖醛酸与己糖重复二糖片段的多糖。该研究首次实现了对虾夷扇贝内脏中多糖种类的鉴定，为开发利用扇贝内脏提供了基础的研究数据。殷红玲等对虾夷扇贝内脏多糖的酶解提取方法进行了优化，并证实提取出的虾夷扇贝内脏多糖具有羟基自由基清除活性。同时采用木瓜蛋白酶水解鲍鱼内脏肌肉，提取多糖，优化提取条件，鲍鱼多糖的提取率达到了 19.60%。闫雪等从虾夷扇贝内脏中提取纯化得到多糖组分 SVP-12，并测定了其硫酸根含量、氨基己糖含量、分子质量，气相色谱法分析了单糖组成。王莅莎等通过鲍鱼内脏多糖的抗氧化活性研究，发现胃蛋白酶和碱性蛋白酶水解得到的鲍鱼内脏粗多糖具有抗氧化能力。程婷婷等通过对鲍鱼内脏多糖体外抗肿瘤活性鉴定研究，表明 AHP-12 对 HeLa 和 K562 两种细胞增殖具有一定的抑制活性，这为以后的海洋生物蛋白生物活性功能方面的研究提供了宝贵的经验和思路。苏永昌等采用了不同的酶酶解鲍鱼内脏，从中提取出功能性多糖，分别采用蒸馏水 60℃浸提鲍鱼内脏，采用酶法（包括胃蛋白酶、碱性蛋白酶和中性蛋白酶）水解鲍鱼内脏，通过对所提取的多糖进行体外还原力测定、清除超氧自由基和羟自由基等测定，结果表明，胃蛋白酶处理后鲍鱼内脏的多糖提取率最高，高达 0.71%，各组酶解得到的鲍鱼多糖具有良好的抗氧化能力。金晓石以湛江地区盛产的华贵栉孔扇贝全脏器为原料，经木瓜蛋白酶和枯草杆菌中性蛋白酶双酶水解、醇沉后得到华贵栉孔扇贝糖胺聚糖粗品，实验结果表明，采用双酶水解法的糖粗品得率为 1.26%，总糖含量为 41.4%，糖胺聚糖（GAG）含量为 26.9%，粗品对 HeLa 肿瘤细胞的生长具有显著性抑制作用。殷红玲通过正交试验确定虾夷扇贝内脏多糖最佳提取条件为：温度 50℃，pH 8.0，加酶量 0.25%，料液比 1:45（m/V），提取时间 2.5 h，最佳条件下提取的多糖具有清除自由基的能力。程婷婷以多糖得率为指标，研究了 6 种蛋白酶酶解鲍鱼脏器获得多糖的效果，结果表明碱性蛋白酶为最佳用酶，确定最适条件为：温度 45℃，底物浓度 25%，pH 10.0，加酶量 2.0%，水解时间 3 h，在此条件下，鲍鱼脏器多糖得率为 6.5%。闫雪采用蛋白酶水解提取法提取虾夷扇贝内脏粗多糖，除蛋白分离纯化后，确定此多糖单糖组成为鼠李糖、岩藻糖、阿拉伯糖、木糖、甘露糖、半乳糖及葡萄糖。于运海采用氯磺酸-甲酰胺法对扇贝脏器粗多糖进行硫酸化修饰，经红外光谱分析表明，修饰产物具有典型的多糖吸收峰和硫酸基吸收峰。

（三）酶的提取

酶是生物体中催化特定化学反应的蛋白质、RNA 或其复合体。近年来，水产品副产物中酶的研究越来越为人们所重视。Clark 对产于新西兰的鲍的内脏消化酶进行研究，检测了鲍内脏中 14 种多糖酶的活力，并指出这些酶作为商业酶制剂的可能性。此后，贝类副产物中酶研究逐渐成为热点。近些年，我国学者对九孔鲍、皱纹盘鲍进行了研究并发现其内脏酶主要包括褐藻酸酶、纤维素酶、琼脂酶与淀粉酶，并对内脏酶的分离纯化与酶学性质进行了研究，鲍内脏酶可作为水产饲料添加剂，有助于海藻类饲料的消化吸收。安贤慧以缢蛏、剖刀蛏、文蛤、栉孔扇贝、杂色鲍鱼等为研究对象，分别制备并检测其消化腺中的消化酶，5 种贝类消化腺中蛋白酶活力大小依次为栉孔扇贝、缢蛏、剖刀蛏、杂色鲍鱼和文蛤，淀粉酶活力大小依次为杂色鲍鱼、文蛤、栉孔扇贝、缢蛏和剖刀蛏，酯酶活力没有检测到差别。

（四）油脂的提取

水产品副产物提取的油脂中含有丰富的 ω-3 不饱和脂肪酸，极大地丰富了不饱和脂肪酸的来源，使副产物的利用得到深度挖掘，不仅减轻了对环境的破坏，而且变废为宝提高了经济价值，实现了资源的合理利用。马媛采用超临界 CO_2 萃取法对扇贝内脏的油脂进行提取，得到最佳优化条件是，时间 75 min，CO_2 流量 25 L/h，压强 28 MPa，温度 50℃，油脂的 EPA 含量为 9.66%，DHA 含量为 7.14%。也有研究采用索氏提取法从扇贝内脏中提取总脂，经皂化反应生成游离脂肪酸，甲酯化后进行气相色谱检测。采用低温结晶法初步富集 EPA 和

DHA，研究不同溶剂、低温时间、丙酮用量和低温温度 4 个主要影响因素的最佳条件，初步富集 EPA 和 DHA，为进一步纯化做准备。采用尿素包合法进一步提纯，初步探讨该方法的分离机制，分别研究脲脂比、包合时间和温度三个因素对 EPA 和 DHA 富集的影响，最终得到高纯度 EPA 和 DHA 的扇贝内脏油，其中 EPA 和 DHA 总含量为 76.23%。对比脂肪酸组成，富集后扇贝内脏中 EPA 和 DHA 总含量（76.23%）远远高于粗提总脂（37.93%）和三种不同鱼油软胶囊，表明低温结晶法和尿素包合法结合富集扇贝内脏中 EPA 和 DHA 效果显著，为资源紧缺的鱼油替代问题提供了解决方案，具有巨大的市场潜力和应用价值。

（五）其他

贝类内脏除被用来提取具有高附加值的活性成分外，还可被用作制备海鲜调味料。苗艳丽等以皱纹盘鲍的内脏为原料，采用酸水解的方法制备水解液，并将酸水解产物和葡萄糖进行美拉德反应，采用高效液相色谱法（HPLC）和气质联用法（GC/MS）分别对酸水解液与美拉德反应后的产物进行分析研究。发现鲍鱼内脏中共含有 16 种氨基酸，其中 7 种氨基酸是人体必需氨基酸，美拉德反应产物中共含有 8 种成分，其中含有 3 种香气物质。郭芳以鲍鱼内脏为研究对象，利用酶解技术和美拉德反应成功制备出具有海鲜风味的反应型天然调味料。

二、裙边的利用

贝类裙边的利用主要指扇贝类裙边的利用，扇贝裙边大约占鲜贝质量的 20%，而且其与扇贝肉有着相同的鲜味程度和营养价值，但是由于扇贝裙边的感官问题常常被视为废弃物丢弃，造成了极大的损失和浪费。扇贝类裙边的利用相比较于内脏的利用研究较少，目前已从扇贝类裙边提取到活性肽、多糖等活性物质，也有研究将扇贝裙边复配其他物质，开发扇贝裙边酱油、扇贝裙边香肠等（图 8-1）。

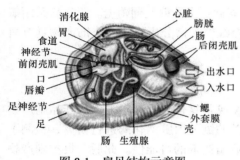

图 8-1 扇贝结构示意图

（消化腺、心脏、胃、膀胱、食道、肠、神经节、后闭壳肌、前闭壳肌、口、出水口、唇瓣、入水口、足神经节、鳃、足、外套膜、壳、肠、生殖腺）

（一）活性肽的提取

已有研究以海湾扇贝（*Argopecten irradias*）裙边为研究对象，通过酶工程技术以菠萝蛋白酶制备并分离纯化，得到具有生物活性的抗氧化肽，为扇贝裙边的综合利用提供了一定的理论基础。李晶晶等以虾夷扇贝裙边为原料，经木瓜蛋白酶酶解，凝胶色谱与反相高效液相色谱分离纯化，电喷雾电离（ESI）二级质谱鉴定获得一条 ACE 抑制二肽 VW，其半抑制浓度（IC_{50} 值）为 86.9 μmol/L，并以原发性高血压大鼠（SHR）为模型考察分子质量小于 3000 Da 的虾夷扇贝裙边酶解液对 SHR 收缩压（SBP）的影响，研究表明，虾夷扇贝裙边酶解物具有良好的体内降压效果。

（二）多糖的提取

扇贝裙边多糖也受到很多学者的关注，管华诗通过蛋白酶水解和乙醇沉淀，从扇贝裙边中提取酸性黏多糖，通过正交试验最终确定扇贝裙边中酸性黏多糖的提取率为 0.032%。王长云通过蛋白酶水解和乙醇沉淀，从扇贝裙边中提取酸性黏多糖。随后有研究表明扇贝裙边多糖有抗动脉硬化、抗肿瘤作用。李珊对栉孔扇贝中提取分离的糖胺聚糖进行化学组成及结构研究，结果测定出栉孔扇贝糖胺聚糖中单糖含量分别为鼠李糖 0.75%、木糖 0.63%、岩藻糖 0.67%、甘露糖 0.97%、葡萄糖 1.11%、半乳糖 1.59%。红外光谱测定结果显示栉孔扇贝和海湾扇贝糖胺聚糖具有典型酸性黏多糖的吸收特征。栾君笑从虾夷扇贝裙边中提取、分离、纯化得到虾夷扇贝裙边糖胺聚糖，分析测定虾夷扇贝裙边糖胺聚糖的主要化学组分含量，在此基础上对其抗氧化、降血脂活性进行了初步研究。在最优条件下大量制备虾夷扇贝裙边糖胺聚糖粗品，通过等电点除蛋白，采用 Sephadex G-100 葡聚糖凝胶柱层析法对虾夷扇贝裙边糖胺聚糖粗品进行纯化，得到纯化样品，检测粗品、纯化样品中的糖胺聚糖含量及其组成成分，粗品及纯化样品测定结果分别如下：总糖含量为 14.95% 和 21.98%，总蛋白质含量为 21.50% 和 10.60%，总糖胺聚糖含量为 19.40% 和 63.90%，硫酸基含量为 2.85% 和 6.58%，氨基半乳糖含量为 3.24% 和 8.72%，己糖醛酸含量为 9.21% 和 14.82%，氨基己糖含量为 13.29% 和 27.47%。

（三）其他

海鲜酱油的研究由来已久，张旭以扇贝裙边、豆粕、小麦为原料，采用高盐稀态发酵工艺法，先多菌种混合制曲，再添加混合酵母发酵，开发扇贝裙边酱油。王慧青就扇贝裙边的浪费这一问题，以扇贝裙边和鸡肉为原料，再加入淀粉、大豆蛋白及卡拉胶制成扇贝裙边香肠，并通过感官评价、单因素试验、正交试验、因子分析等最终确定扇贝裙边香肠的配比，通过对盐、白砂糖、味精、辣椒等调味料的添加量和腌制时间这些调味因素的试验，制成即食香辣扇贝裙边等。

三、贝壳的利用

贝壳在软体动物中普遍存在，对动物体主要起保护性屏障作用，虽然其形态千变万化，但基本上都是由占壳重 95% 的 $CaCO_3$ 晶体和占壳重约 5% 的有机质构成。我国目前对于贝类的利用仅仅局限于可食用部分，对于占贝类质量 60% 以上的贝壳部分却很少加工利用。

贝壳中含有大量的碳酸钙，少量的无机微量元素、可溶性蛋白、不溶性蛋白及其他有机成分。同时贝壳珍珠层具有独特的结构、极高的强度和良好的韧性，是一种天然的无机层状生物复合材料。虽然碳酸钙本身是脆性材料，并不具有良好的强度、韧性、硬度等力学性能，但整个贝壳体系却有着非常好的力学性能，其抗张强度是地质矿化碳酸钙的 3000 多倍。近年来贝壳广泛应用于医药、保鲜与防腐、补钙制剂、人工骨材料、药物载体、化妆品、污水处理、仿生材料等领域。

（一）医药价值

贝壳是重要的中药材，可治疗多种疾病。贝壳中的蛋白质含有人体能合成的和不能合成的氨基酸，如甘氨酸、精氨酸、丙氨酸等。角壳蛋白经酸水解成氨基酸，大部分可参与人体酶系统的新陈代谢。碳酸钙能与胃酸中和，钙离子能使血液中的蛋白纤维原形成蛋白纤维而使血液凝固，钙离子进入人体能增强人体细胞中 ATP 酶的活力，调节血液酸碱性，对人体健康十分有益，尤其能延缓衰老。牡蛎壳能治疗眼疾，可以明目解毒；文蛤壳能治疗慢性气管炎、淋巴结核等。贝壳珍珠层粉具有安神定惊、清热益阴、明目解毒、消炎生津、止咳祛痰的功能，适用于胃及十二指肠溃疡、失眠、神经衰弱、肝炎、咽喉肿痛等症状，对高血压、癫痫、风湿性心脏病等有一定疗效，现已制成小儿回春丹、六神丸、复方哮喘散等20余种中药。

现代临床上通过配伍扩大了贝壳的应用范围。例如，牡蛎壳经配伍用于治疗更年期综合征、功能失调性子宫出血、儿童多动症、小儿多汗症、尿毒症、消化性溃疡等。用大珠母贝珍珠层粉喂养高脂小鼠，发现其具有明显减少内脏脂肪量的作用，可致体重、内脏脂肪量、血甘油三酯水平下降，而对摄食量、体长及肌肉组织量无任何影响。从牡螺壳中直接提取出的一种生物糖蛋白，具有收敛、镇静、镇痛等作用。贝壳廉价易得，是天然药材，可进一步提取有效药物成分，进行深加工，更好地发挥药效。

（二）保鲜与防腐

贝壳提取物对根霉菌、枯草芽孢杆菌、白色念珠菌等有很好的抑制效果。此外，对嗜热脂肪芽孢杆菌、假单胞菌、大肠杆菌和毛霉也有较好的抑制作用，对沙门氏菌、金黄色葡萄球菌、副溶血性弧菌、肠链球菌也有一定的抑制作用。贝壳提取物的抑菌作用随浓度的增大而增强。

曾名湧等经研究发现OP-Ca（从海洋贝类贝壳中提取的生物保鲜剂）对多种细菌、霉菌和酵母有抑制作用，且抑菌效果强于低分子甲壳胺，对叶根霉、枯草芽孢杆菌和白色念珠菌的最小抑菌浓度分别为 0.0215%、0.043% 和 0.043%，抑菌率均超过 95%。牡蛎壳、泥蚶壳、贻贝壳、河蚬壳、花甲壳 5 种贝壳煅烧物都能有效抑制猪瘦肉和豆腐干中细菌的生长，其中牡蛎壳煅烧物的防腐效果最佳。煅烧的牡蛎、扇贝和文蛤壳对致病性大肠杆菌 O157：H7、绿脓杆菌和金黄色葡萄球菌有强的抗菌活性。专利"多种贝壳混合烧制而成的抗菌剂、表面剥离剂及其应用"公开了一种用多种贝壳混合烧制而成的抗菌剂，具有良好的抑菌作用和去除农产品表面残留农药等作用。

（三）补钙制剂的提取

贝壳碳酸钙含量约为95%，是制备补钙制剂的天然原料。研究者发现 5 倍量的乙醇，烧煮 3.5 h 钙的活化效果最好，体积分数为 85% 的乳酸提取钙的效果最佳，制备出的乳酸钙含量为 95.1%，水分含量为 1.9%，游离酸含量为 1.6%。利用双烧法从贝壳中制取白色、无味、产率高、口感佳的粉体状葡萄糖酸钙，产率达 91.03%。

以贝壳为原料制备的补钙制剂消化吸收率高。以海洋贝壳为原料研制成与人体机能相溶，成左旋结构的可溶性海洋钙，其性能与珍珠粉相似，人体对其钙的吸收率为64.3%，远高于普通珍珠粉（吸收率为29%）。利用文蛤壳酸解制得的钙盐与鸡羽毛酶解成的复合氨基酸可制备消化利用率高、对胃肠道刺激性小的氨基酸螯合钙。这种钙制剂无须解离成钙离子与钙结合蛋白结合，而是以整个分子的形式被肠道完全吸收，进入血液后缓慢持续地释放钙离子供机体利用，避免了机体中钙离子浓度过低或过高，可达到控释和缓释的效果，从而保证钙的充分利用。

（四）人工骨材料

珍珠层人工骨具有低免疫原性、良好的生物相容性、可降解性、骨传导性和较好的成骨作用，因此可作为生物骨替代材料，与其他无机生物材料相比，其优势在于含有诱导成骨作用的功能成分，因此具有诱导骨生长的能力。

贝壳珍珠层通过与其自身的可溶有机质共同作用，促进成骨细胞增殖并诱导骨的生成。珍珠质植入物在促进新骨形成等活性方面明显优于钛-羟基磷灰石复合物，在珍珠质与新形成的骨之间不存在软组织。将珍珠质植入大鼠股骨，发现在第 16 周形成了新的骨嵌入，骨界面和植入物融合密切，在种植体与骨组织界面有富磷区，在界面之间无致密电子层，证实马萨特兰珠母贝壳具有优良的生物相容性。

（五）药物载体

贝壳中含有大量的微孔结构，经处理后可产生多种不同功能的孔穴结构，能容纳一定粒径大小的分子，使其具有较强的吸附能力、交换能力和催化分解作用的能力等。应用生物工程和高分子加工胶联技术对贝壳粉改性，改性后的贝壳粉可作为药物吸附剂和包合材料。用牡蛎壳粉及可溶性淀粉制成的包合材料对维生素 C 的包载量达 88.56%，回收率为 88.46%。

（六）化妆品

贝壳珍珠层磨成的珍珠层粉与珍珠粉是同源的，所含成分与珍珠相同，主要是钙、多种氨基酸和少量微量元素，其中角壳蛋白含有人体不能合成的氨基酸。牡蛎壳中含有 17 种氨基酸及 24 种对美容有益的元素，如锌、铁、铜、硒、锗等，这些成分与名贵珍珠的有效成分几乎相同，在营养、润泽、抗皱、祛斑、美白肌肤及按摩、生肌活血等方面效果明显。壳珍珠呈片状，片径 2～10 μm，厚 0.2～0.7 μm，具有良好的遮蔽效果，加上特有的光泽和含有上述的营养成分，因而在抗皱美容方面优势突出，是美容产品开发的优势原料。

（七）其他

贝壳具有丰富的天然多孔表面，具有一定的吸附性，因而可用作吸附材料处理污水。同时，将适量的贝壳粉添加到普通涂料中能使涂料具有防化学物质过敏、抗菌、防火、防霉等性能，能吸附装修材料和涂料散发的甲醛等挥发性有机化合物。因此可以用作建筑材料及装饰材料。牡蛎壳作为沙子代替物，成为一种可重复使用的建筑材料。可以通过物理和化学方法从贝壳中提取活性钙、土壤改良剂和废水除磷剂等材料。同时贝壳还具有较高的观赏价值，利用贝壳制作成各种各样的贝壳项链、手链等，也是贝类加工形成的副产物。

四、汤汁的利用

贝类汤汁是贝类生产加工过程中常见的副产物，往往被浪费。最近的研究表明，贝类汤汁可用于提取天然的牛磺酸。牛磺酸无臭味、无毒、味微酸，能溶于水，不溶于乙醇、丙酮或甲醇等有机溶剂，纯品为无色或白色单斜棱状晶体，它的化学性质稳定，对热也稳定，易于保藏。牛磺酸的分子质量为 125.15 Da，熔点为 328℃，是一种含硫的非蛋白质氨基酸，不参与体内蛋白的合成，在体内以游离状态存在。虽然牛磺酸不参与体内蛋白质合成，但与半胱氨酸、胱氨酸的代谢有关。半胱氨酸亚硫酸羧酶（CSAD）是体内参与合成牛磺酸的主要酶，在体内的酶活力很低，人体主要靠摄取外来食物中的牛磺酸来满足需要，因此牛磺酸是人体所必需的一种特殊氨基酸。牛磺酸被广泛添加于婴幼儿奶粉和功能性食品中。随着人们生活水平的不断提高和对牛磺酸功能的逐渐认识，安全性更有保障的天然牛磺酸的市场潜力巨大，发展前景良好。

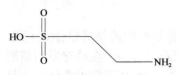

图 8-2 牛磺酸化学结构式

贝类汤汁中牛磺酸（图 8-2）的简易制备可采用原料预处理、乙醇除杂、浓缩、结晶、重结晶工艺，这个简易工艺从杂色蛤汤汁中制备得到了纯度为 92.92% 的牛磺酸，该方法的得率为 65.99%。目前已建立了一种适合利用贝类汤汁工业化生产牛磺酸的工艺。采用原料预处理、超滤平板膜除杂、离子色谱提纯、活性炭柱处理、浓缩、结晶等步骤从杂色蛤汤汁中得到了纯度为 96.28% 的牛磺酸，此方法的得率为 17.14%。

第四节　头足类加工副产物的综合利用

头足类也称头足纲，属于软体动物门，包括头、足和躯干三部分，通常身体呈左右对称，头部较为发达，广泛分布在浅海、深海或大洋上层。头足类主要包括乌贼、枪乌贼、柔鱼和蛸四大类，大部分生命周期短（通常为 1 年），世代更新快，生长迅速，种类较多，种群结构也较为复杂。常见的头足类有墨鱼、鱿鱼、章鱼（图 8-3）等，这些种类都是海洋养殖和捕捞的重要对象。鱿鱼、墨鱼和章鱼等软体头足类海产品在营养功用方面基本相同，富含蛋白质、钙、磷、铁、钾等，并含有十分丰富的诸如硒、碘、锰、铜等微量元素。头足类的加工副产物包括头、皮、软骨、内脏及墨汁等。不同于贝类，目前对头足类副产物的加工利用并不充分，研究也相对较少。我国对头足类加工副产物的处理相对粗犷，大多数人都将其直接掩埋，当然也有一部分人进一步将其干燥制成饲料，抑或加工成鱼粉。因而头足类副产物的利用受到了广泛关注，目前，国内外对头足类副产物关注最多的为鱿鱼及章鱼加工副产物。

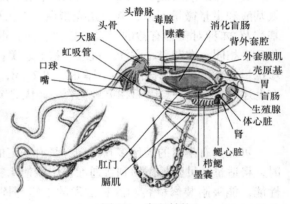

图 8-3　章鱼结构

一、内脏的利用

目前对头足类内脏利用的研究主要集中在鱿鱼和章鱼，尤其对鱿鱼的研究更为广泛。鱿鱼内脏是加工下脚料的主要组成部分，大概占鱿鱼质量的 15%。鱿鱼副产物所占质量百分数见表 8-4。鱿鱼内脏营养价值很高，其中蛋白质含量占 21.24%，脂质含量占 21.15%。另外，鱿鱼内脏富含牛磺酸、氨基酸及很多微量元素等，而且在鱿鱼内脏油的脂肪酸中，有大量的 DHA 和 EPA，因而具有广阔的开发前景。章鱼内脏中含有多种对人有益的活性因子，经由前期科研探索提取后，现已应用于各种疾病的治疗。例如，章鱼内脏中富含抗疲劳、抗氧化、保护肝脏、能延长人类寿命的保健因子——牛磺酸，现已成功应用于婴幼儿及飞行员等特殊人群的专用食品中，章鱼内脏中含有的章鱼胺作为一种天然的 β_3-肾上腺素能受体激动剂，对治疗肥胖症和 II 型糖尿病有重要的作用。

表 8-4　鱿鱼加工副产物所占质量百分比　　　　（%）

内容物	墨囊	羽状壳	肝脏	精白	鱿鱼皮	其他内脏
比例	1.3	0.2	7.5~10.0	0.5~7.0	2.0	4.8~6.0

（一）油脂的提取

鱿鱼内脏中的脂肪也是非常值得进一步开发的资源，特别是粗脂肪，含有大量的 EPA 和 DHA。鱿鱼内脏中的主要脂肪酸是不饱和脂肪酸，因其独特的脂肪组成，可作为提取鱼油的良好原料，可制成有更多优点的鱿鱼内脏油。国内已有部分学者试图把这些脂肪酸提取出来，但由于各种条件不够成熟，并没有实现大规模的提取和推广。有研究利用酶解法提取了鱼油，并分析了其脂肪酸成分，结果显示 DHA 和 EPA 含量非常丰富。Hiroaki Saito 把洪堡鱿鱼与其他海洋生物的油脂、脂肪酸成分进行了对比，其脂肪酸中的 DHA 和 EPA 含量都较高，分别占 22.6% 和 28.8%。此外，鱿鱼内脏中的鱼油还有一个显著的优势，就是在 10℃ 的室温下不会凝固，因此，鱿鱼内脏中的鱼油具有广阔的发展前景和市场。而章鱼内脏中的油脂含有丰富的脂肪酸，但是目前关于章鱼内脏中油脂提取的报道相对较少。脂肪酸有降低胆固醇、血糖浓度和血液黏度的作用，并且效果明显，同时脂肪酸还可以预防由高胆固醇引起的一些疾病，对人体有较大的好处。提取油脂的方法有稀碱水解法、溶剂提取法和酶水解法。郭正昭以脂肪酸提取率为指标，研究了 5 种常用的提取试剂对章鱼脂肪酸提取效果的影响，确定了乙酸乙酯为最佳提取剂，并探讨了料液比、提取温度、提取时间对章鱼内脏中脂肪酸提取效果的影响。先通过单因素试验，再通过响应面分析法进行优化，得出最佳提取工艺条件为料液比 1:7、提取温度 54℃、提取时间 2 h，该条件下所得脂肪酸的提取率为 45.33%。然后通过气相色谱法分析了脂肪酸的组分，结果表明不饱和脂肪酸的含量占脂肪酸总含量的 63.54%，其中含量最大的两种不饱和脂肪酸为 EPA 和 DHA，含量之和为 40.48%。李娇等采用超声波辅助有机溶剂的方法提取章鱼内脏中的油脂，通过单因素试验和响应面试验优化得到了最佳提取条件，在此条件下章鱼内脏中油脂的提取率高达 81.12%。章鱼内脏中所含有的多不饱和脂肪酸容易氧化变质，如果没有得到及时有效的处理则容易造成资源的浪费，也为环境问题增加了负担。这些从章鱼内脏中提取油脂的工艺研究能有效提高资源利用率，减少环境污染，还可以创造经济价值和增加社会效益。

（二）核酸及蛋白质的提取

鱿鱼内脏中还含有大量的核酸，这些核酸由很多核苷酸聚合而成，是一种生物大分子化合物，对生物的生长、发育和繁殖意义重大，是维持生命所必需的物质之一。已有研究显示，核酸能够提高人体免疫力，另外还具有预防疾病等功能。鱿鱼内脏中肝脏所占比例很大，肝脏中含有大量的核酸，因而可以从肝脏中提取核酸，并对其进行开发研究，这对鱿鱼内脏的综合利用具有重要的意义。

鱿鱼内脏大部分由鱿鱼内脏蛋白构成，鱿鱼内脏蛋白中的糖蛋白、蛋白酶、蛋白水解液和其他小分子活性物质都是值得研究的对象。有研究表明鱿鱼内脏中的糖蛋白具有较好的免疫活性。张开强以鱿鱼内脏为原料，通过优化鱿鱼内脏水解的条件，获得了抗氧化型鱿鱼内脏自溶液，用分离纯化等方法鉴定了鱿鱼内脏自溶液中的抗氧化肽，结果发现鱿鱼内脏自溶液的蛋白提取率和可溶性肽含量高，氨基酸组成比较合理，鱿鱼内脏溶液的体外 DPPH 自由基和羟自由基清除能力及还原力都要强于同浓度的肌肽。

（三）其他

据了解，人们把鱿鱼内脏加工制作成饲料的比较多，因为鱿鱼内脏中含有大量的氨基酸，可以直接加工成水生鱼类及虾的饲料，如鱿鱼浆、鱿鱼内脏粉等。另外，也可以通过酶解发酵法，利用其高蛋白的特性，将鱿鱼内脏制成鱿鱼酱油和很多天然调味品，而且国内已有研究利用发酵法对鱿鱼内脏除臭进而做成天然调味品。

二、皮的利用

鱿鱼皮作为鱿鱼下脚料的一部分，大概占鱿鱼质量的 10%，含有较多的生物活性物质及矿物元素。鱿鱼皮的矿物元素组成见表 8-5。鱿鱼皮可用于活性肽、胶原蛋白及明胶的提取。

表 8-5　鱿鱼皮的矿物元素组成

检测项目	鱿鱼皮	外套膜	副产物
钾 /（mg/100 g）	0.20	0.13	0.04
钙 /（mg/kg）	0.45	0.72	1.45
钠 /（mg/kg）	0.42	0.36	—
镁 /（mg/kg）	0.22	0.41	—
磷 /（mg/100 g）	2.37	2.87	1.74
铜 /（mg/kg）	2.75	2.16	5.62
锌 /（mg/kg）	2.44	6.41	1.81

注："—"代表无数据

（一）活性肽的提取

鱿鱼皮中蛋白质含量非常高，大概占其干重的 88%，胶原蛋白是其主要成分，另外还含有大量的脯氨酸、甘氨酸及羟脯氨酸，并且其水解物中含有较多的生物活性肽。林琳等从鱿鱼皮明胶中得到一种 ACE 抑制肽，对肾性高血压模型大鼠具有稳定的降压作用。实验结果分析表明，相对分子质量小于 2000 的鱿鱼皮明胶水解物在体内、体外均能保持 ACE 抑制活性。

（二）胶原蛋白及明胶的提取

前人对胶原蛋白已有所研究，主要是利用低温下胶原蛋白易溶于稀酸或中性盐的特性，把胶原蛋白以胶原溶液的形式提取出来。胶原蛋白有美容和保健的功效，因而其在医药、化妆品行业得到广泛应用。王燕等利用酶解法从秘鲁鱿鱼皮中提取出胶原蛋白，经检测发现该胶原蛋白具有网状多孔结构，这种结构特别适合用作药物载体，并以此发现为基础，利用胶原制备了符合医用材料制作要求的胶原海绵。Aleman 从鱿鱼皮中提取了胶原蛋白，并把其水解成多肽，而且测定了这些胶原蛋白肽在体外的活性，进而发现其能影响胃肠的消化作用，可以进一步做成助消化药物，应用于医药行业。另外，胶原蛋白还可以作为摄影材料使用，也有人将其用作包裹香肠的肠衣，胶原蛋白还可以作为一种添加剂，添加到功能性食品中。Mourad 等成功从章鱼皮中分离纯化得到 4 种明胶，发现这些明胶具有灰分含量低、凝胶强度大、氨基酸组成与红鲷鱼的皮肤明胶接近等特性。

三、头和鳍的利用

鱿鱼头、鳍也是鱿鱼副产物的一部分，其中头部肌肉比较坚韧，并且经过干燥之后愈发坚硬。对于鱿鱼头的回收利用前人也有研究。例如，鱿鱼蛋白粉就是用高效蛋白酶对鱿鱼头进行酶解得来的，进而可以充分利用鱿鱼头中大量的维生素、牛磺酸等营养成分。除此之外，鱿鱼头也可以做成一些调味食品，如鱼肉粒等。相对于鱿鱼鳍的利用，肉鳍的利用还比较少，主要是将其加工成一些爽口的食品，如调味鳍片、脱皮鳍干等。

四、软骨的利用

（一）软骨素的提取

鱿鱼软骨又称喉骨，约占整只鱿鱼体重的2%，由50～70个双糖单位组成，以D-氨基葡萄糖醛酸和N-乙酰-D-氨基半乳糖通过β-1,3-糖苷键连接形成双糖单位，双糖再以β-1,4-糖苷键连接聚合形成大分子多糖。硫酸软骨素主要存在于动物的软骨、喉骨、气管及韧带等软骨、结缔组织中，主要成分有蛋白质和酸性黏多糖（又称软骨素），具有抗凝血、抗氧化及抗纤维化、降血脂及抗动脉粥样硬化、免疫调节、防治关节炎、保护和修复神经元、抗肿瘤、调节体内水分等多种生物活性，现在主要应用于临床医学、生物医学、食品、化妆品领域。硫酸软骨素通常通过碱法、酶法、中性盐法、碱-盐法、乙酸抽提法、超声波辅助提取法、发酵法制备提取。叶琳弘以鱿鱼加工副产物喉软骨为主要原料，采用碱液浸提法和酶解法提取硫酸软骨素，采用乙醇沉淀法和DEAE-52柱层析法进行分离纯化，结果表明影响鱿鱼软骨酶解效果的主要因素依次为pH、酶解温度和酶解时间，测得产物中蛋白质含量为4.97%，硫酸软骨素含量为70.11%，并指出鱿鱼软骨素具有降血脂功能，对脂肪肝、动脉粥样硬化、冠心病等疾病均具有一定的防治效果。鱿鱼软骨的价格比较低，预处理比较容易，因而很有可能成为提取软骨素的新材料。

（二）甲壳素的提取

甲壳素分布广泛，在大自然甲壳动物的外壳、低等植物菌类等中都可以找到，是一种类纤维素物质。其储量丰富，仅次于纤维素，被誉为自然界"第六生命要素"。鱿鱼软骨里具有独特的β-甲壳素，另有研究表明，甲壳素的衍生物之一——壳聚糖在农业、药业等行业中都有广泛应用，可以说β-甲壳素开发前景广阔，而鱿鱼软骨是β-甲壳素的优良来源。乌德等以鱿鱼软骨为原料，在一定的碱液浓度、反应温度和反应时间下，可以得到较好的脱乙酰工艺，制得鱿鱼软骨壳聚糖。鱿鱼软骨壳聚糖具有较低的灰分含量、较强的黏性，以及较高的水分和脂肪结合能力。红外分析表明，鱿鱼软骨壳聚糖为β-壳聚糖。

五、墨汁的利用

墨黑色素是一类存在于鱿鱼和乌贼等头足纲动物墨汁中的天然黑色素，主要来源于头足类的墨囊，是头足类躲避天敌的重要武器，在头足类加工中一直被当作副产物而被丢弃。天然墨汁的成分有墨黑色素、多糖、蛋白质、脂肪和灰分等多种物质。有研究表明，墨汁中的多糖和多肽都具有良好的生物活性，其中的墨黑色素是一种天然色素，对许多物理、化学处理耐受性极强，是一种化学上稳定的高分子聚合物。墨黑色素主要有增强免疫力、抗肿瘤、抗氧化等生物活性。研究表明，墨黑色素可通过提高自然杀伤细胞、淋巴因子激活的杀伤细胞、巨噬细胞等免疫细胞的活性来增强机体的免疫能力。王群等以 5% 墨黑色素对小鼠连续灌胃 5 d，发现在灌胃 48 h 后，实验组小鼠的 LAK 细胞对小鼠 T 淋巴细胞的杀伤活性达到最高，结果表明墨黑色素还能刺激并增强巨噬细胞的吞噬功能。Obeid 等研究了墨黑色素对人体单核细胞、外周血单核细胞、THP-1 细胞这三个细胞系的抗肿瘤因子调节作用，结果发现黑色素可以明显促进三个细胞系中肿瘤坏死因子和白细胞介素-6 的产量，通过调节细胞因子的产生起到抗肿瘤作用。陈士国等以鱿鱼墨黑色素为原料，研究了其清除自由基的能力，结果表明鱿鱼墨黑色素清除超氧阴离子和羟自由基的 IC_{50} 值分别为 0.2 mg/mL 和 0.015 mg/mL，具有较好的自由基清除能力。目前制备墨黑色素的方法有高速离心法、酸 / 碱水解法、酶解法、碱溶酸沉法等。此外，墨汁具有较好的清除自由基的活性特征，特别是对氧自由基、羟自由基，能产生良好的清除效果，而且其活性比肌肽高很多，因此它不仅能抗衰老，还可以提高人体免疫力。将其加工制备成抗氧化剂，可以在保健品、化妆品等行业广泛应用。黑色素与其他阳离子很容易络合形成络合物，而这些络合物能够保护细胞。经研究发现，黑色素络合铁离子物质的活性比较好，并且具有缓解缺铁性贫血、预防肿瘤的作用。陈士国在鱿鱼鱼墨中提取出黑色素，研究了其与 Fe（Ⅲ）相互作用的行为，发现黑色素与金属离子的络合能够起到保护细胞的功能。侯雪云等经研究发现乌贼墨能够影响 H22 癌细胞中酪氨酸蛋白激酶（TPK）、蛋白激酶 C（PKC）、蛋白激酶 A（PKA）的活性，致使癌细胞由去分化性增殖转变为分化性增殖，从而产生抗癌促分化作用。此外也有研究表明乌贼墨可增强固有免疫细胞和特异性免疫细胞的活性，调节细胞因子和效应分子的分泌，刺激免疫低功能小鼠的免疫功能恢复。

第九章 果蔬采后品质变化

第一节 色　泽

色泽是果蔬的主要品质特征之一，由不同色素物质引起，反映了果蔬的成熟度和新鲜度。果蔬中色素种类繁多，或单独存在，或同时存在，或显现或被掩盖。果蔬的成熟期、环境条件及加工方式均会对其色泽变化产生影响。

在果蔬成熟过程中，一些色素物质将会发生分解或合成，从而引起果蔬的色泽变化。一般而言，未成熟的果蔬呈绿色，而成熟后呈现其特征色泽。果蔬成熟度和新鲜度可在一定程度上反映其营养品质、质地口感和商品价值。

果蔬所含色素依其溶解性可分为脂溶性色素和水溶性色素，前者存在于细胞质中，后者存在于细胞液中，主要包括叶绿素、类胡萝卜素、花青素和类黄酮四大类。通常，在果蔬中，叶绿素呈现绿色，类胡萝卜素呈现暖色，类黄酮呈现黄色，而花青素可呈现红、青、紫等三种颜色。

一、叶绿素

果蔬的绿色是由叶绿素引起的。叶绿素是植物在光照条件下进行光合作用所必需的物质，是叶绿素酸与叶绿醇及甲醇形成的二酯。叶绿素属于脂溶性色素，不溶于水，易溶于乙醇、乙醚、丙醇、氯仿等有机溶剂。

叶绿素是叶绿素 a 和叶绿素 b 的混合物，其结构、理化性质、分布和颜色变化等相似。在陆地植物中，叶绿素 a 与叶绿素 b 的含量比为 3∶1，叶绿素 a 呈蓝绿色，而叶绿素 b 呈黄绿色。叶绿素存在于绿色植物细胞的叶绿体中，与类胡萝卜素、类脂物及脂蛋白复合在一起。果实的叶绿体主要分布在表皮中，有些果实如猕猴桃则主要存在于果肉中。蔬菜的叶绿素主要存在于蔬菜绿叶中。

对大多数果蔬而言，幼嫩时体内叶绿素含量低；在生长发育过程中，叶绿素的合成作用占主导，其含量逐渐积累，使未成熟的果蔬表现为绿色；绿色果蔬进入成熟及采收期后，叶绿素逐渐被叶绿素酶分解而使绿色消退，使原来被掩盖的类胡萝卜素（橙红色）和花青素（红色或紫色）显现出来。然而，有些果蔬在成熟与衰老期间仍保持绿色，叶绿素无明显分解，如椰菜、青皮甜瓜、西瓜等，这类果蔬虽有乙烯释放，但并不诱发叶绿素降解。

当细胞死亡后，叶绿素游离出来，而游离的叶绿素很不稳定，对光和热敏感。当受到光辐射时，由于光敏氧化作用而使游离叶绿素裂解为无色产物。此外，叶绿体也含有叶绿素分解酶。当叶绿体受破坏时，叶绿素分解酶表现出其酶活性，使叶绿素分解为绿色的甲基叶绿素和叶绿醇。在叶绿素降解的初始阶段，叶绿素 a 被叶绿素酶催化形成脱植基叶绿素 a 和叶绿醇；脱植基叶绿素 a 后经脱镁螯合酶脱去镁离子形成脱镁叶绿素 a，并保持卟啉大环结构。脱植基叶绿素 a 可在叶绿素加氧酶的作用下合成叶绿素 b，叶绿素 b 在叶绿素 b 还原酶的作用下又可还原成叶绿素 a，此过程称为"叶绿素循环"。在脱镁叶酸酶加氧酶和红色叶绿素代谢产物还原酶的作用下，脱植基叶绿素 a 降解形成初级荧光叶绿素代谢物并运输到液泡中，同时形成一种红色叶绿素代谢产物，其卟啉环被打开，绿色随之消失；在液泡中，部分初级荧光叶绿素代谢物高度修饰形成荧光叶绿素代谢物，或修饰并异构成非荧光叶绿素代谢物，从而完成叶绿素的降解过程。此叶绿素降解途径被称为脱镁叶绿素 a 加氧酶途径，该途径在植物中高度保守，脱镁叶绿素 a 加氧酶的活性仅出现在叶片衰老和果实成熟阶段。

对于苹果和香蕉果实的成熟过程，其呼吸高峰期间的叶绿素酶活性最高。然而，在完熟的番茄中，伴随着叶绿素的迅速降解检测不出叶绿素酶活性，而且褪绿前叶绿体就已经解体。在酸性介质中，成熟番茄中叶绿素会失去卟啉环群中心的镁，成为脱镁叶绿素，导致颜色发生变化；叶绿素分子的卟啉部分也会分离，产生一个四吡咯链和胆绿素，后者仍使其保持绿色；只有当胆绿素的双键被氧化时绿色才会消失。然而，完熟果实中叶绿素降解的分子调控机制还有待进一步研究。

二、类胡萝卜素

类胡萝卜素主要存在于植物细胞的有色体中，构成果蔬的暖色。类胡萝卜素的基本结构是由多个异戊二烯结构首尾相连的四萜。多数类胡萝卜素的结构两端都具有环己烃，中间的双萜为全顺式共轭多烯基。依据其结构，类胡萝卜素可分为两大类：一类为胡萝卜素类，即共轭双烯烃类化合物（萜类化合物），易溶于石油醚而难溶于乙醇；另一类为叶黄素类，即含有羟基、环氧基、醛基、酮基等含氧基团的萜类化合物，溶于乙醇而不溶于乙醚。此外，有些含羟基的类胡萝卜素被脂肪酸酰基化。

类胡萝卜素是脂溶性色素，其稳定性与其所处状态有关，在果蔬组织中类胡萝卜素与蛋白质结合，较稳定；而提取分离后，类胡萝卜素对光、热、氧较为敏感。目前，已从果蔬中发现 360 多种类胡萝卜素，如胡萝卜素、番茄红素、番茄黄素、玉米黄质、隐黄质、白英果红素、叶黄素及辣椒红素等。红色、黄色和橙色果蔬富含类胡萝卜素。α-胡萝卜素、β-胡萝卜素、γ-玉米黄素等分子中均含有 β-紫罗酮环，在人与动物的肝脏和肠壁中可转化为具有生物活性的维生素 A，故称为维生素 A 原。果蔬中 85% 的胡萝卜素为 β-胡萝卜素，是人体膳食维生素 A 的主要来源。脂氧合酶和一些其他酶可加速类胡萝卜素的氧化降解，催化底物氧化时会形成具有高氧化能力的中间体，转而氧化类胡萝卜素。

一般来说，类胡萝卜素和叶绿素在叶绿体中同时存在。在果蔬成熟过程中，叶绿素逐渐分解，类胡萝卜素的颜色逐渐显现，表现出黄色、橙色或红色，这是果蔬成熟的重要标志。对于果实采后的色泽变化，也主要是由于叶绿素的降解和次级代谢产物（如类胡萝卜素和类黄酮）的生成。叶绿素的类囊体结构解体导致其光合能力的丧失，并转化为成色素细胞。在这些成色素细胞里，番茄红素和 β-胡萝卜素将会积累，以为果实成熟和可食用性提供直观表型。类胡萝卜素生物合成发生在质体（叶绿体和成色素细胞）内。在质体内，通过 2-甲基赤藓糖醇磷酸酯（2-methylerythritol phosphate，MEP）途径，甘油醛-3-磷酸转化为牻牛儿基牻牛儿焦磷酸（geranylgeranyl diphosphate，GGPP），然后 GGPP 被转化为主要胡萝卜素，即番茄红素和 β-胡萝卜素，最后在一系列生物合成相关基因的调控作用下转化为下游的叶黄素。全基因组分析表明，编码八氢番茄红素合成酶（phytoene synthase，PSY）的基因 *PSY* 负责番茄红素生物合成途径的第一步，而编码番茄红素环化酶（lycopene cyclase，LCY）的基因 *LCY-b/CYC-b* 则负责将番茄红素转化为 β-胡萝卜素。在 *PSY* 同源物中，*PSY1* 和 *PSY2* 均在番茄果实中表达，但仅 *PSY1* 参与调控果实色泽的形成。这些次级代谢产物的生成受到乙烯和脱落酸等植物激素的调控。

在果蔬组织中，温度对类胡萝卜素的生物合成至关重要。例如，如果绿熟期番茄的贮藏温度过低，将失去后熟能力而不能变红。番茄红素和番茄黄素存在于番茄、西瓜、柑橘、葡萄柚等果蔬中。红色番茄成熟期间积累类胡萝卜素，其中番茄红素占比为 75%～85%，也有少量 β-胡萝卜素。一般来说，25℃是番茄和一些葡萄中番茄红素合成的最适温度。在番茄果实中，番茄红素合成的适宜温度为 20～25℃。绿熟番茄果实在 30℃以上时变红速率减慢，10～12℃以下时变红速率也较缓慢。此外，番茄红素的形成需要氧气，因而低氧气调贮藏可完全抑制番茄红素的生成，而外源乙烯则可加速番茄红素的形成。据报道，黑暗能够阻遏柑橘中类胡萝卜素的生成。

三、花青素

花青素是果蔬中最主要的水溶性色素之一，主要以糖苷（称为花色苷）的形式存在于细胞质或液泡中，构成花、果实、茎和叶的蓝、紫、紫罗兰、洋红、红和橙色。其中，葡萄、李、樱桃、草莓等果实中的色素以花青素为主。据报道，草莓果实中花青素的生物合成是由苯丙氨酸经苯丙氨酸途径和类黄酮途径生成的，然后进一步经糖基转移酶（UFGT）转为花色苷。

花青素具有类黄酮典型的结构，是 2-苯基苯并吡喃阳离子结构的衍生物。已发现 20 种花青素，其中果蔬组织中主要有 6 种，即天竺葵色素、矢车菊色素、飞燕草色素、芍药色素、牵牛花色素和锦葵色素，这 6 种花青素化学结构的差别主要在于苯环中的取代羟基和甲氧基数量及位置。

花青素的色泽与结构的关系为，母环结构中羟基数目增加，紫蓝颜色加深；而甲氧基数目增多，红色加深；在 C5 位上连接糖苷基，其色泽加深。与花青素成苷的糖主要有葡萄糖、半乳糖、阿拉伯糖、木糖、鼠李糖，以及由这些单糖构成的双糖或三糖。这些糖基有时由脂肪族或芳香族有机酸酰基化，有机酸主要包括咖啡酸、对香豆酸、芥子酸、对羟基苯甲酸、阿魏酸、丙二酸、苹果酸、琥珀酸和乙酸。在花青素的 2-苯基苯并吡喃阳离子结构中，吡喃环氧原子为 +4 价，具有碱性，能与酸反应；酚羟基可部分电离，具有一定的酸性，此两性特征使得花青素能随着介质 pH 改变而呈现不同颜色。一般情况下，花青素在酸性条件下呈红色，在碱性条件下呈蓝色，在中性或微碱性条件下呈紫色。当花青素与钙、镁、锰、铁等金属离子结合形成蓝色络合物时，其稳定性不受 pH 的影响。

除了存在于果蔬的细胞质或液泡中，花青素还存在于有些果蔬的果皮中，如苹果、桃、杏、葡萄、红皮萝卜、茄子等。对于含花青素的果蔬来说，其成熟期间叶绿素迅速降解，花青素含量逐渐升高；而在衰老过程中，花青素含量略有减少。在植物体内，花青素苷的生物合成途径是类黄酮类物质合成途径的一个分支。苯丙氨酸是花青素苷生物合成的直接前体，由苯丙氨酸到花青素苷大致经历三个阶段：第一阶段由苯丙氨酸到香豆酰-辅酶 A，该步骤受苯丙氨酸解氨酶基因调控；第二阶段由香豆酰-辅酶 A 到二氢黄酮醇，先由查耳酮合成酶催化香豆酰-辅酶 A 合成查耳酮，黄色的查耳酮异构化形成无色的黄烷酮，黄烷酮进一步在黄烷酮羟化酶催化下形成无色的二氢黄酮醇，然后还原形成无色花青素苷，这一步由二氢黄酮醇还原酶催化；第三阶段是各种花青素苷的合成，无色花青素苷在花青素合成酶作用下加氧转变成有色的花青素苷，然后由糖基转移酶、甲基转移酶、酰基转移酶催化形成不同种类的花青素苷。

果蔬中花青素的生物合成受到遗传因子的调控，也受到田间发育期间可溶性碳水化合物的积累、温度和光照的影响。花青素是一种感光色素，充足的光照有利于其合成，而遮荫处生长的果实色泽呈现不充分，显绿色。黑色和红色的葡萄只有在阳光照射下果粒才能显色。高温不利于果实的着色。例如，苹果在日平均气温为12～13℃时着色较好，而在27℃时着色不良或不着色，这也是中国南方苹果着色差的原因。乙烯、茉莉酸和茉莉酸甲酯等都对果实着色有利。此外，许多果蔬中存在使花青素退色的酶系统，或是微生物侵染时含有类似的酶分解花青素苷，使果实退色，如荔枝、龙眼等成熟果皮变成褐色。

四、类黄酮

类黄酮是广泛分布于植物组织细胞中的水溶性色素，呈浅黄色或无色，以与葡萄糖、鼠李糖、云香糖等结合成糖苷的形式存在；未糖苷化的类黄酮不溶于水，形成糖苷后水溶性加大。已知的类黄酮（包括苷）达1670多种，并不断有新的种类被鉴定出来，其中有色类黄酮400多种，多呈淡黄色，少数为橙黄色。

类黄酮是两个芳香环被三碳桥连接起来的15C碳水化合物，其芳香环结构来自两个不同的生物合成途径。一个芳香环和三碳桥从苯丙氨酸转化而来，另一个芳香环则来自丙二酸途径。类黄酮是由苯丙氨酸、P-香豆酰乙酰辅酶A和3个丙二酰乙酰辅酶A分子在查耳酮合成酶催化下缩合而成的。根据三碳桥的氧化程度，类黄酮可分为三种（除花色苷）：黄酮、黄酮醇和异黄酮。基本类黄酮骨架会有许多取代基，羟基常位于4、5和7位，也常与糖基结合形成葡萄糖苷。羟基和糖基可增加类黄酮的水溶性，而其他替代基团（如甲酯或异戊基）则使类黄酮呈脂溶性。类黄酮的基本结构是2-苯基苯并吡喃，最重要的类黄酮化合物是黄酮和黄酮醇的衍生物，如橙酮、查耳酮、黄烷酮、异黄酮和双黄酮等的衍生物。

类黄酮广泛存在于水果、蔬菜、谷物等植物中，多分布于外皮组织、接受阳光较多的部位。一般叶和果实中类黄酮含量较高，而根茎中含量较少。水果中的柑橘、柠檬、杏、樱桃、木瓜、李、越橘、葡萄、葡萄柚，以及蔬菜中的花椰菜、青椒、莴苣、洋葱、番茄等类黄酮含量较高。一般情况下，类黄酮类颜色较淡，浓度低时对果蔬颜色贡献较小，但有些类黄酮对果蔬颜色有一定的贡献。花椰菜、洋葱、马铃薯、甘蓝、白菜、白色葡萄的白色主要由类黄酮产生。与花色苷类似，类黄酮形成缩合物后其颜色和呈色强度有一定变化。例如，缩合类黄酮是花椰菜、洋葱和马铃薯中所含类黄酮中相对较为重要的呈色物质。随着果蔬的成熟，类黄酮含量逐渐升高；但在衰老过程中，类黄酮变化不大。在碱性条件（pH 11～12）下，类黄酮易生成苯丙烯酰苯（查耳酮结构）而呈黄色、橙色乃至褐色。例如，黄皮种洋葱、花椰菜和甘蓝的变黄现象就是由黄酮物质遇碱性生成查耳酮型结构所致。

第二节　香　　气

果蔬的香味是其本身芳香物质的气味和其他特性结合的结果。果蔬种类不同，其芳香物质的组成及含量也不同。大多数芳香物质是一些油状的挥发性物质，如醇、酯、醛、酮、萜类等有机物，故称为挥发油，因其含量极少，故又称为精油。芳香物质是判断果蔬成熟度的标志物之一，也是决定果蔬品质的重要因素之一。果实香气风味（香味）取决于其芳香化合物的组分和浓度、单个挥发化合物的嗅觉阈值及各组分间的相互作用。果实香气成分不仅为衡量果实自身营养价值提供了感官信息，也可作为其成熟与衰老的重要标志物。一般来讲，果实的成熟往往激发香气成分的生物合成，而果实的衰老将减弱香气成分的生物合成并导致其发生降解作用。

一、芳香物质的种类

果蔬的芳香物质是由多种组分构成的，易挥发，稳定性差。水果的香气成分主要由酯类、醛类、萜类、醇类、酮类及挥发性酸等构成；蔬菜的香气主要是一些含硫化合物（葱、蒜、韭菜等辛辣气味的来源）和一些高级醇、醛、萜等。

果实的芳香物质是果实在成熟过程中形成的挥发性芳香组分，这些组分共同构成了其特征芳香风味。目前，果实芳香物质已分离和鉴定出 200 余种。苹果的香气组分达 250 种以上，葡萄达 280 种以上，草莓达 300 种以上，菠萝达 120 种以上，香蕉达 170 种以上，桃达70 种以上。果实中芳香物质种类复杂，主要为醇类、酯类、萜烯类、酮类、醛类等，还有酸、含氮和硫化物。

果实的香味与品种有关。同一品种的果实，其风味也受到成熟度、生长环境和贮藏环境等因素的影响。果实的不同部位所产生的芳香物质也有差异。例如，苹果果皮的芳香物质总含量较其果肉多。蔬菜的香气不及果实浓郁，即其香物质香气值小于水果。有些蔬菜也具有特殊的气味。例如，葱、蒜、姜、韭菜等均具有辛辣气味。

二、芳香物质的形成途径

果实的有效香气成分大多由氨基酸、脂肪酸和类胡萝卜素等代谢产物衍生而来，其生物合成与果实成熟衰老密切相关。目前，关于番茄和草莓果实香气的生物合成研究较多，已发现参与形成番茄果实香气的挥发性化合物有 20～30 种，它们大部分衍生于氨基酸（苯基丙氨酸、亮氨酸和异亮氨酸）、脂肪酸（主要为亚麻酸）和类胡萝卜素（β-胡萝卜素是一种重要风味物质紫罗酮的前体）。目前，已鉴定出多个风味相关挥发性物质的酶合成基因。例如，支链氨基酸（branched-chain amino acid，BCAA）（亮氨酸和异亮氨酸）的生物合成代谢受到支链氨基转移酶（branched-chain aminotransferase，BCAT）的调控，其中叶绿体中 *SlBCAT3* 和 *SlBCAT4* 负责 BCAA 的合成，而线粒体中 *SlBCAT1* 和 *SlBCAT2* 负责 BCAA 的代谢；苯基氨基酸衍生挥发物生物合成的第一步由氨基酸脱羧酶基因 *SlAADC1A* 和 *SlAADC2* 调控；碳 6挥发物由 *LoxC* 所编码的亚麻酸或亚油酸经脂氧合酶（lipoxygenase）、*HPL* 所编码的氢过氧化物裂合酶（hydroperoxide lyase）、*ADH2* 所编码的乙醇脱氢酶（alcohol dehydrogenase）合成；挥发性酯类经由 *AAT1* 所编码的乙醇乙酰基转移酶（alcohol acetyltransferase）合成；而挥发性脱辅基类胡萝卜素则经由 *CCD1* 所编码的类胡萝卜素解离双氧酶（carotenoid cleavage dioxygenase）合成。一般来说，番茄风味挥发物合成随着果实的成熟而增加。

对于草莓果实香气来说，已发现参与其香气形成的挥发性化合物少于 20 种，多为酯类和萜类化合物，还有醇类、酮类等。目前，已报道草莓果实香味相关挥发性物质的多个酶合成基因。例如，二甲氨基黄酮（dimethylaminoflavone）的生物合成受到醌氧化还原酶（quinone oxidoreductase）基因 *FaQR* 和甲基转移酶（O-methyltransferase）基因 *FaOMT* 的调控；丁香酚的生物合成受到丁香酚合成酶（eugenol synthase）基因 *FaEGS2* 的调控；芳樟醇的生物合成受到橙花叔醇合成酶（nerolidol synthase）基因 *FaNES1* 的调控。

三、芳香物质在果蔬成熟衰老过程中的变化

随着果蔬的成熟，其香气前体含量增加，芳香物质逐渐合成，其产生香味的能力也随之提高。当果实完全成熟时，其香气便可很好地表现出来，此时其芳香物质含量最多，香味最

浓。在衰老过程中，香气前体逐渐减少，香气物质含量降低，产香能力减弱。金冠苹果发育早期散发的香气成分多是碳氢化合物，即不饱和醇和醛及饱和酯类；随着果实的成熟，其将产生饱和醇、醛和酯。

果实香味的强弱不仅与其香气物质含量有关，也与其香气阈值有关，可用香气值表示。此外，温度对香气物质的挥发性和分解影响较大。高温条件下，果蔬的芳香物质挥发和分解速度较快；低温条件有利于其芳香物质的缓慢释放。一般来说，只有在果蔬成熟时才显现出其特有的典型香味，因而果蔬的香味是果蔬成熟与衰老的重要标志之一。

第三节　滋　味

果蔬中天然存在的味觉主要有酸、甜、苦、辣、涩。一般来讲，糖类和酸类（糖酸比）决定了果实的风味基础。在果实完熟开始阶段，发育过程中积累的淀粉代谢为葡萄糖和果糖。柠檬酸和苹果酸也会大量产生，其比例对果实口味至关重要。

一、酸味

酸味是食物中氢离子作用于舌黏膜而引起的一种刺激，这些氢离子主要是由有机酸解离产生的。果蔬中的有机酸能促进食欲，有利于食物的消化，使食物保持一定酸度，对维生素 C 的稳定性具有保护作用，也是能量 ATP 的主要来源，同时也是细胞内生理代谢过程中中间代谢产物的提供者。

果蔬中有 30 多种有机酸，其中苹果酸、柠檬酸和草酸分布较广。此外，还有一些特有的有机酸，如酒石酸、琥珀酸、α-酮戊二酸等。柠檬酸是果蔬中分布最广的有机酸，其酸味爽口，为柑橘类果实所含的主要有机酸，还存在于树莓、草莓、菠萝、石榴、刺梨、凤梨、桃等果实中。苹果酸在仁果类的苹果和梨，以及核果类的桃、杏、樱桃等中含量较多，以莴苣、番茄等蔬菜中含量较多；天然存在的苹果酸为 L-型，其酸味比柠檬酸强，在口中的呈味时间也长于柠檬酸，酸味爽口。草酸在蔬菜中较为普遍，尤以菠菜、苋菜、竹笋、青蒜、洋葱、茭白、毛豆等含量较多，在果实中含量较少；草酸会刺激和腐蚀消化道黏膜，可与人体内的钙盐反应生成不溶于水的草酸钙，降低人体对钙的吸收和血液的碱度。酒石酸为葡萄中含有的主要有机酸，其酸味比柠檬酸和苹果酸都强，为柠檬酸的 1.2～1.3 倍，略带涩味。在未成熟的水果中存在较多的琥珀酸和延胡索酸；苯甲酸存在于李子、蔓越橘等水果中；水杨酸常以酯存在于草莓中。

一般来说，水果含酸量为 0.5%～1%，蔬菜中含酸量为 0.1%～0.2%（番茄的含酸量为 0.5%）。果蔬的有机酸含量与品种、部位、成熟度均有关。例如，山楂、葡萄等含酸较多，梨、桃、香瓜等含酸较少。苹果中苹果酸含量约占有机酸总量的 70%，温州蜜橘的柠檬酸含量约占有机酸总量的 90%，葡萄中酒石酸含量占有机酸总量的 40%～60%。对于同一品种果实，尚未成熟的果肉和近果皮的果肉有机酸含量较高。在番茄成熟过程中，有机酸含量从绿熟期的 0.94% 下降到完熟期的 0.64%。在苹果和梨果实中，苹果酸含量下降速率高于柠檬酸。值得注意的是，橘子皮中以苹果酸为主，而不是以柠檬酸为主。

有机酸含量是影响果实风味品质的重要指标，也是判断其贮藏效果的主要指标之一。一般而言，在生长发育期间，果实的有机酸含量逐渐增加，到完熟时达到最高，而后急剧下降。然而，对于香蕉和梨果实来说，其可滴定酸在发育过程中逐渐下降，成熟时含量最低。

对于橘子来说，经贮藏后其酸度下降而呈酸甜口；对于苹果来说，经贮藏后其酸度较低而口感风味变淡。

二、甜味

果蔬的甜味物质主要是糖及其衍生物糖醇。此外，一些氨基酸、胺类等非糖物质也具有甜味，但不是主要的甜味来源。糖分是果蔬中可溶性固形物的主要成分，其不仅构成果蔬的甜味，也常以其他形式存在，如某些芳香物质以糖配体形式存在，某些颜色来自花青素与糖的衍生物，维生素 C 也是由糖衍生而来的。

果蔬所含糖类有 40 多种，与果蔬甜味密切相关的是一些单糖、二糖及糖醇，主要是葡萄糖、果糖、蔗糖和某些戊糖等，还有甘露糖、半乳糖、木糖、核糖，以及山梨醇、甘露醇和木糖醇等。葡萄糖和果糖是单糖，具有还原性；蔗糖是双糖，无还原性，在蔗糖转化酶作用下可水解成等量的葡萄糖和果糖（称为转化糖）。

果蔬的甜度与所含糖分的种类、含糖量、溶解度等有关。在评定果蔬风味时常用糖酸比（糖／酸）来表示。糖酸比越高甜味越浓，比值适宜则甜酸适度。糖也与酸、单宁等成分相互作用，形成果蔬的独特风味。例如，柿子中单宁物质含量较高，会屏蔽糖的甜度；当柿子脱涩后，单宁物质降解，其糖的甜度显现出来。

葡萄糖广泛存在于果蔬产品中，其立体异构体 α-葡萄糖和 β-葡萄糖的甜度不同，前者大于后者（约为 3：2）。在水溶液中有 α→β 移动的趋势，温度越高，移动程度越大，则甜度越低。木糖醇存在于香蕉、杨梅、菠菜、花椰菜等果蔬中，木糖醇的化学性质稳定，吸湿性小，含热量与蔗糖相似，有清凉的甜味。山梨醇存在于苹果、梨、樱桃、桃、李、杏等果实中，甜度为蔗糖的 60%～70%，有清凉甜味，耐热，耐酸，也是糖尿病及肝病患者的理想甜味剂。

果蔬的含糖量仅次于水分，其含量与果蔬品种有很大关系。一般果品的含糖量为7%～25%。仁果类如苹果、梨、山楂含果糖最多，葡萄糖和蔗糖次之；核果类如桃、李、杏以蔗糖最多，葡萄糖和果糖次之；浆果类如柿子、葡萄、草莓、番茄等以葡萄糖和果糖最多，蔗糖较少。番茄和葡萄几乎不含蔗糖；西瓜以果糖为主，葡萄糖次之，蔗糖最少；甜瓜以蔗糖为主。柑橘果实以蔗糖最多，果糖次之，葡萄糖最少。

在蔬菜中，除番茄、西瓜、甘蓝、甜瓜、胡萝卜等含糖量稍高，其他蔬菜的含糖量很低，一般在 5% 以下。甘蓝、黄瓜和菜豆等以葡萄糖和果糖为主，胡萝卜、豌豆、洋葱等以蔗糖为主。

在果蔬的成熟与衰老过程中，其含糖量不断发生变化。一般来讲，未成熟时，果蔬的含糖量较少；随着成熟进程的推进，其含糖量逐渐增加；完熟时，其含糖量最高，故成熟度高的果蔬滋味较甜。值得注意的是，块茎、块根类蔬菜的成熟度越高，其含糖量越低。随着果蔬衰老或贮藏时间的延长，其含糖量又缓慢下降。对于多数水果来说，衰老或贮藏过程中其含糖量下降较小，不至于影响果实食用品质。

在成熟与衰老过程中，果蔬的含糖量受到呼吸强度、淀粉水解和组织失水程度的影响。作为呼吸作用的底物，糖分在呼吸过程中分解释放出热能，其含量逐渐减少。对于采收时淀粉含量较高（1%～2%）的果实，采收后淀粉水解，含糖量暂时增加，果实变甜；达到最佳食用时期后，含糖量因呼吸消耗而下降。对于采收时不含淀粉或淀粉含量较少的果蔬，其含糖量随着贮藏时间的延长而逐渐减少，如番茄和甜瓜。对于辣椒，随着水分和淀粉粒的减少，辣椒的干物质和含糖量也随着果实成熟度增加而递增。在甜瓜果实成熟与衰老过程中，主要糖分经历还原糖、蔗糖和还原糖的转化过程。

三、涩味

涩味为引起口腔组织粗糙褶皱的收敛感觉和干燥感觉，是由涩味物质与黏膜上或唾液中的蛋白质生成了沉淀或聚合物而引起的。引起涩味的分子主要是单宁等多酚类化合物，存在于未成熟的柿子、香蕉等中。此外，橄榄果实中带有橄榄苦素的糖苷具有较强的涩味；果蔬中草酸、香豆素类和奎宁等物质也可引起涩味。

单宁又称鞣质，属于酚类化合物，其结构单体主要是邻苯二酚、邻苯三酚及间苯三酚，主要分为水解型单宁和缩合型单宁。水解型单宁也称焦性没食子酸单宁，是由没食子酸或没食子酸衍生物以酯键或糖苷键形成的酯或糖苷，如单宁酸和绿原酸。缩合型单宁也称儿茶酚单宁，如儿茶素。单宁分子具有很大的横截面，易于同蛋白质发生疏水结合；同时，单宁含有能转变为醌式结构的苯酚基团，也可与蛋白质发生交联反应。这种疏水作用和交联反应都可能是形成涩感的原因。当单宁含量达 0.25% 时感到明显的涩味，当果实中含有 1%～2% 的可溶性单宁时就会有强烈的涩味。

单宁普遍存在于水果中，特别是未成熟的柿子、李等果实，含量为 0.02%～0.3%。除茄子、蘑菇等外，一般蔬菜中单宁含量较少。值得注意的是，单宁含量较低时可使人感觉到清凉味。此外，单宁能引起果蔬的褐变，主要是由于氧化酶对单宁类物质的氧化作用。含有单宁较多的果蔬去皮或切分后，暴露在空气中会发生氧化褐变，进而影响其外观品质，如苹果、梨、香蕉、樱桃、草莓、桃等。然而，柑橘、菠萝、番茄、南瓜等因缺乏诱发褐变的多酚氧化酶而很少出现褐变。

一般来说，未成熟果实中单宁含量较高。随着果实成熟，单宁经过一系列的氧化或酸、酮等作用，其含量逐渐降低。李未成熟时单宁含量为 0.32%，成熟时为 0.22%，过熟时为 0.1%。

水解型单宁具有很强的涩味，而结合态单宁不溶于水，故不呈现涩味。所谓柿子脱涩，就是其水解型单宁发生氧化作用或与醛、酮等作用形成结合态单宁而脱涩。成熟香蕉果实果肉的单宁含量仅为青绿果实的 1/5，且单宁多分布于果皮，为果肉的 3～5 倍。生产上常采用温水、乙醇、二氧化碳来进行脱涩处理（如柿子的脱涩），因为这些方法均可促进果实的无氧呼吸而产生不完全氧化物乙醛，而乙醛与单宁发生聚合反应，使可溶性单宁转变为不溶性酚醛树脂类物质，以达到脱涩的目的。

此外，当采后果蔬受到机械损伤或贮藏后期果蔬衰老时，单宁物质在多酚氧化酶的作用下发生不同程度的氧化褐变，进而影响其贮藏品质。因此，在采收前后应尽量避免机械损伤并控制衰老以防止褐变，进而保持果蔬品质而延长其贮藏寿命。

四、苦味

苦味是 4 种基本味感（酸、甜、苦、咸）中味感阈值最小的一种味觉。天然植物中苦味物质有生物碱类（如茶碱、咖啡碱）、糖苷类（如苦杏仁苷、柚皮苷等）和萜类（如蛇麻酮）。果蔬的苦味主要含有生物碱和糖苷的苦味物质。常见的苦味物质有苦杏仁苷、茄碱苷、葫芦苦素、苎烯、黑芥子苷和柑橘类糖苷。

苦杏仁苷是果实种子中普遍存在的一类物质，其在核果类的种子中含量较多，而在仁果类的种子中含量较少或没有。苦杏仁在桃、梅、李、杏、樱桃、苦扁桃、苹果、枇杷等果核种仁中均存在。苦杏仁苷在未成熟核果肉中含量为 0～4%，在核果类的杏核中为 0～3.7%，在苦扁桃核中为 2.5%～3.0%，在李核中为 0.9%～2.5%，在苦杏仁中为 2%～3%。苦杏仁苷本身无毒，但在苦杏仁苷酶或酸的作用下，1 分子苦杏仁苷可水解为 1 分子苯甲醛、1 分子氢氰酸和 2 分子葡萄糖，其中氢氰酸具有剧毒。

茄碱苷又称龙葵碱，主要存在于茄科植物中，具有苦味且有剧毒，其含量仅为 0.02% 时即可引起中毒。马铃薯块茎中茄碱苷含量为 0.002%～0.01%，且大部分集中于薯皮中，而在薯肉中较少。当马铃薯在阳光下暴露而发绿或发芽后，其绿色部位和芽眼部位的茄碱苷含量剧增。茄碱苷也存在于番茄和茄子果实中，在未熟绿色果实中其含量较高，成熟时其含量逐渐降低。在酶或酸的作用下，茄碱苷可水解为葡萄糖、半乳糖、鼠李糖和茄碱。

葫芦苦素主要存在于葫芦科植物的果实中，为苦瓜、黄瓜、丝瓜及甜瓜等的苦味物质。葫芦的葫芦苦素含量较多，有时整个果实均有苦味。对于黄瓜，葫芦苦素有时出现在近果柄一端。

柑橘中的苎烯有柠檬苦素、异柠檬苦素、诺米林、萜二烯等氧杂萘邻酮系物质。脐橙的苦味成分为柠檬苦素和异柠檬苦素；夏橙种子的苦味成分为柠檬苦素、异柠檬苦素及诺米林。柠檬苦素以一种非苦味的前体物质存在于完整果实中，在一定条件下便转化为柠檬苦素。柠檬苦素的前体物质为柠檬苦素 A-环内酯酸盐。当果实组织破碎时，柠檬苦素 A-环内酯酸盐在柠檬苦素 D-环内酯水解酶与酯的作用下迅速转化为柠檬苦素。柑橘类果实成熟过程中苦味物质有逐渐减少的趋势。在柑橘果实成熟乃至贮藏期间，柠檬苦素→柠檬苦素 A→环内酯酸盐→脱氢柠檬苦素 A→环酯酸盐这一代谢途径一直存在。在柑橘脱苦工艺中，常用乙烯来处理果实，以加速其成熟进程和体内酶系催化柠檬苦素及其前体的转化降解，即代谢脱苦。

黑芥子苷具有特殊的苦辣味，普遍存在于十字花科蔬菜的根、茎、叶与种子中。在黑芥硫酸酯酶和硫苷酶的作用下，黑芥子苷水解成具有特殊风味的芥子油、葡萄糖和其他物质，此过程对蔬菜腌渍至关重要。

柑橘类糖苷存在于柑橘类果实的果皮、橘络、囊衣和种子中，主要有橘皮苷、柚皮苷、橙皮苷和柠檬苷等，这些苷类是具有维生素 P 活性的黄酮类物质。这些苷类物质可在酶或酸的作用下水解，其含量随着果实的成熟而降低，这是成熟过程中果实苦味渐减的原因之一。

五、辣味

辣味为刺激舌和口腔的触觉及鼻腔的嗅觉而产生的综合性刺激感。适度的辣味能增进食欲，促进消化液的分泌，是形成食物风味的一个重要方面。天然辣味物质就其辣味可分为三类：①辛辣味物质属于芳香族化合物，其辣味伴随有较强烈的挥发性香味，如肉桂中的桂皮醛、生姜中的姜酮、百味胡椒中的丁香酚等。②热辣味物质是在口中能引起灼烧感觉而无芳香的辣味。辣椒、胡椒和花椒属于此类辣味物质。辣椒的主要辣味成分是类辣椒素；胡椒的主要辣味成分是胡椒碱；花椒的主要辣味成分是花椒素。③刺激性辣味物质为含硫化合物，能刺激口腔、鼻腔和眼睛，具有味感、嗅感刺激性和催泪性。此类物质主要为蒜、葱、韭菜中的硫代丙烯类化合物，以及芥末、萝卜中的异硫氰酯。蒜的辛辣成分主要是二烯丙基二硫化物、丙基烯丙基二硫化物、二丙基二硫化物等，来源于蒜氨酸的分解。当蒜组织细胞被破坏后，其蒜酶将蒜氨酸分解为有强烈刺激性气味的油状物即蒜素，蒜素再还原生成辛辣味的二烯丙基二硫化物。葱的辛辣成分与蒜相似，其主要成分是二正丙基二硫化物和甲基二丙基二硫化物。葱和蒜中的二硫化物可被还原成有甜味的硫醇化合物，故葱、蒜煮熟后则失去辣味而有甜味。

第四节 质 地

质地是果蔬品质的重要指标之一，主要体现为脆、绵、硬、软、柔嫩、粗糙、致密、疏松等。质地是判断果蔬成熟度和确定采收期的重要依据，直接影响到其食用及贮藏品质。质地是由果蔬细胞的结构要素（水分、蛋白质、纤维素、淀粉、果胶等）的质、量和构成决定的，主要受到细胞大小、形状和紧张度、细胞间结合力及细胞壁结构的机械强度的影响。

一、水分

水分是影响果蔬的新鲜度和脆度的重要成分。果蔬的水分决定了细胞膨胀压力，含水量高的果蔬细胞膨压大，使果蔬具有饱满挺拔、色泽鲜亮的外观，口感脆嫩的质地。

一般来说，新鲜水果的水分含量为 70%～90%，如枣为 73%，苹果为 89%，枇杷为 92%。新鲜蔬菜的水分含量为 75%～95%，如胡萝卜为 88%，甘蓝为 90%，黄瓜为 95%。随着贮藏时间的延长，果蔬将发生一定程度的失水，表现为疲软和萎蔫，导致新鲜度下降。因此，果蔬贮藏时既要采用高湿、薄膜包装等措施防止果蔬失水，又需要结合低温、气调、防腐、保鲜等措施延缓衰老，抑制病原微生物的侵害。

二、果胶物质

果胶是由 α-1,4-D-吡喃半乳糖醛酸为基本单位组成的，存在于果蔬细胞的初生壁和中胶层，是构成细胞壁的主要成分之一，起着黏结细胞个体的作用。果胶的含量和存在形式是影响果实质地软、硬、脆或绵的重要因素。

果胶含量较多的果品有柚子、山楂、香蕉、苹果，其中柚皮中果胶含量高达 93%（以干重计）。果胶含量较多的蔬菜有胡萝卜、南瓜、甘蓝、番茄，其中胡萝卜中果胶含量可达 18%（以干重计）。

在果蔬组织中，果胶物质以原果胶、果胶和果胶酸三种形式存在。

原果胶是果胶与纤维素结合而成的长链高分子物质，不溶于水，主要存在于未成熟的果蔬细胞壁中。未成熟果蔬的细胞间和细胞壁含有大量的原果胶，几乎不存在果胶，故质地较为坚硬。随着果实成熟，原果胶在原果胶酶或酸的作用下水解成果胶和纤维素，进而使果实变软。

果胶是半乳糖醛酸甲酯及少量半乳糖醛酸通过 1,4-糖苷键连接而成的直链高分子化合物，是一种胶体物质，可溶于水。果胶主要存在于果蔬细胞内的汁液中，呈溶液状态。成熟的果实组织中果胶物质以可溶性果胶为主，黏结能力差，使得细胞间结合力弱，故果实质地柔软而富有弹性，脆嫩可口。当果实进一步成熟衰老时，果胶在果胶酶和酸碱作用下水解，其中半乳糖醛酸甲酯经果胶酯酶水解成果胶酸和甲醇。

果胶酸是由半乳糖醛酸通过 1,4-糖苷键结合而形成的，不溶于水。果胶酸主要存在于成熟果实中，无黏性，会促进组织变软，呈水烂状态。随着果蔬的衰老，果胶酸在果胶酸酶作用下水解成半乳糖醛酸、己糖及戊糖，最终果实解体。

果蔬种类不同，果胶含量和性质也不同。一般来说，水果的果胶是高甲氧基果胶，而蔬菜的果胶为低甲氧基果胶。山楂的果胶含量较高，并富含甲氧基，具有很强的凝胶能力，常被制作成山楂糕。胡萝卜的果胶含量很高，但甲氧基含量低，其凝胶能力很弱，不能形成胶冻，其与山楂混合后，可利用山楂果胶中甲氧基的凝胶能力，制成胡萝卜山楂糕。

三、纤维素

纤维素普遍存在于果蔬组织中，与果胶和半纤维素等结合在一起，是组成细胞壁的基本物质，构成了果蔬组织的骨架。细胞壁的弹性和可塑性很大程度上取决于纤维素的性质。果品中纤维素含量为 0.2%～4.1%，半纤维素含量为 0.7%～2.7%；蔬菜中纤维素含量为 0.3%～2.3%，半纤维素含量为 0.2%～3.1%。

一般来说，幼嫩果蔬组织的细胞壁中纤维素多为水合纤维素，食用时口感细嫩；在贮藏过程中，随着果蔬组织的老化，纤维素则会木质化和角质化，使组织变得坚硬粗糙，食用品质下降。含纤维素过多的果蔬肉粗皮厚，含纤维素少的果蔬脆嫩多汁。

纤维素是由葡萄糖分子通过 β-1,4-糖苷键连接而成的长链分子，主要存在于细胞壁中，具有保持细胞形状、维持组织形态的作用。番茄、鳄梨、荔枝、香蕉、菠萝等的成熟软化需要纤维素酶、果胶酶及多聚半乳糖醛酸酶等共同作用。然而，芹菜、蒜薹、芦笋、莴苣等蔬菜老化时会发生组织纤维化，品质劣变。在一些梨品种中，纤维素与木质素结合形成木质化的石细胞，使果肉粗糙而产生砂粒感。此外，有些霉菌含有分解纤维素的酶，因此受霉菌感染腐烂的果蔬常变为软烂状态，这与纤维素和半纤维素的分解有关。

四、淀粉

淀粉主要存在于根茎类、豆类蔬菜及未成熟的果实中。薯芋类和豆类蔬菜含有大量的淀粉，如马铃薯的淀粉含量为 14%～25%，莲藕的淀粉含量为 12%～19%，青豌豆的淀粉含量为 5%～6%，鲜食糯玉米的淀粉含量为 19%～29%。一般情况下，采收时青豌豆的淀粉含量为 5%～6%，但经高温放置 2 d 后，其淀粉含量可增至 10%～11%，这是糖类转化为淀粉所致。同样，在贮藏过程中，鲜食类玉米也会出现糖类转化为淀粉的现象。

对于大多数果品来说，未成熟时其淀粉含量较高；随着果实的成熟，淀粉酶将淀粉逐渐水解成糖，淀粉含量减少。未成熟富士苹果的淀粉含量可达 10% 以上，而成熟时其淀粉含量降至 4% 以下。未成熟香蕉的淀粉含量可达 18% 以上，而成熟时其淀粉含量也可降至 4% 以下。板栗的淀粉含量较高，未成熟时其可达 75%，成熟时也可达 60% 以上。

第五节 营 养

一、维生素

维生素为果蔬的次生代谢产物，对动物机体的新陈代谢至关重要。新鲜的果蔬是维持人体正常生理机能所需维生素的重要来源。果蔬中含有丰富的维生素 C 和维生素 A 前体（即类胡萝卜素），还含有少量的 B 族维生素，如维生素 B_1（硫胺素）、维生素 B_2（核黄素）、维生素 B_6（吡哆素）、维生素 B_{12}（钴胺素）、维生素 PP（烟酸）、泛酸、叶酸等。一般果品富含维生素 C，豆类富含维生素 B_1，甘蓝和番茄富含维生素 B_2，莴苣富含维生素 E，菠菜、花椰菜富含维生素 K。

果蔬本身含有维生素 C 氧化酶，可促使维生素 C 氧化，这也是在贮藏过程中维生素 C 含量逐渐氧化减少的主要原因，故低温低氧贮藏可有效延缓果蔬中维生素 C 的损失。一般情况下，果品的维生素 C 含量较蔬菜高。沙棘的维生素含量可达 1700 mg/100 g，刺梨为 1500 mg/100 g，猕猴桃可达 400 mg/100 g，柑橘类可达 60 mg/100 g，而苹果、梨、葡萄等的维生素 C 含量在 10 mg/100 g 以下；青椒的维生素 C 含量为 105 mg/100 g，甜椒为 72 mg/100 g，而一般的叶菜类及根茎类蔬菜均在 60 mg/100 g 以下。

果蔬的维生素 C 含量与组织部位有关。一般来说，果皮的维生素 C 含量高于果肉，红果皮的维生素 C 含量高于绿果皮。果实品质的下降往往伴随着维生素 C 含量的减少，因此维生素 C 含量变化是衡量果实新鲜度的一个重要指标。

胡萝卜素为脂溶性维生素 A 的前体物质，β-胡萝卜素在动物机体内经酶作用可转化为维生素 A。胡萝卜素呈橙黄色，主要与叶绿素、叶黄素等共存于植物叶绿体，也可存在于植物块根、块茎和果实中。富含胡萝卜素的果蔬有油菜、菠菜、胡萝卜、马铃薯、南瓜、哈密瓜、杏、枇杷、芒果等，其中哈密瓜的胡萝卜素含量高达 2000 μg/100 g，杏可达 1100 μg/100 g。

二、矿物质

矿物质是果蔬的重要营养成分之一，含量（以灰分计）为 0.2%～3.5%。蔬菜的矿物质含量，根菜类为 0.6%～1.1%，茎菜类为 0.3%～2.8%，叶菜类为 0.5%～2.3%，花菜类为 0.7%～1.2%，果菜类为 0.3%～1.7%。果品的矿物质含量，仁果类为 0.2%～1.9%，核果为 0.3%～1.7%，浆果类为 0.2%～2.9%，柑橘类为 0.3%～0.9%，坚果类为 1.1%～3.4%，瓜类为 0.2%～0.4%。

钾、钠、钙等约占果蔬中总矿物质的 80%，其中钾占总矿物质量的 50% 以上，磷酸和硫酸等约占 20%。此外，果蔬的矿物质还含有锰、锌、硼等微量元素。果蔬中大多数矿物质与有机酸形成盐类或作为有机质的组成部分，如叶绿素的镁，与超氧化物歧化酶结合的铁、锌、铜、锰等，蛋白质还含有硫、磷等，其他矿物质多与果胶物质结合。

坚果类的钙、铁、磷含量较高，其他果品低于蔬菜。依据美国农业部数据，榛子的钙含量约为 114 mg/100 g，秋葵为 82 mg/100 g，而苹果的钙含量仅为 6 mg/100 g。呈游离态的钙易被人体吸收，而呈草酸盐状态的钙不能被人体吸收，如菠菜中的钙。水果的铁含量也较蔬菜低，如铁含量较高的樱桃，其含量仅为 0.3 mg/100 g；而韭菜的铁含量为 2.1 mg/100 g。由此可见，一般情况下，蔬菜的矿物质含量高于果品，是人体矿物质补充的主要来源之一。

第十章 果蔬采后生理

第一节 呼 吸 代 谢

果蔬在采收后，由于离开了母体，水分、矿物质及有机物的输入均已停止。采收后的果蔬仍然是有生命的个体，需要进行呼吸作用，以维持正常的生命活动。呼吸作用对于果蔬贮藏具有积极与消极两方面的影响。一方面，呼吸作用过强，则会使贮藏的有机物过多地被消耗，含量迅速减少，果蔬品质下降，同时过强的呼吸作用也会加速果蔬的衰老，缩短贮藏寿命。另一方面，呼吸作用在分解有机物过程中产生的许多中间产物是合成植物体内新的有机物的物质基础。因此，控制采收后果蔬的呼吸作用，已成为果蔬贮藏技术的中心问题。

一、呼吸代谢的基本类型

呼吸作用（respiration）是指生活细胞经过某些代谢途径使复杂的有机物质分解为简单的产物，并释放出能量的过程。对于果蔬来说，呼吸底物主要为糖类和酸类。呼吸作用提供采后组织生命活动所需的能量，同时也是采后各种有机物相互转化的中枢。

（一）有氧呼吸

有氧呼吸（aerobic respiration）是指生活细胞在有充足的氧气参与下，使糖类、酸类等有机物彻底分解，生成二氧化碳和水，同时释放大量能量的过程。采后果蔬组织细胞最常用的呼吸底物为葡萄糖（$C_6H_{12}O_6$）。以葡萄糖作呼吸底物为例，有氧呼吸可简单表示为

$$C_6H_{12}O_6 + 6O_2 \longrightarrow 6CO_2 + 6H_2O + 2821\ kJ$$

有氧呼吸是高等植物进行呼吸作用的主要形式，其特点是需有氧参与、有机物氧化分解彻底且能量释放多。通常所说的呼吸作用，均是指有氧呼吸。当以葡萄糖作为呼吸底物时，呼吸代谢主要通过糖酵解（EMP）、三羧酸循环（TCA）及电子传递链（ETC）进行。具体来说，葡萄糖在细胞质中通过糖酵解途径最终生成丙酮酸，这是有氧呼吸与无氧呼吸必经的生化反应过程，不管是否有氧参与，在植物组织内均普遍发生。丙酮酸十分活跃且不稳定，经过脱羧、脱氢形成乙酰CoA，乙酰CoA进入三羧酸循环，同时在电子传递链的参与下，最终被氧化生成CO_2和H_2O，同时产生能量。此外，葡萄糖也可以通过磷酸戊糖途径（PPP）被氧化分解，该途径通过提供核酮糖5-磷酸和NADPH等前体物质指导葡萄糖代谢流向生物大分子的合成。

（二）无氧呼吸

无氧呼吸（anaerobic respiration）是指在缺氧或组织利用氧的能力差的情况下，生活细胞将有机物分解为乙醇、乙醛等不彻底的氧化产物，同时释放少量能量的过程。高等植物在无氧呼吸时可以产生乙醇或乳酸，其中以乙醇发酵最为典型。以葡萄糖作呼吸底物为例，可简单表示为

$$C_6H_{12}O_6 \longrightarrow 2C_2H_5OH + 2CO_2 + 87.9\ kJ$$

在乙醇发酵过程中，呼吸底物先经过糖酵解转变为丙酮酸，然后在丙酮酸脱羧酶的作用下生成乙醛，最后在乙醇脱氢酶的作用下还原成乙醇。无氧呼吸释放的能量远小于有氧呼吸，但是所消耗的底物反而比有氧呼吸多；并且无氧呼吸产物乙醇和乙醛的大量积累对果蔬组织有毒害作用，同时产生异味。例如，冬枣采后无氧呼吸过程中，乙醇的积累导致在贮藏过程中出现酒软现象，影响其商品价值。在塑料薄膜包装或气调贮藏过程中如果氧气过低，也会诱发组织的无氧呼吸，使果实产生乙醇味，这便是常说的低氧伤害。因此，在贮藏期间应防止产生无氧呼吸。但是，南果梨等果实成熟期间会产生适量乙醇，是形成其风味的原因之一。

（三）愈伤呼吸

除上述两种呼吸方式外，还会发生愈伤呼吸（wound respiration）。当植物组织受到机械损伤时，酶与底物的间隔便会遭到破坏，从而使它们直接接触，氧化作用加强，最终导致呼吸速率明显增强的现象叫作愈伤呼吸。植物产生愈伤呼吸，会造成体内物质大量消耗，是不利的，因此对于采后果蔬要注意防止机械损伤。但是，愈伤呼吸也是植物呼吸保卫反应的主要机制，在组织遭到损伤后的自我修复中有重要作用。

二、呼吸作用相关指标

（一）呼吸强度

呼吸强度（respiration intensity）是表示呼吸作用强弱的一个指标，又称呼吸速率，是指在一定温度下，单位质量的果蔬组织在单位时间内呼吸消耗的 O_2 量，或释放出的 CO_2 量，单位为 mg（或 mL）/（kg·h）。在果蔬贮藏过程中，呼吸强度是判断其耐贮性的重要指标之一。呼吸强度高，底物消耗快，贮藏寿命不会长。一般可采用化学测定法或使用气相色谱仪测定呼吸强度。常见果蔬的呼吸强度见表 10-1。

表 10-1　常见果蔬的呼吸强度（20～27℃）　　[单位：mg CO_2 或 O_2/（kg·h）]

种类	呼吸强度	种类	呼吸强度	种类	呼吸强度
富士苹果	10～25	番木瓜	39～88	马铃薯	5～35
鸭梨	20～45	柠檬	20～28	胡萝卜	20～40
水蜜桃	40～120	草莓	169～211	甘薯	5～40
香蕉	20～175	柿子	29～40	芹菜	100～122
猕猴桃	20～65	荔枝	75～128		
芒果	20～120	番茄	10～70		

（二）呼吸热

采后果蔬进行呼吸作用过程中，消耗呼吸底物释放出能量，少部分能量用于维持生命活动，大部分能量则以热量的形式散发到环境中，称为呼吸热（respiration heat）。果蔬贮运过程中呼吸热的积累会导致贮藏环境温度上升。因此，在果蔬采收后贮运期间必须及时散热和降温，以避免贮藏库温度升高，而温度升高又会使呼吸增强，放出更多的热，形成恶性循环，缩短贮藏寿命。对于刚采收的新鲜果蔬要及时进行预冷，以迅速除去田间热和呼吸热。

（三）呼吸商

呼吸作用过程中所释放出 CO_2 和消耗 O_2 的容积比值，称呼吸商（respiratory quotient，RQ）。通过测定呼吸商，可以初步判断呼吸底物的种类。当 RQ>1 时，以有机酸为呼吸底物；当 RQ=1 时，以糖为呼吸底物；当 RQ<1 时，以蛋白质或脂肪为呼吸底物。此外，RQ值也与呼吸状态即呼吸类型有关。当果蔬组织发生无氧呼吸时，吸入的氧少，RQ>1，此时 RQ 值越大，无氧呼吸所占的比例越大。同种果蔬在不同温度下的 RQ 值也不同，一般来讲，高温下的 RQ 值大。

三、采后果蔬的呼吸类型及其与乙烯的关系

（一）呼吸类型

许多果实在生长初期，细胞分裂旺盛，呼吸强度最大。以后随着果实生长，呼吸强度急剧下降，逐渐趋于缓慢。到果实成熟时，根据呼吸强度变化曲线，可分为两种类型：呼吸跃变型（respiratory climacteric）和非呼吸跃变型（non respiratory climacteric）（图 10-1）。呼吸跃变型果实包括苹果、梨、香蕉、猕猴桃、杏、李、桃、鳄梨、番茄、油桃、榴莲、芒果、红毛丹、番茄、无花果、面包果、南美番荔枝、番木瓜、甜瓜、西瓜等；非呼吸跃变型果实包括柠檬、荔枝、石榴、柑橘、越橘、菠萝、草莓、葡萄、枇杷、龙眼、枣、树莓、黑莓、葡萄柚、橄榄、黄瓜、甜椒、茄子、豌豆、可可、腰果等。

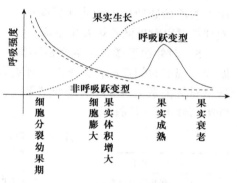

图 10-1　呼吸跃变型和非呼吸跃变型果实
生长及呼吸曲线

呼吸跃变型果蔬在发育定型之前，呼吸强度不断下降，此后在成熟开始时，呼吸强度急剧上升，达到高峰后便转为下降，直到衰老死亡。伴随着呼吸跃变的出现，果蔬的色、香、味及化学物质迅速变化，达到最佳食用时期。呼吸跃变型的果实除了少数不能在树上成熟的特例（如芒果、油梨等），大多数果实无论在树上还是采摘以后都能进入呼吸跃变而完成后熟。呼吸跃变可以分为跃变前期、跃变高峰期和跃变后期三个阶段。一般呼吸跃变开始时是果实品质提高阶段，到了呼吸跃变后期，衰老开始发生，此时品质劣变，抗性降低，所以呼吸高峰是后熟与衰老的分界线。果实发生呼吸跃变的机理有很多，如膜透性改变学说、解偶联学说等，但迄今为止并没有一个满意的理论。非呼吸跃变型果蔬在成熟过程中，没有呼吸跃变现象，呼吸强度表现为缓慢下降或后期上升。非呼吸跃变型果蔬没有明显的后熟现象，从成熟到完熟发展缓慢，无法明显区分。

（二）不同呼吸类型与乙烯的关系

呼吸跃变型和非呼吸跃变型果蔬不仅在成熟期间呼吸变化模式不同，两者与乙烯的关系也不同（表 10-2）。

1. 乙烯生物合成系统不同　　植物组织内存在两种乙烯合成系统，即系统 I 和系统 II。系统 I 负责果蔬在生长发育过程中合成微量的乙烯。系统 II 则负责果蔬在跃变过程中乙烯自

我催化生成大量的乙烯。

非呼吸跃变型的果蔬及呼吸跃变型果蔬跃变前低速率基础乙烯的生成由系统Ⅰ产生。非呼吸跃变型的果实只有乙烯合成系统Ⅰ，而没有乙烯合成系统Ⅱ。

2. 内源乙烯产生模式不同 呼吸跃变型的果蔬在成熟过程中乙烯变化与呼吸强度的改变有相似的模式，即会明显上升并出现高峰。而非呼吸跃变型的果蔬内源乙烯抑制保持在较低水平，不会出现明显的上升现象。

3. 内源乙烯的产生量不同 所有的果蔬在发育期间都会产生微量的乙烯。然而在完熟期内，呼吸跃变型果蔬的乙烯产量比非呼吸跃变型果蔬高，而且在跃变前后内源乙烯的量变化幅度大。非呼吸跃变型果蔬的内源乙烯一直维持在很低的水平，不会出现上升现象。

4. 对外源乙烯刺激的反应趋势不同 对呼吸跃变型果蔬来说，外源乙烯只在跃变前期处理才起作用，可引起呼吸上升和内源乙烯的自身催化，这种反应是不可逆的，即使停止使用外源乙烯处理也不能使呼吸恢复至先前状态。而对非呼吸跃变型果蔬来说，任何时候进行处理都可以对外源乙烯发生反应，一旦将外源乙烯除去，呼吸又可以恢复到处理前的水平。

5. 对外源乙烯浓度的反应不同 提高外源乙烯的浓度，可使呼吸跃变型果蔬的呼吸跃变出现的时间提前，但不改变呼吸高峰的强度，乙烯浓度的改变与呼吸跃变的提前时间大致呈对数关系。对非呼吸跃变型果蔬，提高外源乙烯的浓度，可提高呼吸的强度，但不能使呼吸高峰出现时间提前。

表 10-2 两种类型果蔬乙烯与呼吸模式的关系

项目	呼吸跃变型	非呼吸跃变型
乙烯生物合成系统	有系统Ⅱ乙烯的合成	无系统Ⅱ乙烯的合成
内源乙烯产生模式	有乙烯释放高峰	无乙烯释放高峰
内源乙烯产生量	高	低
对外源乙烯刺激的反应趋势	只在呼吸上升前起作用且不可逆	贯穿整个采后贮藏过程且可逆
对外源乙烯浓度的反应程度	呼吸高峰出现时间与乙烯浓度有关，峰高与乙烯浓度无关	假峰高度与乙烯浓度呈正相关，出现时间与乙烯浓度无关

四、影响呼吸强度的因素

采后果蔬贮藏期间的呼吸强度受多种因素的影响。有效合理地控制呼吸强度，是延长采后果蔬贮藏期和货架期的关键。

（一）种类和品种

不同种类和品种的果蔬呼吸强度相差很大，主要由遗传特性所决定。一般来讲，起源于热带、亚热带地区或高温季节成熟的果蔬，呼吸作用、蒸腾作用及体内物质成分消耗也快，收获后不久便迅速丧失风味品质。在温带地区或低温季节收获的果蔬，则大多具有较好的耐贮性，特别是低温季节形成贮藏器官的果蔬产品，新陈代谢缓慢，体内有较多的营养物质积累，贮藏寿命长。对于果实而言，浆果类的呼吸强度最大，其次是柑橘类，仁果类的呼吸强度最小。对于蔬菜，花菜的呼吸强度最大，其次是叶菜类，果菜类的呼吸强度比叶菜类的低，根菜类的呼吸强度最小。

（二）发育阶段和成熟度

一般而言，当植物组织、器官处于生长发育初期，生理活动旺盛，呼吸强度也大，随着生长发育，呼吸强度逐渐下降。因此，在生长期采收的叶菜类，呼吸强度大。呼吸跃变型果实在成熟时呼吸升高，达到呼吸高峰后又下降；非呼吸跃变型果实成熟衰老时则呼吸作用一直缓慢减弱，直到死亡。以嫩果供食的瓜果，呼吸强度较大，而成熟的果蔬，呼吸强度则较小。

（三）温度

温度是影响果蔬贮藏品质及寿命的重要环境因素。呼吸作用是一系列酶促生物化学反应的过程，适宜的低温可显著降低呼吸强度，并推迟呼吸跃变型果蔬呼吸高峰的出现，延缓其后熟进程。一般在 0℃左右时，酶的活性极低，呼吸很弱，呼吸跃变型果实的呼吸高峰得以推迟，甚至不出现呼吸高峰。但也不是温度越低越好，过低的温度会对果蔬组织造成低温伤害。一般用温度系数（Q_{10}）表示温度对采后果蔬呼吸作用的影响。Q_{10} 是指在一定范围内温度每升高 10℃呼吸强度增加的倍数。Q_{10} 数值越大，说明降温措施对于抑制果蔬采后呼吸、延长贮藏时间越有效。

（四）相对湿度

在贮藏实践中，湿度对果蔬呼吸强度有一定的影响。例如，菠菜、大白菜等蔬菜，采后稍微晾晒，使其轻微失水，即可抑制呼吸强度，延长贮藏寿命。但香蕉在贮藏过程中，如果贮藏环境的相对湿度低于 80%，则不出现呼吸跃变，不能正常完熟。

（五）气体成分

气体成分是影响果蔬贮藏品质及寿命的另一个重要环境因素。空气中 O_2 与 CO_2 的浓度直接影响采后果蔬的呼吸类型及呼吸强度。一般来讲，适当地提高 CO_2 的浓度，同时降低 O_2 的浓度可以减少果蔬营养物质损失，抑制呼吸作用。实验证明，CO_2 浓度高于 5% 时，有明显抑制呼吸作用的效应，但 CO_2 过高，也会诱发无氧呼吸。此外，O_2 与 CO_2 彼此间有拮抗作用。CO_2 对果蔬组织的毒害作用可因 O_2 浓度的提高而有所减轻，低 O_2 浓度的贮藏环境中高 CO_2 浓度对果蔬组织的毒害更为严重。高浓度 O_2 伴随高浓度 CO_2 时，能明显抑制果蔬的呼吸作用。

另外，果蔬在贮藏过程中会不断产生乙烯，并使贮藏场所中乙烯浓度增高，这对于一些对乙烯敏感的果蔬的呼吸作用影响很大。外源乙烯处理可以增加采后呼吸跃变型果蔬的呼吸强度，促进其成熟衰老。一般可以采用通风换气或使用乙烯吸收剂来消除贮藏环境中的乙烯。

（六）机械损伤和病虫害

果蔬受机械损伤后，会发生愈伤呼吸。机械损伤引起呼吸强度增加的可能机制如下。

（1）开放性的伤口使果蔬内层组织直接与空气接触，增加了气体的交换，使组织内部可利用的 O_2 增加。

（2）细胞结构被破坏，从而破坏了正常细胞中酶与底物的空间分隔，加速各种化学反应。

（3）乙烯的生物合成过程需要 O_2，组织内部 O_2 浓度的提高会使乙烯的生物合成增加，从而加强对呼吸的刺激作用。

（4）果蔬表面的伤口给微生物的侵染打开了方便之门，微生物在产品上发育，也促进了呼吸和乙烯的产生。

机械损伤对果蔬产品呼吸强度的影响，因种类、品种及受损伤的程度而不同。病虫害的影响与机械损伤相似。果蔬组织遭到机械损伤及病虫害时，会产生伤呼吸及伤乙烯，从生理角度来讲，是果蔬应对外界不良环境和刺激时的一种自我保护反应。对于一些机械伤害，如大蒜、鲜姜的破碎处理及果蔬的鲜切加工等虽然可诱发果蔬产生一系列的生理代谢反应而影响品质，但在机械伤害胁迫过程中会诱导产生大量的酚类、黄酮类、生物碱等次生代谢产物，这些物质对维持人体健康是有益的。因此，从这种意义上来讲，果蔬鲜切加工或预处理具有提高产品营养与维持人体健康的作用。

（七）化学物质

一些化学物质，如矮壮素（CCC）、青鲜素（MH）、6-苄基嘌呤（6-BA）、赤霉素（GA）、2,4-二氯苯氧乙酸（2,4-D）、重氮化合物、一氧化碳、一甲基环丙烯（1-MCP）等，对果蔬的呼吸强度均有不同程度的抑制作用，其中一些常作为果蔬产品保鲜剂的重要成分。例如，1-MCP处理能显著抑制苹果、梨、香蕉、猕猴桃等多种呼吸跃变型果实的呼吸作用，延长贮藏期。南果梨采后用 10 mg/L 和 50 mg/L 赤霉素（GA_3）处理，可以推迟其常温贮藏呼吸高峰的出现时间，提高其贮藏品质。另外，对于苹果、梨等果实采用采前喷洒或采后浸钙处理，可以在一定程度上抑制呼吸作用，延缓软化进程，减少贮藏期间的生理病害。采后用2%的氯化钙处理红树莓果实，可以明显降低其低温贮藏期间的呼吸强度，有效延缓硬度的下降，提高贮藏品质，同时延长贮藏期。

第二节　植物激素与成熟衰老

植物激素（plant hormone 或 phytohormone），也被称为植物天然激素或植物内源激素，是由植物自身代谢产生的一类有机物质，能够从产生部位转移到作用部位，在低浓度下就有明显的生理效应的微量物质。植物激素是植物调节（促进或抑制）自身生长状态、感受外部环境变化、抵御不良环境及维持生存必不可少的信号分子，在调节植物的各种生理过程的复杂信号网络中起着重要作用。采后果蔬成熟衰老是一个复杂的生理生化过程，植物激素在此过程中起着重要的调控作用。植物激素对果实后熟衰老过程的调节作用，往往不是某一种植物激素的单独效果。果实中各种内源激素间可以发生增效或拮抗作用，因此只有各种激素的协调配合，才能保证其成熟衰老后期的品质。在果蔬的整个后熟衰老过程中，内源激素的含量也会呈现出规律性的变化。植物五大类激素 [包括生长素（IAA）、细胞分裂素（CTK）、赤霉素（GA）、脱落酸（ABA）和乙烯（ETH）] 均与果蔬成熟衰老有关，其中乙烯、ABA与采后果蔬成熟衰老关系的研究最为深入。

一、乙烯

在19世纪，路灯利用煤气进行照明，人们发现街灯下的树落叶要多，直到1901年才确定其中的活性物质为乙烯（ethylene）。1934年确定乙烯为植物的天然产物。1959年用气相色谱定量分析乙烯，乙烯的研究才真正活跃起来，其被公认为是植物的天然激素。乙烯在采后果蔬成熟衰老过程中起关键的调控作用。通过抑制或促进乙烯的产生，可调节果蔬的成熟进程，进而影响贮藏寿命。因此，了解乙烯对采后果蔬成熟衰老的影响、乙烯的生物合成、信号转导过程及其调节机理，对于做好采后果蔬的贮运工作有重要意义。

（一）乙烯的生物合成与信号转导途径

1. 甲硫氨酸循环　　1969 年，Yang 提出在苹果组织连续产生乙烯的过程中甲硫氨酸（Met）中的 S 必须循环利用。后来 Adams 和 Yang 证实在乙烯产生的同时，甲硫氨酸中的 CH_3-S 可以不断循环利用，乙烯中的 C 来源于 ATP 分子中的核糖，构成了甲硫氨酸循环，也称杨式循环。具体来讲，植物体内的 Met 首先在 ATP 的参与下，转变为 S-腺苷甲硫氨酸（SAM），SAM 处于十字路口，SAM 被转化为 1-氨基环丙烷 1-羧酸（ACC）和甲硫腺苷（MTA），MTA 进一步被水解为甲硫核糖（MTR），通过甲硫氨酸途径又可重新合成 Met，即 Met→SAM→MTA→Met 这样一个循环，其中形成的甲硫基在组织中可以循环使用。

2. ACC 的合成　　由于 ACC 是乙烯生物合成的直接前体，因此植物体内乙烯合成时从 SAM 转变为 ACC 这一过程非常重要，催化这个过程的酶是 ACC 合成酶（ACS），这个过程通常被认为是乙烯形成的限速步骤。在从 SAM 转变为 ACC 这一过程中，受氨基乙氧乙烯甘氨酸（AVG）和氨基氧乙酸（AOA）的抑制。

3. 乙烯的合成（ACC→乙烯）　　从 ACC 转化为乙烯需要 ACC 氧化酶（ACO）的作用，这是需氧过程。ACO［又叫乙烯合成酶（EFE）］也是乙烯生物合成的关键酶。解偶联剂及自由基清除剂都能抑制乙烯的产生。从 ACC 转化为乙烯只有在细胞膜保持结构高度完整的情况下才能进行。

有人认为存在两种乙烯合成系统，即系统 I 和系统 II。对于采后果蔬而言，系统 I 乙烯浓度低，能够控制、调节果蔬衰老。系统 I 乙烯可以启动系统 II 乙烯，从而使乙烯自我催化生成大量的乙烯，产生跃变。非呼吸跃变型及呼吸跃变型果蔬跃变前低速率基础乙烯的生成由系统 I 负责。非呼吸跃变型的果实只有乙烯合成系统 I，而没有乙烯合成系统 II。

4. 乙烯的信号转导途径　　乙烯信号转导途径（图 10-2）简要路线可概括为：乙烯→乙烯受体（ETR1 和 ETR2）→CTR1→EIN2→EIN3/EILs→ERFs→目的基因→乙烯反应。

乙烯受体是该信号转导途径的第一级元件，根据结构域不同分为 ETR1 和 ETR2 两个亚家族。乙烯的信号转导起始于乙烯受体家族。乙烯合成以后，乙烯受体在内质网膜上感知乙烯信号，与下游 CTR1 协同负调控乙烯反应。CTR1 具有激酶活性，乙烯信号传递到 CTR1 后使其活性降低，从而导致位于内质网内膜的跨膜蛋白 EIN2 磷酸化程度降低，去磷酸化后的 EIN2 的 C 端经蛋白酶切割下来，随后进入细胞核，进一步将信号传递到位于细胞核中的 EIN3/EILs。因此，EIN2 被认为是乙烯信号由内质网传递到细胞核内的中间"桥梁"。EIN3/EILs 进一步将信号传递给该信号转导途径的最下游元件——转录因子 ERFs。EIN2、EIN3/EILs 和 ERFs 正调控乙烯反应。ERF 类转录因子，具有 AP2/ERF 结构域，可结合 GCC 盒（含有 GCC 重复序列，核心

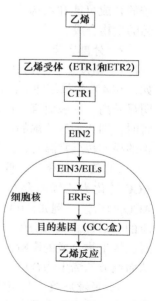

图 10-2　乙烯信号转导途径

序列为 AGCCHCC）。ERFs 通过识别目标基因启动子上的 GCC 盒，直接调控其表达，从而引起乙烯反应，影响采后果蔬的成熟衰老进程。

（二）影响乙烯的生物合成和作用的因素

1. 内部因素

1）ACS 和 ACO   ACS 和 ACO 是乙烯生物合成途径的两个关键酶，它们的活性与乙烯的生物合成密切相关。在苹果、番茄、鳄梨、香蕉等果实上的研究表明，未成熟跃变前果实的 ACC 含量和（或）ACO 活性很低，随着跃变的发生，ACC 含量大量增加的同时也伴随着 ACO 活性的升高。此外，在苹果成熟过程中，果实内源乙烯浓度上升至 5 mg/kg 以上时，ACC 含量才急剧增加，随后 ACO 活性和内源乙烯含量同时增加，呈线性关系，表明最初乙烯生成的增加主要依赖于 ACS 活性的增加。

2）乙烯自身的调节   对于呼吸跃变型果蔬，系统 I 乙烯负责呼吸跃变前低速率基础乙烯的合成，它可以启动系统 II 乙烯，从而使乙烯自我催化生成大量的乙烯，产生跃变。此外，在许多呼吸跃变型和非呼吸跃变型果实中普遍存在乙烯生物合成系统 I 的自我抑制作用。在甜瓜、番茄及葡萄柚上的研究表明，乙烯处理能够抑制 ACC 的合成。乙烯的自我抑制作用可能是通过降低 ACC 水平，或者通过 ACS 合成、抑制 ACO 活性及诱导丙二酰基 ACC 转移酶活性，从而使 ACC 转变成丙二酰基 ACC（MACC）。

3）发育因素   果蔬在不同发育阶段合成乙烯的能力不同。对于呼吸跃变型果实，在果实未成熟前，内源乙烯含量很低，此时起作用的是乙烯合成系统 I。然而，在成熟的呼吸跃变型果实中，乙烯合成能力增强，此时起主要作用的是乙烯合成系统 II。

4）其他途径   植物体内的 ACC 除生成乙烯外，还可转化成无活性的末端产物 MACC，并且 MACC 一旦形成，只有在非生理条件下才会转变成 ACC。在苹果果实上的研究表明，ACC 向 MACC 的转化可能是使跃变前的果实产生较低浓度乙烯的原因之一。此外，乙烯的生物合成还受前体物质 SAM 的竞争性控制。SAM 是多胺和乙烯的共同生物前体，多胺的合成可能和乙烯竞争 SAM，在衰老的苹果、橘皮等上的研究表明多胺的生成会影响乙烯的生物合成。

2. 外部因素

1）温度   乙烯的生物合成受外界环境温度的影响，过高或过低都能影响其合成。例如，在 4℃贮藏条件下，猕猴桃果实的乙烯释放量低，而在 25℃贮藏条件下，其乙烯的含量明显升高。一般而言，适宜的低温有利于乙烯的生物合成，但是如果温度过低使果蔬发生冷害时，则会加速乙烯的产生，甚至诱导如苹果等某些温带果实的成熟。不过，只有当发生冷害的果实转至常温时，乙烯才会明显增加，因为冷害可以积累大量的 ACC。

2）气体成分   低 O_2、高 CO_2 均能抑制乙烯的产生。在乙烯生物合成途径中，由 ACC 转化为乙烯需要 O_2 的参与，这一步由 ACO 催化，因此当 O_2 浓度降低时，就会抑制 ACO 的活性。例如，0℃低温气调（3% CO_2，3% O_2）能够显著抑制红星苹果乙烯合成和相应的酶活性。大部分学者认为 CO_2 对乙烯的抑制作用是通过抑制 SAM 活性来实现的。CO_2 对乙烯生物合成的影响也可能与其能够影响 pH 有关，一定浓度的 CO_2 可使组织内 pH 升高，从而调节乙烯生物合成途径相关酶的活性。

3）逆境胁迫   植物的逆境胁迫包括生物和非生物两种。生物胁迫主要包括病原微生物侵染、昆虫取食等。非生物胁迫主要包括机械损伤、冷害、冻害、高温、高盐等物理及化学因素。这些逆境胁迫均能刺激植物组织产生乙烯，当逆境解除后，乙烯的合成又能恢复到正常的水平。机械损伤与病原物侵染能够诱导采后果蔬伤乙烯产生，它们均能够通过刺激ACO的活性从而导致乙烯合成增加。

4）化学物质　　某些化学物质可以通过影响乙烯生物合成途径来抑制乙烯产生。例如，氨基氧乙酸（AOA）和氨基乙氧乙烯甘氨酸（AVG）可以通过抑制SAM向ACC转化从而抑制乙烯的生物合成。钴离子、自由基清除剂、解偶联剂可以抑制ACC向乙烯转化。银离子则是乙烯生理作用抑制剂，可以与乙烯共同竞争同一作用位点影响乙烯的作用。生产上常用高锰酸钾结合多孔载体吸附氧化乙烯。1-甲基环丙烯（1-MCP）是常用的果蔬保鲜剂，它可以竞争性地与乙烯受体结合从而抑制乙烯作用。此外，钙也会影响采后果蔬乙烯的生成，但是研究结果并不一致。有学者认为，钙对乙烯的生成具有双重作用。钙对采后果蔬成熟衰老过程中乙烯合成的调控机制还需要深入研究。

5）其他植物激素　　果蔬成熟衰老是一个复杂的生理生化过程，各激素之间通过相互协同与拮抗共同调控果蔬的成熟衰老进程。ABA、IAA、GA和CTK对植物乙烯的生物合成均有一定的影响。ABA在非呼吸跃变型果实中有重要作用。近年来，在苹果、杏、桃、白兰瓜、南果梨等果实上的研究表明，ABA含量高峰出现在乙烯之前，抑制ABA合成则可以降低乙烯生成量。因此，也有学者认为ABA可能作为一种果实成熟的"原始启动信使"，通过刺激乙烯的合成参与调控呼吸跃变型果实的成熟。IAA主要能够诱导ACS形成，其浓度越高，乙烯的产量越多。GA可以延迟果蔬衰老，延缓叶绿素降解，抑制乙烯的作用。CTK可以抑制跃变前及跃变后的苹果、梨果实产生乙烯。

（三）乙烯与果蔬成熟衰老

一般认为，乙烯能够促进呼吸跃变型果蔬成熟衰老，而对非呼吸跃变型果实的成熟衰老进程影响较小。乙烯能够影响采后果蔬成熟衰老过程中的呼吸作用，其具体影响方式在前面章节已经详细介绍过，这里不再讨论。此外，乙烯还能调控采后果蔬成熟衰老过程中的叶绿素降解过程，引起质地的改变及风味的形成。例如，外源乙烯处理能够促进采后苹果、猕猴桃及柑橘等果实退绿。用乙烯抑制剂1-MCP处理，能够抑制苹果、梨、猕猴桃、柿等果实后熟软化相关酶活性，从而延缓软化进程。

参与乙烯生物合成及信号转导途径相关酶基因家族成员在采后果蔬成熟衰老过程中也有不同的作用，相关报道主要集中在番茄、猕猴桃、香蕉及苹果中，且在转录水平研究得较多。例如，在番茄果实中分离出6个 *ETR* 基因（*LeETR1~LeETR6*）、4个 *CTR* 基因（*LeCTR1~LeCTR4*）、4个 *EIN* 基因（*LeEIN1~LeEIN4*）及59个 *ERF* 基因。研究发现，*LeETR4*、*LeETR6*、*LeEINs*、*LeCTR1* 及 *LeERF2* 均与果实成熟有关。近些年，越来越多果蔬基因组的公布将有助于从转录及蛋白质水平更深入地研究乙烯对采后果蔬成熟衰老的分子调控机制。

二、脱落酸

在1961年和1963年，科学家分别从成熟棉铃和幼铃里分离出能加速脱落的物质结晶，命名为脱落素Ⅰ和脱落素Ⅱ。紧接着又从欧亚槭叶子里分离出休眠素。1965年证明这三种物质是同一物质，统一命名为脱落酸（abscisic acid，ABA）。脱落酸广泛分布于高等植物中，不仅具有抑制种子萌发、促进叶片脱落、诱导植物休眠、刺激气孔关闭等多方面的生理作用，还与采后果蔬成熟衰老密切相关。

（一）脱落酸的生物合成与信号转导途径

1. ABA 的生物合成途径　　ABA 的生物合成场所主要在叶绿体和质体。生物内可能存在两种 ABA 生物合成途径。

1）间接途径　　由甲羟戊酸（MVA）转化生成异戊烯焦磷酸（IPP），IPP 经酶促反应生成了法尼焦磷酸（FPP），FPP 进一步生成玉米黄质（zeaxanthin，C_{40}）。玉米黄质被玉米黄质环氧酶（ZEP）氧化生成全反式紫黄质。全反式紫黄质在新黄质合成酶（NXS）的作用下生成全反式新黄质。随后，全反式紫黄质与全反式新黄质转变为 9-顺-新黄质和 9-顺-紫黄质，进一步在 9-顺式环氧类胡萝卜素双加氧酶（NCED）的作用下氧化裂解为黄质醛（C_{15}），这一步骤为 ABA 生物合成间接途径的限速步骤，因此，催化该步反应的 NCED 是调控 ABA 生物合成的第二个关键酶。黄质醛进一步在辅因子 NAD 和醛氧化酶（AAO）的氧化作用下生成酮类，最终经 ABA-醛生成 ABA。主要合成路线为：甲羟戊酸→异戊烯焦磷酸→法尼焦磷酸→玉米黄质（C_{40}）→全反式紫（新）黄质→黄质醛→ABA 醛→ABA（图 10-3）。

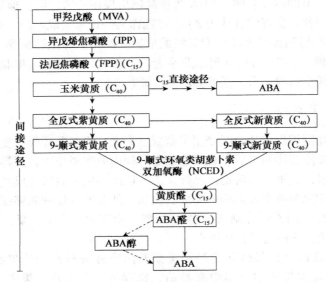

图 10-3　高等植物 ABA 生物合成间接途径

2）C_{15} 直接途径　　由 C_{15} 前体法尼焦磷酸（FPP）直接环化氧化生成 ABA。ABA 在高等植物中主要是通过间接途径合成的。去甲二氢化愈创木酸（NDGA）为 NCED 的抑制剂，能有效地抑制 ABA 的生物合成。另外，氟啶酮也是 ABA 合成间接途径的有效阻断剂。

2. ABA 的信号转导途径　　自 2009 年以来，有关 ABA 受体及其信号转导功能元件的筛选与鉴定取得了很大的进展。现在普遍认为植物中的 ABA 受体主要有 4 类：ABA 受体家族（PYR/PYL/RCAR）、Mg-螯合酶 H 亚基（ABAR/CHLH）、开花时间控制蛋白（FCA）及 G 蛋白偶联受体。由此形成了两个重要的 ABA 信号转导途径：ABA→ABAR→WRKY40→ABI5 和 ABA→PYR/PYL/RCAR→PP2Cs→SnRK2s。

2002 年，首次从蚕豆叶片中分离出（＋）-ABA 特异性结合蛋白，被命名为 ABAR（abscisic acid receptor），进一步发现该蛋白在拟南芥中的同源基因为 Mg 离子螯合酶 H 亚基

（CHLH）。ABAR/CHLH 在 ABA 信号转导途径中起正调控的作用。ABAR/CHLH 在细胞质一侧的 C 端能结合 ABA 或与一组 WRKY 转录因子（WRKY40、WRKY18 和 WRKY60）相互作用，是介导 ABA 信号的核心区域。在拟南芥中的研究表明，WRKY40、WRKY18 和 WRKY60 是一组以 WRKY40 为核心的转录抑制因子，负调控 ABA 信号通路。当 ABA 信号分子与 ABAR 结合后，促进 WRKY40 与 ABAR 相互作用，进一步阻遏 WRKY40 的表达，解除 WRKY40 对如 ABI5 等 ABA 响应基因的转录抑制，最终引起 ABA 生理反应。

PYR/PYL/RCAR 的鉴定是植物 ABA 受体研究的重大进展，有力推动了 ABA 信号转导途径的研究。对于 ABA→PYR/PYL/RCAR→PP2Cs→SnRK2s 信号途径，在没有 ABA 信号刺激时，植物蛋白植物 A 类 2C 型磷酸酶（PP2Cs）与 SnRK2s 激酶相结合，PP2Cs 通过去磷酸化作用使 SnRK2s 失去活性无法激活下游转录因子。当 ABA 信号出现时，ABA 会与受体 PYR/PYL/RCAR 结合，结合体与 PP2Cs 结合后抑制 PP2Cs 的活性，打破 PP2Cs 与 SnRK2s 的结合，使 SnRK2s 恢复磷酸化，重新活化 SnRK2s 能进一步使下游因子如 ABFs、ABI 等磷酸化，最终激活相应的 ABA 反应（图 10-4）。

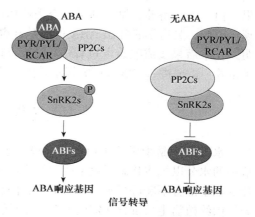

图 10-4　PYR/PYL/RCAR 介导的 ABA 信号转导模式图（Leng et al., 2014）

（二）ABA 对采后果蔬的生理作用

1. ABA 与成熟衰老　除乙烯外，ABA 在呼吸跃变型果实和非呼吸跃变型果实的成熟衰老过程中也起着重要的作用。ABA 能够促进果实的成熟与衰老。许多研究表明，内源 ABA 含量在果实成熟前升高，推测可能是 ABA 浓度的增加诱发了果实的成熟启动，而不是成熟引起了 ABA 含量的增加。近些年的研究表明，ABA 可能在非呼吸跃变型果实的成熟衰老中起主要作用。例如，外源 ABA 处理能明显促进草莓、葡萄、黄瓜、柿子等非呼吸跃变型果蔬的成熟。

不论是在呼吸跃变型果实，还是在非呼吸跃变型果实中，均发现外源 ABA 处理能使果实成熟过程中的呼吸作用增强，促进了果皮花色苷含量的增加，使不同种类花色苷含量有不同程度的提高。外源 ABA 处理能够促进果实着色可能是由于外源 ABA 处理能够显著增加内源 ABA 含量，同时诱导参与花色苷苯丙烷类代谢途径和类黄酮途径中相关基因及 MYB 类转录因子的表达，使花色苷含量迅速增加，从而促进果皮着色。花色苷基因受 WBM 蛋白复合体（即 MYB、bHLH 和 WD40）的直接调控。在葡萄中的研究表明，外源 ABA 处理能够促使苯丙烷类代谢途径受苯丙氨酸解氨酶（PAL）、MYB 及多种花色苷合成基因表达上调，促进花色苷的合成，加速着色进程。许多研究表明，外源 ABA 处理是通过影响 MYB 调控因子，进而调控果实花色苷的合成，而 ABA 是否同时影响 bHLH 和 WD40 调控因子，甚至影响 MWD 蛋白复合体的组成从而调控花色苷的合成还有待进一步研究。

此外，ABA 可能还与采后果蔬成熟过程中的软化有关。在番茄、芒果及草莓中的研究表明，外源 ABA 处理能不同程度地诱导与软化相关酶的活性。

2. ABA 与乙烯的关系 乙烯和 ABA 都是促进采后果实成熟衰老的重要激素，它们的关系问题也一直是国内外学者感兴趣的话题。有研究者曾指出，ABA 与乙烯在衰老过程中有紧密的关系，或是乙烯引起衰老并增加 ABA 水平，或是 ABA 引起衰老并增加乙烯水平。在葡萄、草莓等许多非呼吸跃变型果实中的研究表明，ABA 可诱导乙烯合成，ABA 含量上升的高峰先于乙烯的增加，ABA 是重要的成熟启动因子。在梨、香蕉、芒果及桃等呼吸跃变型果实中的研究表明，外源 ABA 处理能够促进乙烯合成。此外，还有一些研究表明在苹果、白兰瓜、番茄、桃、柿子、杏等乙烯诱导成熟的果实中，内源 ABA 的积累先于乙烯出现。因此，又有学者提出 ABA 可能是开启果实中乙烯合成的关键因素的猜想。大量研究表明，在采后果实成熟衰老过程中，ABA 与乙烯的关系是错综复杂的，有先有后，又相互交叉重叠，需要进一步深入研究揭示其内在分子机制。

第三节 水 分 蒸 腾

水分蒸腾是指果蔬采后贮藏环境中水蒸气压力低于果蔬组织表面的水蒸气压力时，果蔬中的水分以气体状态通过果蔬组织表面向外扩散的过程。植物在生长发育过程中，通过叶片等地上部分不断进行蒸腾作用散热，防止温度过高，根系可以源源不断地从土壤中吸收水分，供给植物生长发育所需的养分及水分。然而，果蔬一旦采摘后便切断了水分的来源，水分的蒸发仍在继续，进行各项生理活动需要水分作为媒介来完成，因此采后蒸腾作用会给果蔬贮运带来很多不利的影响。一般，采摘后的新鲜果蔬含水量高达 85%～95%，呈现饱满坚挺的状态，具体含水量因果蔬种类和品种而异。随着贮藏时间的延长，会不断失水，甚至造成果蔬发生萎蔫、失重及失鲜等现象，使贮藏品质和商品价值大大降低。

一、蒸腾失水对果蔬贮藏的影响

（一）水分蒸腾对采后果蔬的不利影响

1. 降低采后果蔬的贮藏品质 蒸腾作用是采后果蔬产品的主要失水途径。水分是构成采后果蔬产品质量的主要因素，蒸腾失水的直接后果便是导致采后果蔬失重。失重是贮藏中数量方面的损失，是一种自然损耗，包括水分和干物质两个方面的损失。例如，柑橘的自然损耗失重大部分是由失水造成的，其余的损耗则是由呼吸消耗造成的。除了失重，采后果蔬贮藏期间由于水分蒸腾还会出现失鲜现象。失鲜是果蔬质量方面的损耗，主要是指在形态、结构、色彩、光泽、质地、风味等多方面的变化。蒸腾不但导致采后果蔬失重，还会导致细胞膨压降低，使蔬变得疲软、光泽暗淡，严重时甚至发生萎蔫及干缩，使果蔬失去新鲜饱满的状态。许多果蔬与收获时相比失水达 5% 时，就会影响果蔬的新鲜度，造成果蔬发生萎蔫、皱缩等现象，进而失去光泽，风味发生劣变。例如，苹果失鲜时，果肉变沙，失去脆度。萝卜、蒜薹、胡萝卜及黄瓜等蔬菜在失鲜时会出现老化糠心的现象，即失水使细胞间隙空气增多，使组织变成乳白色的海绵状。

许多研究表明，蒸腾失水还与部分果蔬褐变密切相关。例如，荔枝在室温下不包装贮藏，褐变主要是由果皮失水引起的，当果皮失水率达本身含水量的 50% 左右时，果皮即开始褐变，通过冷藏及包装控制失水能使褐变的出现延迟一个月以上。无包装的龙眼果实采后极易失水，从而导致果皮迅速发生褐变，其果皮褐变指数与果皮失水率呈极显著正相关。苹果、梨贮藏过程中，果皮失水及膜脂过氧化作用导致组织膜透性增大及区域化分布破坏是果皮发生褐变的主要原因。

2. 破坏正常代谢过程　果蔬采后进行各项生理活动需要水分作为媒介来完成，水分在代谢过程中发挥着重要的生理作用。蒸腾失水会使细胞膨压降低，气孔关闭，对果蔬采后正常的代谢产生不利的影响，促进成熟衰老。失水严重还会破坏原生质胶体结构，细胞液浓度增高，H^+、NH_4^+及其他物质积累到有害程度，使细胞中毒。另外，组织失水状况异常还会打破激素平衡，促进组织衰老。有学者认为植物组织过度失水会引起 ABA 含量增加，刺激乙烯合成，促进器官衰老。

3. 降低耐贮性及抗病性　采后果蔬水分蒸腾不仅会导致果蔬发生失水失鲜，还会促使组织内部水解酶活性大大增强，加速营养物质消耗，削弱果蔬组织的耐贮性和抗病性。例如，在甜菜块根上的研究表明，组织脱水萎蔫程度越大，对灰霉病的抵抗力越低，腐烂率越高。

（二）水分蒸腾对采后果蔬的有利影响

大多数情况下，蒸腾失水对于大部分果蔬的贮藏会产生不利影响，但是对于有些果蔬，采收后预先轻度失水对贮藏是有利的。例如，洋葱、大蒜在贮藏前进行适当晾晒，可加速鳞片的干燥，促进产品休眠。有时适度失水反而能够防止微生物侵染，增强抗病性。例如，温州蜜柑采后稍加晾干适度失水，可以减少青霉菌的侵染。适度失水还可以使组织膨压降低变得较柔软，减少果蔬机械损伤。有些果实适度失水后，果皮通透性下降，使果实内形成一定的气调条件，甚至还会降低呼吸强度，延长贮藏寿命。

二、影响水分蒸腾的因素

（一）内部因素

1. 比表面积　单位质量的果蔬组织所具有的表面积为比表面积（cm^2/g）。果蔬种类不同，其比表面积也不同。蒸腾作用是在组织表面进行的，相同质量的果蔬，比表面积越大，失水越快。与贮藏器官相比，叶菜类的比表面积最大，蒸腾作用最旺盛。贮藏中，多将果实装筐后适当集中堆积，可减慢失水速度。

2. 表面组织结构　蒸腾的途径有两个，即自然孔道蒸腾和角质层蒸腾。果蔬的种类、品种及成熟度不同，它们的开孔数量（气孔、皮孔）及角质层厚度差别很大，失水快慢也不同。由于果蔬跟外界进行气体交换也是通过气孔、皮孔及表皮层进行的，因此通常呼吸旺盛的水果，水分散失也多。果皮厚、表皮结构致密且有蜡质层的果实，水分不易蒸发。一般说，叶菜类蔬菜最容易蒸腾失水；根茎类、薯蓣类蔬菜很难发生蒸腾作用；果菜类、蔬菜类及果实居于两者之间。但是，也因各类果蔬成熟度不同而有所差异。幼嫩的组织器官表皮层还未发育成熟，极易失水，而随着果蔬组织成熟度的增加，角质层开始增厚，有些果蔬还会形成蜡质层，结构变得更加完整后便会大大减少水分蒸腾。

3. 细胞持水力　细胞持水力受细胞内的可溶性物质和亲水胶体含量的影响。原生质较多的亲水胶体，可溶性物质含量高，从而使细胞有较高的渗透压，保水性强。此外，细胞间隙的大小也影响水分的散失。一般细胞间隙越大，水分移动阻力越小，因此移动速度越快，越容易蒸腾失水。

（二）外部因素

1. 温度　　一般当环境中的温度升高时，单位体积内空气可容纳的水蒸气增加，使果蔬与空气之间的饱和湿度增大，一方面增大了组织水分向外扩散的动力，另一方面细胞液黏度下降使组织的水分更容易移动，从而导致水分向外移动加快，产品易失水。

2. 相对湿度　　空气湿度是影响果蔬水分蒸腾的最直接因素，一般用相对湿度（relative humidity，RH）表示，它是空气中的实际含水量（绝对湿度）与一定温度下单位体积空气中所含水汽最大值容量（饱和湿度）的百分比。在一定温度下，空气中的相对湿度越高，果蔬的水分蒸腾作用越小。对于多数果实，适宜贮藏的相对湿度应达到85%～95%。

3. 空气流动　　空气流动可以及时带走呼吸热，使产品降温，还可以改变空气的绝对湿度，影响果蔬的蒸腾作用。在靠近果蔬周围的空气中，水汽含量较高。空气流动可将果蔬周围的湿空气带走，使产品始终处于相对湿度较低的环境中，有利于果蔬产品蒸腾。空气流动越快，果蔬的蒸腾作用越强。果蔬贮藏库内在保持适宜湿度的同时，还应当合理控制库内的空气流速，以免影响降温效果，同时造成有害气体的积累。贮藏库内"品"字、"井"字形的堆码方式有利于空气流通。

4. 气压　　果蔬一般常压贮藏，环境中的气压变化很小，对水分蒸腾的影响可以忽略不计。但是对果蔬进行一些特殊的采后处理，如减压预冷、真空冷却、减压贮藏等，需要改变气压，气压越低，水的沸点越低，越容易蒸发。

5. 机械损伤　　当果蔬遭遇机械损伤时，表皮结构遭到破坏，使皮下组织暴露在空气中，会加速水分蒸腾。由于果蔬组织的愈伤能力会随着成熟而减弱，因此在采收及贮运过程中均应当尽量避免机械损伤的发生。

三、采后果蔬水分蒸腾的控制措施

在生产实践中，为了防止蒸腾失水，可以通过洒水、喷雾等方法增加贮藏库内的空气相对湿度。然而，高湿度又会增加果蔬组织侵染病原菌的概率，甚至造成腐烂的发生。因此在采用高湿度的同时应当配合使用杀菌剂。一般果蔬入库前要进行适当的预冷，减少产品与库房的温差，进而减少水分蒸腾。库内通风适当，以免带走大量水分。

此外，还可通过采用塑料薄膜、瓦楞纸箱等内外包装及打蜡等措施降低采后果蔬的蒸腾失水。打蜡在降低水分蒸腾的同时，还能增加果蔬产品的光泽，改善外观品质。包装降低失水的程度与包装材料对水蒸气的透性有关。对于塑料薄膜封闭贮藏及包装过大的果蔬产品，贮藏环境不当时容易发生结露现象，这种凝结本身是微酸的，附着或滴落在产品表面，有利于病原菌孢子的繁殖及侵染，导致腐烂现象的发生。因此，在贮藏过程中除选择对水蒸气有较好渗透性的塑料薄膜进行包装，正确使用帐、袋贮藏外，还要注意通风，防止码垛集中，加强库房温度管理以防止果蔬产品结露现象的产生。

第四节　采后衰老和细胞程序性死亡

细胞程序性死亡（programmed cell death，PCD）是一种普遍的生命现象，在植物的正常生长发育和病害的防御过程中发挥着重要的作用。植物中细胞程序性死亡可以分为两类：一类是植物生长发育过程中必不可少的部分。例如，植物中花粉囊、雌配子体、维管组织发生及衰老、授粉、性别决定等生理过程均有细胞程序性死亡的发生。另一类是植物体对外界生物或非生物胁迫的反应。例如，玉米等水涝和供氧不足，导致根和茎基部的部分皮层薄壁细胞死亡，形成通气组织，这是对低氧的适应；病原微生物侵染部位诱发局部细胞死亡，以防止病原微生物进一步扩散，这是对病原微生物的防御性反应；臭氧的伤害同样可诱导细胞的程序性死亡。

一、PCD 发生的特征

根据分子生物学研究，细胞程序性死亡发生过程可划分为三个阶段：①启动阶段，此阶段涉及启动细胞死亡信号的产生和传递过程，其中包括 DNA 损伤应激信号的发生、死亡受体的活化等。②效应阶段，此阶段涉及细胞程序性死亡的中心环节——含半胱氨酸的天冬氨酸蛋白水解酶（cysteine aspartic acid specific protease，简称 caspase）和线粒体通透性的改变。caspase 是直接导致细胞程序性死亡原生质体解体的蛋白酶系统。③降解清除阶段，此阶段涉及 caspase 对死亡底物的酶解、染色体 DNA 片段化，最后被吸收转变为细胞的组成部分。

植物细胞程序性死亡发生的特征为染色体聚集、细胞核的皱缩破碎和 DNA 片段化、细胞色素 c 的释放和 caspase 的激活等系列现象。此外，液泡的崩溃也是植物细胞程序性死亡的显著特征。

植物细胞的程序性死亡包括发育相关细胞程序性死亡和胁迫诱导的细胞程序性死亡。DNA 片段化是细胞程序性死亡的一个典型特征，但由于发生细胞程序性死亡的数量有限，因此需要有大的样品量才可以检测到。在授粉诱导的花瓣衰老、采后诱导的芦笋芽衰老、黄瓜子叶的发育衰老、喜树碱诱导的番茄悬浮细胞的程序性死亡均检测到 DNA 片段化。与动物细胞程序性死亡不同，植物细胞程序性死亡没有凋亡小体的形成或吞噬作用。

超敏反应是植物和病原菌相互作用体系中的一种细胞程序性死亡，即感染病原菌的植物细胞迅速死亡，防止病害的进一步扩展，而植物获得系统性抗性。细胞质的液泡化是超敏反应细胞程序性死亡形态学的主要特征，液泡膜的解体发生在可见的坏死斑出现之前，随着感染时间的延长，液泡膜解体，质壁分离，胞质聚集。

二、PCD 发生的分子机制

目前关于植物细胞程序性死亡的分子机制仍存在争议，主要存在两大主流学说。一种学说是从细胞形态学角度出发，将植物 PCD 分为两大类，即自溶作用和非自溶作用。两者的区分在于液泡膜是否破裂并释放水解酶来清除胞质溶胶。自溶作用发生在植物生长发育中，是因为液泡释放的水解酶清除胞质内含物的过程十分迅速；随着液泡内含物取代胞质溶胶，细胞器包括质体、核糖体、内质网膜及过氧化物酶体等逐渐消失。这些特征性改变与动物和酵母细胞的自噬作用十分相似，因此可以把它类同于动物细胞的自噬反应。非自溶作用是指自溶作用以外的植物细胞死亡方式，主要在植物细胞的病原体防御反应特别是超敏反应中发生，没有发生水解酶大量释放以溶解胞质溶胶的现象。然而，由于植物中尚未发现死细胞被活细胞吞食的现象，也没有凋亡小体形成，因此有学者认为植物 PCD 中不存在细胞凋亡。另一种学说则认为植物中存在细胞凋亡，或凋亡样 PCD。植物中虽未发现经典的凋亡蛋白酶，但植物细胞发生 PCD 时有类凋亡蛋白酶等蛋白酶的产生，也能裂解其作用的底物。这一学派的研究者认为，同动物一样，植物 PCD 也有三种类型，三者之间相互联系和转化。例如，拟南芥悬浮细胞系可在碳饥饿的条件下诱导产生自噬反应，但这一过程相对缓慢，且细胞活力并没有立即发生改变；适度的环境胁迫，如热激处理，会引起细胞凋亡，而更恶劣的条件则会引起细胞坏死，前者与后者的区别在于凋亡过程伴随着细胞质浓缩及核 DNA 裂解。

三、PCD 发生的调控

植物细胞程序性死亡主要受到一类含半胱氨酸的天冬氨酸蛋白水解酶（caspase-like 蛋白酶）的调控。植物细胞也具有高度保守的促凋亡蛋白抑制因子 Bax Inhibitor-1 成员，且与动物 BI-1 的功能高度相似。烟草花叶病毒诱导的超敏反应、自交不亲和的花粉细胞程序性死亡、果实的细胞程序性死亡过程中均有 caspase-like 蛋白酶的参与。伴随着 caspase-like 蛋白酶的激活，在臭氧诱导烟草叶片的凋亡、热胁迫诱导的番茄果实、花粉的自交不亲和等植物的细胞程序性死亡过程中均发生细胞色素 c 从线粒体释放到细胞质中。此外，在植物细胞中，乙烯、赤霉素、水杨酸、油菜素内酯等植物激素也参与植物的细胞程序性死亡过程。

四、果蔬采后 PCD 的发生

采后果蔬不可避免地经历衰老过程，也会受到低温、病害等环境胁迫，而这些生理过程均存在细胞程序性死亡。为了延长果蔬的贮藏期和货架期，常采用多种物理方法延缓果蔬的衰老进程和病害发生。番茄果实 45℃热水浴处理 20～30 min 后，在其随后放置的 12 h 内，会发生细胞色素 c 的释放、caspase-like 蛋白酶（LEHDase 和 DEVDase）的激活及 DNA 片段化等现象，这说明采后果实在一定胁迫条件下引起的伤害伴随着细胞程序性死亡。

果蔬产品采后衰老进程与果蔬发育程度、贮藏环境有关。对于未成熟的植物组织，采后诱导的衰老是一个非常快速的过程（如芦笋芽、花椰菜等）。芦笋芽在收获时正处于旺盛生长状态，采后 24 h 内即发生品质劣变，其采后 6 h 后可用 Southern 印迹杂交方法观察到 DNA 片段化，这说明 DNA 片段化是采后芦笋芽组织的前期事件。截至目前，关于采后果蔬组织的细胞程序性死亡的研究在采后生物学领域仍需要进一步研究，对其关键调控因子的探索对于指导或改进果蔬采后贮藏具有重要意义。

第十一章 果蔬采后病害

第一节 生理紊乱

采后环境的温度、气体、湿度、化学和辐射等胁迫因子都会引起果蔬生理和生化代谢的改变。适度的环境胁迫可延缓果蔬采后的生长发育和成熟衰老，从而达到贮藏保鲜的目的。但严重的环境胁迫会引起果蔬的代谢失调，加速成熟衰老和变质，造成采后的严重损耗。这种由不适宜的环境条件引起的果蔬代谢异常、组织衰老以至败坏变质的现象，统称为生理紊乱（physiological disorder）或生理病害（physiological disease）。

一、温度胁迫

贮藏环境温度过低或过高都会导致果蔬代谢的紊乱，产生低温伤害（low temperature injury）和高温伤害（high temperature injury）。低温伤害是果蔬在不适宜的低温下贮藏时产生的生理失调，又可分为冷害（chilling injury）和冻害（freezing injury）两种。

（一）冷害

冷害是冰点以上的不适宜低温（一般0~15℃）对果蔬产品造成的伤害。大部分起源于热带、亚热带的水果、蔬菜在低于13℃但高于0℃的温度下往往会发生多种生理生化代谢紊乱，最终导致各种冷害症状的出现。例如，鳄梨、香蕉、菜豆、柑橘、黄瓜、茄子、芒果、甜瓜、番木瓜、甜椒、菠萝、西葫芦、番茄和某些种类的苹果和梨等，这些果蔬称为冷敏型果蔬。我国大约有1/3的果蔬都是冷敏型果蔬，在种植栽培、贮藏运输过程中非常容易发生冷害，往往引起严重的采后损失。

需要引起注意的是，大部分冷害症状的表现具有一定的"滞后性"，即在低温环境中或冷库贮藏期间发生冷害时并不会立即表现出症状，而是当果蔬产品被送到温暖的环境中或在市场销售时才显现出来。因此，冷害所引起的损失往往比人们意识和估计到的更加严重。冷害一直是人们热衷的研究课题，进一步研究冷害的发生机制和减轻冷害的措施，对生产实践有着十分重要的意义。

1. 冷害的症状　　冷害的具体表现症状常随果蔬种类和冷害发生程度而异。常见的症状如下。

1）表皮变色和出现凹陷斑　　黄瓜果实发生冷害时表皮出现典型的凹陷斑。绿熟香蕉果实在发生轻度冷害时表皮颜色变暗黄化，在发生严重冷害时表皮变褐或变黑。果蔬表面变色与冷害状况下叶绿素降解和组织褐变有关；表皮凹陷则是皮层下细胞受到损伤使组织崩溃而引起的塌陷现象。在冷害发展过程中，表皮凹陷斑点会逐渐扩展以至于连接形成大片洼坑，从而加重凹陷程度。一些果蔬表面出现凹陷斑时往往还伴随着水分散失而造成的斑痕干缩，或由水分渗出而出现水浸状斑点。

2）果肉组织的褐变　　褐变多呈棕色、褐色或黑色的斑块或条纹，可发生在外部或内部组织中。果蔬表面的褐变有时连续成片状而呈现出类似于烫伤症状，有时表现为小面积变色类似于碰伤症状，有时出现在凹陷斑的凹陷面上。组织内部褐变常发生在输导组织周围，这一现象可能是冷害发生后从维管束中释放出来的多酚物质与多酚氧化酶反应的结果。有些褐变在低温下就表现出来，有些褐变则需在升温后才表现出来。组织内部的褐变有的在切开时立即可见，有的则需要在空气中暴露后才明显褐变。例如，受到冷害的甘薯切开后在空气中放置一段时间就会出现褐变。

3）内部组织崩溃或状态发生改变　　发生冷害时，梨果实会出现果肉或果心褐变、果心组织溃烂等现象，即"黑心病"；桃果肉出现变红、"絮败"现象；枇杷、茭白出现果肉木质化；李果实果肉出现粉质化及组织褐变等。

4）失去后熟能力　　未成熟的果实受到冷害后，将不能正常成熟，达不到食用要求。例如，绿熟番茄不能正常转红，柑橘退绿减慢，芒果不能正常后熟转黄或后熟不均等。贮藏在冷害温度下的鳄梨既不能正常后熟，也不能出现典型的呼吸跃变。

5）组织腐烂　　冷害削弱了果蔬组织的抗病能力并使细胞结构破坏，果蔬发生冷害时表面出现的凹陷斑或水浸状斑等又为这些致病微生物的侵入和生长繁殖提供了条件和通道。在冷敏型果蔬采收、运输、销售和贮藏过程中，冷害引起的腐烂是一种潜在的危机。一些热带、亚热带果蔬在不良低温下贮藏后，常见腐烂率增高，尤其在升温以后腐烂更加迅速。

2. 冷害发生的临界温度　　果蔬冷害的发生与贮藏温度和低温下的贮藏时间有关。当贮藏温度低于某一阈值时就能引起明显的伤害，这一阈值称为果蔬冷害发生的临界温度，也称为最低安全温度。冷害发生的临界温度与果蔬的冷敏性密切相关。不同种类的果蔬、不同品种的果蔬，以及不同植物部位或组织来源的果蔬，其冷害临界温度有所不同。

3. 冷害发生的机理

1）冷害的初级反应　　目前认为低温导致细胞膜结构的损伤是产生冷害的根本原因。低温引起生物膜发生物理相变是植物组织遭受冷害的初始反应，即冷害冲击细胞和亚细胞膜，使膜脂从柔软的液晶态转变为固晶态。膜脂的液晶态是生物膜正常的物理状态，抗冷与冷敏植物的差别在于它们的生物膜在低温下抗物理相变的能力。抗冷害的果蔬，其原生质膜在温度降到0℃甚至更低时，仍可保持液晶态；而对冷敏果蔬，当温度下降到10～12℃时，膜脂即转变为固晶态。膜脂从液晶态转变为固晶态，会导致一系列次级反应，如膜透性增加，刺激乙烯产生，增加呼吸强度，干扰能量产生，减慢原生质流动，蛋白质的合成能力降低，新陈代谢不平衡，积累乙醛、乙醇等有毒物质等。如果植物在冷害低温下所处的时间不长，在重新恢复到室温后，固晶态的膜又可转变为液晶态，次级代谢可能恢复正常，一些失调可能被纠正。但如果处在冷害温度的时间太长，发生了不可逆的变化，最后破坏了膜的完整性和分室结构，组织受到损害，即呈现冷害症状。

2）冷害的次级反应

（1）膜透性变化：一般果蔬组织遭受低温伤害后细胞膜的透性有明显提高，这是低温对细胞膜伤害的标志之一。温度越低，伤害越重，膜的透性越大。

（2）呼吸代谢失调：适宜的低温可抑制果蔬呼吸，但在冷害温度下，果蔬呼吸表现异常上升。这种现象在柑橘、黄瓜、菜豆和番茄等诸多冷敏果蔬上均有报道。一般果蔬受低温伤害时，其呼吸上升速度与受冷害的程度有直接关系。冷害初期，呼吸强度变化不大，随温度的下降或持续低温出现冷害症状时，呼吸强度最高。

（3）刺激乙烯产生：对大多数植物而言，冷害温度会刺激乙烯产生。例如，甜橙在1.1℃条件下乙烯生成量高于6.1℃条件下的生成量。受冷组织乙烯上升的原因主要是冷害诱导了

ACC 合成酶的合成，从而促进了 ACC 的合成，这一过程可被蛋白质合成的抑制剂所抑制。受冷害的果蔬在转移到高温下后，乙烯释放量是否上升取决于冷害时间长短和冷害程度。

（4）内源多胺变化：果蔬受冷时内源多胺含量会发生显著变化，一般表现为腐胺大量积累，而精胺和亚精胺含量减少，腐胺含量与冷害呈正相关，精胺和亚精胺含量与冷害呈负相关。但腐胺积累是冷害的结果还是原因还不清楚。

（5）活性氧代谢和膜脂过氧化作用：低温可抑制冷敏果蔬超氧化物歧化酶、过氧化氢酶和过氧化物酶等活性氧清除酶活性，破坏细胞内活性氧产生与清除之间的动态平衡，使细胞内活性氧大量积累，引起膜脂的过氧化作用，降低膜脂的不饱和度，破坏膜结构，对果蔬造成伤害。

4. 影响冷害发生的因素　　冷害的发生及其严重程度取决于果蔬产品的冷敏性、低温的程度和在冷害温度下的持续时间。

1）种类和品种　　冷敏性或冷害的临界温度常因果蔬种类、品种、发育程度和成熟度的不同而异。一般认为热带、亚热带起源的果蔬产品容易发生冷害，而温带果蔬产品耐冷性较高。生长型不同的果蔬产品冷敏性有较大差异，一般一年生果蔬产品冷敏性较高，多年生树木的果实冷敏性较低。不同植物器官来源的果蔬产品的冷敏性不同，如地下根茎类蔬菜、瓜类蔬菜、茄果类蔬菜对低温敏感，叶菜对低温的冷敏性较低。果蔬产品品种间也存在着冷敏性的差异，早熟品种比晚熟品种容易发生冷害。品种间的冷敏性差异还与栽培地区气候条件有关，温暖地区栽培的果蔬产品比冷凉地区栽培的果蔬产品冷敏性高，低海拔地区生产的果蔬产品比高海拔地区生产的果蔬产品冷敏性高，夏季生长的果蔬产品比秋季生长的果蔬产品冷敏性要高。总的来讲，能在生长时期经受较大季节性气候变化的果蔬产品，对低温的耐受能力相对要高些。

2）发育程度和成熟程度　　发育程度和成熟程度也影响着果蔬产品的冷敏性，提高产品的成熟度可以降低其冷敏性。将粉红色番茄置于 0℃ 条件下贮藏 6 d，再放到 22℃ 条件下观察，发现果实可以正常成熟而不发生冷害。但是，绿熟番茄在 0℃ 条件下贮藏 12 d 后再放到 22℃ 条件下，果实则完全不能后熟并丧失了风味。

3）低温持续时间　　低温的程度和持续时间与果蔬产品冷害之间有密切关系。将甘薯贮藏在 0℃ 条件下 1 d 就受冷害，但在 10℃ 条件下贮藏 4 d 尚无明显伤害，10 d 后则损伤严重。绿色番茄果实在 4℃ 条件下贮藏 8 d 再升温到 20℃ 后仍然可以正常转红，但是在 4℃ 贮藏超过 16 d 再升温到 20℃ 后就不能正常后熟。可见，在低温胁迫下或在冷害临界温度下，果蔬产品组织正常的生理生化代谢过程受到了不良影响而发生了改变，甚至失调。当低温胁迫持续作用时，这些代谢的改变或失调不断发生并最终导致果蔬产品出现各种冷害症状或不良外观症状，如表皮或果肉组织褐变、凹陷斑、水浸状斑和不能正常后熟等。

4）其他因素　　尽管果蔬产品冷害发生的先决条件是贮藏环境温度低于临界温度，贮藏环境相对湿度（RH）变化也会对冷害程度产生影响。较低的相对湿度条件可导致黄瓜出现更明显、更严重的冷害症状，如在 80%～95% RH 条件下贮藏的黄瓜比在 95% RH 或更高的相对湿度条件下贮藏的黄瓜冷害严重，出现更多的凹陷斑。然而，在较高相对湿度条件下贮藏的茄子比低相对湿度条件下贮藏的茄子具有更多、更严重的凹陷斑。因此，贮藏环境相对湿度条件对冷害程度的影响可能与果蔬产品的种类和品种有关。

贮藏环境气体组成对冷害程度的影响也与果蔬产品种类和品种、O_2 和 CO_2 的浓度组合、气体作用时间、贮藏温度等有关。低 O_2 或高 CO_2 能够减轻一些果蔬产品的冷害程度，但可能增加其他种类果蔬产品的冷害程度。

5. 延缓或减轻冷害的措施

1）**在适宜温度下贮藏**　　防止冷害的最好方法是掌握产品的冷害临界温度，不要将产品置于临界温度以下的环境中。

2）**温度调节和低温锻炼**　　贮藏前将果蔬放在略高于冷害临界温度的环境中一段时间，可以增加抗冷性。将甜椒在10℃条件下放置5 d或10 d可以减轻甜椒在0℃的冷害；葡萄柚在10℃或15℃条件下放置7 d能够显著减轻低温（0℃或1℃）贮藏时的果实冷害。通过贮藏前的温度调节还能够减轻柠檬、番木瓜、黄瓜、茄子、西瓜等多种果蔬冷害。

3）**间歇升温**　　间歇升温是利用一次或多次短期升温处理来打断果蔬低温贮藏过程，以减轻冷害的发生。间歇升温过程可以使果蔬组织从低温胁迫状态下恢复过来，并加速代谢掉冷害过程中累积的有害物质，因此能够起到减轻冷害的作用。然而，利用间歇升温减轻果蔬冷害的效果与冷害发生的阶段有关。只有在冷害程度还处于可逆阶段时，间歇升温才能够引起组织较高的代谢活性以代谢掉冷胁迫期间积累的物质，或补充冷胁迫期间不能合成或缺少的物质。当冷害程度达到了不可逆阶段时，间歇升温反而会加速果蔬冷害症状的发展。

4）**变温处理**　　鸭梨贮藏早期发生的黑心病是由于采后突然将温度降到0℃引起的低温生理伤害。采用每次降低2.7℃的方法，可以将香蕉的冷害（凹陷斑纹）从90.6%降低到8.9%，将油梨的冷害从30.0%降低到1.7%。如果果蔬在采前已经受到冷害的影响，采后应立即放到温暖处可以减轻损伤。

5）**热处理**　　利用38℃热空气处理番茄果实2～3 d，能够降低其低温敏感性并使番茄在2℃贮藏1个月而不发生冷害。热处理激发的果实抗冷性可能与热激蛋白的产生有关。例如，热处理能显著减轻鳄梨冷害，研究表明鳄梨圆片在38℃处理4 h后热激蛋白的产生达到了最大量。

6）**调节贮藏环境气体成分**　　气调贮藏减轻冷害症状依赖于果蔬种类和品种、O_2和CO_2浓度组合、处理时期、处理的持续时间及贮藏温度。据报道，气调贮藏能减轻鳄梨、葡萄柚、杏、黄秋葵、番木瓜、桃、油桃和菠萝等的冷害程度，却会使黄瓜、芦笋、甜椒、冬枣、鸭梨等冷害加重。气调是否有减轻冷害的效果可能与其具体实施条件有关，应当在实践中不断探索合适的气体组成。

7）**化学处理**　　一些化学处理可以有效地减轻冷害，如真空渗入1%～7.5%的$CaCl_2$溶液可以显著地减少鳄梨维管束发黑；采后钙处理可以控制苹果的低温败坏；1%的钙处理可以减轻番茄的冷害。贮前用植物油涂膜可减轻在3℃条件下贮藏的葡萄柚、在0℃条件下贮藏的鸭梨等的冷害。

8）**生长调节剂调控**　　生长调节剂的含量和平衡能够影响果蔬组织的抗冷性。研究表明，内源ABA水平与果蔬抗冷性的提高有关。ABA处理可以减轻葡萄柚、南瓜的冷害。外源水杨酸处理和茉莉酸及其甲酯处理都可以减轻李、番茄、菠萝、芒果、桃、鳄梨、番木瓜等多种果蔬的冷害。

（二）冻害

冻害是冰点以下的低温对果蔬产品造成的伤害。例如，大白菜、花椰菜、萝卜、梨和苹果等长时间处于冰点以下的温度时，果蔬组织中容易形成冰晶而发生冻害。冻害最典型的症状是表面出现水浸状斑和组织褐变。冻伤的组织在解冻融化后往往因失去刚性结构而变软甚至呈糊状。轻微的冻伤不至于影响果蔬品质，但是严重的冻害不仅使果蔬失去食用价值，还会造成严重的腐烂。

1. 冰点　　水果和蔬菜的含水量很高（大部分为80%～95%），冰点只稍低于0℃，一般为-1.5～-0.7℃。果蔬产品冰点的高低与果蔬产品种类、品种、产地和生长条件等有关。

2. 冻结过程　　在环境温度低于果蔬产品组织冰点时，果蔬产品的温度就迅速下降，直到低于冰点的某一个温度点，此时温度虽然已降到冰点以下，但组织内并不结冰。物理学上称这种现象为"过度冷却"，该温度点称为"过冷点"。果蔬产品组织可以在过冷状态维持几小时，然后温度骤然回升，达到冰点时才开始结冰。这是因为任何液体冻结时，都要先释放潜热，才能由液相变为固相。这种潜热使得温度回升，直到形成冰晶为止。

水果和蔬菜结冰时，首先是细胞间隙中少量的水分子按一定的排列方式形成细小的冰晶核，其余的水分子再逐渐结合上去，这一过程称为冰晶的生长。随着冰晶的不断长大，细胞内水蒸气不断由内向外迁移，向细胞间隙扩散并结合到冰晶上，最终形成的冰晶会对细胞产生一定的机械压力。冻害的发生需要一定的时间，如果受冻的时间很短，细胞膜还没有受到损伤，细胞间结冰就不是致命的。通过缓慢升温解冻后，细胞间隙的水分还可以回到细胞中。但是，如果细胞间水分冻结已经使细胞膜、细胞壁受到损伤、破裂，即使水果和蔬菜外表不立刻出现冻害症状，很快也会败坏。此外，冰晶在细胞间隙内长大的过程，也是细胞原生质脱水的过程，严重脱水会造成细胞质壁分离；脱水还必将引起细胞内氢离子、矿质离子的浓度增大，对原生质造成伤害，最终导致原生质的不可逆变性和细胞的死亡。

3. 冻害对产品的影响　　冻结造成细胞原生质的脱水，严重时使蛋白质发生不可逆的凝固变性；同时脱水后某些有害物质如H^+浓度增大，产生毒害作用。另外，水结冰时体积变大，使细胞受到机械挤压而产生损伤，因此冻害严重时会导致细胞的死亡，这些都对果蔬产品贮藏是不利的。有些果蔬产品较耐寒，当环境温度不太低时，组织的冻害不严重，细胞结构未受破坏，解冻后有可能恢复生命机能。这时因为冰晶缓慢融化后，水分可重新被原生质吸收，细胞恢复膨压，果蔬产品又变得新鲜。例如，菠菜冻至-9℃，大白菜在-2℃时仍可复鲜。但如果解冻太快，原生质来不及吸收冰融化产生的水分，会引起汁液外流，导致细胞脱水死亡，也就完全失去了贮藏性。

4. 冻害的控制　　冻害的发生一般是由贮藏温度控制不当造成的，因此控制合理的贮藏温度是防止冻害的关键。为了控制冻害的发生，应将果蔬产品放在适温下贮藏，并严格控制环境温度，避免果蔬产品长时间处于冰点以下的温度中。冷库中靠近蒸发器的一端温度较低，在产品上要稍加覆盖，以防止产品受冻。在采用通风库贮藏时，当外界环境温度低于0℃时，应减少通风。一旦管理不慎，产品发生了轻微的冻伤时，最好不要移动产品，以免损伤细胞，应就地缓慢升温，使细胞间隙中的冰温融化为水，重新回到细胞中。

（三）高温胁迫

果蔬采后常会遇到高温环境。当温度高于果蔬器官和组织对温度逆境的最大承受能力时，即造成高温胁迫。高温胁迫会引起细胞膜系统的损伤，对果蔬产生高温伤害，常造成呼吸速率增加，后熟衰老速度加快，从而缩短贮运期。但果蔬体内存在着一系列对高温逆境的适应性反应机制，当其处于高温逆境时，果蔬内的抗逆反应系统会立即启动，作出相应的生理和生化代谢的调整以适应高温环境。

1. 果蔬对高温胁迫的生理生化反应

1）呼吸速率和乙烯产生　　在热处理初始时，果蔬的呼吸强度因受热刺激而增大，并且处理温度越高，对呼吸的刺激作用越大。但当高于某一临界温度时，呼吸强度就不再上升，反而下降。例如，热处理的猕猴桃果实在38～50℃条件下，温度越高呼吸强度越大，但54℃热处理却降低了呼吸强度。大多数果蔬在受到35℃以上热处理时，乙烯的产生会受到抑制。高温处理抑制果蔬乙烯的产生，与乙烯合成的关键酶1-氨基环丙烷-1-羧酸（ACC）合成酶（ACS）和ACC氧化酶（ACO）失活有关。例如，热处理抑制芒果ACS和ACO的活性，但在后续贮藏及后熟过程中，ACO的活性能完全恢复正常，而ACS的活性仅部分恢复，乙烯高峰的出现明显滞后。苹果经25～40℃热处理后，ACC含量随着处理温度的上升而逐渐增加，但乙烯的释放量在30℃以上时则大幅度下降。这说明乙烯生成量的下降不是由于ACC的缺乏，而主要是ACC向乙烯的转化受到高温抑制的结果。

2）活性氧代谢和膜脂过氧化作用　　高温胁迫会破坏细胞内活性氧产生与清除之间的动态平衡，使细胞内活性氧大量积累，引起膜脂的过氧化作用，从而引发膜系统的损伤和膜透性的增大，细胞内电解质外渗，对果蔬造成高温伤害。采用适当的贮前热处理能诱导果蔬的抗氧化酶活性，减弱膜脂过氧化作用，保持膜的稳定性。

3）细胞壁降解酶活性和果实软化　　采用适当的贮前热处理可抑制多聚半乳糖醛酸酶（PG）和纤维素酶等细胞壁降解酶的活性，延缓果实贮藏过程中硬度的下降。

4）内源多胺和脱落酸　　贮前适当的热处理可提高芒果、柿子和西葫芦等冷敏果蔬低温冷藏期间内源多胺和脱落酸含量，增加果实的抗冷性。

5）热激蛋白合成及基因表达　　当植物处于非致死高温中时，一般蛋白质的合成速度减慢，而一类特殊的蛋白质即热激蛋白（HSP）的合成却增加，从而提高植物的抗热性。HSP可分为高分子质量和低分子质量两大类，前者包括60 kDa、70 kDa、90 kDa和100 kDa的HSP，后者的分子质量为15（17）～30 kDa。近年来的研究表明，热激处理可提高采后果实的耐冷性及诱导*HSP*基因的表达，从而合成有关HSP。采用适度的高温处理可促进*HSP*基因的表达，植物在受热激处理的前几小时，*HSP* mRNA的水平迅速增加，以后有所下降。经热处理后的植物组织在转移到室温下后，*HSP* mRNA水平又迅速下降。绿熟番茄用38℃热空气处理3 d后，*HSP17*和*HSP70* mRNA水平增加，并且在以后的2℃条件下贮藏3周，其间一直保持较高水平，同时减轻了果实冷害的发生。

6）抗病相关酶和物质　　热处理可延缓果蔬内预先形成的抗菌物质含量的下降速度，或诱导果蔬抗病相关物质和病程相关蛋白质的合成，从而提高对病害的抗性，延缓采后病害的发展。

2. 热处理对果蔬保鲜的作用　　果蔬在贮藏前进行适当的热处理（一般用35～50℃的热空气或热水），可延缓后熟衰老，减轻贮藏冷害的发生，并能控制采后病虫害的发生，从而延长贮藏期。

1）延缓后熟衰老和保持品质　　热处理可抑制苹果、芒果、李和番茄等多种果实贮藏过程中细胞壁降解酶的活性，延缓果实硬度下降速度。热处理还可显著抑制青花菜和羽衣甘蓝等蔬菜叶绿素的降解，延缓黄化。

2）减轻贮藏冷害　　热处理可提高鳄梨、柑橘、芒果、柿子、番茄、黄瓜、甜椒、葡萄柚及西葫芦等多种果蔬对冷害的抗性，减轻贮藏冷害的发生。

3）控制病虫害　　热处理在芒果、香蕉、番木瓜、荔枝和柑橘等热带和亚热带果蔬上都得到较好的防腐效果，可防治炭疽菌、青霉菌、腐霉菌、核盘菌、盘多毛孢、根霉、交链孢、色二孢、拟茎点霉、毛霉、疫霉和欧文氏菌等20多种病菌引起的采后病害。热处理还可杀死一些果实中昆虫的卵、幼虫、蛹和成虫，因而可作为重要的害虫检疫手段。

二、气体成分伤害

气体成分伤害主要是指气调贮藏过程中，气体调节和控制不当，造成 O_2 浓度过低或 CO_2 浓度过高，导致果蔬发生的低 O_2 伤害或高 CO_2 伤害。此外，贮藏环境中的乙烯及其他挥发性物质的累积，或冷库中漏氨也都可能造成果蔬生理伤害。

（一）低 O_2 伤害

低 O_2 伤害的主要症状是果蔬表皮组织局部塌陷，褐变，软化，不能正常成熟，产生乙醇味和异味。果蔬在 1%～3% 的 O_2 环境中贮藏一般是安全的。当果蔬种类或贮藏温度不同时，O_2 的临界浓度可能不同。菠菜和菜豆进行无氧呼吸的 O_2 临界浓度为 1%，石刁柏为 2.5%，豌豆和胡萝卜为 4%；在 10℃ 条件下，只要 1% O_2 就会对马铃薯薯块产生伤害。因此在降氧贮藏时，应特别注意 O_2 浓度的下限。

苹果低 O_2 伤害的外部症状为果皮呈现界线明显的褐斑，并由小条状向整个果面发展。褐斑的深度取决于苹果的底色；低 O_2 伤害的内部表现是出现褐色软木斑和形成空洞，有内部损伤的地方有时与外部伤害相邻，有内部损伤的地方常常发生腐烂，但总是保持一定的轮廓。此外，低 O_2 症状还包括乙醇损伤，果皮有时形成白色或紫色斑块。抱子甘蓝在 2.5℃ 和 0.5% O_2 环境中贮藏 2 周时，分生组织发生褐变，心叶变成铁锈色，煮熟后有一种特殊苦味。花椰菜在 5℃、0.25% 或 0.5% O_2 环境中贮藏 8 d，然后在 10℃ 观察 3 d，发生了低 O_2 伤害，块状花序凹陷，小花呈浅褐色变化。当伤害不严重时，只有在煮熟后才表现出症状。马铃薯在低 O_2 下会产生黑心；茄在低 O_2 下，表皮产生局部凹陷变为褐色。蒜薹低 O_2 伤害与高 CO_2 伤害症状不同的是，前者发病薹苞的苞片是干燥的，而后者是湿润的。橘子受低 O_2 伤害后会产生苦味或浮肿，橘皮由橙色变为黄色，后呈现水渍状。

（二）高 CO_2 伤害

高 CO_2 伤害的症状与低 O_2 伤害类似。贮藏中一般高 CO_2 伤害比低 O_2 伤害发生得更为普遍和严重。高 CO_2 伤害症状最明显的特征是果蔬表面或内部产生组织褐变、褐色斑点、凹陷等，以及组织脱水萎蔫甚至形成空腔。贮藏后期或已经衰老的苹果对 CO_2 非常敏感，易引起果肉褐变。贮藏环境中 CO_2 浓度超过 1% 时，可增加鸭梨果实黑心病的发生概率。柑橘果实的 CO_2 伤害常表现为果皮浮肿、果肉变苦和腐烂。在高 CO_2（15% 或更高）情况下，草莓、香蕉、橙、苹果、猕猴桃和其他果品也会产生异味。各种蔬菜对 CO_2 的敏感性差异很大，结球莴苣在 1%～2% CO_2 环境中短时间就可受害，芹菜、绿菜花、菜豆、胡萝卜等对 CO_2 比较敏感，青菜花、洋葱、蒜薹等却较耐 CO_2，短时期内 CO_2 超过 10% 也不致受害。叶菜类受 CO_2 伤害后的症状是出现生理萎蔫，细胞失去膨压，水分渗透到细胞间隙成为水渍状。

（三）其他气体成分伤害

1. SO_2 伤害　　用 SO_2 熏蒸消毒库房时浓度过高或消毒后通风不彻底，易导致入贮果蔬的中毒现象，果面会出现漂白或变褐，形成水渍斑点，微微起皱。严重时以气孔为中心形成坏死小斑点，密密麻麻布满果面，皮下果肉坏死，深约 0.5 cm。

2. NH₃ 伤害　　氨制冷系统泄露的 NH₃ 极易与产品接触而引起果蔬组织变色和产生坏死斑。红色苹果和葡萄接触 NH₃ 后红色减退；红皮、黄皮和白皮洋葱接触 NH₃ 后分别变为黑绿色、棕黄色和绿黄色，且湿度高时变色加快。番茄接触 NH₃ 后不能正常变红且组织易破裂。蒜薹接触 NH₃ 后则出现不规则的浅褐色凹陷斑，在 NH₃ 浓度高时整个薹条很快黄化。

第二节　侵染性病害

侵染性病害（infectious disease）即由其他生物侵染引起的病害，也即通常所说的腐烂（decay，rot）。所有果蔬在采后均可发生不同程度的腐烂，严重者几乎全军覆没。能造成侵染的其他生物常被称为病原物（pathogen），主要为真菌和细菌。而被病原物侵染的产品被定义为寄主（host），主要包括各类水果和蔬菜。只有病原物、寄主和适宜环境共同存在的情况下侵染性病害才会发生。侵染性病害是导致果蔬采后烂损的最主要因素。因此，掌握侵染性病害的发生原因及规律，通过有效的措施对其加以减轻或控制是果蔬贮运期间面临的非常重要的任务。

一、病害的种类

大约有 40 个种的真菌和细菌与寄主腐烂密切相关。由于大多数水果的 pH 较低，故主要受真菌的侵染。而蔬菜则主要受真菌和细菌的双重侵染。因此，采后病原物以真菌为主。果蔬在生长期间对病原物具有较强的抵抗力，采收以后随着成熟和衰老的进行，体内的抗病性逐渐降低，对病原菌的侵染就变得越来越敏感，病害的发生率和严重程度也就越来越高。

（一）真菌性病害

每种果蔬可受到十几乃至几十种病原真菌的侵染，但只有少数几种最为典型。例如，由扩展青霉（*Penicillium expansum*）引起的青霉病是苹果和梨的主要采后病害，由匍枝根霉（*Rhizopus stolonifer*）引起的软腐病是桃和杏的主要采后病害，灰葡萄孢（*Botrytis cinerea*）是造成葡萄腐烂的主要病原物等。有些病原物寄主范围较广，如青霉属（*Penicillium*）、根霉属（*Rhizopus*）、灰葡萄孢、交链孢属（*Alternaria*）、镰刀菌属（*Fusarium*）和白地霉（*Geotrichum candidum*）可侵染多种果蔬。相反，有些病原物对寄主具有较强的选择性。例如，指状青霉（*P. digitatum*）引起柑橘果实的绿霉病，但不会侵染苹果和梨；扩展青霉侵染苹果和梨，但不为害柑橘果实；果生链核盘菌（*Monilinia fructicola*）引起桃、樱桃、苹果和梨等温带果实的褐腐病，但不侵染热带果实。真菌性病原物主要为半知菌，少数分属鞭毛菌、结合菌及子囊菌亚门。由这类病原物引起的症状主要表现为软腐、干腐、霉变等。

（二）细菌性病害

引起采后病害的细菌主要分属欧氏杆菌属和假单孢杆菌属。欧氏杆菌属（*Erwinia*）菌体为短杆状，不产生芽孢，革兰氏染色反应阴性，对氧气的要求不严格，在有氧或缺氧条件下均可生长。该属中可引起采后腐烂的有胡萝卜欧氏杆菌（*E. carotovora*）和菊欧氏杆菌（*E. chrysanthemi*）两个种，主要引起绝大多数蔬菜的软腐。感病组织初为水浸状斑点，在适宜的条件下，病斑面积迅速扩大，最后导致组织全部软化溃烂，并伴随产生不愉快的脓臭味。

假单孢杆菌（*Pseudomonas*）也不产生芽孢，革兰氏染色反应阴性，是好气性病原菌。该属中可引起采后腐烂的主要为边缘假单孢菌（*P. marginalis*），可引起大多数叶菜类的软腐病，该属的致病症状与欧氏杆菌属的基本相似，但气味较弱。

二、病程

病原物通过一定的传播介体传到寄主的表面，然后侵入寄主体内取得营养，建立寄生关系，在寄主体内进一步扩展使寄主组织破坏或死亡，然后出现症状，这种接触、侵入、扩展和症状出现的过程，称为侵染过程（简称病程，pathogenesis）。通常把侵染性病害的侵染过程划分为侵入期、潜育期或潜伏期及发病期三个阶段。

（一）侵入期

从病原物侵入寄主开始，直到与寄主建立寄生关系为止的这一段时期，称为侵入期（infection period）。

1. 病原物侵入的时期及途径　有些病原物可在果蔬生长发育和成熟衰老的各个时期对产品进行侵染，而有些病原物只能在产品采收以后对产品进行侵染。因此，在采后病害的研究中通常将病原物侵入寄主的时期分为采前侵染和采后侵染两个时期。各种病原物侵入寄主的途径也存在差异。真菌大都是以孢子萌发形成的芽管通过自然孔口或伤口侵入，有的真菌还具有通过表皮细胞外缘的角质层直接侵入的能力。细菌主要通过自然孔口和伤口侵入。

1）采前侵染　又称潜伏侵染（latent infection），是指病原物在生长期间侵入寄主体内以后，寄主体内存在的抗病性使侵入的病原物表现出某种潜伏状态，直到寄主成熟或采收以后，体内抗病性消失，病原物才恢复活动，进而导致症状的出现。潜伏侵染可早在花期发生。例如，灰葡萄孢（*Botrytis cinerea*）可在柱头上迅速萌发，并经由花柱组织进入子房，形成对草莓和葡萄果实的早期潜伏侵染；定殖于花柱的互隔交链孢（*Alternaria alternata*）可经萼心间组织进入心室，形成对苹果霉心病的早期潜伏侵染。大多潜伏侵染是在果实发育期间发生的。例如，盘长孢状刺盘孢（*Colletotrichum gloeosporioides*）和盘长孢（*Gloeosporium* sp.）引起柑橘、鳄梨、香蕉、芒果、番木瓜和西瓜的炭疽病，互隔交链孢引起番茄和甜椒的黑斑病等。

病原物通过采前侵入的途径包括：①直接侵入，是指病原物直接穿透寄主表皮细胞外缘的角质层和细胞壁侵入。②自然孔口侵入，果蔬表面存在着多种自然孔口，如气孔、皮孔、萼孔等，可成为病原物侵入的途径，如核果类、瓜类和叶菜类表面的气孔，仁果类表面的皮孔和萼孔。③伤口侵入，生长期间果蔬表面形成的各类伤口，都可能是病原物侵入的途径。例如，甜瓜表面形成的网纹和裂纹是交链孢（*Alternaria*）和镰刀菌（*Fusarium*）的侵入途径。

2）采后侵染（postharvest infection）　即病原物通过采收及采收以后的各个环节对产品所造成的侵染，这些环节包括分级、包装、运输、贮藏、销售等过程。大多数病原物对产品的侵染发生在采后，因此，各类可减少采后侵染的措施均可明显降低采后侵染性病害的发生。

病原物侵入的途径包括产品表面的机械伤口、生理损伤、衰老组织、采后处理、接触侵染和二次侵染。

2. 病原物侵入的过程

1）病原物对寄主的识别　病原物正式侵入寄主之前有一个识别寄主的过程。通常病原物的繁殖单位，如真菌的孢子、细菌的个体细胞，必须首先接触果蔬的感病部位，并在适应条件下，才有可能进行侵染。真菌孢子落在果蔬表面后侵染与否，受果蔬表面化学条件的刺激或抑制。虽然真菌孢子一般都带有足够的营养物质，可以萌发产生芽管，但也必须由外界供给一定的刺激物质才能促进其萌发和侵入。

2）真菌的侵入过程　　真菌性病原物直接侵入的典型过程是附着在寄主表面的孢子在适宜的条件下萌发产生芽管，然后芽管的顶端膨大而形成附着胞，附着胞通过分泌的黏液和机械压力将其固定在寄主表面，接着从附着胞中产生较细的侵染丝或侵染钉，通过表面分泌胞外酶和机械力的作用直接穿过角质层和细胞壁进入细胞内或直接在细胞间隙中发展。进入寄主体内后，孢子和芽管里的原生质随即沿侵染丝向内输送，并发育成为菌丝体，吸取寄主体内的养分，建立寄生关系。

3）细菌的侵入过程　　引起采后病害的大多数细菌主要通过伤口或自然孔口侵入，病原物可通过直接落入的方式获取营养而繁殖发展，或者靠鞭毛的游动主动进入伤口或自然孔口。

3. 影响侵入期的环境条件　　病原物的侵入与环境中的湿度和温度密切相关，其中以湿度的影响最大。

1）湿度　　大多数真菌孢子的萌发、细菌的繁殖和游动，都需要在水滴里进行。果蔬表面的不同部位在不同时间内可以有雨水、露水等水分存在。其中有些水分虽然保留时间不长，但足以满足病原物完成侵入的需要。一般来说，湿度高对病原物侵入有利，而使寄主抗侵入能力降低。在高湿度下，寄主愈伤组织形成缓慢，自然孔口开张度大，表面保护组织柔软，从而使抵抗侵入的能力降低。通过伤口直接侵入的病原物，因果蔬体内具有较高的含水量，故外界湿度对其侵入的干扰影响不大。

2）温度　　温度只影响病原物的侵入速度，在一定的温度范围内，温度越高，病原物的侵入速度也越快。各种病原物都具有其萌发和生长的最高、最适及最低温度。离最适温度愈远，萌发和生长所需的时间也愈长，超出最高和最低温度范围，便不能萌发和生长。

（二）潜育期

潜育期（incubation period），即从病原物与寄主建立寄生关系开始一直到寄主表现出症状的时期。

1. 潜育的时间　　在潜育期内，病原菌要从寄主获得更多的营养物质供其生长发育，病原物在生长和繁殖的同时也逐渐发挥其致病作用，使寄主的生理代谢功能发生改变。对寄主而言，其自身也并非完全处于被动地被腐烂分解的状态。相反，它会对侵染的病原菌进行抵抗。病原物必须在克服寄主的防卫抵抗之后，才能够有效地获取所需的营养物质，以维持其在寄主组织内生长发育的需要。所以，果蔬发生腐烂的程度，取决于组织抗病性的强弱。如果抗病性强，虽然有病原物侵染，也很少腐烂。采后的果蔬组织所处的采后环境条件，如温度、湿度、气体成分等，既可影响果蔬的生理状态，也会影响病原菌的生长发育。因此，当环境条件不利于延缓果蔬组织的衰老，而有利于病原菌生长发育时，才会发生腐烂。所以，潜育期的长短受病菌致病力、寄主抗性和环境条件三方面的影响。

2. 潜育期间病原物与寄主的互作　　与寄主建立了寄生关系的病原物能否进一步得到发展而引起病害，还要由具体情况决定。例如，盘长孢状刺盘孢的孢子在接触鳄梨后1 d就开始萌发，芽管刺入果实表面的蜡质层中形成黑色附着胞。当果实在树上或采摘后仍处于坚硬状态时，病原物就一直以附着胞的形式存在于蜡质层中。随着果实采后软化的出现，附着胞上才开始生出侵染丝，并逐渐穿透角质层和表皮，最后侵入果皮组织和果肉中形成黑斑；造成苹果霉心病的粉红单端孢在生长发育期间进入果实体内后就一直在心室部位潜伏，直到果实进入后熟期时才恢复活动，进而引起心腐。

在病原物和寄主的互作中，营养关系是最基本的。病原物必须从寄主获得必要的营养物质和水分，才能进一步繁殖和扩展。病原物对寄主能否提供某些营养成分表现出的反应不同，从而决定了它能否引起侵染或引起不同程度的侵染。如果寄主不能满足寄生物的营养要求，侵染过程就不能完成。病原物从寄主获得营养物质，大致可以分为两种不同的方式。第一种方式是死体营养型，病原物先杀死寄主的细胞和组织，然后从死亡的细胞中吸收养分。第二种方式是活体营养型，病原物与活的寄主细胞建立密切的营养关系，它们从寄主细胞中吸收营养物质而并不很快引起细胞的死亡，通常菌丝在寄主细胞间发育和蔓延，仅以吸器深入寄主的活细胞内吸收营养。

1）病原物对寄主的破坏

（1）胞外酶：病原物在进入寄主体内后会分泌多种酶到细胞外的介质中，在营养吸收和利用中起重要作用，这类酶称为胞外酶。其中与病原物对寄主破坏关系最大的就是各类降解酶。降解酶是病原物产生的对寄主的细胞壁组分有降解作用的酶类，在病原物摄取营养和消除寄主的机械屏障中起重要作用。

通常根据胞外酶作用的底物，将其分为角质酶、果胶酶、纤维素酶、半纤维素酶和其他酶类。

A. 角质酶：果实表皮是最外侧的细胞层，病原真菌直接侵入时用以突破这第一道屏障的酶是角质酶。角质酶是一种酯酶，可以水解主要的醇酯链聚合体。许多证据表明，盘长孢状刺盘孢对角质层的渗透是将病原物的角质酶基因插入以更快地感染完好的寄主。

B. 果胶酶：果胶物质是植物细胞初生壁的重要组成部分，也是植物初生层中间的主要组分，起植物细胞和植物组织整体之间的紧密联系的作用。采后水果或蔬菜中病害的发展很大程度上依赖于病原物分泌果胶酶的能力，以及分解不溶性果胶和导致细胞分裂、组织分解的能力。这个过程导致受侵染细胞原生质膜渗透性增强和细胞死亡，促使营养物质散失以供应培养基上病原物的生长。有两组果胶酶参与了果胶物质的分解。第一组包括果胶甲酯酶（PME）——它可以破坏酯链并从果胶或果胶酸中的羧基中分离出甲基，从而产生果胶酸和甲醇。这组酶不能打开果胶链。第二组包括可以打开半乳糖醛酸亚基之间1,4-糖苷键的果胶酶。果胶酸链受到多聚半乳糖醛酸酶（PG）的水解作用，或者果胶或果胶酸受到果胶半乳糖醛酸酶（PMG）的作用，都可以打开糖苷键。因为果胶酶或裂解酶可以打开糖苷键，所以也称为果胶裂解酶（PTE）。这些酶可以打开果胶链亚基上第四和第五个碳原子之间不饱和环上的1,4-糖苷键。因此，水解酶和裂解酶可以作用于聚合链上的半乳糖醛酸连接键，导致其断裂。

C. 纤维素酶和半纤维素酶：纤维素酶是一组复合酶，可将纤维素水解成葡萄糖。半纤维素酶可将各种半纤维素降解为单糖，主要有木聚糖酶、半乳聚糖酶、葡聚糖酶和阿拉伯聚糖酶等。在腐烂发生期间，果胶酶主要引起前期的软烂，纤维素酶和半纤维素酶主要造成后期的软烂。

D. 其他酶类：包括蛋白酶、淀粉酶和磷脂酶等，分别降解蛋白质、淀粉和脂类物质。

（2）毒素：毒素是病原物的次生代谢产物，是病原物与寄主间相互识别、相互作用的介质，是病程中起重要作用的有毒物质。病斑处所呈现的软腐、坏死等症状大多与毒素有关。因此，了解毒素及其作用机理对于认识病原物与寄主的互作具有十分重要的意义。毒素不仅与病原物的致病密切相关，还可通过抑制和干扰蛋白质与核酸的合成，导致免疫抑制，从而直接危害人和家畜的健康。

根据产生的病原物类型将毒素划分为真菌毒素（mycotoxin）和细菌毒素（bacteriotoxin）两大类。导致果蔬采后病害发生的主要是真菌毒素，细菌毒素与果蔬采后病害发生的关系不大。真菌毒素大多数为小分子的次生代谢产物，主要包括环状肽、类萜烯、低聚糖、聚乙醇酰、生物碱、脂、酯、多糖及糖苷，以及芳环、杂环化合物及其衍生物等。根据对寄主的选择性，可将真菌毒素分为寄主专化性毒素（host specific toxin，HST）和非寄主专化性毒素（non-host specific toxin，NHST）两大类。前者对寄主具有较高的选择性，即只对产生该毒素的病原物感病寄主表现毒性，而对抗病寄主或非寄主不表现毒性，这类毒素主要与潜伏侵染性病害的发生密切相关，是直接决定病原真菌致病性的重要因素。后者对寄主不表现选择性，即所为害的寄主种类要比产生该毒素的病原物种类多，这类毒素主要由青霉、曲霉、镰刀菌和交链孢等真菌产生，不仅与采后病害的发生密切相关，也会变成部分果蔬的安全隐患。

（3）调控生长环境的 pH：大多数水果组织的 pH 为 3~4，在此条件下细菌的生长会受到明显的抑制，但真菌的生长则不受影响。大多数蔬菜组织的 pH 为 4.5~7.0，不仅易被真菌侵染，也易被细菌危害。病原真菌侵染会引起果蔬组织 pH 的变化，以适应其在寄主体内扩展的需要，根据病原真菌造成组织 pH 的变化类型可将其分为碱化真菌和酸化真菌两类。同样，细菌也能够调节其生长环境的 pH，以适于其生长繁殖的需要。总的来讲，生长环境的 pH 是致病过程中的调控因子，寄主 pH 的变化可促进病原物特定基因的表达。

（4）活性氧：病原物与寄主互作时会产生活性氧（reactive oxygen species，ROS），侵染初期 ROS 的大量产生是病原物对寄主侵染的早期事件，在互作中扮演着重要的角色。ROS 在互作系统中具有两面性：首先，ROS 参与了寄主的抗病防卫反应，如具有直接抑菌作用，参与细胞壁的木质化及富含羟脯氨酸糖蛋白的交联；ROS 还可作为第二信使调控抗病相关基因的表达。其次，过量的 ROS 会与细胞中的蛋白质、脂质和核酸反应，造成脂质过氧化、膜损伤和酶钝化，从而对细胞产生毒性。

2）寄主的防卫性反应　　寄主自身也并非完全处于被动地被病原物分解的状态。相反，它会对侵染的病原菌进行抵抗。病原物必须在克服寄主的防卫抵抗之后，才能够有效地获取所需的营养物质，以维持其在寄主组织内生长发育的需要。所以，采后病害发生的程度，某种程度上还取决于寄主抗病性的强弱。寄主的抗病性包括主动抗病性和被动抗病性两个方面，前者是寄主对病原菌侵染作出的主动反应，包括结构改变及抗性生化反应增强；后者是植物体内存在的固有的抗病特性，包括较厚的表皮结构和较高的抗菌物质含量等。

（1）表皮和细胞壁的结构成分：病原物侵染引起的细胞壁结构变化的主要特征是乳突、周皮的形成。乳突是病原真菌侵入时在侵入栓下形成的半球状结构，是寄主受病菌刺激后新的碳水化合物在侵入点沉积的结果。植物受伤或受侵染后细胞重新分裂可形成创伤周皮，形成层的活动使受侵染的细胞与健康细胞分离，最后脱去受侵染细胞。周皮细胞中通常含有栓质、木质素和其他一些尚未鉴定的坚韧物质。乳突和周皮具有抗病原物酶解和阻止病原物侵入与扩展的作用。

维管束结构的变化，主要表现在维管束病害中产生的凝胶和侵填体。凝胶是导管附近细胞中所含的果胶物质被病原物酶解后，以果胶酸钙胶体溶液与单宁类氧化产物一起在导管内形成的黑色果冻状阻塞物，凝胶中除果胶外还有半纤维素。侵填体是由于导管纹孔膜被病原物曲解，周围髓射线细胞突进木质部导管后形成的，随后在次生壁加厚过程中又有酚类物质浸入和参与聚合。凝胶和侵填体的产生可以减缓维管束导管的液流，对导管中病菌孢子的扩散有阻碍作用，其中酚及其转化产物具有抑制病原物降解酶的作用，因而在侵染区形成阻碍病菌扩展的封圈，由于植物保卫素的产生和浸透，其作用更加稳定，在抗病植物中凝胶和侵填体的产生比感病植物快。

（2）预合成抗菌物质：酚类物质是植物体内重要的次生代谢产物，包括单酚类、香豆素类、黄酮类、木质素等多种。寄主受病原物侵染后酚类物质会显著积累。例如，扩展青霉侵染苹果和梨后，果实内的绿原酸和阿魏酸含量明显增加；灰葡萄孢侵染葡萄及链格孢侵染甜瓜后，果实内总酚、类黄酮和木质素含量会显著提高。酚类物质是凭借其杀菌特性，通过直接影响病原物或病原物的致病因子来抵抗病原物的。然而，它们也可以通过愈伤，也就是通过伤口周围的细胞壁的木质化来增强抵抗力。酚类物质主要通过莽草酸途径和苯丙烷途径合成，在莽草酸途径中首先利用磷酸烯醇式丙酮酸和4-磷酸赤藓糖经过一系列反应生成苯丙氨酸和酪氨酸，接着苯丙氨酸就进入苯丙烷途径，首先在苯丙氨酸解氨酶的作用下形成肉桂酸，肉桂酸再经过一系列的反应生成香豆酸、阿魏酸、绿原酸、芥子酸等中间产物，这些化合物进一步转化为香豆素、绿原酸，也可以形成苯丙烷酸CoA酯，再进一步代谢转化为一系列苯丙烷类化合物，如黄酮、木质素、酚类物质、植保素、生物碱等抗菌物质。

（3）植物保卫素：植物受到侵染后产生的抗病原物的小分子化合物简称植物保卫素或植保素，换句话讲，是寄主为了防御病原物的攻击，被病原物诱导产生的防止病原物扩展的抗菌物质。然而，植保素的产生除了取决于病原物的侵染，还可由真菌、细菌或病毒的代谢物、机械伤害、受伤后植物释放的化学成分、一些化学物质、低温、辐射及其他胁迫条件诱导产生。植保素在产品主动抗病性的形成中具有重要作用，对防御真菌的侵染最为有效。果蔬中经典的植保素有甘薯酮、日齐素和辣椒素等，主要从茄科的马铃薯和辣椒，以及旋花科的甘薯中获得。不同结构的植保素是通过不同的生物合成途径来合成的。迄今认为植保素的生物合成主要有如下三条途径：莽草酸途径、乙酸-丙二酸途径和乙酸-甲羟戊酸途径。

（4）病程相关蛋白和胞外酶抑制物质：病程相关蛋白（pathogenesis-related protein，PR）是植物受病原物侵染过程中诱导产生的一类小分子蛋白质。对多种采后病害的研究表明，病原物的侵入可导致PR的明显积累。除病原物的侵染可导致PR产生外，一些化学因素包括水杨酸、乙酰水杨酸等处理，物理因素包括机械损伤、紫外线和热处理等也可诱导果蔬PR的产生。现已在番茄、马铃薯、黄瓜、苹果、柑橘等多种果蔬中发现了PR。人们根据烟草中PR的血清学关系和功能将其分成5组：PR1、PR2、PR3、PR4和PR5，其他植物的PR与之比较后可归入相应组内。

体外条件下，培养基中的糖不仅可为病原物提供营养，促进其生长，还可以抑制病原物果胶酶和纤维素酶的释放，降低其活性。例如，培养基中的葡萄糖既可作为单独的碳源供扩展青霉生长，又可与苹果酸和柠檬酸共同作用抑制该病原物分泌的果胶酶的活性。此外，果蔬体内存在的多酚类物质和单宁也可抑制各类真菌产生的多聚半乳糖醛酸酶的活性。一些小分子蛋白质也参与了胞外酶的抑制。研究表明，植物受病原物侵染而产生的胞外酶抑制剂，如多聚半乳糖醛酸酶抑制蛋白（PG-inhibiting protein，PGIP）在植物抗病反应中具有重要的作用。PGIP是一种能特异结合和抑制真菌内切多聚半乳糖醛酸酶（endo-PG）活性的细胞壁结合蛋白质，可延缓PG对细胞壁的降解。

（5）活性氧：病原侵入后，寄主最快的抗病反应就是产生大量的活性氧，主要包括超氧阴离子自由基（$O_2^-\cdot$）、羟自由基（$\cdot OH$）和过氧化氢（H_2O_2）等。通常，成熟度低的及抗病性强的果实具有较强的 ROS 产生能力。ROS 在寄主抗性的诱导产生方面具有非常重要的作用。ROS 本身也可作为信号分子直接或间接地激活寄主抗性基因和防卫基因的表达。ROS 的积累还可诱导植保素的合成。例如，用 H_2O_2 处理鳄梨果皮后发现活性氧产量增加，同时也观察到了表儿茶酸含量和苯丙氨酸解氨酶（PAL）活性的提高。ROS 促进细胞壁的木质化，在这个过程中，H_2O_2 含量的增加和 POD 活性的提高，促进了细胞壁加厚，从而阻止了病原菌的侵入。寄主 ROS 的产生量受其体内抗氧化保护体系的调控，由此避免了过量 ROS 对寄主自身细胞的伤害。

3. 影响潜育期的环境条件　　在潜育期中由于病原物已进入寄主，组织中含有大量的水分，完全可以满足病原物生长发育的需要。因此，外界湿度可以说对潜育期的影响不大。相反，温度则是影响潜育期最主要的因素。因为病原物的生长和发育都有其最适宜的温度，温度过高或过低都会对其加以抑制。在一定范围内，温度越高，潜育期就越短，反之亦然。例如，引起软腐病的匍枝根霉（*R. stolonifer*）在 24℃条件下可在成熟桃果体内潜育 24 h，16℃条件下需 36 h，12℃条件下需 48 h，10℃条件下需 72 h，当温度低于 7~8℃时潜育可被完全抑制。

由于不同病原物的致病力及寄主的抗病性存在差异，因此不同病原物对同一寄主，同一种病原物对不同寄主，以及同一寄主的不同采后阶段，潜育期的长短均存在差异。就采后病害而言，每种病害均有一定的潜育期。通常是采前侵入的较长，采后侵入的较短。潜育期较长的病原物如盘长孢属（*Gloeosporium*）、刺盘孢属（*Colletotrichum*）、交链孢属（*Alternaria*）、灰葡萄孢（*B. cinerea*）和镰刀菌属（*Fusarium*）等，潜育期可长达 15~60 d。潜育期较短的病原物如根霉属（*Rhizopus*）、毛霉属（*Mucor*）和青霉属（*Penicillium*）等，潜育期只有 16~72 h。

（三）发病期

发病期（symptom appearance period）是从出现症状直到寄主生长期结束，甚至寄主死亡为止的一段时期。症状出现以后，病害还在不断地发展，如病斑不断扩大，侵染点数不断增加，病部产生更多的子实体等。将这种真菌性的病害在受害部位产生孢子等子实体的时期，称为产孢期。新产生的病原物的繁殖体可成为再次侵染的来源。大多数真菌病害在发病期内还包括产孢繁殖和子实体的进一步传播等行为。发病期内病害的轻重及造成的损失大小，不仅与寄主抗性、病原物的致病力和环境条件适合程度有关，还与人们采取的防治措施有关。

第十二章 果蔬采后防腐保鲜技术

第一节 物 理 方 法

物理保鲜方法是利用物理技术手段达到果蔬采后保鲜的目的，其基本原理主要是通过调节温度、湿度、压力、气体成分、光线、辐射等物理方法对果蔬产品进行处理，调节其生理代谢，提高其抗胁迫能力，以保持果蔬的贮藏品质。

一、低温贮藏

低温是现代果蔬贮藏的先决条件，其他贮藏技术几乎均建立在低温贮藏条件的基础之上。低温贮藏就是利用低温技术将果蔬的温度降低，并维持在低温水平。根据生物学反应的 Q_{10} 理论，温度每降低 10℃，代谢速率会下降为原先的 50%～70%。低温贮藏可有效地抑制果蔬表面微生物的生长和繁殖，钝化酶活性，降低呼吸速率及生理代谢。

果蔬的低温贮藏温度一般以不引起果蔬产生冷害的最低温度为宜，这样既能够抑制果蔬呼吸作用和乙烯释放，保持果蔬的生理代谢和营养物质相对稳定，延缓果蔬衰老，又能最大限度地抑制病害的产生。一般情况下，病原菌菌丝的生长速率随着温度的降低而降低。当环境温度低于病原菌的最适生长温度时，其生长繁殖停止。因此，低温环境可显著降低病原菌的致病能力。然而，如果低温条件下病菌原生质结构未遭到破坏，其就不会很快死亡，并能在较长时间内保持活力，待温度再次升高时又能恢复正常的生命活动。值得注意的是，低温环境可能通过增大分生孢子的体积来影响产孢过程，为提高其侵染能力积累更多的能量。

低温贮藏是生产上应用最多的一种保鲜方法，已在苹果、梨、猕猴桃、李、杏、杨梅、荔枝等中有大量报道。2℃低温贮藏条件可保持'金红'苹果的较高能量水平，有效维持苹果的品质和风味。砀山酥梨的中长期低温贮藏温度以 0～1.5℃为宜，可贮藏至 200 d；120 d 以内的中短期低温贮藏温度以 1.5～5℃为宜。'御皇'李于低温 0℃，相对湿度 80%～90% 的条件下可贮藏 98 d。

二、热处理

热处理是用 35～50℃的热水或热蒸汽处理采后果蔬，杀死或抑制病原菌生长，延缓果蔬产品的成熟和衰老进程，从而达到防腐保鲜目的的一种物理方法。目前，热处理已广泛应用于多种果蔬的采后病害及成熟衰老控制等方面，主要有三种热处理方式，即热蒸汽处理、强制热空气处理和热水处理。

热蒸汽处理是利用 40～50℃的饱和水蒸气来杀灭果蔬产品表面或体内的病原菌。热蒸汽处理的温度控制分为三个阶段，即预热期温度，该阶段的处理温度和时间与果蔬产品的热敏性密切相关，温度过高或时间过长均会产生烫伤；恒温期温度，该阶段要求果蔬产品内部温度恒定至一定时间，以足以杀死病原菌；冷却期温度，要求通过冷空气或冷水使加热的果蔬产品迅速降至适宜温度。

强制热空气处理是用温度精确控制的高速热空气处理果蔬产品。热首先由空气传至果蔬表面，然后表面传输至产品中心部位，其初期热的传导速度较慢，后期逐渐加快。该方法处理期间，果蔬表面干燥，热能通过对流进行传递，易造成产品失重，因此必要时需要对热空气湿度进行控制。该处理一般需要 38~46℃ 条件下处理 12~96 h，故处理效率较低。

热水处理是指用热水浸泡或喷淋处理果蔬产品的一种方法。与热空气相比，热水处理能够明显加快热在果蔬表皮和体内的传递速度，其温度易于精准控制，可有效杀死果蔬表面的病原菌，处理时间短，费用低，更易于商业化。高压热水冲淋系统较普通热水处理具有更好的效果，40~55℃ 高压热水喷淋能有效控制多种果蔬的采后病害。

热处理对病原菌的致死或抑制作用主要涉及钝化病原菌果胶酶或相关蛋白，降解膜脂，破坏激素结构，造成损伤代谢，消耗储存营养或积累有毒中间产物等，一般为多种途径协同作用。一般含水量高的孢子对热处理较敏感，萌发的孢子比休眠的孢子或菌丝体更敏感。荔枝、龙眼、芒果、木瓜果皮的炭疽病菌分生孢子的热致死温度为 50℃（10 min）或 55℃（5 min），而其菌丝体的热致死温度为 60℃（30 min）。此外，热处理还可诱导果蔬组织产生抗菌物质（植保素）及相关蛋白（热激蛋白等），提高抗性酶（苯丙氨酸解氨酶等）活性等。

三、气调贮藏

气调贮藏是指在一定的温度条件下，通过调节贮藏环境中 O_2 与 CO_2 浓度来达到维持果蔬品质、延长采后寿命的一种方法。气调贮藏技术可以有效抑制果蔬采后生理代谢，延缓衰老，保持品质，延长贮藏期和杀死某些检疫病虫，被广泛应用于果蔬采后商业贮藏。

（一）低 O_2 和高 CO_2 对果蔬品质的影响

气调贮藏可有效地提高果实的耐贮性与品质，延缓果实硬度的下降与色泽的变化，并在一定程度上抑制果实可溶性糖含量的上升、可滴定酸和维生素 C 含量的下降，以及叶绿素的降解。

气调贮藏可通过调节贮藏环境的气体组成来抑制果蔬的呼吸作用，推迟呼吸跃变的启动，抑制果蔬的成熟与衰老。气调贮藏可使果蔬保持较高的过氧化物酶、超氧化物歧化酶、过氧化物酶等抗氧化酶的活性，有效减少超氧阴离子自由基、过氧化氢和丙二醛等活性氧代谢中有害物质的积累。气调贮藏能够抑制果蔬的多聚半乳糖醛酸酶、内切 β-1,4-葡聚糖酶等软化相关酶活性的升高。高 O_2 动态气调可抑制 4-香豆酸-辅酶 A 连接酶和肉桂醇脱氢酶的活性，从而抑制木质素的积累，延缓其木质化进程。

此外，气调贮藏可预防或减少苹果和梨虎皮病等生理病害。然而，如果 O_2 水平过低，果实可能会出现低氧胁迫的症状，如出现水浸组织、内部褐变、产生异味及与低细胞能量产生有关的其他生理紊乱。

（二）低 O_2 和高 CO_2 对病原微生物的影响

气调环境中的低 O_2 浓度和高 CO_2 浓度具有一定的抑菌作用。低 O_2 浓度和高 CO_2 浓度对病原菌的孢子萌发、菌丝生长及孢子的形成等均具有直接的抑制作用，但其抑制效果与气体成分及其浓度、病原菌种类及其生理状态有关。低 O_2 可通过影响细胞色素氧化系统的电子传递而抑制病原菌生长。一般来说，当 O_2 浓度降至 5% 时对真菌的生长没有显著影响；当 O_2 浓度低于 1% 时，大多数的真菌孢子萌发将受到抑制。

CO_2 是一种具有明显抑菌活性的气体，可改变病原菌细胞膜的功能，影响其营养物质的吸收，直接抑制酶的活性或降低酶的反应速率，可进入细菌的细胞膜导致胞内 pH 发生变化，使菌体蛋白质的生化特性发生改变。

低 O_2 浓度和高 CO_2 浓度可有效抑制果蔬采后病害的发生。3% O_2、5% CO_2 或 2.5% O_2、3% CO_2 的气调贮藏可显著抑制白菜的腐烂率；10%~30% CO_2 或 0.5%~2% O_2 的气调贮藏能够降低草莓采后病害的发生，但 30% CO_2 会使草莓果实产生异味。高于 2.8% CO_2 的条件可显著减少 "元帅" 和 "金冠" 苹果灰霉病和青霉病的发生。高 CO_2 浓度还可显著降低甜樱桃褐腐病的发生率。

值得注意的是，气调和低温对果蔬采后病害的控制具有协同增效作用，因此，多数气调贮藏是建立在低温条件的基础上。20% CO_2 和 1℃条件下贮藏 12 d 后，黑加仑的真菌腐烂率高达 50%；而 20% CO_2 和 -0.5℃条件下贮藏 12 d 后，黑加仑的腐烂率仅为 5%。

四、减压贮藏

减压贮藏（hypobaric storage），又称负压贮藏或低压贮藏，是指将果蔬放置于特定密闭容器中，并通入低于大气压的空气的一种果蔬贮藏系统。该系统需要满足两个条件：一是容器须坚固且可承受一定的压力，可采用曲面的厚钢板材质；二是通入气体的湿度必须达到或接近 100% RH。减压贮藏也因其作用原理和技术上的先进性，被一些学者称为保鲜技术上的第三次革命。由美国科学家 Stanley 于 1960 年首次提出。与冷藏和气调贮藏相比，减压贮藏技术对果蔬的保鲜效果有显著提高，尤其对一些易腐果蔬，可达到其他常规保鲜技术难以实现的保鲜效果，被称为 "世纪保鲜新技术"。例如，气调贮藏、生理调节剂等方法均无法解决水蜜桃在贮藏过程中的腐烂、冷害等问题，而采用减压技术却可实现软溶质水蜜桃的高品质贮藏保鲜。随着消费者对食品安全性的关注，减压贮藏作为一种安全的物理贮藏方法，受到越来越多从事果蔬采后物流与质量控制的企业和研究人员的关注。

短时减压处理是一种短时间内的低压应用，即果实在减压设备中以适宜的减压、温度和湿度进行持续时间较短（<48 h）的处理。它既有可以促进果实间有害气体的快速扩散等减压处理具有的优点，还可以避免减压贮藏中造成的果实易失水及风味变淡的问题，并可降低减压贮藏的高运行成本。经减压短期处理，离开减压环境后，果实的冷藏保鲜期、冷链断链保鲜期仍会延长，且采后损耗减少，果实品质下降速率减缓。0.5 或 0.25 个大气压处理 2 h 的减压贮藏能够有效降低鲜食葡萄、草莓和甜樱桃的采后腐烂率。

减压贮藏是通过降低贮藏环境压力，形成一定的真空度，从而维持一定的低温及相对湿度，有效降低果蔬的呼吸强度，延长果蔬贮藏期的一种物理保鲜技术。在 0℃、8 kPa 减压贮藏条件下，'巴特'（'Bartlett'）梨、'茄梨'（'Clapp's Favorite'）及 '考密斯'（'Comice'）梨的贮藏期可由冷藏条件下的 15~90 d 延长至 120~180 d；蛇果、'金冠' 苹果、'麦金托什' 红苹果的贮藏期可由 60~120 d 延长至 180 d。'拉宾斯' 大樱桃置于 0℃、90%~95% RH、20 kPa 的低温减压条件下，其贮藏期由常压下的 28 d 延长至 49 d。在 -1℃、85 kPa 贮藏条件下，大平顶枣的贮藏期延长至 60 d 以上。4℃、50.7 kPa 的减压贮藏条件可使石榴的贮藏期延长至 120 d，且其果实仍保持良好的籽粒品质。

五、紫外辐照

紫外（ultraviolet，UV）辐照是指采用适当波长的紫外线照射果蔬产品，通过对其表面杀菌，诱导组织抗胁迫能力，延缓果蔬采后成熟和衰老进程等来达到贮藏保鲜的目的。在果蔬保鲜上，一般采用中波（280～315 nm）和短波（200～280 nm）进行紫外辐照。短波紫外线（ultraviolet-C，UV-C）波长短，能量高，能够破坏细胞 DNA 或 RNA 分子结构进而杀死病原微生物。UV-C 可诱导果蔬采后次生代谢的调整，增强果蔬自身的抗病能力，防御采后病害微生物的侵害，减轻果蔬采后的病害腐烂；也可在一定程度上延缓果蔬采后成熟和衰老。但 UV-C 辐照的穿透力弱，仅能穿透果蔬的表面组织，无法杀灭果蔬组织内部的病原微生物。

关于 UV 辐照处理的研究多集中于番茄果实。UV-C 辐照可降低呼吸速率和乙烯释放量并延迟峰值的出现，延缓果品（如番茄）的转色和成熟。适当剂量的 UV-C 还可促进绿色番茄果实中腐胺的合成，延缓其衰老进程。此外，UV-V 辐照还可延缓果实可溶性固形物、还原糖、维生素 C 含量的下降，促进花青素等类黄酮物质的积累，以提高果实的品质。UV-C 辐照可有效延缓番茄果皮细胞中叶绿体等细胞器的衰老，使细胞壁密度增加和细胞质黏稠度上升，抑制和延缓中胶层分解，增强细胞壁的防御能力，进而提高其抗病能力。UV-C 辐射可诱导果蔬形成物理屏障，阻止病原菌侵染，可使番茄外果皮和中果皮细胞发生原生质分离，最终导致细胞壁形成堆垛区域化，以及细胞壁的木质化和木栓化。

UV-C 辐照是一种有效的植保素诱导剂。UV-C 辐照可诱导胡萝卜中 6-甲氧嘧啶的合成。UV-C 也可诱导橙子外果皮中二甲氧香豆素和东莨菪素的合成。适当剂量 UV-C 辐照可使番茄碱含量增加，有效防止番茄根腐病。UV-C 辐照还能促进番茄和鲜切哈密瓜中乙酸松油酯、香叶基丙酮和 β-紫罗兰酮等植保素的积累，增强其抗灰霉病的能力。UV-C 还可提高果实中苯丙氨酸解氨酶、过氧化物酶、多酚氧化酶和几丁质酶、β-1,3-葡聚糖酶等防御相关酶的活性。此外，UV-C 辐照处理可有效缓解番茄、桃、香蕉、辣椒、竹笋等果蔬采后的冷害症状。

尽管 UV-C 可通过损伤某些微生物的 DNA，引发邻近胸腺嘧啶和胞嘧啶的交联而阻碍 DNA 转录和复制过程，以导致微生物的细胞功能缺失或死亡。然而，低剂量的 UV-C 可提高果实表面的酵母等有益菌群的活性和数量。近年来，UV-B 辐照也逐渐被应用于果蔬采后贮藏保鲜中，在改善果蔬采后贮藏品质、强化抗氧化系统、增强抗逆性等方面的作用机制基本上与 UV-C 辐照相似。

六、电离辐射

电离辐射利用 γ 射线、β 射线、X 射线及电子束对果蔬产品进行照射，以达到防腐保鲜目的的一种物理方法。γ 射线应用最为广泛，其释放能量大，穿透力强，半衰期较适中。γ 射线不仅能够有效控制果蔬采后病害，还可杀灭检疫性虫害，延缓成熟及衰老，抑制发芽。

电离辐射通过破坏病原微生物的遗传物质导致基因突变而引起细胞死亡，其主要作用位点是核 DNA。电离辐射对病原微生物菌落生长、孢子萌发、芽管伸长和产孢能力具有一定程度的抑制作用。辐射处理对病原真菌的抑制效果随着剂量的增加而增强，相同剂量条件下，高频率辐射能进一步提高抑菌效果。辐射对病原菌的控制剂量随病原菌孢子和菌丝体细胞数量的增加而提高。同时，辐射环境中氧气的存在有助于增强抑菌效果。高含水量的细胞易形成有害的自由基而增强辐射对细胞的破坏作用。

γ 射线因其易于穿透果实组织而优于其他化学药物处理。辐射处理不仅能够抑制伤口中病原菌的生长，也能影响到寄主内部存在的潜伏侵染，因此辐射处理对已经侵染果蔬的病原菌仍然有效。不同果蔬对辐射的敏感性存在差异，因此辐射的剂量主要取决于果蔬对辐射的耐受性，而非抑制病原菌所需剂量。通常，果蔬对致死病原菌的辐射剂量均表现敏感，故常采用亚致死剂量处理果蔬，以抑制真菌的生长及延长病害的潜育期而达到防腐保鲜的目的。辐射处理对控制采后寿命较短的果蔬腐烂较为有效。例如，辐射处理可使常温条件下夏季草莓的货架期延长 3～10 d，2℃条件下延长达 50 d。

辐射处理可诱导果蔬产品产生抗菌物质，如 1～4 kGy 辐照处理柚时，果皮中会积累 7-羟基-6-甲氧基香豆素、异东莨菪醇和金雀花酮等抗菌物质。低剂量的辐照处理可延缓果蔬后熟和衰老进程，进而维持果蔬组织较强的抗侵染能力而控制采后病害。50～850 Gy γ 射线辐照处理能有效地抑制芒果、番木瓜、香蕉等果实的后熟而保持果实的抗病性。

七、脉冲强光

脉冲强光为宽光谱白色闪光，其每个脉冲闪光强度约为海平面处太阳光强度的 20 000 倍，其作用原理为可见光、红外线和紫外线协同作用于微生物，通过光照瞬时和高强度脉冲光能量对微生物细胞壁、蛋白质和核酸结构产生作用，使细胞变性而失去生物活性。1996 年，美国食品药品监督管理局批准脉冲强光可用于食品和食品表面杀菌。

脉冲强光不仅可有效杀菌，还可保留果蔬的营养成分和感官品质。适当的脉冲强光处理能有效杀灭微生物，以延长果蔬产品的贮藏期和货架期。脉冲强光能有效抑制嗜温菌、嗜冷菌、酵母和霉菌的生长繁殖，其对枯草芽孢杆菌孢子的杀灭效率高于紫外线，但对李斯特菌作用不大。此外，脉冲强光可提高果蔬的类胡萝卜素和总酚含量，进而提高其营养品质。然而，脉冲光强度过高会对果蔬的感官品质造成负面影响。例如，12 J/cm^2 的脉冲光产生的热效应可加速鲜切西瓜组织水分的蒸发，对其硬度、色泽等品质产生不利影响；脉冲强度过大时可加速鲜切苹果的褐变反应。

八、高压脉冲电场

高压脉冲电场处理是一种新型的非热食品处理技术，它是以较高的电场强度（10～50 kV/cm）、较短的脉冲宽度（0～100 μs）和较高的脉冲频率（0～2000 Hz）对液体、半固体食品进行处理。

高压电场引起的去极化作用可使果蔬细胞的膜电位差发生改变，从而改变其细胞代谢的生理过程，进而使得呼吸强度降低和衰老延迟。在 9℃和相对湿度≥90% 条件下，每天电场强度 150 kV/m 处理 1 h，可有效推迟豇豆锈斑的出现和果皮老化。

高压电场可减弱呼吸系统电子传递速率，影响烟酰胺腺嘌呤二核苷酸和 H$^+$ 与游离氧分子的结合，以影响其呼吸强度。在外加电场的作用下，在果蔬呼吸相关酶中以铁离子为中心的构象发生变化，使其酶活性在一定程度上被降低，果蔬的呼吸作用减弱，进而延缓其采后品质劣变。100 kV/m 场强每天处理 2 h 可显著降低苹果、桃和鸭梨果实的呼吸峰值，同时抑制了可溶性糖的积累和淀粉等物质的转化作用。

高压电场可使水产生共鸣现象，引起水结构及水与酶结合状态发生变化，间接引起酶分子活性部位的局部结构变化，如活性基团立体结构或氢键、疏水键等遭到破坏，最终导致酶失活。在 0.8 kV/cm 场强条件下，经磷酸盐缓冲液预处理的胡萝卜块的抗坏血酸氧化酶活力降低 30%，过氧化物酶活性降低 10%，即电场改变的微环境中水共鸣状态使得这两种酶极易失活。电场强度和脉冲个数对胡萝卜、苹果等果蔬产品中抗坏血酸氧化酶活性影响显著。

高压电场能够电离空气产生微量的臭氧，具有一定的杀菌作用，同时臭氧可使果蔬释放的乙烯、乙醇、乙醛等气体氧化分解，抑制果蔬采后的成熟衰老，达到一定的保鲜效果。

九、超高压

对于果蔬产品来说，超高压技术就是将果蔬产品置于弹性容器或无菌压力系统中，在高静压（＞100 MPa）条件下处理一定时间，以抑制微生物的生长或杀灭微生物，达到贮藏保鲜的目的。超高压处理可能引起微生物细胞形态、细胞壁和细胞膜结构改变，破坏其生理代谢和遗传机制，其中细胞膜结构变化可能是超高压处理导致微生物死亡的主要原因。

超高压处理果蔬产品时，果蔬体积在液体介质中被压缩，生物高分子立体结构在高压下受到破坏，引起氢键、离子键和疏水键等非共价键变化和蛋白质、淀粉等大分子变性，从而使果蔬细胞结构变形或破裂。

常温下，在100～200 MPa压强条件下，初始阶段由于压力瞬间增大，破坏了细胞膜，膨压下降，果蔬硬度下降；随着处理时间的延长，果胶甲酯酶（pectin methylesterase，PME）从细胞中释放并与底物接触，使高甲酯化果胶去甲基而形成低甲酯化果胶，低甲酯化果胶与金属离子结合形成共价键，从而提高果蔬产品的硬度。在较高压强（＞200 MPa）下，细胞破坏程度较大，细胞通透性增大；高压可激发PME和多聚半乳糖醛酸酶（polygalacturonase，PG）活性，PME使果胶去甲酯化，PG使低甲酯化果胶发生降解，从而使果蔬产品硬度下降。此外，200～500 MPa高压对多酚氧化酶（polyphenol oxidase，PPO）具有激活效应；当压强超过500 MPa时，PPO活性受到抑制；600 MPa则会钝化PPO活性。

常温下，300～400 MPa处理鲜切果蔬5～15 min，即能有效杀灭果蔬中酵母和霉菌的营养细胞，但其孢子的致死条件为600 MPa超高压处理10～15 min并结合60～90℃热处理。

第二节　化　学　方　法

化学保鲜是利用化学药剂以涂抹、浸泡、熏蒸或喷施等方法处理采后果蔬，或将药剂置于果蔬贮藏室中，以杀死或抑制果蔬表面、内部和环境中的微生物，以及调节环境中 O_2、CO_2 及乙烯等气体成分，进而达到保鲜目的的贮藏方法。相对于气调贮藏保鲜、辐照保鲜、生物技术保鲜等方法，化学保鲜因其具有设备投资小、节能降耗、简便易行等明显优势而被广泛采用。

一、涂膜保鲜剂

果蔬涂膜后能在其表面形成一层极薄被膜，可适当堵塞气孔部，既可阻止外界空气进入膜层内，也可使组织内的 O_2 含量降低，CO_2 气体含量增加，使果实处于单果气调状态，降低呼吸强度和水分散失，同时防止微生物的大量生长繁殖，减缓果蔬组织和结构衰老，从而有效延长保鲜期。

常用的果蔬涂膜方法有浸涂法、刷涂法及喷涂法三种。

（1）浸涂法：将涂料配成适当浓度的溶液，将果实浸入，蘸上一层薄薄的涂料后，取出晾干即成。

（2）刷涂法：指的是用软毛刷蘸上涂料液，在果实表面轻柔辗转涂刷，使果皮涂上一层薄薄的涂料膜。

（3）喷涂法：是将配成适当浓度的涂料溶液均匀喷洒于果蔬表面，晾干后形成一层薄膜。

根据涂膜材料的不同主要分为多糖类涂膜剂、蛋白类涂膜剂、脂质类涂膜剂和复合涂膜剂等。

（1）多糖类涂膜剂：主要包括壳聚糖、纤维素、淀粉、魔芋葡甘聚糖、海藻酸钠及它们的衍生物。

（2）蛋白类涂膜剂：主要以大豆分离蛋白、玉米醇溶蛋白、小麦面筋蛋白和一些动物性蛋白（如明胶、乳清蛋白）等为主要涂膜材料再加入其他抑菌剂、表面活性剂等辅助成分所制成的膜。

（3）脂质类涂膜剂：主要包括蜡类（蜂蜡、石蜡、巴西棕榈蜡等）、乙酰单甘酯、表面活性剂（硬脂酸单甘油酯、蔗糖脂肪酸酯等）及各种油类。

（4）复合涂膜剂：主要是将上述三种涂膜剂的两种或三种物质进行合理配比，再加入抑菌剂和表面活性剂混合而成。复合涂膜剂所形成的膜性能更理想，其中复合型可食用膜是近年来研究的热点。

为了达到更好的保鲜效果，涂膜剂中常加入一些抗菌剂、防腐剂等。例如，用 0.05% 魔芋精粉、0.05% 海藻酸钠及 0.02% 抗坏血酸组成的复合涂膜剂能够很好地抑制李子、樱桃、番茄等果实常温贮藏过程中的褐变率和腐烂率，保鲜效果好。此外，随着近年来纳米材料的发展，已经将纳米材料加入涂膜剂中制成纳米复合涂膜剂，这种涂膜剂不仅具有更强的机械性能、调气及保湿性能，还应具有抗菌防霉、抗紫外线等功能。由于不同的果蔬具有不同的贮藏特性，不同的涂膜材料，甚至浓度不同的同一种涂膜材料成膜后有不同的效果，因此，对特定的果蔬品种进行保鲜时应当进行配方优化。

二、吸附型防腐保鲜剂

主要通过清除果蔬贮藏环境中的乙烯、降低 O_2 的含量或脱除过多的 CO_2 而抑制果蔬后熟，达到保鲜的目的。

1. CO_2 吸收剂　　CO_2 吸收剂主要是利用化学反应和物理吸附，消耗、脱除贮藏环境中的 CO_2，以达到保鲜的目的。常用的 CO_2 吸附剂有消石灰、活性炭和氯化镁等。另外，焦炭分子筛既可吸收乙烯又可吸收 CO_2。研究表明，CO_2 吸收剂的比例在 1.80%～2.80% 时，能够有效减缓丰水梨贮藏品质的下降。

2. 乙烯脱除剂　　乙烯脱除剂主要包括物理吸附剂和化学反应剂两种。

物理吸附剂主要包括多孔结构的活性炭、硅藻土、珍珠岩、沸石、分子筛、砖石及合成树脂等物质，它们能够通过分子间作用力吸附乙烯气体分子，但是容易脱附。一般常被用作乙烯化学脱除剂的载体，而不单独用物理吸附剂来吸附乙烯。

化学反应剂是指通过与乙烯发生反应而脱除乙烯的一类物质。其主要包括氧化型反应剂、催化反应型反应剂及加成反应型反应剂三种。

（1）氧化型反应剂：主要包括高锰酸钾、过氧化氢及过氧化钙等化学物质，它们能够与乙烯发生氧化还原反应。其中，高锰酸钾具有强氧化性，可氧化贮藏环境中的乙烯使其含量降低，达到保鲜的目的。高锰酸钾型乙烯吸收剂的吸收能力取决于本身 pH 及物理载体的吸附能力。其缺陷就是易受环境温度、湿度的影响，需现配现用，不能循环使用。高锰酸钾型乙烯吸收剂成本低廉，被应用于葡萄、香蕉等果蔬的贮运保鲜。

（2）催化反应型反应剂：主要由铁及稀有金属催化剂为反应主剂，以及活性炭等多孔物质为载体所组成。例如，活性炭经改性后通过催化作用，可以使乙烯与水发生反应而生成乙醛。但由于这种催化反应脱除乙烯需要的时间长，产物乙醛易引起果蔬生理变化，此外还需要较高的成本，在一定程度上限制了其在果蔬保鲜中的广泛应用。

（3）加成反应型反应剂：主要利用乙烯的双键能发生加成反应的性质。高温条件下活性炭吸附树脂物质吸收溴而制成活性炭吸附树脂分子筛，可以高效、快速地脱除果蔬贮藏环境中的乙烯。

在生产实践中一般将以上吸附剂装入密闭包装袋内，然后与所贮藏的果蔬放在一起。使用时注意选择多孔透气的吸附剂包装材料，以使吸附剂发挥最大作用。

三、防腐保鲜剂

防腐保鲜剂指能挥发成气体以抑制或杀死果蔬表面的病原微生物，而其本身对果蔬毒害作用较小的一类物质。常用的有 SO_2、O_3、仲丁胺、NO 等。

1. SO_2　被广泛用于葡萄的保鲜，能够抑制葡萄致病菌的生长，延长贮藏期。应当注意的是，SO_2 使用剂量和方式不当会对葡萄果皮产生漂白作用，甚至造成 SO_2 残留量超标，反而会加速果实衰老、腐败及风味改变。

2. O_3　O_3 的氧化力极强，具有杀菌、抑制微生物生长的作用。此外，研究表明，O_3 能够氧化分解贮藏环境中的乙烯及乙醇、乙醛等有害气体，降低果蔬新陈代谢，延长果蔬贮藏保鲜期。

3. 仲丁胺　多用于柑橘、苹果、葡萄等的防腐保鲜。但由于用量大，成本高，因此一般将其生产为如橘腐灵、克霉灵等复方型药剂。

4. NO　NO 是具有生物活性的小分子信号物质。研究表明，NO 短时熏蒸能够增强果蔬的保鲜效果，延长货架期。NO 的保鲜效果在青枣、猕猴桃、番茄等多种果实上均有报道。NO 作用机理可能是通过影响果蔬贮藏过程中的呼吸速率、糖代谢、功能成分积累和膜脂过氧化作用等来调控采后果蔬的成熟与抗病性。

四、杀菌剂及抑菌剂

杀菌剂及抑菌剂一般通过喷施、浸泡等方式处理果蔬，从而杀死或控制果蔬表面或内部的病原微生物，有的还可以调节果蔬采后的代谢。常见的有防护型杀菌剂和内吸式杀菌剂。常见的防护型杀菌剂包括硼砂、丙酸、硫酸钠、邻苯酚、克菌丹、抑菌灵等，主要是防止病原菌侵入果实，杀灭果蔬表面微生物，但对侵入果实内部的微生物的作用效果不大，因此目前主要用作洗果剂。防护型杀菌剂通常与内吸式杀菌剂配合使用效果较好。内吸式杀菌剂对侵入果蔬的病原微生物效果明显，以苯来特、托布津、噻苯咪唑、多菌灵等苯并咪唑及其衍生物最为常见。苯并咪唑类杀菌剂长期使用易产生抗性菌株，应予以特别注意。抑菌唑、米鲜安、双胍盐、乙磷铝和抑菌脲等广谱型抑菌剂，能有效抑制对苯并咪唑产生抗性的菌株。

五、植物生长调节物质

植物生长调节物质主要包括植物激素类物质及植物生长调节剂。

1. 植物激素类物质　植物激素类物质研究最多的是乙烯。乙烯能够促进采后果蔬的成熟衰老。目前，生产上有很多乙烯生成抑制剂，如氨氧乙酸（AOA）、氨氧乙烯基甘氨酸（AVG）、硫代硫酸银（STS）和一甲基环丙烯（1-MCP）等。其中 1-MCP 具有无毒、低浓度、高效和易操作等优点而被广泛应用。其具体作用机理为：在有 1-MCP 存在的条件下，由于 1-MCP 结合乙烯受体的能力更强，1-MCP 优先与乙烯受体结合，并且结合后很牢固，不易脱落，使得乙烯分子不能和受体结合，抑制乙烯引起的生理反应，延缓果蔬成熟衰老，保持贮藏品质，从而达到保鲜的目的。研究表明，1- MCP 对苹果、梨、猕猴桃等呼吸跃变型果实的保鲜效果明显，对草莓等某些非呼吸跃变型果实也有一定的保鲜效果。此外，1-MCP的处理效果还受处理浓度、处理时间、处理温度及果实成熟度的影响。在生产实践中，一般使用熏蒸的方法对果蔬进行 1-MCP 处理，在处理过程中注意要在密闭的环境中进行。此外，一些其他植物激素，如 GA 也能够有效延缓果蔬成熟。在前面章节已经详细提到，不再赘述。

2. 植物生长调节剂　　植物生长调节剂有很多类，一般根据生理功能的不同，分为植物生长促进剂、植物生长抑制剂和植物生长延缓剂。其中，植物生长延缓剂和植物生长抑制剂在果蔬采后贮藏保鲜中应用较多。植物生长延缓剂二甲胺琥珀酰胺酸（B_9），又名比久，能抑制内源 GA 和 IAA 的合成，但由于其有致癌危险，因此目前被限制使用。常见的植物生长促进剂主要有 2,4-二氯苯氧乙酸（2,4-D）和 6-苄基腺嘌呤（6-BA），主要起抑制后熟、防止脱落、保鲜防衰等作用。植物生长抑制剂包括天然的和人工合成的两类。水杨酸（SA）及其类似物是常用的天然生长抑制剂。据报道，SA 可以抑制苹果、猕猴桃等果实成熟衰老，也可抑制马铃薯块茎及洋葱鳞茎的发芽。较常用的人工合成的植物生长抑制剂有氯苯胺灵（CIPC）、α- 萘乙酸甲酯（MENA）和马来酰肼（MH），主要用于抑制洋葱、马铃薯块茎等鳞茎和块茎类蔬菜的采后发芽。

六、植物源保鲜剂

随着人们对食品安全的重视，植物源保鲜剂由于其天然、安全、无毒的特点，被越来越多地研究及应用。植物源天然提取物的有效成分通常是一些抗氧化、抑菌或者兼有两者属性的活性物质。目前研究较为深入的活性物质有以下几类。①多酚类，主要包括黄酮类、酚酸类、单宁类，如肉桂酸、槲皮素、咖啡酸、阿魏酸等。②多糖类，一般作为涂膜剂，如魔芋多糖涂膜剂。③苷类，主要包括醇苷和酚苷，如苦瓜皂苷和丹皮酚。④萜类，如香芹酮、柠檬烯等。⑤苯丙素类，主要包括香豆素类化合物和木脂素类，如去甲二氢愈创木酚。⑥不饱和脂肪酸。⑦有机酸类，如乙酸、水杨酸等。⑧生物碱类等。这些成分可能通过抑制甚至杀死致病菌，提高果蔬抗氧化性，有效防止微生物侵染和水分散失等方面来保持果蔬的贮藏品质，达到防腐保鲜的目的。

七、食品添加剂

食品添加剂是为改善食品色、香、味等品质，以及满足防腐和加工工艺的需要而加入食品中的人工合成的或者天然物质。食品添加剂有提高食品营养价值、改善感观性质、防止腐败变质、延长食品保藏期等作用。采后果蔬贮藏保鲜中常用的食品添加剂有抗氧化类如柠檬酸钠、柠檬酸钙、维生素 C 等，以及防腐类如山梨酸钾、苯甲酸钠、没食子酸丙酯等。例如，山梨酸钾、柠檬酸钠及柠檬酸钙均可维持室温条件下草莓果实的贮藏品质，保鲜效果依次为柠檬酸钙、柠檬酸钠和山梨酸钾，柠檬酸钙最适宜浓度为 2%。用 1.0% 壳聚糖与 0.1% 山梨酸钾复合处理枸杞果实，可以维持其常温贮藏期间的果实硬度，延缓果实衰老，延长枸杞鲜果的贮藏期。但需要注意的是，这些物质若按相关标准使用对人体基本上没有危害，但若过量使用则会危害人体健康，甚至诱发多种疾病。

第三节 生物方法

虽然人工合成杀菌剂能够有效防腐，但是长期使用会增加产品体内的药物残留，导致病原物产生抗药性，并造成环境污染。因此，寻找安全、环境友好、能减少采后产品损失的替代方法是公众和科学家的强烈愿望，其中生物防治在果蔬防腐保鲜中的应用受到了广泛关注。

一、拮抗菌

（一）拮抗菌的种类

目前已经从果实表面、植物体和土壤中分离出了多种具有拮抗作用的细菌、酵母和小型丝状真菌，这些微生物有些已经进行了半商品化的试验，有些已投入商品化应用，其对引起果蔬采后腐烂的许多病原真菌都具有明显的抑制作用。

1. 细菌 目前应用较多的生防细菌主要有芽孢杆菌、假单胞杆菌、土壤放射菌等。在这些拮抗细菌中，对芽孢杆菌研究得较多，试验证明它能有效防治柑橘绿霉病、酸腐病和茎腐病及鳄梨茎腐病，油桃、桃、李褐腐病及草莓灰腐病。其他细菌如短小芽孢杆菌和地衣芽孢杆菌可防治桃灰腐病、芒果茎腐病和炭疽病。洋葱假单胞菌和丁香假单胞菌可有效控制苹果的青霉病，以及柑橘的青霉病和绿霉病。

2. 酵母 酵母具有较强的抗逆性，能在较干燥的果蔬表面生存，可产生胞外多糖加强其自身的生存能力，能迅速利用营养进行繁殖扩增，且对化学农药具有较强的耐受性，受杀虫剂影响较小。同时酵母遗传转化系统比较完善，具有通过基因工程技术进行遗传改造而提高防腐效力的潜力。因此，应用拮抗酵母进行采后病害的生物防治日益受到人们的重视。各类酵母拮抗菌中，汉逊德巴利酵母最先表现出对许多病原物的广谱抑制。随后，假丝酵母、隐球酵母、毕赤酵母、粘红酵母和丝孢酵母等拮抗酵母也逐渐受到重视（表 12-1）。

表 12-1 成功用于果蔬采后病害生物防治的拮抗酵母（毕阳，2016）

拮抗菌	病害（病原物）	果蔬
假丝酵母（*Candida* spp.）		
Candida famata	绿霉病（*Penicillium digitatum*）	柑橘
Candida guilliermondii	灰霉病（*Botrytis cinerea*）	番茄
Candida membranifaciens	炭疽病（*Colletotrichum gloeosporioides*）	芒果
	青霉病（*P. expansum*）	苹果
	绿霉病（*P. digitatum*）和青霉病（*P. italicum*）	柑橘
	冠腐病（*C. musae*）	香蕉
Candida oleophila	炭疽病（*C. gloeosporioides*）	木瓜
	灰霉病（*B. cinerea*）	桃
	灰霉病（*B. cinerea*）	番茄
	青霉病（*P. expansum*）	苹果和梨
Candida sake	灰霉病（*B. cinerea*）	苹果
Candida saitoana	灰霉病（*B. cinerea*）	苹果

拮抗菌	病害（病原物）	果蔬
隐球酵母（*Cryptococcus* spp.）		
Cryptococcus laurentii	黑斑病（*Alternaria alternata*）和青霉病（*P. expansum*）	枣
	软腐病（*Rhizopus stolonifer*）	桃
	灰霉病（*B. cinerea*）和青霉病（*P. expansum*）	
	褐腐病（*Monilinia fructicola*）	桃
	白腐病（*M. piriformis*）	梨
	灰霉病（*B. cinerea*）和青霉病（*P. expansum*）	梨
	软腐病（*R. stolonifer*）	草莓
	灰霉病（*B. cinerea*）	番茄
Cryptococcus flavus	白腐病（*M. piriformis*）	梨
Cryptococcus albidus	白腐病（*M. piriformis*）	
	灰霉病（*B. cinerea*）和青霉病（*P. expansum*）	苹果
Cryptococcus spp.	青霉病（*P. expansum*）	苹果
毕赤酵母（*Pichia* spp.）		
Pichia anomala	青霉病（*Penicillium* spp.）	柑橘
	冠腐病（*C. musae*）	香蕉
	青霉病（*P. expansum*）	苹果
	灰霉病（*B. cinerea*）	苹果
Pichia guilliermondii	绿霉病（*P. digitatum*）	柑橘
	炭疽病（*Colletotrichum capsici*）	辣椒
	灰霉病（*B. cinerea*）和黑斑病（*A. alternata*）	番茄
	软腐病（*Rhizopus nigricans*）	番茄
粘红酵母（*Rhodotorula* spp.）		
Rhodotorula glutinis	青霉病（*P. expansum*）和灰霉病（*B. cinerea*）	苹果
	黑斑病（*A. alternata*）和青霉病（*P. expansum*）	枣
	青霉病（*P. expansum*）和灰霉病（*B. cinerea*）	梨
	灰霉病（*B. cinerea*）	草莓
丝孢酵母（*Trichosporon* spp.）		
Trichosporon pullulans	黑斑病（*A. alternata*）和灰霉病（*B. cinerea*）	樱桃
其他酵母		
Aureobasidium pullulans	灰霉病（*B. cinerea*）	葡萄
	褐腐病（*Monilinia laxa*）	葡萄
	青霉病（*P. expansum*）	苹果
Cystofilobasidium infirmominiatum	采后病害	柑橘和苹果

续表

拮抗菌	病害（病原物）	果蔬
其他酵母		
	绿霉病（*P. digitatum*）和青霉病（*P. italicum*）	柑橘
Debaryomyces hansenii	青霉病（*P. italicum*）	柑橘
	酸腐病（*Geotrichum candidum*）	
	软腐病（*R. stolonifer*）	桃
Kloeckera apiculata	灰霉病（*B. cinerea*）	樱桃
	绿霉病（*P. digitatum*）和青霉病（*P. italicum*）	柑橘
Metschnikowia fructicola	灰霉病（*B. cinerea*）	葡萄
Metschnikowia pulcherrima	青霉病（*P. expansum*）和灰霉病（*B. cinerea*）	苹果

3. 真菌和放线菌　　除细菌和酵母外，用于采后病害生物防治的拮抗菌还包括丝状真菌和放线菌。首次报道用于控制草莓灰霉病的拮抗真菌是绿色木霉，随后又有多种木霉被发现和应用。其中以哈茨木霉颇为典型，该菌不仅能有效控制香蕉和红毛丹的炭疽病，而且可以减轻葡萄、猕猴桃、梨和草莓等果实的灰霉病。此外，一些枝顶孢霉和青霉菌株对果实采后病害也具有拮抗作用。有关拮抗放线菌的研究报道不多，研究表明，放线菌 618 菌株发酵液对甜橙的防腐效果明显优于 0.1% 多菌灵，对香蕉炭疽病也有良好的抑制作用。

（二）拮抗菌的作用方式

掌握拮抗菌的作用方式对于选择有效且应用价值良好的拮抗菌具有重要意义。拮抗菌的作用方式主要包括通过快速生长繁殖在寄主伤口处实现有效的营养和空间竞争；产生对病原菌生长有抑制作用的抗生素；与病原菌产生吸附作用并直接抑制其生长；自身或诱导寄主产生抗病相关的蛋白酶来提高寄主对病原菌入侵的防卫能力 4 个方面。

1. 营养和空间竞争　　营养和空间竞争是拮抗菌作用的主要方式。为了能在伤口位点成功定殖，拮抗菌必须具有比病原物更好的环境适应性和营养竞争能力。

1）营养竞争　　拮抗菌和病原物之间的营养竞争在生防中发挥着重要作用。例如，季也蒙毕赤酵母拮抗指状青霉，阴沟肠杆菌拮抗匐枝根霉，罗伦隐球酵母拮抗灰葡萄孢，粘红酵母和罗伦隐球酵母分别拮抗扩展青霉和灰葡萄孢。美极梅奇酵母可通过消耗苹果体内的铁来抑制灰葡萄孢和扩展青霉等病原物的生长。通过添加营养物质就能削弱或彻底抑制美极梅奇酵母对灰葡萄孢的生防能力，表明营养竞争在美极梅奇酵母拮抗灰葡萄孢中发挥了重要作用。此外，非病原构兰欧氏杆菌可通过营养竞争对引起多种蔬菜软腐病的胡萝卜欧式杆菌致病亚种具有拮抗活性。体外试验表明，拮抗菌获得营养的速度要比病原物快，从而可快速在伤口部位定殖，抑制病原物的孢子萌发。

2）空间竞争　　拮抗菌对病害的控制效果很大程度上还依赖于伤口部位拮抗菌的初始浓度和拮抗菌的快速定殖能力。拮抗菌应具备比病原物生长速度更快的能力。同样，也应具备在不适宜病原物生长条件下的存活能力。用于采后病害控制的拮抗菌的生防活力会随着拮抗菌浓度的增加和病原物浓度的减少而增强。通常，$10^7 \sim 10^8$ CFU/mL 浓度的拮抗菌处理即可达到良好的控制效果，极少数情况则需要更高的处理浓度。例如，10^7 CFU/mL 的 *Candida saitoana* 能有效控制苹果的扩展青霉，当拮抗菌浓度增加到 10^8 CFU/mL 时控制效果会更好。但这种数量上的关系高度依赖于拮抗菌在伤口位点的繁殖和生长能力。

2. 分泌抗生素　　拮抗细菌可通过产生抗生素来减轻果蔬采后病害的危害。例如，枯草芽孢杆菌通过产生伊枯草菌素能有效控制核果类的褐腐病。洋葱假单胞菌产生的吡咯菌素可抑制苹果上灰葡萄孢和扩展青霉等病原物的生长。该菌还能通过产生抗生素控制柠檬上的绿霉病。同样，丁香假单胞菌可通过产生丁香霉素 E 来控制柑橘绿霉病和苹果灰霉病。尽管抗生素在拮抗细菌对果蔬采后病害的控制中发挥了重要作用，但从食品安全的角度来考虑，应该重点开发不产生抗生素的拮抗菌。

3. 寄生作用　　有些拮抗菌可直接寄生于病原菌。例如，季也蒙毕赤酵母具有直接寄生于灰葡萄孢和青霉菌丝的能力。当从菌丝表面移除酵母细胞时，菌丝表面出现凹陷，接触位点的菌丝细胞壁被部分降解。同样，接触到灰葡萄孢菌丝上的斋藤假丝酵母（*Candida saitoana*）还会导致菌丝肿胀。拮抗菌可分泌葡聚糖酶、几丁质酶和蛋白酶等胞外酶来降解病原真菌的细胞壁。此外，在病原物菌丝上寄生可增强拮抗菌的综合营养利用能力，并在一定程度上削弱病原物对营养的吸收。

4. 诱导寄主产生抗性　　拮抗菌具有诱导果蔬抗病性的能力，诱导机制主要表现为抗性相关酶活性提高，防卫基因和相关蛋白质表达，抗菌物质积累，细胞结构强化及活性氧产生等多个方面。

1）抗性相关酶活性提高　　在抵御病原物侵染的过程中，果蔬体内的抗性相关酶发挥了重要作用。这些酶主要包括病程相关蛋白酶和苯丙烷代谢中的一些关键酶。抗病反应中产生的几丁质酶和 β-1,3-葡聚糖酶可以通过水解病原真菌细胞壁中的几丁质和 β-1,3-葡聚糖达到破坏病原物的目的。例如，斋藤隐球酵母（*Cryptococcus saitoana*）在拮抗扩展青霉时诱导了苹果的几丁质酶。几丁质酶和 β-1,3-葡聚糖酶即可通过膜醭毕赤酵母和季也蒙假丝酵母自己产生，也可通过诱导果实产生，通过两种途径产生的这两种酶对病原菌具有协同效应。此外，拮抗菌诱导寄主产生的苯丙氨酸解氨酶、过氧化物酶和多酚氧化酶等抗性相关酶也参与了拮抗菌对采后病害的抑制。

2）防卫基因和相关蛋白质表达　　蛋白质组学和转录组学等高通量筛选技术的研究结果揭示，拮抗菌在果蔬伤口定殖期间诱导了多种防卫基因和相关蛋白质的表达，涉及多个代谢过程。当用拮抗菌膜醭毕赤酵母处理桃果实时，可以诱导 1 个 PR 蛋白和 4 个抗氧化蛋白的表达，表明拮抗菌诱导的系统获得抗性涉及病程相关蛋白质和活性氧代谢的应答。被诱导的 6 个蛋白质参与了三羧酸循环，表明拮抗菌诱导果实抗病性还与能量代谢有关。此外，罗伦隐球酵母（*Cryptococcus laurentii*）还能明显诱导冬枣果实 β-1,3-葡聚糖酶基因的表达。罗伦隐球酵母诱导了甜樱桃果实基因的差异表达，被鉴定的 cDNA 编码蛋白参与的细胞加工过程包括初级代谢、信号转导、病原物的防卫反应、胁迫相关蛋白、光合系统和转录相关蛋白等。

3）抗菌物质积累　　很多拮抗菌具有诱导寄主积累抗菌物质的能力。例如，拮抗菌可通过产生抗真菌化合物来诱导鳄梨果实的抗病性，在柑橘果实中积累香豆素和 7-羟基-6-甲氧基香豆素等植保素。用季也蒙毕赤酵母（*P. guilliermondii*）防治辣椒果实炭疽病时发现，植保素辣椒二醇被显著诱导。采用同样拮抗酵母防治柑橘青霉病和绿霉病时发现，处理果实体内酚类和黄酮类物质含量明显增加。

4）细胞结构强化　　关于拮抗菌引起果蔬细胞结构变化的报道不多。El-Ghaouth 等发现，斋藤隐球酵母在抵抗苹果上扩展青霉时诱导了寄主细胞结构的变化，细胞壁上会产生乳突等屏障结构，从而抑制病原菌的侵染。

5）活性氧产生　　ROS 是植物抗病反应的早期事件，酵母拮抗菌与果实互作过程中积累的 ROS 在信号传递过程中起着重要作用。当拮抗酵母与果实互作时，酵母可能先受到果实表面一些疏水性挥发物的刺激，然后产生能被果实感应的超氧化物阴离子等信号分子，随后果实体内 ROS 被诱导积累，启动后续的防卫反应发生。这些发现一方面说明，筛选酵母拮抗菌时对 ROS 耐受性强的可能具有高效生防能力；另一方面表明，生防酵母自身及诱导寄主产生的氧爆是诱导果实抗病反应的重要机制。

二、诱导抗性

早在 20 世纪初，人们就发现许多植物被病原物侵染后能对后续侵染产生广谱、持续和系统的抗性，之后研究人员将这类外界刺激植物自身所产生的抗性称为诱导抗性（induced resistance）。诱导抗性可被多种因子所激发，故诱导抗性的因子也被称为激发子（elicitor）。根据来源，激发子分为生物激发子和非生物激发子两大类，前者是指来源于病原物、其他微生物、寄主或由寄主及病原物互作后产生的激发子，后者是指具有激发子活性的化学成分和物理刺激。果蔬采后的抗病性诱导，是利用果蔬自身的免疫系统将入侵病原物随时阻挡在产品之外，或限制其在产品体内的扩展，保护果蔬免受病原菌的侵害。与传统的防腐方法相比，这种方法的抗菌谱广，操作简单，不会产生药物残留和环境污染等问题，是一种有望替代人工合成杀菌剂的新型采后防腐保鲜技术。

（一）生物诱导

由生物激发子诱导的果蔬抗病性统称为生物诱导，这些激发子主要包括糖类、蛋白质类、微生物及其他的一些来源于生物体的激发子。

1. 糖类激发子

1）壳聚糖　为 N-乙酰葡糖胺通过 β-1,4-糖苷键聚合而成的多糖，广泛存在于甲壳类动物的外壳、昆虫的甲壳和真菌的细胞壁中。壳聚糖的化学名称为聚（1→4)-2-氨基-2-脱氧-β-D-葡萄糖，是几丁质部分脱乙酰化的产物，所以又称为脱乙酰几丁质，由于分子中带有部分自由氨基，其溶解性质和化学反应活性较几丁质有很大程度的提高。几丁质和壳聚糖均属多糖，结构与纤维素类似，区别仅为纤维素分子中缺乏氮。壳聚糖可有效抑制病原物的生长和繁殖，也可以诱导果实的抗病性，对多种采后病害具有良好的防效。此外，壳聚糖还可延缓果蔬成熟和衰老。采前或采后使用壳聚糖可以控制多种果蔬的采后病害。低分子质量壳聚糖显著抑制了柑橘的青霉病和绿霉病，且效果优于杀菌剂噻苯唑和高分子质量壳聚糖处理。采前喷洒壳聚糖可有效抑制草莓的采后灰霉病，处理浓度越高效果就越好。采后壳聚糖处理还能有效控制苹果炭疽病、脐橙青霉病和绿霉病、马铃薯干腐病等。

2）其他糖类激发子　牛蒡果寡糖最早提取于菊科植物牛蒡的根部，具有诱抗作用的结构为呋喃型果糖以 β（2→1）糖苷链相连的十二聚体，末端连接有 1 个分子吡喃型的葡萄糖，属于菊糖构型。牛蒡果寡糖不但能诱导生长期黄瓜对炭疽病和白粉病等产生抗性，还能诱导果蔬的采后抗病性，可有效控制葡萄、苹果、香蕉、猕猴桃、柑橘、草莓和梨等果实的采后病害。该激发子能有效抑制番茄果实的自然发病率和损伤接种灰葡萄孢的发病率。

2. 蛋白质类激发子

1）康壮素　康壮素（harpin）是由梨火疫病细菌（*Erwinia amylovora*）基因 *hrpN* 编码的蛋白，纯化的 harpin 可诱导多种植物的抗病性。2001 年康奈尔大学和 EDEN 生物科技公司将 harpin$_{Ea}$ 在大肠杆菌中表达，研发了新型绿色生物农药 Messenger®，并已在多国进行了注册登记。国内开发的同类产品被命名为康壮素。生长期间用 harpin 进行植株喷洒可诱导果蔬的采后抗病性，显著减轻苹果贮藏 3 个月后的自然发病率和损伤接种扩展青霉的发病率，可有效降低厚皮甜瓜的果实潜伏侵染。采后 harpin 浸泡或真空渗透处理也可诱导果蔬的抗病性，从而减轻采后病害的危害，如 harpin 真空渗透处理可明显降低苹果、梨损伤接种互隔交链孢的发病率和病斑面积；harpin 采后浸泡哈密瓜可明显抑制果实损伤接种互隔交链孢、半裸镰刀菌和粉红单端孢的病斑直径扩展。

2）寡雄蛋白　　是来自寡雄腐霉（*Pythium oligandrum*）的一种蛋白质类激发子，可以诱导抗病性。寡雄蛋白处理番茄能显著减轻果实的灰霉病，处理提高了防卫相关酶的活性及编码 PR 蛋白的基因 mRNA 表达水平。

3. 其他生物激发子　　一些植物源化合物也具有诱导采后病害抗性的能力，主要包括激素、精油和黄酮等次生代谢物。茉莉酸、水杨酸和油菜素内酯等植物激素的诱抗作用将在化学诱导部分叙述。植物精油中的某些成分除具有直接的杀菌功能外，还能诱导果蔬的抗病性。例如，茶树精油除可有效抑制灰葡萄孢和匐枝根霉的孢子萌发和菌丝生长外，还促进了 H_2O_2 的积累，提高了抗性酶的活性，从而增强了草莓对灰霉病的抗性。此外，黄酮类物质中的槲皮素能控制苹果的青霉病。

（二）化学诱导

能激活果蔬抗性的天然或合成的化学物质统称为化学激发子。该类激发子能调节植物与病原物的互作关系，可通过诱导防卫相关机制的方式达到类似于非亲和性的互作影响。

1. 有机激发子

1）水杨酸及其类似物　　水杨酸、苯并噻重氮和 2,6-二氯异烟酸能有效诱导植物的系统获得抗病性，提高植物对多种真菌和细菌侵染的抵抗能力。后两者是水杨酸的结构和功能类似物，在水杨酸信号转导的下游起作用。

水杨酸（salicylic acid，SA）是一种在高等植物体内广泛存在的简单酚类化合物，可通过莽草酸途径和异分支酸途径合成，是参与系统抗病性的一种关键信号分子。SA 不但能诱导植物的田间抗病性，也能诱导多种果蔬的采后抗病性。SA 处理对果蔬采后抗病性的诱导与果蔬种类和成熟度及 SA 处理方式和浓度等有关。例如，采前用 SA 喷洒可诱导猕猴桃对灰霉病，鸭梨对青霉病，芒果对炭疽病，柑橘对青霉病和绿霉病的抗性。采后使用 SA 能抑制芒果炭疽病、苹果和梨黑斑病、桃青霉病、甜瓜粉霉病、枣黑斑病等。

苯并噻重氮［benzo（1,2,3）thiadiazole-7-carbothioic acid *S*-methylester，BTH 或 acibenzolar-*S*-methyl，ASM］是第一个人工合成并商品化的诱抗剂（商品名 Bion®），能够诱导多种果蔬的抗病性。采前喷施 BTH 可以有效减轻草莓的采后灰霉病、鸭梨的采后黑斑病和青霉病、桃的炭疽病、马铃薯的干腐病及厚皮甜瓜的潜伏侵染。采后 BTH 处理能减轻鸭梨和南果梨青霉病和黑斑病，苹果青霉病，桃青霉病，香蕉炭疽病，芒果炭疽病，甜瓜黑斑病、白霉病和粉霉病，枇杷炭疽病，砂糖橘青霉病，草莓和番茄的灰霉病等。

2,6-二氯异烟酸（2,6-dichloroisonicotinic acid，INA）能增强植物抗病性，激活植物的系统获得抗性。采前叶面喷施 INA 能显著减少甜瓜果实的采后白霉病、黑斑病和软腐病。采后 INA 真空渗透芒果，可降低果实的腐烂率和腐烂指数。

2）茉莉酸及其甲酯　　茉莉酸（jasmonic acid，JA）和茉莉酸甲酯（methyl jasmonate，MeJA）是两种典型的茉莉酸类物质，化学名分别为 3-氧-2-(2'-戊烯基)-环戊烷乙酸和 3-

氧-2-（2'-戊烯基）环戊烷乙酸甲酯，是植物体内天然合成的信号分子，在发育和成熟等生理过程中发挥重要作用。JA 能够诱导植物体内的防御相关蛋白和次级代谢物质的合成，JA 及 MeJA 对果蔬品质、耐冷性及采后抗病性也具有重要作用。采前或采后施用 JA 或 MeJA 可有效减轻果蔬采后病害。采前 MeJA 处理明显降低了甜樱桃褐腐病，且效果优于采后处理。采后 JA 处理减少了橙的绿霉病，采后 MeJA 处理减轻了桃褐腐病和青霉病、草莓灰霉病、苹果青霉病等。此外，MeJA 处理还能控制枇杷、葡萄和香蕉的采后病害。对于不同果实的同一病害，或同一果实的不同病害来说，JA 或 MeJA 的有效处理浓度存在差异。

3）其他有机化合物　　油菜素内酯（brassinolide，BR）是植物中最早发现的一种甾类激素，具有多种生理功能，BR 结构具有 A/B 环反式，B 环还有 7 位内酯和 6 位酮基，A 环上具有 2 位和 3 位两个羟基，侧链 22 位和 33 位具有羟基，侧链 24 位有 1～2 个 C 的取代基等特点。BR 可增强植物的抗病性，采后 BR 处理可以控制枣果实的青霉病，增强抗性酶的活性。采后 BR 处理能够保持桃果实的抗氧化能力，提高其抗病性。此外，草酸、硫胺素、核黄素、β- 氨基丁酸和 L- 精氨酸等有机物也具有诱导果蔬采后抗病性的作用。

2. 无机激发子

1）可溶性硅　　硅酸盐处理能有效抑制甜樱桃和梨果实的腐烂。采后硅酸钠处理能有效控制由互隔交链孢、半裸镰刀菌及粉红单端孢引起的哈密瓜采后病害，还可显著降低梨青霉病、马铃薯块茎干腐病等。此外，硅酸钠与罗伦隐球酵母和粘红酵母在控制枣和甜樱桃果实采后病害方面还具有良好的协同作用。

2）一氧化氮　　一氧化氮（NO）是一种生物活性分子，在生物中发挥着多种信号功能。作为气态自由基，NO 是一种水不溶的具有高扩散率的小分子物质。因此，NO 不仅很容易在细胞质等亲水性区域移动，还能自由扩散通过膜的脂相。NO 在高等植物中是一种内源的成熟和衰老的调控因子。低浓度 NO 能有效延长草莓、桃、龙眼、李和枣及其他果蔬的采后寿命。NO 能推迟番茄果皮转红，抑制乙烯产生，提高抗氧化酶的活性，增强对灰霉病的抗性。

3）其他无机激发子　　重碳酸盐、磷酸盐、亚磷酸盐等无机盐对采后病原菌具有良好的控制作用。例如，硼酸钾处理可控制苹果采后青霉病的发病率，其控制机制不仅与显著抑制扩展青霉的孢子萌发和芽管伸长有关，还可抑制该病原的两种抗氧化酶的基因表达。硼酸钾处理导致扩展青霉细胞内 ROS 明显积累，蛋白质损伤及蛋白质羰基化程度加重。目前，上述无机盐控制采后病害机制主要集中于对病原菌的直接作用，至于是否具有诱导抗病性的功能还有待进一步揭示。

第四节　综合方法

一、热处理与其他处理结合

热处理技术作为替代化学杀菌剂的果蔬采后处理方法具有安全、无农药残留和便于操作等特点。其通过热力的作用杀死或钝化病原菌，以减少腐烂；同时，还能通过延缓果实后熟和诱导产生抗性的方式增强果蔬对病害的抵抗力。热处理还可通过与采后商品化处理、化学药物处理及其他物理处理方法（辐射等）等复合使用，不但具有协同增效的作用，而且可以降低化学药物和辐射剂量。

（一）热处理与化学物质结合

为了缩短热处理时间，减少化学杀菌剂的用量，热处理结合杀菌剂的复合处理显得颇为有效，该处理还可增强杀菌剂的活性并提高渗入的速度。热的杀菌剂处理在控制葡枝根霉（*Rhizopus stolonifer*）引起的桃、李和油桃软腐病方面效果明显优于热水和杀菌剂单独处理。对于热敏感的芒果品种，热处理结合杀菌剂能有效地控制果实炭疽病，同时还可减轻高温对果实造成的伤害。研究表明，热水喷淋（48~64℃）结合咪鲜胺处理及涂蜡能显著地降低由黑斑病菌（*Alternaria alternata*）引起的芒果病害的发生，并有利于提高果实的商品价值。

热处理能增强乙醇对采后病害的控制效果。与32℃、38℃或44℃热水单独处理相比，用含10%~20%的乙醇热水处理能有效地控制损伤接种指状青霉（*P. digitatum*）的柠檬果实腐烂的发生。当热处理温度达50℃时，即使在较低乙醇浓度（2.5%~5%）下柑橘绿霉病的发病率也能降至5%以下。热乙醇处理对桃和油桃的主要致腐病原物褐腐病菌果生链核盘菌（*M. fructicola*）和葡枝根霉的杀死速度较热水处理快，46℃或60℃的10%乙醇溶液处理能大大降低两种病原物的LT95（95%的致死率）。用46%或60℃的10%乙醇、46℃的20%乙醇处理果生链核盘菌孢子接种的桃和油桃果实，其果实的发病率分别为83%、25%和12%，效果与异烟酰异丙肼（1000 μg/mL）处理一致或更优，且对果实外观和风味不造成任何伤害。

采后钙与热水复合处理能增强热处理在果实硬度保持和贮藏病害控制方面的作用。45℃的热水处理能降低苹果由盘长孢属（*Gloeosporium*）引起的腐烂，但会导致组织崩溃，而热水中添加$CaCl_2$能够控制组织崩溃并延缓腐烂的发生。经过进一步研究发现，苹果经2%~4% $CaCl_2$压力渗透后再进行长时间热处理（38℃，4 d），冷藏和货架期间的软化和腐烂均得到明显的抑制。

（二）热处理与辐射结合

γ射线辐射与热水浸泡在控制多种采后病害方面具有协同增效作用，且能大大降低辐射单独处理的剂量。一般辐射处理前进行热处理效果更为明显，这是因为高温能增强孢子对辐射的敏感性。对于绿霉病菌（指状青霉）接种的柑橘果实，热水（52℃，5 min）和γ射线（0.5 kGy）复合处理能使绿霉症状出现延迟33~40 d。辐射（0.75 kGy）结合常规的热水（50℃，10 min）处理能使番木瓜的货架寿命延长9 d，远超热水单独处理的效果。对李和油桃的研究表明，单独热水（46℃，10 min）处理虽能够抑制采后病原物的生长，但会对果实造成伤害，而单独辐射（2 kGy）处理会使果实软化。而温水（42℃，10 min）和低剂量的辐射（0.75~1.5 kGy）复合处理能有效地控制果生链核盘菌、葡枝根霉和灰霉病菌（灰葡萄孢）的侵染，对果实质地、风味和口味变化没有显著影响。另外，γ射线结合紫外照射能有效地控制疫霉属（*Phytophthora*）和刺盘孢属（*Colletotrichum*）等对γ射线敏感的真菌，复合处理有利于降低电离辐射剂量。

（三）热处理与辐射和杀菌剂结合

大量研究表明，低剂量的辐射、温和的热水及化学药物复合处理较任何两者结合更能有效地控制贮藏病害。热水（50℃，10 min）、辐射（0.5 kGy）和苯来特（250 ppm[①]）依次连续处理能有效地抑制货架条件下苹果青霉病的发生。对于指状青霉接种的'Shamouti'橙果实，辐射（200 Gy）、联苯（15 mg/g果实）和热水（52℃，5 min）浸泡复合处理同热处理辐

---

① 1 ppm＝×10^{-6}

射或联苯与辐射结合处理相比，能大大地延长绿霉病的潜育期。低剂量辐射（0.3～1.2 kGy）前用热的苯来特复合处理的'Kensington Pride'芒果表现出增效作用，能显著地改善辐射单独处理的部分控制作用。

二、拮抗菌与其他处理结合

与化学杀菌剂不同，活体拮抗菌是生防制剂的主要成分，其防效会受到诸多因素的影响。拮抗菌单独使用的防效常不及化学杀菌剂。此外，拮抗菌在推广中也会面临更为恶劣的环境条件，如田间的光照和高温低湿条件，干燥和营养缺乏的果实表面，采后的低温和气调贮藏环境等，这些因素会直接影响拮抗菌的生存和繁殖能力及其生防效力。另外，拮抗菌还具有专一性和特殊性，不同拮抗菌对上述各种环境条件的适应力也存在差异，从而会产生不同的防效。因此，通过各种措施提高拮抗菌的生防效力，将有助于生防制剂的应用和推广。

（一）几种拮抗菌混合使用

在使用拮抗菌生物防治果蔬采后病害时，必须考虑到一种拮抗菌不可能有效地控制某种果实上所有的病原菌。而拮抗菌的混合使用可拓宽抑病范围，增强有效性，减少使用频率，还可允许有不同生物控制特征的拮抗剂相结合使用，而不用借助于基因工程技术。研究表明，支顶孢菌（*Acremonium* sp.）和假单孢杆菌（*Pseudomonas* sp.）混合使用可完全抑制苹果灰霉病和青霉病的发生。当然，拮抗菌的混合使用必须保证拮抗菌之间具有相容性，不会产生相互竞争，它们能够在相同的环境下生长良好并能发挥其拮抗效能。

（二）拮抗菌与外源物质结合

将拮抗菌与一些特殊的物质结合使用以提高拮抗菌的抑菌能力，是一种简单而行之有效的途径，这些化学药物主要包括低浓度的杀菌剂、有机物活性物质和无机盐类等。

1. 与低浓度杀菌剂配合　拮抗菌与化学杀菌剂配合使用，不但可以有效提高拮抗菌的生防效力，还能降低杀菌剂的用量，使果蔬体内的药物残留保持在很低的水平。有些拮抗菌与低浓度杀菌剂配合使用后，能达到完全的控制效果。当然，并非所有的化学杀菌剂均能与拮抗菌有效配合，目前认可的只有抑霉唑、噻苯唑和嘧菌环胺等不多的几种。

丁香假单孢杆菌结合嘧菌环胺处理能有效控制苹果青霉病。此外，低浓度杀菌剂和拮抗菌混合使用还能显著减轻梨的采后腐烂程度。丁香假单孢杆菌结合嘧菌环胺处理对苹果青霉病和灰霉病的控制率可达90%。膜醭毕赤酵母结合低浓度噻苯唑处理，对柑橘绿霉病的控制效果与商业化噻苯唑单独处理的效果相当，经过该处理的果实体内的药物残留极低。酵母和低剂量杀菌剂结合还能控制苹果青霉病和梨褐腐病。同样，嗜油假丝酵母结合噻苯唑能有效控制柑橘采后腐烂，防效与商业杀菌剂处理相当。罗伦隐球酵母结合抑霉唑处理具有控制枣腐烂的协同效应。

2. 与无机盐配合　拮抗菌与无机盐配合使用也能提高生防效力。这些盐主要包括氯化钙、丙酸钙、碳酸钠、偏亚硫酸钾和钼酸铵等。拮抗菌和无机盐配合的效果与拮抗菌浓度及盐浓度、拮抗菌与盐彼此的相容性，以及使用时间密切相关。例如，清酒假丝酵母结合钼酸铵处理完全抑制了梨冷藏期间的青霉病，对苹果青霉病的防效也超过了80%。同样，清酒假丝酵母结合钼酸铵，显著降低了苹果扩展青霉、灰葡萄孢和匍枝根霉等病原物的数量，对1℃条件下贮藏60 d的苹果青霉病和灰霉病的防效也超过了90%。美极梅奇酵母和罗伦隐球酵母与碳酸钠或碳酸氢钠配合使用，可有效地控制柑橘的青霉病。

3. 与有机物活性物质配合 拮抗菌与生长调节剂、水杨酸和壳聚糖配合使用也能够提高生防效力。例如，斋藤假丝酵母结合壳聚糖可有效降低苹果和柑橘的灰霉病、青霉病和绿霉病。一种含有斋藤隐球酵母和壳聚糖的生物膜已经成功用于控制苹果腐烂。在半商业化条件下，这种生物膜控制柠檬和柑橘果实腐烂的效果明显优于斋藤假丝酵母或壳聚糖的单独处理效果，控制水平与抑霉唑处理相当。汉逊德巴利酵母、罗伦隐球酵母、粘红酵母、哈茨木霉与茉莉酸甲酯、水杨酸、赤霉素或蜂蜡结合也能有效增强对多种采后病害的生防效力。例如，罗伦隐球酵母结合茉莉酸甲酯，明显抑制了桃的褐腐病和青霉病。

通过添加一些天然抗生素或病原物营养物抑制剂也可以增强拮抗菌的生防效力。例如，橄榄假丝酵母（*Candida oleophila*）结合乳酸链球菌素提高了苹果对青霉病和灰霉病的防效。此外，添加嗜铁素能增强粘红酵母对扩展青霉的防效，这是由于嗜铁素的添加可减少病原物萌发所必需的螯合铁。2-脱氧-D-葡萄糖（2-DOG）可显著促进丁香假单胞杆菌、掷孢酵母和清酒假丝酵母等拮抗菌的生长。斋藤假丝酵母结合 2-DOG 处理可显著减轻苹果的青霉病和灰霉病，防效甚至优于噻菌灵处理。

（三）拮抗菌与热处理或紫外线辐照结合

拮抗菌与热处理或紫外线辐照等结合能进一步提高生防效力。例如，格氏假单胞菌（*Pseudomononas glathei*）与热处理结合可以增强甜橙对绿霉病的防效。桃经 55℃热水处理 10 s 后再用橄榄假丝酵母处理能有效降低果实的采后病害。同样，汉逊德巴利酵母结合热水处理的桃果实贮藏时间更长，主要是因为减少了根霉引起的软腐病。酵母生防菌结合热水浸泡或喷淋处理可有效控制苹果的青霉病和灰霉病。此外，拮抗菌与紫外线辐射结合可明显减轻仁果类、核果类和柑橘类果实的采后病害，其中紫外线在减少果实表面病原物存活率方面发挥了积极作用。

三、其他复合处理

三种不同种类的多胺生物合成抑制剂无论单独使用还是结合 $CaCl_2$ 使用均对体外培养的灰霉病菌（灰葡萄孢）和青霉病菌（扩展青霉）有抑菌作用，然而单独使用 $CaCl_2$ 对真菌的生长没有抑制作用。而体内试验的结果表明将多胺抑制剂和 $CaCl_2$ 溶液分别进行高压渗透，均可以抑制由这两种病原物引起的软腐病的发生。综合使用钙和多胺抑制剂可以提高这两种药物单独使用时对腐烂的抑制效果。因此可以得到如下结论，将多胺和 $CaCl_2$ 结合起来对果实进行高压渗透对腐烂的抑制非常有效，尽管在这样的综合处理情况下果实没有比单独使用钙处理时坚硬。柠檬果实在采后贮藏过程中经过钙盐结合腐胺处理后，果实硬度高于对照，且果皮抵抗外界机械损伤的能力有所增强，然而果实自身内源性多胺（精胺和亚精胺）含量呈下降趋势。

1% 壳聚糖复合 0.5% 葡萄糖酸钙处理草莓果实，在接下来一周的贮藏过程中，没有观察到真菌导致的腐烂现象，而未经钙盐处理的果实中有 12.5% 被真菌侵染，同时钙盐的添加增加了果实的硬度和营养价值。2.5% 钙盐和 0.75% 壳聚糖结合处理对炭疽病菌盘长孢状刺盘孢的抑制效果优于钙盐单独处理，使番木瓜果实炭疽病的发病率得到了有效控制，同时番木瓜的货架期延长到 33 d。进一步的研究表明，上述结合处理在贮藏期间有效维持了果实的硬度和化学品质，延缓了果实的失重和颜色变化，并且显著降低了呼吸速率和乙烯产量，保持了角质层和表皮细胞结构的完整性。此外，结合处理使番木瓜果实中多聚半乳糖醛酸酶的活力有所降低，而 POD 活性有所升高，因而增强了果实抵抗炭疽病的防卫反应。

第十三章 果蔬汁加工技术

第一节 果蔬汁分类

果蔬汁是以新鲜或冷藏的水果和蔬菜为原料，经过清洗、挑选后，采用压榨、浸提、离心等物理方法得到的可发酵但未经发酵的果蔬汁液或果蔬浆液制品，或在浓缩果蔬汁（浆）中加入其加工过程中除去的等量水分复原制成的汁液、浆液类制品。我国果蔬汁行业与其他国家相比起步较晚，自 20 世纪 80 年代开始，果蔬品种逐渐增多，来源不断扩大，为果蔬汁行业发展提供了丰富的原材料和产地，我国果蔬汁行业才得以进入萌芽期。20 世纪 90 年代以来，我国果蔬汁行业发展迅速，浓缩苹果汁、梨汁产量和出口量均位于世界之首，成为我国果汁产业的龙头产品，并且果蔬汁企业与日俱增，出现了一批龙头企业，发展势头强大。

果蔬汁产品样式繁多，分类依据复杂，可据原料种类、水分含量和浓缩果蔬汁含量等进行分类，大体上分为以下几种类别。

一、鲜榨果蔬汁

鲜榨果蔬汁是以水果或蔬菜为原料，采用机械方法直接制成的可发酵但未发酵的、未经浓缩的汁液制品。采用非热处理方式加工或巴氏杀菌制成的原榨果蔬汁（非复原果蔬汁）可称为鲜榨果蔬汁。鲜榨果蔬汁获取汁液的工艺精简，物理方法破坏果蔬细胞壁致汁液渗出，鲜榨即食，无任何其他物质的添加，较其他果蔬汁而言，鲜榨果蔬汁的营养成分是极高的。

二、混合果蔬汁

混合果蔬汁是以两种或两种以上果蔬为原料制作而成的饮品，先将两种或两种以上果蔬各自鲜榨得原汁，经混合调配后丰富了营养且改善了口感的一类果蔬汁。例如，桑葚汁营养成分和功能性较强，但其纯汁口感黏稠且风味过甜，经与其他汁液复配既提升了营养价值又优化了口感。

三、果浆 / 蔬菜浆

果浆 / 蔬菜浆是一种以水果或蔬菜为原料，将可食部分采用物理方法制成可发酵但未发酵的浆液制品，或在浓缩果浆或浓缩蔬菜浆中加入其加工过程中除去的等量水分复原而成的制品。

四、浓缩果蔬汁（浆）

浓缩果蔬汁（浆）是在原料经榨汁得原汁后采用低温真空浓缩等物理方法除去一定量的水分后再加入其加工过程中除去的等量水分复原后，具有果汁（浆）或蔬菜汁（浆）应有特征的制品。可回添香气物质和挥发性风味成分，但这些物质或成分的获取方式必须采用物理方法，且只能来源于同一种水果或蔬菜。可添加通过物理方法从同一种水果或蔬菜中获得的纤维、囊胞、果粒、蔬菜粒。

五、浓缩复合果蔬汁（浆）

含有不少于两种浓缩果汁（浆）、浓缩蔬菜汁（浆）或浓缩果汁（浆）和浓缩蔬菜汁（浆）的制品为浓缩复合果蔬汁（浆）。

六、NFC 果蔬汁

NFC 是英文 not from concentrate 的缩写，中文称为"非浓缩还原汁"，是将新鲜原果蔬清洗后压榨出果蔬汁，经瞬间杀菌后不经过浓缩及复原直接灌装，完全保留了果蔬原有的新鲜风味的一种高级饮品。相比市面上普通的果蔬汁饮料，NFC 果蔬汁更热衷于水果、蔬菜原味，口感更丰富，更有营养，且更天然与健康。当然，因为不掺水，不加糖和添加剂，都是纯果蔬汁，所以 NFC 果蔬汁的售价也比较高。

七、果蔬汁（浆）类饮料

果蔬汁（浆）类饮料是以果汁（浆）、浓缩果汁（浆）或蔬菜汁（浆）、浓缩蔬菜汁（浆）和水为原料，添加或不添加其他食品原辅料或食品添加剂，经加工制成的制品。

我国拥有丰富的水果和蔬菜原料，总产量居全世界第一位。但其加工和消费量低于发达国家。因此将其加工成果蔬汁饮料，不仅可以解决果蔬原料产量大的问题，还可以为果农带来巨大的收益。果蔬汁加工工艺多种多样，但就其生产工艺而言，其基本原理和生产过程大致相同。

果蔬汁制取是果蔬汁饮料生产中的一个重要环节，出汁率多的果蔬通常采用压榨法制汁，然而有一些果实如山楂、大枣等不容易破碎，因此这些果实通常采用加水浸提法制汁。

八、果肉（浆）饮料

果肉（浆）饮料是将去皮水果破碎，经一定孔径的滤网过滤而形成果肉酱料，再经果汁或水稀释，添加其他食品原辅料和（或）食品添加剂，经加工制成的制品。柑橘类的果肉饮料标准是水果酱状物达 50% 以上。

九、复合果蔬汁饮料

复合果蔬汁饮料是以不少于两种果汁（浆）、浓缩果汁（浆）、蔬菜汁（浆）、浓缩蔬菜汁（浆）和水为原料，添加或不添加其他食品原辅料和（或）食品添加剂，经加工制成的制品。复合果蔬汁饮料制作工艺与果蔬汁类饮料大致相同，但果蔬汁的生产对原料有要求。果蔬原料的品质是衡量果蔬汁好坏程度的尺度，不同产品拥有不同的选择标准。

十、发酵果蔬汁饮料

发酵果蔬汁饮料是以水果或蔬菜，或果蔬汁（浆），或浓缩果蔬汁（浆）经发酵后制成的汁液、水为原料，添加或不添加其他食品原辅料和（或）食品添加剂的制品。例如，苹果、橙、山楂、枣等经发酵后制成的饮料。复合果蔬发酵汁作为一种新型饮品具有广阔的市场发展前景，其因健康营养、功效多样的特性成为国内科研院所争相研发的热点。

十一、水果饮料

水果饮料是以果汁（浆）、浓缩果汁（浆）和水为原料，向其中添加或不添加其他食品原辅料和（或）食品添加剂（如糖、酸、香精等），而后加工制成的果汁含量较低的浊汁或清汁制品。这类饮料浓度差异较大，口感各异。

总体来说，我国果蔬生产仍将继续保持高速发展的趋势，未来5~10年，果蔬加工业要在保证水果、蔬菜供应量的基础上，努力提高水果、蔬菜的品质并调整品种结构，加大果蔬采后贮运加工力度，使我国果蔬业由数量效益型向质量效益型转变，既要重视鲜食品种的改良与发展，又要重视加工专用品种的引进与推广，保证鲜食和加工品种合理布局的形成；培育果蔬加工骨干企业，加速果蔬产、加、销一体化进程，形成果蔬生产专业化、加工规模化、服务社会化和科工贸一体化的局面；按照国际质量标准和要求规范果蔬加工产业，在"原料-加工-流通"各个环节中建立全程质量控制体系，用信息、生物等高新技术改造提升果蔬加工业的工艺水平。同时，要加快我国果蔬精深加工和综合利用的步伐，重点发展果蔬贮运保鲜及果蔬汁、果酒、果蔬粉、切割蔬菜、脱水蔬菜、速冻蔬菜和果蔬脆片等产品的研发。

第二节　果蔬汁的分离技术与设备

果蔬汁中含有多种营养、活性和功能成分，还含有少量的热敏性物质和芳香物质，只有充分掌握果蔬汁成分及其特性，才能够在果汁加工生产过程中灵活应用各种技术，对破坏果蔬汁原有的营养、色泽、风味和芳香的环节进行干预，以最大限度地获得原汁原味优质产品，分离技术是果蔬汁加工环节的主要技术之一。

一、分离技术

（一）机械分离技术

机械分离的物质由两相或两相以上组成的混合物构成，其目的是采用适当的方法将各相加以分离。分离方法不同，分离效果也不尽相同，分离过程中不涉及传质过程。机械分离可分为以下几类，如表 13-1 所示。

表 13-1　机械分离种类

分离方法	分离因子	分离原理	事例
沉降	重力	密度差	水处理
离心	离心力	密度差	牛乳脱脂
旋风分离	惯性流动力	密度差	喷雾干燥
过滤	过滤介质	粒子大小	果汁澄清
压榨	机械力	压力下液体流动	油脂生产

（二）传质分离技术

传质分离是指在分离过程中，有物质传递过程发生的一种分离方法。传质分离的原料可以是均相体系，也可以是非均相体系。主要分为两大类，即平衡分离过程和速率控制分离过程。平衡分离过程为借助分离媒介（如热能、溶剂、吸附剂等）从而使均相混合物系统变为两相系统，再以混合物中各组分处于相平衡的两相中不等同的分配为依据而实现分离。速率控制分离过程是指借助某种推动力，如浓度差、压力差、温度差、电位差等的作用，利用各组分扩散速度的差异而实现混合物的分离操作。

（三）其他物理场辅助分离技术

其他物理场辅助分离技术主要包括超声波萃取、微波辅助萃取和超声微波协同萃取等。

二、果蔬汁分离技术与设备

（一）过滤

过滤是利用混合物内相的截流性的差异，利用多孔过滤介质将悬浮液中的固体微粒截留而使液体自由通过，从而将固-液分离的操作。因此，它可用于连续相或介质为流体（液体或气体），分散相为固体的混合物的分离。食品工业在生产饮料、果汁、糖浆和酒类等产品时，常用过滤方式除去其中的固体微粒，以提高产品的澄清度，防止制品日后随保存时间延长而发生沉淀。因过滤适应的粒度和浓度范围较宽，所以其应用范围很广；但过滤操作中的缺点是过滤介质易堵，连续性差，特别是对食品、生物类物料进行过滤时尤为明显，原因是食品中所涉及的混合物（悬浮液或乳浊液）与一般无机物悬浮液在过滤特性上有所不同，前者分散于液相中的固体粒子可压缩性较大，有的还具有胶体性质，给过滤分离操作造成很大的困难，这种困难的程度随着原料性质的不同而不同，但在很大程度上取决于过滤介质的选择，原料的预处理、过滤分离设备的选择及操作是否合理等。另外，虽然过滤适应的浓度范围较宽，理论上可以处理低浓度的物料，但大量低浓度的混合物经过滤器处理往往是不经济的，应尽量采用其他分离方法协助进行。

1. 过滤分离原理　　过滤分离是一种简单且应用广泛的分离方法。通常把含有悬浮固体颗粒的液体系统称为悬浮液，把含有液体微粒的液体系统称为乳浊液，有些乳浊液还含有少量的固体颗粒。过滤操作的基本原理是利用某种多孔介质，在外力作用下使连续相流体通过介质孔道时截留分散相颗粒，从而达到将悬浮液中的固-液分离的目的。它是分离悬浮液最普通、最有效的操作单元之一，它对沉淀物要求含液量较少的液-固混合物的分离特别适用；也可用于气-固体系的分离。与沉降相比，过滤分离更迅速；与蒸发干燥等非机械分离相比，则能耗更低。

2. 过滤分离工作过程　　过滤操作过程一般包括过滤、洗涤、干燥和卸饼4个阶段。

1）过滤　　悬浮液在推动力的作用下，克服过滤介质的阻力进行固、液分离；固体粒子被截留，逐渐形成滤饼，且不断增厚，阻力也逐渐增加，速度减慢，当速度降低到一定程度后，过滤停止。

2）洗涤　　过滤停止后，因滤饼的毛细孔中含有许多滤液，须用清水或其他液体洗液，以得到纯净的固体产品或更多的液体。

3）干燥　　用压缩空气吹或真空吸，把滤饼毛细孔中存留的洗涤液排走，得到含湿量较低的滤饼。

4）卸饼　　把滤饼从过滤介质上卸下，并把过滤介质洗净，以备重新使用。

过滤中所形成的滤饼分为不可压缩滤饼和可压缩滤饼。不可压缩滤饼由不变形的滤渣组成，如淀粉、砂糖、硅藻土等；其流动阻力不受滤饼两侧压力差的影响，也不受固体颗粒沉积速度的影响。而可压缩滤饼则随着压差和沉积速度的增大，滤饼的结构趋于紧密，阻力也增大，如酱油、干酪、豆渣等的滤渣。但绝对不可压缩的滤饼是不存在的。实现上述操作过程可以是间歇的，也可以是连续的。

3. 在果蔬汁分离中的应用　　在果蔬汁加工过程中，果蔬汁的过滤通常使用过滤机。过滤机主要分为压力过滤器和真空过滤机。而传统的澄清方法是对果蔬汁进行酶处理，再用单宁、明胶、硅溶胶、膨润土等澄清剂对其进行絮沉降处理，静置后取清液，并用离心或过滤的方法进一步处理。近年来，膜分离技术用于饮料的生产，使过滤和澄清一步完成，且达到更好的效果。膜分离技术具有不易发生相变、能耗低、分离效率高、效果好、操作简便、环保安全的特点。因此膜分离技术在果蔬汁分离过程中应用广泛。

4. 常用设备

1）垂直槽滤叶型叶滤机　　该设备具有密封加压、多滤叶、微孔精密过滤等特点。其结构如图 13-1 所示，在一个密闭的机壳内，垂直安装多片滤叶，过滤时，滤浆处于滤叶外围，借助滤叶外部的压力或内部的真空进行过滤，滤液在滤叶内汇集后排出，固体粒子则积于滤布或细金属丝网上形成滤饼，厚度通常为 5～35 mm。滤饼可利用振动、转动或喷射压力水清除，也可以打开罐体，抽出滤叶组件，进行人工清除。

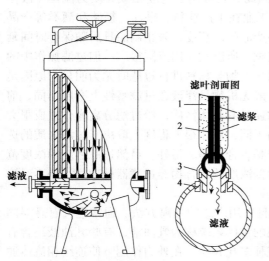

图 13-1　垂直槽滤叶型叶滤机示意图
1. 滤饼；2. 滤布；3. 拔出装置；4. 橡胶圈

2）转鼓真空过滤机　　连续式转鼓真空过滤机把过滤、洗饼、吹干、卸饼、滤布再生等各项操作分别在转鼓的一周回转中依次完成，其主体部分为一转动水平圆筒，长 0.3～6 m，圆筒外表面为多孔筛板，上覆盖滤布。圆筒内部被径向筋板分隔成若干个扇形隔室，每个隔室有单独孔道与空心轴内的孔道相通，空心轴的孔道则沿着轴向通往位于转鼓轴颈的转动盘，固定盘与转动盘端面紧密配合，构成分配头，分配头的固定盘被径向隔板分成若干个弧形空隙，分别与真空管、滤液管、洗液贮槽及压缩空气管路连通，转鼓旋转时，借助分配头作用，扇形格室被抽真空或加压，控制过滤和洗涤等操作。

真空转鼓过滤机的机械化程度较高；滤布损耗比其他类型过滤机要小；可根据料液性质、工艺要求，采用不同材料制造成各种类型来满足不同的过滤要求；适用于中等粒度、黏度不大的悬浮液的过滤。在操作中，可通过调节转鼓的转速来控制滤饼厚度和洗涤效果。但仅是利用真空作为推动力，因管路阻力损失，过滤推动力最大不超过 80 kPa，因而不易抽干，造成滤饼最终含水率高达 20% 以上。另外，设备加工制造复杂，主设备及辅助真空设备投资费用高，消耗于真空的电能高。目前国内生产的最大过滤面积约为 50 m²，一般为 5～40 m²。

3）转盘真空过滤机　　图 13-2 所示为转盘真空过滤机结构简图。该机由一组安装在水平转轴上并随轴旋转的滤盘构成。其结构、工作原理及操作与转筒真空过滤机类似。转盘的每个扇形格各有其出口管道通向中心轴，而当若干个盘联结在一起时，一个转盘的扇形格的出口与其他同相位角转盘相应的扇形格的出口就形成连续通道。与转鼓真空过滤机相似，这些连续通道也与轴端分配头相连。每一转盘相当于一个转鼓，操作循环也受分配头的控制。每一转盘有单独的滤饼卸除装置，但卸饼较为困难。

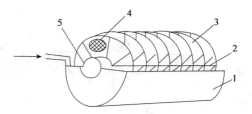

图 13-2　转盘真空过滤机示意图
1. 料槽；2. 刮刀；3. 转盘；4. 金属丝网；5. 分配头

转盘真空过滤机具有非常大的过滤面积，可以高达 85 m^2；单位过滤面积占地少；滤布更换方便、消耗少、能耗低。其缺点是滤饼洗涤不良，洗涤水与悬浮液易在滤槽中相混。

（二）压榨

1. 原理　　压榨是依靠压缩力或化学法将固液两相分离的单元操作，压榨可利用平面、圆柱面和螺旋面进行，在压榨过滤中，将物料置于平面、圆柱面或螺旋面构成的两个表面之间，对物料施加压力使液体释出，释出的液体再通过物料内部空隙流向自由表面。

压榨的目的与过滤相同，都是为了将固液相混合物分离。固液相混合物流动性好、易于泵送的可采用过滤分离，不易泵送的应采用压榨分离。在过滤操作中，当滤饼中液体需去除更彻底时，就需要用到压榨操作。在某些生产过程中，压榨效果与干燥相似，由于机械脱水法通常较热处理法更经济，因此压榨作业一直被广泛应用。

2. 方法

1）平面压榨法　　利用两个平面，其中一个固定不动，另一个靠所施加的压力而移动，将物料预先成型或以滤布包裹后置于两平面之间。加压方法采用液压，操作压力可以很高，灵活性大。

2）螺旋压榨法　　利用一个多孔的圆筒表面和另一个螺距逐渐减小的旋转螺旋面之间逐渐缩小的空间，使物料通过该空间而得到压榨。此种设备一般由原动机提供动力，外筒表面沿长度方向有孔允许液体能连续流出，所以设备易于实现连续化。

3）轮辊压榨法　　利用旋转辊子之间的空间变化进行压榨，并设有分别排出液体、固体的装置，压榨辊表面加工有沟槽利于原料的压榨。

3. 在果蔬汁分离中的应用　　根据原料的形状、性质和加工需求，选用合适的破碎设备，并结合相适宜的破碎工艺进行破碎。常用的破碎工艺可分为热破碎和冷破碎。通常来讲，为了生产组织形态好、具有一定黏稠度的饮品，可以运用热破碎，抑制和破坏某些酶的活力，如果胶分解酶、脂肪氧化酶。相反，则采用冷破碎。另外，还有微波破碎、酶法破碎和细胞破碎等技术。榨汁的方式根据榨汁温度可分为冷榨和热榨，需根据原料的特性来选择适宜的方式。近年来，日本开发了针对高营养价值果蔬的抗氧化榨汁法，从果蔬破碎到填充整个过程都在氮的包围下进行，是很具潜力的榨汁技术。

视频
果蔬汁加工

4. 常用设备　　压榨法有液压式榨汁机、裹包式榨汁机、螺旋榨汁机、带式连续压榨机等，离心分离法有锥形篮式离心机和螺旋沉降离心机。目前多用带式连续压榨机或布赫式万能榨汁机。

带式连续压榨机又称带式压榨过滤机，其主要工作部件是两条同向、同速回转运动的环

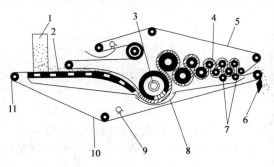

图 13-3 福乐伟带式压榨机的工作原理图

1. 喂料盒；2. 筛网；3、4. 压辊；5. 上压榨网带；6. 果
渣刮板；7. 增压辊；8. 汁液收集槽；9. 高压冲洗喷嘴；
10. 下压榨网带；11. 导向辊

状压榨带及驱动辊、张紧辊和压榨辊。图 13-3 所示为福乐伟带式压榨机的工作原理图。该机主要由喂料盒 1，压榨网带 5 和 10，压辊 3 和 4，高压冲洗喷嘴 9，导向辊 11，汁液收集槽 8，机架、传动部分及控制部分等组成。所有压辊均安装在机架上，在压辊驱动网带运行的同时，在液压控制系统的作用下，从径向给网带施加压力，同时伴随有剪切作用，使夹在两网带之间的待榨物料受压而将汁液榨出。

工作时，待压榨物料从喂料盒 1 中连续均匀地送入下压榨网带 10 和上压榨网带 5 之间，被两网带夹着向前移动，在下弯的楔形区域，大量汁液被缓缓压出并形成可以压缩的滤饼。当进入压榨区后，网带的张力和带 L 形压条的压辊 3 的作用将汁液进一步压出，汇集于汁液收集槽 8 中。以后由于 10 个压辊 4 的直径的递减，两网带间的滤饼所受的表面压力与剪切力递增，可获得更好的榨汁效果。为了进一步提高榨汁率，该设备在末端设置了两个增压辊 7，以增加正向压力。榨汁后的榨渣由耐磨塑料果渣刮板 6 刮下从右端出渣口排出。为保证榨出汁液能顺利排出，该机专门设置了清洗系统，若滤带孔隙被堵塞时，可启动清洗系统，利用高压冲洗喷嘴 9 洗掉粘在带上的糖和果胶凝结物。工作结束后，也是由该系统喷射化学清洗剂和清水清洗滤带和机体。

该机的优点在于逐渐升高的表面压力及剪切力可使汁液连续榨出，出汁率高，果渣含汁率低，清洗方便。但是压榨过程中汁液与大气接触面大，对车间环境卫生要求较严。

（三）离心

1. 离心分离原理　　利用离心力来达到悬浮液及乳浊液中固-液、液-液分离的方法通常称为离心分离。离心机的主要部件为安装在竖直或水平轴上的高速旋转的转鼓，料浆送入转鼓内并随之旋转，在离心惯性力的作用下实现分离。

2. 离心机种类　　常速离心机的离心分离因数（kc）<3000，主要用于分离颗粒不大的悬浮液和物料的脱水。高速离心机 3000≤kc≤50 000，主要用于分离乳状和细粒悬浮液。超高速离心机 kc>50 000，主要用于分离极不易分离的超微细粒的悬浮系统和高分子的胶体悬浮液。

3. 在果蔬汁分离中的应用　　在果蔬汁生产的工艺中，固液分离是一项重要的技术，用以分离悬浮在果汁中的固体粒子。离心分离技术属于机械分离方法，不发生相变，最大限度地保持了果汁的营养成分。现行工艺中，压榨破碎、分离、酶解、粗滤、精滤等环节使果蔬汁长时间充分暴露在空气中，工艺开放程度大，加速了氧化过程，造成营养和风味很大的损失。离心取汁工艺中对组织的切分处理大大减少了空气接触面积；低温冷冻处理也大大缓解了氧化进程；汁液分离过程时间短，速度快，大大减少了氧化机会。一般果蔬类均可采用冷冻离心取汁工艺生产澄清果蔬汁。

4. 离心设备

1）卧式螺旋卸料过滤离心机　　该机能在全速下实现进料、分离、洗涤、卸料等工序，是连续卸料的过滤式离心机。其结构如图 13-4 所示，圆锥转鼓 9 和螺旋推料器 10 分别与驱动的差速器轴端连接，两者以高速向同一方向旋转，保持一个微小的转速差。悬浮液由进料管11输入螺旋推料器内腔，并通过内腔料口喷铺在转鼓内衬筛网板上，在离心力作用下，悬浮液中液相通过筛网孔隙、转鼓孔被收集在机壳内，从排液口排出机外，滤饼在筛网滞留。在差速器作用下，滤饼由小直径处滑向大端，随转鼓直径增大，离心力递增，滤饼加快脱水，直到推出转鼓。

　　该机型运转平稳，噪声低，操作和维护方便，与物料接触零件均采用耐腐蚀不锈钢制造，适用于腐蚀介质的物料处理。

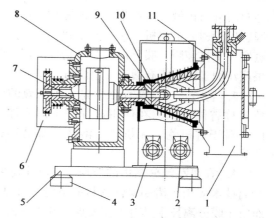

图13-4　卧式螺旋卸料过滤离心机示意图

1. 出料斗；2. 排液口；3. 壳体；4. 防振垫；5. 机座；
6. 防护罩；7. 差速器；8. 箱体；9. 圆锥转鼓；
10. 螺旋推料器；11. 进料管

　　2）卧式螺旋卸料沉降离心机　　该机是用离心沉降的方式分离悬浮液，以螺旋卸除物料的离心机，该机在高速旋转的无孔转鼓内有同心安装的输料螺旋，二者以一定的差速同向旋转，该转速差由差速器产生。悬浮液经中心的进料管加入螺旋内筒，初步加速后进入转鼓，在离心力作用下，较重的固相沉积在转鼓壁上形成沉渣层，由螺旋推至转鼓锥段进一步脱水后经小端出渣口排出；而较轻的液相则形成内层液环由大端溢流口排出。离心机在全速运转下连续进料、分离和卸料，适用于含固相（颗粒粒度为0.005～2 mm）浓度2%～40%悬浮液的固液分离、粒度分级、液体澄清等。

　　3）三足式离心机　　三足式离心机是一种间歇式离心机，也是最早出现的离心机，至今仍然保有量最多、应用范围最广。三足式离心机的主要构件有转鼓体、主轴、外壳和电动机等。转鼓主要由转鼓体、拦液板和转鼓底组成，其主轴通过一对滚动轴承支撑于底盘上。转鼓结构有过滤型和沉降型。当悬浮液进行离心过滤时，在开有小孔的转鼓壁上需衬以底网和筛网。

（四）膜分离技术

　　膜分离技术（membrane separation technology）是指用天然或人工合成的选择透过性膜，以外界能量位差（如压力差、浓度差、电位差、温度差等）或化学位差为推动力，对双组分或多组分的溶质和溶剂进行分离、分级、提纯和浓缩的高新技术。它具有浓缩、澄清、提取、灭菌等多个功能。而整个膜分离的使用过程比以往的技术效率更高，环保效果更好，更加方便使用和控制，对整个食品饮料行业的加工和生产起到重要的作用。目前，膜分离技术已应用于饮料的原辅料生产、饮用水的处理、果蔬汁的澄清及过滤等方面，对降低饮料生产成本、提高产品质量和效率、增加产量具有重要的实用意义。

　　1. 原理　　分离膜在对混合物进行分离的过程中，以混合物的物理及化学性质为依据，使其有选择性地通过，该工作原理是由分离膜所具有的选择透过性特征决定的。以混合物之间的物理性质不同为依据时，在对其进行分离的过程中，膜起到筛子的作用。以混合物之间的化学性质不同为依据时，混合物接触到膜表面到其进入膜的速度，称为溶解速度；混合物扩散到膜的另一表面的速度，称为扩散速度，二者之和能有效地决定混合物通过分离膜的时间。二者之和的大小与混合物透过膜所需时间的长短成反比。研究表明，材料膜的化学性质会对溶解与扩散速度产生一定的影响。目前已经研究和开发的膜分离技术有微滤、超滤、纳滤、反渗透、电渗析、渗透蒸发和气体分离等。正在开发研究中的新的膜分离技术有真空膜蒸馏、支撑液膜、膜萃取、膜生物反应器、膜控制释放、仿生膜及生物膜等过程。其中用于果蔬汁加工的主要有微滤、电渗析、反渗透、超滤、渗透蒸馏和纳滤等。

2. 特点 选择性强，是一种高效的分离技术；分离过程中不发生相变化，耗能低，故又称省能技术；在使用过程中不需要加热，也不用进行相关的化学反应；应用范围较广，对于有机物、无机物、溶液等都适用；操作简单，使用成本低，分离果蔬组分快捷有效。

3. 在果蔬汁分离中的应用 以往对果蔬汁加工澄清的方法都具有不同的缺点。将膜分离技术应用于诸如果汁饮料的澄清，可以在分离过程中只对所需要分离的浊物进行分离，而由于膜分离技术具有不需要加热和不变的特性，它可以保留所有的味道并保持其最有效的特征。所以膜分离技术在果蔬汁加工澄清的过程中扮演着重要的角色。对果蔬汁进行超滤处理还可达到除去果汁中的苦味物质，提高果汁风味的目的。过滤是果汁加工过程中重要的操作过程，与传统的过滤方法相比，超滤技术能够去除果蔬汁中的悬浮颗粒和胶体杂质，以及引起浑浊的蛋白质，得到的果蔬汁性质稳定且质地均匀。

第三节　果蔬汁酶解技术

酶被用作加工助剂来改善产品的品质或者提高产品的附加值，如提高去皮、榨汁、澄清、提取等操作的效率。酶解技术可以用于水果的去皮和分瓣，在果蔬汁加工过程中纤维素酶、淀粉酶、果胶酶可使浸渍、液化、澄清等操作变得更加方便，降低了加工成本，且提高了产量。在很大程度上酶解技术能够有效弥补传统加工技术的不足，因此酶解技术被广泛应用于果蔬汁生产中。

一、常见酶类

（一）果胶酶

1. 分类 果胶酶根据其作用方式的不同可分为三大类：催化果胶解聚的酶、催化果胶酯键水解的酶和催化原果胶解聚的酶。通常所说的果胶酶是指能够分解果胶物质的多种酶的总称。

2. 作用机制 Briton 等把能催化原果胶的酶命名为原果胶酶，根据其作用机理可分为两种类型，即 A 型原果胶酶和 B 型原果胶酶。前者主要作用于原果胶内部多聚半乳糖醛酸区域，而后者主要作用于果胶外部的聚半乳糖醛酸链和细胞壁组分的多糖链。聚半乳糖醛酸裂解酶和聚甲基半乳糖醛酸裂解酶，分别通过反式消去作用切断果胶酸分子和果胶分子的 α-1,4-糖苷键，生成 β-4,5-不饱和半乳糖醛酸，这两种酶根据其作用方式的不同可分为外切酶和内切酶两种。聚半乳糖醛酸酶是发现较早、研发最为广泛的一种果胶酶，它可水解 D-半乳糖的 α-1,4-糖苷键，也分为内切酶和外切酶。聚甲基半乳糖醛酸酶（PMG）也分为内切酶和外切酶两种，PMG 内切酶可随机切开果胶中 α-1,4-糖苷键，PMG 外切酶可从非还原末端依次切开高酯化果胶中的 α-1,4-糖苷键，从而使果胶的黏度迅速下降。果胶酯酶（PE）可随机切除甲酯化果胶中的甲基，产生甲醇和果胶酸。

（二）纤维素酶

植物细胞壁中富含纤维素物质，在加工压榨的过程中，其坚硬的特性使细胞内容物留在胞内，阻止胞内汁液的流出。纤维素酶可降解纤维素，使植物细胞壁破坏，因此常被用来辅助提高果蔬的出汁率和可溶性固形物含量。

1. 分类　　纤维素酶是一类降解纤维素的多种酶的总称，包括内切葡聚糖酶、外切纤维素二糖水解酶和 β-葡糖苷酶，多种酶协同作用可以将纤维素降解成分子质量较小的纤维二糖和葡萄糖。大部分水果细胞壁中含有丰富的纤维素，用纤维素酶处理可提高细胞壁的通透性，使细胞内容物充分释放，提高出汁率和可溶性固形物含量，并有助于澄清果汁。

2. 作用机制

1）内切葡聚糖酶　　能在纤维素酶分子内部任意断裂 β-1,4-糖苷键。

2）外切葡聚糖酶或纤维素二糖水解酶　　能从纤维素分子的非还原端依次裂解 β-1,4-糖苷键，释放出纤维二糖分子。

3）β-葡糖苷酶　　能将纤维二糖及其他低分子纤维糊精分解为葡萄糖。Irwin 等在 1993 年发现，在分解晶体纤维素时任何一种酶都不能单独裂解晶体纤维素，只有这三种酶共同存在并协同作用方能完成水解过程。

（三）淀粉酶

成熟的水果中淀粉含量很少，但实际果汁生产中往往含有大量未成熟的果实，其淀粉含量可达水果总质量的 2%。淀粉的存在会造成果浆黏稠，可能会导致过滤速度低、膜结垢、浓缩后絮凝和浑浊。淀粉酶可将淀粉水解为易溶解的寡糖或单糖，进而消除淀粉在果汁中引起的负面作用。将淀粉酶和果胶酶复合用于果汁生产中，可降低果汁黏度、缩短过滤时间、澄清果汁并提高果汁的稳定性。据报道，用耐高温的 α-淀粉酶处理甘蔗汁，在 pH 5.6～6、温度 30～100℃条件下处理，淀粉去除率可达 72%，有效地降低了果汁黏度。在浑浊苹果汁中会出现一些非变质而产生浑浊现象，用含淀粉酶的复合酶来处理果汁就能够保持果汁的稳定性。

1. 分类

（1）按照其来源可分为细菌淀粉酶、霉菌淀粉酶及麦芽淀粉酶。

（2）按照其对淀粉作用方式的不同可分为 α-淀粉酶、β-淀粉酶、葡萄糖淀粉酶及脱支酶。

2. 作用机制　　α-淀粉酶可从底物分子内部将糖苷键断裂开；β-淀粉酶从底物的非还原性末端将麦芽糖单位水解下来；葡萄糖淀粉酶从底物的非还原性末端将葡萄糖单位水解下来；脱支酶只对支链淀粉、糖原等分支点的 α-1,6-糖苷键有专一性作用。

二、酶解原理

高等植物的细胞壁一般包括胞间层、初生壁和次生壁。次生壁比较坚硬，纤维素和木质素含量较高，使细胞壁具有较大的机械强度。初生壁主要由原果胶、纤维素、半纤维素、木质素及其他多糖组成，其中纤维素约占多糖总量的一半，许多短分子链的纤维素分子平行排列组成内含木质素的微晶纤维束，是初生壁的基本结构成分，构成了细胞壁的网络骨架，其间还充满了果胶、半纤维素等。胞间层中的胞间物质在各个细胞中起到了粘连细胞的作用，主要由可溶性果胶构成，而可溶性果胶存在于一个由不同半纤维素构成的凝胶网状结构中，其结构组成紧密，难以用物理方法将其破碎。细胞内的汁液不能释放，从而造成压榨困难，出汁率低下。加入果胶酶能催化果胶解聚，使大分子长链的原果胶降解为低分子的果胶、低聚半乳糖醛酸和半乳糖醛酸。底物黏度迅速下降，增加可溶性果胶的含量。纤维素酶和半纤维素酶能催化纤维素水解，使纤维素增溶和糖化。在果胶酶、纤维素酶、半纤维素酶和蛋白酶的共同作用下，植物细胞壁降解，使细胞内的液体比较容易释放出来，增加果蔬的出汁率。

原始果蔬汁浑浊是因为果蔬汁中含有大量的果胶物质，它们是半乳糖醛酸的聚合物，呈胶体状态，从而保持果蔬汁的浑浊和稳定性。有些果蔬汁浑浊是由于果蔬汁中还含有少量的不溶性多糖、不溶性蛋白质和脂肪。在果蔬原汁中，蛋白质呈正电性，能与呈负电性的果胶或与有很强水合能力的含果胶的浑浊颗粒聚合，形成悬浮状态的浑浊物。用于果蔬汁澄清的酶主要有果胶酶（聚半乳糖醛酸酶和果胶酯酶）、淀粉酶、蛋白酶等。当果胶酶存在时，它分解浑浊物颗粒最外层呈负电性的果胶保护层，通过静电平衡，剩下带正电的颗粒就会与尚未完全分解的带负电的果胶分子中和凝聚而沉淀。而淀粉酶、蛋白酶则分解不溶性多糖和不溶性蛋白质从而起到澄清的作用。

三、酶解增加出汁率

果蔬细胞壁复杂并且有一定的机械强度，主要由多糖、酚类物质和蛋白质通过离子键与共价键的作用组成。半纤维素、果胶和结构蛋白交织在由纤维素微纤维组成的细胞壁骨架网络中。细胞壁中多糖的 30%～40% 是纤维素和果胶，这些大分子物质的存在使得细胞壁的彻底破碎与压榨取汁存在困难，导致出汁率低，酶解处理可在一定程度上降解这些大分子物质，从而提高果蔬出汁率。

果胶酶、纤维素酶和淀粉酶共同参与细胞壁的水解，其中果胶酶最早的用途之一是提高果蔬压榨产率。压榨机用于破碎后的果蔬的压榨以得到果蔬汁，压榨机的种类很多，可以产生理化性质和品质不同的果蔬汁组分。其中筐栏式压榨机是将果蔬装入立式压榨机的大筐中，压榨机通过压板自上而下施加压力，使汁液从筐栏上的开孔中流出；卧式压榨机的工作原理与立式压榨机相同，但是它不是通过压板自上而下地压榨，而是从左右两面压榨封闭圆筒中的果蔬；气囊压榨机有一个巨大的圆筒，装入果蔬后将两头封闭，工作时向塑料制气囊中充入压缩空气，向外挤压果蔬，果蔬汁则从圆筒的出汁孔流出；螺旋式连续压榨机与其他压榨机不同，它有一个螺杆，能进行连续压榨。

果胶酶能够降解细胞壁中的果胶物质，从而降低汁液黏度，提高原料出汁率和原料利用率。植物细胞壁中富含纤维素物质，在加工压榨的过程中，其坚硬的特性使细胞内容物留在胞内，阻止胞内汁液的流出。纤维素酶可降解纤维素，使植物细胞壁破坏，因此常被用来辅助提高果蔬的出汁率和可溶性固形物含量。由于部分水果在采收时淀粉含量很高，且加工之前的贮藏阶段一般选择低温，这种条件尤其会使水果中保留大量的淀粉，导致加工过程中果蔬汁浑浊，使生产过程变得困难且低效。此外，糖含量的增加还可以提高果蔬汁的营养价值，降低加工成本。

四、酶对果蔬汁感官品质的影响

（一）抑制果蔬汁褐变

1. 酶促褐变　　在水果和蔬菜受到非生物损伤时，损伤部位的化学信号转导到邻近组织，诱发酚类物质合成等反应。而积累的酚类物质再经过多酚氧化酶或过氧化酶催化的酶促氧化后导致组织变色。这种酶促褐变不仅对果汁颜色有不利影响，而且降低了果汁的香味和品质等感官参数。在寻找天然的酶褐变抑制剂研究中，蛋白酶等对苹果、葡萄汁和马铃薯的酶褐变具有明显的抑制效果。

2. 非酶促褐变 热处理已普遍应用于延长水果加工产品的保质期，但热处理也影响水果加工产品的质量，如产生焦糖、破坏维生素 C、形成美拉德反应产物等，这类问题是由非酶褐变引起的，其中发生在 α-氨基和还原糖之间的美拉德反应是果汁褐变最重要的原因。已有研究表明，果胶酶处理能够较大程度地提高葡萄出汁率，降低了褐变度。

（二）酶与果蔬香味挥发物

果实在成熟时能产生独特的挥发性成分，赋予果实明显的特征。其中一部分酯类物质是形成水果特殊风味的主要香味物质。已有研究表明，大部分水果中挥发性香味物质的生化合成前体物质是由脂肪酸和支链氨基酸的代谢所生成的。在挥发性产物形成中的最后一步起作用的酯化酶是乙酰辅酶 A 醇转移酶，它将醇和乙酰辅酶 A 结合形成酯。酯类合成途径中同样存在其他酶，如脂肪氧合酶、醇脱氢酶和丙酮酸脱羧酶等，这些酶催化的反应为酯类的形成提供醛类和醇类前体物质。

有研究表明 α-L-鼠李糖吡喃糖苷酶是增加葡萄酒、果汁和其他饮料香气的重要酶，通过固定到壳聚糖上用于饮料工艺，增加如樱桃、菠萝、杏、草莓、苹果、梨、香蕉、番茄等果蔬汁和葡萄酒的香气。

（三）酶法脱苦

柑橘类水果中含有柠檬苦素和柚皮苷等成分，容易使果汁呈苦味，而柚皮苷酶可将这些苦味物质转化，使其不含苦味，从而用于果汁的脱苦，它由 α-鼠李糖苷酶和 β-葡糖苷酶组成。果汁脱苦所用的酶可通过商品柑橘果胶制剂、微生物等多种途径获得，微生物来源广泛，适应性强，后处理简单，并且大部分微生物菌株所产生的酶和代谢物质被认为是安全的，可用于食品加工。

五、酶解设备

（一）新型酶解设备

酶解设备通过在外部设置一循环水箱，利用制冷器对水箱内的循环水进行冷却，水泵将冷却水输至出水管内，冷却水进入出水连通套的出水槽中，由于出水槽为环形的，故随着搅拌轴的转动，出水管内的冷却水始终与出水槽连通，之后，冷却水沿着搅拌轴内的出水通道进入各个搅拌叶组件，在经过基座内的环形出水流道之后，冷却水沿着冷却通道对搅拌叶组件进行局部冷却，并通过基座的环形回水流道进入搅拌轴的回水通道内，再进入回水槽，通过回水管后回收至循环水箱内，冷却水在搅拌轴及搅拌叶组件内流动的过程中，冷却水即可带走搅拌叶上产生的热量，从而能够有效降低搅拌叶的温度，避免搅拌叶温度升高造成局部物料的温度上升，有利于提高酶解产率。该设备具有以下特点。

（1）罐体内设置有温度检测计和 pH 检测计，从而实现对罐体内物料的温度和 pH 进行检测，保证罐体内物料处于最佳的酶解环境。

（2）罐体底部内设有布风管，罐体部设有压缩机，压缩机和布风管之间连接有进气管，通过向罐体底部引入空气，通过起泡对物料具有搅拌作用。

（3）罐体外部设有一导热层，导热层外部设有一加热层，加热层外部设有一保温层，利用加热层产生热量，利用导热层将热量传递给罐体内部物料，同时利用保温层实现对罐体内物料温度的保温。

（4）罐体内壁上竖向布置挡板，随着搅拌叶的转动，通过在罐体内设有挡板，搅拌叶外端和挡板之间形成对物料的剪切作用，增强了物料的搅拌扰动效果。

（二）恒温搅拌固态酶解设备

恒温搅拌固态酶解设备在支架上通过两端旋转轴连接酶解槽，酶解槽外部设有恒温水夹套，恒温水夹套设有水入口和水出口，恒温水夹套内设有电热器；酶解槽上设有上盖；搅拌浆通过搅拌轴转动连接在酶解槽内，搅拌轴一端穿出酶解槽连接调速电机的输出轴；酶解槽一端固接旋转轴，旋转轴通过蜗轮蜗杆减速器连接手轮。

将夹套内的温度加热到预设值，将待酶解的固态原料倒入酶解槽内。填充系数为60%～70%，按比例添加水与酶解液，开动搅拌浆，盖上酶解槽上盖。当酶解结束时，打开盖子，转动手柄将酶解槽旋转，将物料倒出完成卸料清洗后，进行下一次酶解过程。

（三）一种气泡翻动酶解设备

酶解物料在箱体内由蒸汽盘管加热装置控制温度，使酶解物料完成去皮和脱囊衣，采用气泡翻动装置代替酶解罐中的搅拌装置，以保证酶解液与水果的充分混合，并防止机械损伤水果形状，酶解后的物料首先经过毛刷清洗装置水洗，清除掉水果的果皮等，产生的浮物由浮物去除装置去除，同时在输送过程中，通过浮物翻动装置使酶解后的产品与副产物能够完全分离，以提高物料酶解后的清洁度。

第四节　果蔬汁的膜过滤技术

膜过滤技术是用天然或人工合成的高分子薄膜或其他类似的功能材料，以外界能量或化学位差为推动力，对双组分或多组分溶质和溶剂进行分离、分级、提纯和富集的技术。膜过滤技术是高效节能的单元操作，它已作为新兴高效的分离、浓缩、提纯及净化技术，在化工、电子、食品、医药、气体分离和生物工程等行业产生了极大的经济效益和社会效益。与蒸馏、吸附、吸收、萃取、深冷分离等传统分离技术相比，膜过滤技术更具有显著特点：膜过滤过程不发生相变，挥发性成分损失较少，可保持原有的芳香和风味；膜过滤过程是在压力、常温下进行的过滤过程，适合于对热敏感的物质，如酶、果蔬汁、某些药品等的分离、浓缩、精制等。该项技术所采用的装置简单，不仅操作方便，还可以节约生产成本，有利于避免由加工时间过长而导致的果蔬色、香、味的损失。

一、膜过滤的分类与装置

膜过滤是用具有选择透过性的天然或合成薄膜为分离介质，在膜两侧压力差、浓度差、电位差、温度差等推动力作用下，原料液体混合物或气体混合物中的某个或某些组分选择性地透过膜，使混合物实现分离、提纯、富集和浓缩的过程。

　　膜的性能主要有膜的物化稳定性和分离透过性。膜的物化稳定性主要涉及膜的强度、允许使用压力、允许使用温度范围、分离液体的 pH，以及对有机溶剂和化学药品的耐受性，这些因素决定了膜的使用寿命。评价膜的分离透过性的指标主要有选择性、渗透通量和通量衰减系数。

（一）膜过滤的分类

　　物质透过或被截留于膜的过程，近似于筛分的过程，依据滤膜孔径大小而达到物质分离的目的，故可以按分离粒子大小进行分类，可分为透析（dialysis，DS）、微滤（microfiltration，MF）、超滤（ultrafiltration，UF）、纳滤（nanofiltration，NF）、反渗透（reverse osmosis，RO）、电渗析（electrodialysis，ED）、渗透汽化（pervaporation，PV）。

　　一般微滤膜的滤膜孔径为 $0.02\sim10\ \mu m$，透析为 3000 至几万 Da，超滤为 $50\sim100\ nm$ 或 $5000\sim50$ 万 Da，纳滤为 $200\sim1000\ Da$ 或 1 nm，反渗透为 200 Da，可根据不同的需求选择合适的膜过滤类型。

　　不同膜过滤过程膜两侧的推动力不同，膜两侧推动力有压力差、浓度差、电位差、温度差等，故可根据膜两侧不同的推动力，对膜过滤过程进行分类，见表 13-2。

表 13-2　根据膜两侧推动力不同进行分类的膜过滤过程

推动力	压力差	浓度（活度）差	温度差	电位差
膜过程	微滤	渗透蒸发	热渗透	电渗析
	超滤	气体分离	膜蒸馏	电渗透
	纳滤	蒸汽渗透		膜点解
	反渗透	透析		
	加压透析	扩散渗析；载体介导		
传质通量	体积通量	质量通量	热通量	电通量

（二）膜组件

　　由膜、固定膜的支撑体、间隔物及收纳这些部件的容器构成的一个单元称为膜组件。目前市售商品膜组件主要有平板式、滤筒式、管式、螺旋卷式和中空纤维式。它们的共同特点是尽可能大的膜表面积、可靠的支撑装置、可引出透过液、膜表面积浓度差极化达到最小。

　　1. 平板式膜组件　　平板式膜组件的特点是制造、组装简单，更换、清洗、维护方便，同一设备可按要求改变膜面积，增减膜层数。原液流道截面积大，不易堵塞，压力损失小，原液流速达 $1\sim5\ m/s$。原液流道可设计为波纹形，使液体成湍流。反渗透膜组件耐高压，膜组件强度高，平板式超滤器装置大，加工精度高，液流流程短，截面积大，单程回收率低，循环次数多，泵容量大，能耗大，可通过多段操作增大回收率。

　　2. 滤筒式膜组件　　滤筒式膜组件单位体积的膜面积大，可处理较大体积的液体量，过滤效率高，操作压力低，膜为一次性使用，主要用于水、果汁、酒等饮料及制药领域的消毒过滤。

3. 管式膜组件　　管式膜组件将膜固定在圆管状支撑体上构成管式膜，管式膜并联或串联，收纳在筒状容器内即构成管式膜组件。管式膜组件结构简单，适应性强，压力损失小，处理量大，清洗安装方便，一般为无机膜，可耐受高压、高温灭菌和消毒，用途较板式广。

4. 螺旋卷式膜组件　　螺旋卷式膜组件由美国 Gulf General Atomic 公司于 1964 年首先开发，我国于 1982 年由国家海洋局第二研究所研制成功，螺旋卷式膜组件构造见图 13-5。螺旋卷式膜组件采用平面膜，粘成密封长袋形，隔网装在膜袋外面，膜袋口与中心集水管密封，膜袋数称为叶数，叶数越多，密封要求越高，隔网为聚丙烯格网，厚 0.1～1.1 mm，为原液提供流道，使料液形成湍流。膜支撑材料是聚丙烯树脂或三聚氰胺树脂，厚 0.3 mm，整个组件装入圆筒形耐压容器内。多个卷式膜组件装于一个壳体内，再与中心管连通，组成螺旋卷式反渗透器。用于反渗透时，压力高，压力损失影响小，可多装组件。用于超滤时，连接的膜组件一般不超过 3 个。壳体为不锈钢或玻璃管。螺旋卷式膜组件流速为 5～10 cm/s，单组件的压头损失小，仅 7～10.5 kPa。

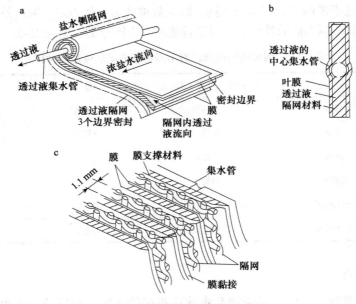

图 13-5　螺旋卷式膜组件示意图
a. 卷式组件概念；b. 膜透过液收集管的接合部分；c. 绕卷的断面

5. 中空纤维式膜组件　　中空纤维式膜组件与毛细管膜组件类似。中空纤维式膜组件主要由壳体、高压室、渗透室、环氧树脂管板和中空纤维膜等组成。常见的中空纤维管外径为 50～100 μm，内径为 15～45 μm。几万根纤维集束的开口端用环氧树脂黏接，装填于管状壳体内形成中空纤维式膜组件。进料液的流动方式有轴流式、放射流式和纤维筒式三种。

二、果蔬汁的膜过滤技术

膜过滤技术在果蔬汁中主要应用在澄清、脱苦、浓缩等方面。果蔬汁饮料在加工中若杀菌不彻底或在杀菌后有微生物再污染，微生物会在果蔬汁饮料中生长繁殖，分解果蔬汁中的果胶，并产生致沉淀物质，微生物死亡后也会产生沉淀；如果加工用水未达到软饮料用水要求，水中阴阳离子含量偏高，会与果蔬汁中的某些成分发生反应并产生沉淀；调配时用的糖或食品添加剂质量差，使用量过大，也会导致浑浊或沉淀。加工水中的阴阳离子可与果蔬汁中的有机酸等反应，并破坏果蔬汁体系的 pH 和电性平衡，从而引起胶体物质和悬浮物的沉淀；果蔬汁饮料中的果肉颗粒太大或大小不均匀，或者果蔬汁饮料体系黏度低，果肉颗粒因缺乏足够的浮力来抵消自身的重力，在重力的作用下发生沉淀。

（一）澄清

果蔬汁中因含有一些胶体物质、蛋白质和单宁等物质，在加热和贮存中往往出现浑浊和沉淀，影响货架期。根据澄清的作用机理，果蔬汁的澄清可分为自然澄清法、酶澄清法、澄清剂法、冷热处理澄清和超滤澄清 5 种方法。国外已经采用超滤技术澄清苹果汁、菠萝汁、柑橘汁、葡萄汁等，得到的产品质量较好。与常规澄清方法相比，超滤澄清的优点是无相变，挥发性芳香成分损失少，在密闭管道中进行，不受氧气的影响，能实现自动化生产。但超滤和微滤技术受到膜污染和浓差极化现象、加压过滤方式、操作压差、料液流速、截留液浓度、温度及膜材料的影响；同时具有节省成本、节省澄清剂、增加澄清度，操作单元少、减少生产环节、减少过程损耗，质量稳定可靠等优点。

超滤技术实际上是一种机械分离的方法，利用超滤膜或微滤膜的选择性筛选分离，在压力驱动下把溶液中的微粒、悬浮物质、胶体和大分子与溶剂和小分子分开的过滤技术。目前在果蔬汁的生产工艺中应用的主要是采用酶分解和超滤或纳滤结合的复合澄清方法，其他一些澄清方法都是为了提高澄清效果而结合使用的一些辅助性方法。

（二）脱苦

柑橘类果蔬汁由于含有柚皮苷、柠檬类苦素等苦味物质，破坏了产品的风味和商业价值，而微滤和超滤技术与树脂吸附联合可用于果蔬汁的脱苦。一般情况下，主要采用树脂对这类果蔬汁进行脱苦处理，但是由于浊汁中的果肉会导致树脂污染和堵塞，因此在进行树脂脱苦前先采用微滤和超滤技术分离出果肉，只将清汁用树脂进行脱苦处理后，再把先前分离出来的果肉加入脱苦后的清汁。

微滤和超滤技术在与树脂联合脱苦技术中，不仅起到分离出浊汁中果肉的作用，Hernandez 等还研究了利用超滤和二乙烯基聚苯乙烯树脂吸附的联合过程，对葡萄柚汁进行脱苦，结果发现，由于超滤过程除去了一些苦味前体物质和易被树脂吸附的大分子物质及悬浮小颗粒，树脂的使用寿命和脱苦效率得到明显改善，柚皮苷和柠檬碱可被完全除去，明显提高了果蔬汁的风味。

（三）浓缩

常规的果蔬汁浓缩采用多级真空蒸发法，蒸发中果蔬汁要承受高温作用从而导致果蔬汁芳香成分的挥发损失、褐变和产生焦糊味道，而且在蒸发过程中存在相变过程，因此耗能非常高。而反渗透和纳滤可以在常温条件下操作，且分离过程无相变，因此能源的消耗较蒸发过程少，并且可以减少由蒸发受热导致的芳香成分的挥发损失、褐变和产生焦糊味道等弊端。

反渗透是以膜两侧压力差为推动力，以较致密且具有选择透过性的膜为分离介质。当溶液流过膜表面时，溶液中的溶剂透过膜被分离出来，而低分子质量溶液（如无机盐、葡萄糖、蔗糖等）小分子物质被截留。纳膜过滤也是以压力差为推动力，其截留分子质量介于反渗透和超滤之间。

　　研究表明，果蔬汁浓缩多用乙酸纤维素反渗透膜，它对醇和有机酸的分离率较低，与蒸发法相比，反渗透浓缩的果蔬汁可使浓缩果蔬汁有更好的芳香感与清凉感；采用蒸发法浓缩的果蔬汁，其中芳香成分几乎全部损失，而采用反渗透法芳香成分可保留30%~60%，维生素C、氨基酸及香气成分的损失均比真空蒸馏浓缩小得多。与蒸发浓缩相比，反渗透的优点是无须加热，在常温条件下即可完成浓缩过程。因此果蔬汁在浓缩过程中具有不会发生相变、挥发性芳香成分损失少、在密闭管道中进行、不受氧气的影响、节能的优点。

三、膜过滤技术在果蔬汁加工中的应用展望

　　作为高新技术，超滤和反渗透技术在果汁生产中具有广阔的应用前景。但在生产实践中，人们对超滤的技术特性缺乏了解及应用方法不当，导致作用能力低于生产要求，甚至出现膜的过早损坏等现象，不仅影响了正常生产，也造成了一定的经济损失。因此要想解决如何提高膜的利用率，如何清洗膜，如何使膜再生和延长膜的使用寿命等问题，还需要开展大量的研究工作。

　　膜过滤技术应用于果汁工业可以提高产品的质量，简化生产工艺，降低能耗，但是膜的污染和膜的损耗问题使其在工业化大规模应用中还有很多需要改进的地方，因此需要开发新的膜材料和不断优化生产工艺，以此来达到降低膜的污染和尽量减少膜的损耗的目的。近几年，欧美等发达国家的膜过滤技术已经取得许多新突破，为膜过滤技术在食品工业特别是在果汁加工中的应用开辟了新的途径。尽管现在用膜浓缩果汁的成本仍然高于传统的蒸发法，但是随着世界市场对果汁需求量的增加和对高品质果汁的需求，膜技术商品化应用的推广，尤其是膜技术的应用更显示出了巨大的潜力和强大的生命力，相信随着技术研究的深入，膜过滤技术会不断发展完善，在食品行业领域也将有更广泛的应用。

第五节　果蔬汁的调配

　　果蔬汁成分的调整是为了改进果蔬汁的风味，从而使其符合一定的出厂规格要求。其关键环节是需要对糖和酸成分进行适当调整，但调整的范围不宜过大，以免丧失果蔬汁原风味。果蔬汁调整一般采用不同产地、不同成熟期、不同品种的原果蔬汁，取长补短；混合汁可用不同种类的果蔬汁混合。而果蔬汁调整一般遵循的原则为：先进行糖度调整，用少量果蔬汁将糖溶解，加入果汁中，测定糖度后再用柠檬酸等果酸进行酸度调节。

　　调配环节是果蔬汁饮料生产的关键工艺。调配果蔬汁饮料一般是先将白砂糖溶解，配成55%~65%的浓糖浆贮存备用，再依次按照配方加入预先配制成的一定浓度的防腐剂、甜味剂、稳定剂、品质改良剂和柠檬酸等添加剂，蔬菜汁饮料一般需用食盐、味精调配，最后用软化水定容。

一、果蔬原汁与原浆

　　原汁或原浆，顾名思义为原汁原味的液体。果蔬汁原浆是指以新鲜水果与蔬菜可食用部分为原料，经过挑选后，采用先进的冷去核技术、制浆技术、果香回收技术及生物酶解技术，保留了各种水果中所特有的"果肉、果味、果香、果色和果营养"，将打成的水果原浆

或在浓缩果浆中加入果浆在浓缩时失去的等量天然水分而得到的制品。

果汁饮料中原果汁含量的测定是果汁行业的一项关键技术标准，目前只有橙汁类饮料中橙汁等含量的测定依据 GB/T 16771—1997《橙、柑、桔汁及其饮料中果汁含量的测定》比较完善。对其他果汁饮料中原果汁含量的检验目前还没有统一的果汁和果汁饮料的标准方法。其他类果汁饮料中原果汁含量的测定大多是针对一些常规物质，如可溶性固形物、总糖、总酸和无机元素、还原糖、有机酸、氨基酸、稳定性同位素等果汁中的特定成分进行检测。一些生产企业钻国家标准的空子，用香精代替原果汁，使得许多果汁饮料无营养价值，大量的假冒伪劣饮料无法鉴别真伪。

钾、磷酸盐和氨基酸态氮均为果蔬原汁中的固有成分，三项参数与果蔬原汁具有良好的定量关系。果蔬汁的固有成分含量与原汁呈良好的定量关系，加工工艺和贮存条件不影响其测量结果，为使低原汁含量的果蔬汁分析结果准确可靠，要求所选参数在饮料中有较高的含量，且检测方法有较高的灵敏度和准确度。常见饮料中所用的辅料和添加剂不影响测量的准确性，或者虽有干扰但可消除，检测方法迅速而简单，结果准确，不需要昂贵的分析仪器。

我国地域广阔，水果和蔬菜品种数量甚多，其产地、品种、气候、耕作方法、施肥情况等因素均对果汁蔬菜汁中钾、磷酸盐和氨基酸态氮含量有一定的影响。因此，相关值、相关系数和常数 K 的确定需要大量试验数据的支持，并需要在样品实测的过程中加以修正。应分别测定不同产地、不同品种的纯正原汁，求出均值作为检测参数的相关值，再根据相关值的大小和变异值确定相关系数，计算出常数 K。

常数 K＝相关系数 / 相关值

果蔬原汁含量（%）＝钾含量 $\times K_1$＋磷酸盐含量 $\times K_2$＋氨基酸态氮含量 $\times K_3$

该法可准确地定量 1%～100% 的原汁含量，是一种简便、实用的果蔬汁和果蔬汁饮料中原汁含量的测量方法。

二、糖的溶解

把糖溶于水后的溶液称为原糖浆或单糖浆。必须用质量良好的砂糖溶解于一定量的饮用水中，制成预计糖液的糖度，再经过滤、澄清后备用。砂糖的溶解分为间歇式和连续式两种。

砂糖的连续式溶解是指糖和水从供给到溶解、杀菌、浓度控制和糖液冷却都连续进行。该方法生产效率高，全封闭，全自动操作，糖液质量好，浓度误差小，但设备投资大。

间歇式溶解分为冷溶法和热溶法。冷溶法就是在室温下，把砂糖加入水中不断搅拌以达到溶糖目的的方法，其优点在于省去了加热过程，成本低，能保持糖的清甜味；缺点是溶糖时间长，设备利用率低，对防止微生物污染不利。热溶法又分为蒸汽加热溶解和热水溶解。

（一）调配罐

调配罐主要用于奶品和食糖、饮料、食品和其他元素及各种药物配合后进行搅拌，具均匀贮存作用，是制造乳品、饮料、制药厂家不可缺少的设备。

本设备分为缸体、缸盖、搅拌桨、进料口、出料阀，均由进口不锈耐酸钢 Cr18Ni9Ti 制成，按 GB/T 741—2003 技术条件进行，缸体内抛光，内有搅拌桨起搅拌作用。顶部有摆线针轮行星减速器，带动搅拌桨，可装拆与清洗，并有两扇可开式缸盖供清洗用，缸底为斜度，便于放空，另外两个进料口可与管道连接，便于连续进各种配料，下面带有出料口，可装上旋塞阀等搅拌均匀后，旋转旋塞阀手柄 90° 即可放料，放料完毕即关闭，达到搅拌均匀的目的。

（二）化糖罐

化糖罐是新设计的一种溶化加热设备。由圆柱形不锈钢内筒封头组成锅体，形成传热夹层。外面用不锈钢抛光包装，表面美观大方。被溶化物和冷水置于锅内，蒸汽通入夹层，以达到加热溶化的目的。与夹层联通的管道上装有压力表入安全阀，以便测定夹层中的压力，并保证安全生产。

溶糖系统由料液混合泵、冷热缸、双联过滤器、机架及连接管件组成。主要用于砂糖的溶解，也适用于奶粉椰精、淀粉和其他仪器添加剂等粉状或颗粒物料的定量溶解。同时发挥溶解、加热（或冷却）和过滤三种作用。速度快、效率高，是食品饮料生产必备的工艺设备之一。

（三）双联过滤器

双联过滤器也称作双联切换过滤器，如图 13-6 所示。它是由两台不锈钢过滤器并联而成的，具有结构新颖合理、密封性好、流通能力强、操作简便等诸多优点，是应用范围广泛、适应性强的多用途过滤设备。尤其是滤袋侧漏概率小，能准确地保证过滤精度，并能快捷地更换滤袋，过滤基本无物料消耗，使得操作成本降低。

双联过滤器内外表面经抛光处理，滤筒内装有不锈钢滤网和滤网支撑篮；顶部装有放气阀，供过滤时排放滤器内空气。上盖与滤筒连接采用快开式结构，更方便清洗（更换）滤网，三只可调节式支脚可使滤器平稳地放置在地面上。连接管路采用活接或卡箍连接方式，进出料阀门

图 13-6　双联过滤器

采用三通球阀启闭，耐压耐温，操作灵活方便，无料液泄漏、更卫生。

三、调味糖浆的配合

调味糖浆是由制备好的原糖浆加入香精和色素等物料而制成的可以灌装的糖浆。在调配调味糖浆时，应根据配方要求，正确计量每次配料所需的原糖浆、香料、色素和水，将各种物料溶于水后分别加入原糖浆中。

（一）各种原料的添加顺序

配料时要注意加料顺序，首先将所需的已过滤的原糖浆投入配料容器中，此容器应为不锈钢材料，内装搅拌器，并有容器刻度标志。当不断搅拌原糖浆时，将各种原料逐一加入。

（二）糖浆注入量

糖浆注入量是容器的 1/7～1/5，注入量稍有误差对制品的滋味有相当大的影响。注入量过多会太甜，也会使成本上升。相反，注入量太少，饮料太淡缺乏风味，只有控制好注入量才能使成品的质量稳定。

（三）饮料中配料用量

饮料中含糖量、含酸量及香精用量是饮料配方设计的重要组成部分。在设计配方时，要

根据饮料品种的要求，确定出生产该品种饮料所需的各种配料量。选用的各种配料应符合我国食品卫生标准中的规定。

四、调和

（一）调和方式

1. 现调式　现调式是指水先经冷却，然后再与调味糖浆分别灌入容器中调和成果蔬汁的方式，也称为"二次灌装法"。

2. 预调式　预调式是指水与调味糖浆按一定比例先调好，再经冷却混合，将达到一定比例的成品灌入容器中的方式，也称为"一次灌装法"。

（二）调和机构

1. 配比泵　连锁两个活塞泵，一个进水，另一个进糖浆。活塞筒直径有大有小，可以调节进程，实现两个流体的流量按比例调和。根据同样原理，过去曾用过齿轮泵。

2. 孔板　控制料槽两个液面等高，即静压力约相等，两槽下面的管口直径相等，但管内以不同直径孔板控制流量，孔板可以替换改变孔径。现已改为节流阀，可以随时调节两种液体的流量。调和后以混合泵打入混合机。

3. 注射器　在恒定流量的水中注入一定流量的糖浆，再在大容器内搅拌混合。新型的流量控制由电子计算机进行。电子计算机根据混合后饮料糖度测试的数据来调整水流量和糖浆流量（调节两者管道中的可变直径孔板阀来完成），以达到正确的比例。

五、糖酸比值的调整

含糖量的调整，主要使用蔗糖或果葡糖浆。含酸量的调整，主要使用柠檬酸或苹果酸。

糖酸比也称为甜酸比，是指食品或食品原料中总糖量（可溶性固形物，一般以糖度折射计的示度表示）与总酸含量的比，可用以比较果实类的品质。果汁类甜酸味的评价，糖度高时以酸度高者、糖度低时以酸度低者为良好评价，这是由于糖酸大约表示同样数值。因此，糖酸比可用作甜酸味的表示尺度。

糖酸比可以影响食品的口味，而食品生产中则通过调节该比值来控制食品口味，每一种果汁都应使口味达到最适宜的糖酸比。糖酸比还会影响食品的品质和保质期等，又名固酸比。

不浓缩果汁适宜的糖酸比例为13∶1～15∶1，适宜大多数人的口味。因此，果蔬汁饮料调配时，首先需要调整含糖量和含酸量。一般果蔬汁中含糖量为8%～14%，有机酸的含量为0.1%～0.5%。调整时一般使用砂糖和柠檬酸。

（一）糖度的测定

调配时用折光仪，或白利糖表测定原果蔬汁含糖量，然后按下式计算补加浓糖液的质量：

$$X=\frac{W(B-C)}{D-B}$$

式中，X为需补加糖液质量（kg）；D为调整前原果蔬汁质量（kg）；W为调整前原果蔬汁的质量（kg）；C为调整前原果蔬汁含糖度（%）；B为要求果汁调整后含糖度（%）。

阿贝折光仪的作用原理是光线自一种透明介质进入另一种透明介质时，产生折光现象，这种现象是光线在各种不同的介质中传播的速度不同造成的。折光率是指光线在空气中传播的速度与在其他物质中传播速度的比值。折光率为在钠光谱 D 线 20℃的条件下，空气中的光速与被测物中的光速的比值或光自空气通过被测物时的入射角的正弦与折射角的正弦的比值。折光仪被广泛应用于制糖、食品、饮料等工业部门及农业生产和科研中。

（二）酸度的测定

果蔬含酸量的测定是根据酸碱中和的原理，即用已知浓度的 NaOH 溶液滴定，并根据碱溶液用量，计算出样品的含酸量。所测出的酸又称总酸度或可滴定酸。还有少量的酸，由于受果蔬中缓冲物质的影响，不易测出。计算时以该果实所含的主要酸来表示。例如，仁果类、核果类主要含苹果酸，以苹果酸计算，其毫摩尔质量为 0.067 g；柑橘类以柠檬酸计算，其毫摩尔质量为 0.064 g；葡萄以酒石酸计算，其毫摩尔质量为 0.075 g；蔬菜中主要含草酸，其毫摩尔质量为 0.045 g。然后按下式计算补加柠檬酸量：

$$m_2 = \frac{m_1(z-x)}{y-z}$$

式中，z 为要求调整酸度（%）；m_1 为果蔬汁质量（kg）；m_2 为需补加的柠檬酸液质量（kg）；x 为调整前原果蔬汁含量（%）；y 为柠檬酸液浓度（%）。

六、果蔬汁的配合

不同果蔬汁具有不同的糖度、酸度、色泽和风味，如按适当比例混合，可以取长补短，从而得到风味较好的饮料。混合果蔬汁是未来果蔬汁加工的一个重点发展方向。

为了使果蔬汁的风味更加突出，营养成分上更加合理，满足消费者不同喜好及营养的需求，许多生产企业纷纷推出混合果蔬汁。不同种类的蔬菜与水果之间的巧妙搭配，不仅满足了消费者的口感追求和购买欲望，更是将食物在营养价值方面提升到更高的水平。

含有两种或两种以上果汁（浆）、蔬菜汁或其混合物并加入水、食糖和（或）甜味剂、酸味剂等调制而成的饮料为复合果蔬汁饮料。复合果汁饮料的果汁（浆）总含量≥10%；复合蔬菜汁饮料的蔬菜汁（浆）总含量≥5%；复合果蔬汁饮料的果汁（浆）、蔬菜汁（浆）总含量≥10%。

七、其他成分的调整

果蔬汁除进行糖酸调整外，还需要对其色泽、风味、黏稠度、稳定性和营养价值进行适当调整，主要是添加一些色素、香精、稳定剂等成分。但色素、香精等食品添加剂加入果蔬汁中，也要严格按照一定的比例，需要考虑到各种功能因子之间的相互作用对于果蔬汁的影响。

了解不同添加剂因素之间的协同作用或拮抗作用非常有助于果蔬汁食品的配方设计与产品开发。欲使配料添加剂的功效得到完全发挥，通过配方和加工改变食品的组织状态也是未来果蔬汁研发的一个领域。另外，评价食品中生物活性物质的生物利用率与消费者生理状态的关系也是未来的一个研究领域，且是果蔬汁食品真正发挥功能作用的关键所在。

第六节 果蔬汁的杀菌与灌装

一、果蔬汁杀菌技术

杀菌是以食品原料、加工品为对象，通过对引起食品腐败变质的有害微生物进行杀菌操作而达到食品品质稳定化、食品保质期延长化目的的一种处理方式。

果蔬汁的变质一般都是由微生物代谢活动引起的，因此杀菌是果蔬汁加工过程中的关键技术之一。杀菌不仅可以钝化酶活性、延长果蔬汁保质期，还能极大限度地保护食品的营养和风味。食品工业中常用的杀菌技术分为热杀菌技术和冷杀菌技术。

（一）热杀菌技术

热杀菌技术是一种以蒸汽、热水为热介质，或直接利用蒸汽喷射的方法将热能传递给食品，以此来杀灭微生物的热处理方式。热杀菌的原理是利用热能转换器将燃烧的热能转变为热水或蒸汽，以此作为热介质，再用换热器将热水或蒸汽的热能传给食品，或直接利用蒸汽喷射的方式将热能传递给食品。在食品加工过程中，按照杀菌对象和杀菌效果的不同，可将热杀菌分为低温长时间杀菌法、高温短时间杀菌法和超高温瞬时杀菌法三类。

低温长时间杀菌（low temperature long time，LTLT）法，又称为巴氏杀菌法，是一种利用较低温度杀死食品中致病菌，且保持食品营养物质、风味不变的热杀菌方式。杀菌温度多在 $60\sim65℃$，杀菌时间在 30 min 左右。巴氏杀菌法操作简单、方便，能够较大限度地保持食品原味，但因其存在工作不连续、杀菌效果不彻底等缺陷，在果蔬汁杀菌中实际应用较少。

高温短时间杀菌（high temperature short time，HTST）法，是食品杀菌温度在 $80\sim85℃$、杀菌时间在 $10\sim15$ s，或杀菌温度在 $75\sim78℃$、杀菌时间在 $15\sim40$ s 的热杀菌方式。高温短时间杀菌法主要应用于 pH>4.5 的低酸性食品，该法节约能源，对食品质量影响小，能够最大限度地保持食品的原有风味。

超高温瞬时杀菌（ultra high temperature，UHT）法，是指加热温度为 $135\sim150℃$，加热时间为 $2\sim8$ s，加热后产品达到商业无菌要求的热杀菌方式。该法不仅能保持食品风味，还能将病原菌和耐热芽孢菌等有害微生物杀死，主要应用于乳品、饮料、发酵等行业，在果蔬汁杀菌中应用较多。

（二）冷杀菌技术

冷杀菌技术，即非热杀菌技术，是一种利用非加热方式杀灭食品中微生物，避免食品成分因加热而被破坏的杀菌方法。冷杀菌技术不但能保证食品在微生物方面的安全，而且能够保持食品中原有营养成分、质地、色泽和新鲜程度。冷杀菌技术主要分为物理杀菌、化学杀菌和天然生物杀菌剂杀菌三类。

1. 物理杀菌 物理杀菌是指运用物理相关手段，如光、辐射、压力、电场、声波等，除去食品中有害微生物的杀菌技术。同热杀菌相比，物理杀菌技术杀菌效果较好，避免了食品中营养物质遭高温破坏这一缺点。因而，物理杀菌技术适用于各种物料的灭菌，尤其是热敏性食品。

1）超高压杀菌　　超高压（ultra high pressure，UHP）杀菌技术，又称为高静水压杀菌技术，是将物料置于密封高压容器内，通过液体介质（主要是水或油）施加 100～1000 MPa 的压力，使物料中酶、蛋白质等生物分子变性、失活，杀灭有害微生物，并保持食品营养成分和感官特性的杀菌方式。

超高压处理过程遵循帕斯卡定理和勒夏特列原理。高压处理使得食品物料内部化学反应和分子构型发生变化，根据化学平衡定律，整个反应体系会向体积减小的方向移动，当介质中的食品物料被压缩后，物料分子立体结构内的氢键、离子键等非共价键结构发生改变，而这些非共价键正是形成淀粉、蛋白质、酶等高分子物质所必需的，所以超高压处理会使淀粉糊化、蛋白质变性及酶失活；同时，超高压技术又会破坏微生物细胞壁膜通透性进而导致细胞质大量流失，使微生物发生功能障碍无法合成能量物质 ATP，改变微生物的细胞形态结构，减慢细胞分化，从而影响微生物的新陈代谢并最终杀死细菌、霉菌、酵母等微生物。

UHP 装置主要由 UHP 处理容器、加压装置及其辅助装置构成，如图 13-7 所示。食品的 UHP 处理要求数百兆帕的压力，因此压力容器的制作至关重要，必须采用特殊技术来制作。通常压力容器为圆筒形，材料为高强度不锈钢。不论是直接加压方式还是间接加压方式，均需采用油压装置产生所需 UHP，前者还需 UHP 配管，后者则需加压液压缸。

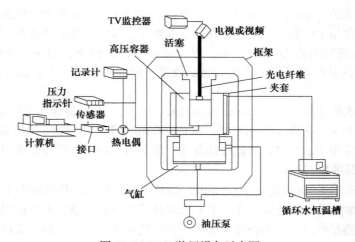

图 13-7　UHP 装置设备示意图

UHP 处理装置系统中还有许多其他辅助装置，主要包括恒温装置、测量仪器及物料的输入输出装置。

超高压杀菌的特点：①无须加热，保留了食品中的营养物质、色泽和风味，不会产生异臭或毒性因子，能够保持食品原有成分的生鲜味；②压力作用迅速且均匀，耗时少、循环周期短，节约能源；③食品中的维生素、糖类、酸类等物质不会发生变化，贮藏期长。

2）高压脉冲电场杀菌　　高压脉冲电场杀菌技术是把液态食品作为电介质置于杀菌容器内，与容器绝缘的两个电极通以高压电，产生电脉冲进行间隙式杀菌，或者使液态食品流经脉冲电场进行连续杀菌的杀菌方法。

高压脉冲电场杀菌作用主要基于其电场作用和电离作用。脉冲电场产生磁场，这种脉冲电场和脉冲磁场交替作用，使细胞膜透性增加，振荡加剧，膜强度减弱，因而膜被破坏，膜内物质容易流出，膜外物质容易渗入，细胞膜的保护作用减弱甚至消失；电极附近物质电离产生的阴、阳离子与膜内生命物质作用，因而阻断了膜内正常生化反应和新陈代谢过程的进行。

高压脉冲电场杀菌的特点：能耗低，杀菌时间短，一般为 μs～ms 级，可杀死 99% 的细菌；对食品的营养、物理性质影响小，杀菌时的温度升高一般小于 5℃，可有效保存果蔬汁的营养成分和天然特征；杀菌效果明显，能有效杀死与果蔬汁腐败变质有关的微生物；若条件掌握适当，杀菌率可达到商业无菌要求。

3）脉冲强光杀菌　　脉冲强光杀菌是一种非热杀菌新技术，它利用惰性气体灯能发出与太阳光谱相近、波谱范围由紫外线至红外线区域的强烈脉冲闪光来杀灭固体表面、气体和透明液体中的微生物。

脉冲强光的杀菌机理是光热学和光化学效应共同作用的结果。微生物的 DNA 吸收紫外线产生的光化学效应是脉冲强光杀灭微生物的主要原因。紫外线照射时，微生物体内的蛋白质和核酸最容易受到影响，尤其是 DNA 中的环丁烷胸腺嘧啶，其会阻碍 DNA 复制及转录而造成细胞死亡，并可能引起生物变异。此外，微生物体内的酶类和蛋白质等分子也会发生变性，对微生物产生伤害。

脉冲强光杀菌的特点：①节约能源。脉冲强光处理产生的热量很少，在光化学和光热力学机制共同作用下，钝化微生物。②适合大批量生产。脉冲周期为 1 μs～0.1 s，典型的闪光闪动频率为每秒 1～20 次。大部分应用中，一秒内几次闪光，就能产生高效的微生物钝化效果。

4）辐射杀菌　　辐射杀菌是利用游离射线（X 射线、γ 射线等）对食品进行杀菌处理，从而实现灭菌和控制霉变，抑制生理生化过程，延长食品保质期的杀菌方式。

辐射杀菌的原理可以从两方面阐述：一方面，射线可以直接作用于微生物的蛋白质、核酸、酶等，促使化学键断裂，引起分子发生变化，从而使微生物细胞生长和分裂停止，导致死亡。另一方面，射线间接作用于微生物体内水分子，引起水电离和激发，生成自由基，然后再作用于生物活性分子，引起微生物死亡。

目前在果蔬汁杀菌中应用最广的辐射装置是 γ-射线辐照器。该类装置是以放射性同位素 ^{60}Co 或 ^{137}Cs 为辐射源。因 ^{60}Co 有许多优点，目前多采用其作为辐射源。由于 γ-射线穿透性强，这种装置几乎适用于所有的食品辐射处理。但对只要求作表面处理的食品，这种装置效率不高，有时还可能影响食品的品质。

辐射杀菌的特点：①杀菌彻底。对耐高温的平酸菌等都能杀死。节约能源，降低成本。②通用性强。杀菌设备简单，易操作，适合大规模杀菌处理。③杀菌效果显著，辐射剂量可调整。

2. 化学杀菌　　化学杀菌主要是臭氧（O_3）杀菌。臭氧杀菌的机理为：杀菌时导致细胞膜的通透性增加，细胞内物质外流，使细胞失去活力；使细胞活动必需的酶失去活性，这些酶既可以是基础代谢的酶，也可以是合成细胞重要成分的酶；破坏细胞内遗传物质使其失去功能。一般认为，臭氧杀灭病毒是通过直接破坏其 DNA 或 RNA 物质完成的，而臭氧杀灭细菌、霉菌类微生物则是臭氧首先作用于细胞膜，使细胞膜的构成受到损伤，导致新陈代谢障碍并抑制其生长，臭氧继续渗透破坏膜内组织，直至死亡。和其他杀菌方式相比，臭氧具有作用时间短、杀菌迅速、洁净性强、价格便宜等特点，但臭氧对人体有害，适宜浓度的控制在果蔬汁杀菌操作中至关重要。

3. 天然生物杀菌剂杀菌 天然生物杀菌剂杀菌技术是指利用生物本身或生物新陈代谢具有抗菌作用的天然物质来防腐、杀菌的一种杀菌技术。溶菌酶和植物杀菌素是目前两种主要的天然生物杀菌剂。溶菌酶是一种专门催化细菌细胞壁肽多糖的水解酶，能专一性作用于肽多糖分子中 N-乙酰胞壁酸与 N-乙酰氨基葡萄糖之间的 β-1,4-糖苷键，破坏细胞壁，使细胞凋亡。植物杀菌素是高等植物体内具有成分多杂特点、不同抗病机制的固有化学物质。

二、果蔬汁灌装技术

（一）概述

灌装是指将液体或半流体灌入容器内的操作环节，容器可以是玻璃瓶、塑料瓶、金属罐及纸盒等。按照灌装时饮料温度的高低，可分为热灌装和冷灌装。按照液体灌装方法，可分为常压灌装、等压灌装、负压（真空）灌装和压力灌装。

（二）包装材料

1. 玻璃材质 作为包装材料而言，玻璃是食品行业的主要包装容器。它们具有化学稳定性好、密封性强、透明、储存性能佳、造型美观、耐压力强、价格低廉等优点，目前市面上多种果蔬汁采用玻璃包装。但由于玻璃容器存在质量大、脆性大等缺点，导致其在果蔬汁饮料中应用范围受限。

2. 金属材质 金属包装材料的应用起步较晚，但因其品种繁多、发展迅速而被广泛应用于食品包装中。金属包装容器作为果蔬汁包装，主要是因为它有以下的优点：一是具有优良的阻隔性能，不仅可以阻隔气体，还可以阻光，能够有效地保存果蔬汁中营养成分，减少果蔬汁褐变，延长其货架寿命；二是具有优良的机械性能，对温度、压力和湿度的变化等都有较好的抗性；三是携带方便，使用过程中不易破损，适应现代社会快节奏的生活。但金属包装容器也有着一定的缺点，主要表现在化学稳定性差、耐碱能力差、内涂料质差或工艺不过关，这些缺陷会使饮料变味，甚至出现食品质量安全问题。所以，金属材质在果蔬汁饮料包装中也并不常见。

3. 纸容器 纸质材料是饮料包装中比较常用的材料，和其他包装材料相比，它具有制作成本低、容易加工成型、便于回收再利用等优点。随着技术的不断创新发展，纸塑复合型材料逐渐用于包装行业中，它相对来说更环保，性能更稳定，是现阶段饮料包装中使用比例较大的包装材料。另外，随着造纸工艺的进步，纸材从传统单向品种向品种多元化、功能专业化方面发展，一些更环保的利用方式也开始出现。但纸质容器的耐压性和密封阻隔度都不如玻璃瓶、金属罐和塑料容器。因为果蔬汁饮料中化学物质的不稳定性，遇氧极易褐变，同时因为纸质容器不耐压容易变形，所以纸质也不是果蔬汁饮料包装的主打材料。

4. 塑料材质 现今的饮料市场上塑料容器是发展最快且应用最多的包装。塑料瓶包装具有易携带、抗摔性强、质轻价廉、机械性好、化学性质稳定，有适宜的阻隔性与渗透性，并有良好的加工性和装饰性等优点，且大部分符合标准的食品包装塑料瓶安全性也比较好。按照塑料材质的不同，塑料包装可分为聚乙烯（polyethylene，PE）、聚氯乙烯（polyvinyl chloride，PVC）、聚丙烯（polypropylene，PP）等。其中聚对苯二甲酸乙二酯（PET）瓶在碳酸饮料、瓶装水、茶饮料、果蔬汁的容器应用中占据了主要地位，尤其是果蔬汁饮料包装中聚酯瓶的应用比例占一半以上。聚乙烯塑料瓶具有低温储藏性能好的特点，可包装在低温下流通的柠檬汁、鲜果蔬汁等各种饮料。塑料包装在果蔬汁饮料的包装中最常见，是生产商会优先选用的饮料包装材料。

（三）灌装方式

1. 热灌装　热灌装技术是物料经 UHT 杀菌后，在较高温度下直接灌装，利用物料的热量对容器内表面进行杀菌的灌装技术。热灌装技术要求物料经 UHT 超高温瞬时灭菌后，在灌装前温度保持在 85～92℃，且在极短时间内完成灌装。热灌装分为两种，一种是高温热灌装，即物料经过 UHT 瞬时杀菌后，降温到 85～92℃进行灌装，同时进行产品回流以保持恒定的灌装温度，然后保持该温度对瓶盖进行杀菌；另一种是中温热灌装，将产品升温到 65～75℃进行巴氏杀菌并添加防腐剂。这两种方式无须对产品、瓶子和盖子进行单独灭菌，只需将产品在高温下保持足够长的时间即可对瓶子和盖子进行杀菌。

2. 无菌冷灌装　无菌冷灌装是物料经 UHT 灭菌后，通过冷却方式强制将物料温度降至 30℃以下，再进行灌装的一种灌装技术。无菌冷灌装技术整个过程是在无菌环境下进行的，其技术要求非常高，如图 13-8 所示。进入灌装区域的介质包括空气、水、料液、瓶子和瓶盖都要达到无菌的要求。空气需要进行三级过滤，过滤效率达 99.97% 以上。水要经过处理达到无菌水的要求，无菌水主要是在灌装环境内对经过消毒的瓶盖、瓶子和环境表面进行冲洗，瓶盖、瓶子通过消毒液进行杀菌处理。和热灌装技术相比，无菌冷灌装技术无须添加防腐剂，也不需要在饮料灌装封口后再进行后期杀菌，就可以满足长货架期的要求，同时可保持饮料的口感、色泽和风味。

图 13-8　无菌冷灌装工艺流程图

（四）灌装方法

1. 常压灌装　常压灌装是一种最简单、最直接的灌装形式，也是应用最广泛的灌装方式之一。常压灌装又称为自重灌装或液面控制定量灌装，液料箱和计量装置处于高位，包装容器置于下方，在大气压力下，依靠液体的自重产生流动而灌入容器内，其整个灌装系统处于敞开状态下工作。灌装速度只取决于进液管的流通截面积及灌装缸的液位高度。

2. 等压灌装　等压灌装机又称为压力重力灌装，它是在高于大气压力的条件下进行灌装，即先对空瓶进行充气，使瓶内压力与贮液箱内的压力相等，故简称为充气等压，然后靠被罐装液料的自重进入包装容器内。

果蔬汁饮料在进行灌装时，首先通过灌装阀中的气阀向容器内充气，待容器内的压力与灌装机储液箱上腔的背压相等时（背压为储液箱上腔充入的高于二氧化碳混合压力的二氧化碳气体压力），灌装阀中的进液阀打开，饮料靠其自重流入容器内。在这个过程中，溶入饮料中的二氧化碳的压力基本没有发生变化，可有效地防止饮料中二氧化碳的外逸，保证了灌装的顺利进行。

3. 负压灌装　负压灌装机又称为真空灌装，它是在低于大气压力的条件下进行灌装。即先建立容器内的真空，然后靠液体的自重或靠液料箱与容器间的压力差进行灌装。压差可使产品的流速高于等压法灌装的流速。对于小口容器、黏性产品或大容量容器特别有利，但是负压法灌装系统需要一个溢流收集和产品再循环的装置，快速灌装产生的泡沫必须通过溢流系统排出。

负压灌装因其真空产生的形式不同，可分为两种：一是包装容器和储液箱处于同一真空度，液料实际是在真空等压状态下以重力流动的方式完成灌装，称为重力真空灌装；二是包装容器和储液箱真空度不相同，前者真空度较大，液料在压差状态下完成灌装，称为真空压差灌装。果蔬汁饮料通常采用真空压差灌装法灌装。

负压法可提高灌装速度，减少产品与空气的接触，有利于延长产品的保存期，其全封闭状态还限制了产品中有效成分的逸散。

4. 压力灌装　　压力灌装机利用机械压力如液泵、活塞泵等直接把产品泵送到灌装阀或是在料槽上部预留空间加压等办法将被灌装液料压入包装容器内，实现灌装。主要适用于黏度较大的黏稠性物料如果酱类食品的灌装。

压力灌装最常用的形式是：产品被加压，并且溢流槽与大气相通，如图 13-9 所示。压力灌装机不需要瓶托，没有灌装缸，采用卡瓶颈定位灌装，在灌装转台上有一个分配器，分配器的一端连接到安装在储液罐中的水泵，另一端用软管连接到各个灌装阀。灌装转台上安装有环形定位圈，定位圈上有与灌装阀数量相等的弧形定位槽，定位槽的中心线与阀的中心线重合。当 PET 瓶被输送到灌装转台，并被拨盘以瓶颈定位到弧形定位槽内，挂在了灌装转台的环形定位圈上，此时瓶口中心即与灌装阀的中心重合。灌装阀在随灌装转台的回转中沿凸轮下降，与 PET 瓶口密封并随之顶开灌装阀进液。设备之外储液罐中的水泵通过灌装机上的分配器向瓶里供液，灌装至瓶满口；瓶内气体及灌装满口后的余液将由回气（液）管返回储液槽。液体在灌装容器内的液面高度可以调节，由伸入瓶口内阀管的体积决定。

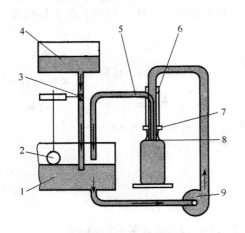

图 13-9　压力法灌装原理

1. 储液槽；2. 浮子；3. 产品供应阀；4. 料液；
5. 溢流管；6. 灌装阀；7. 封口；8. 灌装液位；
9. 液泵

第十四章 速冻果蔬

第一节 果蔬冷冻的原理

低温贮藏可以有效控制各种微生物的代谢活动和酶的活性。根据范霍夫理论，化学反应速度与温度有密切关系，一般温度每降低 10℃，化学反应速度降低 1/4～1/2。因此，可以通过降低果蔬温度，使果蔬中 90% 的液态水变成固态冰，破坏微生物的生长环境，抑制酶促反应的速度，达到长期贮藏果蔬的目的。

一、果蔬的冻结过程

（一）冻结曲线

果蔬冷冻的过程即采取一定方式排除其热量，使果蔬中水分冻结的过程，冻结曲线是食品在冻结过程中，温度逐渐下降，食品温度与冻结时间关系的曲线。冻结曲线的长短与冻结介质传热快慢具有较大关系，冻结曲线一般分为三个阶段（图 14-1）。

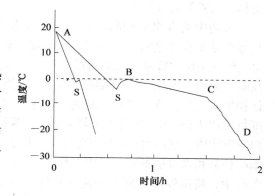

图 14-1　不同冻结速度下果蔬的冻结曲线

第一阶段为初阶段，即预冷阶段，从 A 到 S 为降温阶段，系统从初始温度降低到过冷点的温度。在此过程中，水以释放显热的方式降温，放出的显热与冻结过程所排出的总热量比较少，故降温速度快，冻结曲线较陡。由于冰晶未开始形成，此时果蔬中微生物和酶的作用不能抑制，需要迅速通过。

第二阶段是中阶段，即最大冰晶生成区域。当到达过冷点 S 点时，晶核形成，冰晶陆续开始生长，此阶段从 B 到 C，温度为 -5～-1℃，果蔬内部 80% 的水分冻结成冰，同时放出固化相变热，水转变成冰过程中放出的相变热通常是显热的 50～60 倍，冰晶体形成释放的潜热大，热量不能及时导出，温度下降减缓，曲线平坦，相对时间也较长。随着水分的冻结，果蔬中可溶性固形物含量增多，果蔬的冰点不断降低。因此，果蔬的相变是在一定温度范围内进行的。整个冰冻过程中大部分热量在此阶段放出。要快速通过才能形成细小、分布均匀的冰晶。在此温度区间内，果蔬的品质最易受损，大量生成的冰晶体机械压迫细胞组织。通过最大冰晶生成带时间越长，生成的冰晶体就越大，且分布越不均，果蔬的组织损伤越严重。因此，在进行冷冻操作时，要加快冻结的速度，快速通过最大冰晶生成带。

第三阶段是降温阶段，即终阶段，从 C 到 D 点的过程，果蔬产品继续降温，直到与系统温度一致。少量残留的水分继续结冰，已成冰的部分进一步降温至冻结终温。冰的分子结构相对于水的分子结构更加稳定，热导率增大，冰的比热容要比水小，冰进一步降温的显热减小，降温速度增大，但因还有残留水分结冰放出冻结潜热，因此，降温没有第一阶段快，曲线也不及第一阶段那样陡。到果蔬冻结的后期，由于样品与冷却介质的温差减小，驱动力变小，降温的速度也有所减小，曲线变得较平缓。

（二）果蔬的冻结点

冻结点是指在一定压力下，液体物质由液态转向固态的温度点，常压下，纯水的冰点是 0℃，但当温度达到 0℃ 时，水并未立即结冰，水只是被冷却到低于冷冻点的某个温度才开始冻结，这种现象称为过冷。从微观角度来看，水分子由液态变为固态，可活动的区间变小了，体系的"无序度"变小，混乱度降低，从无序的水变成有序的冰存在一个时间滞后期，因此，在冻结曲线上出现过冷状态。冻结点和过冷点之间的水处于亚稳态，极易形成结晶。这种过冷现象的出现与冷冻条件和产品性质有较大联系，部分果蔬具有一定厚度，冻结时表面层温度降低得快，因此不会有稳定的过冷现象出现。对食品而言，在过冷温度下开始晶化，晶化过程释放的热量导致温度上升至系统冰点温度，这由食品系统中的溶解性盐类、糖类和蛋白质等的数量来决定。

果蔬中的含水量较高，有的水果含水量达到 90% 以上，冷冻时主要是水的冻结过程，其冰点是水和冰之间处于平衡时的温度，总蒸汽压为水和冰两相压力的总和，温度降低时，总蒸汽压也随之降低。如果水的蒸汽压升高，水就会向形成冰晶的方向转化，冰的蒸汽压较高时，冰则会融化，直到液固两相蒸汽压相等为止。根据拉乌尔定律，水中溶有少量非挥发性物质时，其蒸汽压降低，凝固点下降。其中水的凝固点下降系数为 $1.86\ \text{K}\cdot\text{kg/mol}$，即浓度每增加 1 mol/L，冻结点下降 1.86℃。果蔬组织液中的水溶有一定量的小分子糖、盐、蛋白质等物质，它们和水的相互作用力降低了溶液的蒸汽压，使果蔬的冻结点比纯水要低一些。果蔬种类和含水量不同，过冷度和冻结温度也不同，冻结点的值是基于实验测量得到的，在实验中，将温度探头插入果蔬的几何中心处，在降温过程中，当冰形成时，温度会突然升高，标志着冻结的开始，只有灵敏度足够高的指示器，才可以监测到过冷现象，冻结温度随其组分的变化而变化。相同品种的果蔬，成熟度不同，冻结点也存在差异。活组织的冰点温度低于死组织，一般果蔬的冻结点在 −3～0℃。

二、冻结速度和冰晶

果蔬中物质以水为主，是溶解了少量有机体的不饱和水溶液，冻结过程也主要是水的冻结，其中水分主要以三种形式存在：第一种是存在于液泡中的自由水，与果蔬组织的结合能力弱，流动性最大，也最容易失水或冻结。第二种是存在于细胞间隙或细胞质中的水，此部分水不易流动。第三种是被认为存在于植物细胞壁中的水，水分子与植物中的离子和细胞壁中的大分子物质结合形成氢键，流动性最差，难以完全冻结。冻结速度决定了果蔬中水的冻结状况，影响冰晶形成的类型、大小和分布。冰晶的数量和大小决定了果蔬组织的冻结可逆性，直接影响产品的最终品质。

1. 速冻　速冻是指果蔬以最快的速度通过最大冰晶生成区的冻结过程。同一个食品，表面与中心部位的温度变化有差异。1 h 内 −5℃ 的冻结层从食品表面向内部延伸的距离大于 5 cm 时，可以被认为达到了速冻标准。当温度降低到冰点以下时，首先是自由水开始冻结，在速冻条件下，降温速度快，果蔬组织内冰层推进速度大于水移动速度时，热量传递过程比水分渗透过程快，细胞内的水来不及渗透出来就被过冷形成胞内冰晶，从而防止细胞内水分的流失，使冰晶分布更接近于天然果蔬中液态水的分布情况。降温速度快，过冷度低，成核率高，冰晶的生长率慢，可以在细胞内外同时生成晶核。此时，冰晶体数量多，呈针状或杆状，细小，细胞受到的压力均匀，对植物细胞造成机械损伤的可能性就小，细胞组织未被破坏，解冻后水分能保持在原来的位置，最大限度地保持原有果蔬的色、香、味及其营养价值。

2. 缓冻 速冻和缓冻的主要区别表现在冻结曲线中通过最大冰晶形成带的时间，也可以将 1 h 内从果蔬表面向内部延伸的 −5℃的冻结层推进距离小于 1 cm 的认为是慢速冷冻。在缓冻条件下，由于细胞外溶液浓度较低，冰晶首先在细胞外产生。刚开始生成的晶核并不稳定，会被其他水分子的布朗运动撞击而重新变成液态水，随着环境温度降低，晶核必然产生，过冷点和冻结点大致相近时，成核率很低，大晶体的蒸汽压要小于小晶体的蒸汽压，由于压差的存在，未冻结的水分子会优先凝结到大晶核上，晶体越来越大，晶体增长速度也加快。由于冻结时间长，形成的冰晶体积不断增加，细胞外溶液浓度增加，此时细胞内的水还以液体状态存在，同温度下，水的蒸汽压大于冰的蒸汽压，在浓度差和压力差的双重作用下，细胞内水分通过细胞膜开始向胞外迁移，以至细胞收缩，过分脱水。如果水的渗透率很高，细胞壁也可能被撕裂和折损。大的冰晶在细胞外生成，冰晶体分布不均匀，晶体形状呈块状或颗粒状，体积大，数量少，细胞受到冰晶的挤压产生变形，破坏了果蔬的组织结构，解冻后汁液流失严重，质地软烂，不能保持果蔬原有的外观和鲜度，质量明显下降。但是，冷冻干燥中，为了加速后面的升华过程，通常希望冷冻产生量少而大的冰晶的效果。

3. 重结晶 果蔬的反复解冻和再冻结，冻藏过程中温度的波动，贮藏温度过高等情况，均会导致水分的重结晶现象。根据开尔文公式，晶体表面曲率半径的变化会导致表面能的变化，微小晶体在溶液中的溶解度比大块晶体更大一些。当温度升高时，冷冻食品中细小的冰晶体首先融化，细胞内的部分水分从细胞内向细胞外转移，当再次降温时，水分会自动结合到较大的冰晶体上，反复冻融，小冰晶体越来越少，大冰晶体变得越来越粗大，较大冰晶会刺伤细胞，造成细胞破裂，给果蔬组织造成不可逆的伤害。

三、冻结对果蔬的影响

（一）冻结对果蔬组织结构的影响

果蔬的组织结构脆弱，一般冻融损伤比动物组织大，新鲜的果蔬是具有生命力的有机体，细胞膜具有半透性，当温度降低时，由于植物细胞中的水大部分在液泡中，水分含量高，可溶性固形物含量低。根据稀溶液的依数性，冻结首先在浓度低的溶液中进行，随着液泡中水转变成冰，液泡内溶液浓度增加，导致细胞内水分通过细胞膜迁移出来，细胞内溶液浓度逐渐升高，浓度越大，凝结温度越低，细胞失水，造成质壁分离。同时，液泡中冰晶吸收细胞内迁移出来的水分，冻结成更大的冰晶体，造成细胞膨胀压过大，刚性的细胞壁缺乏弹力，极易被大冰晶刺破或胀破，冷冻处理增加了细胞膜和细胞壁对水分与离子的渗透性。这种伤害使果蔬在后续的解冻时不能恢复原来的组织状态。

果蔬在冷冻时，缓冻和速冻对果蔬组织结构的影响也是不同的。冷冻造成的果蔬组织破坏并不是由于低温的直接影响，而是由于冰晶形成所造成的机械损伤。因此，快速冷冻让细胞内外水分几乎同步形成晶核，在细胞内原位冻结，使冰晶体分布均匀，阻止水分外移，从而减少晶体对组织结构的影响。

冻结速度过快时，样品和冷媒之间温差过大，比如液氮速冻，一般在几秒内即可完成，当冻结个体较大的食品时，样品表面会出现很多细小的分布不均匀的裂纹，在 0℃纯水变成冰时，其体积增加 9% 左右，食品中含水量、空隙率、组成等各不相同，引起的膨胀增加率不同。在冷冻过程中，在食品表面先形成的外壳阻止了食品体积的膨胀，一旦内部应力超过食品材料的强度，就会发生断裂。果蔬中除水之外的其他物质，一般在冷冻过程中将引起体积收缩，两种不同的应力导致食品内部产生的裂纹少而大，有些裂纹会逐渐向食品内层扩展，直至导致食品断裂或碎成几块。

（二）冻结对果蔬热物性的影响

冻结后样品物理性质会发生明显变化。比热容是在无相变化和化学反应的条件下，物体温度升高或降低 1 K（或 1℃）时，系统吸收或放出的热量。冰的比热容是 2.0 kJ/（kg·K），水的比热容是 4.18 kJ/（kg·K），可见，水的比热容是冰的 2 倍左右，也就是说冰的降温速度比水的快。冻结后，冰的导热系数是水的 4 倍，随着速冻的进行，冰层向内推进使导热系数不断提高，从而加快了速冻过程。通过了解食品的物理性质随温度变化而变化的特点，可以为冷冻和冻藏过程中的耗热量的计算、设备选择和制品品质控制提供参考。

（三）冻结对果蔬风味的影响

无论何种冻结方式，果蔬在冷冻再解冻后，其化学成分和质构都会发生变化。果蔬异味的产生一方面是由于组织中积累的羰基化合物和乙醇等，会产生挥发性异味。豌豆、四季豆、甜玉米等富含淀粉的含脂类较高的蔬菜类产品，在冻结和冷藏期间，游离脂肪酸的含量显著增加，含脂化合物氧化产生异味。另一方面，在贮藏过程中，果蔬自身具有或局部发生变质，从而产生各自的特殊气味，这些气味会相互作用和影响，从而改变果蔬原有的风味。因此，必须定期用臭氧等进行除味处理，但是臭氧浓度过大或用量过多后，过量的臭氧残留在冷库中，对果蔬的气味也会产生影响。

（四）冻结对果蔬质地的影响

果蔬冷冻保藏的目的是要尽可能地保持其新鲜果蔬的特性。冻藏和解冻后，果蔬质构软化是不可避免的，原因之一是果胶酶的存在，使原果胶变成可溶性果胶，造成组织分离，质地软化。另外，冻结时细胞内水分外渗，组织溃解，解冻后不能全部被原生质吸收复原，易使果蔬软化。冻结时产生的冰晶、体积的变化及内部温度梯度等因素同样导致机械应力的产生，植物脆嫩的细胞被刺破，造成汁液流失，细胞脱水，果蔬细胞结构被破坏，质构不能恢复原来的特性。

（五）冻结对果蔬汁液流失的影响

果蔬速冻和解冻后，内部冰晶就融化成水，一部分水被组织吸收，回到原来的状态，因为部分细胞壁和细胞膜受冰晶体的刺破，失去了原有的功能，另一部分不能被组织完全吸收的水，由受损部分流出，造成不可逆的损失。冻结速度越慢，植物组织受损越严重，水分损失越多，汁液中含有的营养成分、风味物质也随之流失。产品原料切得越细小，流失汁液越多，越易造成果蔬整体品质的下降。速冻食品解冻过程中汁液损失的多少，也是鉴定速冻食品质量的一个重要指标。

（六）冻结对果蔬中微生物的影响

果蔬通常受土壤和环境中微生物的污染。采摘后时间拖得越久，污染越严重。冷冻果蔬前，需要除去泥土和杂物，切分和整理，部分蔬菜还需要进行保绿保脆烫漂处理，这些过程都会影响微生物的生化反应，冻结前污染的微生物数随着冻藏时间的延长会逐渐减少。随着冻结温度的降低，微生物的生长和繁殖速度也将下降，温度降低到微生物的生长点后，部分微生物停止生长并死亡。低温条件下，微生物中的酶活性下降，新陈代谢基本停止，细胞内原生质黏度增加，导致蛋白质发生不可逆的变性，加上冰晶对微生物的机械性破坏，致病菌不可能在低温冷冻条件下繁殖。反复冻融，对微生物的营养体具有更强的杀伤力，但是对果蔬的品质也有很大程度的破坏作用。

细菌的耐冷能力比耐热能力强一些，酵母、霉菌比细菌耐低温的能力强。低温对微生物的抑制作用强，而杀伤效应则很低。当温度一旦恢复到适宜温度，微生物可以再度生长繁殖，恢复正常的代谢。蔬菜中以嗜冷细菌和霉菌为主，水果中以霉菌和酵母为主。其中，乳酸菌和芽孢大部分不受冷冻、冻藏和解冻的影响，冻结食品的储藏仍有一定的期限。为防止酶及微生物的影响，冻结食品的品温必须低于 $-18℃$。

（七）冻结对果蔬中酶活力的影响

酶在生物体的新陈代谢活动中有重要作用，是具有特殊催化功能的生物催化剂。温度对酶促反应的影响比较复杂，一般来讲，在 $0\sim40℃$ 时，每升高 $10℃$，酶促反应速率增加 $1\sim2$ 倍，超过 $93.3℃$，大多数酶失去活性。冷冻过程中冰晶破坏了细胞膜和细胞壁的结构，释放出化学物质和各种酶，蔗糖酶、酯酶、氧化酶等酶类能忍受很低的温度，低温仅能抑制酶的作用，部分酶在 $-73.3℃$ 还有活性。冻结过程使酶活力显著降低，但并不完全失活，在长期冷藏过程中，酶的作用仍可使果蔬变质。当果蔬解冻后，随着温度的升高，酶将重新活跃起来，加速果蔬的变质。在最大冰晶生成区，果蔬中 80% 的水将变成冰，未冻结溶液基质浓度和酶的浓度都增加，酶被激发，导致催化反应速率比高温时快。因此，应该尽快通过冰晶生成带，在速冻以前采用热烫、加入抗氧化剂等辅助措施破坏或抑制酶的活力，速冻果蔬在解冻后应迅速食用。

第二节 果蔬的冷冻方法

食品的冻结方法需要根据各种食品的具体要求和特性，采用不同的设备和工艺来实现。低温快速冻结，冻结时间短，果蔬品质保持得好，解冻后可逆性大，形成的冰晶体小，不会严重破坏细胞结构，是冷冻技术发展的总趋势。速冻主要有空气冻结法、间接接触冻结法和直接接触冻结法，每种方法包括若干设备和工艺。水果与蔬菜的冻结工艺相似，都要求速冻以获得较佳的产品。对一般质地柔软的水果，含有机酸、糖类等成分多的蔬菜，冻结温度一般要求更低一些。近年来，果蔬冷冻相关理论研究整体进展比较缓慢，随着新的冻结装备不断涌向，新技术在果蔬冷冻加工中也得到了很好的应用。

一、超声波辅助冷冻

超声波辅助冷冻作为一种新兴的冷冻技术，目前在果蔬加工和保存领域被广泛应用。这种新型的冷冻方法并不是取代传统冷冻技术，而是一种将超声波与现有冷冻技术相结合的高效方法，超声波在冷冻过程中能对晶核的形成和随后冰晶体的生长起到重要作用，从而对冷冻食品的品质进行有效控制。

（一）超声波辅助冷冻的原理

超声波冷冻过程中空化效应尤为重要，该效应是超声波在冷冻介质中周期性局部稀疏和压缩循环振动造成的。当超声功率足够大时，超声波振动空气导致液体受到较大负压，使液体撕裂，形成气泡或空穴；若超声功率不足，液体受到的负压不够，液体中会形成微小的气泡，在长时间的超声条件下，小气泡也会聚集并生长。超声空化包括液体中气泡的形成、增长、振荡及崩塌，气泡可以在平衡状态下保持一定尺寸并长时间稳定存在，也可以瞬间破裂崩塌，分别称为稳态空化和瞬时空化。

空化效应是影响冰晶成核，缩短冷却时间的重要因素。在超声波冷冻过程中冰晶成核通常分为两个阶段，分别为一次成核和二次成核。当食品温度低至成核温度时，此时为初始成核阶段，食品内部水分运动减缓，同时气泡的尺寸达到临界阈值时，空化气泡充当了冰核的核心，逐渐有小冰晶产生。随后，食品中的水分子向冰簇聚集冰核生长，同时，稳态空化气泡运动导致形成微流和涡流造成气泡崩塌，这种崩塌增加了过冷度，过冷度可以作为瞬时成核的一个大驱动力。因此，在空化气泡消失后，增强传热传质，可立即促进成核。冰晶的二次成核，是在预先存在的冰晶基础上实现的，当空化气泡受剪切力破裂后，在超声波作用下预先存在的冰晶破碎成更多细小且均匀的冰晶碎片。因此，超声波冷冻能提高冰晶成核率，达到缩短物料冷却时间的效果。

超声作用下，超声波空化机制产生的微射流不仅导致食品内部产生更多的成核点，气泡的破裂和运动也可以改变液体动力学，提高冷冻速度。气泡在固液界面破裂会导致边界层的破坏，从而降低边界附近的流动摩擦并提高传热速度，加快食品的冷冻进程。

（二）超声波辅助冷冻的特点

超声波冷冻技术有助于食品的冷冻，在合理超声条件下，超声波强度越高，冷却速度越快。这主要是因为超声波空化效应下，食品内部产生的冰核率高，冰晶细小且分布均匀，同时存在微射流效应，导致冷冻介质对流传热加速也至关重要。除此之外，超声冷冻后的食品还能降低酶活性，避免由酶引起的不良反应。但超声波也具有双重性，在超声冷冻应用中应设置合理的参数，参数不当可能会对物料细胞结构造成损伤，也可能引起一系列不良反应，使得整体物料品质受到影响。

超声波冷冻有利于食物组织中迅速生成细小的冰晶，可以提高冻结速度，同时超声波处理后的食品，由于内部冰晶细小，能更好地保持其细胞完整性。与常规浸渍冷冻相比，应用超声波冷冻能显著提高冷冻后马铃薯中总酚和 L- 抗坏血酸的含量。此外，双超声频率最适合保存样品中 L- 抗坏血酸含量。三频超声产生更强的空化效应并产生更多的羟基自由基，从而导致 L- 抗坏血酸降解。但是，三重超声频率能最有效地保存马铃薯中的总酚含量。

（三）超声波辅助冷冻的应用

超声波冷冻具有明显的优点，被广泛研究并应用。以草莓为原料，采用 $CaCl_2$ 溶液浸泡结合超声波冷冻处理进行研究，发现食品物料开始的成核过程及过冷度与超声波作用的环境温度有关。冻结时间随着使用超声波的温度降低而缩短，其中在 -1.6℃使用超声波冷冻时冻结时间最短。可能是由于超声波可以提高成核温度，缩短过冷阶段，从而缩短冻结时间。然而，在 -2.1℃条件下，过冷使食品材料与冷却液之间的温差减小，降低了传热速度，导致冻结时间延长。在应用多频超声对马铃薯冷冻速度的影响研究中发现，在 270 W 的恒定功率下，应用三倍频（20 kHz、28 kHz 和 40 kHz）、双频（20 kHz 和 28 kHz）和单频（20 kHz）的超声波冷冻，使冷冻时间显著缩短 48.1%、41.5% 和 30.1%。有学者将苹果、萝卜和土豆作为研究对象，探讨了在乙二醇溶液中浸渍并结合超声波的冷冻试验，结果发现超声波冷冻与正常浸渍冷冻的总冷冻时间相比缩短了。超声波冻结过程中莲藕的含水量、含气量和液体黏度等性状对冻结时间、冻结速度及冻后滴水损失均有显著影响（$P < 0.05$）。

还有研究团队研究了超声波辅助冷冻脱气技术，在冷冻萝卜的试验过程中发现超声波辅助冷冻能提高多孔食品的冷冻率和品质，且萝卜组织气量与相变时间呈正相关，经处理的萝卜具有较完整的微观结构。

二、高压辅助冷冻

（一）高压辅助冷冻的原理

高压冷冻技术利用压力的改变控制食品中水的相变行为。在高压条件下，将食品冷却到一定温度，此时水仍不结冰，然后迅速解除压力，使食品内部形成粒度小且均匀的冰晶体。形成的冰晶体积不会膨胀，从而减少对食品组织内部的损伤。

绝大多数果蔬的主要成分是水，果蔬产品在冷冻时因为冰晶大小与分布不同，会造成产品内部组织结构的机械性损伤。水在不同的温度、压力下所形成的冰相不同。常压下，水冷冻结冰后体积增大，密度会降低。当压力约为 200 MPa 时，食品内温度降低到 −20℃ 仍不冻结，而当压力升高到 900 MPa 以上时，食品可以在没有任何冷却处理的情况下被冻结。

高压冷冻是将果蔬降低温度，果蔬中的水分在 −18℃ 仍不结冰，然后迅速将高压设备停止，果蔬内部会瞬间形成均匀细小的冰晶体，大量冰核均匀分布在整个食品内部。从微观组织来看，小冰晶的形成使得细胞损伤减少，最终食品质量将得到显著提高。

（二）高压辅助冷冻的特点

高压辅助冷冻方法特别适用于大尺寸样品的冷冻，可以避免常规冷冻中大尺寸样品内冰晶分布不均匀、温度梯度大及样品冻裂等现象的发生。高压冷冻过程降低了果蔬的冻结点，过冷态的水结冰时产生的热量也比常压下要小很多，从而减小了相变潜热。同时，高压、灭酶和最小热处理使病原菌失活，可使果蔬在营养和感官品质上得到最大限度的保持，不影响其货架期。

（三）高压辅助冷冻的应用

有关高压食品冷冻技术应用已有研究报道。在 400 MPa 高压条件下将马铃薯冷冻，马铃薯的色泽变化小，质地较为稳定，基本无变化，汁液中溶解物的浓度也明显比常压条件下冻结时汁液的浓度低。经过高压速冻的产品，在感官指标如色泽、质地方面都显著优于常压冻结。在 200～400 MPa，冷冻的卷心菜茎部、胡萝卜能很好地保持其品质。值得注意的是，高压冷冻技术适宜的压强为 200～400 MPa，低于或高于这个范围所得的冷冻食品的品质都有不同程度的下降。

三、浸渍冷冻

（一）浸渍冷冻的原理

浸渍冷冻法是将食品直接与温度很低的液体冷媒接触，从而实现快速冻结的一种方法。被冷冻物料进入载冷剂后，表面与载冷剂迅速发生热量交换，瞬间物料表面温度降低并逐渐冻结，从而达到速冻的目的。

（二）浸渍冷冻的特点

浸渍冷冻技术和传统冷冻技术相比，具有以下优点：①液体的传热速率约为气体传热的20倍，所以浸渍冷冻时冻结速度快、耗时短，能够在降低干耗的基础上较大限度地保持物料品质；②浸渍冷冻前期设备投资较少，由于冻结时间短，所用物料在设备中停留时间也较短，能够有效提高设备的利用率，适用于产品的连续化生产；③由于载冷剂的自身特性，食品物料在浸渍冷冻过程中能很好地分离，在不增加额外投资的情况下，只需要轻轻搅动便可实现单体速冻。可以进行连续性生产，无干耗，操作人员少。

浸渍冷冻技术同样存在问题，限制该项技术在食品冷冻中的应用：①在浸渍冷冻过程中由于直接接触，载冷剂会不同程度地渗透到食品物料内部，影响食品物料品质，甚至造成其他安全隐患；②物料释放的部分物质也会渗透到载冷剂中，降低载冷剂的浓度，对载冷剂造成一定程度的污染，影响载冷剂的反复使用。

（三）浸渍冷冻的应用

浸渍冷冻中载冷剂应满足无毒无害、冻结点低、传热系数大、黏度低、性质稳定、腐蚀性小、价格低廉等特点。目前浸渍冷冻载冷剂多以水、醇类物质（乙醇、丙二醇等）、盐类物质（氯化钠、氯化钙等）和糖液等混合作为多元载冷剂。一般溶液的浓度越大，效果越好。

盐水冷冻曾经在捕获后金枪鱼渔业工业中非常流行，但由于设备易被腐蚀及鱼体直接在盐水中冻结会导致鱼体变色，因此其应用受到一定的限制。水果一般可用甘油水混合液冻结，67%甘油水溶液的温度可降低到 $-46.7℃$，但这种介质对不宜变甜的食品并不适用。

四、磁场辅助冷冻

（一）磁场辅助冷冻的原理

新鲜果蔬的主要成分为水，果蔬的冷冻过程主要是水的冻结过程。水分子为极性分子，在受到外界作用影响时，很容易发生变化。水分子的抗磁性会使水分子在磁场作用下产生一个绕磁场方向的运动。对水分子团簇来说，在磁场中运动时，也会受到磁场的作用从而产生一个附加磁矩。这些对氢键结构的稳固性会构成挑战，甚至使氢键断裂，水分子由大团簇变成多个小团簇独立运动。分子的团簇自由能增大，自由扩散能力会下降。因此，在相变过程阶段，水的流动性变差，晶核生长受到抑制，冰晶尺寸得到控制。在磁场作用下相变过程被推迟，使得细胞经历最大冰晶生成带的时间缩短，产生的冰晶尺寸细小，使得果蔬冷冻时间减少，也减少了果蔬冻结过程中的机械组织损伤。

（二）磁场辅助冷冻的特点

利用磁场的作用机理可以将磁场用于辅助果蔬的冻结过程。在磁场辅助冷冻下，磁场可以增加水及水溶液的过冷度、延长过冷态时间、影响冰晶成核过程。形成的冰晶趋于雾化状态和沙粒化状态，这对于食品的细胞组织损坏更小。

（三）磁场辅助冷冻的应用

活细胞冷冻技术（CAS）是由动磁场和静场组合后，从壁面释放出微小的能量，使食物中的水分子呈细小且均一化的状态，然后将果蔬从过冷状态立即降温到 −23℃以下而被冻结，最大限度抑制了冰晶膨胀，食品的组织细胞不被破坏，解冻后最大限度地保持新鲜食品的品质。

第三节　果蔬的解冻技术

无论冷冻工艺如何改善，冻结过程和长期冻藏对果蔬均有不良的影响，解冻终温由解冻食品的用途决定。对小型包装的速冻食品，家庭中常结合采用烹调和自然放置两种典型的解冻方式。用作工业加工原料的冻品，解冻至能用刀切分为宜，一般中心温度达 −5℃即可。解冻过程是冻结时形成的冰晶体融化成水的过程，好的解冻方法，解冻时间短，解冻均匀，汁液流失少。

解冻方法大体可分为两种：一种是借助外部对流换热进行解冻，以空气为介质，如自然对流空气解冻、强制对流空气解冻、高湿度空气解冻、加压空气解冻，以水为介质，如静水浸渍解冻、低温流水浸渍解冻、水喷淋解冻、水蒸气减压解冻；另一种是在食品内部加热解冻，如利用高频电和微波解冻、红外辐射解冻、高压静电解冻等。

体积较大的冻结制品，果蔬的表层首先融化成水，因为水的导热系数仅为冰的四分之一，通常解冻食品在 −5~0℃温度带中停留时间长，果蔬中酶由于升温，活力恢复，使果蔬变色、变味甚至腐败，因此要尽快通过此温度带。解冻方法要根据解冻产品特性和产量，选择合适的设备、工艺等，从而保持最佳的品质。

一、超声波辅助解冻

（一）超声波辅助解冻的原理

超声波解冻过程主要是声能向热量的转化，超声波诱导的微蒸汽可以增强传热传质，从而降低固／液界面传热传质现象的阻力。解冻时物料在解冻冷冻边界一般可以吸收相对较多的能量，因此解冻进程加快。超声波在冻结制品中衰减程度较大，而且这种衰减随着温度的增加，在起始冷冻点达到最大值。物料表面的衰减急剧下降，在解冻冻结边界的附近区域仍保持很高的衰减水平，这将推进能量进入食品。超声波特有的物理效应会产生高速射流，形成不对称的气泡随后破裂，从而改善传热，缩短解冻时间。

（二）超声波辅助解冻的特点

与静水解冻相比，超声波辅助解冻产品的解冻时间缩短。超声波辅助解冻与其他新型解冻方式相比：该方法不像微波解冻会导致蛋白质严重变性，同时还可以解冻微波无法解冻的金属包装产品；与高压解冻相比，其解冻成本也更经济且环保，更适用于快速稳定地解冻。然而，超声波辅助解冻也存在穿透力差，功率要求高，易局部加热，并导致过热的缺点。这主要是因为当超声波在冷冻食品中传播时，相当大一部分的超声波能量是作为热量散失的。因此，冷冻食品表面的温度比内部的变化快，从而对正在进行解冻的材料表面造成损害。

（三）超声波辅助解冻的应用

通过超声波辅助解冻毛豆时，在 1.8 W/g 功率水平下，能保持毛豆原始硬度、叶绿素和抗坏血酸含量。此外，2.4 W/g 的超声功率水平有助于抗坏血酸含量的降低。超声波解冻的芒果果肉比 4℃处理的果肉解冻时间缩短了 51%～73%。

虽然超声波辅助解冻有许多优点，但在研究中发现果汁或花蜜经超声波辅助解冻后会出现一些品质恶化的现象。超声波辅助解冻蔓越莓汁可能导致果汁质量的恶化，在解冻样品中检测到新的挥发性化合物，如十二酸甲基乙酯形成的一些异味。但是，低温下超声波解冻苹果汁效果较好，主要体现在解冻时间短且解冻后品质较优。

二、高压解冻

（一）高压解冻的原理

高压解冻是将冻结的食品放入耐压的铁制容器内，然后通入一定压力的压缩气体，压力升高，冻品的冰点降低，单位容积内的气体密度增大。冻藏的温度一般为 −18℃左右，当施加 200 MPa 的压强时，压力会瞬间均匀传递到冻品各部分。所以，在此压强条件下，−15℃时冰即处于过热状态，会有部分冰融化成水，吸收融化热，使冻品温度降低。因此，一般高压解冻需要温度 15～20℃，流动风速为 1～1.5 m/s，以提高换热速率，用于冰的融化和防止减压时发生重结晶。同时，在高压条件下，冰的导热系数会增大，比热容减小，融解潜热降低，这些会加速传热，提高解冻速率。

（二）高压解冻的特点

高压解冻的相变温度距离最大冰晶生成带的温度（−5～−1℃）较远，这能在很大程度上避免常压解冻的缺点。对于大多数食品而言，高压解冻还能够抑制微生物的生长。例如，以鱼和土豆为研究对象进行解冻实验，通过对比不同解冻方法的冻品解冻时间、汁液损失率等，确定了超高压食品解冻的可行性。高压解冻能够节约操作时间，能够有效地保护食品内部的组织结构。和常压解冻相比，高压解冻可以有效地提高冷冻豆腐的质构。

（三）高压解冻的应用

高压条件下冻品的变化是较为复杂的。压力除会使水的相变点发生变化外，还会有相变潜热、比热容及导热系数等性质的改变。另外，在加压的过程中还会产生热效应，会使马铃薯褐变程度加深，但对于质构较软的水果，如草莓，高压解冻后的硬度不及室温解冻，因此其并不适合采用高压解冻。压力水平和处理时间会影响融化速率和产品质量，而产品的性质如体积和初温，则不会影响解冻速率，这表明高压解冻对于融化大体积的产品是非常有利的。

三、微波解冻

（一）微波解冻的原理

微波解冻属于内部解冻方法，是微波在交变电场作用下，使得被加热食品内部的分子产生高频率的振动，致使分子无规律运动而产生摩擦生热的现象，从而达到使食品升温的目的，使冷冻食品解冻。微波解冻的融化速率取决于原料的性质、尺寸、大小及电磁辐射的频率。在工业上一般会采用 915 MHz 或 2450 MHz 频率的微波在交变电场下作用。

（二）微波解冻的特点

微波解冻利用食品内部分子无规律振动产生的摩擦热能使冷冻食品解冻。该技术具有解冻速度快、效率高、解冻过程中污染少、自动化程度高的优点，还可使冷冻食品解冻后营养物质流失少，解冻后品质好。其缺点是易造成局部过热，从而导致解冻时冷冻食品受热不均匀。

（三）微波解冻的应用

有研究表明，300 W 微波解冻可使芒果快速解冻，同时又能保持芒果良好的口感与品质。与其他解冻方法相比，微波解冻速度快，解冻后水果的色泽、硬度都保持较好，汁液流失少，对解冻后食品的营养物质影响较小。

近年来关于解冻过程对果蔬品质影响的相关研究不断深入，射频加热是利用射频发生器产生交变电磁场，冷冻食品中的微观粒子在交变电磁场的作用下运动、摩擦、碰撞，实现了将电磁能转变为热能，使得冷冻食品表面和内部同时升温加热，从而达到解冻的效果。远红外线也较多地应用于冷冻食品的快速解冻中。

第十五章 果 蔬 干 燥

第一节 果蔬干燥的原理

果蔬干燥的原理就是利用热或者其他能源，将果蔬中的水分含量降低到一定程度，达到使微生物不能正常生长繁殖的目的，同时还能延长果蔬制品的货架期。因此，对果蔬进行干燥的过程中，清楚地了解果蔬中水的存在形式是非常重要的。部分果蔬的含水量见表 15-1。

表 15-1 部分果蔬的含水量（钟志友等，2011）

名称	含水量 /%	名称	含水量 /%
菠萝	88.4	胡萝卜（红）	89.0
草莓	91.3	竹笋	92.8
芒果	90.6	大白菜	93.6
柠檬	91.0	菠菜	91.2
葡萄	86.9～89.6	洋葱	89.5
柿子	80.0	平菇	92.5
桑葚	82.8	木耳（水发）	91.8

一、果蔬干燥过程

干燥是指在热空气中食品水分受热蒸发后被除去的过程。该过程包括两种形式：一是食品中水分子从内部迁移到与干燥空气接触的表面，当水分子到达表面时，根据表面与空气间的蒸汽压差，水分子就立即转移扩散到空气中——水分转移；二是热空气中的热量从空气传到食品表面，再由表面传到食品内部——热量传递。在果蔬干燥过程中既有水分的转移又有热量的传递，即湿热转移。

（一）果蔬中水分的存在状态

由于果蔬种类、品种和种植条件的不同，其含水量也不尽相同，一般在 65%～95%，以自由水、结合水和化合水的状态存在。

1. 自由水　　自由水又称为游离水或机械结合水，是指在果蔬中能够自由流动，容易冻结并且能够作为溶剂的一部分水。自由水与果蔬中其他组分的结合力为零，具有水的全部性质，可以以液体和蒸汽两种形式在果蔬中自由移动。在果蔬干燥的过程中，自由水最容易释放。

2. 结合水　　结合水也称为束缚水，是指不易流动、不易结冰、不能作为外加溶质的溶剂。结合水的性质明显不同于纯水，这部分水被化学或物理的结合力固定，吸附在产品组织内亲水胶体表面。在果蔬干燥的过程中，一般不会被释放，只有在自由水被完全释放后，结合水才会被释放。

3. 化合水　　化合水是在果蔬中经过化学反应，按照严格的数量比例，牢固地同固体结合的水分，化学性质很稳定，在果蔬干燥过程中不会被释放，只有在化学作用或者特别强烈的热处理下才能除去。

（二）干燥机制

干燥时，食品水分转移和热量传递的过程可用图 15-1 来表示。在干制过程中，食品表面水分受热后首先由液态转化为气态（即水分蒸发），而后水蒸气从食品表面向周围介质中扩散，导致食品表面含水量低于它的内部，在食品表面和内部区间建立了水分差或水分梯度，促使食品内部水分不断地向表面转移，不仅减少了表面水分，也使内部水分不断减少。在复杂情况下，水分蒸发也会在食品内部某些区间甚至全面进行，因而食品内部水分就有可能以液态或蒸汽状态向外扩散转移。此外，当食品置于热空气的环境或条件下时，食品与热空气接触，热空气中的热量会首先传到食品表面，表面的温度则相应高于食品内部，在食品表面和内部就会出现相应的温度差或温度梯度，随着时间的延长，食品内部的温度会达到与表面相同的温度，这种温度梯度的存在也会影响食品的干燥过程。

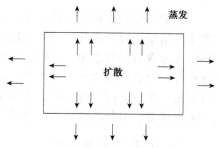

图 15-1　干燥过程湿热传递模型

1. 导湿性　　干燥过程中潮湿食品表面水分受热后，首先水分蒸发，水蒸气从食品表面向周围介质中扩散，此时表面湿含量比物料中心的湿含量低，出现含水量的差异，存在水分梯度。同时，食品高水分区水分子就会向低水分区转移或扩散。这种由于水分梯度的存在，食品水分从高水分处向低水分处转移或扩散的现象常称为导湿现象，又称为导湿性。

2. 导湿温性　　在空气对流干燥中，食品物料表面受热高于它的中心，因而在物料内部会建立一定的温度梯度。雷科夫首先证明温度梯度将促使水分（不论液态或气态）从高温处向低温处转移。这种由温度梯度引起的导湿温现象称为导湿温性。

导湿温性是在许多因素影响下产生的复杂现象，主要是高温将促使液体黏度及其表面张力下降，但将促使蒸汽压上升；此外，高温将使食品间隙中的空气扩张，空气扩张会挤压毛细管内水分顺着热流方向转移，由于热流的方向与水分梯度的方向相反，因而温度梯度是食品干燥时水分减少的阻碍因素。

3. 导湿性与导湿温性介导的果蔬干燥　　干制过程中，食品湿物料内部会同时存在水分梯度和温度梯度，因此，水分的总流量是导湿性和导湿温性共同作用的结果。在两者共同的推动下，水分总流量将为两者之和。

对于对流干燥而言，温度由物料表面向中心传递，而水分流向正好相反，即温度梯度和水分梯度的方向恰好相反。因此，导湿温性将成为水分沿水分梯度扩散的阻碍因素，水分扩散受阻。

若导湿性比导湿温性强，水分将按照物料水分减少方向转移；若导湿温性比导湿性强，水分则随热流方向转移，并向水分增加方向发展，则食品含水量减少速度变慢或停止。在大多数情况下，导湿温性常成为内部水分扩散的阻碍因素。在对流干燥的降速阶段，也常会出现导湿温性大于导湿性，于是物料表面水分就会向它的深层转移，而物料表面仍进行水分蒸发，以致它的表面迅速干燥而温度也迅速上升，这样水分蒸发就会转移到物料内部深处。只有物料内层因水分蒸发而建立了足够的压力，才会改变水分转移的方向，扩散到物料表面进行蒸发。这样不利于物料干燥，延长了干燥时间。如果物料内部无温度梯度存在，水分将在导湿性影响下向物料表面转移，在其表面进行蒸发。此时水分蒸发取决于加热介质参数，以及物料内部和它表面间水分扩散率的关系。干燥过程若能维持相同的物料内部和外部水分扩散，就能延长恒速干燥阶段并缩短干燥时间。这些情况进一步表明降速阶段内的干燥速率主要受食品内部水分扩散和蒸发的因素如食品温度、温度差、食品结合水分及其结构、形状和大小等的影响，因此空气流速及其相对湿度的影响逐渐消失，而空气温度的影响增强。

二、果蔬的干燥保藏原理

通常微生物作用和生物化学反应是引起食品腐败变质的主要原因，任何微生物进行正常的生长繁殖，以及多数生物化学反应都需要以水作为溶剂或介质。由于微生物种类不同，对环境水分含量的要求也不相同，但它们所能利用的水分主要是物料中的非结合水分，称为有效水分。只有有效水分才能被微生物、酶和化学反应所触及，有效水分可以用水分活度来进行衡量。水分活度与微生物、酶等生物、物理、化学反应的关系已经被微生物学家、食品科学家所接受，水分活度概念广泛应用于食品脱水干燥过程的控制及食品法规标准。

（一）水分活度概述

1. 水分活度的定义　　水分活度用来衡量水结合力的大小及区分自由水和结合水。根据道尔顿定律，水溶液与纯水在性质上是不同的。纯水中加入溶质后，溶液分子之间引力增加，沸点上升，冰点下降，蒸汽压下降，水的逸度降低。溶液中的溶质越多，蒸汽压下降得越多，水的逸度也越低。因此，水分活度可用水分子的逸度来反映，将果蔬中水的逸度与纯水的逸度之比称为水分活度（water activity，A_w）。

$$A_w = f/f_0$$

式中，f 为果蔬中水的逸度；f_0 为纯水的逸度。

在低压或者室温时，水分逃逸的趋势通常可近似地用水的蒸汽压（p）来表达，f/f_0 和 p/p_0 的数值差小于 1%，故可用 p/p_0 来定义 A_w。

在食品加工中，水分活度可以定义为食品表面测定的水的蒸汽压（p）与相同温度下纯水的饱和蒸汽压（p_0）之比，但这个定义仅适合于理想溶液和热力学平衡体系。由于大多数食品不符合这些假设，因而依据蒸汽压的水分活度仅是一个近似值。

$$A_w = p/p_0$$

由于蒸汽压与相对湿度有关，因而一种食品的 A_w 与该产品环境的平衡相对湿度（ERH）有关。也就是说，A_w 也可以用 ERH 来表示。

$$A_w = p/p_0 = ERH$$

数值上，A_w 与用百分率表示的平衡相对湿度值相等。但两者的含义不同，A_w 是果蔬的固有性质，反映了果蔬中水分的结合状态；ERH 则反映了与果蔬平衡时周围的空气状态或大气性质。

测定 A_w 时，可将试样放置在一个密闭的容器内，待达到平衡后测定容器内的相对湿度，也可以根据试样冰点下降的数据来测定，目前 A_w 测定的精准性为 2%。

应当注意的是，当 A_w 或水分含量很低时，测量食品上方的蒸汽压不能准确测出其真实的 A_w，因为产品与空气平衡所需时间可能要数月到数年。

A_w 反映了水与非组分结合的强弱大小，自由水产生的 A_w 为1，结合水产生的 A_w 小于1。A_w 从热力学角度描述了水在食品中和非水组分相互作用的程度。

2. 影响水分活度大小的因素 影响 A_w 大小的因素有很多，通常取决于食品中水分存在的量、温度、水中溶质的浓度、食品成分、水与非水部分结合的强度等。表15-2中是一些食品的水分活度。

表15-2 一些食品的水分活度（赵君哲，2014）

食品	水分活度	食品	水分活度
冰（0℃）	1.00	面粉	0.70
苹果	0.99	果脯	0.70
牛奶	0.98	干面条	0.50
面包	0.95	饼干	0.10
熏火腿	0.87	葡萄干	0.60
果酱	0.80	硬糖	0.10～0.20
糖蜜	0.76	果汁软糖	0.60～0.75

不同的食品，其组分不同，水分含量和 A_w 都不一样，同一种果蔬，水分含量相同，但在不同的温度下，其 A_w 也不一样。因而，也可简单地认为 A_w 是受样品的组成和温度共同影响的，并且前者是主要影响因素。

温度对 A_w 的影响可根据克拉佩龙-克劳修斯（Clapeyron-Clausius）方程式进行估计，如以 $\ln A_w$ 对 $1/T$（在恒定的含水量下）作图则是一条直线。

$$d\ln A_w/d(1/T) = -\Delta H/R$$

式中，T 为热力学温度；R 为气体常数；ΔH 为在试样含量水分时的等量吸附热。

应当注意的是，当温度范围扩大时，$\ln A_w$-$(1/T)$ 图并非总是直线，特别是在食品冰点上下时，直线总会出现明显的折断，影响是不同的，在冰点以下远大于在冰点以上。不能根据冰点以下温度时的 A_w 来预测冰点以上温度时的 A_w。

（二）水分活度对微生物的作用

微生物生长繁殖与水分活度之间的依赖关系见表15-3。从食品的角度来看，大多数新鲜食品，尤其是果蔬，其水分活度在0.99以上，适合各种微生物生长。只有当水分活度降至0.75以下时，食品的腐败变质才会显著降低。水分活度降至0.7以下时，物料才能在室温下进行较长时间的贮存。

表15-3 果蔬中主要微生物类群生长的最低 A_w（范围）（赵君哲，2014）

微生物类群	最低 A_w 范围	微生物类群	最低 A_w
大多数细菌	0.90～0.99	嗜盐性细菌	0.75
大多数酵母	0.88～0.94	耐高渗酵母	0.60
大多数霉菌	0.73～0.94	干性霉菌	0.65

目前的干燥方法通常采用的干燥温度不是很高，即使是高温干燥，因脱水时间极短，微生物只是随着干燥过程中水分活度的降低慢慢进入休眠状态。因此，食品干燥过程不能代替

食品必要的消毒灭菌处理，应该在干制工艺中采取相应的措施如蒸煮、漂烫等，以保证干制品安全卫生，延长货架期。

（三）水分活度对酶的作用

果蔬变质除由微生物引起外，还常由其自身酶的作用而造成。在通常的干燥过程中，初期酶的活性有所提高，这是由于水分的减少，基质浓度、酶浓度提高了。此时物料仍保持一定水分，且温度并不高，因此酶的作用仍可继续。随着干燥过程的延伸，物料温度升高，水分含量进一步降低，酶的活性逐渐下降。只有当水分含量降至1%以下时才能完全抑制酶的活性，而通常的干燥很难达到这样低的水分含量。同干燥对微生物的作用一样，果蔬干燥过程不能代替酶的钝化或者失活处理。为了防止干制品中酶的作用，果蔬在干燥前需要进行酶的钝化或者酶的灭活处理。通常酶在湿热条件下处理易于钝化。例如，在湿热100℃时1 min几乎可使各种酶失活。但是酶在干热条件下却很难钝化。例如，在干燥状态下，即便使用204℃处理，效果也很差。实际生产中一般是以耐热酶过氧化物酶的残留活性为参考指标，控制酶钝化的程度。

（四）水分活度对化学变化的作用

水对果蔬中化学反应的影响比对微生物的影响更为复杂。水分活度并不是确定最低化学反应的唯一参数，因为水在果蔬中可作为化学反应物及生成物的溶剂，作为反应物（如水解反应），作为反应的产物（如发生于非酶褐变的缩合反应），作为另一种物质的催化或者抑制活性的改良剂（如抑制一些金属对脂过氧化反应的催化作用），因此要进行综合分析。

很多化学反应属于离子反应。反应发生的首要条件是反应物必须进行离子化或水化作用，而发生离子化或水化作用必须有足够的自由水才能进行。

其次，很多化学反应和生物化学反应都必须有水分子参加才能进行（如水解反应）。若降低水分活度，就减少了参加反应的自由水的量。反应物的浓度下降，化学反应的速度也就变慢。果蔬变质与其发生非酶褐变有关，但水分活度也不能完全抑制非酶褐变反应。食品水分活度为0.6～0.8时，最适合非酶褐变。果蔬制品发生非酶褐变的水分活度是0.65～0.75，由于果蔬成分的差异，即使同一种果蔬，加工工艺不同，引起褐变的最适水分活度也存在差异。

第二节　干燥曲线及阶段

一、干燥曲线

果蔬干制过程的特性可由食品干燥曲线来反映。干燥曲线可由干燥过程中水分含量、干燥速率和食品温度的变化曲线组合在一起来较全面地加以表达，食品干燥曲线如图15-2所示。水分含量曲线就是干制过程中食品水分含量变化和干制时间之间的关系曲线；干燥速率曲线反映的是食品干制过程中任何时间内水分减少的快慢或速度的大小，即$\frac{dM}{dt}=f(M)$的关系曲线；食品温度曲线可反映干制过程中食品本身温度的高低，对于了解食品质量有重要的参考价值。

（一）水分含量曲线

图15-2中a表示水分含量曲线，由ABCDE线段组成。当潮湿食品被置于加热的空

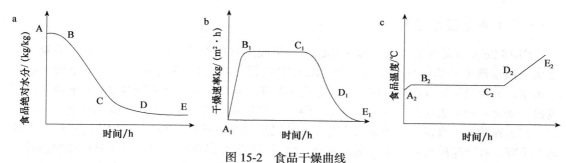

图 15-2　食品干燥曲线

a. 水分含量曲线；b. 干燥速率曲线；c. 食品温度曲线

气中进行干燥时，首先食品被预热，食品表面受热后水分就开始蒸发，但此时由于存在温度梯度，水分的迁移会受到阻碍，因而水分的下降较缓慢（AB 段）；随着温度的传递，温度梯度减小或消失，食品中的自由水（毛细管水分和渗透水分）蒸发和内部水分迁移快速进行，水分含量出现快速下降，几乎是直线下降（BC 段）；当达到较低水分含量（C 点）时，水分下降减慢，此时食品中水分主要为多层吸附水，水分的转移和蒸发则相应减少，该水分含量被称为干燥的第一临界水分；当水分减少趋于停止或达到平衡（DE 段）时，最终食品的水分含量达到平衡水分。平衡水分取决于干燥时的空气状态如温度、相对湿度等。

水分含量曲线特征的变化主要由内部水分迁移与表面水分蒸发或外部水分扩散所决定。

（二）干燥速率曲线

干燥速率是水分子从果蔬表面转移至干燥空气的速率。图 15-2b 中就是典型的干燥速率曲线，由 $A_1B_1C_1D_1E_1$ 组成。食品被加热，水分开始蒸发，干燥速率由小到大一直上升，随着热量的传递，干燥速率很快到最高值（A_1B_1），为升速阶段。达到 B_1 点时，干燥速率为最大，此时水分从表面扩散到空气中的速率等于或小于水分从内部转移到表面的速率，干燥速率保持稳定不变，是第一干燥阶段，又称为恒速干燥阶段（B_1C_1）。在此阶段，食品内部水分很快移向表面，并始终为水分所饱和，干燥机理为表面汽化控制，干燥所去除的水分大体相当于物料的非结合水分。

干燥速率曲线达到 C_1 点，对应于食品第一临界水分（C）时，物料表面不再全部为水分润湿，干燥速率开始减慢，由恒速干燥阶段到降速干燥阶段的转折点 C_1，称为干燥过程的临界点。干燥过程跨过临界点后，进入降速干燥阶段（C_1D_1），这就是第二干燥阶段的开始。干燥速率的转折标志着干燥机理的转折，临界点是干燥由表面汽化控制到内部扩散控制的转变点，是物料由去除非结合水到去除结合水的转折点。该阶段开始汽化物料的结合水分，干燥速率随物料含水量的降低，迁移到表面的水分不断减少而使干燥速率逐渐下降。此阶段的干燥机理已转为被内部水分扩散控制。

当干燥速率下降到 D_1 点时，食品物料表面水分已全部变干，原来在表面进行的水分汽化则全部移入物料内部，汽化的水蒸气要穿过已干的固体层传递到空气中，使阻力增加，因而干燥速率降低得更快。在这一阶段食品内部水分转移速率小于食品表面水分蒸发速率，干燥速率下降是由食品内部水分转移速率决定的，当干燥达到平衡水分时，水分的迁移基本停止，干燥速率为零，干燥停止（E_1）。

（三）食品温度曲线

图 15-2c 是食品温度曲线，由 $A_2B_2C_2D_2E_2$ 组成。干制初期食品接触空气传递的热量，温度由室温逐渐上升达到 B_2 点，是食品初期加热阶段（A_2B_2）；达到 B_2 点，此时干燥速率稳定不变，该阶段热空气向食品提供的热量全部消耗于水分蒸发，食品物料没有被加热，故温度没有变化。物料表面温度等于水分蒸发温度，即和热空气干球温度和湿度相适应的湿球温度。在恒速阶段，食品物料表面温度等于湿球温度并维持不变（B_2C_2）；达到 C_2 点时，干燥速率下降，在降速阶段内，水分蒸发减小，由于干燥速率的降低，空气对物料传递的热量已大于水分汽化所需的潜热，因而物料的温度开始不断上升，物料表面温度与空气湿球温度相比越来越高，食品温度不断上升（C_2D_2）；当干燥达到平衡水分时，干燥速率为零，食品温度则上升到和热空气温度相等，为空气的干球温度（E_2）。

干燥曲线的特征因水分和物料结合形式、水分扩散历程、物料结构和形状大小而异。物料内部水分转移机制、水分蒸发的推动力，以及水分从物料表面经边界层向周围介质扩散的机制都将对物料干制过程的特性产生影响；此外，食品干燥是把水分蒸发简单地限定在物料表面进行，事实上水分蒸发也会在它内部某些部分或甚至于全面进行，因而，具体情况比所讨论的要复杂得多。

二、干燥阶段

在典型的食品干燥中，干燥过程经历干燥速率恒定阶段（恒速期，CRP）和干燥速率降低阶段（降速期，FRP）。

（一）恒速期

在大部分食品中，干燥速率就是水分子从食品表面跑向干燥空气的速率，在这种情况下，食品表面水分含量被认为是恒定的，因为水从产品内部迁移的速率足够快，可保持恒定的表面湿度。也就是说水分子从食品内部迁移到表面的速率大于（或等于）水分子从表面跑向干燥空气的速率，因此干燥速率是由水分子从产品表面向干燥空气进行对流质量传递的推动力决定的。

在这一时期，影响干燥速率的其他因素有空气流速、温度、相对湿度、初始水分含量和食品与干燥空气接触的表面积。水分子从产品表面释放到干燥空气中所需的能量来自热量传递。然而，在干燥的恒速期，热量传入产品的速率刚好与蒸发水量所需要的热量相平衡。在最简单的情况下，干燥的全部热量来自吹向食品的干燥空气和食品表面之间的对流热量传递。但是，有时在某些干燥室的顶部表面可以有辐射热量传递，或者有引起食品内部热量传递的微波辐射。如果食品放在一个固体盘中，除食品表面接触干燥空气流外，还有通过对流和传导两种方式使热量传递到食品底部的情况。因此，实际干燥体系也许涉及复杂的热量传递，使干燥分析十分困难。

在恒速期，传递到食品的所有热量都进入汽化的水分中。因此，温度保持在某一恒定值，该值取决于热量传递机制。如果干燥仅以对流方式进行，可以看到食品表面的温度稳定为干燥空气的湿球温度，也就是说，表面温度稳定在空气完全被水分所饱和的这一点上。然而，如果其他热量传递机制（辐射、微波、传导）提供一部分热量给食品，那么表面温度不再是湿球温度，而是稍微高些（但仍然为恒定值），有时称为假湿球温度。

只要水分从食品内部迁移到表面的速率足够快，以至于表面水分含量为恒定时，恒速干燥期就会持续。当水分从内部迁移比表面蒸发慢时，恒速期就会停止。恒速阶段的长短取决于干制过程中食品内部水分迁移（取决于它的导湿性）与食品表面水分蒸发或外部水分扩散速度的大小。若内部水分转移速度大于表面水分扩散速度，则恒速阶段可以延长；否则，就不存在恒速干燥阶段。例如，水分为75%～90%的苹果干制时需经历恒速和降速干燥阶段，而水分为9%的花生米干制时仅经历降速干燥阶段。

（二）降速期

在干燥后期，一旦达到临界水分含量 M_c，水分从表面跑向干燥空气中的速率就会快于水分补充到表面的速率。在降速期，食品中水分含量分布取决于干燥条件，在块状食品中央水分含量最高，在表面最低。

在这样的条件下，内部质量传递机制影响了干燥的快慢。在食品中水分迁移有以下几种方式，在某一给定的干燥条件下，可存在一种或多种干燥机制。

1. 液体扩散 当表面的水分含量减少到低于食品中剩余水分的含量时，水分迁移至表面的推动力是扩散，扩散的速率取决于食品的性质、温度，以及表面与体相之间的浓度差。

2. 蒸汽扩散 在产品表面下存在汽化作用（特别是在长时间干燥时），水分子以蒸汽扩散形式通过食品到干燥空气中。干燥空气的蒸汽压决定扩散速率。

3. 毛细管流动 表面张力也能影响食品结构中水分的迁移，特别是对于多孔状的食品。根据多孔食品基质的性质和定向，毛细管流动可通过其他机制增加或阻止水分迁移。

4. 压力流动 干燥空气和食品内部结构之间的压力差会引起水分的迁移。

5. 热力流动 食品表面和食品内部之间的温度差会阻止水分迁移到表面。

在干燥过程中，可应用一个或多个机制，每种机制的相关作用在干燥过程中可以变化。例如，在降速期的早期，液体扩散是内部质量传递的控制机制，而在干燥后期，由热力流动和蒸汽扩散共同控制干燥。因此，在降速期要预测干燥速率常常是困难的。

一个普通的方法是用有效扩散率 D_{eff} 来经验性地描述降速期的干燥，它是所有内部质量传递机制的综合。通常 D_{eff} 的测定是通过测量实际干燥速率的数据，再将这些数据代入非稳态扩散方程中，计算出有效的扩散速率。对于一种蒸发薄膜在一面的干燥，非稳态扩散方程式写作：

$$\frac{\delta M}{\delta t} = D_{eff} \frac{\delta^2 M}{\delta M^2}$$

式中，M 为干燥膜的厚度尺寸。

预测降速期的干燥时间是极其困难的，主要有以下几个原因。首先，食品内水分的有效扩散率会随着质量传递机制的变化而改变；其次，在降速期，食品的温度逐渐增加，这会改变扩散速率及其他内部质量传递机制；再次，许多食品在失去水分时会收缩，这种体积缩小会影响质量传递机制；最后，在降速期由于温度升高，食品在干燥中易发生物理和化学反应，如表层会形成硬壳，从而大大抑制水分的迁移。

通常存在两个降速期，在第一个降速期，随着越来越多的水分跑到干燥空气中，湿表面区逐渐减少，内部水分迁移跟不上表面干燥，在此时期内，表面温度缓慢增加，因为仍会发生一些蒸发冷却。当表面一旦干燥，第二个降速期就会开始。此时食品内发生汽化的蒸发面或区域缓慢移向食品的内部。在这样的条件下，蒸发冷却发生得很少而表面温度增加得很快，最后，表面温度接近于干燥空气的温度。

一旦食品中水分含量与干燥空气达到平衡（可通过解吸等温线来测定），则干燥不再发生。然而，若干燥在食品达到平衡前停止，那么在干燥过程中存在的湿度梯度就会逐渐平衡，直到整块食品达到相同的平均水分含量。

对于食品干燥过程特性以导湿性和导湿温性解释，见表15-4。

表 15-4　由导湿性和导湿温性解释干燥过程特征（韩锐等，2020）

干燥阶段	曲线特征	作用
预热阶段	干燥速率上升，温度上升，水分略有下降	导湿性引起的水分由内向外；导湿温性相反，但随着内外温差的减小，其作用减弱
恒速干燥阶段	干燥速率不变，温度不变，水分下降	导湿性引起的水分由内向外；导湿温性由于内外几乎没有温差，因此不起作用
降速干燥阶段	干燥速率下降，表面温度上升，水分下降变慢	低水分含量时，导湿性减弱，导湿温性减小

第三节　影响干燥的因素

影响果蔬干燥的因素有很多，这些因素与两个方面相关，一是在干燥过程中的加工条件，由干燥机类型和操作条件决定；二是与置于干燥机中的果蔬性质有关。加速湿热传递的速率，提高干燥速率是干燥的主要目标。

一、干燥条件的影响

1. 干燥介质温度　　果蔬干燥时，提高空气温度，干燥加快。由于温度提高，传热介质与果蔬间温差加大，热量向果蔬传递的速率越大，水分蒸发扩散速率也越大，从而使恒速干燥阶段的干燥速率增加。对于一定相对湿度的空气，随着温度提高，空气相对饱和湿度下降，这会使水分从果蔬表面扩散去除的动力更大；另外，温度越高，内部水分扩散速率就越快，也就是说水分在高温下转移更快，从而内部干燥也增加，这对降速阶段也同样有效。因此，增加温度可以通过影响内部水分迁移（降速阶段）和外部水分扩散（恒速阶段）使干燥加快。然而，需注意的是，若以空气作为干燥介质，温度的作用是有限的。因为果蔬内水分以水蒸气的形式外逸时，将在果蔬表面形成饱和水蒸气层，若不及时排除掉，将阻碍果蔬内水分进一步外逸，从而降低了水分的蒸发速度，故温度的影响也将因此而下降；另外，过高的温度会在果蔬中引起不必要的化学和物理反应，故干燥的温度不应该太高，为了保持高质量果蔬都必须有一个实际控制的干燥温度。

2. 空气流速　　若以空气为加热介质，及时排除果蔬表面的饱和水蒸气层是很重要的，因此空气流速就成为影响干燥速率的另一个重要因素。空气流速加快，由边界层理论可知，流速越大，气膜越薄，越有利于增加干燥速率。这不仅是因为热空气所能容纳的水蒸气量将高于冷空气而吸收较多的蒸发水分，还能及时将聚集在果蔬表面附近的饱和湿空气带走，以免阻止果蔬内水分的进一步蒸发；同时还因为与果蔬表面接触的空气量增加，对流质量传递速度提高，而显著地加速果蔬中水分的蒸发。因此，空气流速越快，果蔬干燥得也越迅速，会使干燥恒速期缩短。然而，由于降速期的干燥通常不受外部条件限制，故增加空气流速一般对降速期没有影响。

3. 空气相对湿度　　脱水干制时,如果用空气作为干燥介质,空气相对湿度越低,果蔬干燥速率也越大。因为果蔬表面和干燥空气之间的水分蒸汽压差是影响外部质量传递的推动力,对于一种给定果蔬(已知表面蒸汽压或水分活度),空气相对湿度增加会降低推动力,近于饱和的湿空气进一步吸收蒸发水分的能力远比干燥空气差,饱和湿空气不能再进一步吸收来自果蔬的蒸发水分;相反,降低空气相对湿度会加快干燥恒速期的干燥速率。然而,相对湿度一般对于由内部质量传递控制的降速期而言,其干燥速率没有受到影响。注意空气的相对湿度也决定最终平衡水分,这可以通过干燥的解吸等温线进行预测。空气和果蔬的相对湿度一旦达到平衡,干燥就不再发生。

脱水干制时,食品的水分下降的程度也是由空气湿度决定的。干燥的食品极易吸水。食品的水分始终要和周围空气的湿度处于平衡状态。食品水分不同,其表面附近蒸汽压随之而异。食品的水分低,则其蒸汽压相应下降。脱水干制后,低水分食品表面的蒸汽压也随之而下降。此时,如果物料表面与其水分相应的蒸汽压低于空气的蒸汽压,则空气中水蒸气不断向物料表面附近扩散,而物料则从它的表面附近空气中吸收水蒸气而增加其水分,直至表面附近蒸汽压和空气蒸汽压相互平衡,物料也不再吸收水分。因蒸汽压随温度而异,故在不同温度时各种食品水分有其自己相应的平衡相对湿度。因此,平衡相对湿度就是在一定温度中,食品既不从空气中吸取水分,也不向空气中蒸发水分时的空气湿度。如低于此空气湿度则食品将进一步干燥;反之,则食品不再干燥,却会从空气中吸取水分。和平衡相对湿度相应的食品水分则称为平衡水分。干制时最有效的空气温度和相对湿度可以从各种食品的吸湿等温线上选择。

4. 大气压力和真空度　　气压影响水的平衡关系,进而能影响干燥。当在真空下干燥时,空气的气压减少,水的沸点也就相应下降,气压越低,沸点也越低,如仍用在大气压力下干燥时相同的加热温度,则将加速食品中水分的蒸发,使恒速期的干燥更快;然而,当干燥受内部质量传递控制时,真空操作对干燥速率的影响不大。或者可以说,在真空室内加热干制时,可以在较低的温度条件下进行,适合热敏物料的干燥。此外,真空干燥还能使干制品具有疏松的结构。

二、果蔬性质的影响

1. 表面积　　水分子在果蔬内必须行走的距离决定了果蔬的干燥速度,当果蔬被切成具有更高表面积的小片状时,水分子必须行走到达表面的距离变短。表面积增大,有利于干燥。同时,果蔬被切割成薄片或小块后大大减少了果蔬的粒径或厚度,缩短了热量向果蔬中心传递的距离,增大了加热介质与果蔬接触的表面积,为水分的蒸发扩散提供了更大的空间,从而加速了水分的蒸发和果蔬的脱水干制。果蔬的表面积越大,料层厚度越薄,干燥效果越好,这几乎适用于所有类型的食品干燥。

2. 组分定向　　果蔬微结构的定向可影响水分从果蔬内转移的速率。水分从果蔬内转移沿不同方向差别较大,这取决于果蔬组分的定向。例如,在芹菜的纤维结构中,水分沿着长度方向比横穿细胞结构的方向干燥要快得多;在肉类蛋白质纤维结构中,也存在类似行为。

3. 细胞结构　　在大多数果蔬中,细胞内含有部分水,而剩余的水在细胞外,细胞结构间的水分比细胞内的水更容易除去,这主要是由于细胞内的水穿过细胞边界有一个额外的阻力。当细胞结构破碎时,更有利于干燥。天然动植物组织是具有细胞结构的活性组织,在其细胞间、细胞内均维系着一定量的水分，具有一定的膨胀压，以保持其组织的饱满与新鲜状态，当动植物死亡后，其细胞膜对水分的可透性加强，尤其是受热（如漂烫或烹调）时，细胞蛋白质失去对水分的保护作用，因此，经热处理的果蔬、肉及鱼类的干燥速率要比其新鲜状态时快得多。但细胞破碎会引起干制品的可接受性下降，如会发生复水后软塌等现象，使干制品质量变差。

4. 溶质的类型和浓度　　果蔬组成决定了干燥时水分子的流动性，特别是在低水分含量时果蔬中的溶质如糖、淀粉、盐和蛋白质与水相互作用，会抑制水分子的流动性。在高浓度溶质（低水分含量）情况下，溶质会影响水分活度和果蔬的黏度。果蔬中增加黏度和减少水分活度的溶质如糖、淀粉、蛋白质和胶，通常降低水分转移速率，从而降低干燥速率。溶质的存在提高了水的沸点，影响了水分的汽化，另外像糖等溶质浓度高时容易在外层形成硬壳而阻碍水分的汽化。因此溶质浓度愈高，维持水分的能力愈大，相同条件下干燥速率会下降。

5. 物料种类和状态　　果蔬的种类不同，其内部化学成分及组织结构也存在差异，因而在相同条件下不同种物料的干燥速度也不同。

6. 原料干燥前预处理程度　　原料的切分与否，以及切块的厚薄、大小都会影响干燥的速度。原料被切分且切块越薄、表面积越大，其干燥速度就越快。

7. 原料装载量　　单位面积的进料口上原料装载量越多，厚度越大，则越不利于热风流通，进而影响原料水分的蒸发。反之，若进料口上原料过少，又会引起热空气短路，导致干燥效率下降。

三、干燥对果蔬品质的影响

在果蔬干燥过程中，其组织结构、形状大小等都会发生变化，因而会对果蔬的品质造成影响。这些变化主要包括物理变化和化学变化。

（一）物理变化

1. 干缩和干裂　　弹性良好且呈饱满状态的新鲜果蔬在经过干燥过程后会出现全面均匀失水的情况，此时新鲜的果蔬随着水分的流失，长度、面积和体积将会均匀地缩小，质量减少。水果干制后体积为原料的 20%～35%，质量为原料的 6%～20%；蔬菜干制后体积为原料的 10% 左右，质量为原料的 5%～10%。

2. 表面硬化　　水果中通常含有较高浓度的糖分，且可溶性物质的含量也较高，因此果蔬在干燥时最容易出现表面硬化的现象。块、片状和浆质态食品内还常存在大小不一的气孔、裂缝和微孔，其孔径可细到和毛细管相同，故食品内的水分也会经微孔、裂缝或毛细管上升，其中有不少能上升到物料表面蒸发掉，以致其所带的溶质（如糖、盐等）残留在表面。经干制后，某些水果表面积有含糖的黏质渗出物，其原因就在于此。这些物质会将干制时正在收缩的微孔和裂缝加以封闭，在微孔收缩和被溶质堵塞的双重作用下导致出现表面硬化。

3. 果蔬内多孔性的形成　　快速干燥时果蔬表面硬化及其内部蒸汽压的迅速建立会促使物料成为多孔性制品。膨化马铃薯正是利用外逸的蒸汽促使它膨化的。不论采用何种干燥技术，多孔性食品能迅速复水或溶解，提高其食用的方便性。

4. 热塑性的出现　　糖分及果肉成分高的果蔬汁就属于具有热塑性的食品。例如，橙汁或糖浆在平锅或输送带上干燥时，水分虽已全部蒸发掉，残留的固体物质却仍像保持水分那样呈热塑性黏质状态，黏结在设备上难以取下，而冷却时它会硬化成结晶体或无定形玻璃状而脆化，此时就会便于取下。

（二）化学变化

1. 营养成分的变化 果蔬中含有大量的水分、维生素和丰富的糖类，因此在干燥的过程中含糖量高的果蔬容易发生焦化并且造成糖的分解，维生素也因氧化而遭到破坏。有研究表明，经过干燥后的新疆番茄营养成分大量损失，干制品品质下降，口感较差。

2. 色素的变化 新鲜的果蔬大都颜色鲜艳，干燥会改变其物理和化学性质，使果蔬反射、散射、吸收和传递可见光的能力发生变化，从而改变食品的色泽。干燥过程中的温度越高，处理时间越长，色素的变化量也就越多，从而导致干制果蔬颜色的变化。章斌的研究表明，柠檬片在经过干燥后，随着储存时间的延长，其颜色也会逐渐加深。

3. 风味的变化 脱水干燥过程中常见的一种现象就是失去挥发性风味。解决的有效办法是在干燥过程中，通过将冷凝外逸的蒸汽（含有风味物质）再回加到干制食品中，以尽可能地保持制品的原有风味。此外，也可将其他来源获得的香精或风味制剂补充到干制品中；或干燥前在某些液态食品中添加树胶或其他包埋物质将风味物微胶囊化以防止或减少风味损失。

第四节 干 燥 方 法

果蔬干制的方法其实有很多种，从不同的角度可以分为多种类型。按照所用热量的来源，干制方法可分为自然干制和人工干制两大类；按照水分蒸发环境，干制方法可分为常压干燥和真空干燥两大类；按照水分去除的原理，可分为热力干燥和冷冻升华干燥；按照热能传递方式，可分为对流干燥、传导干燥和辐射干燥；按照操作方式的不同，可分为间歇式干燥和连续式干燥。而每类不同的方法因各种因素的改变又可衍生出许多不同的方法。本章将从传统干燥方法、新型干燥方法及组合干燥方法角度对果蔬干燥方法进行阐述。

一、传统干燥方法

（一）自然干制

自然干制就是在自然环境条件下干制果蔬的方法，通常包括晒干、晾干和阴干等方法，是一种最为简便易行的对流干燥方法。自然干燥与该地区的温度、湿度和风速等气候条件有关，炎热和通风是最适宜于干制的气候条件，我国北部和西北地区的气候常具备这样的条件。

1. 晒干 晒干就是将果蔬原料放在晒场，直接暴露于阳光和空气中，果蔬经太阳照射后，自身温度上升，其水分因受热而向周围空气中蒸发，形成水蒸气分压差和温度差，通过空气自然对流不断促使果蔬水分向空气中扩散，直到它的水分含量降低到和空气温度及其相对湿度相适应的平衡水分为止。晒干需要较大的场地，场地宜向阳、通风、清洁卫生；此外，应要有预防下雨和潮湿气候的措施；为了加速并保证食品均匀干燥，晒时应经常翻动。

2. 阴干或晾干 阴干或晾干是在气候十分干燥、空气相对湿度低的地区，不是直接在阳光下，而是利用风让果蔬原料的水分自然蒸发。我国西北地区属于半干旱地区，有利于干制。例如，新疆地区有名特产葡萄干的生产常用阴干方法。

3. 自然干燥的特点和应用　　自然干燥的优点是方法简单，不需设备投资，费用低廉，不受场地局限，干燥过程中管理比较粗放，能在产地和山区就地进行，还能促使尚未完全成熟的原料进一步成熟。因此，自然干制仍然是世界上许多地方常用的干燥方法。我国广大农户多将此方法用于果蔬干的制作。由于这种干制品长时间在自然状态下受到干燥和其他各种因素的作用，物理化学性质发生了变化，所以生成了具有特殊风味的制品。我国许多有名的传统土特产品都是用这种方法制成的，如柿饼、红枣、葡萄干、金针菜、玉兰片、梅菜、萝卜干等。

自然干燥的缺点是干燥过程缓慢，干燥时间长；干燥过程不能人为控制，产品质量较差；制品容易变色；对维生素类破坏较大；受气候条件限制，如遇阴雨天时，微生物易繁殖；容易被灰尘、蝇、鼠等污染，难以大规模生产。

（二）人工干制

人工干制是在人工可以自主调控的工艺条件下对果蔬进行干燥的方法。该方法可以克服自然干制的一些缺点，不受气候条件的限制，因此干燥迅速、效率高，干制品的品质优良，完成干燥所需时间短。但人工干制需要一定的干制设备，且操作比较复杂，生产成本较高。目前这种干燥方法有专业的干燥设备，如空气对流干燥设备、真空干燥设备、滚筒干燥设备、微波干燥设备、远红外干燥设备等。

1. 烘灶和烘房　　葡萄干是人们日常生活中常见的一种小零食，并且众所周知，新疆葡萄干是非常有名的。在新疆，葡萄干的制作生产就用到了烘房的原理。葡萄风干房就是在房顶上方做成四面通风的房，利用自然通风，将葡萄风干成为葡萄干，是自然通风的一种干燥器。

2. 输送带式干燥　　输送带式干燥将常见的帆布带、橡胶带和金属网等作为输送带。输送带由两条及以上输送带串联或并联组成，一般将多条输送带上下平行放置，将果蔬原料铺在输送带上，借助机械力向前转动，随着带子的移动，物料依次从最上层逐渐向下移动，物料受到顺流、逆流两种不同干燥方式完成干燥后，从最下层一端出来。

果蔬原料的输送由输送带完成，多层输送带式干燥设备如图 15-3 所示。湿物料从最上层带子加入，随着带子的移动，依次落入下一条带子，可使物料实现翻转和混合，两条带子的方向相反，物料受到逆流和顺流不同方式的干燥，最后干物料从底部卸出。

使用带式载料系统能减轻装卸果蔬原料的体力劳动和费用，操作可连续化和自动化，可实现工艺条件更加合理和优化，获得品质更加优良的干制品。目前，这种方法已用于干制苹果、胡萝卜、洋葱、马铃薯和甘薯片等，使用这种方法的工厂日益增多。

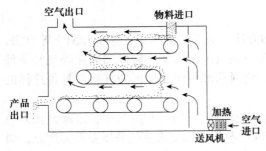

图 15-3　多层输送带式干燥设备示意图
（夏文水，2007）

3. 喷雾干燥

1）喷雾干燥的原理和组成　　喷雾干燥是利用不同的雾化器将溶液、乳浊液、微粒的悬浊液或含有水分的糊糊状物料在热风中喷雾成细小的液滴，在其下落的过程中，水分被迅速汽化而成为粉末状或颗粒状的产品。喷雾干燥设备主要由雾化系统、空气加热系统、干燥室、空气粉末分离系统、鼓风机等部分组成。雾化系统将待干燥的液体喷雾成直径 10～60 μm 的小液滴，以产生大的汽化表面积，有利于水的蒸发。不同的雾化系统对物料的适用情况有所不同，因此合理选择雾化装置是喷雾干燥的关键。常用的雾化系统主要有压力式、离心式和气流式三种，在食品工业中最常用的是离心式和压力式。

空气加热系统一般有蒸汽加热和电加热两种，空气温度 150～300℃，食品体系中温度一般为 200℃ 左右。工业化工厂一般都采用蒸汽加热。干燥室是液滴和热空气接触的地方，干燥室长一般为几米到几十米。液滴在雾化器出口处速度达 50 m/s，但很快降到 0.2～2 m/s，在整个干燥室的滞留时间为 5～100 s，食品水分含量从 30%～60% 降至 5%～10%，甚至可到 2%。空气粉末分离系统主要有旋风分离器和布过滤器，将空气和粉末分离，对于较大粒子粉末由于自身重力而将沉降到干燥室底部，细粉末的分离靠旋风分离器来完成。

2）喷雾干燥的过程　　雾化后与热空气接触干燥时，在食品液滴下降通过干燥室的几分钟内，水分含量被干燥到小于 10%，由于液滴如此之小，干燥表面积如此之高，以至于干燥速率极其快。在典型的喷雾干燥中，干燥过程同样会经历恒速干燥和降速干燥阶段。

恒速期（CRP）时间相当短，也许仅持续几秒。在这么短的时间内，干燥速率受水分子从液体表面被除去快慢的限制，可以认为表面水分含量不变。在喷雾干燥中，热传递的主要机制是干燥空气与液滴之间的对流。对于喷雾干燥，在 CRP 过程中，表面温度可以达到干燥空气的湿球温度。

降速期（FRP）在喷雾干燥中时间较长。这时水分从液滴中向表面转移的速率限制了水分向干燥空气逸出的量。在 FRP 期，蒸发冷却不足以维持表面温度在湿球温度，使产品表面温度逐渐增加，最终，液滴达到干燥空气的相同温度。当空气冷却时，干燥不再进行，典型的出口空气温度为 50～100℃。

4. 滚筒干燥　　滚筒干燥是一种将稠厚的浆料涂抹或喷洒在滚筒表面，通过接触进行内加热传导的一种连续转动型干燥技术，该技术可以在常压和真空两种状态下进行干燥。这种干燥机械主要由 1 或 2 只金属滚筒组成，热源常用水蒸气，压强为 0.2～0.6 MPa（很少超过 0.8 MPa），温度在 120～150℃。对某些要求在低温下干燥的物料，可采用热水作为热媒。将物料涂抹或喷洒在缓慢转动和不断加热的滚筒表面形成薄膜，当滚筒转动 3/4 或 7/8 周时，用时几秒到几分钟便可完成干燥，用刮刀刮下，经螺旋泵输送至成品贮存槽，最后进行粉碎或直接包装，其工作原理如图 15-4 所示。

滚筒在物料槽中缓慢转动，将物料在不断加热的滚筒表面铺成薄层，在旋转中水分蒸发至干，并被固定或往复运动的刮刀刮下，经输送器将产品输送至贮槽内进行包装。滚筒内部被加热，其外表面为干燥面，可使物料的固形物含量从 3%～30% 增加到 90%～98%，干燥接触时间为 2 s 到几分钟。

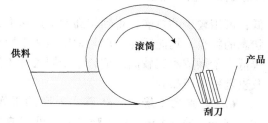

图 15-4　滚筒干燥原理示意图

滚筒干燥设备常见的类型有单滚筒、双滚筒或对装滚筒等。单滚筒就是有一个独自运转的滚筒；双滚筒由对向运转和相互连接的两个滚筒构成，调节双滚筒间距可控制干燥过程中滚筒表面物料层的厚度；对装滚筒是由相距较远、转向相反、各自运转的两个滚筒组成的。

按滚筒的供料（布膜）方式又可分为浸液式、喷溅或喷雾式、顶槽式等类型。

滚筒干燥的主要特点是可实现快速干燥，热效率高（可达70%～80%），热能经济，干燥费用低。对不易受热影响的食品，如麦片、米粉、马铃薯等而言，是一种费用较低的干燥方法，可适用于浆状、泥状、糊状、膏状、液态物料。但由于滚筒表面温度很高，制品带有煮熟味。处于高温状态下的干制品会发黏并呈半熔化状态，干燥后很难刮下或即使刮下也难以粉碎，对此可在刮料前先行冷却，或在真空滚筒干燥设备中进行。

5. 真空干燥　　真空干燥是一种将果蔬原料置于真空负压条件下，适当加热使其在较低温度下实现水分蒸发的干燥方式。将果蔬原料放置在密闭干燥室内，用真空系统抽至真空的同时不断加热，物料内部水分子在压力差或浓度差的作用下扩散到表面，克服分子间相互吸引力后，逃逸到低压空间，从而被真空泵抽走。

一些食品在温度较高的情况下（>85℃）干燥时易发生褐变和氧化等反应，从而对产品风味、外观（色泽）和营养价值造成影响或损害，因而希望在较低的温度下进行干燥。但低温时水分蒸发慢，如果降低大气压，则水分的沸点相应降低，从而水分沸腾易产生水蒸气，真空干燥就是基于此原理进行的，即在低气压（一般为0.3～0.6 kPa）条件下，可在较低温度下（37～82℃）（液态-气态）干燥食品。

真空干燥设备的类型有很多，大多数密闭的常压干燥机如与真空系统连接，都能作为真空干燥设备。如将真空与对流空气干燥和接触干燥相结合，则有各种各样的真空干燥设备。常用的有间歇式真空干燥和连续式真空干燥（华泽钊等，1999）。

图15-5为连续输送带式真空干燥设备。进出干燥室的物料连续不断地由输送带传送通过。为了保证干燥室内的真空度，专门设计有密封性连续进料和出料的气封装置。

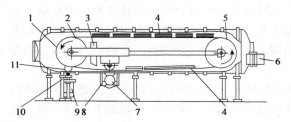

图15-5　连续输送带式真空干燥设备示意图
（夏文水，2007）

1. 冷却滚筒；2. 输送带；3. 脱气器；4. 辐射加热件；5. 加热滚筒；6. 接真空泵；7. 供料滚筒检修门；8. 供料滚筒和供料盘；9. 制品收集槽；10. 气封装置；11. 刮板

这种干燥设备的特点是干燥时间短，只需5～25 min，能形成多孔状制品，物料在干燥过程中能避免混入异物，防止污染，可以直接干燥高浓度、高黏度的物料，简化了工序，节约了热耗。真空干燥可使物料在干燥过程中的温度较低，避免过热；水分容易蒸发，干燥时间短；同时可使物料形成膨化和多孔状组织，产品的溶解性、复水性、色泽和口感较好；最终水分含量可以干燥到很低；可用较少的热能，得到较高的干燥速率，热量利用经济；适应性强，对不同性质、不同状态的物料，均能适应。但与常压热风干燥相比，设备投资和动力消耗较大，生产能力相应较低，干燥成本比较高。适合于干制各种（如液体、浆状、粉末、颗粒、块片等）水果制品及麦乳精类产品等。

6. 隧道式干燥　　隧道式干燥的干燥室呈狭长的隧道形式，地面铺铁轨，通常长10～15 m、宽1.8 m、高1.8～2 m，可容纳5～15辆装果蔬原料的载车。被干燥的果蔬沿铁轨经隧道进行干燥，热空气流经各层料盘表面使果蔬原料水分被蒸发，载车在隧道的停留时间正好为干燥所需时间，果蔬原料完成干燥后，从隧道另一端被推出，然后下一车果蔬原料又沿轨道被推入，实现了隧道式干燥的连续性操作，提高了操作效率，扩大了生产能力。隧道式干燥根据干燥机设计的不同，可分为单隧道式、双隧道式及多层隧道式设备；根据被干燥产品和干燥介质的运动方向又可以分为逆流隧道式干燥、顺流隧道式干燥和混合隧道式干燥三种形式。

　　1）逆流隧道式干燥　　逆流隧道式干燥的湿物料运动方向与干热空气气流方向相反，故它的湿端为冷端，温度为40～50℃，干端为热端，温度为65～85℃。果蔬原料由隧道低温高湿的一端进入，水分蒸发缓慢，果蔬原料内的湿度梯度比较小。在蒸发过程中，物料表面不易出现硬化或收缩现象，而中心又能保持湿润状态，果蔬原料能全面均匀地收缩，不易发生干裂。果蔬原料在干端已接近干燥，遇高温低湿空气，水分蒸发缓慢，平衡水分相应降低，最终干燥完成，水分可低于5%。然而该阶段是降速期，物料温度容易上升到与高温热空气相近的温度，若干物料停留时间过长，容易焦化，所以，干端温度一般不宜超过70℃。逆流隧道式干燥一般要求果蔬原料少，避免湿物料表面聚集起冷凝水和物料增湿，甚至腐败，又可以提高设备内湿端的干燥速率。逆流隧道式干燥适用于李、梅、桃、杏、葡萄等含糖量高、汁液黏厚的果实。

　　2）顺流隧道式干燥　　顺流隧道式干燥的湿物料运动方向与干热空气气流方向一致，它的湿端为热端，温度为80～85℃，干端为冷端，温度为55～60℃。果蔬原料遇到高温低湿空气，水分蒸发迅速，湿球温度下降较大，可进一步加速水分蒸干而又不致焦化，此时果蔬原料水分汽化过速，内部湿度梯度增大，物料表面极易出现硬化现象，甚至干裂并形成多孔结构。顺流隧道式干燥干端是低温高湿空气，水分蒸发极慢，平衡水分相应增加，最终干燥完成后的果蔬水分难以降到10%以下，应注意产品水分含量是否达标。顺流隧道式干燥不适宜干燥吸湿性较强的果蔬，适宜干燥含水量较高的蔬菜。

　　3）混合隧道式干燥　　混合隧道式干燥采用分段干燥的方式，使果蔬原料彻底干燥。湿端为顺流式干燥，占1/3，干端为逆流式干燥，占2/3。果蔬原料首先从高温低湿的顺流段进入，水分蒸发率高，可以除去50%～60%的水分，随着物料向前推进，温度逐渐下降，湿度逐渐增加，水分蒸发也减慢，这有利于水分的内扩散，不容易使物料表面出现收缩和硬化现象。随后物料进入逆流阶段，空气流速和温度都降低，果蔬水分蒸发量少，但干燥能力变强，可使物料达到较低的水分含量，彻底干燥。混合隧道式干燥有两个热空气入口，分别设置在隧道的两端，温度分段调节。在隧道中间设置有废气处理和热气回流利用装置。这种干燥方式既充分综合了顺流、逆流两种不同干燥方式的优点，又克服了它们各自的缺点，可以使干燥比较均匀，品质好，而且能连续作业，温湿度易操控，生产能力高，被广泛应用于蔬菜干燥中，如胡萝卜、洋葱、大蒜、马铃薯等。

二、新型干燥方法

（一）冷冻干燥

　　真空干燥是在低压和室温或加热条件下进行，如果将温度降低到冷冻温度下进行，则为冷冻干燥，可以认为是一种特殊形式的真空干燥方法。冷冻干燥是利用冰晶升华的原理，在高度真空的环境下，将已冻结的果蔬原料的水分不经过冰的融化直接从冰固体升华为蒸汽，一般的真空干燥物料中的水分是在液态下转化为汽态而将果蔬干制，故冷冻干燥又称为冷冻升华干燥。冷冻干燥的过程分为两个阶段，分别为初级干燥和二级干燥。

　　1. 初级干燥（升华干燥）　　在冰晶体形成后，通过控制冷冻干燥机中的真空度和补充热量，冰可快速升华，使果蔬中形成的全部冰被完全升华，这一过程称为初级干燥（primary drying）或升华干燥（sublimation drying）。通常，在初级干燥阶段，只能使水分含量降低到一定程度，一般减少到10%～20%。在冷冻干燥中，升华温度一般为 −35～−5℃。

因升华相变是一个吸热过程，需要提供相变潜热或升华热。如果不提供热量，则物料温度随着升华迅速下降，当温度降到与真空度下相应水的蒸汽压对应温度相等时，则水蒸气挥发停止。冻结物料温度的最低极限不能小于冰晶体的饱和蒸汽压相对应的温度，所提供的热量应等于冰晶体升华热，同时应注意使物料上升温度不能超过被冻结物料的温度或略低于冰晶体熔化温度，以便能进行升华。

随着干燥的进行，果蔬中的冰由表向里逐渐减少，这样就出现了果蔬的冻结层和干燥层，两者之间的界面称为升华前沿（sublimation front），确切地说是在果蔬的冻结层和干燥层之间存在一个水分扩散过渡层（图15-6）。在干燥层中由于冰升华后水分子外逸留下了原冰晶体大小的孔隙，形成了海绵状多孔性结构，这种结构有利于产品的复水性，但这种结构使传热速度和水分外逸的速度减慢，特别是限制了传热。因此，为了加快升华，都必须将热量传递到该区域，让水蒸气穿过干燥层而转移被除去。若采用一些穿透力强的热能如辐射热、红外线、微波等，使之直接穿透到（冰层面）升华界面上，就能有效地加速干燥速率。

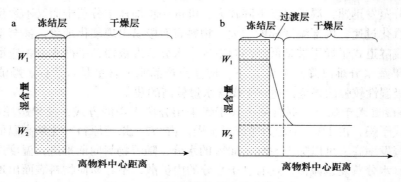

图 15-6　冷冻干燥物料中的水分分布
a. 理想情况下，冻结物料升华干燥时的水分分布；b. 实际情况下，冻结物料升华干燥时的水分分布

2. 二级干燥　当果蔬中的冰全部升华完毕，升华界面消失时，干燥就进入另一个阶段，称为二级干燥（secondary drying）。剩余的水分即未结冰的水分，在很低的冷冻温度下水处于玻璃态，必须补加热量使之加快运动而克服束缚从而外逸出来。但此时应注意温度补加不能太快，以避免果蔬温度上升快而使原先形成的固态状框架结构变为易流动的液态状，从而导致果蔬的固态框架结构瘫塌（collapse），干制品瘫塌时的温度称为瘫塌温度。在瘫塌中冰晶体升华后的空穴随着果蔬流动而消失，食品密度减小，复水性差（疏松多孔结构消失）。图15-7所示是典型的冷冻干燥轨迹（温度对水分含量在干燥中随时间变化的影响）。食品物料在 A 点经冷冻到 B 点结冰，在真空下升华除去冰，随着溶质浓度的提高，冰点不断下降到 C 点，此时为低共熔点，处于玻璃态；进一步干燥时随着溶质浓度的增加，物料的玻璃态温度沿 CD 线逐渐上升，直到物料干燥。在初级干燥阶段的温度，

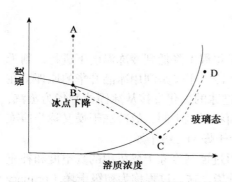

图 15-7　状态图上最佳冷冻干燥加工轨迹

冻结时应当低于瘪塌温度，以产生最大量的冰；在二级干燥阶段，应当根据状态图保持温度和水分含量，以便温度正好停留在 CD 线玻璃态温度之下。

冷冻干燥食品的结构决定了二级干燥所需的时间。因为只有通过水分子在食品中的扩散，干燥才可发生。如果干燥层固化结实，冰孔间没有通道，水分子难穿过已干层扩散到表面，干燥就慢。另外，若在已干层间存在通道，该通道无论是由冷冻过程的本质所决定还是由冷冻和干燥过程中的爆裂所形成的，水分的转移都会更快。蒸发的水分子通过扩散穿过冰晶孔而外逸出来。通常在二级干燥中除去剩余水分所需时间与初级干燥去除 80% 以上水分所花费的时间相差不多或更长。

冷冻干燥的终点总是不明显。通常，在冷冻干燥过程中水分含量减少到 2%，但这在干燥过程中难以测量。另外，在干燥过程中食品有一个温度梯度，表面区域的水分含量比内部区域要低。冷冻干燥的终点可通过测定食品内温度或测定质量来指定。虽然需要事先知道温度和水分含量之间的关系，但测量食品在特定点的温度就可估算出该点的水分含量。

（二）膨化干燥

膨化干燥又称为爆炸膨化干燥，是将物料加压、再减压膨化脱水的一种干燥技术。其结合了热风干燥、真空冷冻干燥和真空微波干燥的优点，克服了真空油炸干燥的缺点，是一种新型的果蔬膨化干燥技术。该技术是将经预处理的果蔬原料放入压力罐内，加热到常压下的沸点以上，使果蔬内部水分不断蒸发，罐内压力也逐渐上升到预定值（40~480 kPa），温度 >100℃，此时迅速打开连接压力罐和真空罐的减压阀，压力罐内部压力迅速下降，果蔬中水分瞬间汽化，导致果蔬组织结构膨化，表面形成均匀的蜂窝状结构，然后维持一段时间的加热，使其继续脱水至含水量达 3%~5% 后停止加热，等罐内冷却至外部温度时开罐即可得膨化果蔬脆片。

膨化干燥技术设备简单，操作简易；耗能低，远低于真空冷冻干燥技术；适用性广，大部分果蔬均适用。利用膨化干燥技术生产的果蔬制品绿色天然，无添加剂、色素、油；品质高，外观好，酥脆度极佳，入口即化，复水性好，醛、醇、酸类化合物含量增加，保留并浓缩了鲜果的营养成分和香气；食用方便，含水量低，易于贮存。有研究表明，膨化干燥产品的色泽、酥脆度、复水性都优于热风干燥，复水性比冷冻干燥略差，但能耗低，成本低，性价比高。果蔬膨化干燥技术比传统干燥技术快 2.1 倍，同时可节约 44% 的蒸汽，应用潜力极高。但膨化干燥会使果蔬中酯类化合物严重损失，并且加工工艺参数不当也会严重影响果蔬制品的质量。例如，膨化温度过高或物料过薄，果蔬制品就容易焦糊、色泽较暗，并伴有苦涩的味道。

现已证实可以应用膨化干燥技术的果蔬原料广泛，如红薯、马铃薯、辣椒、芹菜、胡萝卜、洋葱、黄瓜、甜菜、芸豆、甘蓝、蘑菇、洋芋、梨、苹果、蓝莓、猕猴桃、芒果、哈密瓜、菠萝、桃、桑葚、枸杞等。但并不是所有的果蔬原料都适合膨化干燥加工，如外壳坚硬的豆类、花生、椰子等，纤维素、水分过多的果蔬等都不易被膨化。

（三）真空油炸干燥

真空油炸干燥是指在减压条件下，通过热油脂介质的传导，使果蔬中的水分汽化温度降低，并不断蒸发，由于强烈的沸腾汽化产生较大的压强使细胞膨胀，从而在短时间内迅速脱水的干燥技术。真空油炸的效果与真空度、油温、油炸时间、预处理方式等密切相关。真空度越高，对油温要求越低，且可以更好地保留果蔬的颜色和营养。油温和油炸时间成反比，油温越低,果蔬脆片中的含油量也越低。需对不同的果蔬进行探究以获得最佳的加工工艺参数。

真空油炸干燥加工温度低,果蔬营养成分损失少;蒸发快,时间短,生产效率高;在减压条件下,产品膨胀度高,复水性好;且真空油炸,氧气浓度低,减慢了氧化、聚合、分解等劣化反应,使果蔬不易变色;成本也较低。此外,油脂赋予了果蔬浓郁的脂香,经真空油炸干燥加工的果蔬制品受到消费者的喜爱;成本也较低。但真空油炸干燥产品含油量仍在10%以上,货架期短,长期食用对健康不利。真空油炸干燥是目前生产果蔬脆片最普遍的方法。例如,桃、梨、香蕉、菠萝蜜、猕猴桃、无花果、柿子、苹果、冬枣、草莓、葡萄、木菠萝、四季豆、胡萝卜、萝卜、藕、洋葱、冬瓜、番茄、大蒜、蘑菇、红薯、秋葵、南瓜、青椒、马铃薯等果蔬都可采用真空油炸干燥技术进行加工。

(四)远红外干燥

远红外干燥是利用远红外辐射元件发出远红外线经物料吸收变为热能,不接触物体表面直接在被加热物内部进行加热脱水的一种高效节能的干燥新技术。红外线的波长为0.75~1000 μm,介于可见光与微波之间,其中5.6~1000 μm区的红外线被称为远红外线。对果蔬组织吸收远红外线的强弱进行图谱分析可知,果蔬内部成分对红外辐射吸收占主导作用的是内部的水分、碳水化合物和蛋白质。

远红外干燥具有升温快、高效、快捷,耗电少、热效应高、节能、环保,产品受热均匀、颜色鲜艳、平整、品质高等优势,其干燥时间为热风干燥的1/10。但存在照射盲点,温度不易均匀;而且会使产品膨胀,甚至破裂。与其他干燥技术联合应用可以解决远红外干燥技术的局限,使其在果蔬行业中的应用更为广泛。目前,远红外干燥技术已在胡萝卜、辣椒、洋葱、蘑菇、南瓜、罗汉果等部分果蔬上得到了应用。

(五)微波干燥

微波干燥是原料吸收微波而转化为热能,使其中的水分汽化而干燥的过程。由磁控管发出波长0.001~1.0 m、频率300 MHz~300 GHz的电磁波,常用的加热频率为245~915 MHz。

微波干燥克服了传统传导传热阻力大、加热不均等缺点,热效率高,反应灵敏,干燥时间短;延长了恒速阶段,果蔬表面水分蒸发速度等于内部水分扩散速度,更好地保持了果蔬的品质,基本不会对果蔬中的营养成分造成损失,但会使醛、酸、酯类等物质含量增加;保持了果蔬原有的颜色和形状;干燥比小,复水性高;有独特的杀菌杀虫作用;也具有选择吸收加热特性。但微波干燥有时也会加热不均,导致果蔬局部焦化,而且利用微波干燥果蔬也会使其中的醇类物质减少。目前,生产上常将果蔬干、脆片、粉等用微波进行干燥,如荔枝、芒果、桂圆、苹果、香蕉、果脯、果蔬脆片、果蔬粉、芥菜、香椿芽、马铃薯等。微波干燥技术适于水分含量30%以下的果蔬物料,水分含量高于30%的应加以热风辅助干燥。

(六)渗透干燥

渗透干燥是指在一定温度下,将果蔬浸入高渗透压的可食用溶液(糖和盐)中,利用二者的渗透压差,除去果蔬中大约50%水分的一种干燥技术。常结合微波干燥或热风干燥使用。影响渗透干燥的因素有果蔬本身结构,如果皮中的蜡质层,因此为提高脱水效果,干燥前应去皮处理;高渗透溶液及其浓度,具有高渗透压作用的物质有蔗糖、葡萄糖、果糖、果糖浆等，浓度设为 65°Bx 的糖类，氯化钠、柠檬酸钠等浓度为 5%～15% 的盐类；高渗透液温度最高为 60℃，当温度达到 45℃时，可能造成果蔬褐变，影响其风味；渗透干燥时间越长，脱水越多，一般浸泡时间为 5～6 h。

渗透干燥是果蔬常用的脱水预处理方法，它能减少脱水过程中营养物质的损失，使产品仍保持原来果蔬的颜色、风味，同时还能提高产品的品质，降低加工过程中的热能损耗。但也可能会影响果蔬感官品质及增大微生物污染等可能性。目前，杏、桃、樱桃、椰子、梨、猕猴桃、草莓、苹果、芒果、蓝莓、葡萄、菠萝、豌豆、四季豆、萝卜、胡萝卜、花菜、莴苣、蘑菇、红薯、马铃薯等果蔬都已采用渗透干燥技术进行脱水加工。

（七）热泵干燥

热泵干燥技术是利用热泵除去干燥室内湿热空气中的水分并使除湿后的空气重新加热实现果蔬原料干燥的技术。在蒸发器中吸收干燥房中排出的 60℃、80% 水分的"冷风"，使管道内低压液态氨吸热升温变成常压气态的氨气，而原来 60℃、80% 水分的"冷风"降温变成 20℃ 的风，此为吸热过程；从蒸发器中出来的 20℃ 的风进入冷凝器中，与此同时，从蒸发器中出来的常压气态的氨气进入压缩机，变成高压气态的氨气，然后进入冷凝器，冷凝器再将高压气态的氨气放热变成高压液态的氨气，而这一过程放出的热量又将蒸发器中放出的 20℃ 的风加热至 80℃、20% 水分的热风，此热风进入干燥房为放热过程；从冷凝器中出来的 80℃、20% 水分的热风将干燥房中的果蔬原料脱水，达到干燥的目的。

热泵干燥实质是冷风干燥，加热温度低，果蔬表面不易硬化、焦化，保留了产品的色、香，品质高；干燥时间短，只需 4 h 左右；利用了空气循环，高效节能，二氧化碳释放少，更加经济环保；干燥参数易调整，加工简单；但损失了果蔬大量的营养物质而且产品复水效果差。热泵干燥是目前应用于果蔬干燥的主要方法，适于热敏性的果蔬干燥，如枣、苹果、蓝莓、柿子、柠檬、凉果、龙眼、哈密瓜、雪莲果、番木瓜、菠萝蜜、芒果、槟榔、桑葚、香蕉、豇豆、山药、南瓜、紫薯、香椿芽、枸杞、蘑菇、黄花菜、苦瓜、辣椒、胡萝卜、竹笋、莴苣、花生等，都已采用这种干燥技术，适用范围广，发展前景好。

三、组合干燥方法

随着经济发展和科技创新，人们对果蔬干燥技术和产品的要求越来越高，单一干燥技术及生产出来的产品缺陷不断暴露，已无法满足消费者多样化的需求。于是，人们试着根据每种果蔬原料的加工特性、加工需求及每种果蔬干燥技术的优缺点，研制出将两种或两种以上的干燥技术依据优势互补的原则结合起来的组合干燥新技术。因为果蔬中存在的三种不同状态水分的去除要求不同，所以常将果蔬分阶段进行组合干燥。组合干燥技术具有低能耗、低污染、易操控、高效率、高品质的特点，更适合于大规模的工业化生产，已被越来越多的果蔬干燥行业采用，是未来发展的趋势。

1. 渗透相关组合干燥技术 常见的渗透相关组合干燥技术有渗透-热风／冷冻／微波联合干燥、渗透-微波-冷冻联合干燥、渗透-热风-真空联合干燥、渗透-微波-真空-热风／膨化联合干燥、渗透-中短波红外-变温压差膨化联合干燥等。将渗透脱水作为联合干燥的前处理，有利于缩短干燥时间，降低能耗，节约成本，提高复水率，更好地保留果蔬原有的色、香、味及营养成分，是理想的联合干燥前处理脱水方式，后期多用热风、冷冻或微波等干燥技术再进行深度脱水。木瓜、香蕉、苹果、梨、菠萝、猕猴桃、黑加仑、蓝莓、胡萝卜、马铃薯、四季豆、辣椒、莴笋、淮山药等果蔬的脱水都已采用了渗透脱水作为前处理的联合干燥技术，产品综合性价比高。

2. 热风相关组合干燥技术　常见的热风相关组合干燥技术有热风-真空 / 冷冻 / 微波 / 压力膨化 / 真空油炸联合干燥等，其中热风-微波联合干燥技术多用于香蕉、红枣、杏鲍菇、辣椒、香椿芽、胡萝卜、竹笋等果蔬的加工。

3. 微波相关组合干燥技术　常见的与微波组合使用的干燥技术有微波-热风 / 真空 / 冷冻 / 压差膨化联合干燥、微波-冷冻-真空联合干燥等，微波干燥作为前处理，降低了果蔬的含水量，防止了褐变，提高了产品的膨化度和酥脆度。其中微波-热风组合干燥技术在山楂、龙眼、甘蓝等果蔬的干燥中得到了较好的应用。

4. 其他　联合干燥技术还有热泵-热风 / 微波 / 远红外 / 太阳能干燥、真空油炸-热风干燥、远红外-热风 / 压差膨化 / 冷冻 / 微波干燥、冷冻-微波-热风 / 真空干燥、冷冻-微波-热风-真空干燥等方式。

总之，组合干燥技术是目前果蔬干燥中最好的方式，几乎适用于所有适合干燥的果蔬，用途广泛。但也存在一些问题。例如，有些加工企业偏重探索如何提高干燥速率和节约成本，而忽略了工艺参数、干燥机理、干燥转换点、数学模型、产品品质，以及干燥设备和工业化发展等方面的研究。真正将组合干燥技术普遍应用于果蔬干燥行业还需要做大量的工作。

第十六章 果蔬腌渍与发酵

第一节 果 蔬 糖 渍

果蔬糖渍加工主要是利用高浓度糖液的渗透脱水作用，将果品蔬菜加工成高糖制品。高浓度的糖溶液给果蔬原料带来较高的渗透压和较低的水分活动，不仅抑制了腐败微生物的生长，也使果蔬组织细胞脱水，为食品带来新的质构和风味。

一、果蔬糖渍的基本原理

食糖本身对微生物无毒害作用，低浓度糖还能促进微生物的生长发育。糖制品要想长时间的保藏，必须使其含糖量达到一定的浓度。食糖的种类、性质、浓度及原料中果胶的含量和特性对制品的质量、保藏性都有较大的影响。

（一）糖的种类

果蔬糖渍原料用糖以蔗糖为主，其次为麦芽糖浆、淀粉糖浆、果葡糖浆、蜂蜜及蔗糖转化糖。由于糖类物质本身是微生物生长的良好碳源，当糖制品吸湿而使制品水分活度增加时，容易造成腐败微生物的生长繁殖，而使糖制品变质。

蔗糖较低的吸湿性可以保证糖制品较长的货架期和良好的贮藏品质。另外，蔗糖还具有纯度高（一般白砂糖中蔗糖含量高于99%）、风味好、色泽淡、溶解性好等优点，在果蔬糖渍加工方面得到广泛的应用。

麦芽糖浆又称为饴糖，是用淀粉水解酶水解淀粉生成的麦芽糖、糊精和少量的葡萄糖、果糖的混合物。淀粉水解越彻底，麦芽糖生成量越多，甜味越强；淀粉水解不完全，糊精较多，则黏稠度大，甜味小。淀粉糖浆又称为葡萄糖浆，是将淀粉经糖化、中和、过滤、脱色、浓缩等工艺而得到的无色透明并具有黏稠性的糖液，其主要成分是葡萄糖、糊精、果糖、麦芽糖等物质。果葡糖浆是近代发展起来的糖品，主要成分是葡萄糖和果糖。其制备方法是先把淀粉分解成葡萄糖，再经葡萄糖异构酶的作用把部分葡萄糖变成果糖，其甜度与蔗糖相似。

蜂蜜又称为蜜糖，主要成分是果糖和葡萄糖，两者占总量的66%～77%，其次还含有少量的蔗糖和糊精。蜂蜜甜度与蔗糖相近，吸湿性很强，易使制品发黏。

（二）糖的特性和作用

1. 甜度　食糖的甜度由主观的味觉来判别，一般都以相同浓度的蔗糖为基准来进行比较。甜度是以口感来判断，即以能感觉到甜味的最低含糖量——"味感阈值"来表示，味感阈值越小，甜度越高。例如，果糖的味感阈值为0.25%，蔗糖为0.38%，葡萄糖为0.55%。若以蔗糖的甜度为基础，其他糖的相对甜度顺序为果糖最甜，转化糖次之，而蔗糖甜于葡萄糖、麦芽糖和淀粉糖浆。

2. 溶解度与晶析　糖的溶解度是指在特定的温度下，一定量的饱和糖溶液内溶有的糖量。高温增加了糖的溶解度，低温贮藏时往往会由于过饱和而发生晶析。这种当糖制品中液态部分的含糖量在某一温度下达到饱和时会结晶析出的现象，称为晶析，又称返砂。返砂会降低糖的保藏性，有损于制品的品质和外观。但也有些果脯蜜饯的加工利用了返砂性质，适当控制过饱和率，给干态蜜饯上糖衣。糖制加工中，为防止蔗糖的返砂，常加入部分饴糖、蜂蜜或淀粉糖浆，利用其中含有的转化糖、麦芽糖和糊精等物质，在蔗糖结晶过程中抑制晶核生长，降低结晶速度并增加糖液饱和度。

3. 吸湿性　　糖具有吸湿性，糖制品吸湿潮解后，降低了糖的浓度和渗透压，提高了制品水分活度，削弱了糖的保藏性，易引起制品变质。糖的吸湿性与糖的种类及相对湿度密切相关。高湿环境下，果糖的吸湿性最强，其次是葡萄糖和蔗糖。各种结晶糖的吸湿量与环境中的相对湿度呈正相关，相对湿度越大，吸湿量就越多。在生产中常利用转化糖吸湿性强的特点，让糖制品含适量的转化糖，这样便于防止产品发生返砂。但是，含有一定数量转化糖的糖制品，也要防止转化糖含量过高引起的制品吸湿回软，产品发黏、结块，甚至霉烂变质。

4. 糖的转化　　蔗糖、麦芽糖等双糖在稀酸与热或酶的作用下，可以水解为等量的葡萄糖和果糖的混合物，称为转化糖。蔗糖在酸性较强、温度较高的条件下转化较快。一般来说，酸度越大（最适 pH 为 2.5），温度越高，作用时间越长，糖转化量也越多。蔗糖转化的意义和作用：①适当的转化可以提高蔗糖溶液的饱和度，增加制品的含糖量。②抑制糖溶液晶析，防止返砂。当溶液中转化糖含量达 30%～40% 时，糖液冷却后不会返砂。③增大渗透压，降低水分活度，提高制品的保藏性。④增加制品的甜度，改善风味。糖转化不宜过度，否则会增加制品的吸湿性，糖制品容易回潮变软，甚至表面发黏，削弱其保藏性，影响贮藏品质。对于含有机酸过多的果蔬，应当降低糖制温度，缩短糖煮时间，或者糖制前降低含酸量，以免产生过多的转化糖，降低糖的溶解度，产生葡萄糖结晶。

5. 糖液沸点　　不同种类的糖液沸点不同。通常在糖制果蔬生产过程中，常用糖煮时沸点的高低来估测糖浓度或可溶性固形物的含量，判断熬煮终点。例如，干态蜜饯出锅时的糖液沸点达 104～105℃，其可溶性固形物在 62%～66%，含糖量约 60%。然而，果蔬在糖制过程中，蔗糖部分被转化，而且果蔬所含的可溶性固形物也较复杂，因此，其溶液的沸点并不能完全代表制品中的含糖量，只能大致表示可溶性固形物的含量。所以，生产之前要做必要的实验，建立二者的相关性联系。

6. 糖的黏稠性　　糖的黏稠性对产品品质影响较大。糖的黏稠厚味，可体现出糖的可口性；糖的黏稠黏结，可使制品易于成形；糖的黏稠润滑，可使制品光泽柔软。糖的黏稠性随温度和浓度的变化而变化。在浓度和温度均相同时，蔗糖的黏稠性比葡萄糖大，比麦芽糖及淀粉糖浆小。当糖制品返砂时，会使其黏稠性降低或丧失。可在蔗糖中加入适量的还原糖，或使之与酸作用产生转化糖，来保持其黏稠性。

（三）糖渍加工原理

1. 扩散　　物质微粒扩散总是从高浓度处向低浓度处转移，直至体系内浓度均匀。浓度差增大，扩散速度也随之增加。溶液浓度增加时通常黏度也必然增加，而黏度的增加则会降低扩散速度。随着温度的升高，分子的运动速度加快，而溶液的黏度则减小，因而溶质分子就很容易扩散。这就是加热煮制比室温浸渍提高了糖制速率的原因所在。扩散速度与溶质分子的大小有关，溶质分子越大，扩散速度越小。在溶液中呈单分子的晶体，其扩散速度非常大，而结晶体的相对分子质量越小，则扩散速度越大。因此，葡萄糖扩散速度大于蔗糖，而蔗糖又大于饴糖中的糊精。

2. 渗透　果蔬细胞膜是半渗透膜，糖制过程中，果蔬组织细胞处在糖液中，细胞内呈胶状溶液的蛋白质和其他大分子不会溶出，但水分和小分子物质可以渗出，而小分子糖渗入。渗透压的大小取决于溶液中的溶质浓度，还与温度呈正相关，果蔬渗糖速度取决于糖制温度和糖液浓度，为了加速渗糖进程，应尽可能在较高温度和较高糖浓度的条件下进行。相同浓度的溶液，溶质的相对分子质量越大，渗透压越低，相对分子质量较小的葡萄糖和果糖溶液渗透压高于蔗糖溶液。果蔬在糖渍过程中，组织内外溶液浓度凭借扩散和渗透逐渐趋向平衡，组织外面的溶液和组织细胞内部溶液的浓度通过溶质的扩散和渗透达到平衡。因此，糖渍过程实质上是扩散和渗透相结合的过程。

3. 糖煮作用　糖煮是把果蔬原料放在糖液里加热煮制。糖煮时，果蔬组织在糖液中所受的热力由糖液传导，糖液的沸腾温度由糖液浓度所决定。在煮制过程中，果蔬的组织细胞受到高温的影响，其细胞膜的选择性透过功能被破坏，细胞内外的物质交换易于进行。加热使分子热运动加快，糖液黏度降低，扩散、渗透作用增强，从而大大加快了糖制过程。

在加热过程中，当果蔬组织中的细胞液尚未沸腾时，糖分的渗透速度随着温度的上升而增大；当糖液温度达到101～102℃时，果蔬组织内细胞液沸腾，水蒸气压力急剧升高，从而阻碍糖分向组织内渗透，而果蔬组织中排出的水分又因细胞汁的沸腾而增加。如果这时再加入糖类来提高糖度，则糖液沸点上升，煮沸温度上升，组织内细胞汁形成更强大的蒸汽压，进一步阻碍糖分向果蔬内渗透。因此，果蔬糖煮过程中糖分子的渗透速度并不是直线上升或者匀速渗入的，糖煮初期糖的渗入速度应该是呈波浪式上升的。在糖煮时，一般应从低浓度糖液煮起，使糖分均匀渗透进入果蔬组织中。否则，加热使组织内的水分扩散激烈，脱水加快，果蔬组织因脱水而收缩，从而导致中心透糖不均匀，成品不饱满，严重者表层会形成硬壳，阻碍糖分渗入。

4. 果胶的凝胶作用　果胶的胶凝特性对果蔬糖制加工具有重要意义。果糕、果冻及凝胶态的果酱、果泥等，都是利用果胶的凝胶作用来制取的。通常将甲氧基含量高于7%的果胶称为高甲氧基果胶（HMP），低于7%的称为低甲氧基果胶（LMP）。两种果胶的胶凝机理不同，形成的凝胶类型也不同，高甲氧基果胶形成果胶糖酸型凝胶，低甲氧基果胶形成离子结合型凝胶。果品所含的果胶属于高甲氧基果胶，因此用果汁或果肉浆液加糖浓缩制成的果冻、果糕等属于果胶糖酸型凝胶。蔬菜中主要含低甲氧基果胶，蔬菜浆汁与钙盐结合制成的凝胶制品，属于离子结合型凝胶。

高甲氧基果胶（简称果胶）的胶凝性质和凝胶原理是高度水合的果胶胶束因脱水及电中和而形成凝聚体。果胶胶束在一般溶液中带负电荷，当溶液的pH低于3.5，脱水剂含量在50%以上时，果胶即脱水，并因电性中和而凝聚，在果胶胶凝过程中，糖起到脱水剂的作用，酸则起着消除果胶分子中负电荷的作用。pH、糖液浓度、果胶含量及温度都能影响高甲氧基果胶胶凝。果胶为1%、糖为65%～67%、pH为2.8～3.3的条件能形成理想的果胶凝胶。当温度在50℃以下时，对胶凝强度影响不大；高于50℃时，胶凝强度下降，这是因为高温破坏了果胶分子中的氢键。

低甲氧基果胶依赖果胶分子链上的羧基与多价金属离子相结合而串联起来，形成网状的凝胶结构。低甲氧基果胶中有50%以上的羧基未被甲醇酯化，对金属离子比较敏感，少量的钙离子与之结合也能胶凝，钙离子浓度、pH和温度都能影响低甲氧基果胶胶凝。钙或镁离子等金属离子是影响低甲氧基果胶胶凝的主要因素。pH 在 2.5～6.5 时都能胶凝，以 pH 为 3.0 时胶凝的强度最大。在 0～58℃，温度越低强度越大，0℃时强度最大，30℃为胶凝临界点。因此，果冻的保藏温度宜低于 30℃。

二、果蔬糖制品的分类

（一）果脯蜜饯类产品

果脯可根据含糖量分为低糖果脯和高糖果脯。低糖果脯含糖量在 40% 以下，高糖果脯含糖量一般在 60% 以上。果脯按生产工艺可分为蜜饯类果脯（主要生产于北方）和凉果类果脯（主要生产于南方）；果脯按产地及产品特色可分为京式蜜饯、苏式蜜饯、广式蜜饯、闽式蜜饯等。蜜饯种类繁多，一般按加工方式和风味形态特点可分为干态蜜饯、湿态蜜饯和凉果三种。干态蜜饯又可称为果脯，产品表面干燥，不沾手，有原果风味。湿态蜜饯，糖制后不经干燥，产品表面有糖液，果形完整、饱满，质地脆或细软，味道可口，呈半透明状。凉果是以糖制过或晒干的果蔬为原料，经清洗、脱盐、干燥、浸渍调味料，再干燥而成的果脯。

（二）果酱类产品

按照原料初处理的粗细不同（即基料不同）可分为果酱、果泥、果糕、果冻及果丹皮等。果酱的基料呈稠状，也可以是带有果肉碎片的果酱，成品不成形，如番茄酱等。果泥的基料呈糊状，即果实必须在加热软化后打浆过滤使酱体细腻，如山楂酱等。果糕是将果泥加糖和增稠剂后加热浓缩而制成的凝胶制品。果冻是将果汁和食糖加热浓缩而制成的透明凝胶制品。果丹皮是将果泥加糖浓缩后，刮片烘干制成的柔软薄片。

三、果蔬糖渍加工

（一）果脯蜜饯类

1. 工艺流程

2. 加工要点

1）原料选择　　原料质量优劣主要在于品种、成熟度和新鲜度等几个方面。一般选择生理成熟度在 75%～85% 的原料果实，要求原料新鲜完整，表面洁净，无病虫害。原料的种类和品种不同，加工效果也不一样。蜜饯类因需保持果实或果块形态，要求选用原料肉质紧密，耐煮性强的品种。例如，生产青梅类制品的原料，宜选鲜绿质脆、果形完整、果核小的品种；生产蜜枣类的原料，要求用果大核小、含糖较多、耐煮性强的品种；生产杏脯的原料，要求用色泽鲜艳、风味浓郁、离核、耐煮性强的品种。

2）前处理

（1）去皮、去核、切分、切缝、刺孔：对果皮较厚或含粗纤维较多的糖制原料应去皮，并剔除不能食用的种子、核，大型果宜适当切分成块、丝、条。

（2）盐腌：用食盐或加用少量明矾或石灰腌制的盐坯，常作为半成品保存方式来延长加工期限。盐坯腌渍包括盐腌、曝晒、回软、复晒 4 个过程。盐腌有干腌和盐水腌制两种。干腌法适用于果汁较多或成熟度较高的原料，用盐量一般为原料重的 14%～18%；盐水腌制法适用于果汁较少或未熟果或酸涩苦味浓的原料。盐腌结束，可作水坯保存，或经晒制成干坯长期保藏。

（3）保脆和硬化：为提高原料的耐煮性和酥脆性，在糖制前需对某些原料进行硬化处理，即将原料浸泡于石灰、氯化钙、明矾、亚硫酸氢钙等稀溶液中，使 Ca^{2+}、Mg^{2+} 与原料中的果胶物质生成不溶性盐类，细胞间相互黏结在一起，提高硬度和耐煮性。硬化剂的选用、用量及处理时间必须适当，过量会生成过多钙盐或导致部分纤维素钙化，使产品质地粗糙，品质劣化。经硬化处理后的原料，糖制前需经漂洗除去残余的硬化剂。

（4）护色或着色：为了使糖制品色泽明亮，常在糖煮之前进行硫处理，既可防止制品氧化变色，又能促进原料对糖液的渗透。护色处理可以用按原料质量 0.1%～0.2% 的硫黄熏蒸处理，也可以用含有效 SO_2 为 0.1%～0.15% 浓度的亚硫酸盐溶液浸泡数分钟。食品中 SO_2 残留对人体有一定危害，硫黄或亚硫酸盐的使用量和使用范围一定要严格遵照国家标准。经硫化处理的原料，在糖煮前应充分漂洗，以除去剩余的 H_2SO_3 溶液。

某些作为配色用的蜜饯制品，要求具有鲜明的色泽，还需要人工染色。常用的染色剂有人工色素和天然色素两类。天然色素如姜黄、胡萝卜素、叶绿素等，无毒、安全，但染色稳定性较差；人工色素常用苋菜红、胭脂红、赤藓红、新红、柠檬黄、日落黄、亮蓝、靛蓝等。

3）漂烫与预煮　　凡经亚硫酸盐保藏、盐制、染色剂硬化处理的原料，在糖制前均需漂洗或预煮，除去残留的 SO_2、食盐、染色剂、CaO 或明矾，避免对制品外观或风味产生不良影响。此外，预煮可以软化果实组织，有利于糖在煮制时渗入。对一些酸涩、具有苦味的原料，预煮可起到脱苦、脱涩作用。预煮还可以钝化果蔬组织中的酶，防止氧化变色。预煮时间一般为 8～15 min，温度不低于 90℃，热烫后捞起，立即用冷水冷却，以终止热处理的作用。

4）糖渍　　糖渍是蜜饯类加工的主要工艺。糖渍过程是果蔬原料排水吸糖的过程，糖液中糖分通过扩散作用进入组织细胞间隙，再经过渗透作用进入细胞内，最终达到要求的含糖量。糖渍方法有蜜制（冷制）和煮制（热制）两种。蜜制适用于皮薄多汁、质地柔软的原料；煮制适用于质地紧密、耐煮性强的原料。

（1）蜜制是指用糖液进行糖渍，使制品达到要求的糖度。糖杨梅、糖青梅、樱桃蜜饯、无花果蜜饯及多数凉果，由于含水量高，不耐煮制，均采用此方法。在未加热的蜜制过程中，原料组织保持一定的膨压，当与糖液接触时，由于细胞内外渗透压存在差异而发生内外渗透现象，使组织中水分向外扩散排出，糖分向内扩散渗入。但糖浓度过高时，糖渍时会失水过快、过多，使其组织膨压下降而收缩，影响制品饱满度和产量。为保持果块具有一定的饱满形态并加快扩散速度，可以根据情况选择采用分次加糖法、一次加糖多次浓缩法、减压蜜制法或蜜制干燥法。此法的基本特点在于不用加热，能很好地保持产品的色泽、风味、营养价值和应有的形态。

（2）煮制：一般耐煮的果蔬原料采用煮制法可以迅速完成加工过程，但外观和营养品质有所损失。煮制方法主要包括以下几种。

A. 一次煮制法：经预处理好的原料，在加糖后一次性煮制而成，如苹果脯、蜜枣等。

此法快速省工，但持续加热时间长，原料易煮烂，色香味差，维生素破坏严重，糖分难以达到内外平衡，易出现干缩现象。

B. 多次煮制法：预处理好的原料，经多次糖煮和浸渍，逐步提高糖浓度的糖制方法。适用于细胞壁较厚、难以渗糖（易发生干缩）和易煮制烂的柔软原料或含水量高的原料。此法所需时间长，煮制过程不能连续化，费时费工。

C. 快速煮制法：将原料在糖液中交替进行加热糖煮和放冷糖渍，使果蔬内部水气压迅速消除，糖分快速渗入而达到平衡。此法可连续进行，所用时间短，产品质量高，但需备有足够的冷糖液。

D. 减压煮制法：又称为真空煮制法。原料在真空和较低温度下煮沸，因煮制中不存在大量空气，糖分能迅速渗入达到平衡。温度低，时间短，制品色香味形都比常压煮制优。

E. 扩散煮制法：它是在真空糖渍的基础上进行的一种连续化糖渍方法，机械化程度高，糖渍效果好。先将原料密闭在真空扩散器内，抽空排除原料组织中的空气，而后加入95℃热糖液，待糖分扩散渗透后，将糖液顺序转入另一扩散器内，再在原来的扩散器内加入较高浓度的热糖液，如此连续进行几次，制品即达到要求的糖浓度。

F. 加压煮制法：通过高温高压条件加速果蔬组织渗透，适用于耐煮且不易渗糖的坚密果蔬原料。由于加压条件下不利于糖液水分和果蔬组织水分的蒸发浓缩，在加压处理后，原料需在常压下完成糖煮过程。因此加压处理通常作为一种辅助措施，可与上述三种方法结合使用。具体蒸煮时间及变换蒸煮压力次数，要依据果蔬组织的坚密性和透糖难易程度而定。一般时间为10～40 min，次数为3或4次。

G. 微波速煮法：通过箱式微波加热器对原料进行加热，利用微波加热速度快、热效率高的特点，提高原料的渗糖效果，缩短生产周期。由于高功率长时间的微波处理容易使果蔬组织变形、软烂，因此，原料可先采用高功率微波处理，煮沸后改用低功率微波加热；微波处理后再进行常温糖渍。具体微波功率及加热时间可依据果蔬特性而定。该方法也可与快速煮制法相结合。

H. 超声波渗糖法：超声波可在液体中产生空穴作用，而空穴作用所产生的冲击波和射流的强度足以在瞬间击穿植物细胞的细胞膜，这为在较低的糖煮温度下大幅度提高果蔬的渗糖效率提供了可能，同时由于超声波只是在瞬间击穿细胞膜而对果蔬组织的结构和细胞外形并不产生破坏作用，因此，通过超声波生产果脯，其果蔬组织原有的结构和外形还会得以保持得很好。

此外，还有冷冻渗糖，经过冻结的果蔬由于其组织中的水分结成冰后体积变大，组织中的毛细管扩张，管径增大，从而大大加快了其吸糖的速度。经过冻结后的果蔬，其毛细管的扩展和组织内空间的增大，有力地促进了蔗糖分子的扩散，以冻结方式来增加果脯的吸糖速度，目前报道的还不是很多。采用低温冻结预处理样品结合其他糖渍手段，其收缩变形小，具有良好的色、香、味及质构，有利于缩短果脯生产周期，提高产品质量。

5）干燥与上糖衣　　除湿态蜜饯外，其他制品在糖渍后需进行干燥，除去部分水分，使表面不粘手，以利于保藏。干燥的方法一般是烘烤或晾晒。干燥后的蜜饯，要求外观完整、形态饱满、不皱缩、不结晶、质地柔软，含水量在18%～22%，含糖量达60%～65%。

上糖衣是将制品在干燥后用过饱和糖液短时浸泡处理，使糖液在制品表面凝结成一层糖衣来增加产品的含糖量，延长保质期。以40 kg蔗糖和10 kg水的比例煮至118～120℃后将蜜饯浸入，取出晾干，可在蜜饯表面形成一层透明糖衣。另外，将干燥的蜜饯在1.5%的果胶溶液中浸渍并轻摇 30 s 后取出，再在 50℃条件下干燥 2 h，也能形成一层透明胶膜。也可以在干燥蜜饯表面裹上一层糖粉，以增加制品的保藏性。也可以直接将白砂糖烘干磨碎成粉，干燥快结束时在蜜饯表面撒上糖粉，拌匀，并筛去多余糖粉。上糖粉还可以在产品回软后、再行烘干前进行。

6）整理、包装与贮存　　干燥后的蜜饯应及时整理或整形，以获得良好的商品外观。干态蜜饯的包装以防潮、防霉为主，常用阻湿隔气性较好的包装材料，如复合塑料薄膜袋、铁听等。湿态蜜饯可参照罐头工艺进行装罐，糖液量为成品总净重的45%～55%，然后密封。在 90℃条件下杀菌 20～40 min，然后冷却。对于不杀菌的蜜饯制品，要求其可溶性固形物含量应达 70%～75%，糖分含量不低于 65%。真空或充气包装则会更有利于制品保存和品质保持。贮存蜜饯的库房要清洁、干燥、通风。库房地面要有隔湿材料铺垫。库房温度最好保持在 12～15℃，避免温度低于 10℃而引起蔗糖晶析。对不进行杀菌和不密封的蜜饯，宜将相对湿度控制在 70% 以下。

（二）果酱类

1. 工艺流程

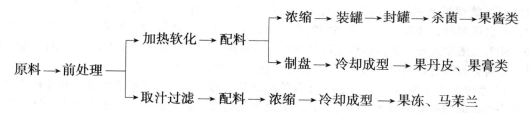

2. 加工要点

1）原料选择及前处理　　生产果酱类制品的原料要求果胶及酸含量多，芳香味浓，成熟度适宜。对于含果胶及酸量少的果蔬，制酱时需外加果胶及酸，或与富含该种成分的其他果蔬混制。原料需先剔除霉烂变质、病虫害严重、成熟度低等情况的不合格果，分别经过清洗、去皮、去核、切块、修整等处理。去皮、切分后的原料若需护色，应进行护色处理，并尽快进行加热软化。

2）加热软化　　加热软化的目的是破坏酶的活力，防止变色和果胶水解；软化果肉组织，便于打浆或糖液渗透；促使果肉组织中果胶的溶出，有利于凝胶的形成；蒸发一部分水分，缩短浓缩时间；排除原料组织中的气体，以得到无气泡的酱体。软化前先将夹层锅洗净，放入清水（或稀糖液）和一定量的果肉。一般软化用水为果肉质量的20%～50%。若用糖水软化，糖水浓度为10%～30%。软化时间依品种而异，一般为 10～20 min。软化操作正确与否，直接影响果酱的胶凝程度。如块状酱软化不足，则果肉内溶出的果胶会较少，制品胶凝不良，仍有不透明的硬块，影响风味和外观。如软化过度，则果肉中的果胶会因水解而损失，色泽变深，风味变差。制作泥状酱，果块软化后要及时打浆。

3）取汁过滤　　生产果冻、马莱兰等半透明或透明糖制品时，果蔬原料加热软化后，用压榨机压榨取汁。对于汁液丰富的浆果类果实压榨前不用加水，直接取汁。而对肉质较坚硬致密的果实，如山楂、胡萝卜等软化时，需加适量的水，以便压榨取汁。压榨后的果渣为了使可溶性物质和果胶更多地溶出，应再加一定量的水软化，再行一次压榨取汁。大多数果冻类产品取汁后不用澄清、精滤，而一些要求完全透明的产品则需用澄清的果汁。常用的澄清方法有自然澄清、酶法澄清、热凝聚澄清等。

4）配料　　因原料的种类和产品要求而异，一般要求果肉（果浆）占总配料量的40%～55%，砂糖占45%～60%（其中允许使用淀粉糖浆，用量占总糖量的20%以下）。这样，果肉与加糖量的比例为1:1～1:2。为使果胶、糖、酸形成恰当的比例以利于凝胶的形成，可根据原料所含果胶及酸的量，适量添加柠檬酸、果胶或琼脂。果肉加热软化后，在浓缩时分次加入浓糖液，临近终点时，依次加入果胶液或琼脂液、柠檬酸或糖浆，充分搅拌均匀。

5）浓缩　　加糖浓缩的目的在于通过加热，排除果肉中大部分水分，使砂糖、酸、果胶等配料与果肉煮至渗透均匀，提高浓度，改善酱体的组织形态及风味。加热浓缩还能杀灭有害微生物，破坏酶的活力，有利于制品的保藏。加热浓缩的方法，目前主要采用常压浓缩和真空浓缩两种。常压浓缩时，将原料置于夹层锅内，在常压下加热浓缩。浓缩过程中，糖液应分次加入。糖液加入后应不断搅拌，防止锅底焦化，促进水分蒸发，使锅内各部分温度均匀一致。需添加柠檬酸、果胶或淀粉糖浆的制品，当可溶性固形物浓缩到60%以上时再加入。

真空浓缩优于常压浓缩法。在浓缩过程中，由于是在低温下蒸发水分，既能提高其浓度，又能保持产品原有的色、香、味等成分。真空浓缩时，待真空度达到53.3 kPa以上时，开启进料阀，浓缩的物料靠锅内的真空吸力进入锅内。浓缩时控制真空度，保持料温在50～60℃。浓缩过程应保持物料超过加热面，以防焦糊。待果酱升温至90～95℃时，即可出料。果酱类熬制终点的测定可采用折光仪、温度计、挂片法等。

6）装罐密封（制盘）　　果酱、果泥等糖制品含酸量高，多以玻璃罐或抗酸涂料铁罐为容器。装罐前应彻底清洗容器，并消毒。果酱出锅后应迅速装罐，一般要求每锅酱体分装完毕不超过30 min。密封时，酱体温度在80～90℃。果糕、果丹皮等糖制品浓缩后，将黏稠液趁热倒入钢化玻璃、搪瓷盘等容器中并铺平。进入烘房烘制，然后切割成型并及时包装。

7）杀菌、冷却　　加热浓缩过程中，酱体中的微生物绝大部分被杀死。而且由于果酱是高糖、高酸制品，一般装罐密封后残留的微生物是不易繁殖的。在生产卫生条件好的情况下，果酱密封后，只要倒罐数分钟，进行罐盖消毒即可。但也发现一些果酱罐头有生霉和发酵现象出现。为安全起见，果酱罐头密封后进行杀菌是必要的。杀菌方法可采用沸水或蒸汽杀菌。杀菌温度及时间依品种及罐型等不同而有差异，一般以100℃温度下杀菌5～10 min为宜。杀菌后冷却至38～40℃，擦干罐身的水分，贴标装箱。

第二节　蔬菜盐腌

蔬菜盐腌是人类对蔬菜进行加工保藏的古老的方法，是一种广为普及的加工方法。我国有许多独具风格的名特产品，如重庆涪陵榨菜、江苏扬州三和四美酱菜、浙江萧山萝卜干、北京八宝酱菜、云南大头菜等。低盐、增酸、适甜是蔬菜腌制品发展的方向，低盐化咸菜、乳酸发酵的蔬菜腌制品被誉为健康腌菜。

一、蔬菜盐腌的基本原理

蔬菜盐腌的基本原理主要是利用食盐的防腐作用、有益微生物的发酵作用、蛋白质的分解作用及其他一系列的生物化学作用，抑制有害微生物的活动和增加产品的色香味，从而增强制品的保藏性能。

（一）食盐的防腐作用

食盐在蔬菜腌制过程中可赋予产品特殊的咸味。食盐的渗透作用使蔬菜组织内汁液外渗，以供给发酵作用所需的原料。由于食盐对微生物生长繁殖具有强烈的抑制作用而具有防腐作用。

1. 脱水作用　食盐的主要成分是氯化钠，在水溶液中解离为钠离子和氯离子，其质点数比同浓度的非质溶液要高得多，所以食盐溶液具有很高的渗透压。1% 食盐溶液可以产生 618 kPa 的渗透压，而大多数微生物细胞内的渗透压为 304～608 kPa。蔬菜腌制时，腌制液中食盐的浓度要大于 1%，微生物细胞发生强烈的脱水作用，导致质壁分离和抑制生理代谢活动，造成微生物停止生长或者死亡，从而达到防腐的目的。

2. 生理毒害作用　食盐溶液中的一些离子，如 Na^+、Mg^{2+}、K^+ 和 Cl^- 等，在高浓度时能对微生物发生生理毒害作用。Na^+ 能和细胞原生质中的阴离子结合产生毒害作用，且随着溶液 pH 的下降而加强。例如，酵母在中性食盐溶液中，盐溶液中食盐的质量分数要达到 20% 才会被抑制，但在酸性溶液中，食盐的质量分数为 14% 时就能抑制酵母的活动。有人认为，食盐溶液中的 Cl^- 能和微生物细胞的原生质结合，从而促进细胞死亡。

3. 对酶活性的影响　微生物酶的活性常在低浓度的盐溶液中就遭到破坏，这可能是由于 Na^+ 和 Cl^- 可分别与酶蛋白的肽键和 $—NH_3^+$ 相结合，从而使酶失去其催化活力。例如，变形杆菌（*Proteus*）在食盐的质量分数为 3% 的盐溶液中就失去了分解血清的能力。

4. 降低微生物环境的水分活度　食盐溶于水后，离解的 Na^+ 和 Cl^- 与极性的水分子由于静电引力的作用，每个 Cl^- 周围都聚集一群水分子，形成所谓的水化离子。食盐浓度越高，吸引的水分子也就越多，这些水分子就由自由水状态转变为结合水状态，导致 A_w 下降。A_w 随着食盐浓度的增大而下降，在饱和食盐溶液中（其质量分数为 26.5%），因为没有自由水可供微生物利用，所以无论是细菌、酵母还是霉菌都不能生长。

5. 氧气的浓度下降　氧气在水中具有一定的溶解度，蔬菜腌制使用的盐水或由食盐渗入蔬菜组织中形成的盐液浓度较大，使得氧气的溶解度大大下降，从而造成微生物生长的缺氧环境。这样就使一些需要氧气才能生长的好氧微生物受到抑制，降低了微生物的破坏作用，同时氧气浓度降低还促进了厌氧微生物的发酵作用。

（二）微生物的发酵作用

在蔬菜腌制过程中，由于蔬菜自然带入的微生物可能引起发酵作用，其中能够发挥防腐功效的主要是乳酸发酵，以及轻度的乙醇发酵和微弱的乙酸发酵。这三种发酵作用还与蔬菜腌制品的质量、风味有密切的关系，因此被称为正常的发酵作用。现代蔬菜腌制发酵可以研究其发酵成熟机理和发酵微生物类群，采取人工接种纯种进行发酵的方式，以达到提高质量和缩短腌制时间等目的。

1. 乳酸发酵　乳酸发酵是蔬菜腌制过程中最主要的发酵作用，任何蔬菜在腌制过程中都存在乳酸发酵作用，只不过有强弱之分。乳酸发酵是指在乳酸菌的作用下，将单糖、双糖、戊糖等可发酵性糖发酵生成乳酸或其他产物的过程。乳酸菌是一类兼性厌氧菌，种类很多，不同的乳酸菌产酸能力各不相同。蔬菜腌制中常见的几种乳酸菌的最高产酸能力为 0.8%～2.5%，最适生长温度为 25～30℃。

　　蔬菜盐腌过程中乳酸发酵除产生乳酸外，还产生乙酸、琥珀酸、乙醇、CO、H_2等，这类乳酸发酵称为异型乳酸发酵。在蔬菜盐腌过程中，由于前期微生物种类很多，空气较多，以异型乳酸发酵为主。例如，肠膜明串珠菌等可将葡萄糖经过单磷酸化己糖途径分解生成乳酸、乙醇和CO_2。一般认为肠膜明串珠菌是一种起始发酵菌，虽产酸量低且不耐酸，但对腌制品风味有增进作用。产生的酸和CO_2等使 pH 下降并造成厌氧环境，阻止了其他有害微生物的生长繁殖，并使其更适宜于其他乳酸菌发挥作用。发酵后期以同型乳酸发酵为主。

　　2. 乙醇发酵　　在蔬菜盐腌过程中也存在着乙醇发酵，其量可达 0.5%～0.7%。乙醇发酵是由于附着在蔬菜表面的酵母将蔬菜组织中的可发酵性糖分解，产生乙醇和CO_2，并释放出部分热量。酵母是一类真核微生物，种类繁多，有近圆形的单细胞，也有菌丝状细胞。植物原料腌制中的酵母主要是单细胞的。

　　乙醇发酵除生成乙醇外，还能生成异丁醇、戊醇及甘油等，腌制初期蔬菜的无氧呼吸与一些细菌活动（如异型乳酸发酵），也可产生少量乙醇。在蔬菜腌制品后熟存放过程中，乙醇可进一步酯化，赋予产品特殊的芳香和滋味。

　　3. 乙酸发酵　　在腌制过程中，好气性的醋酸菌氧化乙醇生成乙酸的作用，称为乙酸发酵。除醋酸菌外，其他菌如肠膜明串珠菌、大肠杆菌、戊糖醋酸杆菌等的作用，也可产生少量乙酸。蔬菜盐腌过程中，微量的乙酸可以改善腌制品风味，过量则会影响产品品质。例如，榨菜腌制中正常的乙酸含量为 0.2%～0.4%，超过 0.5% 则表示榨菜酸败，品质下降。因此，榨菜腌制要求及时装坛、严密封口，以避免在有氧情况下醋酸菌活动而大量产生乙酸。

　　乙酸发酵的正常发酵产物包括乳酸、乙醇、乙酸和CO_2等。酸和CO_2能使环境的 pH 下降，乙醇也具有防腐能力，CO_2还具有一定的绝氧作用，这都有利于抑制有害微生物的生长，也是利用微生物发酵防止蔬菜腐烂变质的原因。同时也能减少腌制品维生素 C 和其他营养成分的损失。

　　4. 腐败微生物的生长　　蔬菜腌制过程中有时还会出现一些异常的发酵作用或腐败作用，导致产品出现变味发臭、长膜、生花、起旋、生霉等变质现象。细菌的腐败作用是由于蔬菜腌制过程中卫生条件不好或加工控制不良，容易感染腐败细菌，分解原料中的蛋白质，产生吲哚、甲基吲哚、硫化氢和胺等有害物质，有时还产生毒素，影响人体健康和食品卫生安全。

（三）蛋白质的分解及其他生化作用

　　在腌制过程中及后熟期，蔬菜所含蛋白质因受微生物的作用和蔬菜原料本身蛋白酶的作用，逐渐分解为氨基酸，这一变化在蔬菜腌制过程和后熟期中十分重要，也是腌制蔬菜特有的色香味的主要来源。蛋白质的分解比较复杂，首先在内切酶（蛋白酶）的作用下水解为多肽，再通过外切酶（肽酶）作用分解为氨基酸。氨基酸本身就具有一定的鲜味、甜味、苦味和酸味。如果氨基酸进一步与其他化合物作用就可以形成更复杂的产物。

　　1. 鲜味的形成　　尽管氨基酸都具有一定的鲜味，如成熟榨菜氨基酸含量为 1.8～1.9 g/100 g（按干物质计），而在腌制前只有 1.2 g/100 g 左右。但蔬菜腌制品的鲜味来源主要是由谷氨酸和食盐作用生成的谷氨酸钠。蔬菜腌制品中不只含有谷氨酸，还含有其他多种氨基酸如天冬氨酸，这些氨基酸均生成相应的盐，因此腌制品的鲜味远远超过了谷氨酸钠单纯的鲜味，而是多种呈味物质综合的结果。蔬菜腌制的发酵产物如乳酸及甘氨酸、丙氨酸、丝氨酸等甜味氨基酸本身也能赋予产品一定的鲜味，对鲜味的丰富有帮助。

2. 香气的形成　　腌制品产生的香气有些是来源于原料及辅料中的呈香物质，有些则是由呈香物质的前体在风味酶或热的作用下经水解或裂解而产生的。所谓风味酶就是使香味前体发生分解产生挥发性香气物质的酶类。例如，芦笋产生的香气物质二甲基硫和丙烯酸就是香味前体二甲基-β-硫代丙酸在风味酶作用下产生的。

在蔬菜盐腌过程中，大多数都经过微生物的发酵作用，腌制品的风味物质有些就是由于微生物作用于原料中的蛋白质、糖和脂肪等成分而产生的。蔬菜腌渍的主要发酵产物是乳酸、乙醇和乙酸等物质，这些发酵产物本身都能赋予产品一定的风味。例如，乳酸可以使产品增添爽口的酸味，乙酸具有刺激性的酸味，乙醇则带有酒的醇香。蔬菜腌制品的风味物质还远不止单纯的发酵产物。在发酵产物之间，发酵产物与原料或调味辅料之间还会发生多种多样的反应，生成一系列呈香、呈味物质，尤其是酯类化合物。有的酯类因含量较多而成为产品的主体香气物质，有的酯类含量虽不多，甚至相当微少，但由于它具有一种与众不同的香型，或其香气的阈值很低，因而产品中只要含有少量的这种香气物质就具有独特的风味。

3. 色泽的形成和控制　　蔬菜中含有多酚类物质和氧化酶类，因此在蔬菜腌制加工中会发生酶促褐变。例如，酪氨酸在酪氨酸酶和氧的作用下，经过一系列反应，生成黑色素。蔬菜腌制品装坛后虽然装得十分紧实缺少氧气，但可以依靠戊糖还原为丙二醛时所放出的氧，使腌制品逐渐变褐、变黑。此外，蔬菜中羰基化合物和氨基化合物等也会通过美拉德反应等非酶褐变形成黑色物质，并且具有香气。一般来说，腌制品后熟时间越长，温度越高，则黑色素形成得越多越快。发生褐变的腌制品，浅者呈现淡黄、金黄色，深者呈现褐色、棕红色。

（四）辛香剂和调味料的防腐杀菌作用

一些辛香剂和调味品，如大蒜、生姜、葱和醋等，由于具有独特的滋味和气味，在果蔬加工中起着重要的作用，它除赋予果蔬制品独特的风味外，还可以抑制和矫正果蔬制品的不良气味，促进消化吸收，并具有抗菌防腐功能。例如，大蒜具有特殊的蒜辣气味，含有多种维生素及矿物质等营养物质，有帮助消化、增进食欲、消毒杀菌的作用。

二、盐腌蔬菜制品的分类

盐腌蔬菜制品种繁多，加工方式多样，按照发酵方式、原料和加工工艺可以分为不同的种类。

（一）按照发酵方式分类

按照发酵方式，盐腌蔬菜分为发酵性腌制品和非发酵性腌制品两类。发酵性腌制品在腌制过程中都经过比较旺盛的乳酸发酵，一般还伴有微弱的乙醇发酵与乙酸发酵，利用发酵产生的乳酸，以及加入的食盐、香料、辛辣调味品等增强防腐作用并增进风味。发酵性腌制品主要包括两大类：半干态发酵品，如榨菜、京东菜、川东菜等；湿态发酵品，如酸菜、泡菜、酸黄瓜等。非发酵性腌制品在腌制过程中只有微弱的发酵作用，主要利用食盐和其他调味品来保藏并改善其风味，主要包括：①盐渍咸菜，如咸雪里蕻、咸酸箭杆白菜；②酱渍酱菜，如酱黄瓜；③糖醋渍糖醋菜，如糖醋蒜、糖醋萝卜；④虾油酱渍菜，如虾油什锦小菜；⑤酒糟渍菜，如糟菜。

（二）按蔬菜原料分类

按蔬菜原料主要可分为根菜类（白萝卜、胡萝卜、大头菜）、茎菜类（榨菜、大蒜、姜、莴苣）、叶菜类（白菜、雪里蕻、芹菜）、花菜类（花椰菜、黄花菜）、果菜类（黄瓜、辣椒、豇豆）及其他类。

（三）按工艺特点分类

根据盐腌蔬菜的工艺，主要分为：腌菜类、酱菜类和泡菜类。腌菜类只进行腌渍，有三种：①湿态制成后菜与菜卤不分开，如雪里蕻、腌渍白菜、腌渍黄瓜；②半干态制成后菜与菜卤分开，如榨菜、大头菜；③干态制成后菜与菜卤分开，并经干燥，如干菜笋。酱菜类加工时先盐渍，再酱渍。按风味可分为两小类：①咸味酱菜用咸酱（豆酱）渍成，或虽加有甜酱，但用量少，如北方酱瓜、南方酱萝卜；②甜味酱菜用甜酱（面酱或酱油）渍成，如扬州、镇江的酱菜，济南、青岛的酱菜。泡菜类经典型的乳酸发酵，并用盐水渍成，如泡菜、酸黄瓜、盐水笋等。除腌菜、酱菜和泡菜这三种典型工艺的盐腌制品外，还有糖醋类（先盐渍，再用糖、醋或糖醋渍成）、虾油类（先盐渍，再用虾油渍成，如虾油什锦小菜）、糟渍类（先盐渍，再以酒糟渍成，如糟瓜、独山盐酸菜）等。

三、盐腌蔬菜制品的加工

（一）腌菜类加工

腌菜类制品是用高浓度的食盐腌制成的菜，是我国蔬菜腌制品中量最大、品种最多、风味各异、加工最普遍的一类。它不仅可以成品直接销售，而且可作为其他腌渍菜的半成品。

1. 工艺流程　　原料选择→预处理→盐腌→倒缸→封缸→成品。

2. 加工要点

1）原料选择　　选择肉质肥厚、组织紧密、质地脆嫩、不易软烂、粗纤维少、含水量低、含糖量较高的蔬菜原料；要求成熟适度，新鲜，无病虫害。

2）预处理　　清洗原料以除去蔬菜表面附着的尘土、泥沙、残留农药等。将洗净的原料按一定规格切分。

3）盐腌　　要求清洗后及时腌制。腌制菜可直接食用，也可作为酱渍半成品。腌渍方法可分为两种。

（1）干腌法：只加盐不加水，适用于含水量较多的蔬菜。又分为加压干腌和不加压干腌。加压干腌法：一层蔬菜一层盐，最上层加盐后盖木排压重石或其他重物，中下部加盐40%，中上部加盐60%。利用重石的压力和盐的渗透作用，使菜汁外渗，菜汁逐渐把菜体淹没，起到腌制、保鲜和贮藏的作用。特点是不加水和其他菜卤，成品保持原有的鲜味。不加压干腌法可分两次或三次加盐，方法是第一次加盐腌制几天捞出沥干苦卤，再加盐腌制。其优点是可以避免高浓度盐使蔬菜组织快速失水而皱缩；分批加盐使腌制品初期发酵旺盛，产生较多的乳酸，并减少维生素的损失；缩短蔬菜组织与腌渍液可溶浓度达到平衡的时间。干腌时注意用盐量不可过少，温度不可过高，否则易腐烂变质。

（2）湿腌法：加盐的同时还加盐水或清水，适用于含水量较少、个体较大的蔬菜。分为浮腌法和泡腌法两种。浮腌法将菜和盐水按一定的比例放入容器，使蔬菜浮在盐水中，定时倒缸。泡腌法又称盐卤法或循环浇淋法。把菜放入池中，将盐水加入菜中，经 1～2 d 腌渍，因蔬菜汁渗出，盐浓度下降，将菜卤泵出，加盐，再打入池中。如此循环 7～15 d，即成。此法适用于肉质致密、质地紧实、含水较少的蔬菜，较浮腌法减少了劳动量。

4）倒缸（池）　倒缸的作用主要是散热，促进食盐溶解和消除不良气味。倒缸方法可以采用翻倒，即留一空缸，将菜体与菜卤依次向空缸翻倒；或者回淋，用泵抽取菜池中的盐水，再淋浇于池中菜体上。

5）封缸　盐渍 30 d 左右即可成熟，如不立即食用，则可封缸保存。用菜缸腌制时，腌渍成熟后一次性倒缸，压紧，在缸口留一定空隙，盖上竹盖，压重石。再将澄清的盐水打入缸内，淹没竹盖，最后盖上缸罩。用菜池腌制时，可将菜坯一层层踩紧，在上面加盖竹盖，压重石，泵入澄清盐水，使之淹没过盖，再盖上塑料。

（二）酱菜类加工

酱菜类是以蔬菜咸坯为原料，经脱盐、脱水后，用酱渍加工而成的蔬菜制品。

1. 工艺流程　　原料选择→预处理→盐腌→切制加工→脱盐→压榨脱水→酱制→成品。

2. 加工要点

1）原料选择　选择质地嫩脆、组织紧密、肉质肥厚、富含一定糖分的蔬菜原料。

2）预处理　包括去除不可食用或病虫腐烂部分、洗涤、分级等处理。

3）盐腌　食盐浓度控制在 15%～20%，要求腌透，一般需要 20～30 d。对于含水量高的蔬菜可采用干腌法，3～5 d 要倒缸，腌好的菜坯表面柔熟透亮，富有韧性，内部质地嫩脆，切开后内外颜色一致。

4）切制加工　对需要进行切分的咸坯进行切制，切成比原来小得多的片、条、丝等形状。

5）脱盐　盐分高的半成品不易吸收酱液，同时还带有苦味，需要进行脱盐处理。首先放入清水中浸泡，浸泡时间根据腌制品中盐分多少来定，一般为 2～3 d，也有只浸泡半天的。析出一部分盐后才能吸收酱汁，并泡除苦味和辣味。浸泡时每天要换水 2 或 3 次。

6）压榨脱水　压榨脱水是采取特定措施减少咸坯含水量的工艺过程。为了利于酱制，保证酱汁浓度，必须进行压榨脱水。脱水至咸坯的含水量为 50%～60% 即可。

7）酱制　把脱盐后的菜坯放在酱内进行浸酱的过程称为酱制。酱制完成后，菜的表皮和内部变色程度要一致，即全部变成酱黄色，菜的表里口味完全像酱一样鲜美。酱制时，体形较大的或韧性较强的可直接放入缸内酱制，体积较小或易折断的蔬菜，可装入布袋或丝袋内，扎紧袋口后再放入酱缸内酱制。酱制期间，白天需每隔 2～3 h 搅拌一次，使缸内的菜均匀吸收酱汁。搅拌时用酱耙在酱缸内搅动，使缸内的菜（或袋）随着酱耙上下更替旋转，把缸底的翻到上面，把上面的翻到缸底，使缸上表面的一层酱由深褐色变成浅褐色。经 2～4 h，缸表面上一层又变成深褐色，即可进行第二次搅拌。如此类推，直到酱制完成（有的用酱醅也称双缸酱，酱制时采用倒缸，每天或隔天一次）。一般酱菜酱两次，第一次用使用过的酱，第二次用新酱，第二次用过的酱还可以压制次等酱油，剩下的酱渣可作饲料。

（三）泡菜类加工

泡菜是指为了利于长时间存放而经过发酵的蔬菜。一般来说，只要是纤维丰富的蔬菜或水果，都可以被制成泡菜。泡菜中含有丰富的维生素和钙、磷等无机物，既能为人体提供充足的营养，又能预防动脉硬化等疾病。

1. 工艺流程　　原料选择→预处理→入坛泡制→发酵→成品。

2. 加工要点

1）原料选择　　凡是组织致密、质地嫩脆、肉质肥厚而不易软化的新鲜蔬菜均可作为泡菜原料，要求剔除病虫害、腐烂蔬菜。

2）预处理　　蔬菜的预处理是在装坛泡制前，先将蔬菜置于 25% 的食盐溶液中，或直接用盐进行腌渍。在盐水的作用下，除去蔬菜所含的过多水分，渗透入部分盐味，以免装坛后泡菜质量降低。绿叶类蔬菜含有较浓的色素，预处理后可去除部分色素，这不仅利于其定色、保色，而且可消除或减轻对泡菜盐水的影响。

由于蔬菜的四季生长条件、品种、季节和可食部分不同，其质地上也存在差别。因此，选料及掌握好预处理的时间、咸度，对泡菜的质量影响极大。例如，青菜头、葛笋、甘蓝等，细嫩脆质、含水量高、盐易渗透，同时这类蔬菜通常仅适宜边泡边吃，不宜久贮，所以在预处理时咸度应稍低些；辣椒、芋艿、洋葱等，用于泡制的原料质地较老，其含水量低，受盐渗透和泡成均较缓慢，加之此类品种又适合长期贮存，故预处理时咸度应稍高一些。

3）泡菜盐水的配制　　井水和泉水是含矿物质较多的硬水，用以配制泡菜盐水，效果最好，可以保持泡菜成品的脆性。食盐宜选用品质良好，含苦味物质（如 $MgSO_4$、Na_2SO_4 及 $MgCl_2$ 等）极少，而 NaCl 含量至少在 95% 以上者为佳。常用的食盐有海盐、岩盐、井盐，其中以井盐最佳，其次为岩盐。盐水配制比例：加入占水的质量分数 6%～8% 的食盐；为了增进色、香、味，还可以加入 2.5% 的黄酒、0.5% 的白酒、1% 的米酒、3% 的白糖或红糖、3%～5% 的鲜红辣椒，直接与盐水混合均匀；加入香料，如花椒、八角、甘草、草果、胡椒，一般按盐水量的 0.05%～0.1% 加入，可磨成粉末，用白布包裹或做成布袋放入；为了增加盐水的硬度，还可加入 0.5% 的 $CaCl_2$。

4）入坛泡制　　经过预处理的原料即可入坛泡制，其方法有两种：泡制量少时可直接泡制。工业化生产则先出坯后泡制，用 10% 食盐先将原料盐渍几天或几小时，依原料质地而定。入坛时先将原料装入坛内一半，要装得紧实，放入香料袋，再装入原料，离坛口 6～8 cm 用竹片将原料卡住，加入盐水淹没原料，切忌使原料露出液面，否则原料会因接触空气而氧化变质。注入盐水至离坛口 3～5 cm 处。1～2 d 后原料因水分的渗出而下沉，可再补加原料，让其发酵。如果是老盐水，可直接加入原料，补加食盐、调味料或香料。

5）发酵　　蔬菜原料进入坛后，即进入乳酸发酵过程。在此过程中，要注意水槽保持水满并注意清洁，需经常清洗更换。为安全起见，可在水槽中加入 15%～20% 的食盐水。切忌油脂类物质混入坛内，否则易使泡菜水腐败发臭。蔬菜经过初期、中期和末期三个发酵阶段后完成了乳酸发酵的全过程。

第三节　果酒酿造

含有一定糖分和水分的果实，经过破碎、压榨取汁、发酵或者浸泡等工艺精心调配酿制而成的各种低度饮料酒都可称为果酒。果酒是一种低酒精度饮料酒，含有水果的风味，其酒精度一般在 12%（体积分数）左右，主要成分除乙醇外，还有糖、有机酸、酯类、多酚及维生素等。果酒具有低酒精度、高营养、益脑健身等特点，可促进血液循环和机体的新陈代谢，控制体内胆固醇水平，改善心脑血管功能，同时具有利尿、激发肝功能和抗衰老的功效。随着人们健康意识的加强，果酒正以其低酒精度、高营养、好口感的特点而越来越被众多消费者认同和接受。

一、果酒酿造的基本原理

果酒的酿造是利用有益微生物酵母将果汁中可发酵性糖类经乙醇发酵作用生成乙醇，再在陈酿澄清过程中经酯化、氧化及沉淀等作用，制成酒液清新、色泽鲜美、醇和芳香的产品。

（一）乙醇发酵机制

酵母的乙醇发酵过程为厌氧发酵，所以葡萄酒的发酵要在密闭无氧的条件下进行。如果有空气存在，酵母就不能完全进行乙醇发酵作用，而部分进行呼吸作用，把糖转化成 CO_2 和水，使乙醇产量减少。乙醇发酵是相当复杂的化学过程，有许多化学反应和中间产物生成，而且需要一系列酶的参与。酵母乙醇发酵的总反应式为

$$C_6H_{12}O_6+2ADP+2Pi \longrightarrow 2C_2H_5OH+2CO_2+2ATP$$

乙醇发酵过程主要包括糖分子的裂解、丙酮酸的分解和甘油发酵三个阶段。一般来说，在发酵开始时，乙醇发酵和甘油发酵同时进行，而且甘油发酵占优势；以后乙醇发酵则逐渐加强并占绝对优势，而甘油发酵减弱，但并不完全停止。乙醇发酵中，还常有甘油、乙酸、乳酸和高级醇等副产物，它们对果酒的风味、品质影响很大。

（二）乙醇发酵的主要副产物

1. 甘油　甘油味甜且稠厚，可赋予果酒以清甜味，增加果酒的稠度。干酒含较多的甘油而总酸不高时，会有自然的甜味，使干酒变得轻快圆润。甘油在发酵开始时由甘油发酵途径形成。在葡萄酒中，其含量为 $6\sim10$ mg/L。

2. 乙醛　乙醛可由丙酮酸脱羧产生，也可在发酵以外由乙醇氧化产生。在葡萄酒中乙醛的含量为 $0.02\sim0.06$ mg/L，有时可达 0.30 mg/L。乙醛可与 SO_2 结合形成稳定的亚硫酸乙醛，这种物质不影响葡萄酒的质量，而游离的乙醛则使葡萄酒具氧化味，可用 SO_2 处理，使这种风味消失。

3. 乙酸　乙酸是构成葡萄酒挥发酸的主要物质。在正常发酵情况下，乙酸在乙醇中的含量为 $0.2\sim0.3$ g/L。它是由乙醛经氧化作用而形成的。葡萄酒中乙酸含量过高，就会有酸味。一般规定白葡萄酒挥发酸含量不能高于 0.88 g/L（以 H_2SO_4 计），红葡萄酒不能高于 0.98 g/L（以 H_2SO_4 计）。

4. 琥珀酸　在葡萄酒中，其含量为 $0.5\sim1.0$ g/L，主要来源于乙醇发酵和苹果酸-乳酸发酵。

5. 杂醇　果酒中的杂醇主要有甲醇和高级醇。甲醇有毒害作用，含量高对品质不利。果酒中的甲醇主要来源于原料果实中的果胶，果胶脱甲氧基生成低甲氧基果胶时即会形成甲醇。此外，甘氨酸脱羧也会产生甲醇。高级醇是指比乙醇多一个或多个碳原子的一元醇。它溶于乙醇，难溶于水，在酒精度低时似油状，又称为杂醇油。主要有异戊醇、异丁醇、活性戊醇、丁醇等。高级醇是构成果酒二类香气的主要成分，一般情况下含量很低，如含量过高，可使酒具有不愉快的粗糙感，且使人头痛致醉。高级醇主要从代谢过程中的氨基酸、六碳酸及低分子酸中生成。

（三）酯类

酯类赋予果酒独特的香味，是葡萄酒芳香气味的重要来源之一。一般把葡萄酒的香气分为三大类：第一类是果香，它是葡萄果实本身具有的香气，又称为一类香气；第二类是发酵过程中形成的香气，称为酒香，又称为二类香气；第三类香气是葡萄酒在陈酿过程中形成的香气，称为陈酒香，又称为三类香气。

果酒中酯的生成有两个途径，即陈酿和发酵过程中的酯化反应及发酵过程中的生化反应。酯化反应是指酸和醇生成酯的反应，即使在无催化的情况下照样发生。葡萄酒中的酯主要有乙酸、琥珀酸、异丁酸、己酸和辛酸的乙酯，还有癸酸、己酸和辛酸的戊酯等。酯化反应为可逆反应，一定程度时可达平衡，此时遵循质量作用定律。生化反应是果酒发酵过程中，通过其代谢生成的酯类物质，它是通过酰基辅酶A与酸作用生成的。这一反应需要多步才能完成。通过生化反应形成的酯主要为中性酯。酯的含量随葡萄酒的成分和年限不同而异，新酒一般为 176～264 mg/L，老酒为 792～880 mg/L。酯的生成在葡萄酒贮藏的头两年最快，以后会变慢，这是因为酯化反应是一个可逆反应，进行到一个阶段便达到平衡。即使贮藏 50 年的葡萄酒，也只能产生理论上 3/4 的酯量。

酯分中性酯和酸性酯两类，中性酯和酸性酯在葡萄酒中约各占 1/2。中性酯是在发酵过程中，经酯酶的作用产生的，是一种生物化学反应。中性酯具有挥发性，因而被称为挥发酯。在陈酿过程中由化学反应也生成一些中性酯，但数量很少。酸性酯是在陈酿过程中，由酸和醇发生酯化反应而生成的，这是一种简单的化学反应，生成的大部分是酸性酯。

（四）果酒的氧化还原作用

氧化还原作用是果酒加工中一个重要的反应，它直接影响到产品的品质。果酒在加工中由于表面接触、搅动、换桶、装瓶等操作会溶入一些 O_2。在有 O_2 的条件下，如向葡萄酒通气时，葡萄酒的芳香味就会逐渐减弱，强烈通气的葡萄酒则易形成过氧化味和出现苦涩味。在无 O_2 条件下，葡萄酒形成和发展其芳香成分，即还原作用促进了香味物质的形成，最后香味的增强程度是由所达到的极限电位来决定的。

氧化还原作用与葡萄酒的芳香和风味关系密切，在不同阶段需要的氧化还原电位不一样。在成熟阶段，需要氧化作用，以促进单宁与花色苷的缩合，促进某些不良风味物质的氧化，使易氧化沉淀的物质沉淀去除；而在酒的老化阶段，则希望以处于还原状态为主，以促进酒的芳香物质产生。

（五）酿酒酵母

果酒酿造的成败及品质的好坏，与参与微生物的种类有最直接的关系。凡有霉菌类、细菌类等微生物参与时，酿酒必然失败或品质变劣。酵母虽是果酒发酵的主要微生物，但酵母的品种很多，生理特性各异，有的性状优良，有的益处不大甚至有害。所以果酒酿造过程中，必须选用并促进优良酵母进行乙醇发酵，防止或抑制霉菌类、细菌类等其他微生物的参与。

在果酒的发酵过程中，通常把具有良好发酵能力的酵母称为果酒酵母，把对果酒发酵没有用处的酵母统称为野生酵母。果酒发酵的优良酵母品种是葡萄酒酿酒酵母（*Saccharomyces ellipsoideus*），它具备优良酵母的主要特征：发酵能力强，可使酒精度达到 12%～16%；产酒率高，可将果汁中的糖充分发酵转化成乙醇；抗逆性强，能在经 SO_2 处理的果汁中进行繁殖和发酵，可以耐受 250 mg/L 的 SO_2；生香性强，在发酵中可产生芳香物质，赋予果酒特殊风味。葡萄酒酵母不仅是葡萄酒酿制的优良酵母，在苹果、柑橘及其他果酒的酿制中也属较好的菌种。

二、果酒和葡萄酒的分类

（一）果酒的分类

1. 发酵果酒　　发酵果酒是将果实经过一定处理，取其汁液，经乙醇发酵和陈酿而制成。与其他果酒的不同在于它不需要经过蒸馏，不需要在乙醇发酵之前对原料进行糖化处理。发酵果酒的乙醇含量比较低，多数为 10%～13%（体积分数）。

2. 蒸馏果酒　　蒸馏果酒也称为果子白酒，是将水果进行乙醇发酵后再经过蒸馏而得到的酒，又名白兰地。通常所称的白兰地，是指以葡萄为原料的白兰地。以其他水果酿造的白兰地，应冠以原料水果的名称，如樱桃白兰地、苹果白兰地、李子白兰地等。直接蒸馏得到的果酒一般需进行乙醇、糖分、香味和色泽等的调整，并经陈酿使之具有特殊风味的醇香。

3. 加料果酒　　加料果酒是以发酵果酒为酒基，加入植物性的根、茎、叶、种子、果实等增香物质或药材等制成。例如，加香葡萄酒是将各种芳香的花卉及其果实利用蒸馏法或浸渍法制成香料，再加入酒内，赋予葡萄酒以独特的香气。

4. 起泡果酒　　起泡果酒饮用时有明显的杀口感，根据制作原料和加工方法的不同可将其分为香槟酒和汽酒。香槟酒是一种含 CO_2 的白葡萄酒，是在上好的发酵白葡萄酒中加糖经二次发酵产生 CO_2 气体而制成的，其乙醇含量为 12.5%～14.5%（体积分数），CO_2 要求在 20℃条件下保持压强为 0.34～0.49 MPa。汽酒则是在配制果酒中人工充入 CO_2 而制成的一种果酒，CO_2 要求在 20℃条件下保持压强为 0.098～0.245 MPa。

5. 配制果味酒　　配制果味酒也称为果露酒。它是以配制的方法模拟发酵果酒而制成的，通常是将果实或果皮和鲜花等用乙醇或各类初级蒸馏酒浸泡提取，或用果汁加乙醇，再加入糖分、香精及色素等调配而成。

6. 混合型果酒——鸡尾酒　　鸡尾酒不仅具有酒的基本属性，能增强血液循环，使心情舒畅，摆脱疲劳，还具有一些饮料所具有的营养、保健作用。鸡尾酒以其多变的口味、华丽的色泽、美妙的名称、艺术化的装饰，满足了现代人对浪漫世界的遐想。

（二）葡萄酒的分类

葡萄酒是用新鲜的葡萄或葡萄汁经发酵酿成的酒精饮料。按照国际葡萄酒组织的规定，葡萄酒只能是用破碎或未破碎的新鲜葡萄果实或汁完全或部分乙醇发酵后获得的饮料，其酒精度一般在 8.5%～16.2%；按照我国最新的葡萄酒标准 GB 15037—2006 规定，葡萄酒是以鲜葡萄或葡萄汁为原料，经全部或部分发酵酿制而成的酒精度不低于 7.0% 的酒精饮品。葡萄酒按照不同分类原则可分为不同类型。

1. 按酒的颜色分类

（1）红葡萄酒：用红葡萄带皮发酵而成，酒液含有果皮或果肉中的有色物质，酒的颜色呈自然深宝石红、宝石红或紫红、石榴红。

（2）白葡萄酒：用白葡萄或皮红肉白的葡萄分离发酵制成。酒的颜色近似无色或浅黄、金黄、禾秆黄等。

（3）桃红葡萄酒：用带色的红葡萄短时间浸提或分离发酵制成。酒的颜色为桃红色或浅玫瑰红色。

2. 按含糖多少分类

（1）干葡萄酒：含糖量（以葡萄糖计）不大于 4.0 g/L，乙醇含量为 10%～13%（体积分数），酒液清亮透明，品尝感觉不出甜味，酸涩适口，具有洁净、爽怡、和谐的果香和酒香。

（2）半干葡萄酒：一般含糖量在 4.1～12 g/L，微具甜感，酒的口味洁净、舒顺，味觉圆润并具和谐愉悦的果香和酒香。

（3）半甜葡萄酒：半甜葡萄酒一般含糖量在 12.1～50 g/L，具有甘甜、爽顺、舒润的果香和酒香。

（4）甜葡萄酒：含糖量不低于 50 g/L，具有甘甜、醇厚、舒适的口味及和谐的果香和酒香。

3. 按酿造方法分类

（1）天然葡萄酒：完全以葡萄为原料发酵而成，不添加糖或乙醇，以葡萄原料含有的糖分来控制产品符合质量标准。

（2）加强葡萄酒：葡萄发酵成原酒，添加白兰地或脱臭乙醇从而提高乙醇含量，添加糖分来提高含糖量。

（3）加香葡萄酒：按含糖量不同分为干酒和甜酒，采用葡萄原酒浸泡芳香植物，再经调配制成，如味思美、丁香葡萄酒等。

三、果酒的加工

（一）红葡萄酒的酿造

酿制红葡萄酒一般采用红皮白肉或皮肉皆红的葡萄品种。我国酿造红葡萄酒主要以干红葡萄酒为原酒，然后按标准调配、勾兑成半干、半甜、甜型葡萄酒。

1. 干红葡萄酒的工艺流程　葡萄入厂后，经破碎去梗，带渣进行发酵，发酵一段时间后，分离出皮渣的酒可作为白兰地的生产原料，葡萄酒继续发酵一段时间，调整成分后转入后发酵，得到新干红葡萄酒，再经陈酿、调配、澄清处理，除菌和包装后便可得到干红葡萄酒的成品。其生产工艺如图 16-1 所示。

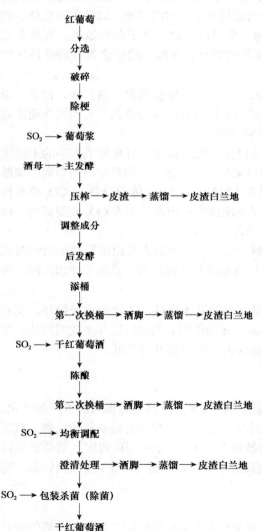

图 16-1　干红葡萄酒的工艺流程

2. 加工要点

1）原料的处理　　葡萄完全成熟后进行采摘，在较短时间里运到葡萄加工车间。经分选后送去破碎。在破碎与去梗时，可以采用先去梗后破碎的方法，也可以采用先破碎后去梗的方法。前一种方法，葡萄梗不与葡萄浆发生接触，葡萄梗所带有的青梗味、苦味等不良味道不会进入葡萄浆中；先破碎后去梗，葡萄梗与葡萄浆经短暂的接触，极少量能够产生不良味道的物质进入葡萄浆中，但由于数量少，一般不会对干红葡萄酒的质量产生影响。如果在没有去梗设备的条件下进行生产，应注意果渣与发酵液混合的时间和发酵温度。在发酵温度较高的条件下，果梗中产生不良味道的物质溶入酒中的数量较多，需要及早进行压榨，使葡萄汁与葡萄渣分离，一般发酵 2～3 d 即可进行压榨除去果渣；在发酵温度比较低的条件下，果胶可在发酵葡萄醪中停留 5 d 左右，再行压榨除去果渣。破碎去梗后的带渣葡萄浆，用送浆泵送到已经用硫黄熏过的发酵桶或池中，进行主发酵。

2）葡萄汁的主发酵　　葡萄酒主发酵（前发酵）的主要目的是进行乙醇发酵、浸提色素物质和芳香物质。前发酵进行得好坏是决定葡萄酒质量的关键。红葡萄酒发酵方式按发酵中是否隔氧可分为开放式发酵和密闭发酵。葡萄浆在进行乙醇发酵时体积增加。原因一是发酵时本身产生热量，发酵醪温度升高使体积增大；二是产生大量二氧化碳气体不能及时排除，也导致体积增加。为了保证发酵正常进行，一般容器充满系数为 80%。

发酵温度是影响红葡萄酒色素物质含量和色度值大小的主要因素。发酵温度高，葡萄酒的色素物质含量高，色度值高。从葡萄酒的口味醇和、酒质细腻、果香、酒香等因素综合考虑，发酵温度控制低些较好，红葡萄酒发酵温度一般控制在 25～30℃。酵母将糖发酵成乙醇和二氧化碳，同时伴随热能产生。进入主发酵期，必须采取措施控制发酵温度。控制方法有外循环冷却法、循环倒池法和池内蛇形管冷却法。

SO_2 的添加应在破碎后，产生大量乙醇以前，恰好是细菌繁殖之际加入。培养好的酵母应在葡萄醪中加入 SO_2 后经 4～8 h 再加入，以减小游离 SO_2 对酵母的影响，酵母的用量视情况而定，一般控制在 1%～10%。

红葡萄酒发酵时进行葡萄汁的循环是必要的，循环可起到以下作用：增加葡萄酒的色素物质含量；降低葡萄汁的温度；可使葡萄汁与空气接触，增加酵母的活力；葡萄酒与空气接触，可促使酚类物质的氧化，使之与蛋白质结合生成沉淀，加速酒的澄清。

3）出池与压榨　　当残糖降至 5 g/L 以下，发酵液面只有少量二氧化碳气泡，"皮盖"已经下沉，液面较平静，发酵液温度接近室温，并伴有明显的酒香，此时表明主发酵已经结束，可以出池。一般主发酵时间为 4～6 d。出池时先将自流原酒由排汁口放出，放净后打开孔清理皮渣进行压榨，得压榨酒。

主发酵结束后各种物质的比例如下：皮渣 11.5%～15.5%、自流原酒 52.9%～64.1%、压榨原酒 10.3%～25.8%、酒脚 8.9%～14.5%。自流原酒和压榨原酒成分差异较大。若酿制较高档名贵葡萄酒，自流原酒应单独存放。皮渣的压榨使用专用设备压榨机进行。压榨出的酒进入后发酵，皮渣可蒸馏制作皮渣白兰地，也可另做处理。

4）后发酵　　葡萄经破碎后，果汁和皮渣共同发酵至残糖 5 g/L 以下，经压榨分离皮渣，进行后发酵。正常后发酵时间为 3～5 d，但可持续一个月左右。

（1）后发酵的主要目的。

A. 产生乙醇。残糖的继续发酵主发酵结束后，原酒中还残留 3～5 g/L 的糖分，这些糖分在酵母的作用下继续转化成乙醇和二氧化碳。

B．澄清作用。主发酵得到的原酒中还残留部分酵母，在后发酵期间分解残留糖分，后发酵结束后，酵母自溶或随温度降低形成沉淀。残留在原酒中的果肉、果渣随时间的延长自行沉降，形成酒脚。

C．陈酿作用。原酒在后发酵过程中进行缓慢的氧化还原作用，促使醇和酸发生酯化反应，使酒的口味变得柔和，风味更趋完善。

D．降酸作用。某些红葡萄酒在压榨分离后，会诱发苹果酸、乳酸发酵，对降酸及改善口感有很大好处。

（2）后发酵的工艺管理要点。

A．补加 SO_2。主发酵结束后压榨得到的原酒需补加 SO_2，添加量（以游离 SO_2 计）为 $30\sim50$ mg/L。

B．控制温度。原酒进入后发酵容器后，品温一般控制在 $18\sim25$℃。若品温高于 25℃，不利于酒的澄清，并给杂菌繁殖创造条件。

C．隔绝空气。后发酵的原酒应避免接触空气，工艺上称为厌氧发酵。其隔氧措施一般为封口，安装水封或乙醇封。

D．卫生管理。由于主发酵液中含有残糖、氨基酸等营养成分，易感染杂菌，影响酒的质量，因此，搞好卫生是后发酵重要的管理内容。

（二）白葡萄酒的酿造

干白葡萄酒有新鲜愉悦的葡萄果香（品种香），兼有优美的酒香；香气和谐、细致；酒的滋味完整和谐，清快、爽口、舒适、清净，具有该品种干白葡萄酒独特的典型性。酿制干白葡萄酒应该选择色泽浅、含糖量高、质量好的优质葡萄作为生产原料。'龙眼''佳丽司''白羽''雷司令'等都是酿制干白葡萄酒的优良葡萄品种。

为保证酿造干白葡萄酒的质量，葡萄汁的含酸量要比一般葡萄汁高些，同时还要避免氧化酶的产生。因此，从采摘时间上讲，要比生产干红葡萄酒的葡萄采摘时间早些。葡萄的含糖量在 $20\%\sim21\%$ 较为理想。运输过程中尽量减少和防止葡萄的破碎，运到葡萄汁生产厂后应立即进行加工，不得存放，从葡萄采收到破碎成汁应在 4 h 内完成。葡萄入厂后，先进行分选，破碎后立即压榨，迅速使果汁与皮渣分离，尽量减少色素等物质的溶出。

1．工艺流程 以酿造白葡萄酒的葡萄品种为原料，经果汁分离、果汁澄清、控温发酵、陈酿及后加工处理而成。其工艺流程如图 16-2 所示。

2．加工要点

1）果汁分离 白葡萄酒与红葡萄酒的前加工工艺不同。白葡萄酒加工采用先压榨后发酵，而红葡萄酒加工要先发酵后压榨。白葡萄经破碎（压榨）或果汁分离，果汁单独进行发酵。也就是说白葡萄酒压榨在发酵前，而红葡萄酒压榨在发酵后。果汁分离是白葡萄酒的重要工艺，葡萄破碎后经淋汁，取得自流汁，再经压榨取得压榨汁，方法与红葡萄酒发酵后果渣分离相似，自流汁与压榨汁分别存放。其分离方法有如下几种：螺旋式连续压榨机分离果汁、气囊式压榨机分离果汁、果汁分离机分离果汁及双压板（单压板）压榨机分离果汁。目前常用果汁分离机来分离果汁。果汁分离时应注意葡萄汁与皮渣分离速度要快，缩短葡萄汁的氧化时间。目前大型葡萄酒厂常用果汁分离与压榨联用设备。果汁分离后，需立即进行 SO_2 处理，以防止果汁氧化。

2）果汁澄清 果汁澄清的目的是在发酵前将果汁中的杂质尽量减少到最低含量，以

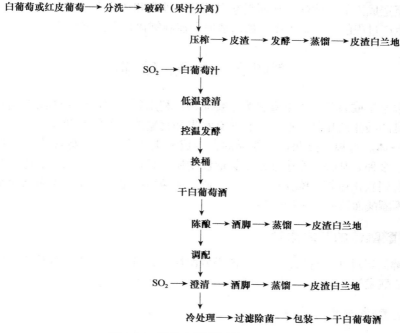

图 16-2 酿造白葡萄酒的工艺流程

避免葡萄汁中的杂质参与发酵而产生不良成分，给酒带来异味。为获得洁净、澄清的葡萄汁，可以采用 SO_2 静置澄清法、果胶酶澄清法、皂土澄清法及机械澄清法。添加适量 SO_2 来澄清葡萄汁，其操作简单，效果较好。在澄清过程中 SO_2 主要起三个作用：①可加速胶体凝聚，对非生物杂质起到助沉作用。②葡萄皮上生长有野生酵母、细菌、霉菌等微生物，在采收加工过程中也可能感染其他杂菌，使用 SO_2 起到抑制杂菌的作用。③葡萄汁中酚类化合物、色素、儿茶酸等易发生氧化反应，使果汁变质，当葡萄汁中有游离 SO_2 存在时，这些物质首先与 SO_2 发生氧化反应，可防止葡萄汁被氧化。

3）白葡萄酒的发酵　　白葡萄酒的发酵通常采用控温发酵，发酵温度一般控制在 16～22℃ 为宜，最佳温度为 18～22℃，主发酵期一般为 15 d 左右。发酵温度对白葡萄酒的质量有很大的影响，低温发酵有利于保持葡萄中原果香的挥发性化合物和芳香物质。如果超过工艺规定范围，会主要造成以下危害：①易于氧化，减少原葡萄品种的果香；②低沸点芳香物质易挥发而降低酒的香气；③酵母活力减弱，易感染醋酸菌、乳酸菌等杂菌，造成细菌性病害。

目前，白葡萄酒发酵常采用密闭夹套冷却的钢罐。主发酵结束后残糖降低至 5 g/L 以下，即可转入后发酵。后发酵温度一般控制在 15℃ 以下。在缓慢的后发酵中，葡萄酒香和味的形成更为完善，残糖继续下降至 2 g/L 以下。后发酵约持续一个月。

由于在主发酵结束后，二氧化碳排出缓慢，发酵罐内酒液减少，为防止氧化，应尽量减少原酒与空气的接触面积，做到每周添罐一次，添罐时要以优质的同品种（或同质量）的原酒添补或补充少量的 SO_2，注意密封，严格控制发酵设备及发酵间的工艺卫生。

白葡萄酒中含有多种酚类化合物，如色素、单宁、芳香物质等，这些物质具有较强的嗜氧性，在与空气接触时很容易被氧化，生成棕色聚合物，使白葡萄酒的颜色变深，酒的新鲜感减少，甚至造成酒的氧化味，从而引起白葡萄酒外观和风味上的不良变化。白葡萄酒氧化现象存在于生产过程的每一个工序，如何掌握和控制氧化是十分重要的。

第四节　果　醋　酿　造

果醋是以水果或果品加工下脚料为主要原料，利用现代生物技术酿制而成的一种营养丰富、风味优良的酸味调味品或饮品。它兼有水果和食醋的营养保健功能，集营养、保健、食疗等功能为一体。与粮食醋相比，果醋的营养成分更为丰富，其富含乙酸、琥珀酸、苹果酸、柠檬酸、多种氨基酸、维生素及生物活性物质，且口感醇厚、风味浓郁、新鲜爽口、功效独特，能起到软化血管、降血压、养颜、调节体液酸碱平衡、促进体内糖代谢、分解肌肉中的乳酸和丙酮酸而清除疲劳等作用。

一、果醋酿造的基本原理

果醋发酵需经过两个阶段：首先是乙醇发酵阶段，其次为乙酸发酵阶段。如以果酒为原料则只进行乙酸发酵。

（一）乙酸发酵微生物

醋酸菌大量存在于空气中，种类繁多，对乙醇的氧化速度有快有慢，醋化能力有强有弱，性能各异。用于生产食醋的醋酸菌种主要有白膜醋酸杆菌（*Acetobacter acetosus*）和许氏醋酸杆菌（*Acetobacter schutzenbachii*）等。目前用得较多的是恶臭醋酸杆菌浑浊变种（*A. rancens* var. *furbidans*）As1.41 和巴氏醋酸菌亚种（*A. pasteurianus*）泸酿 1.01 号，以及中国科学院微生物研究所提供的醋酸杆菌 As7015。醋酸菌多为椭圆形或短杆状，革兰氏阴性，无鞭毛，不能运动，产醋力 6% 左右，并伴有乙酸乙酯的生成，增进醋的芳香。

（二）乙酸发酵的生物化学变化

醋酸菌在充分供给 O_2 的情况下生长繁殖，并把基质中的乙醇氧化为乙酸，这是一个生物氧化过程。首先是乙醇被氧化成乙醛：

$$CH_3CH_2OH + 1/2\ O_2 \longrightarrow CH_3CHO + H_2O$$

其次是乙醛吸收 1 分子 H_2O 成水化乙醛：

$$CH_3CHO + H_2O \longrightarrow CH_3CH(OH)_2$$

最后水化乙醛再氧化成乙酸：

$$CH_3CH(OH)_2 + 1/2\ O_2 \longrightarrow CH_3COOH + H_2O$$

理论上 100 g 纯乙醇可生成 130.4 g 乙酸，而实际产率较低，一般只能达到理论数值的 85% 左右。其原因是醋化时乙醇的挥发损失，特别是在空气流通和温度较高的环境下损失更多。此外，乙酸发酵过程中，除生成乙酸外，还生成二乙氧基乙烷、高级脂肪酸、琥珀酸等。这些酸类与乙醇作用在陈酿阶段产生酯类，赋予果醋芳香味。

有些醋酸菌在醋化时将乙醇完全氧化成乙酸后，为了维持其生命活动，能进一步将乙酸氧化成 CO_2 和 H_2O。生产上当乙酸发酵完成后，常用加热杀菌的办法阻止其继续氧化。

二、果醋的分类

（一）按加工方法分类

按加工方法，果醋可以分为酿制醋、合成醋和再制醋。其中以酿制醋生产量最大，它是以果蔬为原料，经微生物制曲、糖化、乙醇发酵、乙酸发酵等过程酿制而成。酿制醋主要成分是乙酸，还有氨基酸、有机酸、糖类、维生素、醇和酯等营养成分及风味成分，有独特的色、香、味，既是调味品，也是饮料保健品。合成醋是采用化学方法合成的，缺乏酿制醋的发酵风味，质量不佳。再制醋是以酿造醋为醋基经进一步加工而制成的。

（二）按加工原料特性分类

酿制醋根据加工原料特性可以归纳为鲜果制醋、果汁制醋、鲜果浸泡制醋和果酒制醋4种。鲜果制醋是将果实先破碎榨汁，再进行乙醇发酵和乙酸发酵。其特点是产地制造，成本低，季节性强，酸度高，适合做调味果醋。果汁制醋是直接用果汁进行乙醇发酵和乙酸发酵，其特点是非产地也能生产，无季节性，酸度高，适合做调味果醋。鲜果浸泡制醋是将鲜果浸泡在一定浓度的乙醇溶液或食醋溶液中，待鲜果的果香、果酸及部分营养物质进入乙醇溶液或食醋溶液后，再进行乙酸发酵。其特点是工艺简单，果香味好，酸度高，适合做调味果醋和饮用果醋。果酒制醋是以各种酿造好的果酒为原料进行乙酸发酵而制成的。

（三）按发酵工艺分类

乙酸发酵是果醋酿造中最重要的工序。按乙酸发酵方式可将果醋分为固态发酵醋、液态发酵醋和固稀发酵醋。固态发酵醋是我国传统的酿醋方法，其果醋的风味优良，但生产周期长，劳动强度大，出醋率低。液态发酵醋包括传统法液态醋、速酿塔醋及液态深层发酵醋，其工艺特点是发酵周期短，生产效率高，原料利用率高，产品卫生，但液态发酵醋风味与固态发酵醋有较大区别。固稀发酵醋酿造过程中乙醇发酵阶段为稀醪发酵，乙酸发酵阶段为固态发酵，固稀发酵相结合，出醋率高。

这三种方法因水果的种类和品种不同而定，一般以梨、葡萄及沙棘等含水量多、易榨汁的果实为原料时，宜选用液态发酵法；以山楂和枣等不易榨汁的水果为原料时，宜选用固态发酵法；选择固稀发酵法的果实介于两者之间。果醋一般含5%～7%的乙酸，风味芳香，又具有一定的保健功能，很受消费者喜爱。

三、果醋的酿制工艺

（一）固态酿制工艺

固体酿制果醋一般以果品或残次果品、果皮、果心等为原料。固态发酵法制醋是传统的生产方法。其特点是采用低温糖化和乙醇发酵，应用多种有益微生物协同发酵，配以多种辅料和填充料，以浸提法提取食醋。成品香气浓郁，口味醇厚，色深质浓，但生产周期长，劳动强度大，出品率低，卫生条件差。

1. 工艺流程　果品原料→修整→清洗→破碎→加少量稻壳、接种酵母→固态乙醇发酵→加麸皮、稻壳、接种醋酸菌→固态乙酸发酵→淋醋→陈酿→过滤→灭菌→成品。

2. 加工要点

1）原料处理　　选择成熟度好的新鲜果实，用清水洗净，机器破碎；或者以果品或残次果品、果皮、果心等为原料。

2）乙醇发酵　　加入酵母液3%～5%，进行乙醇发酵，在发酵过程中每日搅拌3～4次，经5～7 d发酵完成。

3）乙酸发酵　　将乙醇发酵完成的果品，加入原料量50%～60%的麸皮或谷壳、米糠等作为疏松剂，再加入10%～20%培养的醋母液（也可用未经消毒的优良的生醋接种），充分搅拌均匀，装入醋化缸中，稍加覆盖，使其进行乙酸发酵。醋化期控制品温在30～35℃。若温度升高达37～38℃时，则将缸中醋坯取出翻拌散热；若温度适当，每日定时翻拌1次，充分供给空气，促进醋化。经10～15 d，醋化旺盛期将过，随即加入2%～3%的食盐，搅拌均匀，即成醋坯。将此醋坯压紧，加盖封严，待其陈酿后熟，经5～6 d后，即可淋醋。

4）淋醋　　将后熟的醋坯放在淋醋器中。淋醋器用一底部凿有小孔的瓦缸或木桶，距缸底6～10 cm处放置滤板，铺上滤布。从上面徐徐淋入约与醋坯量相等的冷却沸水，醋液从缸底小孔流出，即生醋。固体发酵法酿制的果醋经过1～2月的陈酿即可装瓶。装瓶密封后，需置于70℃左右的热水中杀菌10～15 min。

（二）固稀酿制工艺

固稀酿制采用液态乙醇发酵和固态乙酸发酵的发酵工艺，可以提高原料的利用率并提高淀粉质利用率、糖化率和乙醇发酵率。

1. 工艺流程　　果品原料→修整→清洗→破碎、榨汁→粗果汁→接种酵母→液态乙醇发酵→加麸皮、稻壳、接种醋酸菌→固态乙酸发酵→淋醋→陈酿→过滤→灭菌→成品。

2. 加工要点

1）原料处理　　选择成熟度好的新鲜果实，用清水洗净。用果蔬破碎机破碎，破碎时籽粒不能被压破，汁液不能与铜、铁接触。

2）乙醇发酵　　酒母培养：先把干酵母按15%的量添加到灭菌的500 mL锥形瓶中进行活化，加果汁100 g，温度为32～34℃，时间为4 h；活化完毕后，按果汁10%的量加入广口瓶中进行扩大培养，时间8 h，温度30～32℃；扩大培养后，按10%的量加入50 L酒母罐中进行培养，温度30～32℃，经12 h培养完毕。

乙醇发酵：将培养好的酒母添加到发酵罐中进行发酵，温度保持在28～30℃，经过4～7 d后皮渣下沉，醪汁含糖≤4 g/L时，乙醇发酵结束。

3）醋母培养和乙酸发酵

（1）醋母培养：将醋酸菌接种于由1%的酵母膏、4%的无水乙醇和0.1%冰醋酸组成的液体培养基，盛于500 mL锥形瓶中，装液量为100 mL，培养时间为36 h，温度30～34℃，然后按10%的量加入扩大液体培养基中（培养基由乙醇发酵好的果醪组成），再按10%的量加入发酵罐中进行培养。

（2）乙酸发酵：将成熟的醋酸菌母按发酵醪总体积10%的量加入，进行乙酸发酵。发酵池应设有假底，其上先要铺酒醪体积5%的稻壳和1%的麸皮，当酒醪加入后，皮渣与留在酒醪上的稻壳和麸皮混合在一起。酒液通过假底流入盛醋桶，然后通过饮料泵由喷淋管浇下，每隔5 h喷淋0.5 h，5～7 d后检查酸度不再升高，停止喷淋。

乙酸发酵池近底处设假底的池壁上开设通风洞，让空气自然进入，利用固态醋醪的疏松度使醋酸菌得到足够的氧，全部醋醅都能均匀发酵；将假底下积存的温度较低的醋汁定时回流喷淋在醋醅上，以降低醋醅温度，调节发酵温度，保证发酵在适当的温度下进行。

（三）液态酿制工艺

可以用水果原料或果酒直接酿制而得，质量较差或酸败的果酒也适宜酿醋。液体发酵法制醋具有机械化程度高、减轻劳动强度、不用填充料、操作卫生条件好、原料利用率高（可达65%～70%）、生产周期短、产品的质量稳定等优点；缺点是醋的风味较差。目前，生产上多采用此法。

1. 工艺流程　果品原料→修整→清洗→破碎、榨汁→粗果汁→调整成分及澄清→接种酵母→液态乙醇发酵→接种醋酸菌→液态乙酸发酵→陈酿→过滤→灭菌→成品。

2. 加工要点

1）原料的处理与榨汁　将采集或收购的残次水果放入清洗池或缸中，用清水冲洗干净，挖去水果上腐烂变质的部分，清洗后，根据原料的特点，对其榨汁。

2）调整成分及澄清　果汁中可发酵性糖的含量常达不到工艺要求，有时为降低生产成本需要提高含糖量。加糖可采用两种方法，一是添加淀粉糖化醪，另一种方法是加蔗糖。补加蔗糖时，先将糖溶化配成约20%的蔗糖液，用蒸汽加热至95～98℃充分溶解，而后用冷凝水降温至50℃，再加入果汁中。

需要澄清的果汁，可将调配好的果汁送入澄清设备中，加入黑曲霉麸曲2%或加果胶酶0.01%（以原果汁计），在40～50℃条件下保温2～3 h，使单宁和果胶分解，提高澄清度。

3）乙醇发酵　果汁冷却至30℃左右，接入1%的酒母进行乙醇发酵。发酵期间控制品温在30～34℃为宜，经4～5 d的发酵，发酵乙醇醪含量为5%～8%，酸度为1%～1.5%，表明乙醇发酵基本完成。

4）乙酸发酵　液态发酵果醋更有利于保持水果固有的香气，而且使成品醋风格鲜明。固态发酵时，成品醋会有辅料的味道，而使香气变差。液态发酵可采用表面静置发酵法与深层发酵两种工艺。工厂规模小时以前者为宜，规模大时则应选择后者。

液态表面静置发酵法就是在乙酸发酵的过程中进行静置，醋酸菌在液面上形成一层薄菌膜，借液面与空气的接触，使空气中的氧溶解于液面内。该法发酵时间较长，需1～3个月，但是果醋酸味柔和，口感要优于液态深层发酵法，并且形成了含量较多的包括酯类（如乳酸乙酯）在内的多种风味物质。

液态深层发酵法是指乙酸发酵采用大型标准发酵罐或自吸式发酵罐，原料定量自控，温度自控，能随时检测发酵醪中的各种检测指标，使之能在最佳条件下进行，发酵周期一般为40～50 h，原料利用率高，乙醇转化率达93%～98%。液态深层发酵法可以分为分批发酵法、分批补料发酵法和连续发酵法。

液态深层发酵法的优点是发酵周期短（7～10 d）、机械化程度高、劳动生产率高、占地面积小、操作卫生条件好、原料利用率高、产品质量稳定，便于自动控制，不用填充料，能显著减轻工人劳动强度等。但因生产周期短等原因，风味相对淡薄，因此，提高果醋的风味质量是关键。可采用在发酵过程中添加产酯产香酵母或采用后期增熟、调配等方法改善风味。液态深层发酵法是目前果醋酿造应用最广泛的方法。

主要参考文献

鲍晓瑾, 丁玉庭, 刘书来. 2007. 鱼糜制品凝胶强度的提高及其影响因素. 浙江工业大学学报, 35（6）: 631-635.

暴悦梅, 胡彬. 2016. 新型果蔬干燥技术研究进展. 食品研究与开发, 37（16）: 222-224.

毕阳. 2016. 果蔬采后病害原理与控制. 北京: 科学出版社.

曹荣, 张井, 孟辉辉, 等. 2016. 高通量测序与传统纯培养方法在牡蛎微生物群落分析中的应用对比. 食品科学, 37（24）: 137-141.

曹雪慧, 赵东宇, 朱丹实, 等. 2019. 渗透预处理对蓝莓冻结特性的影响. 食品科学, 40（7）: 192-197.

陈海华, 薛长湖. 2010. 乳清浓缩蛋白对竹荚鱼鱼糜凝胶化和凝胶劣化的影响. 食品科学, 31（11）: 25-30.

陈杰. 2016. 果蔬汁饮料包装设计的安全性研究. 株洲: 湖南工业大学硕士学位论文.

陈敬鑫, 张德梅, 李永新, 等. 2021. 纸氧贮藏对采后果实风味的影响研究进展. 食品科学, 42（13）: 273-280.

陈申如, 李燕杰, 刘阳. 2004. 擂溃条件对鱼糜制品弹性的影响. 大连工业大学学报, 23（3）: 194-197.

陈艳, 丁玉庭, 邹礼根, 等. 2003. 鱼糜凝胶过程的影响因素分析. 食品研究与开发, 24（3）: 12-15.

陈竹兵. 2017. 果蔬中的孔隙对超声辅助浸渍冷冻影响的研究. 广州: 华南理工大学硕士学位论文.

程双. 2010. 鲜切果蔬酶促褐变发生机理及其调控的研究. 大连: 大连工业大学硕士学位论文.

程新峰. 2014. 低频超声波辅助提高冷冻草莓加工全过程品质及效率的研究. 无锡: 江南大学博士学位论文.

丛海花, 薛长湖, 孙妍, 等. 2010. 热泵-热风组合干燥方式对干制海参品质的改善. 农业工程学报, 26（5）: 342-346.

崔生辉, 李玉伟, 江涛, 等. 2000. 辐照对真空包装鲫鱼的保藏作用及对鲫鱼中沙门氏菌属和志贺氏菌属的杀灭作用. 中国食品卫生杂志, （2）: 6-8.

邓尚贵, 彭增起. 2010. 水产品加工学. 北京: 中国轻工业出版社.

邓云, 杨宏顺, 李红梅, 等. 2008. 冷冻食品质量控制与品质优化. 北京: 化学工业出版社.

丁丽丽, 郭宏明, 吴俊, 等. 2015. 可得然胶在淡水鱼糜制品中的应用研究. 食品工业科技, 36（17）: 220-222.

董全. 2011. 果蔬加工工艺学. 重庆: 西南师范大学出版社.

高福成. 1997. 现代食品工程高新技术. 北京: 中国轻工业出版社.

葛永红, 毕阳, 李永才, 等. 2012. 苯丙噻重氮（ASM）对果蔬采后抗病性的诱导及机理. 中国农业科学, 45（16）: 3357-3362.

葛永红, 李灿婴, 吕静祎, 等. 2016. 果蔬采后病原真菌分泌胞外酶的研究进展. 食品科学, 37（15）: 265-270.

关志强. 2010. 食品冷冻冻藏原理与技术. 北京: 化学工业出版社.

韩锐, 陈洁, 许飞, 等. 2020. 干燥过程中挂面干燥特性及品质的研究. 河南工业大学学报（自然科学版）, 41（4）: 50-55, 62.

何云, 包建强. 2017. 关于鱼骨成分分析的研究进展. 上海农业科技, 4: 28-31.

洪惠, 朱思潮, 罗永康, 等. 2011. 鲟在冷藏和微冻贮藏下品质变化规律的研究. 南方水产科学, 7（6）: 7-12.

华泽钊, 李云飞, 刘宝林. 1999. 食品冷冻冷藏原理与设备. 北京: 机械工业出版社.

黄晓春, 侯温甫, 杨文鸽, 等. 2007. 冰藏过程中美国红鱼生化特性的变化. 食品科学, 28（1）: 337-340.

黄晓燕, 刘铖珺, 李长城, 等. 2020. 低水分活度食品微生物控制技术研究现状. 食品与发酵工业, 46（23）: 290-296.

季晓彤. 2018. 金鲳鱼块微冻贮藏过程品质变化及控制. 大连: 大连工业大学硕士学位论文.

冀晓龙. 2014. 杀菌方式对鲜枣汁品质及抗氧化活性的影响研究. 咸阳: 西北农林科技大学硕士学位论文.

江艳华, 初钰博, 王联珠, 等. 2018. 黄渤海区鲜活贝类中副溶血性弧菌的毒力基因及耐药性分析. 中国卫生检验杂志, 28（7）: 769-773.

蒋丽, 孔莹莹, 韩凝, 等. 2012. 植物细胞程序性死亡的分类和膜通透性调控蛋白研究进展. 植物生理学报, 48 (5): 419-424.

焦丹. 2017. 果蔬干燥品质试验研究. 西安: 陕西科技大学硕士学位论文.

金昌海. 2016. 果蔬贮藏与加工. 北京: 中国轻工业出版社.

孔令红, 王静雪, 林洪, 等. 2012. 腐败希瓦氏菌噬菌体的分离纯化和生物学性质. 海洋湖沼通报, (3): 37-43.

李来好, 刁石强, 林黑着, 等. 2000. 冷海水喷淋保鲜装置在海水鱼保鲜中的应用试验. 中国水产, 290 (1): 52.

李楠楠. 2018. 高压脉冲电场技术对鲜榨椪柑汁的杀菌效果及品质影响的研究. 重庆: 西南大学硕士学位论文.

李秋莹, 张婧阳, 孙彤, 等. 2020. ε-聚赖氨酸及其复合保鲜技术在水产品保鲜中的研究进展. 食品与发酵工业, 46 (22): 263-269.

李卫东, 陶妍, 袁骐, 等. 2009. 南美白对虾在微冻保藏期间的鲜度变化. 食品与发酵工业, 34 (11): 48-52.

李秀霞, 刘孝芳, 刘宏影, 等. 2021. 超声波辅助冷冻与低温速冻对海鲈鱼冰晶形态及冻藏期间鱼肉肌原纤维蛋白结构的影响. 中国食品学报, (10): 169-176.

李学鹏, 刘慈坤, 范大明, 等. 2018. 添加微细鲢鱼鱼骨泥对金线鱼鱼糜凝胶品质的影响. 食品科学, 39 (23): 22-28.

李学鹏, 谢晓霞, 朱文慧, 等. 2018. 食品中鲜味物质及鲜味肽的研究进展. 食品工业科技, 39 (22): 319-327.

李学英, 杨宪时, 郭全友, 等. 2009. 大黄鱼腐败菌腐败能力的初步分析. 食品工业科技, 30 (6): 316-319.

李雪, 白新鹏, 曹君, 等. 2018. 罗非鱼各个部位研究应用进展. 食品工业, 39 (11): 276-281.

李轶, 赵建新, 周琳, 2013. 物理场新技术在鱼糜制品加工中的应用. 食品科学, (19): 346-350.

李颖畅, 张馨元, 孙皓齐, 等. 2021. 复合保鲜剂对阿根廷鱿鱼中生物胺的控制作用. 中国食品学报, (7): 256-263.

李志雅, 李清明, 苏小军, 等. 2015. 果蔬脆片真空加工技术研究进展. 食品工业科技, (17): 384-387.

励建荣. 2010. 生鲜食品保鲜技术研究进展. 中国食品学报, (3): 1-12.

励建荣. 2018. 海水鱼类腐败机制及其保鲜技术研究进展. 中国食品学报, 18 (5): 1-12.

励建荣, 王忠强, 仪淑敏, 等. 2021. 天然抗氧化剂对鱼糜及鱼糜制品抗氧化能力及品质影响的研究进展. 食品科学, 42 (21): 1-7.

励建荣, 仪淑敏, 李婷婷, 等. 2016. 水产品保鲜材料和杀菌技术研究进展. 中国渔业质量与标准, 6 (1): 1-11.

励建荣, 朱丹实. 2012. 果蔬保鲜新技术研究进展. 食品与生物技术学报, (4): 317-337.

梁琼, 万金庆, 王国强. 2010. 青鱼片冰温贮藏研究. 食品科学, 31 (6): 270-273.

林宏政. 2013. 低温真空干燥技术及其对清香型铁观音品质影响研究. 福州: 福建农林大学硕士学位论文.

林洪, 张瑾, 熊正河. 2001. 水产品保鲜技术. 北京: 中国轻工业出版社.

凌萍华, 谢晶, 赵海鹏, 等. 2010. 冰温贮藏对南美白对虾保鲜效果的影响. 江苏农业学报, 26 (4): 828-832.

刘宝林. 2010. 食品冷冻冷藏学. 北京: 中国农业出版社.

刘红英, 齐凤生. 2012. 水产品加工与贮藏. 北京: 化学工业出版社.

刘建学. 2014. 食品保藏学. 北京: 中国轻工业出版社.

刘明华, 全永亮. 2015. 发酵与酿造技术. 武汉: 武汉理工大学出版社.

刘新社, 聂青玉. 2018. 果蔬贮藏与加工技术. 北京: 化学工业出版社.

刘兴华, 陈维信. 2002. 果品蔬菜贮藏运销学. 北京: 中国农业出版社.

刘宇, 方国宏, 成素凯, 等. 2018. 虾、蟹壳利用的研究进展. 食品安全质量检测学报, 9 (3): 461-466.

刘尊英, 郭红, 朱素芹, 等. 2011. 凡纳滨对虾优势腐败菌鉴定及其群体感应现象. 微生物学通报, 38 (12): 1807-1812.

罗云波. 2010. 果蔬采后生理与生物技术. 北京: 中国农业出版社.

吕兵兵, 张进杰, 储银, 等. 2012. 反相高效液相色谱法检测带鱼糜中的嘌呤含量. 中国食品学报, 12 (7): 192-198.

吕长鑫, 黄广民, 宋洪波. 2015. 食品机械与设备. 长沙: 中南大学出版社.

马海霞, 李来好, 杨贤庆, 等. 2009. 水产品微冻保鲜技术的研究进展. 食品工业科技, (4): 340-344.

孟宪军，桥旭光．2019．果蔬加工工艺学．北京：中国轻工业出版社．

潘瑞炽．2012．植物生理学．北京：高等教育出版社．

潘子强，张玉山，贾冠聪，等．2011．脆肉鲩鱼在冷藏条件下的特定腐败菌分析．食品科技，36（9）：36-40．

庞韵华．2008．组合干燥法生产苹果片的研究．无锡：江南大学硕士学位论文．

钱韻芳，林婷．2020．水产品中微生物相互作用机制研究进展．生物加工过程，18（2）：150-157．

曲楠，曾名勇，赵元辉．2009．鱼糜凝胶性能研究进展．肉类研究，10：80-84．

曲欣，林洪，隋建新．2014．高效液相色谱法测定食品中嘌呤含量．中国海洋大学学报（自然科学版），4（12）：41-47．

全国饮料标准化技术委员会．果蔬汁类及其饮料（GBT 31121—2014）．

饶景萍．2015．园艺产品贮运学．北京：科学出版社．

阮美娟，徐怀德．2013．饮料工艺学．北京：中国轻工业出版社．

萨珀斯 G M，戈尼 J R，约瑟夫 A E．2011．果蔬微生物学．陈卫，田丰伟，译．北京：中国轻工业出版社．

沈月新．2000．水产食品学．北京：中国农业出版社．

孙丽霞．2013．气调包装结合生物保鲜剂对冷藏大黄鱼品质及菌相的影响．杭州：浙江工商大学硕士学位论文．

孙彦．2013．生物分离工程．北京：化学工业出版社．

孙正宏．2016．除湿干燥技术在果蔬干燥中的应用研究．咸阳：西北农林科技大学硕士学位论文．

陶宁萍，欧杰，徐文达，等．1997．带鱼气调包装工艺研究．上海水产大学学报，6（1）：59-62．

田世平，罗云波，王贵禧．2011．园艺产品采后生物学基础．北京：科学出版社．

汪之和．2003．水产品加工与利用．北京：化学工业出版社．

王彬，陈敏氢，朱海生，等．2016．果蔬酶促褐变研究进展．中国农学通报，32（28）：189-194．

王何文，徐贞，翟鹏贵，等．2020．果蔬汁及其饮料标准体系现状分析．中国标准化，（11）：97-103．

王鸿飞．2014．果蔬贮运加工学．北京：科学出版社．

王瑾．2011．滚筒干燥机研制及南瓜粉干燥过程数学模拟．北京：中国农业机械化科学研究院博士学位论文．

王丽玲．2005．几种膜分离技术在果汁浓缩中的应用．中国食品添加剂，（2）：94-99．

王丽平，李苑，余海霞，等．2017．高压电场对生鲜食品保鲜机理研究进展．食品科学，38（3）：278-283．

王丽琼．2020．果蔬加工技术．2版．北京：中国轻工业出版社．

王锡昌，汪之和．1997．鱼糜制品加工技术．北京：中国轻工业出版社．

王雪媛．2016．不同干燥方式对苹果片水分扩散特性影响研究．沈阳：沈阳农业大学硕士学位论文．

王玉婷，邵秀芝，冀国强．2010．大黄鱼冷藏过程中品质变化及腐败菌的分析及抑菌研究．肉类研究，（11）：11-15．

王璋，许时婴，汤坚．2010．食品化学．北京：中国轻工业出版社．

文其乙，焦新安，刘秀梵，等．1995．直接 ELISA 检测沙门氏菌方法的建立及其应用研究．中国兽医学报，（2）：105-111．

吴辉煌．2013．亚豆隧道式烘干窑干燥产品质量的影响因素及分析．天津：天津科技大学硕士学位论文．

吴云辉．2019．水产品加工技术．北京：化学工业出版社．

夏文水．2007．食品工艺学．北京：中国轻工业出版社．

夏文水．2012．食品工艺学．北京：中国轻工业出版社．

向迎春，黄佳奇，栾兰兰，等．2018．超声辅助冻结中国对虾的冰晶状态与其水分变化的影响研究．食品研究与开发，（2）：
    203-210．

谢晶，韩志，孙大文．2006．超声波技术在食品冻结过程中的应用．渔业现代化，（5）：41-44．

许钟，杨宪时．1995．水产品 Chilled 高鲜度保藏技术．食品科学，16（1）：61-63．

焉丽波．2013．鳕鱼液熏制品的研制及品质特性的研究．青岛：中国海洋大学硕士学位论文．

杨青珍．2018．果蔬采后冷害与控制．北京：科学技术文献出版社．

杨清香，于艳琴．2010．果蔬加工技术．2版．北京：化学工业出版社．

杨瑞. 2006. 食品保藏原理. 北京：化学工业出版社.

杨寿清. 2005. 食品杀菌和保鲜技术. 北京：化学工业出版社.

杨文鸽, 薛长湖, 徐大伦, 等. 2007. 大黄鱼冰藏期间 ATP 关联物含量变化及其鲜度评价. 农业工程学报, 23（6）：217-222.

姚茂君, 刘飞. 2006. 猕猴桃籽油的微胶囊化研究. 食品与发酵工业, 32（11）：59-62.

叶桐封. 1993. 淡水鱼加工技术. 北京：农业出版社.

尹明安. 2009. 果品蔬菜加工工艺学. 北京：化学工业出版社.

于海凤. 2019. 发酵鲅鱼罐头的工艺及其风味研究. 锦州：渤海大学硕士学位论文.

余德洋, 刘宝林, 王伯春. 2011. 超声场中声压与空化对冰晶分裂的影响. 制冷学报, 32（6）：30-34.

曾惠. 2012. 海藻多酚 QSI 对大菱鲆腐败变质调控的初步研究. 青岛：中国海洋大学硕士学位论文.

曾名勇, 伍勇, 于瑞瑞. 1997. 化学冰保鲜非鲫的研究. 水产学报, 21（4）：443-448.

曾庆孝, 周蕊, 朱志伟, 等. 2008. 淀粉对罗非鱼鱼糜凝胶品质的影响. 现代食品科技, 24（8）：759-772.

张川. 2017. 果蔬减压冷藏理论与实验研究. 天津：天津商业大学硕士学位论文.

张国栋. 2012. 杨梅粉真空冷冻干燥工艺及质量稳定性研究. 福州：福建农林大学硕士学位论文.

张海生. 2018. 果品蔬菜加工学. 北京：科学出版社.

张兰威. 2014. 发酵食品原理与技术. 北京：科学出版社.

张琳娜. 2015. 海蜇处理新工艺的研究. 大连：大连工业大学硕士学位论文.

张懋. 2010. 速冻生鲜食品品质调控新技术. 北京：中国纺织出版社.

张巧曼, 朱丹实, 寇竞羽, 等. 2015. 可食性多糖涂膜果蔬保鲜技术研究进展. 食品与发酵科技,（1）：9-13.

张群利, 崔琳琳, 李春伟, 等. 2012. 壳聚糖复合生物保鲜剂对池沼公鱼保鲜品质的影响. 中国水产,（10）：68-69.

张秀玲, 谢凤英. 2015. 果酒加工工艺学. 北京：化学工业出版社.

章建浩. 2009. 食品包装学. 3 版. 北京：中国农业出版社.

赵君哲. 2014. 食品的水分活度与微生物菌群. 肉类工业,（7）：51-54.

赵丽芹. 2002. 果蔬加工工艺学. 北京：中国轻工业出版社.

钟志友, 张敏, 杨乐, 等. 2011. 果蔬冰点与其生理生化指标关系的研究. 食品工业科技, 32（2）：76-78.

朱蓓薇, 董秀萍. 2019. 水产品加工学. 北京：化学工业出版社.

朱丹实, 张巧曼, 曹雪慧, 等. 2014. 湿度条件对巨峰葡萄贮藏过程中水分及质构变化的影响. 食品科学, 35（22）：340-345.

朱文慧, 栾宏伟, 步营, 等. 2020. 固相美拉德增香法制备鱼骨泥调味粉工艺. 中国食品学报, 20（5）：148-156.

Antonios E G, Michael G K. 2007. Effect of modified atmosphere packaging and vacuum packaging on the shelf-life of refrigerated chub mackerel (*Scomber japonicus*): biochemical and sensory attributes. European Food Research and Technology, 224: 545-553.

Balange A K, Benjakul S. 2009. Effect of oxidised phenolic compounds on the gel property of mackerel (*Rastrelliger kanagurta*) surimi. LWT-Food Science and Technology, 42: 1059-1064.

Baptista R C, Horita C N, Sant'Ana A S. 2019. Natural products with preservative properties for enhancing the microbiological safety and extending the shelf-life of seafood: a review. Food Research International, 127: 108762.

Bi Y, Li Y C, Ge Y H, et al. 2010. Induced resistance in melons by elicitors for the control of postharvest diseases. *In*: Prusky D, Gullino M L. Postharvest Pathology. New York: Springer Netherlands: 31-41.

Bindu J, Ginson J, Kamalakanth C K, et al. 2013. Physico-chemical changes in high pressure treated Indian white prawn (*Fenneropenaeus indicus*) daring chilv Storage. Innovative Food Science & Emerging Technologies, 17: 37-42.

Borda D, Nicolau A I, Raspor P. 2018. Trends in Fish Processing Technologies. New York: CRC Press: 135-146.

Brewer M S. 2011. Natural antioxidants: sources, compounds, mechanisms of action, and potential applications. Comprehensive Reviews in Food Science and Food Safety, 10: 221-247.

Bu Y, Liu Y N, Luan H W, et al. 2021. Characterization and structure-activity relationship of novel umami peptides isolated from Thai fish sauce. Food and Function, 12: 5027-5037.

Buschhaus C, Jetter R. 2011. Composition differences between epicuticular and intracuticular wax substructures: how do plants seal their epidermal surfaces. Journal of Experimental Botany, 62: 841-853.

Cheng X F, Zhang M, Adhikari B, et al. 2014. Effect of ultrasound irradiation on some freezing parameters of ultrasound-assisted immersion freezing of strawberries. International Journal of Refrigeration, 44: 49-55.

Cho M S, Choi Y J, Park J W. 2000. Effects of hydration time and salt addition on gelation properties of major protein additives. Journal of Food Science, 65: 1338-1342.

Chow R, Blindt R, Chivers R, et al. 2003. The sonocrystallisation of ice in sucrose solutions: primary and secondary nucleation. Ultrasonics, 41(8): 595-604.

Chow R, Blindt R, Chivers R, et al. 2005. A study on the primary and secondary nucleation of ice by power ultrasound. Ultrasonics, 43(4): 227-230.

Chow R, Blindt R, Kamp A, et al. 2004. The microscopic visualisation of the sonocrystallisation of ice using a novel ultrasonic cold stage. Ultrasonics-Sonochemistry, 11(3):245-250.

Conrath U. 2011. Molecular aspects of defence priming. Trends in Plant Science, 16: 524-531.

Dalhoff A A H, Levy S B. 2015. Does use of the polyene natamycin as a food preservative jeopardise the clinical efficacy of amphotericin B? A word of concern. International Journal of Antimicrobial Agents, 45: 564-567.

Deliopoulos T, Kettlewell P S, Hare M C. 2010. Fungal disease suppression by inorganic salts: A review. Crop Protection, 29: 1059-1075.

Deng L Z, Mujumdar A S, Zhang Q, et al. 2017. Chemical and physical pretreatments of fruits and vegetables: Effects on drying characteristics and quality attributes—a comprehensive review. Critical Reviews in Food Science and Nutrition, DOI: 10.1080/10408398. 2017. 1409192.

Droby S, Wisniewski M, Macarisin D, et al. 2009. Twenty years of postharvest biocontrol research: Is it time for a new paradigm? Postharvest Biology and Technology, 52: 137-145.

Duun A S, Rustad T. 2007. Quality changes during superchilled storage of cod (*Gadus morhua*) fillets. Food Chemistry, 3: 1075.

Efenberger-Szmechtyk M, Nowak A, Czyzowska A. 2021. Plant extracts rich in polyphenols: antibacterial agents and natural preservatives for meat and meat products. Critical Reviews in Food Science and Nutrition, 61: 149-178.

Erikson U, Misimi E, Gallart-Jornet L. 2011. Superchilling of rested Atlantic salmon: Different chilling strategies and effects on fish and fillet quality. Food Chemistry, 127(4):1427-1437.

Erkan A N, Tosun E Y, Ulusoy A, et al. 2011. Erratum to: The use of thyme and laurel essential oil treatments to extend the shelf life of bluefish (*Pomatomus saltatrix*) during storage in ice. Journal Für Verbraucherschutz Und Lebensmittelsicherheit, 6(1): 39-48.

Fang Z, Wu D, Yü D, et al. 2011. Phenolic compounds in Chinese purple yam and changes during vacuum frying. Food Chemistry , 128(4): 943-948.

Fazaeli M, Emam-Djomeh Z, Ashtari A K, et al. 2012. Effect of spray drying conditions and feed composition on the physical properties of black mulberry juice powder. Food and Bioproducts Processing , 90(4): 667-675.

Feng L, Xu Y, Xiao Y, et al. 2021. Effects of pre-drying treatments combined with explosion puffing drying on the physicochemical properties, antioxidant activities and flavor characteristics of apples. Food Chemistry , 338: 128015.

Galetto C D, Verdini R A, Zorrilla S E, et al. 2010. Freezing of strawberries by immersion in CaCl₂ solutions. Food Chemistry, 123: 243-248.

Gao W H, Hou R, Zeng X A. 2019. Synergistic effects of ultrasound and soluble soybean polysaccharide on frozen surimi from grass carp. Journal of Food Engineering, 240: 1-8.

Garayo J, Moreira R. 2002. Vacuum frying of potato chips. Journal of Food Engineering , 55(2): 181-191.

Ge Y H, Chen Y R, Li C Y, et al. 2019. Effect of trisodium phosphate dipping treatment on the quality and energy metabolism of apples. Food Chemistry, 274: 324-329.

Ge Y H, Wei M L, Li C Y, et al. 2018. Reactive oxygen species metabolism and phenylpropanoid pathway involved in disease resistance against *Penicillium expansum* in apple fruit induced by ε-poly-L-lysine. Journal of the Science of Food and Agriculture, 98: 5082-5088.

George D E. 1995. Thermal Properties of Food, in Engineering Properties of Foods. New York: Marcel Dekker, Inc.

Georgw O. 1999. Freeze-dying. New York: Wiley-VCH.

Gharsallaoui A, Oulahal N, Joly C, et al. 2016. Nisin as a food preservative: part 1: physicochemical properties, antimicrobial activity, and main uses. Critical Reviews in Food Science & Nutrition, 56(8):1262-1274.

Gokoglu N. 2019. Novel natural food preservatives and applications in seafood preservation: A review. Journal of the Science of Food and Agriculture, 99: 2068-2077.

Hashim H, Huda N, Muhammad N, et al. 2017. Improving the texture of sardine surimi using duck feet gelatin. Journal of Agrobiotechnology, 2: 25-32.

Hassoun A, Çoban Ö E. 2017. Essential oils for antimicrobial and antioxidant applications in fish and other seafood products. Trends in Food Science & Technology, 68: 26-36.

Hou H M, Zhu Y L, Wang J Y, et al. 2017. Characteristics of N-acylhomoserine lactones produced by hafnia alvei H4 isolated from spoiled instant sea cucumber. Sensors, 17(4): 772.

Iguchi H, Limpisophon K, Tanaka M, et al. 2015. Cryoprotective effect of gelatin hydrolysate from shark skin on denaturation of frozen surimi compared with that from bovine skin. Fisheries Science, 81: 383-392.

Inanli A G, Tümerkan E T A, Abed N E, et al. 2020. The impact of chitosan on seafood quality and human health: A review. Trends in Food Science & Technology, 97: 404-416.

Iqbal Z, Singh Z, Khangura R, et al. 2012. Management of citrus blue and green moulds through application of organic elicitors. Australasian Plant Pathology, 41: 69-77.

Jambrak A R, Šimunek M, Petrović M, et al. 2016. Aromatic profile and sensory characterisation of ultrasound treated cranberry juice and nectar. Ultrasonics Sonochemistry, 38: 783-793.

Jaturonglumlert S, Kiatsiriroat T. 2010. Heat and mass transfer in combined convective and far-infrared drying of fruit leather. Journal of Food Engineering, 100: 254-260.

Jensen S, Ovreas L, Oivind B, et al. 2004. Phylogenetic analysis of bacterial communities associated with larvae of the Atlantic halibut propose succession from a uniform normal flora. Systematic & Applied Microbiology, 27(6): 728-736.

Jornet L G, Rustad T, Barat J M, et al. 2007. Effect of superchilled storage on the freshness and salting behaviour of Atlantic salmon (*Salmo salar*) fillets. Food Chemistry, 103 (4): 1268-1281.

Kroehnke J, Szadzińska J, Radziejewska-Kubzdela E, et al. 2021. Osmotic dehydration and convective drying of kiwifruit (*Actinidia deliciosa*)—The influence of ultrasound on process kinetics and product quality. Ultrasonics Sonochemistry, 71: 105377.

Kulawik P, Özogul F, Glew R, et al. 2013. Significance of antioxidants for seafood safety and human health. Journal of the Science of Food and Agriculture, 61: 475-491.

Labuza T P. 2012. Oxidative changes in foods at low and intermediate moisture levels. *In*: Duckworth R. Water Relations of Foods. Glasgow: Proceedings of an International Symposium.

Lara I, Belge B, Goulao L F. 2014. The fruit cuticle as a modulator of postharvest quality. Postharvest Biology and Technology, 87: 103-112.

Leng P, Yuan B, Guo Y. 2014. The role of abscisic acid in fruit ripening and responses to abiotic stress. Journal of Experimental Botany, 65: 4577-4588.

Li J R, Lu H X, Zhu J L, et al. 2009. Aquatic products processing industry in China: Challenges and outlook. Trends in Food Science and Technology, 20: 73-77.

Li J, Li T, Jiang Y. 2015. Chemical aspects of the preservation and safety control of sea foods. RSC Advances, 5(39): 31010-31017.

Li T T, Hu W Z, Li J R, et al. 2012. Coating effects of tea polyphenol and rosemary extract combined with chitosan on the storage quality of large yellow croaker (*Pseudosciaena crocea*). Food Control, 25: 101-106.

Li T T, Li J R, Hu W Z, et al. 2012. Shelf-life extension on crucian carp (*Carassius auratus*) using natural preservatives during chilled storage. Food Chemistry, 135: 140-145.

Li X P, Li J R, Zhu J L, et al. 2011. Postmortem changes in yellow grouper (*Epinephelus awoara*) fillets stored under vacuum packaging at 0℃. Food Chemistry, 126: 896-901.

Liu Y, Miao S, Wu J, et al. 2015. Drying characteristics and modeling of vacuum far - infrared radiation drying of flos lonicerae. Journal of Food Processing and Preservation, 39: 338-348.

Losada V, Pineiro C, Velazquez J B, et al. 2005. Inhibition of chemical changes related to freshness loss during storage of horse mackerel (*Trachurus trachurus*) in slurry ice. Food Chemistry, 93(4):619-625.

Lv J Y, Zhang M Y, Bai L, et al. 2020. Effects of 1-methylcyclopropene (1-MCP) on the expression of genes involved in the chlorophyll degradation pathway of apple fruit during storage. Food Chemistry, 308: 125707.

Lv X R, Cui T Q, Du H, et al. 2021. Lactobacillus plantarum CY 1-1: A novel quorum quenching bacteria and anti-biofilm agent against *Aeromonas sobria*. LWT- Food Science and Technology, 137: 110439.

Mei J, Ma X, Xie J. 2019. Review on natural preservatives for extending fish shelf life. Foods, 8(10): 490.

Mi H B, Wang C, Chen J X, et al. 2019. Characteristic and functional properties of gelatin from the bones of alaska pollock (*Theragra chalcogramma*) and yellowfin sole (*Limanda aspera*) with papain-aided process. Journal of Aquatic Food Product Technology, 28(7): 1-11.

Monteiro R L, Gomide A I, Link J V, et al. 2020. Microwave vacuum drying of foods with temperature control by power modulation. Innovative Food Science & Emerging Technologies , 65: 102473.

Mutukuri T T, Wilson N E, Taylor L S, et al. 2021. Effects of drying method and excipient on the structure and physical stability of protein solids: Freeze drying vs. spray freeze drying. International Journal of Pharmaceutics, 594: 120169.

None Y J, Reynes M, Zakhia N, et al. 2002. Development of a combined process of dehydration impregnation soaking and drying of bananas. Journal of Food Engineering, 55: 231-236.

Olatunde O O, Benjakul S. 2018. Natural preservatives for extending the shelf - life of seafood: A revisit. Comprehensive Reviews in Food Science & Food Safety, 17(6): 1595-1612.

Park J W, Tadpitchayangkoon P, Yongsawatdigul J. 2012. Gelation characteristics of tropical surimi under water bath and ohmic heating. LWT-Food Science and Technology, 46(1): 97-103.

Park J W. 1995. Surimi gel colors as affected by moisture content and physical conditions. Journal of Food Science, 60: 15-18.

Park J W. 2000. Surimi and surimi seafood. Boca Raton: CRC Press: 673-674.

Pineirosotelo M, Quirós R B D, López-Hernández J, et al. 2002. Determination of purine bases in sea urchin (*Paracentortus lividus*) gonads by high-performance liquid chromatography. Food Chemistry, 79(1): 113-117.

Rasch M, Andersen J B, Nielsen K F, et al. 2005. Involvement of bacterial quorum-sensing signals in spoilage of bean sprouts. Applied and Environmental Microbiology, 71(6): 3321-3330.

Ren X, Kong Q, Wang H, et al. 2012. Biocontrol of fungal decay of citrus fruit by *Pichia pastoris* recombinant strains expressing cecropin A. Food Chemistry, 131: 796-801.

Rosario D K A, Rodrigues B L, Bernardes P C, et al. 2020. Principles and applications of non-thermal technologies and alternative chemical compounds in meat and fish. Critical Reviews in Food Science and Nutrition, 3: 1-21.

Róyo R. 2020. Recent trends in methods used to obtain natural food colorants by freeze-drying. Trends in Food Science & Technology , 102: 39-50.

Ruan J, Zhou Y, Zhou M, et al. 2019. Jasmonic acid signaling pathway in plants. International Journal of Molecular Sciences, 20: 2479.

Ruiz-Capills C, Moral A. 2004. Free amino auids in muscle of Norway labster (*Neprops novergicus*) in controlled and modi fied atmosphere during chilled storage. Food Chemistry, 86: 85-91.

Scaman C H, Durance T D, Drummond L, et al. 2014. Combined Microwave Vacuum Drying-Emerging Technologies for Food Processing. New York: Academic Press: 427-445.

Sharma R R, Singh D, Singh R. 2009. Biological control of postharvest diseases of fruits and vegetables by microbial antagonists: A review. Biological Control, 50: 205-221.

Shen Y S, Zhu D S, Xi P S, et al. 2021. Effects of temperature-controlled ultrasound treatment on sensory properties, physical characteristics and antioxidant activity of cloudy apple juice. LWT-Food Science and Technology, 142: 111030.

Shi X, Yang Y, Li Z, et al. 2020. Moisture transfer and microstructure change of banana slices during contact ultrasound strengthened far-infrared radiation drying. Innovative Food Science & Emerging Technologies , 66: 102537.

Shishir M R I, Chen W. 2017. Trends of spray drying: A critical review on drying of fruit and vegetable juices. Trends in Food Science & Technology , 65: 49-67.

Singh D, Sharma R R. 2007. Postharvest diseases of fruit and vegetables and their management. *In*: Prasad D. Sustainable Pest Management. New Delhi: Daya Publishing House.

Sun Q X, Sun F D, Xia X F, et al. 2019. The comparison of ultrasound-assisted immersion freezing, air freezing and immersion freezing on the muscle quality and physicochemical properties of common carp (*Cyprinus carpio*) during freezing storage. Ultrasonics-Sonochemistry, 51: 281-291.

Tayel A A. 2016. Microbial chitosan as a biopreservative for fish sausages. International Journal of Biological Macromolecules, 93: 41-46.

Tontul I, Topuz A. 2017. Spray-drying of fruit and vegetable juices: Effect of drying conditions on the product yield and physical properties. Trends in Food Science & Technology, 63: 91-102.

Tu J, Zhang M, Xu B, et al. 2015. Effect of physicochemical properties on freezing suitability of Lotus (*Nelumbo nucifera*) root. International Journal of Refrigeration, 50: 1-9.

Wei M L, Ge Y H, Li C Y, et al. 2019. G6PDH regulated NADPH production and reactive oxygen species metabolism to enhance disease resistance against blue mold in apple fruit by acibenzolar-S-methy.Postharvest Biology and Technology, 148: 228-235.

Wu T, Jiang Q, Wu D, et al. 2019. What is new in lysozyme research and its application in food industry? A review. Food Chemistry, 274: 698-709.

Xanthakis E, Havet M, Chevallier S, et al. 2013. Effect of static electric field on ice crystal size reduction during freezing of pork meat. Innovative Food Science and Emerging Technologies, (20): 115-120.

Xiong X, Cao X, Zeng Q, et al. 2021. Effects of heat pump drying and superfine grinding on the composition of bound phenolics, morphology and microstructure of lychee juice by-products. LWT-Food Science and Technology, 144: 111206.

Xu C, Li Y, Yu H. 2014. Effect of far-infrared drying on the water state and glass transition temperature in carrots. Journal of Food Engineering, 136: 42-47.

Xu Y X, Yin Y M, Wang R, et al. 2021. Effect of deacetylated konjac glucomannan on heat-induced structural changes and flavor binding ability of fish myosin. Food Chemistry, 365: 130540.

Xu Z Y, Sun D W, Zhu Z W. 2016. Potential life cycle carbon savings for immersion freezing of water by power ultrasound. Food and Bioprocess Technology, 9: 69-80.

Yao Y, Zhang W J, Liu S Q. 2009. Feasibility study on power ultrasound for regeneration of silica gel—A potential desiccant used in air-conditioning system. Applied Energy, 86(11): 2394-2400.

Yi S M, Zhu J L, Fu L L, et al. 2010. Tea polyphenols inhibit *Pseudomonas aeruginosa* through damage to the cell membrane. International Journal of Food Microbiology, 144: 111-117.

Yin H, Zhao X M, Du Y G. 2010. Oligochitosan: A plant diseases vaccine—A review. Carbohydrate Polymers, 82: 1-8.

Zhang X, Inada T, Tezuka A. 2003. Ultrasonic-induced nucleation of ice in water containing air bubbles. Ultrasonics–Sonochemistry, 10(2): 71-76.

Zheng L Y, Sun D W. 2006. Innovative applications of power ultrasound during food freezing processes—A review. Trends in Food Science & Technology, 17(1):16-23.

Zhu D S, Liang J Y, Liu H, et al. 2018. Sweet cherry softening accompanied with moisture migration and loss during low temperature storage. Journal of The Science of Food and Agriculture, 98(10): 3651-3658.

Zhu Z, Zhang P, Sun D W. 2020. Effects of multi-frequency ultrasound on freezing rates and quality attributes of potatoes. Ultrasonics Sonochemistry, 60: 104733.